U0837688

Knowledge Graph

Concepts and Techniques

知识图谱

概念与技术

肖仰华 徐 波 林 欣 李直旭 彭 鹏
郑卫国 邵 斌 何 亮 阳德青 崔万云 编著

（按照所编写章节排序）

電子工業出版社
Publishing House of Electronics Industry
北京·BEIJING

内 容 简 介

知识图谱是一种大规模语义网络，已经成为大数据时代知识工程的代表性进展。知识图谱技术是实现机器认知智能和推动各行业智能化发展的关键基础技术。知识图谱也成为大规模知识工程的代表性实践，其学科日益完善。

本书是一本系统介绍知识图谱概念、技术与实践的书。全书共 5 篇，由 16 章构成，力求涵盖知识图谱相关的基本概念与关键技术。“基础篇”介绍知识图谱的基本概念、内涵与外延、历史沿革、应用价值，以及相关的基础知识。“构建篇”重点介绍大规模高质量知识图谱的自动化构建技术，涵盖词汇挖掘、实体识别、关系抽取及概念图谱构建、百科图谱构建、众包构建与质量控制等专题。“管理篇”系统地阐述了知识图谱建模与存储、查询与检索，以及图数据管理系统。“应用篇”对于基于知识图谱的关键应用技术展开介绍，包括搜索与推荐、自然语言问答，以及基于知识图谱的自然语言理解。“实践篇”介绍知识图谱实践中的基本原则和有用实践，初步讨论了知识图谱实践中的开放性问题。

本书可作为高年级本科生、硕士生或者博士生的教材，也适合企业与行业智能化的从业人员阅读。

图书在版编目（CIP）数据

知识图谱：概念与技术 / 肖仰华等编著. —北京：电子工业出版社，2020.1
ISBN 978-7-121-37108-0

Ⅰ.①知… Ⅱ.①肖… Ⅲ.①知识管理 Ⅳ.①G302

中国版本图书馆 CIP 数据核字（2019）第 144185 号

责任编辑：许　艳
印　　刷：三河市双峰印刷装订有限公司
装　　订：三河市双峰印刷装订有限公司
出版发行：电子工业出版社
　　　　　北京市海淀区万寿路 173 信箱　邮编 100036
开　　本：787×980　1/16　印张：33.75　字数：588 千字
版　　次：2020 年 1 月第 1 版
印　　次：2022 年12月第14次印刷
定　　价：118.00 元

凡所购买电子工业出版社图书有缺损问题，请向购买书店调换。若书店售缺，请与本社发行部联系，联系及邮购电话：（010）88254888，88258888。
质量投诉请发邮件至 zlts@phei.com.cn，盗版侵权举报请发邮件至 dbqq@phei.com.cn。
本书咨询联系方式：（010）51260888-819，faq@phei.com.cn。

序

自 2012 年 Google 发布知识图谱以来，知识图谱技术飞速发展，其理论体系日趋完善，应用效果日益明显。在知识图谱技术的引领下，知识工程新的历史篇章——大数据知识工程已初具轮廓；在知识图谱技术的推动下，各行各业的智能化升级与转型的宏伟画卷正逐步展开。回溯半个多世纪，以物理符号系统为代表的人工智能符号主义理论思潮与以专家系统建设为核心的知识工程实践相得益彰、大放异彩。再回溯到 2000 多年前，追根溯源，古希腊哲学三贤开创了伟大的逻辑思维时代，其思想直接或间接地影响了从符号主义到知识工程再到知识图谱的历史延承与发展。

发生在当下的以大数据、人工智能为代表的一系列技术革命很可能是人类诞生以来最为宏大也是影响最为深远的技术革命。站在当下这一重要时间节点，回望过去，展望未来，每个亲历者都不免心潮澎湃，感慨时代变迁之伟大，个人沉浮之渺小。然而，伟大的时代往往是由星星点点的思想与细小而坚实的实践铸就而成的。本书就是这样一支涓涓细流，愿其最终汇入时代的大江大河。

从鸦片战争时国门被迫打开，到五四运动时民众自发觉醒，再到新中国成立后西方优质思想被积极引进，西学东渐的进程绵延不绝、持续至今。直到今天，我们对于整个西方思想的吸收与消化仍在进行。在某种程度上，知识图谱技术及其背后的思想也源自西方人工智能思想。在当下中国的知识图谱技术实践过程中，简单地消化与吸收西方人工智能思想已经难以满足国家与社会的发展需求。在越来越多的应用领域和核心技术方面，我们需要来自中国的创新，需要形成中国自身的话语权与主导权。我国各行业的智能化发展对于原创性理论与技术提出了迫切需求，我国的研发不仅需要面向实际问题，更需要足够前沿，才有可能支撑行业的智能化发展。我们必须从西方思想的传声筒转变成自己思想体系的架构者与践行者，言必称西方应该成为过去时。研究环境的这一变化对于本书的编写提出了全新的要求。本书希望在梳理西方思想体系与应用实践的基础之上，对发生在当下中国的一些前沿实践、关键技术、实用方法，以及这些实践背后的思想体系，进行全面的总结，为一线的从业人员、教学人员提供必要的理论与技术支撑。

可以言说的即是可以思考的，可以思考的问题终究是简单的问题。随着人工智能的发展，越来越多难以言说的“难题”逐渐浮出水面，比如意识难题。突破思维的边界对于解决人工智能难题而言显得日益重要。纵观历史，任何一家之言终究会湮没在历史洪流之中。在此成书之际，笔者提醒读者不要将自己的思维囿于任何一隅，即便某个思潮、某种技术、某个方法在当下如火如荼。如果将人工智能的实现视作一场旷日持久的战争，我们可能还要发起很多次冲锋才能取得这场战争的决定性胜利。而每一次冲锋都将是某一种思想、某一类技术在人工智能发展史中的一次华丽亮相。

肖仰华

2019 年 11 月于复旦大学

前言

近年来，随着知识图谱技术研究与应用的深化，知识图谱技术吸引了来自工业界与学术界的广泛关注。知识图谱领域涌现出大量的理论与技术研究成果，以及一批优秀的工程实践案例。一方面，对于这些理论工作与工程实践，需要进行系统性的梳理；另一方面，随着研究与应用的深入，业界也迫切需要一本系统性的知识图谱教材。鉴于此，本书编写团队投入巨大的资源与精力完成了本书。

本书的内容体系基本成型于 2018 年 8 月，从 2017 年到 2019 年，其先后两次在复旦大学相关课程中进行讲授，2018 年 8 月和 12 月其分别在上海财经大学和北京理工大学面向全国公开讲授，累计近千人次完成了课程的学习。从 2018 年年底至今，本书编写组完成了书稿，并经多轮修改，最终形成大家手中的这个版本。

下面将对本书的编写动机、行文思路、内容架构、内容选择与使用方式等做简要的介绍，以方便读者了解本书的成书背景和使用方式。

编写动机

大量的应用实践需要有专业的图书作为参考和指导，大量的学术成果需要有图书进行系统的梳理，这些是作者团队编写本书的直接原因。除此之外，还有以下几点原因需要说明。首先，知识图谱已经成为一门独立学科，设置在我国新增的人工智能学学科目录下。建设一门新兴学科，首先需要厘清这门学科的知识体系。而完成这一任务的第一步即是编写一本系统性的知识图谱教材。其次，知识图谱作为一门工程学科，其具体方法大都来自计算机或人工智能的其他领域，比如自然语言处理、机器学习、数据库，那么还有什么知识是这些传统技术领域没有涵盖的呢？如果不澄清这一问题，知识图谱图书的编写便是无源之水，我们只需要学习各个分支领域的知识即可；如果不澄清这一问题，知识图谱图书的编写很容易变成言知识图谱之名，行其他技术之实。下面对这一问题进行简要回答。

知识图谱作为一个大规模知识工程，是面向应用落地的，也是系统工程。这两点决定了知识图谱是典型的应用学科。一门面向应用的学科旨在解决现实世界的复杂问题。工程落地中最重要的问题在于选择，在于策略。这就好比厨师做菜，食材原料多种多样，至于每种食材是如何培育出来的，不是厨师主要关心的问题。厨师关心的是如何选择好的食材，如何利用这些好的食材做出可口的菜肴。对于同样的问题，不同的学科有着不同的解法。在当前的技术条件下，哪一个方法能更经济、务实地解决问题，就是我们选择“食材”的最高标准。有了食材之后，如何做成一道美味佳肴，则是摆在厨师面前的第二个问题。此时，策略、过程，也就是菜肴制作的工艺过程，则是决定最终成品质量的关键。因此，我们需要一本系统性的知识图谱图书，讲授技术选型、策略选择、过程优化、系统架构等内容。

也正因此，本书作者在构思以及行文写作时，时刻提醒自己紧密围绕知识图谱开展知识体系的梳理，尽量突出知识图谱与相关学科（特别是自然语言处理、语义网与数据库等学科）的差别。如果不能清晰地界定知识图谱与各分支学科的根本不同，毋宁少一本浪费读者时间与金钱的读物。

行文思路

本书的编写力求体现以下基本原则。

重视对过程的阐述。

教学的过程不但需要陈述，更需要解释。有些书强调对结果或者结论的传授，侧重于对知识体系的清晰梳理与知识的高效灌输，但很少顾及学生的学习方式，忽略了对过程的阐述。因此，作者试图在勾勒出知识图谱学科知识体系的同时，尽可能地呈现出相关概念与技术发展的脉络。

重视对架构的叙述。

从人才培养的角度而言，知识图谱的落地不仅需要解决具体问题的工程师，更需要能做出合理抉择与规划的管理性人才，需要熟知人工智能领域各分支技术并能熟练掌握和利用这些技术的综合性人才。知识图谱的知识体系不仅包含模型与算法，更涉及思想与方法、策略与过程。技术细节固然重要，但是对于知识图谱学科而言，对宏观架构的把握更是不可或缺。为此，本书单列出第 15 章介绍具体技术之外的流程、策略与过程。每章的“概述”部分大多是对于该章内容宏观基本面的介绍，阅读这部分内容能对知识图谱的全貌有基本的把握。

循序渐进、逐步深入。

本书在编写时采取了逐层递进的思路。比如在词汇挖掘、实体识别、关系抽取等很多模块中，都会涉及类似的模型与思路（诸如基于模式的抽取、基于学习模型的抽取等），那么先出现的章节往往侧重于阐述这些问题的基本模型，而当后面的章节再次提及相关模型时，则会进一步深入介绍一些技术细节与数学细节。

问题驱动、应用引领。

全书坚持问题驱动的写作思路，侧重对于问题本身的分析与阐述。从问题出发阐释所需的技术，便于读者明确每个模型、技术、方案所能解决的问题范畴。每章开始的“内容提示”部分会告诉读者，这一章将回答什么问题，其中的概念与技术能够解决怎样的实际问题。

内容架构

全书共五篇，由 16 章构成，其架构如图 1 所示，力求涵盖知识图谱相关的基本概念与关键技术。

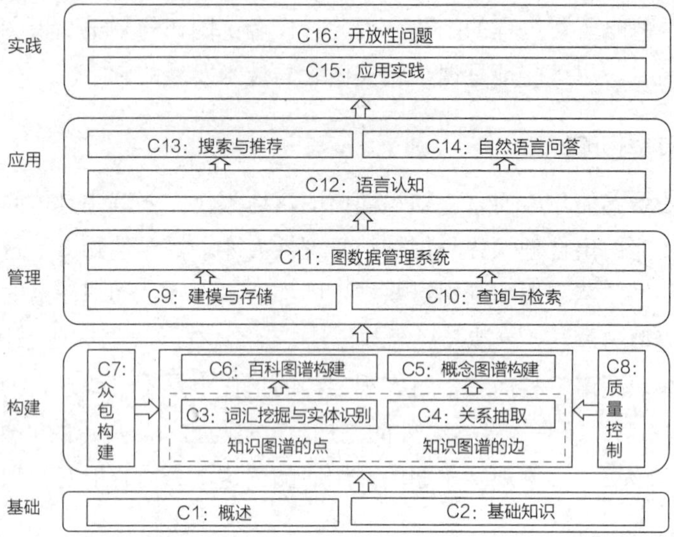

图 1　本书的架构

第 1 篇　基础篇

包含前两章。第 1 章介绍知识图谱的基本概念、历史沿革、研究意义、应用价值等。第 2 章介绍知识图谱所必需的基础知识，主要介绍与知识图谱密切相关的知识表示、机器学习、自然语言处理的基本概念。

第 2 篇　构建篇

介绍知识图谱的构建。大规模高质量知识图谱的构建是整个知识图谱技术落地的核心，因此也是整本书的重点。本篇的核心是第 3 章与第 4 章。在这两章中，我们介绍了知识图谱中知识获取的两个核心问题。其中一个是点的识别与建立，知识图谱中的点可以是词汇与实体，因此第 3 章重点介绍了词汇挖掘与实体识别。有了知识图谱中的点之后，建立点之间的关系是知识图谱构建的核心问题。为此，第 4 章主要介绍了关系抽取（从文本中获取关系实例）。

在此基础上，第 2 篇进一步对两类重要的知识图谱，即概念图谱（第 5 章）与百科图谱（第 6 章）的构建展开了具体介绍。这两类知识图谱在知识图谱技术发展历程中有着突出地位，有很多实际应用。最后，第 2 篇再对其中的两个专题：众包构建（第 7 章）与质量控制（第 8 章）展开介绍。当前的知识图谱构建还离不开人，如何把人力用好是第 7 章的主题。质量控制是知识图谱构建的核心，第 8 章从质量视角再次盘点整个知识图谱构建的全流程。

可以看出，我们在构建部分浓墨重彩，从构建的关键环节（词汇挖掘、实体识别、关系抽取）、两类重要知识图谱的构建，以及构建的两个专题等三个切面对知识图谱构建进行了全方位的论述。其目的在于向读者立体式地呈现知识图谱构建的完整体系。这也从一个侧面说明了知识图谱知识体系的庞杂。

第 3 篇　管理篇

介绍知识图谱的建模与存储（第 9 章）、查询与检索（第 10 章）以及图数据管理系统（第 11 章）。这一篇旨在从数据管理的角度系统阐述知识图谱如何建模、如何存储、如何查询、如何检索，以及如何实现系统性的高效管理。

第 4 篇　应用篇

把知识图谱构建好、管理好的目的还是为了应用好。第 4 篇对于基于知识图谱的应用技术展开介绍，包括搜索与推荐（第 13 章）、自然语言问答（第 14 章）。这些应用本质上都依赖基于知识图谱的自然语言理解，因此这一专题也单独成章（第 12 章）。

第 5 篇　实践篇

知识图谱实践有哪些基本原则和最佳实践（第 15 章），以及在知识图谱应用过程中还存在哪些挑战（第 16 章），都会在这一篇中回答。

内容选择

本书力求全面介绍知识图谱相关的重要概念与关键技术。选材的第一个考虑因素是内容与知识图谱是否密切相关。本书将知识图谱视作一类大数据驱动的、以自动化知识获取为根本特点的新型知识工程。因此，尽量回避了属于传统知识工程范畴或者其他领域的内容，读者可以参考其他相关图书来学习它们。选材的第二个考虑因素是相关技术能否落地，或者具有落地的可能性。但凡前景不明、尚无明确落地可能性的技术，本书都选择了刻意回避，以免误导读者。本书有两项内容未涵盖，特此说明如下。

第一，知识图谱上的推理尚未单独成章。符号知识的一个重要优点在于可以实现符号化推理，但是知识图谱上的推理在本书中并未以单独一章的篇幅加以介绍，这样的处理出于以下几点考虑。首先，本书对知识图谱上的推理并非完全没有讨论，在书中的知识图谱向量化表示以及知识图谱上的查询语言部分略有涉及。但是基于向量化表示的推理只是一种弱语义的推理，只能用作相关关系推理，无法胜任复杂语义推理任务。也正因此，大部分基于知识图谱表示学习的推理只能用于是否存在关联关系的预测（也就是链接预测）。其次，有些专家曾建议对于传统符号推理展开介绍以弥补这一不足，然而知识图谱作为大数据知识工程的代表有其应有之义，知识图谱不应该盗用基于传统符号的推理。因此，总体上作者倾向于认为知识图谱上的推理还是一个有待深入研究的问题，其在实际应用落地中并未超出传统知识工程的推理范畴，读者可以参考传统符号推理的相关图书。

第二，知识图谱上的结构挖掘尚未单独成章。在很多领域，特别是金融、安全等相关领域，会建立实体之间的关联网络，并通过图结构分析、识别风险因素。一些学者或者从业人员将其归为知识图谱的一种应用。事实上，这一思路是图数据分析、复杂网络分析领域的经典研究问题，早在“知识图谱”一词出现之前其就已经得到广泛研究。只不过因为最近几年各行业大数据准备工作完成，平台基本成型，使得大规模图分析成为可能。因此，本书并未涵盖这一内容。读者若对其感兴趣，可以参考图分析、复杂网络分析相关的专业图书。

使用方式

本书在内容编排上，力求每章均具备独立性，同时各章之间又能组成有机整体。这一编排方式旨在让每章能够独立地解决一类问题，而全书内容又不失系统性与完整性。除了第 1 章是基础，其他任何一章，读者都可以根据自身情况进行选择性阅读。比如，对于第 2 章，有相关基础的读者就可以直接跳过。“构建篇”的第 3 章和第 4 章是核心，而对于第 5 章和第 6 章，读者则可以根据需要进行选择性学习。书中的第 7 章、第 8 章、第 12 章、第 16

章是相对较新的专题，适合研究生、博士生层次的研讨性教学。这几章的内容很多都还只是一家之言，有着巨大的研究空间。

对于不同的读者群体，本书可以有不同的阅读方式。对于学生群体，高年级本科生可以选择第 1~4 章、第 9 章、第 10 章、第 13 章、第 14 章进行学习。对于硕士生或者博士生，则可以进一步阅读第 5~8 章、第 12 章、第 16 章。对于工业界从业人员，完全可以根据自己的业务需要选择感兴趣的内容阅读，比如可以跳过第 9 章、第 10 章的技术介绍，直接了解图数据管理系统的使用方法，也就是第 11 章的内容。知识图谱涉及企业与行业的智能化转型，这将是企业战略决策的重要内容。对于很多从事此类工作的人员而言，急需在尽可能短的时间内对知识图谱的全貌以及知识图谱能解决什么问题有所了解。此类人员可以选择第 1 章、第 3~14 章的概述，以及第 15 章、第 16 章进行学习。

最后需要说明的是，知识图谱是一门综合性强、涉及多学科的新型交叉学科。不同学科背景的学者看待知识图谱有着不同的视角，很容易得出不同的观点与结论。我们对待知识图谱这样的新兴学科应该秉持开放包容、兼收并蓄的心态，静待时间来检验真理。

致谢

本书是整个编写团队通力合作的结果。全书由复旦大学肖仰华教授策划、组织并负责统稿，共有10位作者参与了本书的编写工作，其分工如下。复旦大学肖仰华教授完成了第1、2、3、4、5、12、15、16章的编写，东华大学徐波博士负责第6章，华东师范大学林欣研究员负责第7章，苏州大学李直旭教授负责第8章，湖南大学彭鹏副教授负责第9章，复旦大学郑卫国研究员负责第10章，微软亚洲研究院何亮博士与邵斌博士负责第11章，复旦大学阳德青副教授负责第13章，上海财经大学崔万云博士负责第14章。此外，复旦大学知识工场实验室的博士研究生梁家卿、刘井平、陈砺寒、蒋思航、蒋海云、陈江捷，硕士研究生王丽、冯杪、周元辅、杜雨燕、陈金栋、程浩、黄君扬对相关章节材料的组织与选编做了大量细致工作。知识工场实验室的其他研究生以及《知识图谱：概念与技术》课程的很多学员对本书给予了很多有益的反馈，在此一并致谢。

肖仰华

2019年11月10日

目录

第 1 篇　基础篇

第 2 篇 构建篇

第 4 篇 应用篇

第 5 篇　实践篇

本书涉及的链接说明

为了保证书中涉及的相关链接可以实时更新，特地将“知识图谱链接地址”文档放于博文视点官方网站，如正文中标有参见链接[1]、链接[2]等字样时，可在该文档中查询相关链接。读者可在 http://www.broadview.com.cn/37108 页面下载或通过“读者服务”中提供的方式获取“知识图谱链接地址”文档。

第 1 篇

基础篇

第 1 章
知识图谱概述

内容提示 本章将对知识图谱的基本概念、历史沿革、研究意义、应用价值以及分类展开介绍。本章旨在回答如下问题：知识图谱能解决什么问题，有何价值？知识图谱与其他相关知识表示有何联系与区别？以知识图谱为代表的大数据知识工程与传统知识工程有何差别？

1.1 知识图谱的基本概念

从 2012 年 Google 公司提出“知识图谱（Knowledge Graph）”到今天，知识图谱技术发展迅速，而伴随着大数据与人工智能技术的飞速发展，知识图谱的内涵也越来越丰富。本节首先介绍知识图谱的狭义与广义概念。狭义的知识图谱特指一类知识表示，本质上是一种大规模语义网络。广义的知识图谱是大数据时代知识工程一系列技术的总称，在一定程度上指代大数据知识工程这一新兴学科。

1.1.1　知识图谱的狭义概念

1. 知识图谱作为语义网络的内涵

“知识图谱”一词在提出之初特指 Google 公司为了支撑其语义搜索而建立的知识库。随着知识图谱技术应用的深化，知识图谱已经成为大数据时代最重要的知识表示形式。**作为一种知识表示形式，知识图谱是一种大规模语义网络，包含实体（Entity）、概念（Concept）及其之间的各种语义关系**。如图 1-1 所示的就是一个知识图谱的片段，其中柏拉图是一个实体，他是一个哲学家（概念），他的导师是苏格拉底。

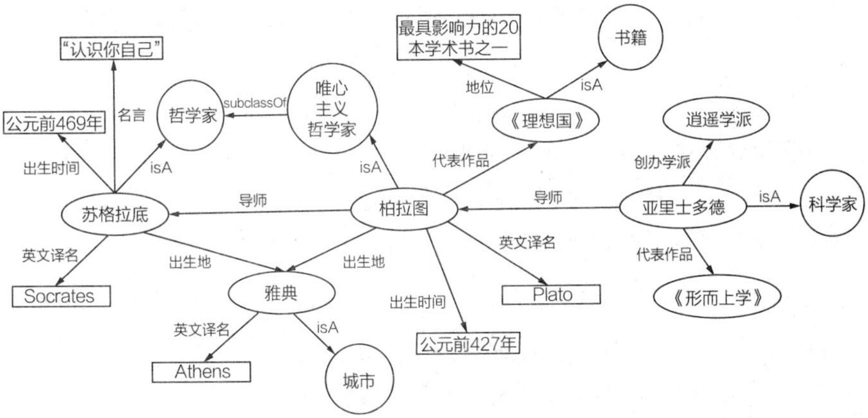

图 1-1　关于古希腊三大哲学家的知识图谱片段

理解知识图谱的概念，要掌握两个要点：第一，其是语义网络，这是知识图谱的本质；第二，其是大规模的，这是知识图谱与传统语义网络的根本区别。

语义网络是一种以图形化的（Graphic）形式通过点和边表达知识的方式[1]，其基本组成元素是点和边。[1]如图 1-1 所示的就是一个典型的语义网络。语义网络中的点可以是实体、概念和值（Value），如图 1-2 所示。

1　需要注意的是，在 20 世纪 60 至 70 年代，很多科学家都意识到基于图的方式表达语义和知识的重要性与必要性，这一时期在数据库、知识表示等很多计算机科学的子领域内先后发展出类似的表示方式，比如实体关系图（Entity-Relationship Graph）[2]、概念图（Conceptual Graph）[3]等。

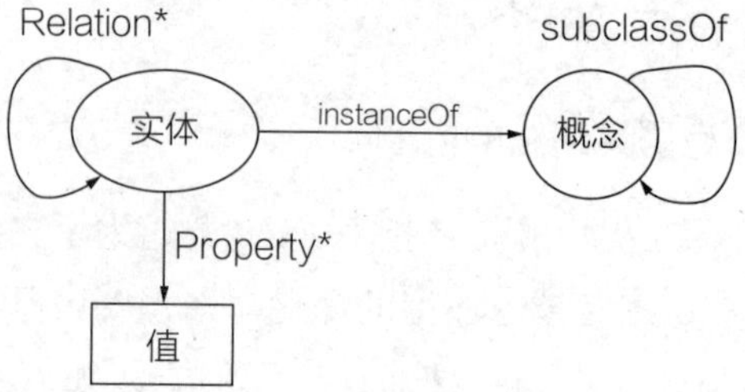

图 1-2　语义网络的组成（图中星号表示可以存在多个不同的属性或者关系）

（1）**实体**。实体有时也会被称作对象（Object）或实例（Instance）。何为实体，这是哲学家们长期追寻与探索的问题，时至今日尚未形成共识。黑格尔在《小逻辑》一书里曾经给实体下过一个定义："能够独立存在的，作为一切属性的基础和万物本原的东西。"也就是说，实体是属性赖以存在的基础，并且必须是自在的，即独立的、不依附于其他东西而存在的。比如身高，仅仅说身高是没有意义的，说"哲学家"这个类别的身高也是没有意义的，而必须说某个具体的哲学家的身高，这才是有明确所指且有意义的。理解何为实体，对于进一步理解属性、概念是十分必要的。

（2）**概念**。概念又被称为类别（Type）、类（Category 或 Class）等。比如"哲学家"，不是指某一个特定的哲学家，而是指一类人，这一类人有着相同的描述模板，构成一个类或者概念。概念所对应的动词是"概念化"（Conceptualize）或者"范畴化"（Categorize）。概念化一般指识别文本中的相关概念的过程。比如，文本"柏拉图与苏格拉底的哲学思想"显然与"哲学家"这一概念相关。范畴化在一些场景下指实体形成类别的过程。比如，一个新的哲学流派是由若干有着类似哲学思想的哲学家组成的，这一流派形成的过程就是一个典型的范畴化过程。另外，范畴化有时也指将特定实体归到相应类别的过程。比如，柏拉图可以归类到唯心主义哲学家这一类别。需要指出的是，在不同的实际应用中，英文"Type"、"Class"及"Concept"的含义是略有差异的。

（3）**值**。每个实体都有一定的属性值。属性值可以是常见的数值类型、日期类型或者文本类型。比如，希腊共和国的国土面积是"131 957 平方公里"，这是数值类型；柏拉图的出生年份是"公元前 427 年"，这是日期类型；柏拉图的英文译名是"Plato"，这是文本类型。

知识图谱中的边可以分为属性（Property）与关系（Relation）两类。属性描述实体某方面的特性，比如人的出生日期、身高、体重等。属性是人们认知世界、描述世界的基础。关系则可以认为是一类特殊的属性，当实体的某个属性值也是一个实体时，这个属性实质上就是关系。比如，某个人的父亲是一个特定的人物实体，因此"父亲"可以认为是一条关系。

在很多文献与实际应用中，往往将属性与关系混用，未严格地从属性中区分出关系。关系对于知识图谱上的多步遍历以及沿着语义关系的长程推理十分重要。而知识图谱上的推理操作一旦遇到一个属性，就意味着推理结束。比如，要想知道柏拉图的导师的出生时间，需要先在知识图谱中从"柏拉图"沿着"导师"关系找到"苏格拉底"，再沿着"苏格拉底"的"出生时间"属性找到最终答案，最后整个推理过程即宣告结束。

语义网络中的边按照其两端节点的类型可以分为概念之间的子类（subclassOf）关系、实体与概念之间的实例（instanceOf）关系，以及实体之间的各种属性与关系，如图 1-2 所示。语义网络中的关联都是语义关联，这些语义关联发生在实体之间、概念之间或者实体与概念之间。实体与概念之间是 instanceOf（实例）关系，比如，"柏拉图"是"哲学家"的一个实例。概念之间是 subclassOf（子类）关系，比如，"唯心主义哲学家"是"哲学家"的一个子类。实体与实体之间的关系十分多样，比如，"苏格拉底"与"柏拉图"之间是师生关系，"柏拉图"的代表作品之一是"《理想国》"。

2．知识图谱与传统语义网络的区别

知识图谱与传统语义网络有什么区别？这一问题的答案决定了知识图谱的存在价值。知识图谱与传统语义网络最明显的区别体现在规模上：知识图谱规模巨大，此外，还体现在其语义丰富、质量精良、结构友好等特性上。

（1）**规模巨大**。知识图谱具有巨大的规模，也就是说知识图谱中的点、边的数量巨大。比如，Google 知识图谱在 2012 年发布之初就有近 5 亿个实体和 10 亿多条关系，而如今的规模就更大了。知识图谱的规模之所以如此巨大，是因为它强调对于实体的覆盖。比如，"哲学家"作为一个类别在知识图谱里涵盖了数以万计诸如"柏拉图"这样的实体。知识图谱因为其规模巨大而被认为是大知识（Big Knowledge）[4]的典型代表。

（2）**语义丰富**。语义丰富体现在两个方面。首先，知识图谱富含各类语义关系。一个典型的知识图谱，比如 DBpedia，包含了 1000 多种常见的语义关系。关注不同语义关系的知识图谱互联到一起，就基本能涵盖现实世界中常见的语义关系。其次，语义关系的建模多样。一个语义关系可以被赋予权重或者概率，从而可以更精准地表达语义。比如，同样是柏拉图的作品，《理想国》就比《对话录》更为人们所熟知，从而常被赋予更高的关系权重。

（3）**质量精良**。知识图谱是典型的大数据时代的产物。大数据的多源特性使得我们可以通过多个来源验证简单事实。比如，《理想国》的作者是否是柏拉图，可以根据互联网上的多个不同来源进行交叉验证。如果大部分来源支持某一事实，基本就可以推断这一事实为真。此外，各类众包平台的出现也有助于实现大规模知识验证。

（4）**结构友好**。知识图谱通常可以表示为三元组，这是典型的图结构。三元组也可以借助 RDF（Resource Description Framework）进行表示。无论是图数据还是 RDF 数据，均是数据库领域的重要研究对象，数据库领域已经针对这些数据类型发展出了大量有效的管理方法。这使得知识图谱相对于纯文本形式的知识而言对机器更友好。因此，知识图谱可以作为机器认知世界所需要的背景知识来使用。

事物都有两面性，知识图谱的优点与其缺点相伴而生。知识图谱在规模上的变化也决定了知识图谱从知识获取到知识应用均与传统语义网络存在显著区别。这些区别构成了知识图谱构建与应用的独特挑战，分别论述如下。

（1）**高质量模式缺失**。提升知识图谱的规模往往会付出质量方面的代价。构建知识图谱的初衷是为了适应开放性环境下的知识需求。为了让更多的知识入库，势必要适当地放宽对于知识质量的要求。传统数据库与知识库对于其中的数据或知识有着严格的定义，对能够入库的数据有着严格约束。但精准且严格的定义往往是十分困难的，比如，可以预先定义人的“身高”取值范围为 0.5 ~ 2.3m，但可能存在某个人，其身高达到 2.31m。再比如，“妻子”作为一条关系通常只有单一取值，不可以是多值的，但是古代人未必如此，当今世界的某个偏远部落也未必如此。几乎所有的严格定义都容易遭遇特例。因此，知识图谱在设计模式时通常会采取一种“经济、务实”的做法：也就是允许模式（Schema）定义不完善，甚至缺失。模式定义不完善或缺失对知识图谱中的数据语义理解以及数据质量控制提出了挑战。

（2）**封闭世界假设不再成立**。传统数据库与知识库的应用通常建立在封闭世界假设（Closed World Assumption，CWA）基础之上。CWA 假定数据库或知识库中不存在（或未观察到）的事实即为不成立的事实。很显然，这是一个较强的假设，只适用于封闭领域。大多数开放性应用不遵守这一假设。也就是说，在这些应用中缺失的事实或知识未必为假。比如，很难保证知识图谱中关于柏拉图的信息完整，很可能会缺失柏拉图父母的信息。但常识告诉我们柏拉图一定有父母。不遵守 CWA 给知识图谱上的应用带来了巨大的挑战。

（3）**大规模自动化知识获取成为前提**。知识图谱规模巨大，其实现依赖大规模自动化知识获取。传统知识工程依赖专家完成知识获取，这一方式难以实现大规模知识获取，难以满足知识图谱的规模要求。大规模自动化知识获取是知识图谱与传统语义网络的根本区别之一。需要注意的是，大规模自动化知识获取的方式是多样的，可以从文本中自动抽取，也可以基于大规模众包平台的知识标注，还可以是多种方式混合。但不管是哪种具体的实现方式，大规模知识获取都是知识图谱构建所必需的。如果仍然以传统人工方式开展小规模知识获取，那么其与传统知识工程的做法没有本质差别。

3. 知识图谱与本体的区别

除了与语义网络的区别外，另一个经常被问及的问题是知识图谱与本体（Ontology）的区别。本体源于哲学中的本体论，侧重于对存在进行规定和刻画。人工智能领域提出本体的一个重要动机是，知识的共享与复用，以及数据的互联与互通。不同的自治系统（比如不同的网站、不同的机器）只有遵循相同的“世界观”，才有可能形成类似的“理解”。语义网（Semantic Web）领域发展出了很多本体定义语言与资源交换标准。因此，计算机领域的本体侧重于表达认知的概念框架，表达概念之间的语义关系，往往也伴随着刻画概念的公理系统[1]。

本体刻画了人们认知一个领域的基本框架。框架与实例之间的关系好比

1　注意，在一些本体的定义中，也可能包含实例的集合。

人的骨骼与血肉之间的关系。没有框架，无法支撑机器对于世界或者某个特定领域的理解，框架是认知的核心与灵魂。但是只有框架没有实例，就好比精神很好但四肢无力，也无法实现机器智能。为机器定义本体，就好比将我们的世界观传递给机器。显然，这一工作需要人类专家完成，这也是人类不可推卸也不愿推卸的责任，因为我们不希望机器违背我们的认知框架。相比较而言，知识图谱富含的是实体以及关系实例。在建设知识图谱的初期，模式（Schema）定义实质上是在完成本体定义的任务。如图 1-3 所示是“哲学家”知识图谱对应的本体。

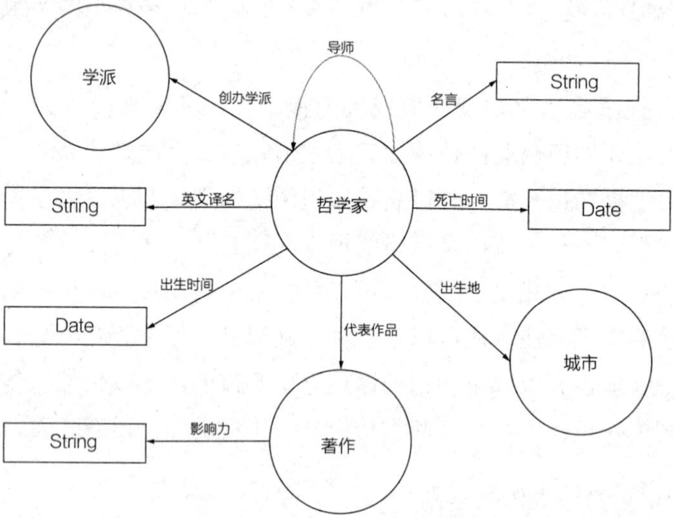

图 1-3　“哲学家”知识图谱对应的本体

1.1.2　知识图谱的广义概念

知识图谱技术发展到今天，其内涵已经远远超出了语义网络的范围，在实际应用中它被赋予了越来越丰富的内涵。如今，在更多实际场景下，知识图谱作为一种技术体系，指代大数据时代知识工程的一系列代表性技术的总和。本书将大数据时代这一新时期的知识工程学科简称为大数据知识工程

（Big Data Knowledge Engineering，BigKE）[1]，这是传统知识工程在大数据时代的延续。“知识工程”是由 Edward Feigenbaum 在 1977 年的 IJCAI（The 5th International Joint Conference on Artificial Intelligence）上首次提出的，是指以开发专家系统（Expert System，又称为 Knowledge-based System）为主要内容，以让机器使用专家知识以及推理能力解决实际问题为主要目标的人工智能子领域。

知识图谱的诞生宣告了知识工程进入大数据时代。知识图谱是大数据知识工程的代表性进展。2017 年我国学科目录做了调整，首次出现了知识图谱学科方向，教育部对于知识图谱这一学科的定位是“大规模知识工程”。需要指出的是，知识图谱技术的发展是一个循序渐进的过程，其学科内涵也在不断发生变化。最近有学者提出大数据知识工程[5]和大知识工程（Big-Knowledge Engineering）[4]均与知识图谱的发展有着密切的联系。知识图谱的学科地位如图 1-4 所示。

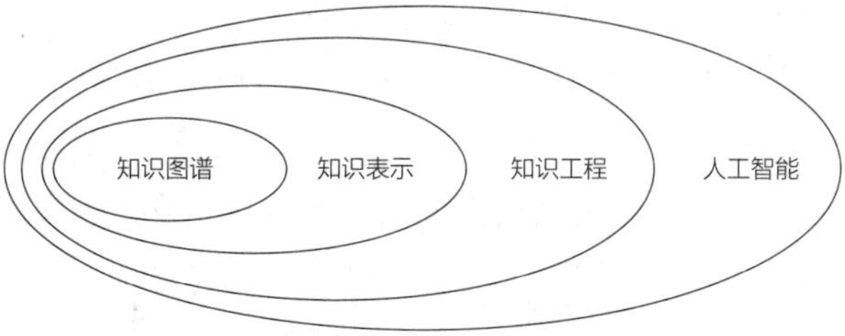

图 1-4　知识图谱的学科地位

作为一门学科，知识图谱属于人工智能范畴。在人工智能这个庞大的学科体系中，知识图谱有着非常清晰的学科定位。人工智能的基本目标是让机器具备像人一样理性地思考或者行事的能力。实现人工智能思路众多，符号主义是主流思路之一。在符号主义思潮的引领下，在 Feigenbaum 等人的推动下，知识工程在 20 世纪 70、80 年代进入快速发展的时期。知识工程在很多领域，尤其是医疗诊断领域，取得了突破性的进展。知识工程的核心内容

1　需要注意的是，“大数据知识工程”一词首次出现于 Xingdong Wu 等人的文章 *Knowledge Engineering with Big Data*（IEEE Intelligient System 2015）中，但其与本书中的这个词具有不同的内涵。在 Wu 等人的文章中，BigKE 指代的是一种为大数据赋予语义的技术框架，而本书则用其指代大数据时代这一时期的知识工程。

是建设专家系统，旨在让机器能够利用专家知识以及推理能力解决实际问题。

在整个知识工程的分支下，知识表示是一个非常重要的任务。为了有效应用知识，首先要在计算机系统中合理地表示知识，所以知识表示是发展知识工程最关键的问题之一。而知识表示的一个重要方式就是知识图谱。知识图谱侧重于用关联方式表达实体与概念之间的语义关系。需要强调的是，知识图谱只是知识表示的一种。除了语义网络外，谓词逻辑、产生式规则、本体、框架、决策树、贝叶斯网络、马尔可夫逻辑网等都可以被认为是知识表示的形式。这些知识表示表达了现实世界中各种复杂的语义与逻辑。

1.2 知识图谱的历史沿革

知识图谱源于 20 世纪 70 年代的专家系统与知识工程。从知识工程的提出之日起，学术界和工业界就相继推出了一系列知识库。直到 2012 年，Google 推出了面向互联网搜索的大规模知识图谱，这才宣告了知识图谱的诞生。知识图谱的内涵要从历史沿革角度加以理解。本节将首先回顾知识图谱的“前世”（传统知识工程），然后阐述知识图谱的“今生”（大数据知识工程）。本节论证一个观点：**以知识图谱为代表的大数据知识工程的产生具有历史必然性**。

1.2.1 知识图谱溯源

1. 传统知识工程

知识工程源于符号主义。符号主义认为知识是智能的基础。早期的人工智能专家认为，不管是机器智能还是人的智能，本质都是符号的操作和运算。传统人工智能专家认为人工智能的核心问题是知识表示、推理和应用。这一观点与当前机器学习成为人工智能热点形成鲜明对照。早期的人工智能研究十分关注让机器拥有人类知识（特别是专家知识），让机器具备知识表示、推理和应用能力。

符号主义的思潮推动了知识工程的发展，成就了包括 Feigenbaum、马文明斯基在内的一批杰出人物。传统知识工程曾经解决了一系列实际问题，比如，计算机系统的自动配置、蛋白质结构的发现、机器数学定理的证明等。但是总体而言，传统知识工程解决的仍然是简单问题。

传统知识工程所成功解决的问题普遍具有**规则明确、应用封闭**的特点，比如几何定理的证明。欧氏几何体系是建立在几条公理基础之上的，通过明确且有限的规则可以从公理推导出所有推论。在整个推理过程中，规则是明确的，应用是封闭的（不涉及几何定理证明以外的任何知识）。

传统知识工程的上述局限性，归根结底是由于其严重依赖人的干预。通过对典型专家系统 MYCIN 的剖析（如图 1-5 所示），我们可以窥见传统知识工程对于人力的严重依赖。首先，MYCIN 需要领域专家的参与。领域专家需要把自己的业务知识，比如医生的诊断与治疗知识，准确且充分地表达出来。其次，需要知识工程师的参与。知识工程师需要将领域专家的知识形式化，转换成计算机能够处理的结构与形式。再次，需要用户的反馈。用户反馈是持续改进专家系统的源头。所以，传统的专家系统需要借助大量的人力参与。

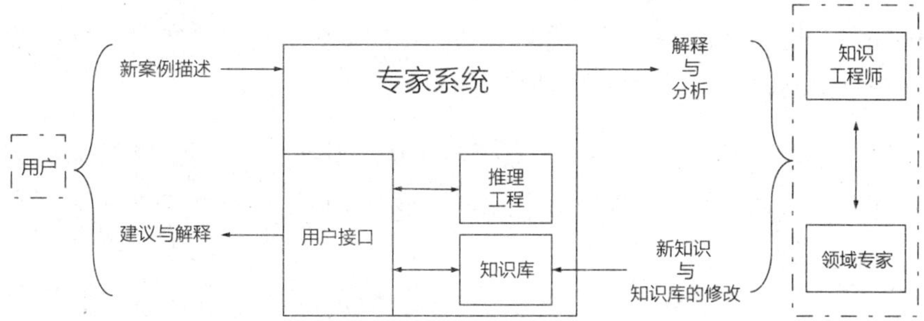

图 1-5　典型专家系统 MYCIN（虚线部分是参与专家系统的各类用户角色，本图根据文献[6]重新绘制）

2. 传统知识工程的局限性

以人为基础的知识表达、获取与应用方式极大地限制了知识库的规模与质量，造成了知识表示与获取方面的诸多困难，分别介绍如下。

（1）**隐性知识与过程知识等难以表达**。专家经验与知识往往是隐性的，难以表达，比如中医看病的知识。隐性知识外显一直以来是困扰传统知识管理的难题之一。另外，有很多过程知识也是难以表达的。比如，如何做蛋炒饭的知识，显然无法简单地表示为相关食材与原料之间的关系。隐性知识与过程知识难以外显与表达的一个重要原因在于，很多知识从根本上讲是很难表征的[1]。

（2）**知识表达的主观性与不一致性**。每个人认识世界的角度不同，从个人视角所表达的知识存在主观性与不一致性。人类认识世界的步伐从未停止，我们的世界图景也在不断刷新。因此，专家认知有差异、有冲突是常态。比如，在我国仍有一些疾病的治疗还未形成治疗标准，这很大程度上也是专家认知主观性与不一致性的结果。认知的主观性与不一致性的深层次原因是，人类的认知存在模糊性。比如，认知的基本任务之一物体归类就存在模糊性。对于一个足够矮的有柄的杯子，归类到杯子还是碗，不同人往往会做出不同的选择。

（3）**知识难以完备**。很多开放性应用所需要的知识几乎是无穷无尽的。比如，在互联网搜索引擎平台上，用户可能搜索的事实或知识几乎是无法穷尽的。面向开放性系统进行完备的知识表示难以实现。即便在相对封闭的应用中，完备的知识表示也是专业性要求极高的任务。比如，对于几何定理的证明，构建完备的规则系统是一件困难的事情。大部分知识表示系统需要十分复杂的理论证明过程才能证明其完备性。

（4）**知识更新困难**。知识是有时效性的，比如，每次总统竞选后可能会有新的总统上任。能否及时更新知识库中的知识，关系到知识库在实际应用中是否有效。基于人工的知识获取很难做到实时更新，因为无论是知识工程师、领域专家，还是用户，都无法做到全天候在线。在很多时间敏感的应用领域中，知识更新的滞后是难以接受的。比如，在传媒行业，即便几小时的滞后也是难以接受的。

传统知识工程在知识表示与获取方面的诸多缺陷限制了知识应用的效果。这一结果的根本原因在于，传统知识工程难以适用于开放性应用。大部分实际应用属于开放性应用，很容易超出预先设定的知识库边界。人们往往简单地认为领域性应用是相对封闭的，但是很多领域的封闭性是假象。比如，金融的智能化应用似乎与娱乐人物毫无关联，但是如果该娱乐人物参演了某个电影公司的电影，而该公司又是上市公司，那么他们之间显然就有着相当强的关联。事实上，事物之间普遍存在关联，万事万物都身处一个巨大

---

1 传统知识工程曾受到极大的批判，其被攻击的焦点就在于知识是否能够被表征。

的因果关联网络之中。因此，只要实际应用不是绝对封闭的（比如，围棋游戏、几何定理证明），就很容易超出预先设定的知识库边界。

对于常识知识（Commonsense Knowledge）的需求更加大了传统知识工程应用中的困难。很多实际应用需要常识支撑。常识是我们每个人都熟知而不用言明的知识[1]。比如，人会走路、一个人要么是男人要么是女人。目前常识知识库仍然十分匮乏，机器理解常识的水平仍然十分有限。很多“智能”机器表现得像“智障”机器，这或多或少都与常识缺失有关。

1.2.2　大数据知识工程

1. 互联网与大数据应用催生了知识图谱

随着互联网的兴起，大数据时代到来，互联网和大数据催生了新时期的知识工程。传统知识工程难以适应互联网时代的大规模开放性应用的需求。互联网应用的特点如下。

- 规模巨大。互联网用户在不断地创新搜索需求，创造新的搜索关键词，比如“吃鸡本”“纸片人”“××事件”等。搜索引擎是典型的大规模开放性应用。
- 精度要求相对不高。搜索引擎从来不需要保证对每个搜索词的理解和检索都是正确的，虽然“搜索直达”一直是搜索引擎追求的目标，但是当前的搜索引擎结果仍然差强人意。
- 知识推理简单。对大部分搜索的理解与回答只需要简单的推理，比如，当用户搜索“刘德华”时，推荐他演唱的歌曲，这是因为刘德华是歌星，而歌星通常有代表性歌曲。至于“姚明老婆的婆婆的儿子有多高”这类复杂推理，在开放性应用中所占比例并不高。

互联网上的各类大规模开放性应用所需要的知识，很容易超出传统专家系统中由专家预设好的知识库边界。为了适应互联网应用的特点，Google 在 2012 年推出全新的知识图谱，宣告了知识工程进入大数据时代。有不少学者将新时期的知识工程概括为大数据知识工程。

1　关于常识的严格定义一直以来都是学术界具有较大争议的事项。本书只尝试刻画常识知识，尽量避免进行严格定义。

2. 大数据时代给知识图谱的发展带来了新机遇

大数据时代的到来不只是催生了知识图谱，也给知识图谱技术的发展奠定了必要的基础。

（1）**数据、算力和模型的飞速发展使得大规模自动化知识获取成为可能**。当前的技术环境与 20 世纪发展专家系统时有着根本的不同：当下我们有前所未有的大数据、前所未有的机器学习能力以及前所未有的计算能力。数据、算力和模型三者的合力作用使我们可以摆脱对于专家的依赖，使得从数据出发以自下而上的方式实现大规模自动化知识获取成为可能，这是大数据知识工程存在的根本前提。

计算机系统的计算能力仍在持续增长。虽然单体芯片计算能力的提升已趋饱和，但是基于各类集群技术（比如云计算）的大规模计算系统的算力仍在持续增长。量子计算等新型计算方式也正在为算力的革命性提升积蓄能量。机器学习受益于大数据所提供的丰富样本，在过去十多年里取得了飞速进展。大部分机器学习模型本质上是统计学习模型。统计学习模型的进步使得基于大规模语料的自然语言处理技术发展迅速，也使得从大数据中的统计关联挖掘语义关联的手段增多。前者使文本的结构化抽取日益成熟，后者使基于大数据的因果推断日渐可能。

大数据时代积累的各类数据使得从数据中直接获取知识成为可能。在知识工程发展之初，计算机、信息化与数字化技术尚未普及，数据极度贫乏。数据的贫乏导致只能依赖专家表达与获取知识。但是到了大数据时代，各行业都积累了前所未有的海量数据。比如，搜索引擎所积累的互联网网页数据、电商平台所积累的搜索日志与购物记录等。海量网页数据使得基于文本抽取模型从海量网页文本中抽取知识成为可能。海量电商购物记录使得从购物行为推断物品之间的语义关联（比如，西装与领带经常同时出现于大量的购物记录中）成为可能。依托能力日益增长的各类机器学习模型，从大数据中自动挖掘语义知识成为可能。

显然，这种数据驱动的知识获取方式与人工构建的知识获取方式完全不同。前者可以实现大规模自动化知识获取，无须高昂的人力成本。相对于依赖专家的知识获取方式，数据驱动的知识获取方式是一种典型的自下而上的做法，是面向应用、数据驱动的做法。而在实际落地应用中，往往是两种方式相结合使用——由专家定义认知世界的框架（也就是设计模式），由数据驱动的方法实现实例级别的海量知识获取。

（2）**众包技术使得知识的规模化验证成为可能**。知识获取的众多环节均可以受益于众包技术。比如，训练知识抽取模型时可以通过众包获取标注样本，从而构建基于监督学习的抽取模型。需要特别指出的是，众包技术对于知识验证具有显著意义。根据柏拉图的定义，"知识"是"justified true belief"，也就是说，知识是一种被证实为真的信念。信念是人类所独有的，证实知识的主体只能是人类，因为猫、狗之类的动物是不需要证实任何"信念"的，也不持有所谓的"信念"。更深层次的原因在于，目前只有自然人或者由其延伸出的机构才是人类事务的责任主体。一个知识库中的知识如果出错、缺失或过期，由此而产生的一切社会与经济责任，只能要求相应的个人或者机构承担。所以，知识验证是我们人类无法推卸的"责任"。这意味着知识加工的最后一步一定是人工验证。因此，众包有可能实现规模化知识验证，从而促成大规模知识工程的成功落地。

（3）**高质量的用户生成内容提供了高质量知识库来源**。随着 Web 2.0 时代的到来，产生了大量的高质量用户生成内容（User Generated Content，UGC），包括百科、社区、论坛、问答平台等。这些平台成为互联网的知识宝藏。人类的大量知识集中到少数几个平台，使得很多自动化方法可以轻松获取其中的知识。这些 UGC 中的知识尽管可能不全面，但是可以作为各领域知识获取的高质量种子样本。高质量的种子样本使得构建有效的知识抽取模型成为可能。各类在线百科中的内容对于各领域模式的归纳提供了丰富的样本，避免了从零开始构建一个领域知识图谱。

大数据时代的到来催生了以知识图谱为代表的大规模知识表示，同时也为其蓬勃发展注入了强劲动力，知识工程进入了大数据知识工程的全新阶段。大数据知识工程势必承担起突破传统知识工程在知识库规模与质量等方面的瓶颈的历史使命。大数据知识工程也在一定程度上宣告了大知识（Big Knowledge）时代的到来。在知识图谱技术的引领下，各种各样的知识表示将在不损失质量的前提下逐步提升规模，从小规模的知识表示变成大规模的知识表示，最终应对现实世界的开放性和复杂性给知识工程带来的巨大挑战。

1.3 知识图谱的研究意义

近年来，知识图谱的研究受到越来越多的关注。知识图谱的研究价值集中地体现在它是实现认知智能的基础。

1.3.1 知识图谱是认知智能的基石

所谓认知智能是指让机器具备人类认知世界的能力。机器认知智能的两个核心能力是“理解”和“解释”，二者均与知识图谱有着密切关系。首先，需要给机器的“理解”和“解释”提出一种解释[1]。机器理解数据的本质是从数据到知识图谱中的知识要素（包括实体、概念和关系）的映射。比如，“2013 年的金球奖得主 C 罗”，我们之所以能够理解这句话，是因为我们把“C 罗”这个词汇映射到自己脑海中的实体“C 罗”，把“金球奖”这个词汇映射到自己脑海中的实体“金球奖”，然后把“得主”这个词汇映射到“获得奖项”这条关系。通过反思人类理解文本的过程不难发现，“理解”可以视作建立从数据（包括文本、图片、语音、视频等数据）到知识图谱中的实体、概念、属性之间映射的过程。

再来看人类是如何“解释”的。比如，有人问“C 罗为什么那么牛？”，我们可以通过知识图谱中的“C 罗获得的奖项：金球奖”以及“金球奖的地位：影响力最大的足球奖项之一”这两条关系来解释这一问题。这一过程的本质就是将知识图谱中的知识与问题或者数据相关联。有了知识图谱，机器完全可以重现人类的这种理解与解释的过程。基于知识图谱的“理解”和“解释”如图 1-6 所示。

---

1 这里只是形象的解释而非严格定义，对人类与机器的“理解”和“解释”的严格定义仍是一个开放性问题。

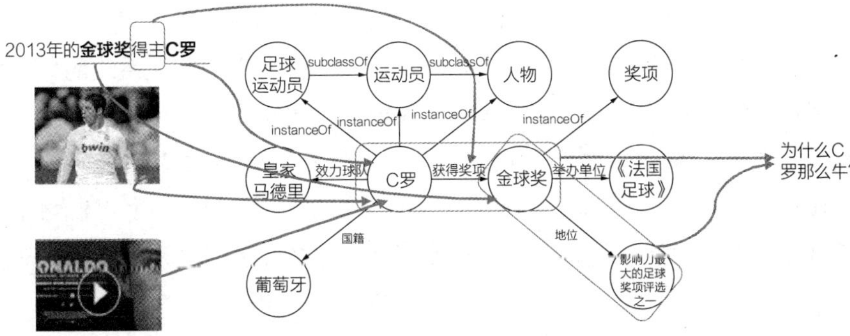

图 1-6　基于知识图谱的“理解”和“解释”

知识图谱对于机器认知智能的重要性还体现在以下几个具体方面。

（1）**知识图谱使能机器语言认知**。认知智能的核心能力之一是自然语言理解。机器理解自然语言需要有类似知识图谱这样的背景知识。自然语言是异常复杂的：自然语言有歧义性、多样性；语义理解有模糊性且依赖上下文。机器理解自然语言有困难的根本原因在于，人类对语言的理解是建立在认知能力基础之上的，人类的认知体验所形成的背景知识是支撑人类对语言理解的支柱。我们之所以能够很自然地理解彼此的语言，是因为彼此共享类似的生活体验、类似的教育背景，因此有着类似的背景知识。否则，很难彼此理解。比如，东方人往往很难理解西方人的笑话，根本原因在于东西方人群的背景知识不同，这决定了人们对幽默有着不同的理解。所以，语言理解需要背景知识，机器理解自然语言也需要背景知识。

实现机器对自然语言的理解所需要的背景知识是有着苛刻的条件的。

- 规模必须足够巨大才能理解不同的实体与概念。
- 语义关系必须足够丰富才能理解不同的关系。
- 结构必须足够友好才能为机器所处理。
- 质量必须足够精良才能让机器对现实世界产生正确的理解。

根据上述四个标准去选择知识表示就会发现，只有知识图谱是满足所有这些条件的。

（2）**知识图谱赋能可解释人工智能**。近年来，在通用搜索引擎平台上（比如 Google 和百度），“how”和“why”之类的搜索日益增多，比如“如何做蛋炒饭”“怎么去复旦”。这说明人们希望搜索引擎平台能做“解释”。可解释性将是智能系统一个非常重要的体现，也是人们对智能系统的普遍期望。可解释性决定了智能系统的决策结果能否被人类采信。可解释能力的缺失是很多领域（金融、医疗、司法等）人工智能技术成功应用的瓶颈。比如，在医疗领域，即便智能系统判断疾病的准确率在 95%以上，但是如果系统只是告诉病患得了什么病，却不能解释为什么做出这类判断的话，病人是不会为此买单的。

知识图谱让可解释人工智能成为可能。“解释”与符号化知识图谱密切相关。因为解释的对象是人，人只能理解符号而无法理解数值，所以需要利用符号知识开展可解释人工智能的研究。比如，若问鲨鱼为什么可怕？你可能会解释：因为鲨鱼是食肉动物，这实质上是用概念在解释。若问鸟为什么能飞翔？你可能会解释：因为它有翅膀，这是用属性在解释。若问鹿晗和关晓彤有段日子为什么会刷屏？你可能会解释：因为关晓彤是鹿晗的女朋友，这是用关系在解释。人类倾向于利用概念、属性、关系这些认知的基本元素去解释现象和事实。而对于机器而言，概念、属性和关系都在知识图谱中表达，因此，“解释”离不开知识图谱。

（3）**知识有助于增强机器学习的能力。**知识（这里特指符号知识）对于增强机器学习的能力有着积极意义。当前，机器学习与人类的学习相比，在水平上仍然有着巨大差距。这集中地体现在机器学习样本需求量大、以深度学习为代表的一些模型可解释性差、难以应对开放性挑战、模型不健壮因而易于受到恶意样本攻击等方面。比如，为了识别图片中的猫和狗，机器学习可能需要数以万计的样本才能准确习得猫和狗的特征。相比较而言，人类的学习高效、健壮，能够适应开放性环境。其中的根本原因在于，人类的学习很少是从零开始的学习，人类擅长结合丰富的先验知识开展学习。比如一个中国人在开始学习英语时，或多或少已经有汉语的基础，因此相对于机器而言人类的语言学习要高效得多。

让机器学习模型有效利用已经大量累积的符号知识，将是突破机器学习瓶颈的重要思路之一。符号知识增强下的机器学习思路日渐清晰：无论是专家知识还是通过学习模型习得的统计规律经符号化表达而获得的知识，都将显式地表达并且沉淀到知识库中，再利用知识增强的机器学习模型解决实际问题。这种知识增强下的学习模型，可以显著降低机器学习模型对于大样本的依赖，提高学习的经济性，提高机器学习模型对先验知识的利用率。利用知识增强机器学习的基本思路如图 1-7 所示。

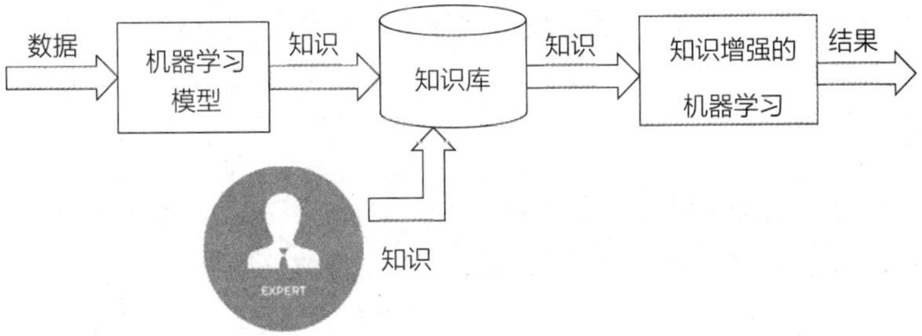

图 1-7　利用知识增强机器学习的基本思路

1.3.2　知识引导成为解决问题的重要方式之一

知识图谱对于实现机器认知智能的重要作用，决定了知识引导将成为解决问题的主要方式之一。当下，计算机解决问题主要采取数据驱动的方法，也就是从样本数据中建立统计模型，挖掘统计规律来解决问题。为了提升效果，数据驱动的方法通常需要较多样本数据。但是，即便样本数据量再大，单纯的数据驱动方法仍然面临效果的“天花板”，如图 1-8 所示。

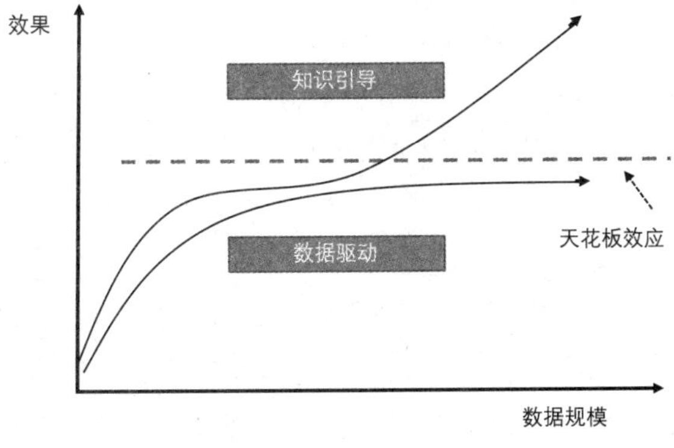

图 1-8　数据驱动的问题解决方式的效果日益靠近“天花板”

而要突破这个“天花板”，需要知识引导。很多知识密集型的应用对于知识引导提出了强烈诉求。比如，在司法诉讼的刑罚预测问题中，同样的两个伤人案情陈述，一个是嫌疑犯预先带着匕首，另一个是嫌疑犯随手捡起一块砖头，即便其他所有陈述完全相同，其刑罚结果也是完全不同的（前者会被判定为蓄意谋杀，后者则会被判定为临时起意，量刑结果完全不同）。究其原因，刑罚从根本上讲是由司法知识决定的。数据驱动的方法单纯利用词频等文本统计特征，很难有效解决这类知识密集型的实际任务。实际应用越来越要求将数据驱动和知识引导相结合，以突破基于统计学习的纯数据驱动方法的效果瓶颈。

因此，知识将成为比数据更重要的资产。如果说数据是石油，那么知识就好比石油的萃取物。如果我们只满足于直接从数据中获取价值，就好比直接输出石油赢利。但是，石油更巨大的价值蕴含于其深加工的萃取物中。石油萃取的过程与知识加工的过程也极为相似，都有着复杂的流程，都是大规模系统工程。本节的内容在一定程度上是在当前技术环境下重新诠释知识工程提出者 Edward Feigenbaum 曾做出的论断“Knowledge is the power in AI.”。

1.4 知识图谱的应用价值

机器认知智能的发展过程本质上是人类脑力不断解放的过程。在工业革命和信息化时代，人类的体力被逐步解放；而随着人工智能技术的发展，尤其是认知智能技术的发展，人类的脑力也将会被逐步解放。越来越多的知识工作将逐步被机器所代替，伴随而来的是机器生产力的进一步提升。基于知识图谱的认知智能的应用广泛而多样。各类应用（包括数据分析、智慧搜索、智能推荐、自然人机交互和决策支持）都对知识图谱提出了需求。

1.4.1 数据分析

大数据的精准与精细分析需要知识图谱。如今，越来越多的行业或者企业积累了规模可观的大数据，但是这些数据并未发挥应有的价值，很多大数据还需要消耗大量的运维成本。大数据非但没有创造价值，在很多情况下还成为一笔负资产。这一现象的根本原因在于，当前的机器缺乏诸如知识图谱这样的背景知识，无法准确理解数据，限制了大数据的精准与精细分析，制约了大数据的价值变现。例如，在娱乐圈王宝强离婚案刚刚开始的时候，一些新闻平台的热搜前三位分别是“王宝强离婚”、“王宝宝离婚”和“宝强离婚”。也就是说，平台当时还没有能力将三个不同的事件描述归类为同一事件。这是因为当时的机器缺乏背景知识，不知道王宝强又叫“王宝宝”或“宝强”，所以没有办法做到大数据的精准分析。事实上，舆情分析、互联网的商业洞察，还有军事情报分析和商业情报分析，都需要对大数据做精准分析，而这种精准分析必须有强大的背景知识来支撑。

除了大数据的精准分析，数据分析领域另一个重要趋势——精细分析，也对知识图谱和认知智能提出了诉求。比如，很多汽车制造商都希望实现个性化制造，即希望从互联网上搜集用户对汽车的评价与反馈，并以此为依据实现汽车的按需与个性化定制。为了实现个性化定制，厂商不仅需要知道消费者对汽车的褒贬态度，还需要进一步了解消费者对汽车产品不满意的细节，以及希望如何改进，甚至需要知道消费者提及了哪些竞争品牌。显然，面向互联网数据的精细化数据分析要求机器具备关于汽车评价的背景知识（比如，汽车的车型、车饰、动力、能耗等）。

1.4.2　智慧搜索

智慧搜索需要知识图谱。智慧搜索体现在很多方面，分别介绍如下。

首先，精准的搜索意图理解。比如，在淘宝上搜索“iPad 充电器”，用户的意图显然是要搜索一个充电器，而不是一个 iPad，这个时候淘宝应该反馈给用户若干个充电器产品以供选择，而不是 iPad。再比如，在 Google 上搜索“toys kids”或者“kids toys”，不管搜索这两个词中的哪一个，用户的意图都是在搜索给孩子玩的玩具，而不是玩玩具的小孩，因为一般不会有人用搜索引擎搜孩子。

其次，搜索对象复杂化、多元化。传统搜索的对象以文本为主，未来越来越多的应用希望能搜索图片和声音，甚至还能搜代码、视频、设计素材等，要求一切皆可搜索。

再次，搜索粒度多元化。现在的搜索不仅要做篇章级的搜索，还希望能做到段落级、语句级、词汇级的搜索。尤其是在传统知识管理领域，这个趋势已经非常明显。传统的知识管理大多只能做到文档级搜索，这种粗粒度的知识管理已经难以满足实际应用中细粒度的知识获取需求。

最后，跨媒体协同搜索。传统搜索以面向单质单源数据的搜索居多，难以满足用户的信息检索需求。比如，针对文本的搜索难以借助视频、图片信息，针对图片的搜索主要还是利用图片自身的信息，对于大量文本信息的利用率还不高。跨媒体的协同搜索需求日益增多。比如，曾有明星在微博上晒出一张自家小区的照片，就有好事者根据她的微博社交网络、百度地图、微博文本与图片信息等多个渠道、多种媒体的信息，通过联合检索准确推断出其所在小区的位置。这样一种跨媒体的协同搜索能力将被逐步赋予机器。

所以，未来的趋势是一切皆可搜索，并且搜索必达。为了应对这些挑战，需要建立知识图谱之类的各类知识库。比如，建立 iPad 与充电器之间的配件关系就可以帮助平台识别搜索核心词，从而准确识别搜索意图。复杂对象的搜索需要建立标签图谱（由标签以及标签之间的关联关系构成的知识图谱）来增强对象的表示。多粒度搜索需要将文档内的知识进行碎片化，建立多层次、多粒度的知识表示。多模态搜索需要建立不同模态数据之间的语义关联，建立多模态知识图谱对于满足这类需求显得日益必要。

1.4.3 智能推荐

智能推荐需要知识图谱。各智能推荐任务均对知识图谱提出了需求。

第一，场景化推荐。比如，用户在淘宝上搜“沙滩裤”“沙滩鞋”，可以推测出这个用户很可能要去海边度假。那么，平台就可以推荐“泳衣”“防晒霜”之类的海边度假常用物品。事实上，任何搜索关键词、购物车里的任何一件商品背后，都体现着特定的消费意图，很有可能对应到特定的消费场景。建立场景图谱，实现基于场景图谱的精准推荐，对于电商推荐而言至关重要。

第二，冷启动阶段下的推荐。冷启动阶段的推荐一直是传统基于统计行为的推荐方法难以有效解决的问题。利用来自知识图谱的外部知识，特别是关于用户与物品的知识，增强用户与物品的描述，提升匹配精度，是让系统尽快度过冷启动阶段的重要思路。

第三，跨领域推荐。互联网上存在大量的异质平台，实现平台之间的跨领域推荐有着越来越多的应用需求。比如，如果一个微博用户经常晒九寨沟、黄山、泰山的照片，那么为这位用户推荐一些淘宝上的登山装备十分合适。这是典型的跨领域推荐，其中微博是一个媒体平台，淘宝是一个电商平台。它们的语言体系、用户行为完全不同，实现这种跨领域推荐有着巨大的商业价值，但是需要跨越巨大的表达鸿沟（异质平台的表达方式完全不同）。如果能有效利用知识图谱这类背景知识，不同平台之间的这种表达鸿沟是有可能被跨越的。比如，百科图谱告诉我们，九寨沟是一个风景名胜区，是山区，而去山区旅游需要登山装备，登山装备包括登山杖、登山鞋等，这样就可以实现跨领域推荐。

第四，知识型的内容推荐。如果用户在电商平台上搜索“三段奶粉”，那么我们应该能为用户推荐一些喝三段奶粉的婴儿每天的需水量、常见疾病的预防等育儿知识。对这些知识的推荐将显著增强用户对于所推荐内容的信任与接受程度。消费行为背后的内容与知识需求将成为推荐的重要考虑因素。显然，将各类知识片段与商品对象建立关联，是实现这类知识型的内容推荐的关键。

1.4.4　自然人机交互

智能系统另一个非常重要的表现形式是自然人机交互。人机交互将会变得越来越自然、越来越简单。越是自然、简单的交互方式越要求机器具备强大的智能。自然人机交互包括自然语言问答、对话、体感交互、表情交互等。自然语言交互的实现要求机器能够理解人类的自然语言。对话式交互（Conversational UI）、问答式（QA）交互将逐步代替传统的关键词搜索式交互。另一个非常重要的趋势是一切皆可问答。我们的对话机器人将代替我们阅读文章、新闻，浏览图谱、视频，甚至代替我们看电影、电视剧，然后回答我们所关心的问题。自然人机交互的实现需要机器具有较高的认知智能水平，以及具备广泛的背景知识。无论是人机交互过程中的语言理解，还是对于各种类型的媒体内容的理解，都要求机器必须具备强大的背景知识，而知识图谱就是这类背景知识中的重要形式之一。

1.4.5　决策支持

知识图谱为决策支持提供深层关系发现与推理能力。人们越来越不满足于“叶莉是姚明的妻子”这样的简单关联的发现，而是希望发现和挖掘一些深层、潜藏的关系。比如，在王宝强离婚的时候，就有人通过人物关联图谱深挖过为什么王宝强找张起淮当律师。人物关联图谱显示王宝强与冯小刚关系很好，而冯小刚与徐静蕾和赵薇两位演员经常合作，张起淮正好是这两位演员的法律顾问。这样的关系链路在一定程度上揭示了王宝强与他的律师之间的深层次关联，也解释了王宝强为何选择这位律师。更多类似例子发生在金融领域。在金融领域，我们可能十分关注投资关系，比如，为何某个投资人投资某家公司；我们十分关注金融安全，比如，信贷风险评估需要分析一个贷款人的关联人物和关联公司的信用评级。因此，建立包含各种语义关联的知识图谱，挖掘实体之间的深层关系，已经成为决策分析的重要辅助手段。

1.5 知识图谱的分类

知识图谱类别众多。在为各种知识图谱分类之前，有必要先对“知识”这一概念加以澄清。因为，知识图谱中的内容就是“知识”。关于知识的定义多种多样，这里选择两个角度来阐述知识的内涵。知识的定义最早可以追溯到柏拉图时代，柏拉图认为知识是“justified true belief”，也就是经过证实为真的信念。这是从人类认识世界的角度做出的定义。这个定义明确了知识是人类认识世界的结果，因此知识与认知是密不可分的，这也正是一些领域将自己建设的知识图谱冠以认知图谱的原因[1]。知识必须是经过验证的，这意味着只有人类才需要为知识的对错负责，同时也意味着知识的对错往往是相对的，是随着时间、环境的变化而动态变化的，而不是一成不变的。

考察知识内涵的另一个角度是，数据、信息与知识之间的联系与区别。数据是对客观世界的符号化记录。例如，39 这个数值就是一个数据。信息是被赋予意义的数据。例如，给定上下文“体温 39℃”，那么 39 这个数据就产生了意义，与温度相关。知识是人类对信息提炼与总结的结果，是人类认识世界的结果。知识通常体现为信息之间有意义的关联。比如，我们一般都知道，“体温达到 39℃可能就是发烧了”，这条知识是将“体温达到 39℃”与“发烧了”相关联。这种信息之间的关联是人类通过长期的生活实践总结而获得的，或者是经由后天学习所获得的。

显然，知识对人类的最终决策与行动具有直接的指导意义。在大数据时代，数据与信息过载已经成为一个大问题，而知识作为信息加工提炼后的结

1 比如阿里巴巴将面向用户消费认知的知识图谱命名为认知图谱。

晶，是数据与信息中的精华。事实上，对数据与信息的记录往往只是手段，而对知识的获取与传承却是人类社会的根本目标。知识图谱俨然成为大数据时代人类社会知识表达和承载的重要方式，将成为人类“传承”给机器的最宝贵的财富与资产。

1.5.1 知识图谱中的知识分类

首先，可以根据所包含的不同知识对知识图谱进行分类。关于知识的分类一直以来没有定论。对知识图谱所涉及的知识做出清晰而全面的分类，是一件十分困难的事情。本书按照当前典型知识图谱中所涵盖的知识来分类，将其分为事实知识、概念知识、词汇知识和常识知识等四类。

（1）**事实知识（Factual Knowledge）**。事实知识是关于某个特定实体的基本事实，如（柏拉图，出生地，雅典）。事实知识是知识图谱中最常见的知识类型。大部分事实都是在描述实体的特定属性或者关系，比如上例中的“出生地”属性。需要说明的是，有些实体的相关事实未必存在典型的属性或者关系与之对应，只能通过复杂的文本来描述。比如，“亚里士多德是西方古典哲学的集大成者”这一事实很难找到明确的属性加以陈述。再比如，在“柏拉图继承和发展了苏格拉底的哲学思想”这一事实中，显然柏拉图与苏格拉底之间是有关系的，但这类关系无法简单陈述。很多以实体为中心组织的知识图谱均富含事实知识，比如 DBpedia、Freebase 以及 CN-DBpedia 等。本书第 6 章将介绍这类知识图谱的构建。

（2）**概念知识（Taxonomy Knowledge）**。概念知识分为两类：一类是实体与概念之间的类属关系（isA 关系），如（柏拉图 isA 哲学家）；另一类是子概念与父概念之间的子类关系（subclassOf），如（唯心主义哲学家 subclassOf 哲学家）。一个概念可能有子概念也可能有父概念，这使得全体概念构成层级体系。概念之间的层级关系是本体定义中最重要的部分，是构建知识图谱的第一步——模式设计的重要内容。特定领域的概念知识是机器认知领域的基本框架。典型的概念知识图谱（有时简称“概念图谱”）包括 YAGO、Probase、WikiTaxonomy 等。本书第 5 章将介绍这类知识图谱的构建。

（3）**词汇知识（Lexical Knowledge）**。词汇知识主要包括实体与词汇之间的关系（比如，实体的命名、称谓、英文名等）以及词汇之间的关系（包括同义关系、反义关系、缩略词关系、上下位词关系等）。例如，（“Plato”，中文名，柏拉图）、（赵匡胤，谥号，宋太祖）、（妻子，同义，老婆）。一些跨语言知识库（比如 BabelNet）专注于建立实体和概念在不同语言中的描述形式。词汇知识是知识图谱目前在实际应用中已经取得较好效果的一类知识。因为领域语料往往是丰富的，所以从这些语料中自动挖掘领域词汇，建立词汇之间的语义关联以及词汇与实体之间的关联，已经成为构建知识图谱最重要的一步。领域词汇知识也是相对简单的知识，人类学习某个领域往往是从该领域的词汇开始学习的。因此，让机器认知领域词汇是实现机器认知整个领域知识的第一步。典型的此类知识图谱有 WordNet。本书第 3 章将介绍词汇知识的挖掘。

（4）**常识知识（Commonsense Knowledge）**。常识是人类通过身体与世界交互而积累的经验与知识，是人们在交流时无须言明就能理解的知识。例如，我们都知道鸟有翅膀、鸟能飞等。再比如，如果 X 是一个人，那么 X 要么是男人要么是女人。常识知识的获取是构建知识图谱时的一大难点。常识的表征与定义、常识的获取与理解等问题一直都是人工智能发展的瓶颈问题。常识知识的基本特点是，每个人都知道，所以很少出现在文本里。面向文本的信息抽取方法对于常识获取显得无能为力。典型的常识知识图谱包括 Cyc、ConceptNet 等。

除了上述分类，还有一些知识图谱侧重知识表示的不同维度。首先，很多事实的成立是有时空条件的。有些知识的存在是有时间限制的，必须为这些知识加上时间维度。例如，（奥巴马，职业，美国总统，2009-1-20，2017-01-20）这个五元组表示“奥巴马是美国总统”这一事实从 2009 年 1 月 20 日开始生效，直至 2017 年 1 月 20 日失效。再比如，在表达某一天的温度时，（2019-1-1，平均温度，16℃，上海）和（2019-1-1，平均温度，–5℃，北京）这两个四元组就分别表示了 2019 年 1 月 1 日这一天上海与北京两地不同的温度。其次，一些知识含有主观性因素。比如，对于汉堡是否是健康的食品这一问题，不同人的认识是不同的。再次，有些知识关注实体的多模态表示。比如，（柏拉图，图片，plato.jpg）表达了柏拉图的适用图片。

1.5.2 知识图谱的领域特性

按照知识图谱中所包含的知识类型对知识图谱分类是最自然的一种分类

方式。随着近几年知识图谱技术的进步，其研究与落地日益从通用领域转向特定领域和特定行业，于是就有了领域或行业知识图谱（Domain-specific Knowledge Graph，DKG）。比如，哲学知识图谱里面大部分都是与哲学相关的实体和概念。领域知识图谱的范畴再大一些就是行业知识图谱了，比如农业知识图谱。DKG 和 GKG（General-purpose Knowledge Graph，通用知识图谱）之间既有显著区别也有十分密切的联系。

DKG 与 GKG 之间的区别是明显的（如表 1-1 所示），体现在知识表示、知识获取和知识应用三个层面。

表 1-1　DKG 与 GKG 的区别

		DKG	GKG
知识表示	广度	窄	宽
	深度	深	浅
	粒度	细	粗
知识获取	质量要求	苛刻	高
	专家参与	重度	轻度
	自动化程度	低	高
知识应用	推理链条	长	短
	应用复杂性	复杂	简单

（1）**在知识表示层面的区别可以从广度、深度和粒度这三个维度来考察**。从广度来看，GKG 涵盖的范围明显大于 DKG。从深度来看，DKG 通常更深，尤其体现在概念的层级体系上。比如，在娱乐领域，追星族很关心“内地鼻子长得帅的男明星”；在电商领域，消费者更关心“韩版夏装连衣裙”这样的细分品类，而不是“连衣裙”这一相对较宽泛的品类。如何表达与处理这些较深层次的概念，对于很多 DKG 应用而言是一个巨大的挑战。层次较深的细粒度概念往往不是**基本概念**（Basic Concept），这意味着不同人对这些深层次概念有着不同的认知体验，因而会有较大的主观分歧。这是很多人工构建的概念深到一定层级就很难继续下去的重要原因。此时，比较适合采用数据驱动的自下而上的自动化方法来识别与认知细粒度概念。

第三个维度是知识表示的粒度，DKG 通常涵盖细粒度的知识。知识表示是有粒度的，知识的基本单元可以是一个文档，也可以是文章中的段落、法律中的条款、教育资源中的知识点等。传统的知识管理往往以文档为单位组织企业知识资源。司法智能中的司法解释往往需要将知识粒度控制在条款级别。在教育智能化领域，学科的知识点往往是合适的粒度，以知识点为中心组织教学素材和资源是可行的思路。知识表示的粒度也可以细化到知识图谱中的实体与属性级别，或者是逻辑规则中的条件与结果。比如，法律条款可以进一步细化为由条件与结果构成的产生式规则，数学中的很多定理也可以进一步细化为相关的公理系统（一组产生式规则）。

（2）**在知识获取层面，DKG 对质量往往有着极为苛刻的要求**。很多领域应用场景是极为严肃的。比如医疗，某个药物有哪些禁忌症，这一类知识是不能出错的。对质量的严苛要求自然就意味着在构建 DKG 的过程中专家参与的程度相对较高。需要指出的是，专家的积极干预并不意味着盲目地手动构建。如何应用好人力资源，包括哪些环节让专家参与以及专家参与的具体方式等问题，一直以来就是 DKG 落地中的关键问题。在众包计算中，有不少方法值得借鉴。一般而言，我们期望构建过程尽可能自动化，但是由于对目标图谱有着严苛的质量要求，最终的知识验证过程还是要诉诸人力。较多的人工干预决定了 DKG 自动化构建程度相对较低。而构建 GKG 一定要高度自动化，因为 GKG 规模巨大。

（3）**在知识应用层面，DKG 的推理链条相对较长，应用相对复杂**。原因有两个方面。第一，DKG 相对密集。比如，某个疾病在 GKG 中相关的实体可能寥寥无几，但是在一个医疗知识图谱中相关的实体可能数以百计。DKG 相对于 GKG 在单个实体的相关知识覆盖面上有明显优势。也正是基于此，DKG 上的推理链条可以较长。在一个相对稠密的 DKG 上，长距离推理之后的结果仍然可能是一个有意义的结果。但是在 GKG 上，由于其相对稀疏，多步推理之后语义漂移（Semantic Drift）严重，其推理结果很容易“面目全非”“离题千里”，令人难以理解。所以，GKG 上的推理操作大都是基于上下文的一到两步的推理。比如，用户搜索“刘德华”，系统可以推荐刘德华的歌曲，因为知识图谱告知我们刘德华是一个歌星，其主要作品是歌曲，这是两步的推理链条。第二，DKG 上的计算操作也相对复杂一些。除了深度推理外，领域应用往往会涉及复杂查询。比如，在公共安全领域，对于重点监控人群，通常需要在相关图谱中查询该人群形成的稠密子图。诸如此类的复杂计算和操作，在 DKG 中并不罕见。相反，GKG 的查询多为一到两步的邻居查询，相对简单。

GKG 与 DKG 的关系是十分密切的，体现在以下三个方面。

（1）**领域知识是通过隐喻或者类比从通用知识发展而来的**。在个人成长的早期阶段，人类通过自身身体与世界的交互习得了最基本的常识，特别是关于时间、空间、因果的基本常识。比如，我们知道时间是在流逝的，我们知道空间是有一定位置关系的，我们明白有因必有果。这些常识是构建认知体系的基础。在此基础上，通过“隐喻”或者“类比”[1]，人类发展出更复杂的知识，包括领域知识。比如，我们对某个人社会地位高低的认识实际上是从空间上的高低隐喻而来的。我们说某个人很积极、很激进，这实际上是时间先后的一种隐喻。在芯片领域，我们通常将各种芯片与人体的各种器官相类比：人工智能的芯片就好比人的大脑，通用芯片就好比人的血管，计算芯片就好比人的心脏，这都是典型的隐喻。所以，很多领域知识都是从人类的基本常识和世界知识通过隐喻发展而来的。理解自然语言中的隐喻现象也一直是自然语言处理领域的一个研究热点。

（2）**GKG 与 DKG 相互支撑**。一方面，GKG 可以给很多 DKG 提供高质量的种子事实。这些种子事实可以用作样本指导抽取模型的训练。另一方面，GKG 可以提供领域模式。在构建 DKG 时，需要花费巨大的精力设计领域模式，比如，为了构建娱乐领域知识图谱，首先必须明确描述歌手的属性列表（有时又称作 Template）中应该包括专辑、代表作、签约公司等属性。虽然 GKG 对于特定领域的实体覆盖率不高，但是通过聚合 GKG 中所有歌手的信息，就可以得到一个描述歌手的初始模板。后续只需要在初始模板的基础上逐步完善即可。DKG 在建好之后，又可以反哺 GKG。

另一个趋势就是，越来越多的企业关注自身的知识图谱建设与应用，于是就有了企业知识图谱（Enterprise Knowledge Graph）。企业知识图谱是指横贯企业各核心流程的知识图谱。与 GKG 与 DKG 相比，企业知识图谱具有典型的“小、杂、专”的特点。所谓的“小”，是指企业本身的语料或数据规模比特定领域或者开放性领域要小很多。小数据往往意味着样本不足，难以有效训练知识获取模型，这为自动化知识获取带来了巨大的挑战。所谓

1　美国的侯世达教授甚至认为类比是智能的本质，见其《哥德尔、艾舍尔、巴赫》一书。

的“专”，是指每个企业往往有自身的业务特色。比如，几乎每个企业都在国家的基本财务制度下制定了个性化的财务管理制度。所谓的“杂”，是指企业知识图谱所包含的领域众多。“麻雀虽小，五脏俱全。”这句话用来比拟企业知识图谱之杂最合适不过。一个企业总要涉及人事、财务、生产、市场等业务，各个部门的智能化均对各自领域的知识图谱提出了需求，因此一个企业知识图谱可能要糅杂多个领域知识图谱。总体而言，企业知识图谱还在发展中，其所面临的技术挑战是巨大的。

知识图谱与各领域、各行业、各企业业务的深度融合已经成为一个重要趋势。领域知识图谱、行业知识图谱与企业知识图谱的边界有时也十分模糊。近几年，这几类知识图谱得到了越来越多的关注。

1.5.3 典型知识图谱

近年来，随着互联网应用需求日益增加，越来越多的知识图谱应运而生。根据开放互联数据联盟（Linked Open Data）的官方数据，截至 2017 年 8 月，共有 1163 个开放互联的知识图谱，加入开放互联数据联盟的知识图谱还在持续增长。

这些常见知识图谱可以从四个维度进行分类，如图 1-9 所示。

- 按照是通用还是专用领域可以分为通用知识图谱、领域知识图谱和企业知识图谱。
- 按照构建方式可以分为全自动、半自动以及以人工为主构建的知识图谱。
- 按照语言可以分为单语言（比如英语、汉语）和多语言知识图谱。
- 按照知识图谱中的知识类型可以分为概念图谱、百科图谱（涵盖以实体为中心的事实知识）、常识图谱和词汇图谱。

还有一些知识图谱（比如 Google 知识图谱）是这些图谱的混合，归为综合知识图谱。知识图谱的分类体系如图 1-9 所示。此外，OpenIE 的主要目标是抽取基于文本表示的三元组，三元组的每个成分往往是一个短语，因而可以视作词汇图谱在文本上的拓展，我们将其归为文本图谱。

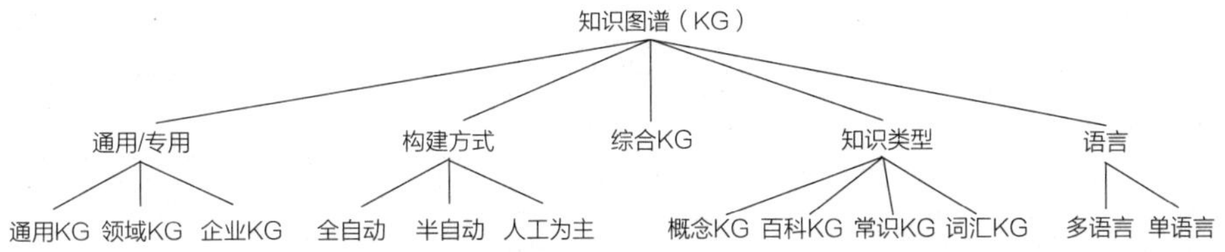

图 1-9　知识图谱的分类体系

下面将按照时间顺序介绍一些具有代表性的知识图谱。这些常见知识图谱的总结如表 1-2 所示。

表 1-2　常见知识图谱列表

知识图谱	构建团队	领域	特　点	规　模	构建方式	语言	类型
Cyc	Cycorp 公司	通用	通过人工方法将上百万条人类常识编码成机器可用的形式，用于进行智能推断	700 万条断言，63 万个概念，3.8 万条关系	人工	英语	常识图谱
WordNet	普林斯顿大学	通用	以同义词集合（Synset）作为一个基本单元	15 万个词，11 万组同义词集合，以及 20 万条关系	人工	英语	词汇图谱
ConceptNet	麻省理工学院	通用	多语言常识知识库	800 万个实体，2100 万条关系	自动	多语言	常识图谱
Freebase	MetaWeb 公司	通用	众包编辑	4400 万个概念，24 亿个事实	半自动	英语	百科图谱
GeoNames	Geonames.org	领域	多语言地理位置信息	2500 万个实体	半自动	多语言	地理图谱
DBpedia	柏林自由大学、莱比锡大学、OpenLink	通用	多语言自动构建	2800 万个实体	半自动	多语言	百科图谱

续表

知识图谱	构建团队	领域	特　点	规　模	构建方式	语言	类型
YAGO	马克斯·普朗克计算机科学研究所	通用	人工校验，时空维度，多语言	1000 万个实体，1.2 亿条关系	自动	多语言	百科图谱
OpenIE	华盛顿大学	通用	开放性关系抽取，Never-Ending	50 亿条关系	自动	英语	文本图谱
BabelNet	罗马萨皮恩扎大学	通用	271 种语言，自动融合	1 400 万个实体	自动	多语言	词汇图谱
WikiData	维基媒体基金会	通用	众包编辑	540 万个实体	半自动	多语言	百科图谱
Google 知识图谱	Google	通用	规模最大	未知	自动	多语言	综合知识图谱
Probase	微软亚洲研究院	通用	概念规模最大	270 万个概念	自动	英语	概念图谱
搜狗知立方	搜狗公司	通用	侧重于娱乐领域	未知	自动	汉语	百科图谱
百度知心	百度公司	通用	支持百度搜索	未知	自动	汉语	百科图谱
CN-DBpedia	复旦大学	通用	实时更新，完整的数据/服务接口	1600 万个实体以及 2.2 亿条关系	自动	汉语	百科图谱

1. Cyc[1]

Cyc[7]始于 1984 年，这三个字母取自英文单词“Encyclopedia”（百科全书）。其最早由 MCC（Microelectronics and Computer Technology Corporation）公司开发，现在归属于 Cycorp 公司。Cyc 项目试图将人类全部的常识编码建成知识库。所有的知识都用一阶逻辑来表示，便于机器阅读，用以支持机器像人类一样进行自动推理。典型的常识包括“鸽子是一种

1　参见链接[7]。

鸟”“鸟都会飞”等。当提出“鸽子会不会飞”这个问题时，系统会根据推理规则进行回答。Cyc 为研究人员提供了一个仅供研究的数据集 ResearchCyc，目前包含了 700 万条断言（事实和规则），涉及 63 万个概念和 38 000 种关系。Cyc 目前仍在运营。Cyc 过于形式化也导致其在扩展性和灵活性方面存在不足。

2．WordNet

WordNet[8]始于 1985 年，是由普林斯顿大学的心理学家、语言学家和计算机工程师联合设计的一种基于认知语言学的英语词典，是传统的词典信息与计算机技术及心理语言学的研究成果相结合的产物。经过 30 余年的发展，WordNet 已经成为国际上非常有影响力的英语词汇知识库。之所以将其看作一个知识图谱，是由于 WordNet 是一个按词义关系组织的巨大词库。WordNet 根据词条的意义将词汇分组，具有相同意义的字词组成一组同义词集合（Synset）。WordNet 为每一组同义词集合提供了一个定义，并记录不同同义词集合之间的语义关系。

如图 1-10 的左图所示，英文单词“company”包含了多个不同的词义，WordNet 将每种词义分为一个单独组。比如，第一组 company 的意思为“an institution created to conduct business”，而第二组 company 的意思为“small military unit; usually two or three platoons”等。如图 1-10 的右图所示，第一组 company 的同义词集合又包含了许多子概念，如 broadcasting company、car company 等。最新的 WordNet 3.0 版包含了大约 15 万个词、11 万组同义词集合以及 20 万条关系。

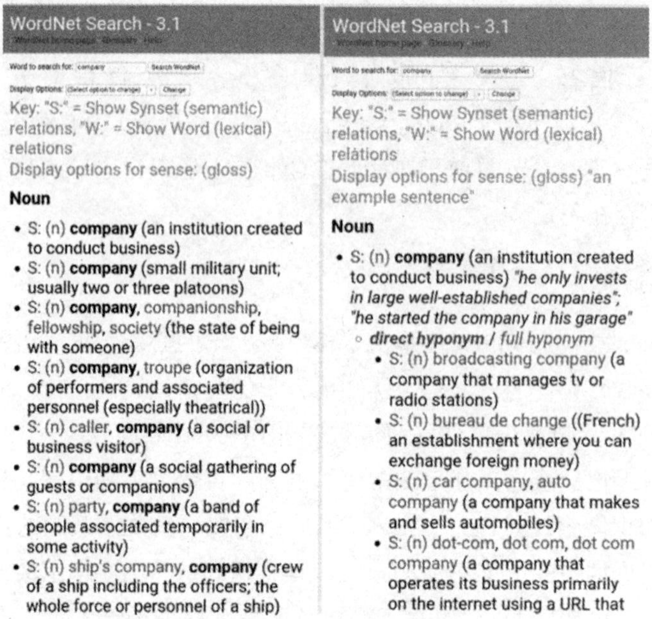

图 1-10 WordNet 中“company”词条的分组

3. ConceptNet

ConceptNet[9]始于 2004 年，其目标也是构建一个常识知识库。ConceptNet 最早源于 MIT 媒体实验室的 Open Mind Common Sense（OMCS）项目。目前 ConceptNet 的最新版本为 Concept5[10]，其转型为一个大型的多语言常识知识库，包含人们经常使用的词语和短语以及它们之间的常识关系。ConceptNet 的知识来源于多种渠道，包括互联网众包（如 Wiktionary 和 Open Mind Common Sense）、游戏（如 Verbosity 和 nadya.jp）以及由专家创建（如 WordNet 和 JMDict）等。ConceptNet 比较侧重于词与词之间的关系，图 1-11 展示了实体“ConceptNet”的一些关系，比如“ConceptNet is used for word embedding”。与 Cyc 相比，ConceptNet 采用了非形式化、更接近自然语言的描述方式。

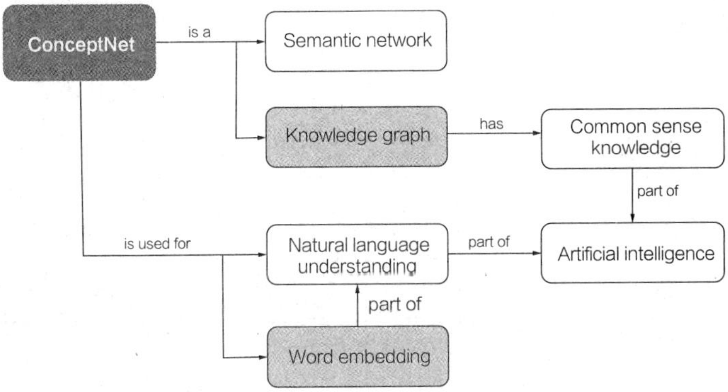

图 1-11　ConceptNet 知识图谱

4. Freebase

Freebase[1]由 MetaWeb 公司于 2005 年创建，是一个类似 Wikipedia 的开放、共享、协同构建的知识图谱。Freebase 中的知识采用 RDF[2]三元组“（主体，谓词，客体）”的表现形式，其主要数据来源包括 Wikipedia、NNDB、MusicBrainz 以及社区志愿者的贡献等。2010 年，Google 收购了 Freebase，将其作为 Google 知识图谱的数据来源之一。2016 年，Google 宣布将 Freebase 的数据和 API 服务都迁移至 WikiData，并正式关闭了 Freebase。

5. GeoNames

GeoNames[3]始于 2006 年，是一个开放的全球地理知识图谱。它覆盖了 250 多个国家，有超过 1000 万条地理位置信息，包括行政区划分（所属国家、地区、州、省等）、水文（江、河、湖、海等）、地区（公园、油田等）、城市（市、县、乡等）、道路（公路、铁路等）、建筑（医院、宾馆等）、地势（山、岩石等）、海底、植被等。其主要提供位置的经纬度等基本信息。GeoNames 允许志愿者手动编辑、纠正以及添加新的地理信息。另外，GeoNames 提供了免费的 API 接口供大众使用，其已经被广泛地应用于各行业的系统中，包括旅游、商铺点评、房地产等等。

1　参见链接[8]。

2　参见链接[9]。

3　参见链接[10]。

6. DBpedia

DBpedia 项目始于 2007 年，是一个多语言知识图谱，致力于从 Wikipedia 页面中抽取出结构化的知识供大众使用，该项目是由柏林自由大学和莱比锡大学以及 OpenLink 软件公司联合完成的。DBpedia 通过数十种不同的关系抽取器从 Wikipedia 中获取实体的各种知识。同时，DBpedia 借助全球范围内的志愿者的帮助来构建本体，并将维基百科的信息盒（Infobox）模板映射到本体的概念中。另外，DBpedia 支持持续更新。

7. YAGO

YAGO 始于 2007 年，是由德国马克斯·普朗克计算机科学研究所研发的一个大型知识图谱，并在随后的 10 年间相继推出了 YAGO[11]、YAGO2[12]、YAGO2s[13]和 YAGO3[14]等四个版本。其数据来源于维基百科、WordNet 以及 GeoNames，目前共有超过 1000 万个实体以及 1.2 亿条关系。相较于其他的知识图谱，YAGO 具有以下特点。①经人工评估，YAGO 中关系的准确率达到 95%以上。对于每一类关系，YAGO 都给出了一个可信度。②YAGO 融合了 WordNet 的层次结构以及维基百科的标签分类体系，提供了 35 万种不同的分类。③YAGO 为知识图谱中的很多事实都加入了时间和空间两种维度的描述。④不同于纯粹的层次结构，YAGO 也拥有许多来自 WordNet 的主题分类，例如“音乐”“科学”等。YAGO 抽取和融合了 10 种不同语言的 Wikipedia 内容。

8. OpenIE

OpenIE 是华盛顿大学图灵实验室研发的开放性关系抽取系统，主要从句子中抽取开放性关系。以句子“The U.S. president Barack Obama gave his speech on Tuesday and Wednesday to thousands of people. ”为例，通过 OpenIE 工具可以抽出(Barack Obama, is the president of, the U.S.)以及(Barack Obama, gave, his speech)等多个关系实例。OpenIE 经历了 5 次更新，不断完善系统功能，集成了更多的子系统，包括 TextRunner 系统[15]、Reverb 系统[16]和 Ollie 系统[17]。这三次更新主要优化了抽取方法。后来又经历了两次更新。目前 OpenIE 已经从 10 亿级的互联网页面中抽取出了 50 亿条关系。

9. BabelNet

BabelNet[18]始于 2010 年，是一个类似于 WordNet 的多语言词典知识库，包含了词典和百科网站的所有实体。它的目标是解决 WordNet 的非英语语种数据稀缺的问题。BabelNet 包含 1400 万个实体，每个实体都有详细的解释，并且包含了不同语言的同义词。BabelNet 最大的特色是包含了 271 种语言的实体，并且是通过自动融合的方法构建的。BabelNet 融合了包括 WordNet、Wikipedia 在内的多个数据源。

10. WikiData

WikiData[1]始于 2012 年，是 Wikipedia 的姊妹工程，也是一个机器与人都可以进行读/写的大型知识库。与 DBpedia 不同，WikiData 不仅提供了在线浏览功能，而且任何人都可以对相关词条进行编辑。截止至 2017 年，WikiData 已经包含超过 2500 多万个实体。

11. Google 知识图谱

Google 知识图谱于 2012 年发布，被认为是搜索引擎的一次重大革新。在传统的搜索引擎中，用户输入关键词，搜索引擎将找到所有包含该关键词的网页，并按照与关键词的相关程度以及网页的重要性对这些网页排序，然后返回结果。然而，传统的搜索引擎并不能真正理解用户的意图，也就无法找到最符合用户需求的结果。Google 提出了知识图谱的概念，可以让搜索引擎真正理解用户的搜索意图，从而得到准确的结果。例如，在 Google 搜索引擎上搜索“Obama birthday”，会直接返回奥巴马的生日，并且在右侧以知识卡片的形式显示奥巴马的其他相关信息，如奥巴马的简介、全名、教育背景等。

12. Probase

Probase 项目始于 2012 年，是由微软亚洲研究院研发的大规模概念图谱。该项目的数据源来自微软搜索引擎 Bing 的网页，主要利用 Hearst 模式从文本中抽取 isA 关系，包含实体与概念之间的 instanceOf 关系以及概念与概念之间的 subclassOf 关系。Probase 目前拥有大约 270 万个概念，是当前

1　参见链接[11]。

拥有概念数最多的知识图谱之一。Probase 现已更名为微软概念图谱（Microsoft Concept Graph）。

13．搜狗知立方

2012 年年底，搜狗在其搜索引擎中加入了知识图谱模块——知立方，数据主要来源于搜狗百科等。其知识图谱主要是娱乐领域的知识图谱，满足用户对“八卦”的需求，提供了明星、电影、电视剧等方面的深度信息。同时，搜狗还在其搜索引擎中加入了推理的功能以回答“梁启超的儿子的太太的情人的父亲是谁”这样的问题。

14．百度知心

2013 年，百度也在其搜索引擎中加入了知识图谱模块——百度知心，数据主要来源于为百度百科。百度百科是目前世界上最大的中文百科类网站，提供了丰富的知识，它为搜索引擎带来了全新的用户体验。例如，用户在查询“刘德华”时，搜索引擎不仅可以提供关于刘德华的结构化信息，同时还可以推荐一些他主演的电影、电视剧以及他唱过的歌曲等。

15．CN-DBpedia

CN-DBpedia[1]始于 2015 年，是由复旦大学知识工场实验室研发的大规模开放中文通用知识图谱。其主要从中文百科类网站（如百度百科、互动百科、中文维基百科等）的半结构化页面中提取信息，经过滤、融合、推断等操作后，最终形成高质量的结构化数据。CN-DBpedia 包含完整的数据和服务接口，具有实时更新能力，目前其包括 1600 万个实体以及 2.2 亿条关系。

本章小结

知识图谱是一种大规模语义网络，是知识工程在大数据时代的代表性产物。互联网的大规模开放性应用催生了知识图谱，大数据时代数据的积累、算力增长以及一系列新技术的发展也为知识图谱技术奠定了必要的发展基础。知识图谱的诞生宣告了知识工程进入大数据知识工程的新阶段。在这一

1 参见链接[12]。

历史背景下，各类知识图谱大量涌现。可以说，知识图谱技术的诞生是一种历史必然。

本章力求对知识图谱的概念与内涵进行全面的介绍，但是受限于篇幅，仍有大量相关概念与技术未予详细介绍。在此，对本章未涵盖的内容做一简单介绍，以便感兴趣的读者有迹可循。首先，除了本章前面提到的典型知识图谱外，国内的相关研究团队也建设了一些知识图谱。国内的百科图谱包括由上海交通大学推出、东南大学维护的 Zhishi.me[20]，以及北京大学的 PKU-PIE[1]。国内的概念图谱有哈尔滨工业大学的大词林（Bigcilin）[2]与复旦大学的大规模中文概念图谱 CN-Probase[21][3]。在多语言知识图谱方面，有清华大学的 XLore[4]，这是一个以汉语为中心的多语言知识图谱。在领域知识图谱方面，有清华大学的专注于学者图谱的 Aminer[5]，以及阿里巴巴的电商认知图谱等。同时，国内的知识图谱研究社区还成立了开放知识图谱联盟 OpenKG[6]，以推动知识图谱开放、互联以及分享。

此外，自然语言处理领域对于事件抽取有着浓厚的兴趣，在这一研究的推动下，有些工作侧重于抽取事件的表达要素[22-25]，有些工作侧重于抽取事件之间的因果关联[26-27]。这些结构化出来的元素进而被组织成事件图谱[28]。事件图谱在金融事件分析、新闻事件分析等领域有着较好的应用前景。但总体而言，受限于自然语言处理的精度，事件图谱的构建与应用仍有较大研究空间。

思考题

1. 请简述知识图谱的概念，以及知识图谱与传统语义网络有什么区别。
2. 请论述传统知识工程的局限性，并分析其原因。

1　参见链接[13]。
2　参见链接[14]。
3　参见链接[15]。
4　参见链接[16]。
5　参见链接[17]。
6　参见链接[18]。

3．请简述互联网应用的特点及其对于知识工程提出的要求。

4．知识图谱有哪些应用？请给每个应用举出一个实例。

5．基于知识图谱的搜索、推荐与问答，与传统没有知识图谱的搜索、推荐及问答分别有怎样的区别？

6．什么是知识，知识有哪些类型？

7．知识图谱有哪些分类维度？请为每个分类维度列举典型的知识图谱。

8．什么是领域知识图谱？它与通用知识图谱有哪些区别，又有怎样的联系？

9．请选择某个场景，画出该场景的知识图谱。

参考文献

[1] Sowa, John F., ed. "Principles of Semantic Networks: Explorations in the Representation of Knowledge", Morgan Kaufmann Publishers, San Mateo, CA, 1991.

[2] P. P.-S. Chen, "The entity-relationship model-toward a unified view of data," ACM Transactions on Database Systems, vol. 1, no. 1, pp. 9-36, Mar. 1976.

[3] J. F. Sowa, "Conceptual graphs for a data base interface," IBM Journal of Research and Development, vol. 20, no. 4, 1976.

[4] Lu, Ruqian, et al. "A Study on Big Knowledge and Its Engineering Issues", IEEE Transactions on Knowledge and Data Engineering, 2018.

[5] Wu, Xindong, et al. "Knowledge Engineering with Big Data", IEEE Intelligent Systems, vol. 30, no. 4, pp. 46-55, 2015.

[6] Van Melle W. MYCIN: a knowledge-based consultation program for infectious disease diagnosis[J]. International journal of man-machine studies, 1978, 10(3): 313-322.

[7] LENAT D, GUHA R. Building large knowledge-based systems: Representation and inference in the cyc project[J]. Artificial Intelligence, 1993, 61(1): 41-52.

[8] MILLER G A. Wordnet: a lexical database for english[J]. Communications of the ACM, 1995, 38(11): 39-41.

[9] Liu H, Singh P. ConceptNet—a practical commonsense reasoning tool-kit[J]. BT

technology journal, 2004, 22(4): 211-226.

[10] Speer R, Havasi C. ConceptNet 5: A large semantic network for relational knowledge[M]//The People's Web Meets NLP. Springer, Berlin, Heidelberg, 2013: 161-176.

[11] SUCHANEK F M, KASNECI G, WEIKUM G. Yago: a core of semantic knowledge [C]//Proceedings of the 16th international conference on World Wide Web. New York, NY, USA: ACM, 2007: 697-706.

[12] HOFFART J, SUCHANEK F M, BERBERICH K, et al. Yago2: exploring and querying world knowledge in time, space, context, and many languages[C]// Proceedings of the 20th international conference companion on World wide web. New York, NY, USA: ACM, 2011: 229-232.

[13] BIEGA J, KUZEY E, SUCHANEK F M. Inside yago2s: A transparent information extraction architecture[C]//Proceedings of the 22nd International Conference on World Wide Web. New York, NY, USA: ACM, 2013: 325-328.

[14] MAHDISOLTANI F, BIEGA J, SUCHANEK F. Yago3: A knowledge base from multilingual wikipedias[C]//7th Biennial Conference on Innovative Data Systems Research. Asilomar, California, USA: CIDR, 2014.

[15] Yates A, Cafarella M, Banko M, et al. Textrunner: open information extraction on the web[C]//Proceedings of Human Language Technologies: The Annual Conference of the North American Chapter of the Association for Computational Linguistics: Demonstrations. Association for Computational Linguistics, 2007: 25-26.

[16] Fader A, Soderland S, Etzioni O. Identifying relations for open information extraction[C]//Proceedings of the conference on empirical methods in natural language processing. Association for Computational Linguistics, 2011: 1535-1545.

[17] Schmitz M, Bart R, Soderland S, et al. Open language learning for information extraction[C]//Proceedings of the 2012 Joint Conference on Empirical Methods in Natural Language Processing and Computational Natural Language Learning. Association for Computational Linguistics, 2012: 523-534.

[18] Navigli R, Ponzetto S P. BabelNet: Building a very large multilingual semantic network[C]//Proceedings of the 48th annual meeting of the association for computational linguistics. Association for Computational Linguistics, 2010: 216-225.

[19] Bo Xu, Yong Xu, Jiaqing Liang, Chenhao Xie, Bin Liang, Wanyun Cui, and Yanghua

Xiao. CN-DBpedia: A Never-Ending Chinese Knowledge Extraction System. In International Conference on Industrial, Engineering and Other Applications of Applied Intelligent Systems, pp. 428-438. Springer, Cham, 2017.

[20] Xing Niu, Xinruo Sun, Haofen Wang, Shu Rong, Guilin Qi and Yong Yu, Zhishi.me - Weaving Chinese Linking Open Data, Semantic Web In-Use track, The 10th International Semantic Web Conference (ISWC 2011).

[21] Jindong Chen, Ao Wang, Jiangjie Chen, Yanghua Xiao, et al. "CN-Probase: A Data-driven Approach for Large-scale Chinese Taxonomy Construction." 2019 IEEE 35th International Conference on Data Engineering (ICDE). IEEE, 2019.

[22] Chen Y, Xu L, Liu K, et al. Event extraction via dynamic multi-pooling convolutional neural networks[C]//Proceedings of the 53rd Annual Meeting of the Association for Computational Linguistics and the 7th International Joint Conference on Natural Language Processing (Volume 1: Long Papers). 2015, 1: 167-176.

[23] Liu S, Chen Y, Liu K, et al. Exploiting argument information to improve event detection via supervised attention mechanisms[C]//Proceedings of the 55th Annual Meeting of the Association for Computational Linguistics (Volume 1: Long Papers). 2017, 1: 1789-1798.

[24] Huang L, Ji H, Cho K, et al. Zero-Shot Transfer Learning for Event Extraction[J]. arXiv preprint arXiv:1707.01066, 2017.

[25] Lin H, Lu Y, Han X, et al. Nugget Proposal Networks for Chinese Event Detection[J]. arXiv preprint arXiv:1805.00249, 2018.

[26] Kruengkrai C, Torisawa K, Hashimoto C, et al. Improving Event Causality Recognition with Multiple Background Knowledge Sources Using Multi-Column Convolutional Neural Networks[C]//AAAI. 2017: 3466-3473.

[27] Kang D, Gangal V, Lu A, et al. Detecting and explaining causes from text for a time series event[J]. arXiv preprint arXiv:1707.08852, 2017.

[28] Li Z, Ding X, Liu T. Constructing Narrative Event Evolutionary Graph for Script Event Prediction[J]. arXiv preprint arXiv:1805.05081, 2018.

第2章 基础知识

内容提示 本章对知识图谱技术所涉及的基础知识展开介绍，包括知识表示、机器学习与自然语言处理等。本章旨在回答如下问题：知识图谱与哪些学科有关？有着怎样的关系？这些相关学科如何支撑知识图谱技术？

2.1 概述

作为大规模知识工程，知识图谱相关学科众多，其基础知识包含的内容也很多。在具体阐述知识图谱的相关技术之前，有必要对这些基础知识做概要介绍，这是本章的主要任务。如图 2-1 所示，与知识图谱密切相关的计算机子学科有知识表示、数据库、机器学习、自然语言处理等。

知识图谱的狭义概念是一类语义网络，而语义网络只是各种知识表示中的一种，除了知识图谱外还有很多其他的知识表示。澄清知识图谱与这些知识表示之间的联系与区别，是进一步深化对知识图谱的理解的前提。知识图谱与自然语言处理关系密切，这体现在两点[1]上。第一，知识获取的一个重要途径是从自由文本中抽取，而文本信息抽取是自然语言处理的核心问题之一。第二，知识图谱构建好之后通常可以用作支撑自然语言理解的背景知识。知识图谱在构建好之后和进入应用之前还需要实现对图谱数据的高效管理，包括语义丰富的查询表达、高效的查询处理、系统化友好的图谱数据管理等。此外，在知识图谱应用的整个生命周期中，多个环节都与机器学习有关，可以在知识获取、知识应用、知识挖掘等众多环节构建机器学习模型。从样本数据中习得有效的统计模式来解决问题是当前机器学习解决问题的主要思路。比如，知识获取环节的很多抽取模型都是分类模型或者序列标注模型。除此之外，知识图谱也与信息检索、数据挖掘、可视化分析等计算机学科的分支领域密切相关。由于篇幅有限，本章仅对理解后续章节所必需的具有一定共性的基础知识进行介绍。本章后面的 2.2 节至 2.4 节将分别针对知识表示、机器学习以及自然语言处理相关的基础知识展开介绍。由于数据库技术相对独立，将在本书的第 9 章至第 11 章具体介绍。

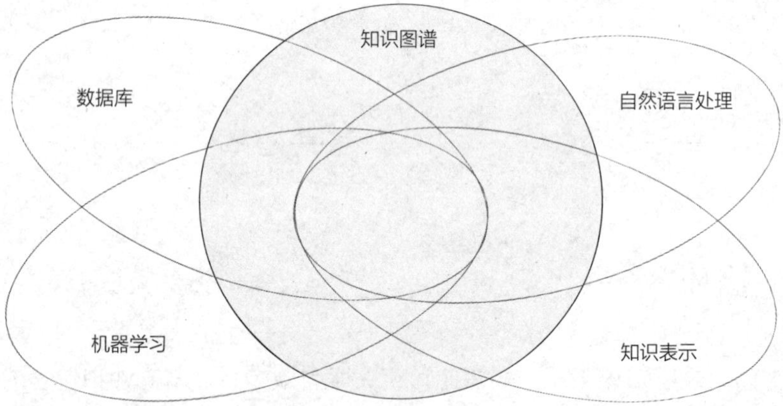

图 2-1　与知识图谱密切相关的计算机子学科

除了与计算机的各子学科有着较强的关联，知识图谱与语言学以及认知科学等学科也有密切的关联。语言学是以人类语言为研究对象的学科，而人类的语言是知识的重要载体之一。知识图谱中表达的知识都是人类能够言说

1 在知识图谱的发展过程中，很多人倾向于将其视作自然语言处理或者语义网络的一个分支，而忽视了知识图谱独立存在的价值。本书认为知识图谱有其独立的学科意义，不是自然语言处理或者语义网络的附属分支，详见第 1 章的相关论述。

的知识。知识图谱中的知识可以进一步支撑机器理解人类自然语言。人类是如何利用背景知识实现语言理解的？对这个问题的回答有助于实现基于知识图谱的机器语言认知。知识图谱中的知识是人类认知的结果。人类是如何认知这个世界进而形成知识的？对这个问题的回答对于我们理解知识图谱的内涵、指导知识图谱的建设有着重要作用。比如，有企业尝试建立面向消费认知的知识图谱，就是充分考虑到认知对于知识图谱的重要意义。因此，认知科学对于知识图谱的研究也有着积极意义。

2.2　知识表示

本节先介绍知识表示的基本概念，再介绍知识图谱两类典型的被广泛使用的表示方式（包括基于图的表示以及基于数值的表示），最后介绍与知识图谱相关的其他知识表示。

2.2.1　基本概念

知识必须经过合理的表示才能被计算机处理。知识表示是对现实世界的一种抽象（Abstract）表达。评价知识表示的两个重要因素是表达能力（Expressiveness）与计算效率（Efficiency）。一个知识表示应该具有足够强的表达能力，才能充分、完整地表达特定领域或者问题所需的知识。同时，基于这一知识表示的计算求解过程也应有足够高的执行效率。

知识的表示方式主要分为符号表示和数值表示[1]。比如，我们通常用“柏拉图”这三个字符指代哲学家柏拉图，用关联图（点、边等符号）表示关系，用⇒表示两个命题之间的逻辑蕴含关系。而知识的数值表示用标量、向量、概率分布等数值表达事实与知识。比如，人的身高可以表达为标量“1.5m”；文档的语义可以表示为词向量，消费者购买商品的倾向通常表示为定义在商品集上的概率分布。

在实际应用中，根据不同的学科背景，人们发展了基于图论、逻辑学、概率论的各种知识表示。图通过点、边的关系对现实世界进行表示，具有形

1　数值本身也需要通过符号化的数字进行表示，因此数值表示本质上也是一种符号表示，但是数值有其特定含义，有时又被称为亚符号（Subsymbolic）表示。

象、直观的特点，是传统知识表示最常采用的一种方式。语义网络、知识图谱、RDF（Resource Description Framework）、实体关系图等均是基于图的知识表示。逻辑学领域产生了包括一阶谓词逻辑以及产生式规则在内的知识表示。现实世界的语义关联以及推理过程往往存在不确定性，因此人们将概率论引入基于图论和逻辑学的知识表示，发展出了概率图模型及概率软逻辑等表示方式，以及在图论、概率论与逻辑学的交叉领域又进一步发展出了马尔可夫逻辑网。基于不同学科发展出来的知识表示如图 2-2 所示。

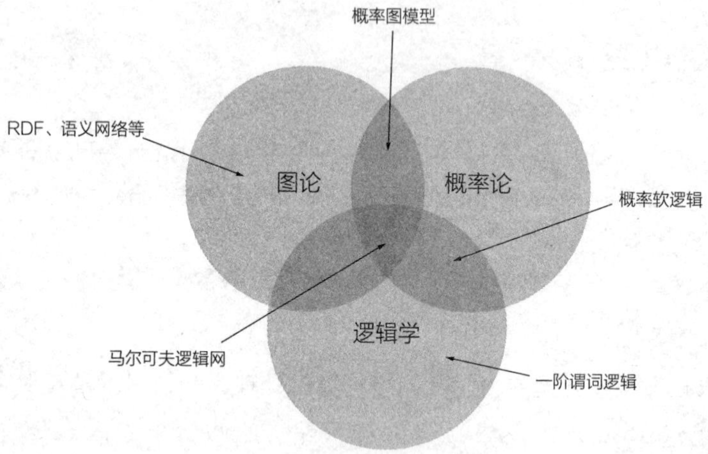

图 2-2　基于不同学科发展出来的知识表示

需要注意的是，这里提到的知识表示很多是符号表示与数值表示的混合体。这背后体现的是专家的符号知识与数据驱动的统计模型相融合的思路。最典型的知识表示是以概率图模型为代表的知识表示。传统的知识表示往往只侧重于表达专家的符号知识，比如规则、逻辑，对概率图模型等鲜有提及。而概率图模型较多的是在机器学习等领域被提及。事实上，概率图模型可以认为是将专家知识与统计模型相结合的一种做法。对随机变量的选择体现的是专家知识，对概率依赖关系的估计体现的是统计学习模型。类似的，决策树的学习过程也是一种典型的专家知识与统计学融合的过程。其中，专家给出决策的因素（特征），而机器自动从数据中学习决策时的权重。伴随着智能化的推进，各类应用对决策知识的需求日益增多，比如，购物决策、疾病诊断、故障排查等都是动态决策过程。将概率图模型、马尔可夫决策过程以及决策树等统计模型归结为一种决策知识的表示是合理的，也是必要的。伴随着知识图谱应用的深入，此类专家知识（专家给出决策框架）与统计模型（机器决定关联强度或者给出概率估计）相结合的方式将在很多应用场景中发挥越来越重要的作用[1]。

知识图谱较为常见的表示是基于图的表示方式。图模型是知识图谱的逻辑表达模型，是人们最容易理解的一种表示。为了方便知识图谱数据的管理和共享，语义网络领域制定了相应的规范与标注，按照 RDF 进行表示。为了能让计算机有效地处理和利用知识图谱，还需要有知识图谱的数值化表示。当以深度学习为代表的机器学习模型成为解决问题的主流方式时，这种需求日益迫切。知识图谱在领域的具体应用过程中还需要根据具体要求发展出更多细化表示，这些将在本书第 9 章详细介绍。

2.2.2　知识图谱的图表示

1．基于图的表示

图在很多场合下又被称为网络（Network）。一个图就是一个二元组$G=G(V,E)$，其中V表示节点集，$E\subseteq V\times V$表示边的集合。图表达了节点集上的二元关系。如果二元组$(u,v)(u,v\in V)$是有序的，也就是说$(u,v)\neq(v,u)$，则图G就是有向图（Directed Graph）。如果二元组$(u,v)(u,v\in V)$是无序的，也就是说$(u,v)=(v,u)$，则图G就是无向图（Undirected Graph）。有向图中的边通常表示为$\langle u,v\rangle$，以此与无向图中的边相区别。对于无向图G，如果$(u,v)\in E$，那么节点u和v是邻接（Adjacent）的，且称(u,v)为无向图G的一条边（Edge）。在有向图中，如果$\langle u,v\rangle\in V$，那么$\langle u,v\rangle$被称作一条弧（Arc）。

如果节点u与v邻接，那么v是u的邻居（Neighbor）。节点u的所有邻居的集合记作集合$N(u)$。集合$N(u)$的规模，也就是u的邻居数目，被称作u的度数（Degree）。对于有向图，某个节点的度数由出度（Out-Degree）和入度（In-Degree）两部分组成。有向图G中某个节点u的出度的定义是集合$\{v|\langle u,v\rangle\in E(G)\}$的规模，节点$u$的入度的定义是集合$\{v|\langle v,u\rangle\in E(G)\}$的规模。

1　由于深度学习的兴起，大量研究者的兴趣从概率图模型转移到深度学习，很遗憾这一趋势中断了专家知识与统计学融合的尝试。但是随着深度学习的局限性日益突显，将专家知识融合进各类统计学习模型（包括深度学习）将再次成为研究焦点。

图在可视化时，通常用圆点表示节点，用线条表示节点之间的关系。图 2-3 的（a）图就是一个无向图。图的另一种常见表示形式是邻接矩阵（Adjacency Matrix）。无向图$G(V,E)$的邻接矩阵$\boldsymbol{A}$是一个$n\times n(n=|V(G)|)$的矩阵，其中每个元素A_{ij}取值为 1（当$(v_i,v_j)\in E$）或 0（当$(v_i,v_j)\notin E$）。图 2-3 的（b）图展示了无向图G的邻接矩阵。显然，无向图的邻接矩阵是对称矩阵。

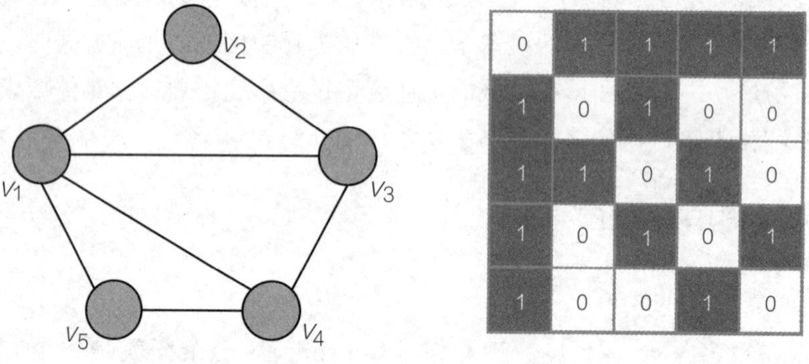

（a）一个无向图 G　　　　（b）无向图 G 的邻接矩阵

图 2-3　无向图 G 及其邻接矩阵

图G中的一条路径（Path）P是一个节点序列$v_1,v_2,\ldots,v_k$，其中$v_i\in V(G)\ (1\leqslant i\leqslant k)$且$(v_j,v_{j+1})\in E(G)\ (1\leqslant j<k)$。节点$v_1$和$v_k$通过路径$P$连接（Linked），且被称作路径$P$的两个端点（End）。路径$P$的长度（Length）是该路径中边的数量，也就是$\mathrm{len}(P)=k-1$。

如果路径P中的所有节点都不重复，也就是说对于任意$1\leqslant i,j\leqslant k$，$v_i\neq v_j$，则$P$是简单（Simple）路径。另外，如果$v_1=v_k$，则路径$P$被称作一个环（Cycle）。通常用$(v_j,v_{j+1})\in P$表示边$(v_j,v_{j+1})$出现在路径$P$中。在有向图中，如果存在一条从节点$u$到节点$v$的路径，则称$u$到$v$是可达的。需要指出的是，在连通的无向图中，这种可达关系是对称的，而在有向图中则不一定，也即节点u到v可达，并不意味着v到u也可达。

2．基于三元组的表示

RDF 是用于描述现实中资源的 W3C 标准，它是描述信息的一种通用方法，使信息可以被计算机应用程序读取并理解。现实中任何实体都可以表示成 RDF 模型中的资源，比如，图书的书名、作者、修改日期、内容以及版权信息。这些资源是对客观世界中的概念、实体和事件的抽象。每个资源的一个属性及属性值，或者它与其他资源的一条关系，都可以表示成三元组。一个三元组包括三个元素：主体（Subject）、谓词（Predicate）及客体（Object）。当某个三元组描述了某个资源的属性时，其三个元素也被称为主体、属性（Property）及属性值（Property Value）。比如，三元组<亚里士多德，出生地，Chalcis>表达了亚里士多德出生于 Chalcis 的事实。

利用这些属性和关系，大量资源就能被连接起来，形成一个大规模 RDF 知识图谱数据集。因此，一个知识图谱可以视作三元组的集合。表 2-1 展示了一个截取自 DBpedia[2]的 RDF 数据集的片段。知识图谱的三元组集合可以选择关系型数据库或者图数据库进行存储。相应的，可以使用 SQL 或者 SPARQL 作为三元组数据的查询语言。这些内容将在本书第 9 章至第 11 章详细介绍。

表 2-1　RDF 三元组示例

主体（Subject）	谓词（Predicate）	客体（Object）
Aristotle	*influencedBy*	*Plato*
Boethius	*placeOfDeath*	*Pavia*
Chalcis	*country*	*Greece*
Pavia	*postalCode*	27100

2.2.3　知识图谱的数值表示

随着深度学习模型的应用日益广泛，如何将知识图谱作为背景知识融合进深度学习模型成为一个关键技术问题。基本的思路是将知识图谱中的点与边表示成数值化的向量。不同的向量表示在实际应用中有着不同的效果，如何为知识图谱中的实体与关系求得最优的向量化表示，是当前知识图谱表示学习所关注的核心问题。知识图谱的表示学习旨在将知识图谱中的元素（包括实体、属性、概念等）表示为低维稠密实值向量。知识图谱的向量化表示是面向机器处理的，而符号化表示是面向人的理解的。相对于向量化表示，符号化表示易于理解，可以实现符号推理。两种表示各有其适用场景。

学习实体和关系的向量化表示的关键是，合理定义知识图谱中关于事实

（即三元组$< h,r,t >$）的损失函数$f_r(\boldsymbol{h},\boldsymbol{t})$，其中$\boldsymbol{h}$和$\boldsymbol{t}$是三元组的两个实体$h$和$t$的向量化表示。在通常情况下，当事实$< h,r,t >$成立时，我们期望$f_r(\boldsymbol{h},\boldsymbol{t})$最小。考虑整个知识图谱的事实，则可通过最小化$\sum_{\langle h,r,t\rangle\in O} f_r(\boldsymbol{h},\boldsymbol{t})$来学习实体以及关系的向量化表示，其中$O$表示知识图谱中所有事实的集合。不同的表示学习使用不同的原则和方法定义相应的损失函数。在建立相应的优化目标之后，通常使用 SGD（Stochastic Gradient Descent，随机梯度下降）等算法学习模型中的相关参数。这里以基于距离和翻译的模型介绍知识图谱表示的基本思路。

1. 基于距离的模型

其代表性模型是 SE[42]。基本思想是当两个实体属于同一个三元组$< h,r,t >$时，它们的向量表示在投影后的空间中也应该彼此靠近。因此，定义损失函数为向量投影后的距离：

$$f_r(\boldsymbol{h},\boldsymbol{t}) = ||\boldsymbol{W}_{r,1}\boldsymbol{h} - \boldsymbol{W}_{r,2}\boldsymbol{t}||_{l_1} \tag{2-1}$$

其中，SE 模型使用形式较为简单的1-范数[1]。矩阵$\boldsymbol{W}_{r,1}$和$\boldsymbol{W}_{r,2}$用于三元组中头实体向量$\boldsymbol{h}$和尾实体向量$\boldsymbol{t}$的投影操作。但由于 SE 模型引入了两个不同的投影矩阵，导致很难捕获实体和关系之间的语义相关性。

2. 基于翻译的模型

（1）TransE 模型。TransE 模型是基于翻译思想的模型。TransE 认为在知识库中，三元组$< h,r,t >$可以看成头实体h到尾实体t利用关系r所进行的翻译。比如，对于三元组<柏拉图，老师，苏格拉底>来说，头实体“柏拉图”的向量加上关系“老师”的向量，应该尽可能和尾实体“苏格拉底”的向量接近，也就是$\boldsymbol{h}+\boldsymbol{r}\approx\boldsymbol{t}$。基于这一思想可以得到公式 2-2 所示的模型损失函数：

$$f_r(\boldsymbol{h},\boldsymbol{t}) = ||\boldsymbol{h}+\boldsymbol{r}-\boldsymbol{t}||_{l_1/l_2} \tag{2-2}$$

TransE 的基本思想如图 2-4 所示。

---

1 向量 $\boldsymbol{x}=(x_1,x_2,\cdots,x_n)$的 p-范数$\|\boldsymbol{x}\|_p=(|x_1|^p+|x_2|^p+\cdots+|x_n|^p)^{1/p}$。

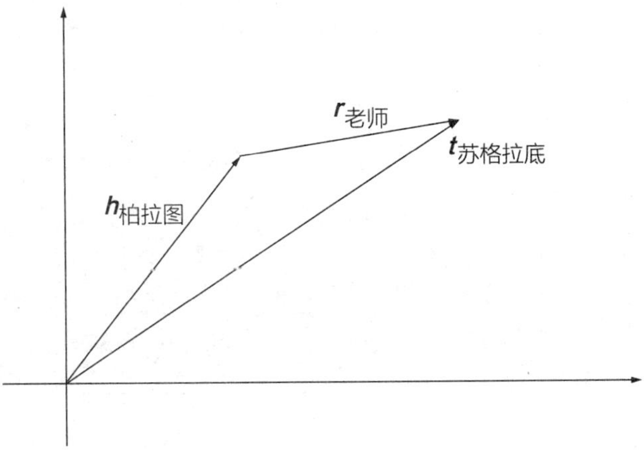

图 2-4 TransE 模型的基本思想

在实际应用中，为了使习得的表示更有区分度。TransE 模型使用了 Hinge Loss 目标函数（有时又称为 Max Margin），使得正负例尽可能分开：

$$L = \sum_{(h,r,t)\in S} \sum_{(h',r,t')\in S'} [\gamma + f_r(\boldsymbol{h},\boldsymbol{t}) - f_r(\boldsymbol{h}',\boldsymbol{t}')]_+ \tag{2-3}$$

其中，γ是间隔参数，S是正例集合（知识库中已有的三元组），S'是负例集合（知识库中不存在的三元组，通常通过对关系r的三元组头尾实体进行随机替换来构造）。$[x]_+$表示正值函数，即$x > 0$时，$[x]_+ = x$；当$x \leqslant 0$时，$[x]_+ = 0$。

（2）TransH 模型。TransE 模型中的$\boldsymbol{h} + \boldsymbol{r} \approx \boldsymbol{t}$假设太强，导致在自反、一对多、多对一等关系下实体向量学习的错误。比如，对于自反关系r，$< h,r,t >$和$< t,r,h >$同时成立，导致$\boldsymbol{h} = \boldsymbol{t}$。对于多对一关系，比如<柏拉图，性别，男>、<特朗普，性别，男>两个三元组有着相同的关系和尾实体，导致柏拉图和特朗普向量接近（一对多情况类似）。但是柏拉图与特朗普除了在性别上相同，在其他方面显然完全不同。为了解决上述问题，TransH 模型放宽了$\boldsymbol{h} + \boldsymbol{r} \approx \boldsymbol{t}$这一严格假设，只要求头尾实体在关系$r$相对应的超平面上的投影彼此接近即可。TransH 模型的基本思想如图 2-5 所示。

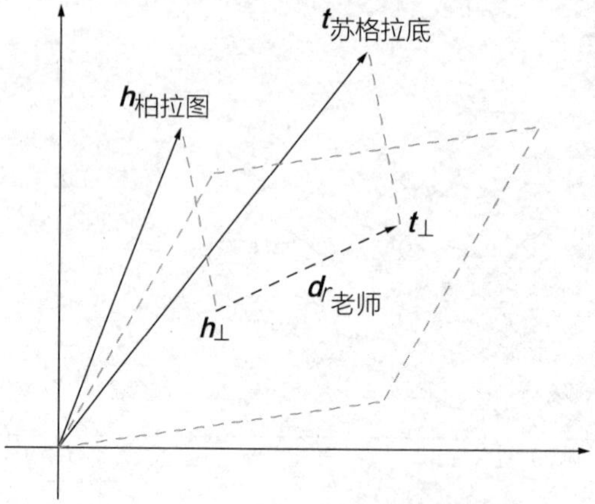

图 2-5　TransH 模型的基本思想

头实体向量$\boldsymbol{h}$和尾实体向量$\boldsymbol{t}$在超平面上利用法向量$\boldsymbol{W}_r$映射为$\boldsymbol{h}_\perp = \boldsymbol{h} - \boldsymbol{W}_r^{\mathrm{T}}\boldsymbol{h}\boldsymbol{W}_r$和$\boldsymbol{t}_\perp = \boldsymbol{t} - \boldsymbol{W}_r^{\mathrm{T}}\boldsymbol{t}\boldsymbol{W}_r$。关系$r$在超平面上的向量表示为$\boldsymbol{d}_r$。因此，TransH 模型的目标函数为：

$$f_r(\boldsymbol{h},\boldsymbol{t}) = \left\|(\boldsymbol{h} - \boldsymbol{W}_r^{\mathrm{T}}\boldsymbol{h}\boldsymbol{W}_r) + \boldsymbol{d}_r - (\boldsymbol{t} - \boldsymbol{W}_r^{\mathrm{T}}\boldsymbol{t}\boldsymbol{W}_r)\right\|_{l_1/l_2} \tag{2-4}$$

（3）TransR 模型。在 TransE 模型和 TransH 模型中，实体和关系都在相同的空间中进行表示。这种做法无法区分两个语义相近的实体在某些特定方面（关系）上的不同。比如，“马克思”和“恩格斯”可以认为是两个相似的实体，但是<马克思，民族，犹太民族>和<恩格斯，民族，德意志民族>不同。因此，TransR 模型提出为每个关系构造相应的向量空间，将实体与关系在不同的向量空间中分开表示。TransR 模型的基本思想与 TransH 模型的相似，要求头尾实体在关系r相对应的向量空间（注意，在 TransH 模型下是超平面）中的投影彼此接近即可。TransR 模型的基本思想如图 2-6 所示。

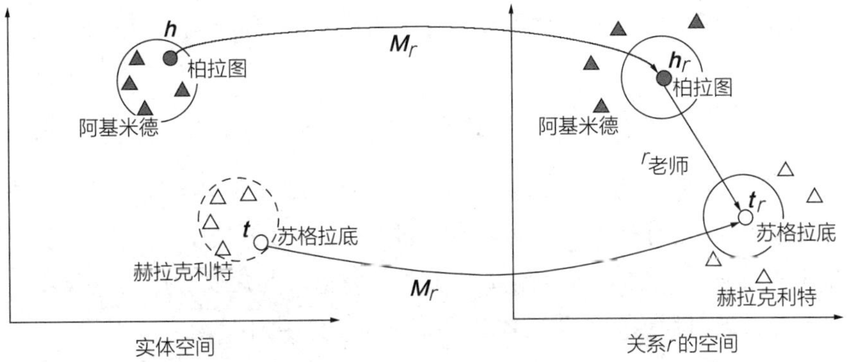

图 2-6 TransR 模型的基本思想

具体地说，TransR 模型将头实体向量$\boldsymbol{h}$和尾实体向量$\boldsymbol{t}$映射为$\boldsymbol{h}_r = \boldsymbol{M}_r\boldsymbol{h}$和$\boldsymbol{t}_r = \boldsymbol{M}_r\boldsymbol{t}$。因此，TransR 模型的损失函数为：

$$f_r(\boldsymbol{h},\boldsymbol{t}) = \|\boldsymbol{h}_r + \boldsymbol{r} - \boldsymbol{t}_r\|_{l_1/l_2} \tag{2-5}$$

（4）TransD 模型。TransR 模型将实体和关系在不同的向量空间中表示，这带来了一些新问题。首先，TransR 模型利用复杂的矩阵计算（即$\boldsymbol{h}_r = \boldsymbol{M}_r\boldsymbol{h}$和$\boldsymbol{t}_r = \boldsymbol{M}_r\boldsymbol{t}$）将头尾实体映射到关系向量空间中，增加了计算复杂度。其次，对于一个三元组来说，头实体和尾实体很可能不是一类实体，比如<柏拉图，出生地，希腊>。“柏拉图”和“希腊”是两类不同的实体，使用相同的映射矩阵$\boldsymbol{M}_r$很明显是不合理的。最后，TransR 模型中实体的映射关系仅由关系决定，但显然实体本身对映射也有影响。因此，TransD 模型认为映射函数应该与实体、关系同时相关。TransD 模型的基本思想如图 2-7 所示。

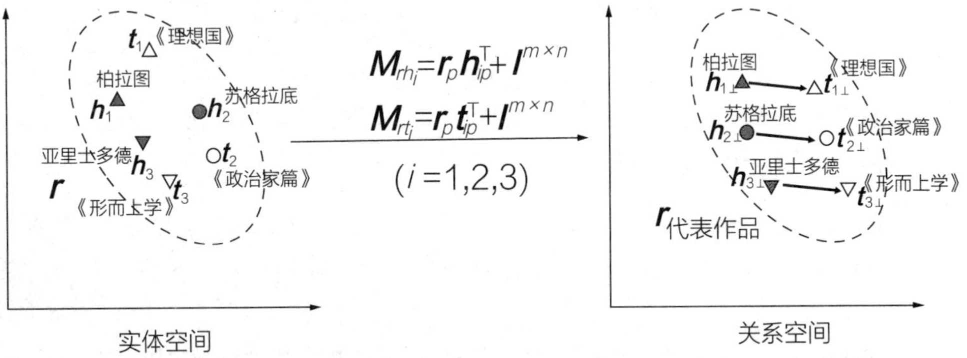

图 2-7 TransD 模型的基本思想

TransD 模型修改了映射函数。对于头尾实体向量$\boldsymbol{h}$与$\boldsymbol{t}$，它们的映射函数分别为：

$$\boldsymbol{M}_{rh} = \boldsymbol{r}_p \boldsymbol{h}_p^{\mathrm{T}} + \boldsymbol{I}^{m\times n},\ \boldsymbol{M}_{rt} = \boldsymbol{r}_p \boldsymbol{t}_p^{\mathrm{T}} + \boldsymbol{I}^{m\times n} \tag{2-6}$$

其中，$\boldsymbol{I}^{m\times n}$是单位矩阵。在这里，头实体和尾实体分别用两个不同的映射矩阵$\boldsymbol{M}_{rh}$和$\boldsymbol{M}_{rt}$进行投影。头实体的映射矩阵由关系向量$\boldsymbol{r}_p$与头实体映射向量$\boldsymbol{h}_p^{\mathrm{T}}$共同决定；尾实体的映射矩阵由关系向量$\boldsymbol{r}_p$与尾实体映射向量$\boldsymbol{t}_p^{\mathrm{T}}$共同决定。那么映射后得到的头实体和尾实体向量分别为：

$$\boldsymbol{h}_\perp = \boldsymbol{M}_{rh}\boldsymbol{h},\ \boldsymbol{t}_\perp = \boldsymbol{M}_{rt}\boldsymbol{t} \tag{2-7}$$

TransD 模型的损失函数因此变为：

$$f_r(\boldsymbol{h}+\boldsymbol{t}) = \|\boldsymbol{h}_\perp + \boldsymbol{r} - \boldsymbol{t}_\perp\|_{l_1/l_2} \tag{2-8}$$

2.2.4 其他相关知识表示

1. 谓词逻辑（Predicate Logic）

命题是一个非真即假的陈述。比如，“亚里士多德生于波伊提乌”就是一个命题。命题可以通过谓词来表达，谓词的一般形式是$P(x_1, x_2, \cdots, x_n)$。其中，P 是谓词的名称，x_i是谓词的项。x_i既可以是一个**常量**（比如亚里士多德），也可以是一个**变量**。在某个特定领域，谓词 P 可以表达领域对象之间的关系，也可以表达函数。比如，BirthPlace(亚里士多德, 波伊提乌)表达了“亚里士多德生于波伊提乌”，实质上表达了亚里士多德和波伊提乌之间的关系。Philosopher (亚里士多德)表示亚里士多德是一个哲学家这一事实，Philosopher (*x*)是一个函数。

在谓词上可以施加否定（Negation，记作“¬”）、析取（Disjunction，记作“∨”）、合取（Conjunction，记作“∧”）和蕴含（Implication，记作“⇒”）操作构成复合命题。

否定操作表示否定某个命题，比如，“¬BirthPlace(亚里士多德, 波伊提乌)”否定了“亚里士多德生于波伊提乌”这一命题。析取操作表示两个命题具有“或”关系。比如，“BirthPlace(亚里士多德, 波伊提乌) ∨ BirthPlace(亚里士多德, 色雷斯)”表达了“亚里士多德出生于波伊提乌或者亚里士多德出生于色雷斯”这一命题。合取操作表示两个命题具有“与”关系。比如，“BirthPlace(亚里士多德, 波伊提乌) ∧ InfluencedBy(亚里士多德, 柏拉图)”表达了“亚里士多德出生于波伊提乌并且亚里士多德受柏拉图的影响”这一命题。两个命题之间的蕴含关系P ⇒ Q表示“如果 P，则 Q”。比如,“BirthPlace(亚里士多德, 斯塔基拉)⇒BirthPlace(亚里士多德, 色雷斯)”表达了“如果亚里士多德出生于斯塔基拉，那么亚里士多德出生于色雷斯”这一命题。两个命题之间还可以是等价关系，比如，P ⇔ Q表示“P 当且仅当 Q”。

为了进一步刻画谓词和个体之间的关系，在谓词逻辑中引入了两个量词：**全称量词**（Universal Quantifier，记作“$\forall x$”）和**存在量词**（Existential Quantifier，记作“$\exists x$”）。$\forall x$表示“对于个体域中的所有（或任意一个）个体x”，$\exists x$表示“在个体域中存在个体x”。比如，“$\forall x$ Man(x)⇒Male(x) ∨ Female(x)”表达了“任何人要么是男性要么是女性”；再比如，“$\forall x, \exists y$ Man(x)⇒Father(y, x)”表达了“每个人都有一个父亲”。如果在面向特定领域的谓词逻辑表达式中，所有变量只表达领域的对象而非谓词或者函数，那么这个谓词逻辑就是一阶谓词逻辑（First-order Predicate Logic）。一阶谓词逻辑将在后面的马尔可夫逻辑网中再次提及。

2．产生式规则（Production Rule）

产生式规则常用于表示事实与规则，以及相应的不确定性度量。产生式规则广泛应用于形式语言语法描述、自动规划、专家系统、动作选择等。产生式规则是一种形如“条件-动作”的规则，基本形式如下：

IF　<condition>　THEN　<conclusion>

其中，condition 被称为前件，表示前提条件，各个条件可以利用合取、析取等逻辑连接词进行不同的组合；conclusion 被称为后件，表示当前条件为真时，应采取的动作。比如：

R1: IF 病人发烧 And 咳嗽 THEN 病人得了病毒性感冒

很多产生式规则具有不确定性。比如，R2 表达了一个具有长期吸烟史的病人罹患肺部疾病的概率高达 0.9。

R2: IF 病人具有长期吸烟史 THEN 该病人罹患肺部疾病（0.9）

产生式规则与逻辑蕴含有着相同的基本形式，但是在语义上，逻辑蕴含

$P \Rightarrow Q$只能表达如果命题 P 为真则 Q 一定为真。产生式规则的后件部分不仅可以是命题，还可以是动作。比如，R3 的后件就是一个动作而非命题。此外，产生式规则可以表达不确定性（比如 R2），这极大地提高了产生式规则的适用性。

R3: IF 病人得了病毒性感冒 THEN 给予抗病毒治疗

基于给定的一组基本事实和一组产生式规则（通常又被称为规则库），我们就可以进行推理以求解问题。这就是产生式系统的基本思想。比如，可以定义一套动物识别的规则系统，从某个动物的基本特征描述（基本事实）出发，选择匹配规则（与前件部分的匹配）进行推理，将这样的过程持续下去直至满足推理终止条件。

产生式规则是一种自然的、清晰的、可扩展的知识表示，擅长表达具有因果关系的过程性知识，在医疗诊断、故障诊断等应用中常能取得一定的效果，但是在实际应用中会碰到规则冲突、规则失配等难题。总体而言，产生式规则有其适用场景，但不足以表达现实世界的复杂语义，还需要同很多其他知识表示协同运用才能较好地落地。

3．框架（Frame）

框架表示是以框架理论为基础发展起来的一种结构化的知识表示。框架理论认为，人类对现实世界中各类事物的认知都是以框架的结构存储在记忆中的。当人面临新的情境时，会从记忆中找出一个合适的框架，并根据实际情况对这一框架的细节进行加工、修改和补充，形成对新情景的认识并存入人脑中。

框架是一种描述所论对象（事物、时间或概念）属性的数据结构。框架通常由描述事物的各个方面的**槽**（Slot）组成。槽用于描述所论对象某一方面的属性。每个槽可以拥有多个**侧面**（Facet）。每个侧面可以描述相应属性的一个方面，而且每个侧面可以拥有多个**值**。槽和侧面所具有的属性值分别被称为槽值和侧面值。框架表示的基本结构如图 2-8 所示。除了槽、侧面及其值之外，在框架中还可定义约束，用于约束槽和侧面的合理取值。

图 2-9 给出了一个<哲学家>框架的示例。值得注意的是，槽或者侧面的取值也可以是另一个框架。框架之间的相互引用可以实现框架表示的复用。

框架之间也可以定义 isA 关系。比如，<哲学家>框架是<职业>的子框架。框架在当前的大数据知识工程背景下对于理解文本描述的事件数据极为重要。互联网媒体的新闻数据、金融的公告数据都是在表达事件，而事件的语义可以很自然地表达为框架。事件框架赋予机器认知事件数据的基本框架，是这类数据结构化处理的必经路径。

<框架名>
<槽名1>:<侧面11>: <值111,值112, … ,值11k_1>
　　　　……
　　　　<侧面1m>: <值1m1,值1m2, … ,值1mk_m>
<槽名2>:<侧面21>: <值211,值212, … ,值21k_1>
　　　　……
　　　　<侧面2m>: <值2m1,值2m2, … ,值2mk_m>
<约束>: <约束1>
　　　　……
　　　　<约束m>

图 2-8　框架表示的基本结构

框架名：<哲学家>
类属：<人物>
工作：范围：（教学，研究）
　　　默认值：研究
性别：（男，女）
类型：（<唯物主义哲学家>，<唯心主义哲学家>）

图 2-9　一个<哲学家>框架的示例

4．树形知识表示

树形结构的知识表示，可以用于表达复杂条件组合下的决策与动作。决策树就是典型的树形知识表示。决策树是一种用于分类的树形结构。一棵决策树由根节点、若干中间节点和若干叶节点组成。根节点和中间节点对应一个属性，相应属性分类的样本集合将被划入对应的子节点。叶节点表示最终的分类结果。那么，从根节点到叶节点的每一条路径，就代表了一种分类方案。

在图 2-10 的（a）图中，借贷决策树表达了根据收入水平、信用卡张数、是否有房以及年龄来判断是否同意给一个用户借贷的决策逻辑。比如，如果一个人的收入属于中等水平，拥有的信用卡数大于或等于 5 张，并且年龄小于或等于 30 岁，则同意给他借贷。而如果一个人的收入水平较低，而且没有房，则不同意给他借贷。

另一类常见的树形知识表示是故障树。故障树是一种树形的逻辑因果关系图。在故障树中，父节点是产生故障的结果，也称输出事件；子节点是产生故障的原因，也称输入事件。为了能够表达因果逻辑关系，故障树利用逻辑符号连接子节点和父节点。其中，“或”符号表示“发生任何一个输入事件，输出事件都会发生”；“与”符号表示“只有所有输入事件发生，输出事件才会发生”。

如图 2-10 的（b）图所示，电子文档丢失的原因可能是人工误操作，也可能是非人工故障。如果原因是非人工故障，则可能是因为电脑断电且文档未保存。

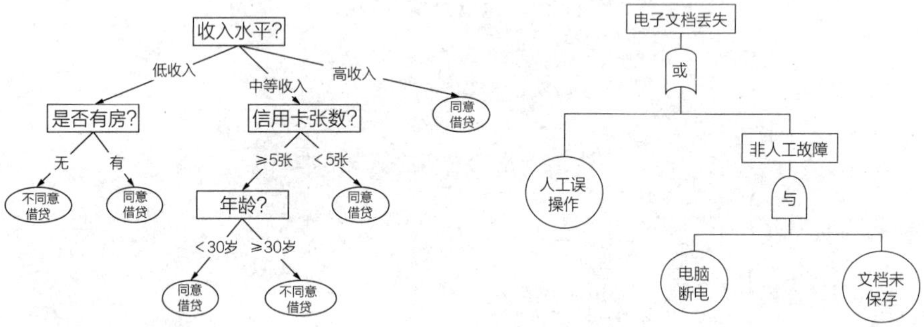

（a）借贷决策树　　（b）电子文档丢失故障树

图 2-10　树形知识表示

5．概率图模型（Probalistic Graphical Model）

贝叶斯网络，也被称为信念网络或者有向无环图模型，是一种概率图模型，也是不确定知识表示的典型方法。一个贝叶斯网络就是一个有向无环图，其中节点是一组随机变量$X=\{X_1,X_2,\cdots,X_n\}$，节点之间的有向边（由父节点指向子节点）代表随机变量之间的影响。$X_i \rightarrow X_j$之间的有向边表示X_j的分布取决于X_i的取值。通常，我们又把X_i称作因（Cause），X_j称作X_i的果（Effect）。因此，贝叶斯网络常被用于表达因果关系。

作为一种面向不确定性的知识表示，贝叶斯网络可以视作基于随机变量之间的**条件独立性**（conditional independence）对X的联合分布的一种精简表示。从所编码的信息来看，每个贝叶斯网络本质上表达了X的某个联合概率分布P上的若干条件独立性假设。

令$G=(I,E)$代表一个贝叶斯网络，其中I表示图中节点的集合，E表示有向边的集合，$X=\{X_i\}_{i\in I}$表示有向无环图中的某一个节点i所代表的随机变量。贝叶斯网络$G=(I,E)$所表达的基本语义是：对于每个随机变量X_i，给定X_i在G中的父节点集$\text{Parent}(X_i)$，则X_i与所有X_i的**非后代节点变量**条件独立。换言之，每个随机变量X_i仅直接依赖于其父节点集$\text{Parent}(X_i)$。因此，贝叶斯网络G所对应的联合概率分布可以表达为：

$$P(X)=\prod_{i\in I}P(X_i|\text{Parent}(X_i)) \tag{2-9}$$

图 2-11 展示了一个贝叶斯网络及其条件概率表（Condition Probability Table，CPT）的例子，其中 *C*、*S*、*R*、*W* 为二元随机变量，分别表示“天气为阴天”、“喷水器工作”、“下雨”以及“草地为湿的”的概率。

在这个模型中，天气为阴天不受其他因素影响，因此 $P(C)$为 0.3。喷水器是否工作与阴天有关，阴天时喷水器工作的概率较小，$P(S|C)$为 0.2；而不是阴天时喷水器工作的概率较大，$P(S|\sim C)$为 0.6。是否会下雨也与阴天有关，阴天时下雨的概率较大，$P(R|C)$为 0.8；而不是阴天时下雨的概率较小，$P(R|\sim C)$为 0.1。草地是否为湿的取决于喷水器是否工作和是否下雨。当下雨且喷水器工作时，草地有 0.99 的概率为湿的（$P(W|R,S)=0.99$），而当其中一种情况发生时（下雨或者喷水器工作），草地仍有极大的概率为湿的（$P(W|R,\sim S)=0.8$，$P(W|\sim R,S)=0.9$），而既未下雨且喷水器也不工作时，草地只有 0.01 的概率为湿的（$P(W|\sim R,\sim S)=0.01$）。

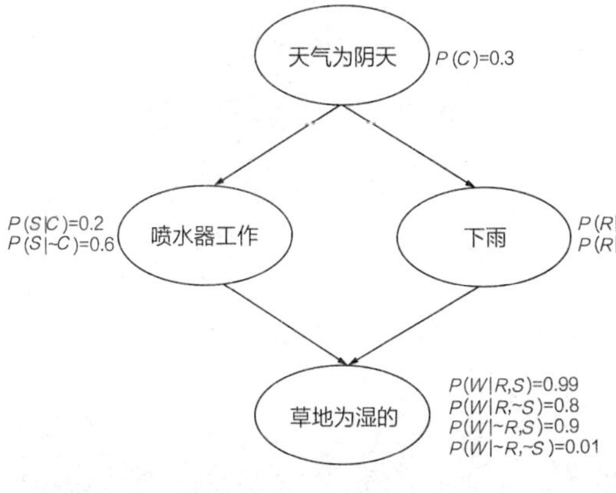

图 2-11　一个贝叶斯网络及其条件概率表的例子

贝叶斯网络的两个基本问题是**学习**和**推理**（Inference）。学习是指如何从数据中习得最优的贝叶斯网络模型。推理是指给定贝叶斯网络和其中一些随机变量的取值设置，推断其他随机变量的分布。推理过程又可以细分为给定因推断果（Causual Reasoning）、给定果推断因（Evidential Reasoning），以及给定某个结果推断不同原因之间的相关作用（Intercausal Reasoning）。

贝叶斯网络是一类非常重要的知识表示，被广泛应用于表达领域的决策过程。从知识表示的角度来看，贝叶斯网络有如下优点。

- 能够准确表达决策过程中的不确定性。
- 能够有效地将专家的先验知识与数据驱动的学习方法进行融合。在使用贝叶斯网络的过程中，首先要依赖专家指定贝叶斯网络所表达的随机变量，再利用数据驱动的方法学习网络的结构以及条件依赖的概率分布值。

有向概率图模型的简化版本是无向概率图模型，又被称作马尔可夫随机场（Markov Random Field，MRF）。MRF 代表一组随机变量的联合分布，节点表示随机变量$X=\{X_i\}_{i\in I}$，边表示随机变量节点之间的统计依赖关系。MRF 本质上表达了一系列由图结构确定的随机变量之间的独立性假设。

与贝叶斯网络不同的是，MRF 表达了如下的独立性信息：给定一个随机变量的邻居信息，该随机变量独立于其所有的非邻居变量。这一性质又被称作局部马尔可夫性（Local Markov Property）。当概率分布为正时（也就是所有可能事件的概率严格为正），局部马尔可夫性等价于全局马尔可夫性，也就是给定随机变量集合 S，并且随机变量集合 A 与 B 是独立的，每一条从 A 中某个随机变量到达 B 中某个随机变量的路径都必须通过 S。

MRF 基于**势函数**（Potential Function）来估计联合概率分布。势函数ϕ_k用于度量关系强度。对于一个无向图 G 所定义的马尔可夫随机场，其多个变量的联合概率分布通过图中**最大团**（Maximal Clique）分解为多个势函数的乘积，每一个最大团[1]对应一个势函数ϕ_C，可以将联合概率分布分解为其最大团上的势函数的乘积：

---

1 团（Clique）被定义为图中节点的一个子集，并且这个子集中任意两个节点间都有边相连。若在一个团中加入其他任何节点都不再形成团，则称该团为最大团。

$$P(X=x)=\frac{1}{Z}\prod_{C\in \mathrm{cl}(G)}\phi_C(x_C) \tag{2-10}$$

其中$\mathrm{cl}(G)$是 MRF 对应的最大团集合，Z 是用于规范化的常数（也被称为划分函数）。MRF 与后面将会介绍的马尔可夫链都满足一定的马尔可夫性，可以认为 MRF 是马尔可夫链随机变量之间的统计依赖关系从一维向二维的扩展。

6．马尔可夫链（Markov Chain，MC）

马尔可夫链是一种满足马尔可夫性的离散随机变量集合。所谓的马尔可夫性（Markov Property），是指某个随机变量序列的下一个状态仅仅与当前的状态有关，而与之前的状态没有关系。一个随机变量集合$\{X_1,X_2,\cdots,X_n\}$满足马尔可夫性，如果下式成立：

$$P(X_{t+1}|X_t,\cdots,X_1)=P(X_{t+1}|X_t) \tag{2-11}$$

令X_t表示系统在 t 时刻状态的随机变量，X_t可取状态$s_i\in S$（一个可数集合）。马尔可夫链通常可以表示为边上带概率的有向图，节点集合是状态 S，每个有向边 $s_i\rightarrow s_j$ 代表从状态 s_i 转移到状态 s_j 的概率 $P\left(X_{t+1}=s_j|X_t=s_i\right)$。这一概率通常被称作转移概率。$P(X_{t+1}|X_t=s_i)$是若系统在 t 时刻处于状态s_i，下一时刻系统在所有可能状态上的概率分布。可以通过矩阵完整地表达不同状态之间的转移概率。如图 2-12 所示的是一个马尔可夫链转移概率图，表达了股市在一周内的几个可能状态 S={牛市、熊市、停滞}及其之间的转移概率。比如，牛市到其自身的有向边表示：一个牛市之后，股市有 90%的概率仍然是一个牛市。

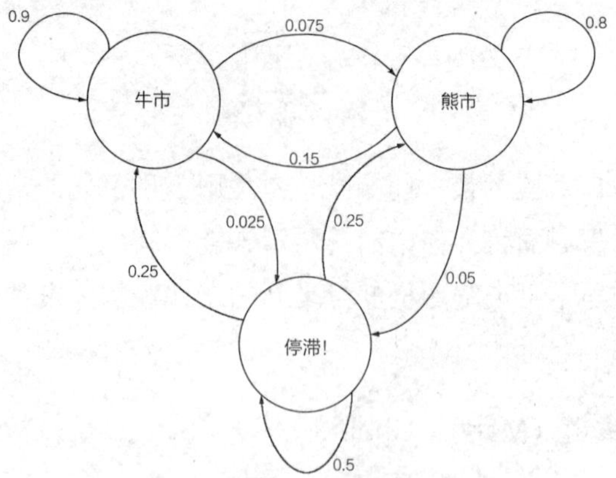

图 2-12　马尔可夫链转移概率图（根据维基百科“Markov Chain”词条中的示例图重新绘制）

马尔可夫链的一个扩展是马尔可夫决策过程（Markov Decision Process，MDP）。MDP 在马尔可夫链的状态集与转移矩阵基础上增加了**动作**集合和**奖励**函数。在 MDP 中，系统在$t+1$时刻的状态s_{t+1}不仅取决于当前状态s_t，还取决于系统在t时刻所采取的动作a_t。MDP 为每个状态下采取的动作定义了相应的奖励$r(s_t, a_t)$。MDP 被广泛用于指导智能体与环境的交互过程，体现为策略函数π。一个 MDP 的目标是找到最优策略π，π本质上是状态s_t到对应动作a_t的映射$\pi: S \to A$。MDP 模型通过最大化累积奖励求得最优策略。累积奖励来自每个状态下s_t、a_t下的相应的奖励值。可通过深度增强学习学习最优策略。在 MDP 的基础上又发展出了部分可观测马尔可夫决策过程（Partially Observed Markov Decision Process，POMDP）。

不同于 MDP，POMDP 的当前状态是不确定的，换言之是若干状态的一个概率分布。MDP 可以自然地应用于人机交互系统的设计，特别是对话系统的设计。用户谈论的话题或意图通常具有不确定性，POMDP 更加适合表达这种不确定性。

7. 马尔可夫逻辑网

马尔可夫逻辑网（Markov Logic Network，MLN）是将一阶逻辑和马尔可夫随机场结合起来的模型。传统的一阶逻辑知识库（由一阶逻辑命题所组成的知识库）被视作在一系列可能世界（Possible World）上所施加的一组硬约束（Hard Constraint）。既然施加的是硬约束，那么符合条件的可能世界就不可以与知识库中的任意一条规则相冲突。显然，这一约束过于生硬，难以满足现实世界中的实际语义。

MLN 旨在软化这些约束：一个可能世界如果与知识库中的规则发生冲突，并非绝对不可能，而只是可能性下降；违背的规则数量越少，可能性越大。每条规则都与一个反映其约束强度的权重关联：在其他情况一致的前提下，权重越高，满足和不满足此规则的**对数概率差**就越大。所以，MLN 是一个（规则，权重）对的集合。一个典型的 MLN 如表 2-2 所示。其中 Fr(*x*, *y*)为 Friends(*x*, *y*)的缩写，表示 *x* 和 *y* 为好友关系；Sm(*x*)为 Smokes(*x*)的缩写，表示 *x* 吸烟；Ca(*x*)为 Cancer(*x*)的缩写，表示 *x* 罹患癌症。

表 2-2 一个典型的 MLN[37]

含 义	一阶逻辑	从句形式	权 重
朋友的朋友也是朋友	$\forall x\ \forall y\ \forall z\ \mathrm{Fr}(x,y) \wedge \mathrm{Fr}(y,z) \Rightarrow \mathrm{Fr}(x,z)$	$\neg\mathrm{Fr}(x,y) \vee \neg\mathrm{Fr}(y,z) \vee \mathrm{Fr}(x,z)$	0.7
抽烟的人没有朋友	$\forall x(\neg(\exists y\ \mathrm{Fr}(x,y)) \Rightarrow \mathrm{Sm}(x))$	$\mathrm{Fr}(x,g(x)) \vee \mathrm{Sm}(x)$	2.3
抽烟会导致患癌	$\forall x\ \mathrm{Sm}(x) \Rightarrow \mathrm{Ca}(x)$	$\neg\mathrm{Sm}(x) \vee \mathrm{Ca}(x)$	1.5
若两个人是朋友，他们同时抽烟或者同时不抽烟	$\forall x\ \forall y\ \mathrm{Fr}(x,y) \Rightarrow (\mathrm{Sm}(x) \Leftrightarrow \mathrm{Sm}(y))$	$\neg\mathrm{Fr}(x,y) \vee \mathrm{Sm}(x) \vee \neg\mathrm{Sm}(y)$	1.1
		$\neg\mathrm{Fr}(x,y) \vee \neg\mathrm{Sm}(x) \vee \mathrm{Sm}(y)$	1.1

MLN 可以视作定义具体的 MRF（马尔可夫随机场）的模板。给定一个 MLN（记作 $L=\{F_i, w_i\}$）以及一个常量集合（如 C={Anna, Bob}等），就可以定义一个相应的 MRF（记作 $M_{L,C}$）。MRF 的每个节点对应 MLN 规则中经过给定常量实例化（Grounding）而得到的一个谓词。比如，将 Friends(*x*, *y*)中的变量分别替换为给定的常量 Anna、Bob，则其变成 Friends(Anna, Bob)，它成为如图 2-13 所示的由 MLN 生成的 MRF 实例中的随机变量，图中 A 代表 Anna，B 代表 Bob。Friends(Anna, Bob)要么为真要么为假，因此是一个二元随机变量。进一步需要明确 MRF 中的边：两个谓词实例之间存在一条边，当且仅当它们至少在一个规则中同时出现。一条规则中的谓词之间形成了马尔可夫随机场中的一个团[1]。图 2-13 展示了根据表 2-2 中的最后

1 注意，此处的团未必是最终的 MRF 中的最大团，因为多个规则的谓词最终可能组成更大的团。

两条规则以及常量 C={Anna, Bob}而得到的完整的 MRF。

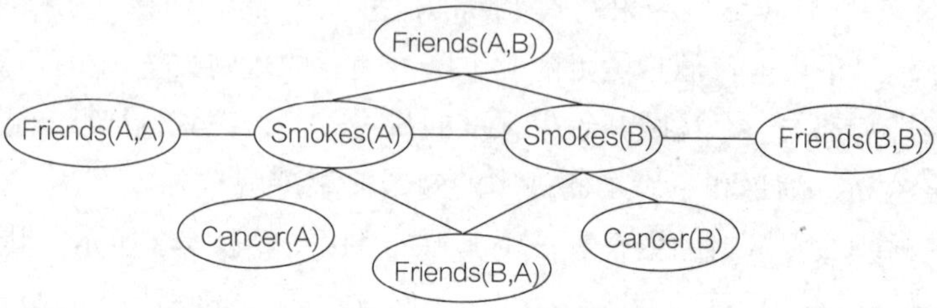

图 2-13　由 MLN 生成的 MRF 实例[37]

根据得到的 $M_{L,C}$ 可以进行概率推理。推理所要回答的问题形式是“已知一条规则成立，则另一条规则成立的概率是多少？”（比如，已知 Friends(Anna, Bob) ∨ Smokes(Anna)（对应公式（2-12）中的 F_2），求 Smokes(Bob)（对应公式（2-12）中的 F_1）的概率）。一般的推理形式如下：

$$P(F1|F2,L,C) = P(F1|F2,ML,C) = \frac{P(F_1 \wedge F_2|\, M_{L,C})}{P(F_2|\, M_{L,C})}$$
$$= \frac{\sum_{x\in\chi_{F_1}\cap\chi_{F_2}} P(X=x \mid M_{L,C})}{\sum_{x\in\chi_{F_2}} P(X=x \mid M_{L,C})} \quad (2\text{-}12)$$

其中，χ_{F_i}是公式F_i成立的世界的集合，而$P(X=x \mid M_{L,C})$（此概率为给定$M_{L,C}$模型的情况下，事实 x 成立的条件概率）可以利用$M_{L,C}$进行计算。图模型上的条件查询、某知识库是否包含某条一阶逻辑规则等问题都可以转换成上述概率的估算。MRF 的概率推理过程是#P-Complete[41]，在实际计算过程中通常利用马尔可夫链蒙特卡洛（Markov Chain Monte Carlo，MCMC）等采样方法逼近。

2.3　机器学习

机器学习（Machine Learning，ML）是一种从观测数据（样本）中寻找规律，并利用学习到的规律（模型）对未知或无法观测的数据进行预测的方法。通俗地讲，机器学习就是计算机对数据进行学习，得到某种模式、知识或规律作为模型，将这个模型用于未观测到的同类数据并做出归类或者预测。如今，随着数据量急剧增加，从大数据中发现统计规律，进而利用这些统计规律解决实际问题变得日益普遍。因此，机器学习本质上是建立在统计学习的理论基础之上的。本节先介绍监督学习，再逐步拓展机器学习的其他核心概念。

2.3.1　机器学习的基本概念

本节将结合手写数字识别任务介绍机器学习中的一些基本概念。手写数字识别旨在识别一个手写数字，其本质是将给定的一个手写数字分类到 0~9 这 10 个数字类别中。手写数字识别是一个经典的监督学习（Supervised Learning）问题。监督学习从标注样本中学习模型。每个标注**样本**是一个数据与相应分类标签构成的二元组(x_i, y_i)，其中 x_i 是数据，y_i 是相应的分类标签。例如，(0,0)就是一个**样本**（Sample）。

每一个样本中的观测数据均需要有合理的表示才能被计算机有效处理，这种表示被称为**特征**（Feature）。例如，对于一个手写数字的图像，可以使用其每个像素的颜色值组成一个长度为像素个数的向量作为其特征，也可以使用全图的平均亮度及色块个数的二维向量作为其特征。选择特征是使用机器学习解决问题的重要步骤，即设计者需要确定选择数据中的哪些信息来表示样本。在无特别说明的情况下，机器学习中的样本 x_i 均是指样本在特定的特征空间中的表示。对于原始数据进行特征提取的过程是特征工程关注的核心问题。手写数字识别示例如图 2-14 所示。

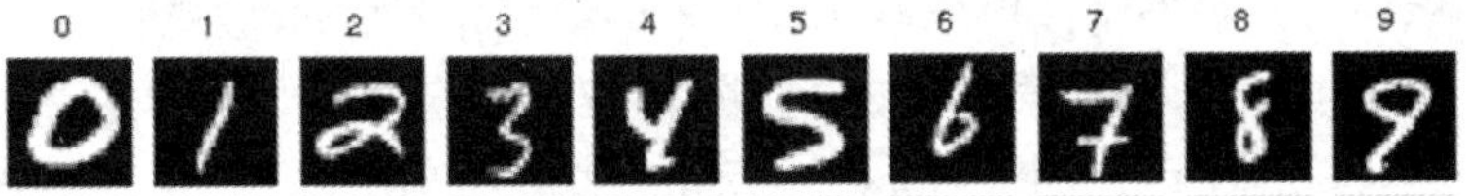

图 2-14　手写数字识别示例[44]

给定一个手写数字的样本集合$\{(x_i, y_i)\}$,手写数字识别的基本任务是学习一个最优的手写数字预测函数$F: X \to Y$，其中 X 为所有可能的手写数字，Y 为 $\{0,1, \cdots ,9\}$ 数字标签集。这一函数就是监督学习所要学习的**模型**（Model）。显然，从给定的样本集上可以习得多个模型。我们期望找到对于未来手写数字识别来说最准确的模型。换言之，我们期望模型具有较强的泛化能力，也就是说从**训练集**上习得的模型在未见的**测试集**上也能取得较好的预测结果。提升机器学习的泛化能力是机器学习的核心任务。

在统计学习中通过以下两点提升机器学习的泛化能力。

首先，专家总有一定的关于预期模型的先验知识。因此，可以预先设定目标模型所在的范围，也就是设定模型函数的**函数族**。在这个意义下，所谓的机器学习过程就是从预先指定的一个函数族中寻找最优函数的过程。例如，线性模型指形如 $Ax + B$ 的函数所组成的函数族，而训练过程就是在寻找最优的参数 A、B，使得$f(x) = Ax + B$在一个训练集上达到最优。

其次，需要设计评测指标以评估不同参数下模型的优劣。一个直接的想法是，设计一个**损失函数**（Loss Function），用于度量函数f的预测误差。给定训练集$\{(x_i, y_i)\}_n$，常见的损失函数是均方差函数：

$$L\big(Y, f(X)\big) = \frac{1}{n}\sum_i (\hat{y}_i - y_i)^2 \tag{2-13}$$

这一损失函数可计算训练集上模型的预测结果与真实结果之间的距离。这样，最小化损失函数就意味着使模型的预测结果尽可能接近已知的真实结果。损失函数更为一般的意义在于确定模型的优化准则。因此，模型学习的基本过程就是为给定样本$\{(x_i, y_i)\}_n$求得满足下面优化目标的最优模型：

$$\hat{f} = \arg\min_{f\in F} L(Y, f(X)) \tag{2-14}$$

其中 F 是f所属的函数族。

一般而言，机器学习模型的损失函数都是可导的，因此最小化损失函数的优化问题可以使用梯度下降法进行求解。在实际应用中，一般使用梯度下降法的一些优化版本，如 Adagrad、Adam、RMSProp 等。

因此，从前面的优化目标可以看出，机器学习的三个关键要素如下。

- 模型选择，也就是确定 F。
- 优化准则，也就是确定 L。
- 优化方法，也就是优化问题求解过程。

在上述过程中，如果训练集中每个样本的标签都是已知的，这类学习问题就被称为**监督学习**。监督学习的主要任务包括分类和回归（Regression）

两类。手写数字识别问题是典型的分类问题，其模型输出的是离散类别，即 0~9 这 10 个数字分类。而回归问题的基本目标在于对数据样本预测一个（或一组）连续数值。例如，给定股票信息，预测这只股票明日的股价。在实际应用中获取标签通常代价较大，导致标注数据十分稀缺。因此，如何从无标注数据中学习模式，也就是**无监督学习**（Unsupervised Learning），成了机器学习的重要研究任务之一。

无监督学习的典型任务包括**聚类**（Clustering）、**分布密度估计**（Density Estimation）以及**维度约简**（Dimensionality Reduction）。聚类旨在将相似数据聚集成类。在统计学习领域，通常将观测数据视作来自服从特定分布总体的随机采样。分布密度估计旨在确定生成观测数据的概率分布的密度函数。维度约简是指将高维数据投影到低维空间，以捕捉数据的本质特征或者便于数据可视化。

实际应用中大量存在的往往是无标注数据，尽可能地利用这些无标注数据是提升模型性能的重要思路之一，构成了半监督学习的核心问题。**半监督学习**（Semi-supervised Learning）是介于监督学习（所有数据都有标注）和无监督学习（所有数据都没有标注）之间的一种学习方式。半监督学习通常包含少量的标注数据和大量的未标注数据，它通过假设未标注数据的分布来揭示标注数据之间的联系，利用未标注数据加强标注数据的学习能力。半监督学习所处理的任务一般与监督学习相同，只是半监督模型使用未标注样本后往往可以提升模型的效果。此外，在很多实际应用中，高质量的数据标注十分困难，因此往往放松对标注质量的要求。如何利用这些大量容易获得的弱标注数据提升机器学习的性能是**弱监督学习**（Weakly Supervised Learning）要解决的主要问题。

2.3.2　深度学习概述

传统机器学习有一定的局限性，较为集中地体现在以下两点。

- 传统机器学习中的样本特征主要靠专家经验或特征转换的方法来获取。依赖专家经验的特征提取方法通常费时、费力，也难以捕捉很多隐性特征。比如，抽取不同模态数据（如声音、图像、文本等）的特征往往需要不同的基础知识。对于特定的学习任务，需要大量的经验和多次尝试才可能选择出较好的特征。

- 传统机器学习一般只能使用较为简单的函数形式（比如线性函数）表达模型，而模型的表达能力对于机器学习的效果来说至关重要，简单的模型难以表达复杂的函数映射。例如，一个线性模型无法拟合$y = x^2$这样一个简单的函数。如果简单地对函数族进行扩张，使用更复杂的函数来学习，那么模型又容易产生过拟合，泛化能力下降。

深度学习（Deep Learning）的出现在一定程度上弥补、突破了浅层学习的上述局限性。深度学习是指基于深度神经网络的一类机器学习模型。深度神经网络在传统浅层神经网络的基础上引入了更多的中间层，因而是具有较深层次的神经网络模型。一个深度神经网络由输入层—中间层—输出层的结构构成，其中间层本质上完成了自动特征提取。深度学习一方面降低了专家定义特征的代价，另一方面也可以捕捉隐性特征，其在图像、语音、文本等数据的特征提取中往往能取得较好的效果。此外，引入多个中间层的深度神经网络可以表达复杂的非线性函数映射。隐藏层可以视作隐性特征抽取器。深度神经网络示意图如图 2-15 所示。

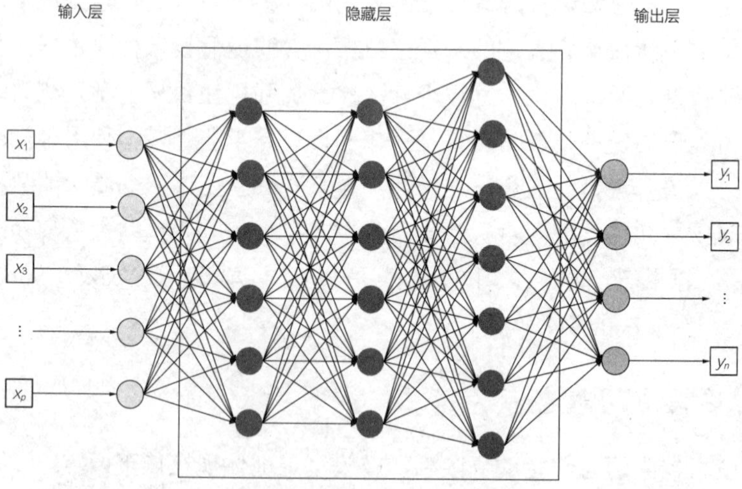

图 2-15　深度神经网络示意图

从函数学习的角度来看，深度学习通过复合多个简单函数来构造复杂函数，模型所需训练参数集由每个简单函数中的参数组成，即：

$$y = F(x) = F_L(\cdots F_3\left(F_2\left(F_1(x)\right)\right)) \quad (2\text{-}15)$$

这样一个 L 层的函数可以将输入的底层特征 x 经由F_1、F_2……多次转换，产生深度的特征表示，并最终实现从输入到输出的复杂映射（在大多数情况下都是非线性映射）。在训练过程中，深度学习可以从数据中自动学习到有效的特征表示，最终提卂模型预测的准确率。

深度学习中常见的函数形式是**带激活函数的全连接层**，即$F_i(x) = \sigma(Ax + B)$，这里的σ可以选择 tanh 或 Sigmoid 等多种非线性函数。通常，我们需要针对不同的任务选择不同的函数进行组合以获得较好的效果。深度学习模型的训练流程和浅层模型相似，均是在设计好模型（多个带参数的简单函数的复合链）以后，根据具体任务的需求在训练集上构建目标函数，并使用相应的优化算法寻找最优参数，从而确定最终的预测函数F，也就是训练所得的模型。

深度神经网络模型早在神经网络提出之时就已存在，然而直到 2006 年之后才飞速发展。这说明深度学习的发展是有条件的，理解这些条件是有效使用深度神经网络模型的前提。伴随着大数据时代的到来，数据、算法、算力均有了长足发展，应用场景也日益丰富，这些因素的合力推动了深度学习技术飞速发展。比如，大规模标注数据的出现使得学习复杂模型（特别是带有大规模参数的复杂模型）成为可能。再比如，非线性变化 ReLU（Rectified Linear Unit）使得模型求解过程相对于传统的 Sigmoid 函数来说大大加快。近年来，不断发展的各类预训练（Pre-training）技术使我们可以复用资源丰富数据集上的有效特征，从而降低特定任务对样本的依赖。

前馈神经网络（Feedforward Neural Network），也被称为**多层感知器**（Multilayer Perceptron），是典型的深度神经网络模型。前馈神经网络层与层之间的神经元采用全连接方式。除了输入层外，每层的神经元都采用非线性激活函数，比如 Sigmoid、ReLU 等。这一点将前馈神经网络与传统的线性感知器（Linear Perceptron）区分开来。前馈神经网络中无反馈，信号从输入层向输出层单向传播。

深度神经网络有各种架构——从简单的线性模型到卷积神经网络——不同的深度神经网络模型都可以视作从输入数据学习有效特征表示的过程。而特征学习的关键在于，用有限的参数表达有效的特征。

2.3.3 卷积神经网络

卷积神经网络是一类以卷积层（使用卷积操作代替全连接层所使用的矩阵乘法操作）作为网络的基本元素的深度神经网络，一般常用于处理图像数据。提出 CNN 的主要目的是，解决多层全连接神经网络模型的缺陷。

以图像处理任务为例，全连接神经网络模型有两个弊端。

- 参数太多，更容易产生过拟合。比如，对一个 512×512 像素的 3 通道图像来说，仅仅一个全连接层就拥有上百万个参数。
- 没有使用局部不变性。与图像相关的任务一般都具有局部不变性。比如，一张狗的照片向右平移 5 个像素并不会影响人类判断图中的对象是一只狗。

卷积层的引入是 CNN 的根本特征。卷积层使用一个相对于原始数据而言规模很小的**卷积核**（Convolution Kernel，有时又称为过滤器）作为参数，它将输入数据与卷积核进行卷积运算。简单来说，卷积计算就是对输入数据的每个区域都进行相同的运算（与卷积核的翻转进行点积运算）。二维图像数据$\boldsymbol{X} \in \mathbb{R}^{M\times N}$与二维核 $\boldsymbol{K}\in \mathbb{R}^{m\times n}$的卷积是一个$(M-m+1)\times(N-n+1)$矩阵，其每个元素为：

$$y_{i,j}=\sum_{u=1}^{m}\sum_{v=1}^{n}k_{uv}\cdot x_{i-u+1,j-v+1} \tag{2-16}$$

卷积运算的示例如图 2-16 所示。一般$\mathrm{m} \ll M$、$n \ll N$，因此卷积操作能够显著降低表示的复杂性。在 CNN 的卷积层之后，往往还跟着一个池化层。池化层使用池化操作进一步降低表示的复杂性。池化函数使用相邻位置的总体统计特征作为该位置的输出。池化函数有多种实现方式。比如，最大池化操作给出相邻区域内的最大值。池化操作进一步降低了中间表示的复杂性，进而加快了模型的计算速度并且降低了过拟合的可能性。

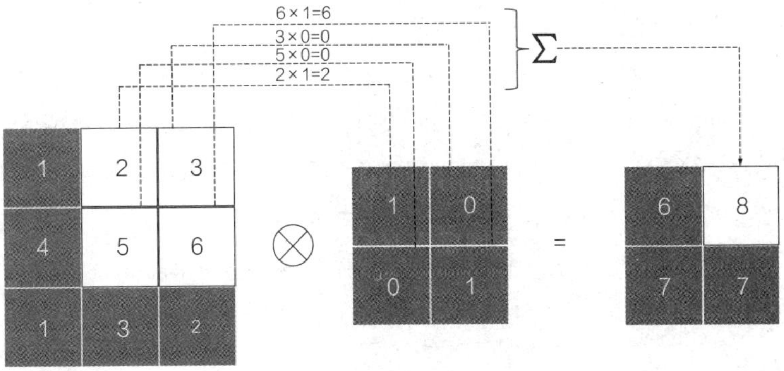

图 2-16　卷积运算的示例

CNN 的结构通常由输入、**卷积层**、**池化层**以及**全连接层**构成。CNN 模型架构的特点是稀疏连接、参数共享。卷积层的每个输入只与有限的输入单元连接。所谓参数共享，是指每个输出单元的计算共享相同的参数（也就是卷积核中的参数）。CNN 通过这两个特性显著降低了参数复杂性。此外，CNN 中的卷积运算以及池化操作能够实现对于图像处理所需特定变换（比如平移）的不变性。

2.3.4　循环神经网络

循环神经网络（Recurrent Neural Network，RNN）是一类专门用于处理序列数据的神经网络模型。与 CNN 类似，RNN 得以实用化的根本原因也在于参数共享。RNN 利用序列数据的性质实现了序列上不同时间点的权重共享。因此，它也使用了一类特殊的函数来代替全连接层，大大减少了参数数量，同时也使模型可以更好地利用序列性质。RNN 被广泛应用于语音、自然语言等可以建模为序列的数据处理中。RNN 中的"循环"本质上是指数据在 t 时刻的状态取决于其前序状态，这在语音与文本数据处理中是必要的。

给定一个输入序列$x_{1:T}=(x_1,x_2,\cdots,x_t,\cdots,x_T)$，循环神经网络通过公式$h_t=f(h_{t-1},x_t)$更新带反馈边的隐藏层参数。在这种方式下，RNN 处理序列的当前元素时充分考虑了序列中前序状态中的元素。隐藏单元h_{i-1}被称为记忆或状态，它是由序列的前$i-1$个元素生成的。在处理第i个输入单元x_i时，会同时产生第 i 个时刻的记忆h_i，它与下一个元素一起作为下一时刻的输入。

RNN 的优点在于不管输入序列的长短，函数 f 都可以应用于序列的每个元素，即序列的每个元素都共享相同的参数。整个模型只需要学习函数 f，参数共享简化了模型学习。上面的公式$h_t = f(h_{t-1}, x_t)$从本质上描述了一个动力学习系统，也就是随着时间演变的系统，而 RNN 允许学习任意的动力学系统。RNN 可以通过**随时间反向传播**（Backpropagation Through Time，BPTT）学习以及**实时循环学习**（Real-Time Recurrent Learning，RTRL）等算法进行参数学习。RNN 的示意图如图 2-17 所示。

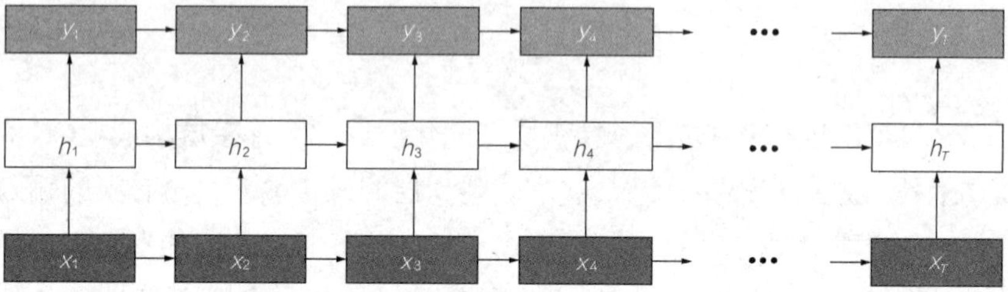

图 2-17　RNN 的示意图

RNN 模型存在多个变种。一种常见的扩展是引入门机制，实现记忆的自主遗忘。这类循环神经网络又被称为**门控循环神经网络**（Gated RNN），其中两种重要类型是**长短期记忆**（Long Short-Term Memory，LSTM）网络和**门控循环单元**（Gated Recurrent Unit，GRU）。另一种常见的变种是**双向循环神经网络**。在很多实际应用中，序列中的某个数据不仅与其前序数据相关，也与其后续数据相关。比如，在文本处理中，一个词的含义取决于其上下文。双向循环神经网络在单向循环神经网络的基础上引入了额外的循环层，用来实现序列数据中的反向影响。文本处理中常用的一类双向循环网络是双向 LSTM 模型。

2.3.5　注意力机制

人类在处理接收到的大量信息时是有选择性的，即人可以在关注一些信息的同时忽略其他信息。这种能力就叫作注意力。而在许多任务中，输出往往只与输入数据中的部分数据相关，而其他输入数据可以被忽略。例如，在阅读理解任务中，对于输入的长篇文章，其中只有部分词句与需要回答的问题相关，我们可以忽略或略读其他词句；在翻译任务中，翻译结果句子中的每个词往往就是输入句子中的某一个词的直译。

因此，我们可以在深度神经网络中引入注意力机制（Attention），使模型每一阶段的输出（例如，翻译任务中生成句子的每一个词）只需要根据输入的某些片段进行计算，而无须处理整个输入。这样可以极大地减轻神经网络的计算负担。

形式化地说，若输入$\boldsymbol{X}$包含 n 个元素，每个元素的向量表示分别为$\boldsymbol{X}_1, \boldsymbol{X}_2, \cdots, \boldsymbol{X}_n$，对于一个任务相关的查询向量$\boldsymbol{q}$，可以使用一个随机变量$z$来选择$\boldsymbol{X}_i$回答$\boldsymbol{q}$。在实际应用中，常使用“软性”（Soft）注意力机制对输入数据进行选择。在$[1, n]$的范围内给定输入$\boldsymbol{X}$和任务查询向量$\boldsymbol{q}$，定义选择输入$\boldsymbol{X}_i$的概率α_i（即$P(z = i|\boldsymbol{X}, \boldsymbol{q})$）：

$$\alpha_i = \frac{\exp(s(\boldsymbol{X}_i, \boldsymbol{q}))}{\sum_{j=1}^{n} \exp(s(\boldsymbol{X}_j, \boldsymbol{q}))} \tag{2-17}$$

因此，α_i本质上是注意力在输入数据上的分布。计算α_i的关键可归结为对注意力打分函数$s(\boldsymbol{X}_i, \boldsymbol{q})$的评估。存在各种不同的评估方式，比如**加性模型**（Additive Attention）、**点积模型**（Dot-product Attention）、**缩放点积模型**（Scaled Dot-product Attention）以及**双线性模型**（Bi-linear Attention）等。在注意力机制下，输入$\boldsymbol{X}$可以表达为带权加和：

$$\text{att}(\boldsymbol{X}, \boldsymbol{q}) = \sum_{i=1}^{n} \alpha_i \boldsymbol{X}_i \tag{2-18}$$

人们在基本的注意力机制的基础上进一步发展出了很多变种，比如多头注意力机制（Multi-head Attention），此处就不具体展开说明了。

2.4　自然语言处理

自然语言处理（Natural Language Processing，NLP）是人工智能的重要分支之一，涉及语言学、计算机科学等多门学科知识，是实现自然人机交互的重要学科。NLP 的主要使命是自然语言的理解与生成。所谓的自然语言理解是将自然语言的输入映射为合适、有效的表示；所谓的自然语言生成是从计算机的一些内在表示生成有意义的自然语言形式的词汇、句子、段落甚至篇章。NLP 在整个人工智能中扮演着至关重要的角色，是实现认知智能的核心技术之一。NLP 技术有着广泛的应用领域，比如语音助手、情感分析和机器翻译等。人类社会的大量知识是通过自然语言表达的，自然语言是构建知识图谱的重要来源。

2.4.1 基本概念

NLP 技术以不同的粒度处理自然语言。考虑一个英文句子“A good wine is a wine that you like.”，其基本的组成单元是**字符**（Character），比如“A”“w”“.”等。在英文中，由空格分隔的任何字符序列（字母、数字、符号等）构成一个**单词**（Word）。比如，在上述例句中，因为“a”和“wine”都是单词且各自重复了两次，所以整个句子由 7 个不同的单词组成。如果不考虑单词重复出现的情况，这些单词有时又被称作 Token。因此，例句中一共有 9 个 Token。一组单词进一步可以组成带有特殊惯用意义的**词汇**（Phrase），比如“knowledge graph”“come up with”等。单词和词汇加上标点符号构成**句子**（Sentence）。若干句子构成**段落**（Paragraph），若干段落又可以组成**篇章**（Document）。NLP 可以在词汇、句子、段落和篇章级别展开处理。自然语言中提及的词汇可以对应到人类认知的**实体与概念**，比如，“亚里士多德”指代作为哲学家的实体，“哲学家”指代特定人群的概念。

文本是知识图谱的数据来源，我们需要对其中的语句做各种处理。NLP 可以在**词法分析**（Lexical Analysis）、**语法分析**（Syntactic Analysis）、**语义分析**（Semantic Analysis）以及**语用分析**（Pragmatic Analysis）等层面展开。NLP 常见任务如表 2-3 所示。

表 2-3 NLP 常见任务

断句（Sentence Segmentation）	依存句法分析（Dependency Syntax Parsing）
分词（Tokenization）	命名实体识别（Named Entity Recognition）
词性标注（Part-Of-Speech Tagging）	共指消解（Conference Resolution）
词形还原（Lemmatization）	语义角色标注（Semantic Role Labeling）
识别停用词（Identifying Stop-Words）	……

断句一般通过标点符号实现。在中文中，**分词**是指对文本进行词汇的切割。比如，“小明吃苹果”在分词之后为“小明”“吃”“苹果”。常见的中文分词工具有 Jieba、SnowNLP 和 NLPIR 等。相比于中文，英文的分词相对

简单。英文句子是由若干单词（Word）组成的，单词之间用空格分隔，因此英文分词用空格切分即可。

词性标注是给句子中的每个词标记相应的词性。这里的词性可能是名词、动词、形容词、副词等。如图 2-18 所示，Plato 被赋予 NNP（专有名词）词性，born 被赋予 VBN（过去分词）词性。

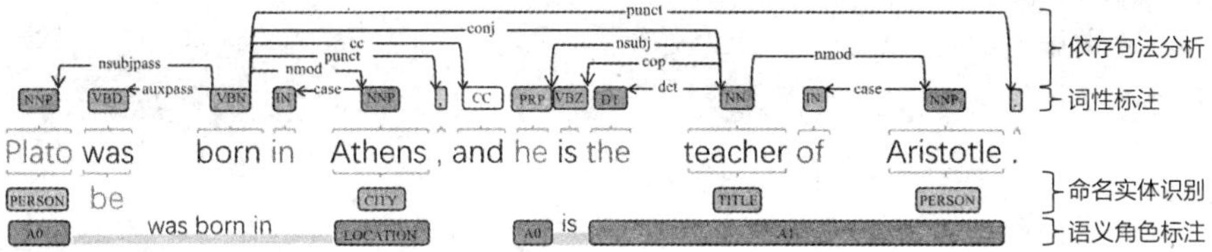

图 2-18 NLP 常见操作示例[1]

词形还原是指将某一单词还原至原形，包括将名词的单复数、be 动词以及动词的过去时态和现在进行时态等还原成相应的原形。比如，前面例句中的"is"可以还原为 be 动词。单词"the""a""an""of"等是文本中常见的高频词，对于句子的某些处理与分析任务来说往往起着噪声一般的作用，因此被称为**停用词**。我们有必要识别停用词。比如，前面例句中的"in""the""of"都可视作停用词。一般会为特定的 NLP 任务构建相应的停用词表，直接通过字典查找的方式对文本中的停用词进行过滤。不同的语料或者 NLP 任务往往有不同的停用词表。比如，"the"往往会出现在一般的停用词表中，但是有很多乐队名称中有"the"，比如，"The Doors""The Who"，此处的"the"不可以被认为是停用词。

依存句法分析旨在识别句子的语法结构，其主要手段是分析句中各语言成分之间的依存关系，其分析结果是一棵依赖关系树。其中，树的根节点（Root）是关键动词。在图 2-18 中，根节点为"born"，"Plato"是"born"的名词主语。识别句子语法结构是自然语言浅层理解的一种重要形式，比如，在搜索中，识别"喜剧 演员"这两个词中"演员"是核心，"喜剧"是修饰，对于准确理解搜索关键词至关重要。

语义分析任务包括：命名实体识别、共指消解以及语义角色标注等。**命**

---

1 参见链接[19]。

名实体识别是识别句子的词序列中具有特定意义的实体，并将其标注为人名、机构名、日期、地名、时间和职位等类别的任务。图 2-18 中也展示了命名实体识别的结果，“Plato”和“Aristotle”是人名，“Athens”是地名，“teacher”是职位。**共指消解**是另一类常见的语义分析任务，这一任务旨在识别句子中同一实体的所有不同表达。比如，共指消解能够识别出如图 2-18 所示的例子中“he”和“Plato”都指称柏拉图这个实体。

语义角色标注，又称浅层语义分析，是将句子中的某些词或短语标注为给定语义角色的过程。通常围绕动词短语（或谓词）的相关成分展开识别，比如施事者、受事者、时间、地点等。在如图 2-18 所示的例子中，给定谓词是“was born in”，“Plato”是施事者，“Athens”是地点。

2.4.2 文本的向量化表示

文本的向量化表示是指将文本（字、词、句子、段落……）表示成计算机能够进行运算的数值向量形式。较长的文本（如一段话或一篇文章）往往难以直接转化为一个向量，因此，通常需要先将较细粒度的文本（如一个单词）表示成向量，进而得到句子或段落的表示。单词对应的向量通常被称为词向量（Word Embedding）。传统的词向量表示是以**独热**（One-hot）和**词袋**为代表的**离散表示**（Discrete Representation）。近年来，主流的词向量表示形式是以**分布式表示**（Distributed Representation）为代表的**连续表示**（Continuous Representation），连续表示是将文本表示为连续空间上的一点。

1. 离散表示

独热表示：在语料库中，为每个词做一个索引编码，根据索引编码进行表示。比如，针对“Beijing is the capital of China and it is also the political center of China”为每个词进行索引编码。假定带索引编码的字典为{“beijing”: 1, “is”: 2, “the”: 3, “capital”: 4, “of”: 5, “china”: 6, “and”: 7, “it”: 8, “also”: 9, “political”: 10, “center”: 11}，那么每个单词的独热表示为：

beijing: [1, 0, 0, 0, 0, 0, 0, 0, 0, 0, 0]

is: [0, 1, 0, 0, 0, 0, 0, 0, 0, 0, 0]

…

独热表示的特点在于只有一维取值为 1，其他维的取值均为 0。当语料库非常大时，索引编码的规模也非常大。如果字典包含上百万个单词，每个单词向量均是百万维度的且只有一维为 1，因此独热向量非常稀疏。

词袋表示：词袋表示常用于文本表示，直接将文本中单词的独热向量相加即可。比如，对于上面的例句，其词袋表示为[1, 2, 2, 1, 2, 2, 1, 1, 1, 1, 1]。

2. 连续表示

离散表示对于词语的语义表达能力有限。比如，在独热向量空间中，任意两个词的向量都是相互正交的，这导致其欧氏距离为 0。这显然对于“猫”“狗”等语义极其相近的词而言很不合理。连续表示则可以更好地捕捉词与词之间的语义关系。连续的表示形式最常用的是分布式表示，其最早由 Hinton 在 1986 年提出。分布式表示的思想是将语言的语义或语法特征分散存储在一个低维、稠密的实数向量中，如[0.1332, -0.3115, …, 0.3397]。分布式的向量往往通过建立自然语言的预测模型（也就是常说的 Language Model）学习而得。代表性模型有 Word2Vec 的 Skip-gram 模型。接下来介绍 Skip-gram 模型的基本原理。

Skip-gram 模型的基本思想是习得合理词向量，使得利用词向量准确预测上下文的概率尽可能高。具体而言，给定文本w_1，w_2，w_3，…，w_N，Skip-gram 模型旨在最大化给定任意词w_i观测到上下文w_{i-c}到w_{i+c}的期望概率。

$$\frac{1}{N}\sum_{i=1}^{N}\sum_{-c\leqslant j\leqslant c, j\neq 0}\log p\left(w_{i+j}\middle|w_i\right) \tag{2-19}$$

其中，$p(w_{i+j}|w_i)$被定义为基于词向量的 Softmax 函数，形式化为$p\left(w_{i+j}\middle|w_i\right) = \frac{\exp({\boldsymbol{V}'_{i+j}}^{\mathrm{T}}\boldsymbol{V}_i)}{\sum_{k=1}^{N}\exp({\boldsymbol{V}'_k}^{\mathrm{T}}\boldsymbol{V}_i)}$，$\boldsymbol{V}_i$是词$w_i$的向量表示。

上述思想虽然简单，但计算困难：Softmax 函数中的分母计算与N成正比，而词汇表往往非常大（数量级为 10^5~10^7）。**负采样**（Negative Sampling）是解决这一问题的典型方案之一。负采样是从噪声对比采样（Noise Contrast Sampling，NCE）简化而来的。负采样策略最大化了下面的优化目标：

$$\log\sigma\left({V'_{i+j}}^{\mathrm{T}}V_i\right)+\sum_{u=1}^{U}E_{w_u\sim P_n(w)}[\log\sigma(-{V'_u}^{\mathrm{T}}V_i)] \tag{2-20}$$

其中，$P_n(w)$表示噪声分布，U表示针对每个数据样本的负采样次数，$\sigma(x)=1/\left(1+\exp(-x)\right)$。除了基本的 Skip-gram 模型外，经常用到的还有 CBOW（Continuous Bag Of Words）模型。与 Skip-gram 模型不同的是，CBOW 模型主要是根据上下文（比如“the cat sits on the”）预测目标词汇（“sofa”）。

本章小结

本章对后续学习知识图谱所需的基础知识做了提纲挈领的介绍。知识图谱与很多人工智能子学科关系密切，在有限的篇幅内难以深入介绍每一个细节，因此本章侧重于梳理这些学科与知识图谱之间的内在关系。

关于本章内容，还需要做如下说明。

第一，从知识表示的角度，本书试图将融合了专家知识的概率模型，包括概率图模型、马尔可夫决策过程等归结为一种知识表示而非统计学习模型，这是一个新尝试，与传统的人工智能书籍的做法不同。在此特别说明，以便读者理解。

第二，知识图谱的向量化学习是近期的研究热点，本章所述内容仅包含早期的几个经典模型。当前的这些研究工作在落地过程中仍有待解决的问题。比如：

- 提升方法的可伸缩性。大量的学习方法难以适应大规模知识图谱。
- 保证图谱的语义。在向量化学习过程中，图谱属性与关系的语义信息会丢失，所以如何保留图谱的语义仍是难题之一。

第三，在本书成书之时，一种新的语言模型 BERT（Bidirectional Encoder Representations from Transformers）[43]取得了显著效果。BERT 通过联合调节所有层中的双向 Transformer 来预训练深度双向表示。由于篇幅有限，BERT 的细节在本章中并未涉及，但建议读者关注这一模型。

若须进一步深入理解本章内容，读者可以参考相关专业书籍。在机器学习方面，可以进一步参考 Christopher Bishop 的 *Pattern Recognition and Machine Learning*，以及周志华的《机器学习》、Ian Goodfellow 的《深度学习》。在知识表示方面，可以参考 Ronald J. Brachman 的 *Knowledge Representation and Reasoning*。在自然语言处理方面，可以参考 Christopher D. Manning 的 *Foundations of Statistical Natural Language Processing*。此外，作为人工智能的入门读物，Stuart J.Russell 等人编著的《人工智能：一种现代的方法》，Simon Haykin 编著的《神经网络与机器学习》以及 George F Luger 编著的 *Artificial Intelligence*，Daniel Jurafsky 与 James H. Martin 编著的 *Speech and Language Processing* 都值得阅读。关于知识图谱的表示学习更为全面的介绍，读者可以参考刘知远等人的《知识表示学习研究进展》（《计算机研究与发展》，53（2），247-261，2016）一文。

思考题

1．知识图谱与人工智能哪些领域有关系，有着怎样的关系？

2．知识图谱的向量化表示有哪些类型，列举三种典型模型并对比其优劣。

3．哪些知识表示能够体现专家知识与统计学习的融合？

4．哪些知识表示能够表达动态决策过程？

5．应用监督学习模型的要素有哪些？这些要素是如何影响模型效果的？

6．深度学习与传统机器学习有哪些区别？

7．什么是卷积操作？卷积神经网络的特点是什么，其擅长处理哪些任务？

8．常见的自然语言词法、语法以及语义分析任务有哪些？输入/输出分别是什么？

9．简述 Skip-gram 模型的基本原理。

参考文献

[1] 参见链接[1].

[2] J. Lehmann, R. Isele, M. Jakob, A. Jentzsch, D. Kontokostas, P. N. Mendes, S. Hellmann, M. Morsey, P. van Kleef, S. Auer and C. Bizer. DBpedia - A large-scale, multilingual knowledge base extracted from Wikipedia. Semantic Web. 6 (2). 167–195 (2015).

[3] 参见链接[2].

[4] J. Pérez, M. Arenas and C. Gutierrez. Semantics and Complexity of SPARQL. ACM Transactions on Database Systems. 34 (3) (2009).

[5] Jeen Broekstra, Arjohn Kampman, Frank van Harmelen. Sesame: A Generic Architecture for Storing and Querying RDF and RDF Schema. In Proceedings of International Semantic Web Conference'2002. pp.54~68.

[6] Valerie Bonstrom, Annika Hinze, Heinz Schweppe. Storing RDF as a Graph.In Proceedings of LA-WEB'2003. pp.27~36.

[7] Wilkinson, K., Sayers, C., Kuno, H., Reynolds, D.: Efficient RDF storage and retrieval in Jena2. In: SWDB, pp. 131–150 (2003).

[8] Chong, E.I., Das, S., Eadon, G., Srinivasan, J.: An efficient SQLbased RDF querying scheme. In: VLDB, pp. 1216–1227 (2005).

[9] Broekstra, J., Kampman, A., van Harmelen, F.: Sesame: a generic architecture for storing and querying RDF and RDF schema. In: ISWC, pp. 54–68 (2002).

[10] Harris, S., Gibbins, N.: 3store: efficient bulk RDF storage. In: Proceedings of PSSS’03, pp. 1–15 (2003).

[11] Lu, J., Ma, L., Zhang, L., Brunner, J.-S., Wang, C., Pan, Y., Yu, Y.: SOR: A practical system for ontology storage, reasoning and search. In: Proceedings of VLDB, pp. 1402–1405 (2007).

[12] Wilkinson, K.: Jena property table implementation. In: SSWS (2006)

[13] Abadi, D.J.: Column stores for wide and sparse data. In: CIDR (2007)

[14] Agrawal, R., Somani, A., Xu, Y.: Storage and querying of E-commerce data. In: VLDB (2001)

[15] Beckmann, J., Halverson, A., Krishnamurthy, R., Naughton, J.: Extending RDBMSs to support sparse datasets using an interpreted attribute storage format. In: ICDE (2006)

[16] Daniel J. Abadi, Adam Marcus, Samuel Madden, Kate Hollenbach: SW-Store: a vertically

partitioned DBMS for Semantic Web data management. VLDB J. 18(2): 385-406 (2009)

[17] C. Weiss, P. Karras and A. Bernstein, Hexastore. Sextuple Indexing for Semantic Web Data Management, PVLDB 1 (1), 1008–1019 (2008).

[18] T. Neumann and G.Weikum, RDF-3X: A RISC-style Engine for RDF, PVLDB 1 (1), 647–659 (2008).

[19] T. Neumann and G. Weikum, The RDF-3X Engine for Scalable Management of RDF Data, VLDB J. 19 (1), 91–113 (2010).

[20] T. Neumann and G. Weikum, x-RDF-3X: Fast Querying, High Update Rates, and Consistency for RDF Databases, PVLDB 3 (1), 256–263 (2010).

[21] M. Atre, V. Chaoji, M. J. Zaki and J. A. Hendler. Matrix "Bit" loaded: A Scalable Lightweight Join Query Processor for RDF Data, in WWW (2010), pp. 41–50.

[22] P. Yuan, P. Liu, B. Wu, H. Jin, W. Zhang and L. Liu, TripleBit: a Fast and Compact System for Large Scale RDF Data, PVLDB 6 (7), 517–528 (2013).

[23] M. E. Dyer and C. S. Greenhill, The Complexity of Counting Graph Homomorphisms, Random Struct. Algorithms 17 (3-4), 260–289 (2000).

[24] J. R. Ullmann, An Algorithm for Subgraph Isomorphism, J. ACM 23 (1), 31–42 (1976).

[25] L. P. Cordella, P. Foggia, C. Sansone and M. Vento, A (Sub)Graph Isomorphism Algorithm for Matching Large Graphs, IEEE Trans. Pattern Anal. Mach. Intell. 26 (10), 1367–1372 (2004).

[26] L. B. Holder, D. J. Cook and S. Djoko, Substucture Discovery in the SUBDUE System, in KDD Workshop (1994), pp. 169–180.

[27] F. Zhu, Q. Qu, D. Lo, X. Yan, J. Han and P. S. Yu, Mining Top-K Large Structural Patterns in a Massive Network, PVLDB 4 (11), 807–818 (2011).

[28] K. Zhu, Y. Zhang, X. Lin, G. Zhu and W.Wang, NOVA: A Novel and Efficient Framework for Finding Subgraph Isomorphism Mappings in Large Graphs, in DASFAA (2010), pp. 140–154.

[29] S. Zhang, S. Li and J. Yang, GADDI: Distance Index based Subgraph Matching in Biological Networks, in EDBT (2009), pp. 192–203.

[30] P. Zhao and J. Han, On Graph Query Optimization in Large Networks, PVLDB 3 (1), 340–351 (2010).

[31] W. Han, J. Lee and J. Lee, Turboiso: Towards Ultrafast and Robust Subgraph Isomorphism Search in Large Graph Databases, in SIGMOD (2013), pp. 337–348.

[32] L. Zou, J. Mo, L. Chen, M. T. Özsu and D. Zhao, gStore: Answering SPARQL Queries via Subgraph Matching, PVLDB 4 (8), 482–493 (2011).

[33] L. Zou, M. T. Özsu, L. Chen, X. Shen, R. Huang and D. Zhao, gStore: A Graph-based SPARQL Query Engine, VLDB J. 23 (4), 565–590 (2014).

[34] M. Wylot, J. Pont, M. Wisniewski and P. Cudré-Mauroux, dipLODocus[RDF] - Short and Long-Tail RDF Analytics for Massive Webs of Data, in ISWC (2011), pp. 778–793.

[35] J. Kim, H. Shin, W. Han, S. Hong and H. Chafi, Taming Subgraph Isomorphism for RDF Query Processing, PVLDB 8 (11), 1238–1249 (2015).

[36] 参见链接[3].

[37] Richardson, Matthew, and Pedro Domingos. "Markov logic networks." Machine learning 62.1-2 (2006): 107-136.

[38] Bach, Stephen H., et al. "Hinge-loss markov random fields and probabilistic soft logic." arXiv preprint arXiv:1505.04406(2015).

[39] 参见链接[4].

[40] Yann LeCun, Corinna Cortes, and Christopher JC Burges. MNIST handwritten digit database. Online, 1998.（参见链接[5]）

[41] Roth, D. (1996). On the hardness of approximate reasoning. Artificial Intelligence, 82, 273–302

[42] Bordes, Antoine, et al. "Learning structured embeddings of knowledge bases." Twenty-Fifth AAAI Conference on Artificial Intelligence. 2011.

[43] Devlin, Jacob, Ming-Wei Chang, Kenton Lee, and Kristina Toutanova. "Bert: Pre-training of deep bidirectional transformers for language understanding." arXiv preprint arXiv:1810.04805 (2018).

[44] Lim, S.H., Young, S.R. and Patton, R.M., 2016. An analysis of image storage systems for scalable training of deep neural networks. system, 5(7), p.11.

第2篇

构建篇

第3章

词汇挖掘与实体识别

内容提示 词汇挖掘与实体识别是进行知识图谱构建的第一步。词汇知识是一类有着广泛应用需求的知识。本章旨在回答如下问题：什么是词汇挖掘和实体识别？如何有效地实现词汇挖掘和实体识别？

3.1 概述

人类学习一个领域的知识一般是从该领域的词汇和术语开始的。比如，对于知识图谱领域的学习，就要从对“关系抽取”“词汇挖掘”“实体识别”等领域词汇的理解开始。一旦机器具备了领域词汇的识别能力，就可以代替我们人类从事一些简单的知识工作。比如，猎头如果要寻找知识图谱领域的专家或学者，只需要判断候选人的简历或者论文题目中是否包含知识图谱的领域词汇，如“关系抽取”“词汇挖掘”“实体识别”等。再比如，在图书管理领域，领域词汇库可以帮助实现书籍或者文献的自动归类（将包含“词汇挖掘”“实体识别”等词汇的文献归类到知识图谱子领域，进而归类到人工智能大领域）。可以说，对领域词汇的识别与理解是机器理解一个领域的前提和基础。词汇与领域之间的这种关联知识是一种相对简单的知识，也是知识图谱落地容易取得效果的一类知识。

从图模型的角度来看，构建知识图谱的第一步是获取图谱中的实体。知识图谱中的实体通常通过文本中的词汇或短语进行描述，比如“刘德华”“复旦大学”“图灵奖”等。在一些侧重语言知识表达的知识图谱中，比如 WordNet，词汇更是直接作为知识图谱的节点。但并非所有的词汇都是知识图谱中的实体，例如，中文中的成语（如刻舟求剑、守株待兔）是大多数知识图谱不关心的内容。因此，知识图谱中实体的获取主要分为两大步：第一步，从文本语料中挖掘出尽可能多的高质量词汇；第二步，从这些词汇中筛选出目标知识图谱所需的实体。

针对第一步，本章具体介绍了如何从领域文本中挖掘出高质量的领域词汇（见 3.2 节“领域短语挖掘”），以及在此基础上，挖掘出词汇之间的同义关系，便于全面地理解词汇（见 3.3 节“同义词挖掘”）。在所有的同义关系中，存在着一种特殊的同义关系，即缩略关系。作为一类特殊的同义关系，除了通用的同义词挖掘方法外，本章还将介绍一些特有的挖掘方法（见 3.4 节“缩略词抽取”）。

针对第二步，在所有词汇及其之间的关系都确定之后，需要进一步筛选出目标知识图谱所需的实体。实体识别的基本思路是：当一个词汇在某个上下文中表达的是某个预定义的概念时（人物、地点、机构等），该词汇就是一个实体。例如，词汇“刘德华”在句子“刘德华是中国香港男歌手”中表达出“人物”的概念，因此认为“刘德华”属于“人物”。所以，要确定哪些词汇是知识图谱中的实体，只需要确定知识图谱中的概念，并从文本中识别出那些属于概念集合的词汇。这一过程又被称作命名实体识别（见 3.5 节“实体识别”）。

本章所述的词汇挖掘与传统图书情报领域的**叙词表**建设极为相关。叙词表又被称为主题词表，是一个针对特定学科领域的词汇表，也可以是涉及多个学科领域的综合性词汇表。该词汇表由一些语义相关的规范化名词术语组成。叙词表的主体结构一般按照主题词首字母的顺序进行组织。除了领域词汇（又被称为主题词）外，叙词表还包括词与词之间的等价关系、等级关系或相关关系等内容。等价关系管理同义词，也就是把一些同义词或者异形术语（异形术语一般是简称、别名或变体，比如“复旦”）对应到某个优选术语上（术语的标准表达方式，比如“复旦大学”）。建立等级关系是指把优选术语分类为大的类别及大类别下面的子类别（如社会科学类、文学类和自然科学类等），之后每个类别向下进一步细分延伸。建立相关关系是指建立有意义的连接，比如，优选术语和相关术语之间的同义关系，再比如，“复旦大学”与“985 院校”之间的上下位关系。此外，可能还存在不同索引方式的辅表，如地区索引、机构索引和人名索引等。

传统图书情报领域的叙词表建设往往依赖领域专家，以手工构建为主。但随着大数据时代的到来，领域语料日积月累，为基于统计方法的词汇挖掘提供了方便。采用自动化方法挖掘与构建叙词表对于当前的应用而言是必需的。首先，自动化方法人力成本低，能够开展大规模词汇挖掘，而传统的手工方法受限于高昂的人力成本只能覆盖头部词汇。其次，当前技术日新月异，迫切需要实时、自动的词汇挖掘方法。人工智能等相关领域研究正呈现加速的趋势，新技术与新模型层出不穷，依赖人工整理词汇已经无法跟上飞速发展的技术更新。

3.2 领域短语挖掘

短语挖掘一般应用于构建领域知识图谱，用于发现领域相关的短语，进而找到其中领域相关的实体。本节将围绕领域短语挖掘展开，首先介绍领域短语挖掘的定义以及与相关任务（LDA 主题模型、关键词抽取和新词发现）的区别和联系，接着介绍领域短语挖掘的两类方法：无监督方法和监督方法，之后再详细介绍这两类方法使用的统计指标特征。

领域短语挖掘的输入是领域语料，输出是领域短语。需要说明的是，早期将这项工作称为词汇挖掘（Glossary Extraction[1]），现在也使用短语挖掘（Phrase Mining[3-4]）来描述。这里的短语指一个单词（Single-word Phrase，如“USA”）或多个连续的单词（Multi-word Phrase，如“support vector machine”）组成的序列。英文的每个单词（Word）之间都有空格作为间隔，而中文的字和字之间没有间隔。中文的词一般是指由多个字组成的序列，如“苏格拉底”，相当于英文的短语。本书将词汇挖掘和短语挖掘统称为短语挖掘。另外，一些中文短语挖掘的研究者[4]会将中文文本先分词，如将“复旦大学”切分为“复旦”与“大学”。这样，中英文短语挖掘就统一为挖掘高质量短语所对应的单词序列。

3.2.1　问题描述

领域短语挖掘指的是从给定的领域语料（将大量的文档融合在一起组成一个语料）中自动挖掘该领域的高质量短语的过程。领域短语挖掘的输入是领域语料，输出是该领域中的高质量短语（High Quality Phrase）。比如，从人工智能的论文集中挖出“支持向量机”、“卷积神经网络”和“机器学习”等高质量短语。

在给定的文档中，一个高质量短语是指连续出现的单词序列，也就是 $w_1 w_2 w_3 \cdots w_n$，其本质上是一个 *N*-Gram，其中 *N* 指短语的长度。比如，“support vector machine”的 1-Gram 有“support”“vector”“machine”，2-Gram 有“support vector”“vector machine”，3-Gram 有“support vector machine”。对于中文短语挖掘，w_i可以是词（比如，“复旦大学”可以认为是由“复旦”与“大学”构成的词序列），也可以是字符（比如，“复旦大学”可以认为是由四个字符构成的字符序列）。一个高质量的短语通常独立描述了一个完整、不可分割的语义单元。对于短语的质量，我们一般从以下几个角度来评估[3-4]。

- **频率**：一般来说，一个 *N*-Gram 在给定的文档集合中要出现得足够频繁才能被视作高质量短语。*N*-Gram 本身就是单词的序列组合，因此一个单词序列被使用得越多，就越可能是一个高质量短语。如果一个 *N*-Gram 出现的次数过少，那么它极有可能只是一个拼写错误。
- **一致性**：一致性指的是 *N*-Gram 的搭配频率明显高于其各部分偶然组合在一起的可能性，即反映的是 *N*-Gram 中不同单词的搭配是否合理或者是否常见。搭配越常见，相应的 *N*-Gram 越有可能是一个高质量短语。
- **信息量**：一般来说，一个高质量短语应该传达一定的信息，即表达一定的主题或者概念。比如，“机器学习”与“这篇论文”在机器学习论文语料中出现的频率都很高，单词之间的搭配也都很合理，但是显然后者没有太多信息量。

- **完整性**：一个高质量短语还必须在特定的上下文中是一个完整的语义单元。比如，“vector machine”在机器学习论文语料中很少单独出现，更多的是以“support vector machine”的完整形式出现的，那么它自身就不能算是一个高质量短语。

领域短语挖掘和隐含狄利克雷分布（Latent Dirichlet Allocation，LDA[39]）主题模型的区别在于，LDA 主题模型的输入是若干篇文档，输出是每篇文档的主题分布和每个主题的词分布，根据这两个分布可以得到每篇文档中不同词的分数。领域短语挖掘的输入不区分多篇文档，而是直接将它们合并为一个大文档，输出是该领域的高质量短语。LDA 关注的是主题下的字（词）分布，并不关心如何得到短语。事实上，更好的使用 LDA 的方式是先利用短语挖掘识别出领域短语，再使用 LDA，这实际上是 Phrase-LDA[40]，在实际应用中往往能够取得更好的效果。

领域短语挖掘和关键词抽取[31]的区别在于，关键词抽取是从语料中提取最重要、最有代表性的短语，抽取的短语数量一般比较少，比如，我们写论文的时候在摘要（Abstract）下面一般会附上五六个关键词（Key Word）。

领域短语挖掘和新词发现的区别在于，新词发现的主要目标是发现词汇库中不存在的新词汇，而领域短语挖掘不区别新短语和词汇库中已有的短语。新词发现可以通过在领域短语挖掘的基础上进一步过滤已有词汇来实现。

3.2.2 领域短语挖掘方法

早期的短语挖掘主要基于规则来挖掘名词性短语。最直接的方法是通过预定义的词性标签（POS Tag）规则来识别文档中的高质量名词短语[1]。但规则一般是针对特定领域手工设计的，存在一定的局限性。一方面，人工定义的规则通常只适用于特定领域，难以适用于其他领域。另一方面，人工定义规则代价高昂，难以穷举所有的规则，因此召回率存在一定的局限性。为了避免人工定义规则的高昂代价，可利用标注好词性的语料来自动学习规则，如文献[2]使用马尔可夫模型来完成这一任务。但是，词性标注不能做到百分百的准确，这会在一定程度上影响后续规则学习的准确率。

近年来，利用短语的统计指标特征来挖掘词汇成为主流方法之一。基于统计指标的领域短语挖掘方法可以分为无监督学习和监督学习两大类方法。无监督学习适用于缺乏标注数据的场景，监督学习适用于有标注数据的场景。

无监督方法主要通过计算候选短语的统计指标特征来挖掘领域短语，主要流程如图 3-1 所示，包括以下几步。

图 3-1　基于无监督学习的领域短语挖掘的主要流程（以人工智能语料为例）

（1）**候选短语生成**：这里的候选短语就是高频的 *N*-Gram（连续的 *N* 个字/词序列）。首先设定 *N*-Gram 出现的最低阈值（阈值和语料的大小成正比，语料越大，阈值越大。文献[3-4]认为，对于较大的语料，阈值一般取 30），通过频繁模式挖掘得到出现次数大于或等于阈值的 *N*-Gram[1]作为候选短语。

（2）**统计特征计算**：根据语料计算候选短语的统计指标特征，如 TF-IDF（频率-逆文档频率）、PMI（点互信息）、左邻字熵以及右邻字熵等。

（3）**质量评分**：将这些特征的值融合（如加权求和等）得到候选短语的最终分数，用该分数来评估短语的质量。

（4）**排序输出**：对所有候选短语按照分数由高到低排序，通常取前 *K* 个短语或者取根据阈值筛选出的短语作为输出。

基于监督学习的领域短语挖掘在无监督方法的基础上增加了两个步骤（其主要流程如图 3-2 所示）：样本标注和分类器学习。前者负责构造训练样本，后者根据样本训练一个二元分类器以预测候选短语是否是高质量短语。

1　对于中文短语挖掘，如果先分词，按照文献[1,3,4]的建议，*N* 的最大值通常设定为 6，即找到频次大于或等于阈值的 1-Gram、2-Gram、……、6-Gram 等。

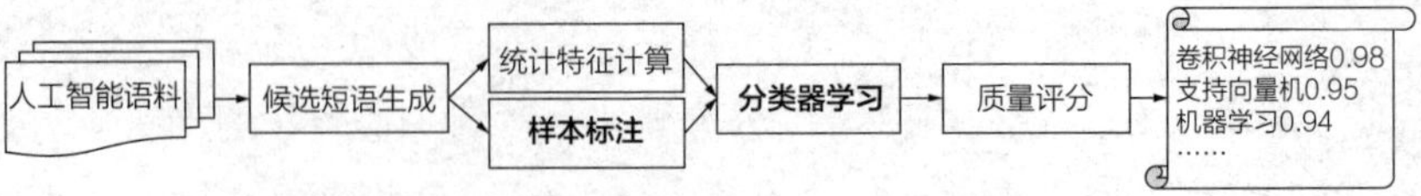

图 3-2　基于监督学习的领域短语挖掘的主要流程

- **样本标注**：其具体实现可以是人工标注或者远程监督标注两种常见形式。人工标注指由人手工标注候选短语是否是高质量的。远程监督标注一般用在线知识库（如百度百科、维基百科等）作为高质量短语的来源，如果候选短语是在线知识库的一个词条，则其被视作高质量短语，否则被视作负样本。
- **分类器学习**：根据正负样本，学习一个二元分类器。分类器模型可以是决策树、随机森林或者支持向量机。对于每个样本，使用 3.2.3 节介绍的统计指标（TF-IDF、C-value、NC-value 以及 PMI 等）构造相应的特征向量。

上述方法根据原始词频的相关统计特征（如词频、PMI 和左/右邻字熵等）来判定候选短语的质量，因此词频统计的准确性会对最终的打分产生显著影响。直接的统计方法会从文本中枚举所有的 *N*-Gram 并统计其相应的出现次数作为词频，这就导致了子短语的词频一定大于父短语，比如在人工智能语料中“向量机”和“支持向量”的词频一定大于或等于“支持向量机”。但事实上“支持向量机”的质量更高，因此基于原始词频的质量估计有偏差，不足以采信。导致这一估计偏差的根本原因在于，一旦认定某个父短语（比如“支持向量机”）是高质量短语，那么它的一次出现就不应该重复累计到其任何子短语上。

因此，基于 *N*-Gram 的原始频次统计方法需要修正与优化。考虑到在构建了高质量候选短语的判定模型之后，可以尝试利用模型来识别高质量短语，再根据已经发现的高质量短语对语料进行切割，在切割的基础上重新统计词频，改进词频统计的精度。Segphrase[3]和 Autophrase[4]均采用了这一思路。比如，假定根据高质量短语识别模型将“支持向量机在高维或无限维空间中构造超平面或超平面集合”切割为“支持向量机/在/高维/或/无限维空间/中/构造/超平面/或/超平面集合”。那么，“支持向量”、“向量机”和“支持向量机”的词频将从 1、1 和 1 修正为 0、0 和 1。

基于监督学习的领域短语挖掘方法经过优化后，采取迭代式计算框架，在迭代的每一轮先后进行语料切割和统计指标更新。由于切割可以提升频次统计的精度，基于相应统计特征构建的高质量短语识别模型也就更加精准，从而能更好地识别高质量短语。而高质量短语的精准识别又可以进一步更好地指导语料切割。语料切割与高质量短语识别两者之间相互增强。经过多次迭代，直至候选短语得分收敛。最终，依据每个候选短语的最后得分识别语料中的高质量短语。这一迭代式短语挖掘过程如图 3-3 所示。注意，在如图 3-3 所示的过程中，语料切割后通常还会根据切割出的短语词频对候选短语进行过滤。

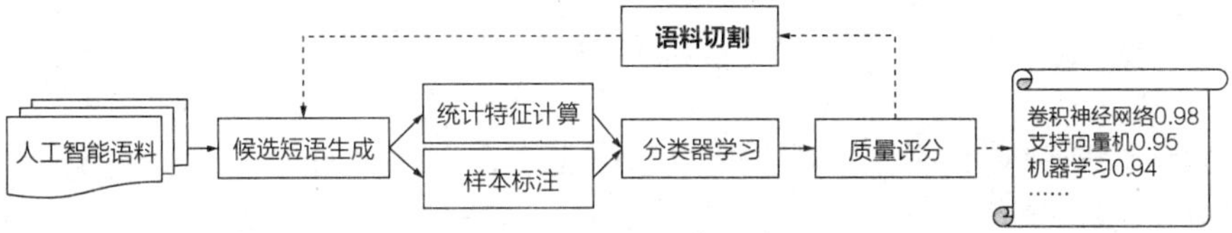

图 3-3　语料切割与高质量短语识别相互增强的迭代式短语挖掘过程

3.2.3　统计指标特征

下面依次介绍前面提到的统计指标特征：TF-IDF、C-value、NC-value、PMI、左邻字熵和右邻字熵。

1. TF-IDF

首先可以采用 TF-IDF（Term Frequency-Inverse Document Frequency，即词频-逆文档频率）方法来评估短语质量。TF-IDF 一般用来评价一个短语在语料中的重要性。比如，在人工智能主题的语料中，“支持向量机”、“神经网络”和“增强学习”等出现的频率较高。但是一些通用词汇，比如“的”、“是”和“由于”等，出现频率也相当高。而这些通用词汇过于普遍，并不适合用来刻画该领域语料的特征。考虑到通用词汇通常在外部文档中也以很高的频率出现，但是领域词汇在外部文档中出现的频率则要低很多，因此通常引入逆文档频率来识别领域特有的高质量短语。如果某个短语在领域语料中频繁出现但是在外部文档中很少出现，则该短语很可能是该领域的高质量短语。

TF-IDF 形式化地表示为 TF 乘以 IDF。对于某个词汇 u，其 TF 值定义

为语料中该词汇出现的频次（$f(u)$）除以该语料中所有词汇的累计词频，如公式（3-1）所示。IDF 定义为外部文档总数除以包含该词汇的外部文档数（通常使用比值的对数形式）；为避免外部文档中从未出现某个词汇所导致的分母为 0 的异常情况，一般会在 IDF 公式的分子和分母上加一个非零正常数δ进行平滑处理，如公式（3-2）所示。其中，d_j 是第 j 篇外部文档，$|D|$是外部文档的总数。

$$\mathrm{tf}(u)=\frac{f(u)}{\sum_{u'} f(u')} \tag{3-1}$$

$$\mathrm{idf}(u)=\log\frac{|D|+\delta}{\left|\{j: u\in d_j\}\right|+\delta} \tag{3-2}$$

一个词的重要程度与其在该语料中出现的频次（TF）呈正向关系，与其在外部文档中出现的频次（DF）呈反向关系（也就是与 IDF 呈正向关系）。

2．C-value

C-value 也是一个在抽取领域短语时常用的指标，它在词频基础上还考虑了短语的长度，以及父子短语对于词频统计的影响。公式（3-3）给出了其具体的定义。

$$\mathrm{C-value(u)}=\begin{cases}\log_2|u|\cdot f(u), & u\text{没有父短语}\\ \log_2|u|\left(f(u)-\dfrac{1}{|T_u|}\sum_{b\in T_u} f(b)\right), & u\text{有父短语}\end{cases} \tag{3-3}$$

C-value 首先考虑候选短语长度对其质量的影响。一般而言，在很多专业领域（比如医学领域）越长的短语越有可能是专有名词，从而极可能是高质量短语。$\log_2|u|$就是用于奖励较长的短语的。其次，C-value 考虑了统计候选短语频率时父短语的重复统计对于短语频次估计所带来的偏差。在 3.2.2 节已经论述过，如果父短语是高质量短语，其任何子短语就不应再重复计数。因此，在统计一个短语的频次时，需要减去该短语所有父短语的频次。在公式（3-3）中，T_u 是 u 的所有父短语，$|T_u|$是父短语的数量。同时，短语 u 可能存在多个父短语，公式（3-3）的第二个式子中减去了短语 u 的父短

语出现的平均频次，以消除因父短语重复计数所带来的偏差。

3．NC-value

C-value 只使用了短语及其父短语出现的频次信息，没有充分利用短语丰富的上下文信息。比如，在句子“我正在读形而上学”中，动词“读”之后往往跟随着一个高质量的名词性短语。因此，充分考虑上下文信息可以改进对高质量短语的识别。NC-value 正是基于这一思想对 C-value 进行了改进。如公式（3-4）所示，NC-value 在 C-value 的基础上，考虑候选短语 u 的上下文单词$b \in C_u$的影响，其中 $f_u(b)$指的是 b 作为 u 的上下文出现的次数，weight(b)是衡量 b 重要性的权重。上下文单词（b）的选择对最终结果有显著影响。通常将上下文单词限定为名词、形容词和动词[29]。例如，“shows a basal cell carcinoma”中的“shows”就是候选短语“a basal cell carcinoma”的上下文单词。

为了避免上下文单词中混入噪声，论文[24]先通过 C-value 值对候选短语进行了初步排序，再选取前 5%候选短语的上下文中所出现的单词作为 b。上下文单词 b 的重要性值 weight(b)可以定义为公式（3-5），其中 n 是前 5%候选短语的数量，$t(b)$是前 5%候选短语与单词 b 在文本中共同出现的次数。weight(b)越大，说明 b 越倾向于出现在高质量短语的上下文中，因此越有助于找到高质量短语。

$$\mathrm{NC-value}(u) = 0.8\mathrm{C-value}(u) + 0.2\sum_{b \in C_u} f_u(b)\mathrm{weight}(b) \tag{3-4}$$

$$\mathrm{weight}(b) = \frac{t(b)}{n} \tag{3-5}$$

4．PMI

PMI（Pointwise Mutual Information，点互信息）也是在抽取领域短语时常用的指标。PMI 值刻画了短语组成部分之间的一致性（Concordance）程度。假设某个短语 u 由u_l与u_r两部分组成，u_l与u_r的 PMI 值越大，u 越可能是u_l与u_r的一个有意义的组合。PMI 用公式（3-6）来计算：

$$\mathrm{PMI}(u_l, u_r) = \log\frac{p(u)}{p(u_l)p(u_r)} \tag{3-6}$$

当 u=“电影院”且u_l=“电影”、u_r=“院”时，$p(u_l)$和 $p(u_r)$分别表示语料中“电影”与“院”独立出现的概率，$p(u_l,u_r)$表示“电影院”出现的概率。如果u_l与u_r在语料中的出现是相互独立的，那么$p(u)= p(u_l)p(u_r)$。也就是说，如果“电影”和“院”独立地出现在语料中，那么它们联合出现的概率应该等于其分别出现的概率之乘积。如果$p(u)$远大于 $p(u_l)p(u_r)$，也就是联合出现的概率远大于两者在独立情况下随机共现的概率，说明这两个部分的共现是一个有意义的搭配，预示着两者应该组成一个有意义的短语而非纯粹偶然共现。

一个候选短语往往存在多种拆分方式。比如，“电影院”既可以拆分为“电影”和“院”，也可以拆分为“电”和“影院”。同一个候选短语在不同的拆分方式下得到的 PMI 值往往不同。因此，需要枚举候选短语所有可能的拆分方式，一般取最小的 PMI 值作为该短语的最终 PMI 值（此时$p(u_l)p(u_r)$是各种拆分方式下的最大值，即u_l与u_r本身都是最常见的单词或短语）。

尽管“的电影”与“电影院”都有较高的出现频次，但是通过 PMI 可以识别出“电影院”相对于“的电影”是质量较高的短语。这是因为“电影院”的组成部分（比如“电影”和“院”）之间的一致性明显高于“的电影”的组成部分（比如“的”和“电影”）之间的一致性。

5. 左邻字熵与右邻字熵

左邻字熵与右邻字熵也是短语的一类重要统计特征。一个好的短语应该有着丰富的左右搭配，即好的短语应该有着丰富的左邻字集合和右邻字集合。反之，如果左右邻字总是某一词汇，则预示着其自身不是好的短语。例如，“亚里士多”这个短语的右邻字比较固定，总是“德”字，所以一般不会把它当作一个完整短语，而应将“亚里士多德”当作一个完整短语。

左邻字熵与右邻字熵用来刻画短语的自由运用程度，即用来衡量一个词的左邻字集合与右邻字集合的丰富程度。信息熵可以用来表示这种丰富程度。熵表达了事件的不确定性（随机性），熵越大则不确定程度越高。一般用左（右）邻字熵来衡量左（右）邻字集合的随机性。左（右）邻字熵越大，则某个短语的左（右）邻字越丰富多样，该短语越有可能是一个高质量短语。给定某候选短语 u，其左（右）邻字熵用公式（3-7）来计算：

$$H(u) = -\sum_{x \in \chi} p(x)\log p(x) \quad (3\text{-}7)$$

其中，$p(x)$为某个左邻（右邻）字 x 出现的概率，χ是 u 的所有左邻（右邻）字的集合。一般而言，我们希望一个候选短语的左邻字熵和右邻字熵都较大，最后可以选择左邻字熵和右邻字熵中的较小值来衡量该短语的质量。

统计指标特征小结。上述各类典型指标的总结见表 3-1。实际应用时通常需要结合多种统计指标特征来更好地识别高质量短语。比如，若只考虑左邻字熵与右邻字熵，可能会找出“了一”这种无意义的短语（“了一”的左右邻字（词）很丰富，比如“去了一趟”“走了一回”等）；若只考虑 PMI，可能会找出残缺的短语，比如“亚里士多”。

表 3-1　统计指标特征及其作用

统计指标	特征及其作用
TF-IDF	挖掘能够有效代表某篇文档特征的短语
C-value	考虑了短语与其父短语的关系来挖掘高质量短语
NC-value	在 C-value 的基础上进一步考虑了上下文来挖掘高质量短语
PMI	挖掘组成部分一致性较高（经常一起搭配）的短语
左（右）邻字熵	挖掘左（右）邻丰富的短语

3.3　同义词挖掘

3.3.1　概述

同义词是指意义相同或相近的词。同义词的主要特征是它们在语义上相同或相似。语言中的同义关系十分复杂，同义关系至少包含以下几类。

- 不同国家的语言互译。例如，“玩具”对应的英文为“toy”，摩拜对应的英文为“Mobike”。
- 具有相同含义的词。例如，教室与课堂、枯萎与干枯、男孩与男生。
- 中国人的字、名、号、雅称、尊称、官职、谥号等。例如，宋太祖与赵匡胤、苏轼与苏东坡、周杰伦与周董。

- 动植物、药品、疾病等的别称或俗称。例如，番茄与西红柿、小儿麻痹症与脊髓灰质炎。
- 简称。例如，江西省简称为“赣”。

需要注意的是，同义词表达的是词汇之间的语义相似性，而不是相关性。比如，猫与狗十分相关，鼠标与键盘十分相关，但它们显然都不是同义词。此外，同义词的一种特例是缩略词，但同义词远不止缩略词一种形式。缩略词是与全称强相关的，一般要求保留来自全称的部分字符，而同义词之间在形式上可能完全不相关。本节将重点介绍同义词挖掘方法，而缩略词挖掘方法将在 3.4 节阐述。

3.3.2 典型方法

同义词挖掘有各种不同的方法，每一种方法都有一定的优缺点。设计各种方法的主要关注点是如何降低人力成本。本节列举一些目前常见的同义词挖掘方法，在使用时需要根据实际应用进行选择与取舍。

1. 基于同义词资源的方法

已有的同义词资源主要来自字典、网络字典以及百科词条。其中字典中的同义词资源是经由专家手工整理而成的，通常质量较高，但难以完整收录（因为人力成本高昂）。近年来，随着网络百科的发展，互联网上的知识资源日益丰富，维基百科、百度百科成了新的同义词来源。利用字典和百科词条挖掘同义词准确度极高，所以是一种十分流行、广为采用的方法。这些同义词资源也为构建基于学习模型的同义词挖掘方法提供了丰富的样本。从同义词资源挖掘得到的同义词往往只包含书面用语，收录不完整，这是该方法的缺点所在。

首先介绍字典和网络字典，典型的字典资源包括 WordNet、汉语大词典等。通过查询一个词在这些字典中收录的同义词，便可以挖掘其同义词，这种方法简单、有效，但挖掘出的词条偏向书面用语。以百度汉语[1]中“快速”这个词为例，可以得到“快速”的同义词是“迅速”。

---

1 百度汉语（参见链接[20]）是由百度公司提供的一种汉语查询服务，功能类似于词典，提供了一个词的基本释义、详细释义、同/反义词和百科释义等资料。

类似的，通过查询百科词条，也可以获得一个词汇的同义词。常见的百科词条资源有维基百科、百度百科等。通过爬取一个词汇的百科词条页面，并解析其 Infobox 中的信息，便可获取同义词。这种方法挖掘出来的同义词通常质量较高，并且百科词条往往涵盖了各领域的词汇，覆盖面很全。以百度百科词条“彼岸花”为例（如图 3-4 所示），在其 Infobox 中可以提取“别称”、“拉丁学名”等属性，从而可以提取包括“乌蒜、彼岸花、曼珠沙华、曼陀罗华、石蒜”等同义词。

中文学名	红花石蒜	纲	单子叶植物纲
拉丁学名	Lycoris radiata var. radiata	目	百合目
别　称	乌蒜，彼岸花、曼珠沙华、曼陀罗华、石蒜	科	石蒜科
二名法	Lycoris radiata	属	石蒜属
界	植物界	种	石蒜
门	被子植物门	分布区域	原产地中国。琉球群岛和北海道有分布。

图 3-4　百度百科中词条“彼岸花”的 Infobox 信息

2. 基于模式匹配的方法

基于模式匹配的方法利用同义词在句子中被提及的文本模式从句子中挖掘同义词。首先需要定义同义词抽取的模式（Pattern），常见的中文模式有“又称”、“亦称”和“括号”等。例如，“番茄又称西红柿”，对于这种情况，我们可以定义模式为“X 又称 Y”，X 和 Y 为同义词对。表 3-2 列出了常见的中文同义词模式。在定义好模式后，输入语料，将语料中的文本与模式进行匹配，若匹配成功，即可识别出同义词。

表 3-2　常见的中文同义词模式

模式（X、Y 表示一组同义词对）	举例（下画线匹配 X，波浪线匹配 Y）
X 又称 Y	番茄又称西红柿
X（Y）	明太祖（朱元璋），摩拜（Mobike）
X 简称 Y	巴塞罗那简称巴萨
X，亦称 Y	计量，亦称测量
X，别名 Y	曼珠沙华，别名彼岸花
X 的全称是 Y	皇马的全称是皇家马德里
X，俗称 Y	脊髓灰质炎，俗称小儿麻痹症

基于模式匹配的同义词挖掘通常具有较高的准确率，但在召回率方面存在局限性。每种文本模式的表达能力有限，只能召回基于该模式表达的同义词对，对于超出预定义模式的同义词对就无能为力了。很多同义词对在文本中没有明显的表达模式，甚至很少在句子中同时出现。比如，谦虚与谦逊是同义词，但在文本中很少同时出现，类似“小张是一个很谦虚，又称谦逊的人”的句子不太可能出现。此外，不同语言、不同语料中的同义关系的表达模式也不尽相同，很难穷举各种同义关系的表达模式，而且每个新语料都需要花费大量的人力手工定义匹配模式，代价十分高昂。

3. 自举法

为了解决基于模式匹配的方法召回率低的问题，研究人员提出了自举法（Bootstrapping）。自举法是对基于模式匹配的方法的改进，从一些种子样本或者预定义模式出发，不断地从语料中学习同义词在文本中的新表达模式，从而提高召回率。自举法是一个循环迭代的过程，每轮循环发现新模式、召回新同义词对，循环往复直至达到终止条件。图 3-5 给出了自举法挖掘同义词的基本流程。

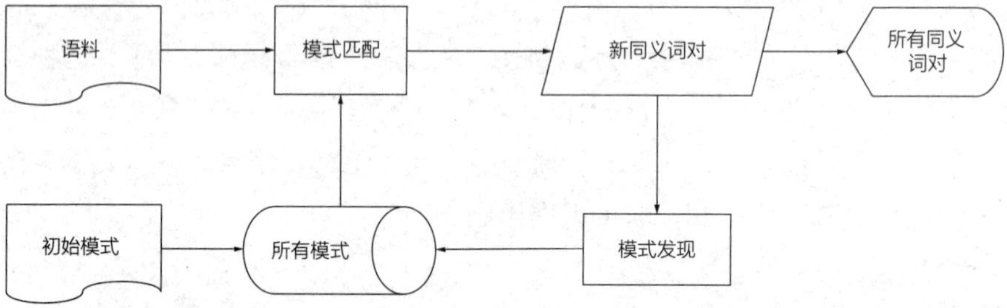

图 3-5　自举法挖掘同义词的基本流程

（1）准备数据。首先，准备语料，定义初始模式。初始模式默认被标记为“新模式”。

（2）模式匹配。采用前面介绍的“模式匹配”方法，使用“所有模式”中的每个“新模式”对语料进行模式匹配，发现新的同义词对。

（3）模式发现。在语料中对每一个新的同义词进行搜索，以寻找新的模式。例如，给定同义词对（西红柿，番茄），在语料中搜索出现同义词的句子，不难匹配如下几种模式：①“西红柿（番茄）”，②“西红柿，又名番茄”，③“西红柿，又称番茄”，等等。将这几种模式中的同义词用 X 和 Y 进行替换，可以得到：①“X（Y）”，②“X，又名（Y）”，③“X，又称 Y”等模式。然后将发现的新模式加入现有的模式库中，并标记为“新模式”。

（4）重复第（2）~（3）步，直到达到终止条件（准确率和召回率达到一定水平，或者无法再发现更多的同义词对）。

自举法可以自动挖掘新模式。新模式召回了更多的同义词对，因此提高了召回率。但是自动学习获得的新模式的质量难以得到保证，导致挖掘出的同义词对的准确率有所下降。例如，一对同义词 A 和 B（明太祖、朱元璋）在句子“洪武三十一年，明太祖（朱元璋）病逝”中出现，可以得到一个同义词模式“X（Y）”。这一模式进而从“我觉得水蜜桃（南汇）比较好吃”中抽取出 “水蜜桃”和“南汇”，但显然这组词不是同义词对。有各种方法可以解决自举法模式枚举的质量问题，一种直接的方法是对模式质量进行评估。一个好的模式应该尽量召回正确的同义词对，而尽量少召回非同义词对，因此可以事先构造一些正负例样本用于模式评估。

4. 其他方法

除了上述方法外，还有一些思路。一类是借助序列标注模型自动挖掘同义词的文本描述模式[46]。比如，定义“ENT”表示实体，“S_B”表示模式开始的位置，“S_I”表示模式继续的位置，“O”表示其他成分。基于标注好的文本数据，通过序列标注模型学习出新的模式。例如，对于句子“彼岸花也叫曼珠沙华，原产于中国长江流域”，通过序列标注模型可以得到如图 3-6 所示的标注结果，并发现了“也叫”这种新的表达同义关系的模式。之后，可以基于这些模式挖掘出更多的同义词对。

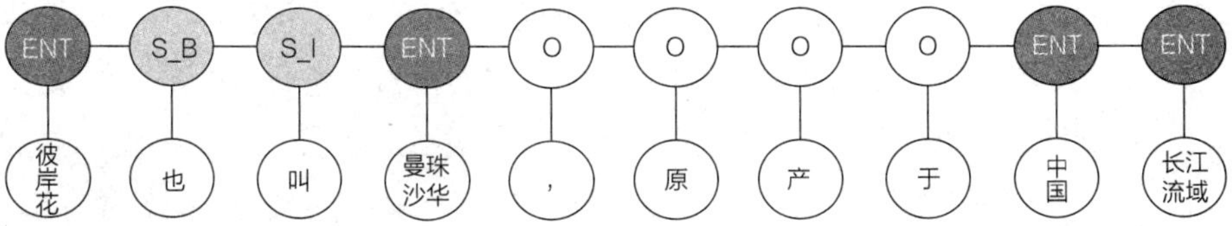

图 3-6　序列标注模型示例

另一类是基于图模型挖掘同义词。基于词与词之间的各种相似性可以构建一张词汇关联图。同义词在图上往往呈现出“抱团”的结构特性。也就是同义词之间关联紧密，不同义的词之间关联稀疏。这个特性就是复杂网络中的社团结构。因此，可以将同义词发现问题建模为图上的社团发现问题。它将词语组成的语义关联图作为输入并返回图上的社团，每个社团对应一组同义词。

上述思路的第一步是构造由词语组成的语义关联图。可以通过多种方式实现这一目标。一种典型的方式是计算每对词语相应的词向量之间的余弦相似度，如果相似度大于特定阈值，在图中添加边。给定了图结构，下一个关键步骤就是计算图上的划分。存在多种划分节点的方式，显然我们希望找到划分内尽可能紧密且划分间尽可能稀疏的划分方式。划分的好坏可以通过模块度进行度量。因此，可以通过最大化模块度对图进行划分。模块度（Modularity）的定义如下：

$$Q=\frac{1}{2m}\sum_{i,j}\left[A_{ij}-\frac{k_i k_j}{2m}\right]\delta(c_i,c_j)\ \ ,\ \ \delta(c_i,c_j)=\begin{cases}1 & c_i=c_j\\0 & c_i\neq c_j\end{cases} \tag{3-8}$$

其中A_{ij}是节点i和节点j之间边的权重，边不带权时，边权可以看作 1，$k_i=\sum_j A_{ij}$表示i的度数，c_i表示节点i所属的社团，$m=\frac{1}{2}\sum_{ij}A_{ij}$表示所有边的数目。$A_{ij}-\frac{k_i k_j}{2m}$表达了节点$i$和节点$j$之间存在一条边在统计意义下的显著性［相对于在节点$i$（度为$k_i$）和节点$j$（度为$k_j$）条件下的期望情况］。Louvain[1]就是基于模块度的社团发现算法而实现的同义词挖掘工具。

此外，有些平台（比如搜索引擎）有其鲜明特征，为挖掘同义词提供了新的机会[47-48]。基于搜索日志的同义词挖掘方法充分利用了用户的点击行为，其基本假设是：对于搜索引擎上两个不同的搜索短语 A 和 B，如果用户总是倾向于点击返回结果网页中的相同网页，则 A 和 B 很可能是同义词。利用远程监督自动标注样本并依据这些样本训练的同义词挖掘模型[49]，近期也受到了关注。远程监督的方法借助已有的知识（例如知识图谱、字

1 参见链接[21]。

典、百科词条）自动标注同义词对。比如，在百度百科的文本中，“清圣祖”、“爱新觉罗·玄烨”与“康熙”之间互有链接。这些相互链接且形式不同的词条都是“康熙”的同义词。借助在线知识库生成大量的同义词标注数据，不难学习相应的同义词挖掘模型并展开预测。

3.4　缩略词抽取

缩略词（Abbreviation）是同义词的一种重要形式，也是自然语言中常见的现象之一。缩略词表达一个词汇的缩略形式。理解词汇的缩略词表达形式，是构建与应用知识图谱的重要环节。机器理解缩略词对于很多应用（如实体链接、情感分析、事件抽取等）具有重要意义。本节先介绍缩略词的概念与形式[1]，接着介绍如何从文档中检测和抽取缩略词，最后介绍如何自动习得缩略词形式并进行预测。

3.4.1　缩略词的概念与形式

缩略词指的是一个词或者短语的缩略形式。缩略词的英文“Abbreviation” 出自拉丁语，原意同“short”。缩略词广泛存在于英文、中文等各种不同的语言中。缩略词通常由原词中的一些组成部分构成，同时保持原词的含义。Vicentini[7]曾指出，出于经济性原则，人们往往习惯于使用缩略词来代替一些冗长的词。目前，缩略词抽取在缩写形式比较规范的生物、医学等领域的文本中已经相当成熟。缩略词的检测与抽取在方法上与同义词的检测与抽取类似，但是相比同义词，缩略词在文本中出现的规则往往更简单。

在不同的语言中，缩略词的形式有所不同。接下来，首先介绍缩略词在一些表音（字母）文字（如拉丁语系）以及一些表意文字（如中文）中的形式。表音文字在缩略词的形式上往往有相通之处。以拉丁语系为例，缩略词的形式包括 contractions（简称）、crasis（元音融合）、acronyms（首字母缩写）和 initialisms（首字母缩写）。contractions 指的是通过省略某些字母或音节并将第一个和最后一个字母或元素组合在一起来缩写单词。crasis 是一

1 分类标准来自英文维基的“abbreviation”词条（参见链接[22]）。

种特殊的 contractions 形式，常常会将两种元音或者双元音合并为一个新元音或双元音，这种缩略词形式出现在葡萄牙语、阿拉伯语等语言中。acronyms 与 initialisms 都是通过组合原词中的首字母构成新词，区别在于 acronyms 构成缩略词后可以拥有新的发音。

拉丁语系中不同类别的缩略词形式如表 3-3 所示。在上述表达形式中，contractions 和 crasis 的形式常常比较固定，相关的研究往往关注从文本中抽取出 acronyms 以及 initialisms 形式的缩略词。

表 3-3　拉丁语系中不同类别的缩略词形式

缩略词形式	原　词	新　词
contractions	Doctor, I am（英语）	Dr, I'm
crasis	De le, de les（法语）	Du, des
acronyms	Severe Acute Respiratory Syndrome（英语）	SARS
initialisms	British Broadcasting Corporation（英语）	BBC

相比表音文字，一些表意文字（如中文）的缩略词形式更加复杂。这类文字常常不存在词边界（即词与词之间不存在明显的界限），在自然语言处理中依赖分词算法来对其词边界进行划分。然而，目前的分词算法的性能受限于词汇表大小，对于未登录词的分词能力有限，并且还存在分词粒度难以控制等问题。除此之外，中文缩略词的形式也更复杂。一个实体或者短语常常由多个词组成，每个词包含的字数不同。缩略词往往是从每个词中选取一个或者多个字组成的，剩下的那些字则直接省略。中文缩略词的主要形式如表 3-4 所示。

表 3-4　中文缩略词的主要形式

全　称	分 词 结 果	缩 略 词
中国中央电视台	中国 中央 电视台	央视
安全理事会	安全 理事会	安理会
中国电子系统工程第四建设有限公司	中国 电子 系统工程 第四建设 有限公司	中电四公司

缩略词相关的研究主要可以分为两类：一是缩略词的检测及抽取，二是缩略词的预测。缩略词的检测和抽取指的是从给定的文本中挖掘出可能的实

体-缩略词对。迄今为止，这类方法在生物、医药等领域已经有了相当多的研究和成果。除了基于检测和抽取的方法外，一些研究针对某些特定语言（如中文）中的缩略词形式提出了缩略词预测的方法。这种方法不再依赖于文本语料，而是试图从现有的实体-缩略词对中总结缩略词形成的特点，利用规则或者机器学习的方法预测新给定的实体可能的缩略词形式。接下来分别介绍这两类方法。

3.4.2　缩略词的检测与抽取

缩略词的检测及抽取方法以模式匹配为主。但是，自动抽取出的结果常常包含大量噪声。为了解决抽取出的结果中存在大量噪声的问题，一些研究者利用统计信息结合各类机器学习方法来对抽取结果进行清洗。

1．基于文本模式的抽取

基于文本模式构建抽取规则是缩略词抽取最常用的方法。由于缩略词本质上是同义词的一种形式，因此缩略词抽取中使用的规则与同义词抽取中的很相似。在缩略词抽取中常见的基于文本模式的抽取规则如表 3-5 所示。

表 3-5　在缩略词抽取中常见的基于文本模式的抽取规则

模式（X 表示原词，Y 表示缩略词）	示例（下画线匹配 X，波浪线匹配 Y）
X(Y)	Support vector machine(SVM) Support-vector-machine(SVM)
X.*(Y)	Support vector machine for gression (SVM)
Y is the abbreviation of X	SVM is the abbreviation of Support vector machine
X, also known as Y	Support vector machine, also known as SVM
X and Y are synoyms	Support vector machine and SVM are synoyms

通过编制复杂且精细的模式能保证基于模式匹配的缩略词抽取方法的准确率。但是，复杂的模式往往召回率较低，枚举长尾模式显然也十分困难。此外，基于模式匹配的抽取仍然可能存在错误。因此，缩略词抽取往往只是第一步，之后常常需要对抽取结果进行清洗和筛选。

2. 抽取结果的清洗和筛选

对缩略词搜索结果的清洗和筛选主要分为两种。一种是利用数据集有关缩写的统计指标进行识别，如频率（包含原词出现频率、缩略词出现频率以及原词与缩略词共现频率等形式）、卡方检验、互信息以及最大熵等。另一种是使用机器学习模型构建二元分类模型（可采用支持向量机、逻辑回归等模型），以此判断抽取出的缩略词正确与否。这类算法常常需要事先构建一定规模的标注数据集。同时，这类算法依赖人为设计的特征，这些特征既包括前面提到的一系列统计指标，也包括文本特征。缩略词判定中常用的文本特征包括如下两类。

（1）**字符匹配程度**：这类特征包括缩略词中是否包含全称以外的词，缩略词与全称的编辑距离，缩略词与全称的长度差异，缩略词中的字在全称中的位置等。一般而言，缩略词中的字在全称中的位置分布越均匀越好，而越集中越可能有问题。以“上海交通大学”为例，“上海交”是位置靠前的三个字，而“上交大”是均匀分布在原词中的三个字，显然后者是较好的缩略词。

（2）**词性特征**：这类特征主要指全称及缩略词中包含的词性标签。比如，对于以地名和机构名组成的实体，其词性标注形式一般为[ns + n][1]（如“北京大学”，北京为地名（ns），大学为普通名词（n））。对于这类全称而言，只保留地名或者只保留机构名（“北京”或者“大学”）的缩略结果都是不合理的。

单纯利用统计信息的缩略词识别方法能够准确识别常见的缩略词模式，但对于长尾模式的识别往往效果较差；而机器学习模型通常具有一定的泛化能力，因此能够适应不同文本和不同领域，对低频缩略词模式的识别能力更强，但是对训练数据和训练模型的依赖也更强。

3. 枚举并剪枝

考虑到基于模式匹配的缩略词检测和抽取方法存在的问题，一些研究者根据特定语言与形式的缩略词的特点提出了新的抽取方法，如**枚举并剪枝**便是针对中文缩略词提出的一种有效方法。对于中文缩略词而言，缩略词中常

---

1 这里的词性标注结果参考词性标注规范（参见链接[23]）。

常仅包含原词中的字符，并且字符间保持原有顺序[8]。枚举并剪枝方法的输入是语料以及某个给定实体。这一方法首先穷举目标实体名称所有子序列，即所有可能的缩略形式，进一步排除没有在文本中出现过的或者出现次数太少的候选缩略词。由于缩略词和原词往往会出现在相似的语境中，因此可以通过构建如图 3-7 所示的候选缩略词与高频词的共现图来对候选缩略词打分。

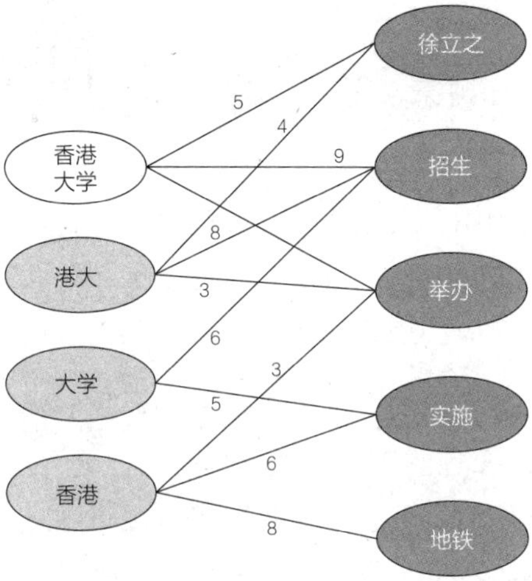

图 3-7 “香港大学”以及其三个候选缩略词“港大”、“大学”和“香港”与文本中的一些高频词的共现关系图，其中边上的权重为共现次数（本图来自参考文献[8]）

图 3-7 统计了一篇文章中“香港大学”以及它的三个候选缩略词“港大”、“大学”和“香港”与一些高频词的共现关系。很明显，“港大”与“香港大学”的上下文最相似，那么“港大”作为“香港大学”的缩略词的可能性最大。Zhang 等人[8]利用了随机游走方法来对候选缩略词排序，也就是按照从原词出发随机游走到某个缩略词的概率进行排序。

3.4.3 缩略词的预测

缩略词抽取方法虽然能够获取大量的缩略词对，但受限于语料大小，其对于新登录词往往效果较差。目前一些相关研究着眼于分析缩略词的规则，自动习得缩略词形式并进行预测。这种方法不依赖于语料，仅依靠输入的全称的相关文本，通过自然语言模型预测该全称可能的缩略词形式。由于中文缩略词规则相对复杂，并且对缩略词的准确性判断缺乏统一标准，故缩略词预测的难度更大。这里以中文缩略词预测为例，介绍几种典型的预测方法。

1．基于规则的方法

虽然缩略词的形式没有统一的标准，但仍然存在一些缩略词生成规则，这些规则大致可分为两种。第一种是针对特定字符和词语形式的局部规则，大致包括如下规则。

（1）基于词性：如数字常常会保留（“北京市第四中学”—“北京四中”）。

（2）基于位置：如国家名往往用第一个字作为简称（“中国”—“中”，“日本”—“日”）。

（3）基于词之间的相互关联：如相邻的同类型词常常会各保留一部分，例如，在“中国日本友好协会”中，“中国”和“日本”作为同类型词采取了相同形式的缩略，对应的缩略词为“中日友协”。

第二种是依赖语言环境的全局规则。例如，我们知道“南大”一般指的是“南京大学”，因此在预测“南开大学”时需要避开结果“南大”。在尽可能地统计出这些规则以后，可以运用马尔可夫逻辑网之类的方法来整合这些特征进行缩略词预测。Zhang 等人的工作[12]就采取了这样的思路。

但是，也要注意缩略词问题涉及的很多规则往往是很复杂且难以被明确定义的。例如，“上交”、“上交大”和“上海交大”都是“上海交通大学”合理的缩略词形式，但是“上海交”却不合理。对于这一类现象很难定义明确的规则来解释。基于规则的缩略词预测与判定存在同样的局限性，即专家成本高、泛化能力弱。规则通常需要由领域专家来编写，一旦规则不全，就会导致规则之外的情况难以处理，从而导致召回率较低。此外，规则的匹配也存在一些问题，可能存在同一个全称适用多个匹配规则的情况，此时规则的选择或者融合往往十分困难。但总体上来说，规则是可控的、可解释的，这是基于规则的方法的优点。

2．条件随机场（CRF）

绝大多数的缩略词都由全称中包含的字符组成，并且字符间的顺序往往会保留。缩略词的这一特性使得序列标注模型成为可能。序列标注模型是预测缩略词的常用模型。在序列标注问题的场景下，全称中的每个字符分别被打上“1”或者“0”的标签，分别表示当前字符在结果缩略词中是否出现，如图 3-8 所示。条件随机场（CRF）是较早用于进行缩略词生成的序列标注模型[9]。

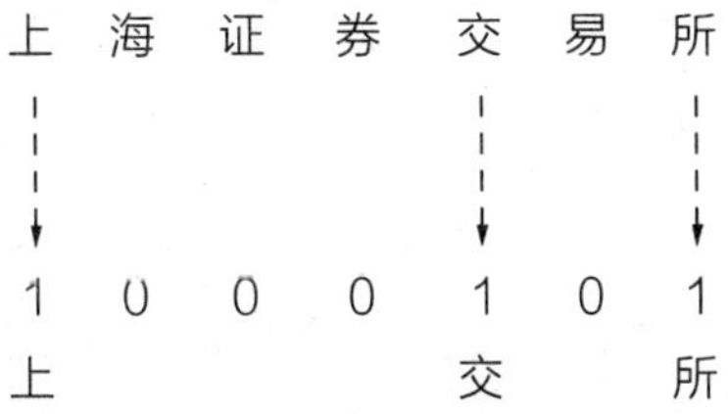

图 3-8　基于序列标注模型的缩略词预测

CRF 是 Lafferty 等人于 2001 年提出的一种建立在马尔可夫链基础上的无向图模型[10]。CRF 处理各类序列标注问题，其在中文分词、词性标注、命名实体识别等场景下都取得了较好的效果。CRF 最常见的链式结构如图 3-9 所示。CRF 应用在序列标注问题中的一个优点是，每次标注时都会充分考虑已有的标注结果的影响。给定输入字符序列$C = c_1 c_2 \cdots c_T$，输出标签序列$L = l_1 l_2 \cdots l_T$，L 的计算过程为：

$$P(L|C) = \frac{1}{Z(C)} \exp(\sum_{t=1}^{T} \sum_{k} \lambda_k f_k(l_t, l_{t-1}, C, t)) \qquad (3\text{-}9)$$

其中，f_k表示定义在观测序列的两个相邻标签位置上的状态转移函数，并用于刻画相邻标签变量之间的相关关系以及输入序列 C 对它们的影响。λ_k为第 k 个特征的权重参数，$Z(C)$是规范化因子。

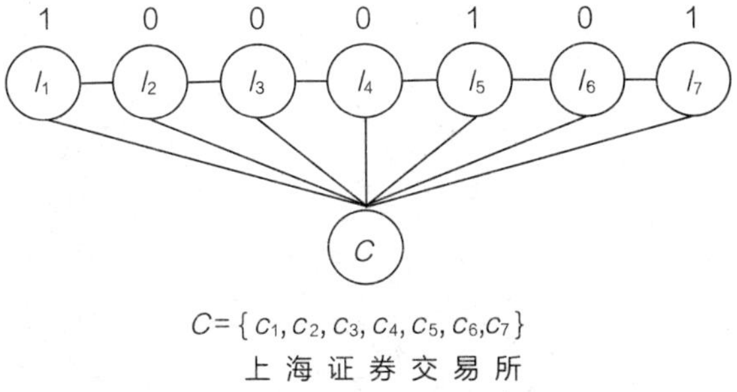

图 3-9　CRF 最常见的链式结构

基于 CRF 构建缩略词预测模型常用到以下特征（对应于公式（3-9）中

的f_k）。

（1）**字符级特征**：字符本身（如“所”、“局”等）表示机构的字常常会保留。

（2）**词级别特征**：包括词本身（如“大学”）常常会缩写为“大”，以及词性（如地名）更有可能保留。

（3）**位置特征**：如一个词中第一个字与最后一个字更有可能保留。

（4）**词的关联特征**：如实体以“大学”结尾时，实体中的地名常常会保留。

3．深度学习

近些年来，深度神经网络模型在 NLP 领域得到了越来越广泛的应用。在很多序列标注任务中，深度学习方法取得了超越传统依赖人工提取特征的机器学习模型。在神经网络方法中，词或字符被表示为一个低维稠密空间中的向量。基于这些向量表示，可使用典型的网络结构［如卷积神经网络（CNN）、循环神经网络（RNN）］抽取字词之间的组合特征。与传统手工特征的方法相比，深度神经网络模型能捕捉到更多隐性的语义特征，在训练数据充足的情况下深度神经网络模型往往能取得更优异的性能。目前也有一些研究尝试将深度神经网络模型运用在缩略词预测任务上[11]。图 3-10 展示了一种典型的用于缩略词预测的深度神经网络模型，其主体结构为长短期记忆网络（LSTM）。

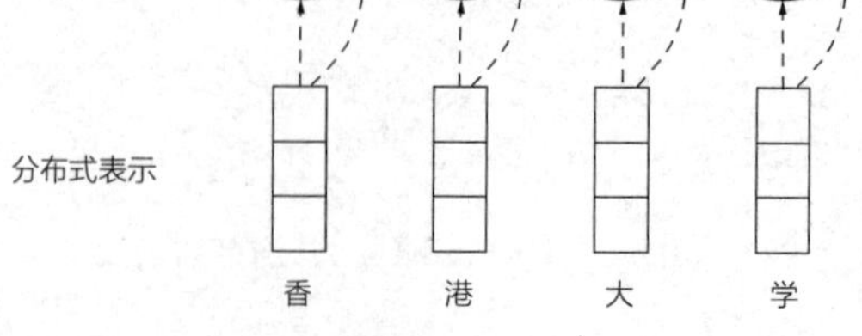

图 3-10　一种典型的用于缩略词预测的深度神经网络模型

深度神经网络模型常常需要使用预训练好的词向量来提升模型的性能。对于中文缩略词问题而言，字符本身的语义和字符在整个词语中的语义常常存在很大的差别。以“香港”为例，“香”和“港”本身的含义分别是“味道好闻”和“港口”，然而“香港”在实体“香港大学”中的含义应该是香港这个“城市”。在中文相关的处理中，通常要将字符级向量表示及词汇级向量表示等不同粒度的语言信息输入到深度神经网络模型中，才能取得较好的效果。基于深度学习的缩略词预测的主要缺陷在于其不可解释性，用户往往很难理解究竟是什么样的特征产生了最终的结果。这一点在很大程度上限制了对其性能的进一步提升。

3.5 实体识别

实体是知识图谱最重要的组成，命名实体识别（Named Entity Recognition，NER）对于知识图谱构建具有重要意义。本节先介绍实体识别的基本概念，再介绍传统的 NER 方法和基于深度学习的 NER 方法。

3.5.1 概述

命名实体是一个词或短语，它可以在具有相似属性的一组事物中清楚地标识出某一个事物[37]。命名实体识别（NER）则是指在文本中定位命名实体的边界并分类到预定义类型集合的过程。实体是一个认知概念，指代世界上存在的某个特定事物。实体在文本中通常有不同的表示形式，或者不同的提及方式。命名实体可以理解为有文本标识的实体。实体在文本中的表示形式通常被称作**实体指代**（Mention，或者直接被称为指代）。比如周杰伦，在文本中有时被称作“周董”，有时被称作“Jay Chou”。因此，实体指代是语言学层面的概念。

NER 的输入是一个句子对应的单词序列$s=\langle w_1,w_2,\cdots,w_N\rangle$，输出是一个三元组集合，其中每个元组形式为$\langle I_{\mathrm{s}},I_{\mathrm{e}},t\rangle$，表示$s$中的一个命名实体，其中$I_{\mathrm{s}}\in[1,N]$和$I_{\mathrm{e}}\in[1,N]$分别表示命名实体在$s$中的开始和结束位置，而$t$是实体类型。如图 3-11 所示，对于输入序列“Yao Ming was born in Shanghai”，NER 会识别并输出$<1,2,Person>$（对应实体 Yao Ming）和

$<6,6,Location>$（对应实体 Shanghai）。在 MUC-6[1]算法中首次定义 NER 任务时，预定义了粗粒度的实体类型，包括人物、机构、地点、货币、时间和百分比表达式等共六种，并且为每个命名实体只分配一种类型，这类 NER 任务被称为**粗粒度命名实体识别**（Coarse-grained Entity Typing）。近期的研究更多地关注**细粒度命名实体识别**（Fine-grained Entity Typing）任务，这一任务通常预定义一个较大的实体类型集合（例如，包含演员、医生、运动员、导演、公司、教育机构等 100 多个类型标签），一个实体可以被分类到多个类型标签，比如“吴京自导自演战狼 2”中的“吴京”既是演员又是导演。

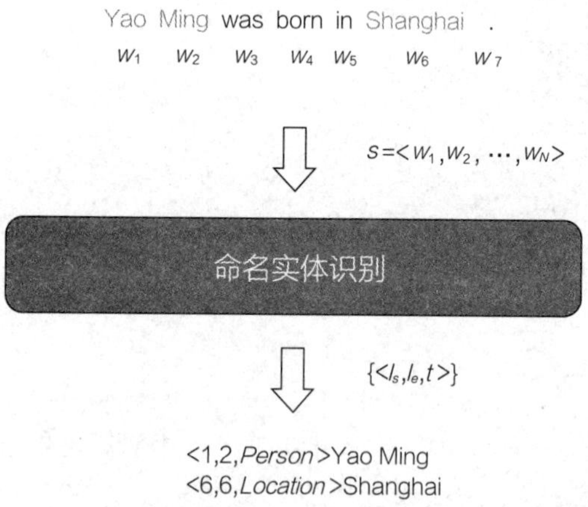

图 3-11　命名实体识别任务示例

3.5.2　传统的 NER 方法

传统的 NER 方法主要分为三类：基于规则、词典和在线知识库的方法，监督学习方法和半监督学习方法。下面依次介绍这三类传统的 NER 方法。

1．基于规则、词典和在线知识库的方法

这类方法是早期常见的 NER 方法。它们基于规则、词典和在线知识库，依赖语言学专家手工构造规则。通常每条规则都被赋予权值，当遇到规

1　MUC-6 的全称为 the Sixth Message Understanding Conference，该会议专注于信息抽取（IE）任务，参见链接[24]。

则冲突的时候，选择权值最高的规则来判别命名实体的类型。

比较著名的基于规则的 NER 系统包括 LaSIE-II[37]、NetOwl[32]、Facile[33]、SRA[34]、FASTUS[35]和 LTG[36]等系统。这些系统主要基于人工制定的语义和句法规则来识别实体，LTG 系统使用的部分规则如表 3-6 所示（其中，“Xxxx+”代表大写单词序列，“DD”代表数字，“PROF”代表职业，“REL”代表人物关系，“JJ*”代表形容词序列）。具体来说，规则“Xxxx+, DD+”是英文环境中常见的对人物名字和年龄的介绍方式，通过该规则，可以识别出句子“White, 33”中的“White”为人名。基于规则的实体识别系统往往还需要借助实体词典，对候选实体进行进一步的确认。当词典详尽无遗时，基于规则的系统效果很好。但是基于特定领域的规则和并不完整的词典，往往会导致 NER 系统有着较低的召回率，而且这些规则难以应用到其他领域。

表 3-6　LTG 系统使用的部分规则[36]

规　则	标　注	举　例
Xxxx+, DD+	人物	White, 33
Xxxx+ is? a? JJ* PROF	人物	Yuri Gromov, a former director
Xxxx+ is? a? JJ* REL	人物	John White is beloved brother
Xxxx+ himself	人物	White himself
Xxxx+ area	地点	Beribidjan area
PROF of/at/with Xxxx+	组织机构	director of Trinity Motors
shares in Xxxx+	组织机构	shares in Trinity Motors

E. Alfonseca 和 Manandhar[15]提出了一种基于 WordNet 的实体分类方法。该方法的基本思想是计算某个词或实体（比如《指环王》中的 Mordor）与 WordNet 中的概念或者实例的语义相似性，将目标词挂载到相应的概念或者实例的上位词下，从而完成实体分类。比如，Mordor 与 WordNet 中的 Country 有着足够强的相似性，因此其应该归类为 Country。计算语义相似性有很多方法，文献[15]利用上下文共现词构造语义向量。为了得到 WordNet 中词的语义向量，文献[15]从互联网上通过构造查询获得足量的语料。WordNet 具有丰富的类别体系，因此这一方法可以极大地拓展普通 NER 模型类别的数量。这一方法无须人为定义模式，也无须标注样本，

有时也被归类到无监督学习方法中。无监督学习方法更多地被应用于 NER 任务中确定实体类别的部分。

2. 监督学习方法

当应用监督学习方法时，NER 被建模为序列标注问题。NER 任务使用 BIO 标注法。BIO 标注法是 NER 任务常用的标注法，其中 B 表示实体的起始位置，I 表示实体的中间或结束位置，O 表示相应字符不是实体。如图 3-12 所示，B-PER 表示这个字符是一个人物命名实体的起始位置，I-PER 表示相应字符为人物实体的中间或结束位置；类似的，B-LOC 与 I-LOC 代表地点名的起始和中间或结束位置。

亚	里	士	多	德	出	生	于	斯	塔	基	拉
B-PER	I-PER	I-PER	I-PER	I-PER	O	O	O	B-LOC	I-LOC	I-LOC	I-LOC

图 3-12　BIO 标注法示例

基于序列标注的建模接收文本作为输入，产生相应的 BIO 标注为输出。常见的序列标注问题的建模模型包括 HMM（Hidden Markov Model，隐马尔可夫模型）和 CRF。HMM 是一种生成式模型，也就是直接建模输入文本 X 和输出标签序列 Y 的联合概率 $P(Y, X)$。HMM 将待预测的标签序列 Y 视作隐变量，将输入文本 X 视作由这些隐变量经由马尔可夫随机过程生成的结果。因此，对输入文本求解最优标签序列的过程可以建模为$\hat{Y} = \mathrm{argmax}_Y\ P(Y, X)$。

基于 HMM 的建模假定了标签序列之间具有较强的马尔可夫性（也就是y_i仅条件依赖于y_{i-1}），这一假设太强，限制了其实际应用的效果。CRF 是一种判别式模型，直接建模并求解使 $P(Y|X)$最大的 Y。在 CRF 中，每个y_i不仅取决于y_{i-1}，还取决于整个输入 X，详见图 3-9。基于 CRF 的 NER 已被广泛应用在各领域的文本数据上，包括医学文本、化学领域文本以及互联网文本。

基于监督学习的 NER 方法从大规模序列标注样本习得文本中的实体标注模式，再利用这一模式对新的句子进行标注。特征工程在基于监督学习的 NER 系统中至关重要。NER 系统常会用到以下几类典型特征：单词级别的特征（如词法、词性标签）、列表查找特征（如维基百科地名录、DBpedia

地名词典）以及文档和语料特征（如语法、共现）。表 3-7 给出了这些特征的具体说明。

表 3-7　监督 NER 系统中的常用特征

特　征	含义/说明	示　例
核心词特征	核心词（Head Noun）是名词短语中的一个主要名词，可以通过查表来识别候选实体是否存在核心词	例如，“第二人民医院”中的“医院”是表述核心功能和性质的核心词，因此相应短语有较大可能是一个实体
词典特征	指基于词典的特征，比如是否存在于词典中，或者与词典词项的匹配程度	例如，若“Shanghai”出现在词典中，则对应的词典特征可以表示为 TRUE
构词特征	构词特征是较为明显的特征，主要描述词语的构成情况，而且不依赖于特定领域	以大写字母组成的实体名称很有可能属于机构类别，例如 UN、MICROSOFT 等
词形特征	相同类别的词可能具有相同的词形	例如，Intel 的 CPU 名称通常以“Intel+数字”的形式出现，包括 Intel 8008、Intel 8080、Intel 8086、Intel 8088 等
词缀特征	单词的词缀可以作为划分实体类型的依据，在专业领域效果明显，被广泛使用	例如，在化学元素的命名体系中，常常使用“-ium”作为后缀，包括 Rubidium、Strontium、Yttrium 等
词性特征	又称为 POS（Part-of-Speech）特征，对于识别命名实体的边界有较大的作用	例如，“Yao Ming was born in Shanghai”对应的词性特征为“('Yao Ming', 'NOUN'), ('was', 'VERB'), ('born', 'VERB'), ('in', 'ADP'), ('Shanghai', 'NOUN')”

3．半监督学习方法

在 NER 任务中，监督学习方法面临着缺少标注语料和数据稀疏的问题，无监督学习方法的效果仍然有待提升，因此半监督学习（Semi-Supervised Learning，SSL）作为监督学习与无监督学习相结合的一种学习方法被应用于 NER 任务中。一类典型的半监督学习方法是自举法[44]，通常从少量标注数据、大量未标注数据和一小组初始假设或分类器开始，迭代生成更多的标注数据，直至到达某个阈值。例如，针对蛋白质名称的 NER 系统要求用户先提供少量示例名称。然后，系统搜索包含这些名称的句子，并尝试识别这些示例共有的一些上下文信息。接着，系统会查找具有相似上下文的其他蛋白质名称；新发现的蛋白质名称被进一步用于发现新的上下文。重复这一过程，最终将收集到大量的蛋白质名称和相关上下文。目前，半监督 NER 在某些类型数据上已经取得了与监督学习方法可比拟的效果[42]。

M.Collins 和 Singer 提出[43]了一种基于**协同训练**（Co-training）的方法来解决命名实体识别问题。该方法旨在学习两套不同的实体识别规则。在学习过程中，每一类规则为另一类规则的学习提供弱监督。该算法中的分类规则包括两种：一种是**拼写规则**，例如，人物名称通常是首字母大写（比如“Yao Ming”）、“MR.”后跟随人物名字的；另一种是**上下文规则**，例如，出现在“president”周围的名字应该被分类为人物。该算法的初始输入为若干个拼写规则（图 3-13 中的 S1 模块），首先用这些拼写规则对未标注文本进行标注（图 3-13 中的 S2 模块）；然后根据新标注的某类标记（比如人物）的文本进行挖掘并更新相应类下的上下文规则（图 3-13 中的 S3 模块）；接着利用新的上下文规则对未标注文本进行标注（图 3-13 中的 S4 模块）；最后根据新标注样本挖掘并更新拼写规则（图 3-13 中的 S1 模块）。不断重复上述步骤，直到规则集达到一定的规模。整个过程如图 3-13 所示。

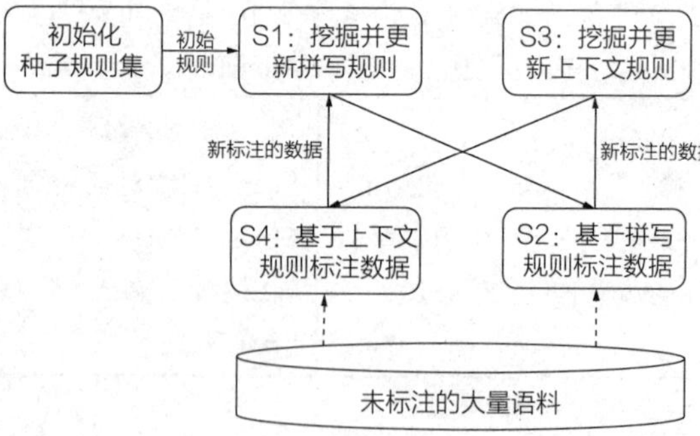

图 3-13　基于协同训练的 NER 方法过程

3.5.3　基于深度学习的 NER 方法

近年来，深度神经网络被广泛应用于各类自然语言处理任务，并取得了巨大的成功。基于深度学习的方法通常将 NER 问题建模为序列标注问题。

相比于基于传统机器学习的 NER 模型，基于深度学习的 NER 方法无须人工制定规则或者烦琐的特征，易于从输入提取隐含的语义信息，灵活且便于迁移到新的领域或其他语言。在 NER 任务中，常用的深度神经网络有循环神经网络（RNN）和卷积神经网络（CNN），其中 CNN 主要用于向量特征学习，RNN 则可以同时用于向量特征学习和序列标注。RNN 中的长短期记忆网络（LSTM）目前已被广泛地应用在 NER 任务中。

一个典型的基于深度学习的 NER 框架如图 3-14 所示，其主要包含输入的分布式表示（Distributed Representation）、上下文编码器（Context Encoder）和标签解码器（Tag Decoder）三个模块，是一个典型的编码器-解码器（Encoder-Decoder）框架[36]。

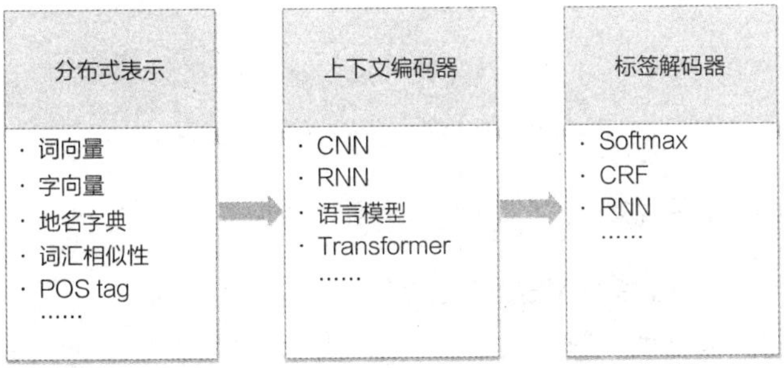

图 3-14　一个典型的基于深度学习的 NER 框架[36]

目前，BiLSTM-CRF[45]是基于深度学习的 NER 方法中最常见的架构，如图 3-15 所示，它主要由分布式表示层、双向 LSTM 层，以及 CRF 层构成。其中，l_i、r_i分别表示w_i左右两边的上下文信息，c_i是将l_i、r_i拼接起来后的整体上下文信息。在效果方面，BiLSTM-CRF 已经在 CoNLL03[1]、OntoNotes5.0[2]等数据集上超过了传统的基于丰富的人工定义特征的 CRF 模型。深度学习方法具有端到端解决问题方面的优势，避免了繁复的特征工程，仅使用文本中的字/词向量作为输入就可以达到很好的效果。

1　参见链接[25]。

2　参见链接[26]。

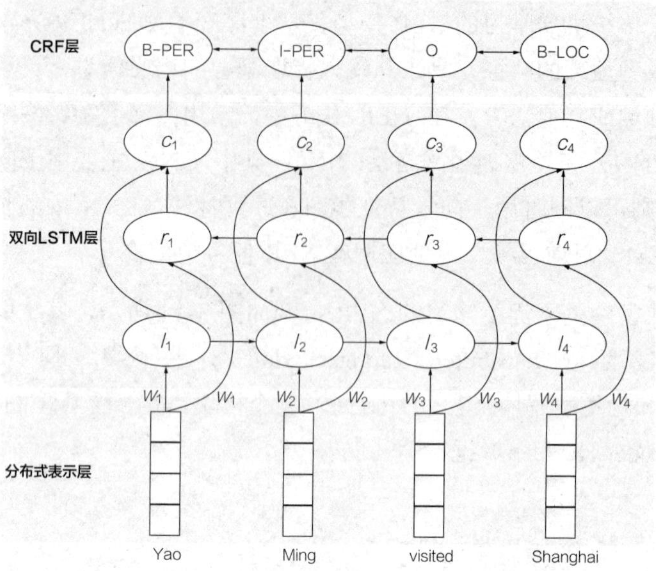

图 3-15　BiLSTM-CRF 结构示意图

1. 输入的分布式表示

深度学习模型无法直接接收符号化文本作为输入，而只能接收数值向量。因此，基于深度学习的 NER 方法首先需要将输入的句子表示成一组向量。

（1）词向量。词是句子的基本组成单位。为了将句子表示成一组向量，一个简单的思路是将句子中的每个词表示成一组向量，再通过特征融合得到整个句子的向量表示。词向量往往通过无监督算法，如词袋模型（CBOW）和 Skip-Gram 模型等，并经过大量文本的预训练得到。在 NER 模型训练期间，可以使用预先训练的词向量作为初始输入，经过微调（Fine-tuning）得到任务相关的词向量表示。常用的预训练词向量的工具包括 Google Word2Vec[1]、Stanford GloVe[2]、Facebook fastText[3]和中文的 Tencent AI Lab Embedding Corpus[4]。

1　参见链接[27]。

2　参见链接[28]。

3　参见链接[29]。

4　参见链接[30]。

（2）字向量。除了词向量外，另一种思路是将词中的每个字用向量表示，这样可以得到词向量难以表示的一些信息，如词中的前缀和后缀等字符信息。而且，字符级的向量能够很自然地处理词典外的词汇。比如，对于词典外的词语“和田河”，其词向量可以通过“和”“田”“河”三个字的字向量进行更合理的表示，而不是使用一个默认值。通常使用 CNN 和 RNN 等模型提取字向量。字向量是词向量的重要补充，其在中文这一类表意文字上的应用中往往能取得较好的效果。

（3）混合表示。除了词级和字符级表示外，一些研究还将其他信息（例如，是否出现在词典的列表中）纳入词的最终表示。换言之，基于深度神经网络模型习得的向量表示可以与传统特征工程得到的向量表示组合，以融合更多的额外信息，从而提高模型的准确率。但这一做法也有可能降低泛化能力。

2. 上下文编码器

基于深度学习的 NER 方法的第二个阶段是从输入表示中学习上下文编码器。上下文编码器有两种常用的模型结构：卷积神经网络（CNN）和循环神经网络（RNN）。

（1）卷积神经网络

卷积神经网络能够有效提取输入数据的局部特征。基于 CNN 的编码器一般以整个句子作为输入，一般使用一维卷积对句子进行特征提取。在输入表示学习阶段，已经将句子中的每个单词表达为向量，通常还会考虑单词在句子中的相对位置特征以增强单词的表示。CNN 首先使用一层卷积神经网络结构，在每个单词的周围提取局部特征，卷积窗口的大小决定了最大能够学习的单词或单词片段的长度；然后，进一步通过组合由卷积层提取的局部特征向量来构造全局特征向量。

（2）循环神经网络

循环神经网络的特点是，考虑了句子中前后字符之间的相互影响。循环神经网络及其变体［如门控循环单元（GRU）和长短期记忆网络（LSTM）］在序列数据建模方面都取得了显著成效。特别是双向循环神经网络（Bi-RNN）能从两个方向（正向和逆向）来处理一个句子，能够捕捉被单向 RNN 所忽略的模式。这种方式已经普遍应用于自然语言处理。

3．标签解码器

标签解码器将经过编码的上下文表示作为输入并产生对应于输入句子的标签。下面将分别介绍标签解码器的三种架构：全连接层+Softmax、条件随机场和循环神经网络。

（1）全连接层+Softmax

一些早期的 NER 模型使用"全连接层+Softmax"作为标签解码器。全连接层接收每个单词中间层向量表示，产生标签分值向量 $\boldsymbol{Y}$=(y_1, y_2, …, y_i, …)作为输出。$\boldsymbol{Y}$ 向量被输送到 Softmax 层，产生最终的标签概率分布。在一些情况下，NER 任务的概念集合中的概念并不互斥，此时 NER 问题变为多标签分类问题，需要把 Softmax 改为 Sigmoid 函数，以兼容输出多个概念标签的情况。

在序列标注问题中，当前的预测标签不仅与当前的输入特征相关，还与前序输出的标签相关。比如，在正确的标签序列中，标签 I-PER 的前面应该是 B-PER 或 I-PER。全连接层+Softmax 作为标签解码器，将序列标注问题视作一个分类问题，独立地预测每个单词的标签，这可能会得到错误的预测结果，比如，产生标签 I-PER 前出现标签 O 的序列。因此，需要发展考虑标签之间关系的解码器。接下来介绍的 CRF 可以解决这个问题。

（2）条件随机场（CRF）

CRF 是一类能够充分考虑输出标签之间关系的序列标注模型，其作为标签解码器已被广泛用于基于深度学习的 NER 模型，在 NER 问题上表现出了十分优异的性能。CRF 可以有效建模最终预测标签之间的约束关系，从而提高预测准确率。

在训练过程中，CRF 可以自动从训练数据集中学习这些约束。比如，一个命名实体的第一个标签应以"B-"而非"I-"开头，换句话说，有效模式应为"O B-label"，而"O I-label"序列在 CRF 中的分数会非常低。在如图 3-16 所示的例子中，Bi-LSTM 后接一个全连接层，输出各个标签的分数，如果此时直接输出，将得到< I-PER　B-PER　O　B-LOC>，显然其中的"I-PER　B-PER"是一组错误的标注序列。增加的 CRF 层则考虑了输出标签之间的关联关系，可以避免此类错误。总的来说，CRF 可以对标签之间的关系进行建模，提高 NER 的准确性。

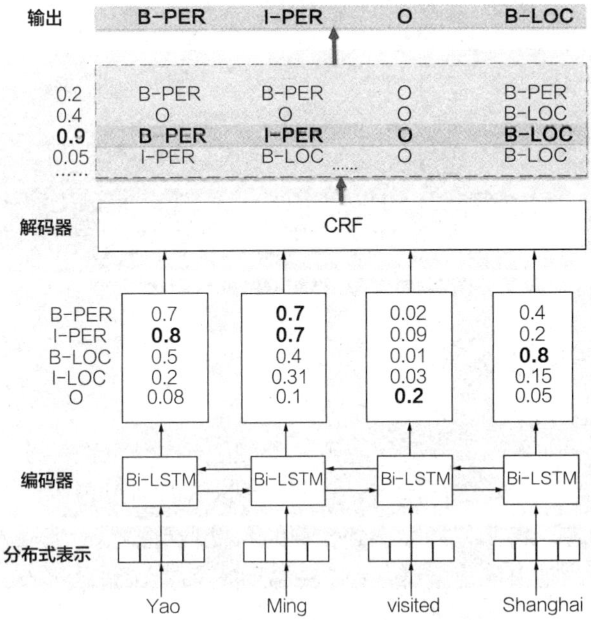

图 3-16 使用 CRF 作为解码器的示例

（3）循环神经网络（RNN）

RNN 也可用于解码，当将编码层的向量映射为标签序列，且实体类型的数量很大时，相比于其他的解码器，RNN 解码器可以训练得更快。如图 3-17 所示，在预测每个单词 w_i的标签时，RNN 解码器的输入为：当前单词w_i的编码器输出的隐藏向量 $\boldsymbol{h}_i$、前一单词w_{i-1}的解码器的输出向量$\boldsymbol{y}_{i-1}$，以及前一个 RNN 解码器的隐藏状态。RNN 解码器计算得到输出向量$\boldsymbol{y}_i$后，作为 Softmax 函数的输入完成解码，得到相应单词的输出标签。

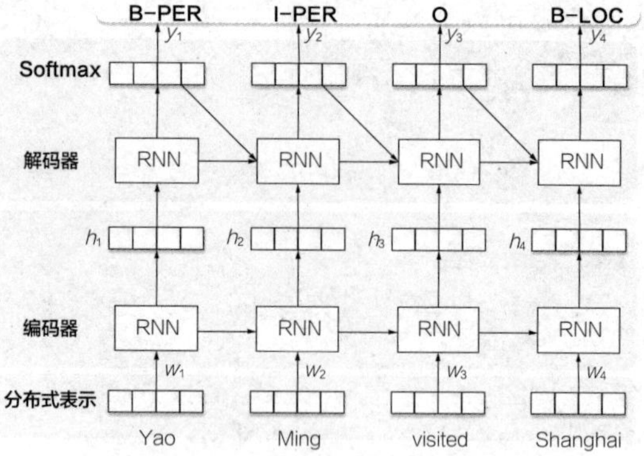

图 3-17　循环神经网络解码示意图

3.5.4　近期的一些方法

1. 注意力机制

NER 模型将输入句子编码成一个固定长度的向量表示，对于长度较短的输入句子而言，该模型能够学到合理的向量表示。然而当输入句子非常长时，输入的表示学习就很困难。但对实际任务而言，对结果有显著影响的往往只是输入句子中的部分数据。因此，人们引入注意力机制（Attention Mechanism）来解决这一问题。注意力机制使得神经网络能够专注于其输入的特定子集，捕获输入中对于 NER 任务而言最有效的元素。

注意力机制可以直接作用于 NER 任务的输入句子。此时，注意力机制被用于寻找输入句子中那些被认为对任务相对重要的字（词）。它使用一个隐藏层和 Softmax 函数来计算输入句子中每个字（词）的“重要”程度，通常用概率进行表达。由于这种方式中的输入句子和输出句子实际上是同一个序列，所以又叫作自注意力机制（Self-attention）。引入注意力机制能有效提升很多任务的性能[50]。

2. 迁移学习

深度学习方法一般需要大量的标注数据，但是在一些领域并没有大规模的标注数据。如何使用少量标注数据建立有效的深度 NER 模型，这也是近期研究的重点。迁移学习（Transfer Learning）旨在将从源域（通常样本丰富）学到的知识迁移到目标域（通常样本稀缺）上执行机器学习任务。最近，有一些研究工作基于深度神经网络模型的跨领域迁移以缓解 NER 任务中的样本稀缺问题。

在迁移学习中，源任务和目标任务通常通过共享深度神经网络参数和特征表示实现知识迁移，利用神经网络的通用性来提高目标任务的性能。比如，论文[29]针对不同层次的可转移性，为跨领域、跨语言和跨应用场景分别提出了三种参数共享架构。比如，对于两个具有相同标签集的任务，可以共享其解码器。这能够在一定程度上缓解目标领域样本稀缺所带来的困难。

本章小结

本章介绍了与知识图谱构建密切相关的领域短语挖掘、同义词挖掘、缩略词挖掘和实体识别，同时介绍了常见的方法，并对比了各种方法的优劣。由于篇幅限制，仍然有大量方法没有详细介绍。关于英文领域短语挖掘的系统性介绍可以参考 Jialu Liu 等人编写的 *Phrase Mining from Massive Text and Its Applications* 一书。关于基于深度学习的命名实体识别方面，可以参考 Jing Li 等人的综述 *A Survey on Deep Learning for Named Entity Recognition*（参见链接[6]）。关于跨语言实体识别， 可以参考 Heng Ji 等人的 *Multi-lingual Entity Discovery and Linking*（Tutorial at ACL 2018）。此外，还有一些工作也十分值得关注，比如短语挖掘工具 AutoPhrase[1]、无监督的同义词挖掘工作 Louvain[2]。

此外，在词汇和实体挖掘方面仍然存在很多开放性难题，在此做一个简单的评述。总体而言，对于语料丰富、样本足量的情况，已经存在大量有效方法，但是语料资源贫瘠、样本稀缺仍然是很多应用与场景的常态。比如，小语种上的词汇挖掘由于语料贫瘠而十分艰难；新实体发现由于信息稀缺仍然十分困难。解决上述问题的关键思路在于，将符号规则与统计学习模型（特别是深度神经网络模型）加以融合。原因在于，在样本稀缺的场景下往往不难定义符号规则（比如语法规则）。将统计学习与符号推理结合逐渐呈现出以下模式：利用统计学习挖掘浅层语法规则，利用符号推理挖掘深层的语义模式。只有将两者有效结合才能解决一些难题。

1　参见链接[31]。

2　参见链接[32]。

另一个十分重要的研究方向是，发展无监督词汇挖掘与实体挖掘。目前这一领域仍以监督学习方法为主流。无监督方法是实际应用中极为需要、亟待探索的关键技术，也是词汇挖掘落地应用的重大瓶颈技术。此外，文本特征之外的词汇挖掘与实体挖掘方法也是十分值得关注的研究方向。搜索引擎上的同义词挖掘之所以简单、有效，根本原因在于其充分利用了用户的点击行为数据。那么，还有哪些文本之外的数据有助于词汇挖掘和实体挖掘？这个问题值得认真探索。

思考题

1. 请简述领域短语挖掘的概念，领域短语挖掘与其他相关任务有什么区别？
2. 请论述基于规则的领域短语挖掘的局限性，并分析其原因。
3. 简述基于学习模型的短语挖掘的典型过程。
4. 基于规则的缩略词挖掘方法有什么缺陷，如何克服？
5. 同义词挖掘有哪些常见方法？
6. 请给出中文常见的同义词表达模式。
7. 简述在不同场景和需求下该选择什么样的 NER 方法，原因是什么。
8. 请给出解决 NER 任务的典型深度神经网络模型架构。

参考文献

[1] Y. Park, R. J. Byrd, and B. K. Boguraev. Automatic glossary extraction: beyond terminology identification. In COLING, 2002.

[2] V. Punyakanok and D. Roth, "The use of classifiers in sequential inference," Adv. Neural Inf. Process. Syst., pp. 995-1001, 2001.

[3] J. Liu, J. Shang, C. Wang, X. Ren, and J. Han, "Mining quality phrases from massive text corpora," in Proc. ACM SIGMOD Int. Conf. Manage. Data, 2015, pp. 1729-1744.

[4] Shang, Jingbo, et al. "Automated phrase mining from massive text corpora." IEEE

Transactions on Knowledge and Data Engineering 30.10 (2018): 1825-1837.

[5] A. Parameswaran, H. Garcia-Molina, and A. Rajaraman. Towards the web of concepts: Extracting concepts from large datasets. Proceedings of the Very Large Data Bases Conference (VLDB), 3((1-2)), September 2010.

[6] P. Deane. A nonparametric method for extraction of candidate phrasal terms. In ACL, 2005.

[7] Alessandra Vicentini. The economy principle in language. Notes and Observations from early modern english grammars. Mots, Palabras, Words, 3:37-57, 2003.

[8] Zhang L, Houfeng W, Sun X. Coarse-grained candidate generation and fine-grained re-ranking for chinese abbreviation prediction[C]//Proceedings of the 2014 Conference on Empirical Methods in Natural Language Processing (EMNLP). 2014: 1881-1890.

[9] Yang D, Pan Y, Furui S. Automatic chinese abbreviation generation using conditional random field[C]//Proceedings of Human Language Technologies: The 2009 Annual Conference of the North American Chapter of the Association for Computational Linguistics, Companion Volume: Short Papers. Association for Computational Linguistics, 2009: 273-276.

[10] Lafferty J, McCallum A, Pereira F C N. Conditional random fields: Probabilistic models for segmenting and labeling sequence data[J]. 2001.

[11] Zhang Q, Qian J, Guo Y, et al. Generating Abbreviations for Chinese Named Entities Using Recurrent Neural Network with Dynamic Dictionary[C]//Proceedings of the 2016 Conference on Empirical Methods in Natural Language Processing. 2016: 721-730.

[12] Zhang Y, Sun X. A Chinese Dataset with Negative Full Forms for General Abbreviation Prediction[J]. arXiv preprint arXiv:1712.06289, 2017.

[13] Hanisch D , Fundel K , Mevissen H T , et al. ProMiner: rule-based protein and gene entity recognition[J]. BMC Bioinformatics, 2005, 6(S1):S14.

[14] Oscar Mauricio Muñoz, Quimbaya A P , Sierra A , et al. Named Entity Recognition Over Electronic Health Records Through a Combined Dictionary-based Approach[J]. Procedia Computer Science, 2016, 100:55-61.

[15] Alfonseca, Enrique; Manandhar, S. 2002. An Unsupervised Method for General Named Entity Recognition and Automated Concept Discovery. In Proc. International Conference on General WordNet.

[16] Shinyama Y, Sekine S. Named entity discovery using comparable news articles[C]//

International Conference on Computational Linguistics. 2004.

[17] Etzioni, Oren; Cafarella, M.; Downey, D.; Popescu, A.-M.; Shaked, T.; Soderland, S.; Weld, D. S.; Yates, A. 2005. Unsupervised Named-Entity Extraction from the Web: An Experimental Study. Artificial Intelligence 165.91-134, Essex: Elsevier Science Publishers.

[18] Bikel D M , Miller S , Schwartz R , et al. Nymble: a high-performance learning name-finder[C]// Conference on Applied Natural Language Processing. 1997.

[19] G. Szarvas, R. Farkas, and A. Kocsor. A multilingual named entity recognition system using boosting and c4. 5 decision tree learning algorithms. International Conference on Discovery Science. Springer, 2006, pp. 267-278.

[20] A. Borthwick, J. Sterling, E. Agichtein, and R. Grishman, Nyu:Description of the mene named entity system as used in muc-7. in MUC-7, 1998.

[21] Mcnamee P , Mayfield J . Entity Extraction Without Language-Specific Resources[C]// Conference on Natural Language Learning. Association for Computational Linguistics, 2002.

[22] Li Y , Bontcheva K , Cunningham H . SVM Based Learning System for Information Extraction[C]// Deterministic and Statistical Methods in Machine Learning, First International Workshop, Sheffield, UK, September 7-10, 2004, Revised Lectures. Springer-Verlag, 2004.

[23] Krishnan V , Manning C D. An effective two-stage model for exploiting non-local dependencies in named entity recognition[C]// International Conference on Computational Linguistics & the Meeting of the Association for Computational Linguistics. Association for Computational Linguistics, 2006:1121-1128.

[24] Frantzi, Katerina, Sophia Ananiadou, and Hideki Mima. "Automatic recognition of multi-word terms:. the c-value/nc-value method." International journal on digital libraries 3.2 (2000): 115-130.

[25] Schwartz A S, Hearst M A. A simple algorithm for identifying abbreviation definitions in biomedical text[M]//Biocomputing 2003. 2002: 451-462.

[26] Adar E. SaRAD: A simple and robust abbreviation dictionary[J]. Bioinformatics, 2004, 20(4): 527-533.

[27] Adar E, Adamic L A. Method and system for building an abbreviation dictionary: U.S. Patent 7,136,876[P]. 2006-11-14.

[28] Pakhomov S, Pedersen T, Chute C G. Abbreviation and acronym disambiguation in

clinical discourse[C]//AMIA Annual Symposium Proceedings. American Medical Informatics Association, 2005, 2005: 589.

[29] Yang Z , Salakhutdinov R , Cohen W W . Transfer Learning for Sequence Tagging with Hierarchical Recurrent Networks[J]. 2017.

[30] Blondel V D, Guillaume J L, Lambiotte R, et al. Fast unfolding of communities in large networks[J]. Journal of statistical mechanics: theory and experiment, 2008, 2008(10): P10008.

[31] I. H. Witten, G. W. Paynter, E. Frank, C. Gutwin, and C. G. Nevill-Manning , "Kea: Practical automatic keyphrase extraction," in Proc. 4th ACM Conf. Digit. Libraries, 1999, pp. 254-255.

[32] G. Krupka and K. IsoQuest, "Description of the nerowl extractor system as used for muc-7," in Proc. MUC-7, 2005, pp. 21-28.

[33] W. J. Black, F. Rinaldi, and D. Mowatt, "Facile: Description of the ne system used for muc-7," in Proc. MUC-7, 1998.

[34] C. Aone, L. Halverson, T. Hampton, and M. Ramos-Santacruz, "Sra: Description of the ie2 system used for muc-7," in Proc. MUC-7, 1998.

[35] Appelt D E, Hobbs J R, Bear J, et al. SRI International FASTUS System MUC-6 Test Results and Analysis[C]// Conference on Message Understanding. 1995.

[36] Li J, Sun A, Han J, et al.,　A Survey on Deep Learning for Named Entity Recognition, arXiv:1812.09449

[37] Humphreys K, Gaizauskas R, Azzam S, et al. University of Sheffield: description of the LaSIE-II system as used for MUC-7[C].1998.

[38] R. Sharnagat, "Named entity recognition: A literature survey," Center For Indian Language Technology, 2014.

[39] Xavier Carreras, Llu´ıs M`arquez, and Llu´ıs Padr´o. Named entity extraction using adaboost. In proceedingsof the 6th conference on Natural language learning - Volume 20, COLING-02, pages 1-4, Stroudsburg,PA, USA, 2002.

[40] Blei, David M., Andrew Y. Ng, and Michael I. Jordan. "Latent dirichlet allocation." Journal of machine Learning research 3.Jan (2003): 993-1022.

[41] El-Kishky, Ahmed, et al. "Scalable topical phrase mining from text corpora." Proceedings of the VLDB Endowment 8.3 (2014): 305-316.

[42] D. Nadeau, P. D. Turney, and S. Matwin. Unsupervised named-entity recognition:

Generating gazetteers and resolving ambiguity. In Canadian Conference on AI, 2006.

[43] Michael Collins and Yoram Singer. Unsupervised models for named entity classification. In Proceedings of the Joint SIGDAT Conference on Empirical Methods in Natural Language Processing and Very Large Corpora, 1999.

[44] Riloff E , Jones R . Learning Dictionaries for Information Extraction by Multi-Level Bootstrapping[C]// Proceedings of the Sixteenth National Conference on Artificial Intelligence and Eleventh Conference on Innovative Applications of Artificial Intelligence, July 18-22, 1999, Orlando, Florida, USA. American Association for Artificial Intelligence, 1999.

[45] Huang Z , Xu W , Yu K . Bidirectional LSTM-CRF Models for Sequence Tagging[J]. Computer Science, 2015.

[46] Mikolov T , Chen K , Corrado G , et al. Efficient Estimation of Word Representations in Vector Space[J]. Computer Science, 2013.

[47] Hu F, Shao Z, Ruan T. Self-Supervised Synonym Extraction from the Web[J]. J. Inf. Sci. Eng., 2015,31(3): 1133-1148.

[48] Cheng T, Lauw H W,Paparizos S.Entity synonyms for structured web search[J]. IEEE transactions on knowledgeand data engineering, 2012, 24(10): 1862-1875.

[49] Chakrabarti K, Chaudhuri S,Cheng T, et al. A framework for robust discovery of entity synonyms[C]//Proceedings of the 18th ACM SIGKDD international conference onKnowledge discovery and data mining. ACM, 2012: 1384-1392.

[50] Vaswani, Ashish, et al. "Attention is all you need." Advances in neural information processing systems. 2017.

第4章

关系抽取

内容提示 关系是知识图谱最重要的组成成分之一。本章将介绍构建知识图谱的最重要的环节之一：关系抽取。本章旨在回答如下问题：关系抽取的基本思路有哪些？关系抽取的基本模型与主要算法有哪些？

4.1 概述

信息抽取（Information Extraction，IE）旨在从非结构化或半结构化文本中抽取出结构化数据。关系抽取是信息抽取最重要的子任务之一，也是构建知识图谱时最重要的子任务之一，因为关系抽取（Relation Extraction）的结果是关系实例，构成了知识图谱中的边。一般而言，关系抽取产生的结果为三元组<主体（Subject），谓词（Predicate），客体（Object）>，表示主体和客体之间存在谓词所表达的关系。例如，<柏拉图，老师，苏格拉底>表示柏拉图的老师是苏格拉底。

除了从文本或半结构化数据中抽取关系，还有一些其他方法也可以获取关系实例，其中最直接的方法是人工输入。显然，完全靠人工输入代价极大，很难获取大规模的关系实例。因此，人工输入一般仅限于对关系实例进行少量的增补与修改。人工做法的延伸是众包构建，也就是通过众包平台将关系抽取的任务分发给众包工人。关于众包构建的细节将在本书第 7 章中详细讲解，在此不再赘述。另一类常见的关系抽取途径是，从关系型数据库中通过转换规则获取关系实例。比如，哲学家表通常包含姓名与出生地字段，那么对于每一个元组，其姓名字段与出生地字段构成类似<柏拉图，出生地，希腊>这样的三元组。事实上，不限于关系型数据库，任何由良好模式（Schema）定义的结构化数据（比如 XML 数据库、JSON 格式的文件）都可以通过人工定义相应的映射规则来完成自动转换。基于结构化数据转换的方法的局限在于，结构化数据规模有限，这类方法无法获取更广泛存在的非结构化数据（特别是文本数据）中蕴含的关系实例。

关系抽取旨在从无结构的文本中抽取实体以及实体之间的关系。由于文本数据广泛存在，关系抽取能够获得大量的关系实例。例如，从句子“柏拉图与老师苏格拉底、学生亚里士多德并称希腊三贤”中可获取<柏拉图，老师，苏格拉底>和<柏拉图，学生，亚里士多德>。需要指出的是，一些实体对之间可能存在多种语义关系，例如<苹果公司，乔布斯>之间的语义关系可能是“创始人”关系也可能是“CEO”关系。因此，不排除为同一实体对抽取多个关系实例的情形，比如<苹果公司，创始人，乔布斯>和<苹果公司，CEO，乔布斯>。

关系抽取的应用十分广泛，是很多复杂自然语言处理任务的基础，其最重要的应用是构建知识图谱。除此之外，关系抽取的结果还可以应用于下游应用任务，如文本理解、问答系统和聊天机器人等。比如，在文本理解中，为了理解一段复杂的长文本，识别文本所提及的实体对之间的关系是至关重要的。在面向文本的问答系统中，关系抽取所得到的关系实例可以作为背景知识支撑问题的回答。

4.1.1 关系抽取的问题和方法分类

关系抽取的问题定义是，给定句子 S，从 S 中抽取其包含的所有三元组<主体，谓词，客体>。由于可以先行找到或枚举三元组中的某些部分，例如，使用命名实体识别（NER）算法可以找到句子中包含的实体作为主体或客体，从而只需要使用句子信息填充三元组的其他缺失部分。这引出了关系抽取的多种子问题，这些子问题基本上可以分为两大类：一类是关系实例抽取，也就是给定关系获取关系实例（主体与客体对）；另一类是给定实体对获取相应的关系，按照关系是否符合预定义的规范化描述，这一类问题又可以细分为关系分类和开放关系抽取。

- 关系实例抽取：给定目标关系，从语料中抽取相应的实例。比如，给定夫妻关系，从语料中挖掘和发现互为夫妻关系的实体对。
- 关系分类（Relation Classification）：根据实体对的文本描述，将实体对的关系进行归类（通常需要预定义关系类型）。关系类别通常存在一定的开放性，很难穷举所有的可能关系，因此通常需要引入未知（Unknown）类，以处理无法归到已知类别的情形。为了从大规模语料中获取关系实例，使用关系分类模型之前，往往需要枚举语料中提及的所有可能实体对。
- 开放关系抽取：有时也被称为开放信息抽取（Open Information Extraction，OpenIE）。能够预定义的关系总是有限的，语料中总会出现大量的未定义的关系描述，这种情形在开放域中尤为明显。为了充分利用开放域中的大规模语料，以得到更多的关系实例，研究人员提出了 OpenIE，旨在从开放域（Open Domain）文本中抽取三元组实例。OpenIE 侧重于从文本中抽取出关系的**文本描述**，其所指代的关系可以是未定义的，也可以进一步映射到已定义的关系。例如，从“柏拉图出生于雅典”可以抽取出<柏拉图，“出生于”，雅典>，“出生于”可以映射到知识库中的出生地关系。文本“恩格斯称亚里士多德是古代的黑格尔”表达了亚里士多德与黑格尔两者之间关系，但这种关系<亚里士多德，“是古代的”，黑格尔>很难映射到常见的人物关系（可以勉强定义人物之间的“类比”关系，但显然很不典型）。

除了上述基本任务，实际应用还衍生出一些相关任务。比如，给定实体列表，通常需要为这些实体获取大量的三元组。为此，需要首先获取实体的适用谓词（属性或者关系）。比如，对于还健在的人物，逝世日期就是一个不适用的属性；对于一本书，配偶关系就不适用。实体的谓词列表通常可以从其所属类别继承而来，也可以从同类实体借鉴得到。然后，对于特定实体及其适用谓词（属性或关系），从语料中抽取客体或相应取值。

在实际的关系抽取中，往往需要组合上述问题的相应模型进行综合抽取。比如，在关系抽取之前，通常需要先从语料中识别出实体对。考虑到实体识别与关系抽取是相互影响的，也有很多工作将实体识别与关系抽取联合建模进行求解[3,24]。

针对上述问题，研究人员提出了各种方法。一些方法侧重于解决上述的某个特定问题，一些方法可以同时解决上述的多个问题。这些方法主要分为以下几类。

- 基于模式或规则的抽取方法：将模式或者规则与文本进行匹配，进而识别出文本所提及的三元组的主体、客体或谓词。例如，给定“出生时间”的模式“X 出生于 Y”（X 代表人物实体，Y 代表时间），可以用于匹配相应文本并抽取“出生时间”关系的实例。通常，模式和规则需要由人工定义，也可以从语料中自动学习获得。
- 基于序列标注的监督学习方法：基于序列标注的关系抽取模型接收一段文本作为输入，然后输出文本中每个词是否是某个关系对应实体的标注结果。这类方法通常采用监督学习模型，深度神经网络模型是当前流行的模型。
- 基于文本分类的监督学习方法：这类方法主要针对的是关系分类问题。基于预先给定的关系集合，将每个关系视为一个类别。该问题的输入是包含实体对的句子，输出是实体对的关系标签。可以利用文本分类算法来进行关系抽取。

4.1.2 关系抽取常用数据集

英文关系抽取任务目前有多个常用的评估数据集，最常使用的包括 ACE 2005 数据集[1]、SemEval-2010 Task 8[1]数据集[2]。ACE 2005 数据集包含与新闻和电子邮件相关的 599 个文档和 7 个主要类型的关系，其中每个关系平均有 700 个实例。SemEval-2010 Task 8 数据集是 Hendrickx 等人提供的一个免费的人工构造的数据集。该数据集包含 1 万多个句子。人工构造的评测

1 参见链接[33]。

2 参见链接[34]。

数据集通常质量较高，但规模较小。

为了克服人工构造的评测数据集的规模瓶颈，Mintz[2]等人提出远程监督思想，用于自动构造关系抽取的数据集。基于远程监督思想构造的数据集包括 NYT 和 KBP 数据集。NYT 数据集通过对齐 Freebase 知识库和《纽约时报》语料库构建而得。作者使用 Stanford NER 工具将文本语料库中的实体指代（Mention）与 Freebase 中的实体对齐，以避免重名所带来的噪声。NYT 数据集包括 53 种具体的关系和 1 种 NA 关系（Not Applicable，也就是预定义关系之外的关系）。训练数据集包括 522 611 个句子、281 270 个实体对和 18 252 个关系事实。测试集包括 172 448 个句子、96 678 个实体对和 1950 个关系事实。

NYT 数据集是目前学术研究中被广泛采用的评测数据集，但该数据集仍有以下一些问题，这些问题给模型学习带来了巨大的挑战。

（1）包含噪声。由于该数据集是基于知识库自动构建的，因此知识库的缺失和错误会在一定程度上体现在该数据集中。例如，假定关系集合同时包含关系“出生于”和“国籍”，但在标注集中实体对<特朗普，美国>仅被标注为“国籍”关系。即便抽取模型准确抽取出<特朗普，出生于，美国>，也会被标注集判定为错误。

（2）有效标注的样本规模有限。在 NYT 数据集中，超过 90%的样本被标注为 NA 关系，即该句子包含的实体对没有预定义的语义关系。

（3）类别不平衡。在 NYT 数据集中，只有少部分常见的关系存在大量标注样本，而剩余的其他关系都只有少量标注样本。

4.1.3　关系抽取评估方法

基于监督学习的关系抽取任务有两种常用的评估方式：**自动评估**，即基于“**留出法**”的**评估**（Held-out Evaluation），以及**人工评估**（Human Evaluation）。自动评估通过比较模型（包括关系分类模型和序列标注模型等）在测试集中所抽取出的实体对关系与真实的标注关系，得到抽取模型的性能指标。

关系抽取评估的常见度量指标包括精确率（Precision）、准确率（Accuracy）、召回率（Recall）和 F1 值等。接下来以关系分类为例，介绍这些指标的计算方法。

假定待分类的关系集合为R，测试集中的样本（实体对）数量为N。每个实体对之间可能存在多条关系。可以将实体对与其中一条正确的关系当作正例，实体对与任一错误的关系当作负例。因此，一个多关系分类模型可以当作每个关系分类上的二元判定模型。每个样本是形如$<s, r_i, o, b=\{0, 1\}>$的四元组，表示主体 s 与客体 o 是（即 b=1）否（即 b=0）具有关系标签 r_i。将标记为正类且被模型预测为正类的样本数量记作 TP（True Positive），标记为负类但被模型预测为正类的样本数量记作 FP（False Positive），标记为正类但被模型预测为负类的样本数量记作 TN（True Negative），标记为负类且被模型预测为负类的样本数量记作 FN（False Negative），则有

$$\text{准确率} = \frac{\mathrm{TP} + \mathrm{TN}}{\mathrm{TP} + \mathrm{TN} + \mathrm{FP} + \mathrm{FN}} \tag{4-1}$$

$$\text{精确率}（P） = \frac{\mathrm{TP}}{\mathrm{TP} + \mathrm{FP}} \tag{4-2}$$

$$\text{召回率}（R） = \frac{\mathrm{TP}}{\mathrm{TP} + \mathrm{FN}} \tag{4-3}$$

$$\text{F1 值} = \frac{2\mathrm{PR}}{P + R} \tag{4-4}$$

其中，准确率（Accuracy）定义了模型预测结果与标注集的一致程度；精确率（Precision）度量了模型预测为正类的样本中的准确率；召回率（Recall）度量了模型能将多少比例的正类样本准确预测为正类。

一般而言，精确率和召回率相互冲突（即其中一个值增大往往导致另一个值减小），因此单纯考察其中任一指标都是不全面的，必须对不同参数下的多组精确率-召回率对进行全面考察，从而综合评估模型。F1 值就是一种融合了精确率和召回率的综合指标。此外，还可以通过绘制 Precision-Recall 曲线（PR 曲线，描绘了不同参数下的精确率和召回率）[14-16]来评估模型的性能。图 4-1 给出了 PR 曲线的一个样例。从图中可以看出，当召回率变大时，精确率呈现下降趋势。此外，Model 1 产生的 PR 曲线位于 Model 2 的

下方，这意味着 Model 2 的性能总体上优于 Model 1。

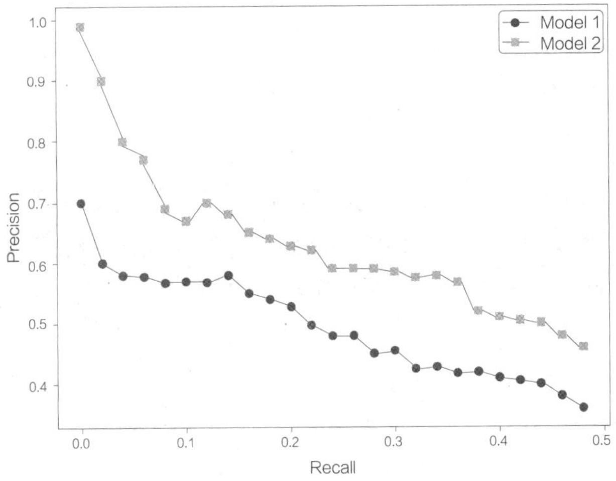

图 4-1　PR 曲线的一个样例

自动评估通常依赖于自动构建的测试集。自动构建的测试集规模巨大，但是质量难以保证，往往会带来评估偏差。因此，一般还需要在自动评估外进行人工评估，人工评估是指对模型预测得到的事实进行人工打分。显然人工评估的代价较大，因此评估规模有限。人工评估经常依赖多人打分并进行融合，以消除个人评估的主观性。最常见的融合机制是众数投票（Majority Voting），也就是选择大部分人认可的答案作为最终答案。此外，为了公平起见，许多评估过程也可以将人工评估定义为众包任务交给众包平台（如 Amazon's Mechanical Turk Service 等）。

4.2　基于模式的抽取

基于模式的关系抽取通过定义关系在文本中表达的字符、语法或者语义模式，将模式与文本的匹配作为主要手段，来实现关系实例的获取。对于已知关系，依据其在文本中的表达方式构造相关模式，这样就可以进一步地通过模式匹配抽取出关系实例，从而实现关系抽取。关系抽取所使用的模式按照复杂程度或表达能力分为以下几类：基于字符的模式、基于语法的模式和基于语义的模式。

4.2.1 基于字符模式的抽取

最直接的方式是将自然语言视作字符序列，构造字符模式，实现抽取。表达特定关系的字符模式通常被表示为一组正则表达式，随后通过对输入的文本进行匹配，即可实现关系抽取。这类方法需要为每个待抽取的关系构造相应的正则表达式。

如表 4-1 所示，文本中图书作品与作者之间的关系（<$作品，作者，$作者>）可以通过如“《**$arg1**》，是现代文学家**$arg2** 的散文集。”[1]的模式来表达，其中**$arg1** 和**$arg2** 分别对应关系中的头实体和尾实体。该模式的结构表明，作品的名称和作者应该在同一句中，通过“，是现代文学家”字符串进行衔接，同时，作品的名称也应该符合表达式中“《**$arg1**》”的标点符号要求。将这样的模式与文本进行匹配，就可以抽取出文本中作品-作者关系对。

表 4-1 基于正则表达式的字符模式

关　系	模　式	例　句
作品-作者	“《**$arg1**》，是现代文学家**$arg2** 的散文集。”	“《**朝花夕拾**》，是现代文学家**鲁迅**的散文集。”
作品-原名	“《**$arg1**》原名《**$arg2**》，”	“《**朝花夕拾**》原名《**旧事重提**》，”

这类基于字符模式的抽取方法对文本与模式的相似性有着较高的要求，比如，“《**$arg1**》，是现代文学家**$arg2** 的散文集。”这个模式缺少任一字符就不匹配。因此，它们往往被用于抽取有着固定的描述模式的内容（如人物生平介绍的第一句），以及由固定模板生成的网页（如百科及商品信息中的 Infobox）。但是，待匹配目标的文本内容稍有变化，预定义的字符模式就会失效。另一个极端是，定义泛化能力较强的模式，但这种做法又容易召回错误的关系实例，比如“《**$arg1**》，是现代文学家**$arg2** 的.*”模式对最后的文字做了泛化处理，却因此会从形如“《亡友鲁迅印象记》，是现代文学家鲁迅的传记”的文本中抽取出错误的关系“<亡友鲁迅印象记，作者，鲁迅>”。因此，在实际应用时，这类方法由于需要耗费大量的人工来定制合理的字符模式，难以适用于广泛而多样的文本。

1　正文中为了方便表达，在正则表达式中使用$arg1 和$arg2 代替(.+)。

4.2.2　基于语法模式的抽取

通过引入文本所包含的语法信息（包括词法和句法等）来描述抽取模式，可以显著增强模式的表达能力，进而提升抽取模式的准确率和召回率。表 4-2 给出了几类常见关系的语法模式，这些模式通过引入词性标签增强对模式的描述。

表 4-2　面向关系抽取的语法模式。这些模式规定了待匹配文本应包含的字符以及相应的词性标签（NP、ADJP、VV[1]）

关　系	模　式
上位词-下位词	**(NP、)* NP** 等 **NP** **NP** (包含|含有|例如|有) (NP、)*　**NP**　(等)
企业-主营业务	**NP** (是一家|是一位|是一所|是) VV **NP**　的企业
作品-作者	**NP**　著有　**(NP、)***
人物-职业	**NP** (是|是一位) ADJP　**(NP、)* NP**

以抽取“作者”关系为例，“NP 著有 NP”这一模式约定包含“著有”且其前后都是 NP（名词短语）的句子是该模式的一个实例。因此，句子“柏拉图著有《形而上学》”匹配这一模式。模式不仅可以指定匹配的文本实例，还可以进一步约定抽取规则。比如，“NP_1 著有 NP_2” ⟹ < NP_1，作者，NP_2>，这一规则约定在匹配规则左边模式的句子中，名词短语 NP_1 是作者，NP_2 是其作品。

相比于单纯的字符模式，语法模式表达能力更强，同时仍能保证模式匹配的正确性。语法模式仅仅依赖人类的语法知识，大部分人都可以轻易构造此类模式，因此语法模式的获取代价相对较低。语法模式也普遍存在于各类语言中，适用于各种不同类型的文本。

4.2.3　基于语义模式的抽取

语法模式通过引入词性标签等信息增强了描述能力，但是语法模式仍然是一种相对粗糙的描述，在抽取过程中仍容易引入错误。例如，为了抽取战争的胜负关系可以定义形如“NP 战胜 NP”的语法模式，但是这一模式显

1　NP、ADJP、VV 分别表示名词短语、形容词短语以及动词。

然也能匹配“小明战胜了自己”以及“中国足球队战胜了泰国队”（比赛胜负关系）的文本描述，从而可能会抽取出错误的关系实例。因此，需要进一步增强对模式的描述。

优化语法模式的一种重要手段就是引入语义元素（如概念）。近年来，大量的知识图谱与知识库，特别是 WordNet 以及 Probase 等概念图谱，逐渐完善成熟。这些知识图谱和知识库提供了丰富的概念以及概念的实例，这使得将概念引入模式的描述中且定义基于概念约束的模式成为可能。表 4-3 列举了基于概念的语义模式示例。

表 4-3　基于概念的语义模式示例

关　系	模　式	例　句
国家-总统	**$政治家** 当选 **$国家** 总统	**奥巴马**当选为**美国**总统
商人-所属公司	**$商人** 离开 **$公司**	前临时 CEO **罗斯·莱斯索恩**离开了**雅虎**
作者-作品	**$歌手** 发行 **$专辑**	**周杰伦**发行了国语专辑《**范特西**》
战胜国-战败国	**$国家** 战胜 **$国家**	波希战争中**希腊**战胜了**波斯**

概念的引入可以更精准地表达模式适配的范围，从而增强模式的描述能力。语义模式所匹配的实例发生语义漂移的可能性因此而大大降低，提高了抽取准确率。比如，战争的胜负关系模式“**$国家**战胜**$国家**”约定不仅要匹配文本“战胜”，“战胜”前后的短语也必须是国家，因此“小明战胜了自己”等错误匹配将被筛除，从而避免了错误的抽取。

基于概念的语义模式描述精细，可以实现高精度抽取。但是基于概念的语义模式依赖较完善的概念图谱，而且专家定义这类模式的代价仍然较大，因此也可以考虑自动学习得到这类语义模式，从而降低构造模式的代价。近年来，随着概念图谱的应用日益广泛，语义模式在实际应用中也越来越重要。

4.2.4　自动化模式获取：自举法

前面所述的模式都来源于专家定义。专家定义的模式质量精良、抽取准确率高，但是人力成本高昂，因此难以覆盖相应关系在文本表达中的全部模式，这导致了相对较低的召回率。为了降低人工模式定义的成本以及提升召回率，在实际应用中，往往通过自动化方法生成和选择高质量的模式。

自动化模式获取通常通过自举法（Bootstrapping）算法框架来实现。考虑某个特定类型的关系实例的获取任务，自举法的基本思想为：为该关系类型标注少量初始种子实体对，找到实体对在文本语料库中所出现的句子集合，基于这些句子提取表达关系的模式（模式提取），然后使用新发现的模式去语料中抽取新的实体对（实例抽取）。上述模式提取+实例抽取的过程循环迭代，直至不再发现新的关系实例。这个过程也被称为“滚雪球”（Snowball）[40-41]。基于自举法的关系抽取流程如图 4-2 所示。

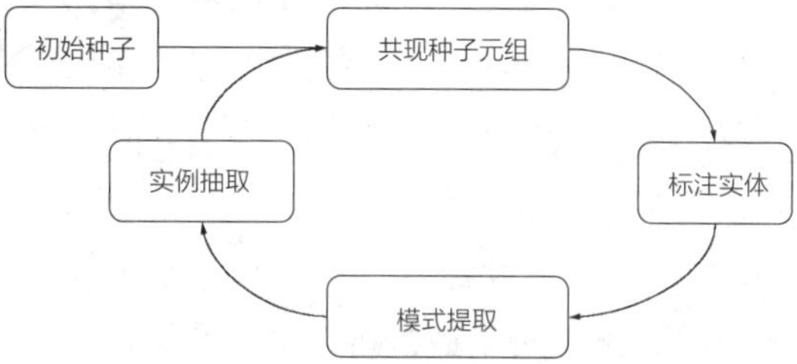

图 4-2　基于自举法的关系抽取流程

这里给出了一个基于自举法关系抽取的运行实例。给定关系“出生于”和两个种子实体对<柏拉图，雅典>和<苏格拉底，雅典>，可以从语料中抽取出句子集合{“柏拉图，出生于雅典”，“柏拉图在雅典……”，“苏格拉底小时候在雅典……”}。基于这些句子可以得到关系“出生于”的描述模式{“NP 出生于 NP”，“NP 在 NP”，“NP 小时候在 NP”}。这些模式可以在大规模语料中匹配更多的句子，如“亚里士多德，出生于斯塔基拉，该城市位于……”，然后可以进一步地从此句中抽取<亚里士多德，斯塔基拉>。这一新实体对又可以召回新文本，从新文本中进而可以发现新模式，比如“NP 在 NP 游学”。这类新模式经过筛选和评估（见 4.2.5 节）之后，在后续迭代中用于发现更多的实例。持续迭代下去，最终实现对“出生于”关系实体对的抽取。

基于自举法的关系抽取得到了广泛研究，代表性的工作成果包括 DIPRE 系统[26]、Snowball 系统[27]以及 KnowItAll 系统[29]等。自举法的一个重要研究问题是质量控制。一方面，模式有可能发生语义漂移，导致抽取错误，这一问题详见 4.2.5 节的讨论。另一方面，这类系统多着眼于提升抽取的召回率，因此倾向于使用来自互联网的海量语料作为抽取来源，而互联网语料中的噪声为抽取的质量控制带来了困难。此外，多数系统都需要额外的

NLP 工具，这可能导致工具引入的错误被传播到后续的知识抽取环节，从而造成错误累积。总体而言，这些系统各有优缺点，基于自举法的抽取仍有很大的改进空间。

4.2.5 基于模式抽取的质量评估

基于自举法的关系抽取其主要问题在于，在迭代过程中易出现**语义漂移**，即用错误的实体对和关系模式进行迭代。以“出生于”关系抽取为例，假定种子实体对为（柏拉图，雅典），提及这一实体对的句子为“柏拉图在雅典游学，受到广泛的欢迎”，从而抽取出新模式“NP 在 NP 游学”，但这个新模式很容易抽取出非“出生于”关系的实例。因此，该类方法的核心在于对每一轮抽取得到的实体对和关系模式进行准确评估，以尽可能避免错误（实例错误或者模式错误）在后续迭代过程中积累与放大。在典型的基于模式的抽取系统中，抽取结果的质量通常可以从两个角度进行判定：**实例与模式的匹配程度**，以及**模式本身的置信度**。

在实际应用过程中，通过将模式与抽取实例的上下文进行匹配，就可以实现对实例的抽取。考虑到真实应用中的大部分实例上下文很难完全匹配模式，在衡量匹配程度的过程中，常常使用模糊匹配。模糊匹配可以通过计算 Jaccard 相似度、编辑距离、加权匹配等分数（如表 4-4 所示）来实现，这些分数通常用作模式与文本匹配程度的度量。由此，可以得到实例（r）与模式（p）的匹配程度$\text{Match}(r,p)$。

表 4-4　典型的模糊匹配度量

模糊匹配度量	公式与描述
Jaccard 相似度	$\text{Jaccard}(R,P)=\frac{\lvert R\cap P\rvert}{\lvert R\cup P\rvert}$
	R 和 P 分别对应实例 r 与模式 p 所含有的字符的集合
编辑距离	$\text{EditSim}(r,p)=1-\frac{\text{EditDist}(r,p)}{\max(\lvert r\rvert,\lvert p\rvert)}$
	EditDist(r,p)表示 r 和 p 之间的编辑距离（即 r 通过增/删/改的方式变成 p 的最少步数）

续表

模糊匹配度量	公式与描述
加权匹配	$\text{WeightedSim}(r,p)=\sum w_i \text{Sim}(r_i,p_i)$ 通过将模式分割成多个部分，即令$p=\{p_1,p_2,\cdots\}$，并将分割后的模式部分与对应的实例部分逐个匹配，最终利用预分配的权重 w_i 加权，从而得到匹配分数（这里的 $\text{Sim}(r_i,p_i)$可以为任意的相似度度量函数，如 0-1 匹配函数等）

模式本身的置信度可以通过其在实际抽取中的表现来评估，通常可以用其在抽取中的准确率作为置信度的度量。如公式（4-5）所示，在某个模式的抽取历史中，通过采样或全样评估的方法，可以得到抽取出的正确的三元组数量与匹配模式的全部三元组数量的比值。在这里，抽取出的三元组正确与否，可以在采样后进行人工评估，也可以通过与现有知识库中的三元组进行比对来评估。

$$\text{Conf}(p_i)=\frac{\#\text{正确匹配的实例}}{\#\text{匹配的全部实例}} \tag{4-5}$$

最终，基于公式（4-6），对于某一条关系实例，其置信度可以通过与之匹配的全部模式进行统计，可以按照如下方式进行评估：

$$\text{Conf}(r)=1-\prod_{p_i\in P}\left(1-\text{Match}(r,p_i)\cdot\text{Conf}(p_i)\right) \tag{4-6}$$

该公式表明：模式质量越好，匹配程度越高，则抽取实例的置信度越高。

在迭代的每一个步骤中，每次只保留置信度足够高的实例和模式（如保留 Top-K 个）进入后续的计算步骤中，从而缓解低质量模式所带来的语义漂移问题。关于解决语义漂移问题的策略与方法，可进一步参考本书第 8 章的专题讨论，在此不再赘述。

4.3　基于学习的抽取

基于学习的关系抽取主要分为：基于监督学习的关系抽取、基于弱监督学习的关系抽取和基于远程监督学习的关系抽取。基于监督学习的关系抽取适用于存在大规模标注数据的情形。一般而言，人工标注成本极高，因此很难扩展到大规模关系抽取任务中。为了克服这一瓶颈，研究人员提出了基于半监督学习和远程监督学习的关系抽取方法。半监督学习关系抽取只需要少量的标注数据，同时利用大量未标注样本实现关系抽取。4.2.4 节所描述的自举法也可以视作一类半监督学习方法。远程监督学习关系抽取本质上是一种快速构建训练集的弱监督学习方法。远程监督学习将文本语料库和知识库对齐，从而获得给定关系的有噪标注样本。

值得注意的是，从模型角度而言，无论是监督学习还是远程监督学习，都可以采用序列标注模型或者分类模型来实现。但序列标注模型更适用于实体识别与关系抽取的联合任务。通过对句子中的每个单词进行标注，从而识别出句子中的实体以及实体对之间的关系。例如，在文献[7]中，每个词的标注结果由三部分组成：（1）是否是实体；（2）关系类型，如果该词是一个实体，则进一步标注相应的实体类型；（3）实体角色，也就是实体在三元组中是头实体还是尾实体。

在给定实体位置的条件下，通常采用分类模型进行建模。因此，接下来主要介绍基于分类的关系抽取算法。

4.3.1　基于监督学习的关系抽取

基于监督学习的关系抽取基于标注样本来训练抽取模型。以关系分类为例，需要预先为每个关系类别标注足量的训练样本。传统的基于监督学习的关系抽取根据其所使用的分类模型可分为：基于核函数的方法[17-18]、基于逻辑回归的方法[19]、基于句法解析增强的方法[20]和基于条件随机场的方法[21]。传统基于监督学习的关系抽取流程如图 4-3 所示。具体来说，给定训练样本（包括实体对、包含实体对的句子以及相应的关系标签），先对句子进行预处理，如句法分析、词性分析，然后将预处理的结果直接输入分类模型（如核函数、逻辑回归模型等）来构建关系分类模型。

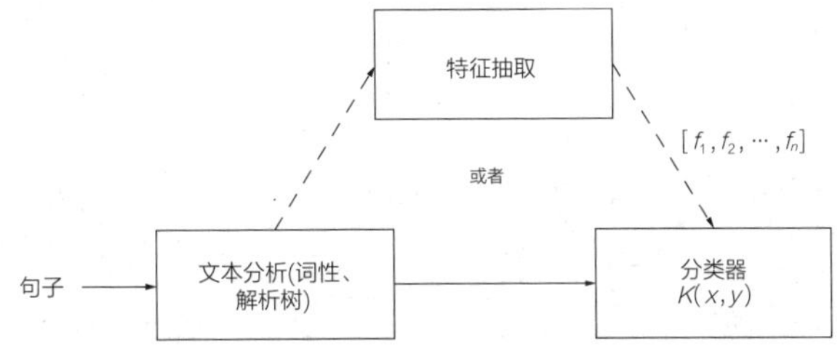

图 4-3　传统的基于监督学习的关系抽取流程

在基于监督学习的关系抽取中，核心问题是如何从标注样本中抽取有效的特征。大多数传统工作主要致力于句子特征的抽取，而分类器通常采用 SVM、逻辑回归等经典分类模型。因此，本节将主要描述传统方法的常用特征。关系抽取的有效特征依赖于实体对上下文中的各种词法、句法、语义等信息。在部分相关工作中，通过引入背景知识来增强实体的表示，从而提高模型的性能。下面给出关系抽取模型中的常用特征[2]。

1．词汇特征

词汇特征主要指实体对之间或周围的特定词汇，这些背景词在语义上能够帮助判断实体对的关系类别。例如，在文献[2]中，主要的词汇特征包括以下几个方面。

（1）两个实体之间的词袋信息。例如，给定包含实体对<柏拉图，亚里士多德>和句子“柏拉图和老师苏格拉底、学生亚里士多德并称希腊三贤”中的词袋信息为{和, 老师, 苏格拉底, 学生}。

（2）上述词袋的词性标注。上例的词性标注为{CONJ, NP, NP, NP}。

（3）实体对在句子中出现的顺序信息。

（4）以左实体为中心开设的大小为k的窗口，其中所包含的词袋及其词性标注信息。在上例中，由于左实体“柏拉图”处于句子的最左端，因此该项特征为空。

（5）与（4）类似，但是左实体换成了右实体。例如，在上例中，右实体“亚里士多德”的窗口大小为 3 的词袋及其词性标注信息为{学生：NP，亚里士多德：NP，并称：Verb}。

2. 句法特征

除了词汇特征，句法特征对于关系抽取也十分重要。在实际应用中，经句法解析所得的实体对之间的最短依赖路径被广泛使用。通过依存分析器，如 MINIPAR[22]或 Stanford Parser[1]等，可获得句子的句法解析结果。依存分析的结果包括词汇集合以及词汇之间的有向语法依赖关系。例如，给定句子"周杰伦发表了国语专辑《范特西》"，其依存分析结果如图 4-4（a）所示。（周杰伦，范特西）之间的最短依赖路径如图 4-4（b）所示。

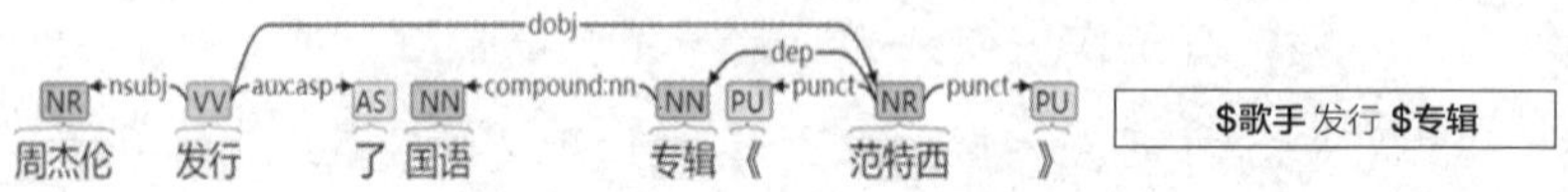

（a）依存分析结果

（b）最短依赖路径

图 4-4　关系抽取中用到的句法依存关系特征

3. 语义特征

除了词汇特征和句法特征，实体类型等语义特征也十分重要。关系两边的类型通常被作为候选实体对的匹配约束。例如，给定关系"出生于"，其主体一定是"人"，而其客体（宾语）则一定是"地点"。

4.3.2　基于远程监督学习的关系抽取

基于监督学习的关系抽取往往需要昂贵的人工标注数据，这在大规模关系抽取中很难实现。在 2009 年，Mintz[2]等人首次提出将远程监督学习的思想用于关系抽取。远程监督学习属于弱监督学习的一种[6]，即利用外部知识对目标任务实现间接监督。在信息抽取领域， Snow 等人[13]利用 WordNet 间接指导了上下位（isA）关系的实体对的抽取，这一工作是基于远程监督学习的关系抽取的雏形。远程监督学习也与生物信息学中使用弱标记数据的过程[4-5]类似。

1　参见链接[35]。

1. 远程监督学习的基本过程

远程监督学习的基本假设是：给定一个三元组<s, r, o>，则任何包含实体对(s, o)的句子都在某种程度上描述了该实体对之间的关系。因此，可以将包含实体对的句子作为正例。通过比对大规模知识库中的三元组和海量文本，可以为目标关系自动标注大规模语料，进而采用基于监督学习的关系抽取实现关系抽取。远程监督学习为某个关系自动标注样本的过程如下。

步骤 1：从知识库（如 Freebase）中为目标关系识别尽可能多的实体对。

步骤 2：对于每个实体对，利用实体链接从大规模文本中抽取提及该实体对的句子集合，并为每个句子标注相应的关系。

步骤 3：包含实体对的句子集合和关系类型标签构成了关系抽取的数据集，即实体对的训练数据为相应的句子，标签为知识库中的关系类型。

下面通过一个实例来说明上述过程。假定需要为关系“出生地”抽取实例。许多知识库（如 DBpedia、Freebase 等）包含了大量含“出生地”关系的三元组，例如<柏拉图，出生地，雅典>。通过查找包含该三元组头尾实体（也就是<柏拉图，雅典>）的文本可以得到如下句子集合。

句子 1：柏拉图是一位有影响力的希腊哲学家，公元前 427 年出生于希腊雅典。

句子 2：雅典卡拉米克斯（陶器市场）旧城门遗址，这里埋葬着伟大的索伦和伯利克里，柏拉图学园也在此处，雅典的民主让柏拉图无限悲愤了。

句子 3：公元前 387 年，柏拉图在雅典创办学园，收徒讲学，培养了包括亚里士多德等一大批学生。

句子 4：柏拉图出生于雅典贵族家庭，母亲出身于名门望族。

基于远程监督学习假设，上面的四个句子都被自动打上了“出生地”的关系标签，这四句构成了表达<柏拉图，雅典>之间的“出生地”关系的句子集合（通常被称为句袋，Bag of Sentence）。也可以为“出生地”关系下的其他实体对获取相应的标注句子集合。为每类关系重复上述步骤，可以得到所有关系标签的标注数据。有了大规模的带关系标签的自然语言语句，就不难训练相应的关系分类或者序列标注模型了。

2．远程监督学习中的噪声问题

值得注意的是，基于远程监督学习构造自动训练集会引入很多噪声，即很多没有表达目标关系的句子会被错误地标注为该关系。例如，前面例子的句子 2 和句子 3 中虽然同时提及了柏拉图与雅典，但并不是在表达二者之间的“出生地”关系，也很难从文本中推断出这一关系，但它们都被自动打上了“出生地”的关系标签。此类错误标注会误导模型将不相关的语言模式关联到“出生地”关系，从而造成最终抽取结果错误。

如何降低噪声对模型的影响是远程监督学习的关系抽取的重要研究问题之一。解决这一问题的基本思路是，对标注数据进行甄别与筛选。在基于深度学习的模型框架下，常使用注意力机制对标注样本进行选择，4.3.3 节将进一步阐述该方法。此外，还可以采用额外的模型对样本进行质量评估，从而挑选出高质量的样本并用于构建关系抽取模型。例如，文献[11]和[12]采用了强化学习的思路来训练一个策略选择器去选择高质量的样本，其基本思想是：如果策略选择器选择的样本子集能使关系分类模型在训练集上取得较高的准确率，则认定该策略选择器是一个好的策略选择器。策略选择器和关系分类器通过迭代训练获得性能提升，具体步骤为：首先利用策略选择器选择样本，然后基于这些样本训练关系分类模型，将模型对这些样本预测的置信度作为策略的奖励分数，该分数将作为策略选择器的质量评估指标更新策略选择器，更新后的策略选择器用于选择新的样本进一步优化关系分类模型的训练，依此迭代，直至策略选择器样本选择不再变化。

4.3.3 基于深度学习的关系抽取

传统的关系分类模型需要耗费大量的人力去设计特征，很难适用于大规模的关系抽取任务。此外，很多隐性特征也难以显式定义。基于深度学习的关系抽取能够自动学习有效特征。基于深度学习的关系抽取的关键在于输入的有效表示与特征提取。关于字、词、句的表示，可以参考本书第 2 章和第 3 章，在此不再赘述。本节将主要介绍基于循环神经网络和卷积神经网络的输入文本特征提取方法。此外，深度神经网络模型通常具有较多参数，因而需要大量有标注数据。远程监督学习恰好可以提供大规模标注数据，因此常与深度神经网络模型联合使用。但是远程监督学习标注的样本仍然存在噪声问题，因此需要有效的样本选择机制。为此，下面也会介绍较流行的基于注意力机制的样本选择方法。

1. 基于循环神经网络的关系抽取

循环神经网络（RNN）是一种常见的用于序列数据建模的模型。在这里，我们介绍一种使用 RNN 建模句子的关系抽取方法[23]。其模型结构如图 4-5 所示，包括输入层（Input Layer）、双向循环层（Recurrent Layer）和池化层（Pooling Layer）。输入层旨在将输入句子的每个词变换为词向量。接下来将详细介绍后两层的结构。

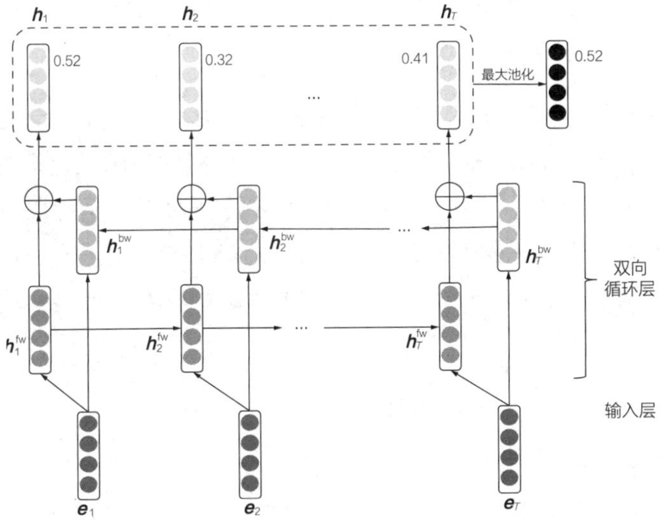

图 4-5　基于循环神经网络建模的关系抽取模型结构

（1）**双向循环层**。给定句中单词的向量表示，使用一个双向的 RNN 对句子进行建模。对于t时刻，RNN 接收来自当前的词向量$\boldsymbol{e}_t$和上一时刻（$t-1$时刻）的网络输出$\boldsymbol{h}_{t-1}^{\mathrm{fw}}$，即前向传播过程。

$$\boldsymbol{h}_t^{\mathrm{fw}} = \tanh(\boldsymbol{W}_{\mathrm{fw}}\boldsymbol{e}_t + \boldsymbol{U}_{\mathrm{fw}}\boldsymbol{h}_{t-1}^{\mathrm{fw}} + \boldsymbol{b}_{\mathrm{fw}}) \tag{4-7}$$

其中，$\boldsymbol{h}_t^{\mathrm{fw}} \in \mathbb{R}^M$是 RNN 在$t$时刻的输出，$\boldsymbol{W}_{\mathrm{fw}} \in \mathbb{R}^{M\times D}$、$\boldsymbol{U}_{\mathrm{fw}} \in \mathbb{R}^{M\times M}$、$\boldsymbol{b}_{\mathrm{fw}} \in \mathbb{R}^M$是模型待学习的参数。公式（4-7）采用反正切函数tanh完成非线性映射。

单向 RNN 的潜在问题在于，当预测句子中间部分的语义时，不能充分利用未来单词的信息[23]。为了更准确地捕捉句子的语义，一般采用双向 RNN 来学习句子的语义。与上面的前向传播相反，在t时刻，可以利用t之后的信息来更新当前的输出，即：

$$\boldsymbol{h}_t^{\mathrm{bw}} = \tanh(\boldsymbol{W}_{\mathrm{bw}}\boldsymbol{e}_t + \boldsymbol{U}_{\mathrm{bw}}\boldsymbol{h}_{t+1}^{\mathrm{bw}} + \boldsymbol{b}_{\mathrm{bw}}) \tag{4-8}$$

其中，$\boldsymbol{h}_t^{\mathrm{bw}}$是反向 RNN 在当前位置的输出，$\boldsymbol{W}_{\mathrm{bw}} \in \mathbb{R}^{M \times D}$、$\boldsymbol{U}_{\mathrm{bw}} \in \mathbb{R}^{M \times M}$、$\boldsymbol{b}_{\mathrm{bw}} \in \mathbb{R}^{M}$是模型待学习的参数。为了同时捕捉前向和后向序列的特征，可以将$\boldsymbol{h}_t^{\mathrm{fw}}$和$\boldsymbol{h}_t^{\mathrm{bw}}$合并，得到双向 RNN 在$t$时刻的输出，即

$$\boldsymbol{h}_t = \boldsymbol{h}_t^{\mathrm{fw}} + \boldsymbol{h}_t^{\mathrm{bw}} \tag{4-9}$$

通过这种方式，得到了 RNN 每个时刻的输出$\{\boldsymbol{h}_t, t = 1,2,\cdots,T\}$。其中，$T$为句子序列的长度。

（2）**池化层**。在论文[23]中，其作者通过实验发现，对于关系抽取任务，不是所有的特征$\{\boldsymbol{h}_t\}$都有正面作用。一个可能的原因是，训练句子通常是十分冗余和复杂的，往往只有极少一部分特征对于关系抽取有作用。因此，我们希望采用池化操作从$\{\boldsymbol{h}_t, t = 1,2,\cdots,T\}$中提取出最有用的特征。定义矩阵$\boldsymbol{H} = [\boldsymbol{h}_1,\cdots,\boldsymbol{h}_T] \in \mathbb{R}^{M \times T}$，则池化操作考虑在$\boldsymbol{H}$的每一行提取出最大的元素，即

$$m_i = \max\{\boldsymbol{h}_i\},\ \forall i = 1,\cdots,M \tag{4-10}$$

最终得到的池化结果为$\boldsymbol{m} = [m_1,\cdots,m_M]^{\mathrm{T}} \in \mathbb{R}^M$。对于每一个训练句子，通过双向 RNN 获取其特征向量$\boldsymbol{m}$。采用一个全连接层网络后接 Softmax 函数，即可得到每个关系的概率，即：

$$P(r_i|s;\boldsymbol{W}_0,\boldsymbol{b}_0) = \frac{\exp((\boldsymbol{W}_0\boldsymbol{m} + \boldsymbol{b}_0)_i\,)}{\sum_{k=1}^{n_r}\exp((\boldsymbol{W}_0\boldsymbol{m} + \boldsymbol{b}_0)_k\,)} \tag{4-11}$$

其中，n_r为训练集中的关系数量，$\boldsymbol{W}_0 \in \mathbb{R}^{n_r \times M}$，$\boldsymbol{b}_0 \in \mathbb{R}^{n_r}$是分类器待学习的参数。假定该模型中所有参数的集合为θ，则基于上述定义的分类器，基于双向 RNN 的目标函数为：

$$L(\theta) = \sum_{n \in N} -\log P\left(r^{(n)}\middle|s^{(n)},\theta\right) \tag{4-12}$$

其中，上标n表示训练集中的第n个样本，$s^{(n)}$为第n个样本的句子，$r^{(n)}$为对应的关系标签。目标函数中的参数可以通过随机梯度下降等方法来学习。

2. 基于卷积神经网络的关系抽取

卷积神经网络（Convolutional Neural Networks，CNN）在图像处理（如目标检测、图像识别与分类等）领域取得了极大的成功。近年来，卷积神经网络在自然语言语句建模与表示方面也涌现出不少成功案例[8-10]。基于卷积神经网络的关系抽取的主要思想是：使用卷积神经网络对输入语句进行编码，基于编码结果并使用全连接层结合激活函数对实体对的关系进行分类。一个典型的基于卷积神经网络的关系分类模型架构如图 4-6 所示，下面将详细描述这一模型。

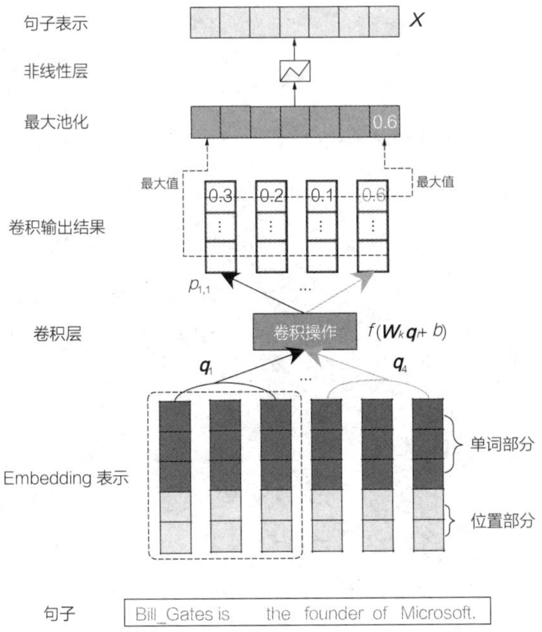

图 4-6 一个典型的基于卷积神经网络的关系分类模型架构[16]

位置向量。除了词向量外，位置向量对于关系抽取也十分重要。位置向量旨在记录句中不同词与实体对之间的位置关系[14]。位置信息有助于帮助网络跟踪输入句子中每个单词与实体对的距离。其基本思想是：离实体越近的单词通常包含越多的对于关系分类有用的信息。例如，给定句子“Bill Gates is the founder of Microsoft”，单词“founder”与头实体“Bill Gates”的相对距离是 3，与尾实体“Microsoft”的相对距离是−2，每个相对距离被编码成维度为d_p的向量。位置向量被随机初始化，在模型训练时得以进一步学习。将词向量和位置向量进行拼接（Concatenation），得到每个词的向量表示$\boldsymbol{w}_i \in \mathbb{R}^d$，其中$d = d_w + 2d_p$。进一步得到句子$X$的表示为$\boldsymbol{X} = \{\boldsymbol{w}_1, \boldsymbol{w}_2, \cdots, \boldsymbol{w}_m\}$。图 4-7 给出了计算单词相对位置的示例。

图 4-7 “founder”一词与头尾实体“Bill Gates”和“Microsoft”的相对距离

卷积神经网络的输入是矩阵$\boldsymbol{X}$，采用标准的一维卷积网络结构。假定卷积核（滤波器）的维度为$l \times d$。为了计算卷积操作，我们需要对输入的 Embedding 矩阵进行窗口截取。根据滤波器的维度，窗口大小为l。第i个窗口可以表示为：

$$\boldsymbol{q}_i = \boldsymbol{w}_{i:i+l-1} \in \mathbb{R}^{l\times d} \qquad (1 \leqslant i \leqslant m - l + 1) \tag{4-13}$$

在卷积神经网络中，由d_c个卷积核组成的集合可以表示为一个张量[1] $\boldsymbol{W} \in \mathbb{R}^{d_c \times (d\times l)}$，则第$k$个卷积核$\boldsymbol{W}_k$对第$i$个窗口作用的结果计算如下：

$$p_{k,i} = f(\boldsymbol{W}_k \boldsymbol{q}_i + b) \in \mathbb{R} \tag{4-14}$$

其中，f为激活函数，如反正切函数。通过对所有的窗口（$1 \leqslant i \leqslant m - l + 1$）进行计算，第$k$个卷积核输出的结果为$\boldsymbol{p}_k = \left[p_{k,1}, \cdots, p_{k,m-l+1}\right]^{\mathrm{T}} \in \mathbb{R}^{m-l+1}$。通过最大池化操作（Max Pooling），我们选择$\boldsymbol{p}_k$的最大值，即$p_{k,\max} = \max(\boldsymbol{p}_k)$。我们对$d_c$个卷积核的输出结果分别做最大池化操作，并将输出结果拼接起来，经过非线性变换，得到句子的表示为$\boldsymbol{x} \in \mathbb{R}^{d_c}$。给定实体对的句子，预测实体对的关系的概率则可以建模为：

$$\boldsymbol{O} = \boldsymbol{M}\boldsymbol{x} + \boldsymbol{d}, \quad P(r|\boldsymbol{x}, \theta) = \frac{\exp(o_r)}{\sum_{k=1}^{n_r} \exp(o_k)} \tag{4-15}$$

其中$\boldsymbol{M}$为待学习的权重矩阵，$\boldsymbol{d}$为待学习的偏置项，o_k表示$\boldsymbol{O}$中的第k个元

1 张量是标量、向量、矩阵的自然延伸，是表征高维复杂线性关系的基本工具。例如，向量是一阶张量，矩阵是二阶张量，三维数据即为三阶张量。

素，n_r为关系类别的数量。我们使用交叉熵作为损失函数，则训练模型的目标函数为：

$$\text{loss} = -\sum_{n=1}^{N} \log P(r^{(n)} | \boldsymbol{x}^{(n)}, \theta) \tag{4-16}$$

其中，N为训练集的样本数，$\boldsymbol{x}^{(n)}$为第n个样本的句子表示，$r^{(n)}$为第n个样本的关系标签。

3. 基于注意力机制的关系抽取

如前面所述，基于远程监督学习构建的训练集通常有较大的噪声。因此，在使用深度神经网络模型时，需要对噪声予以特别处理。接下来介绍一种基于句子级别的注意力机制（Attention）[16]的关系抽取方法。该方法的主要思路是：为实体对的每个句子赋予一个权重，权重越大表明该句子表达目标关系的程度越高，反之则越可能是噪声。基于句子级别的注意力机制的句袋建模思路如图 4-8 所示。

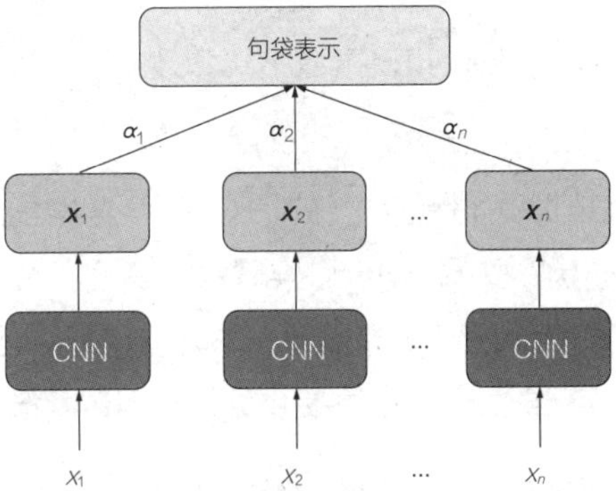

图 4-8　基于句子级别的注意力机制的“句袋”建模思路

在图 4-8 中，首先使用卷积神经网络为每个句子编码，得到句子的表示$\{\boldsymbol{x}_1, \boldsymbol{x}_2, \cdots, \boldsymbol{x}_n\}$。然后计算句子$\boldsymbol{x}_i$对于关系抽取的重要性：

$$e_i = \boldsymbol{x}_i \boldsymbol{A} \boldsymbol{r}，\ \alpha_i = \frac{\exp(e_i)}{\sum_k \exp(e_k)}，\ \boldsymbol{s} = \sum_i \alpha_i \boldsymbol{x}_i \tag{4-17}$$

其中，$\boldsymbol{r}$是刻画关系抽取任务的特征向量，该向量通常由模型学习得到；$\boldsymbol{A}$

为待学习的权重矩阵；而句子集合的最终向量表示为$\boldsymbol{s}$。基于$\boldsymbol{s}$，后续关系分类函数和模型损失函数与本节“基于卷积神经网络的关系抽取”部分完全相同。也就是，直接在公式（4-15）和（4-16）中将$\boldsymbol{x}$替换为$\boldsymbol{s}$即可。

4.4 开放关系抽取

主流的关系抽取方法通常需要预定义关系类别，然后才能抽取满足给定关系类别的实体对。但是在现实世界中，关系的种类复杂多样，难以穷举。因此，研究人员提出了开放关系抽取（也称开放信息抽取，即 OpenIE）从自然语言文本中抽取出三元组形式的关系实例[28]。其输入为自然语言语料，输出则是由文本表示的关系主体、关系短语与关系客体的三元组，形如<关系主体（arg1），关系短语（rel），关系客体（arg2）>。其中关系主体和关系客体通常为对应实体的名词短语。相比于其他的抽取方法，OpenIE 抽取出的关系不限于预定义的关系类型，而是文本中可能出现的所有关系实例。例如，给定句子“周华健演唱的《刀剑如梦》是一首非常好听的歌”，OpenIE 会抽取出三元组<周华健，演唱，刀剑如梦>和<刀剑如梦，是，一首非常好听的歌>。因此，OpenIE 本质上可以理解为一种基于浅层语法分析的文本结构化任务。

OpenIE 的概念是由华盛顿大学的图灵中心提出的。他们的成果包括 TextRunner[31]、ReVerb[25]以及 Ollie[30]等多种有代表性的 OpenIE 系统。Banko 等人[31]在 2007 年构建 TextRunner 系统的同时，也提出了 OpenIE 需要满足的三个特点，这些特点也是后续设计 OpenIE 系统的主要依据。

（1）**自动化（Automation）**。OpenIE 采用无监督学习的抽取策略，无须标注样本，也无须预先指定目标关系。此外，用于训练模型的人工定义的种子实例或自定义模式必须尽可能地少，以减少人工劳动。

（2）**语料异质性（Corpus Heterogeneity）**。OpenIE 系统的输入是大量的非结构化文本，不同来源的文本聚合所形成的语料具有鲜明的异质性特点。语料异质性成为语言分析工具（如依存句法分析、语义分析）的主要障碍。一个好的 OpenIE 系统必须尽可能地克服语料异质性所带来的挑战。

（3）**效率（Efficiency）**。由于开放信息抽取通常运行在大规模文本上，

OpenIE 系统的计算必须足够高效。

从上述描述可以看出，提出 OpenIE 的初衷在于显著提升文本结构化的召回率。OpenIE 通常是面向大规模互联网文本开展的结构化任务，它需要应对互联网文本语料所带来的大规模、开放性、异质性的挑战。OpenIE 系统必须足够高效，无须监督，同时也允许结果相对粗糙（实体与关系描述非规范化），这样才能应对这些挑战。

4.4.1 TextRunner

TextRunner[31]系统采取了一种自监督（Self-Supervised）的学习框架，包含三个核心模块：自动化语料标注与分类器学习、文本抽取以及三元组评分计算。

1. 自动化语料标注与分类器学习

系统首先从数据集中抽取一小部分句子作为启动数据。随后，使用依存路径分析得到这些启动数据中所有可能作为实体的名词短语，并对每个名词短语对通过依存句法树中的路径找到潜在的关系短语，从而得到可能的三元组。最终根据启发式规则（比如，单纯的代词不能够作为实体，实体间的依存路径不能过长，实体间的依存路径不能跨越子句），将这些三元组标记为正例或负例，如图 4-9 所示。

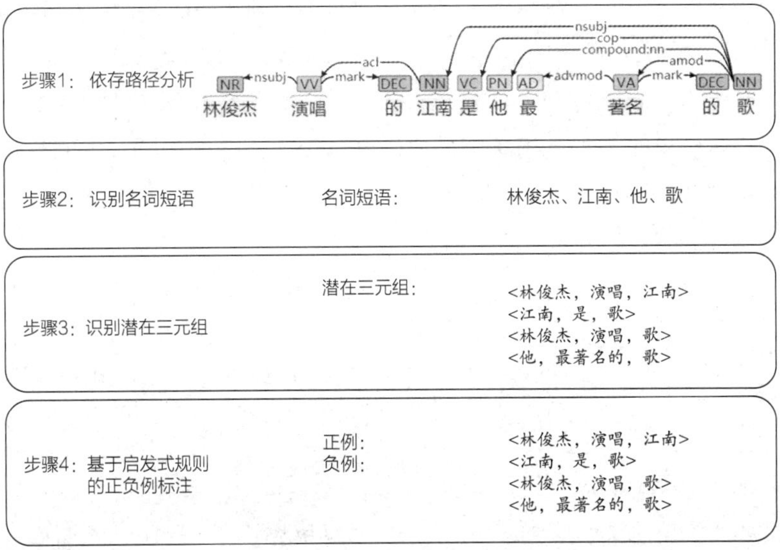

图 4-9　自动化语料标注的示例

最后，利用这些自动标注的样本，根据样本的词性标注以及名词短语划分等浅层特征，训练一个朴素贝叶斯分类器。

2．文本抽取

首先基于较轻量化的语法分析手段，识别出文本中关系主体和关系客体所对应的名词短语，将文本中出现在两个名词短语之间的其他短语作为可能的候选关系。随后，使用在上一个模块中训练得到的分类器对这些三元组进行初步筛选，从而得到大量候选三元组，如图 4-10 所示。

图 4-10　自动化候选三元组抽取的示例

3．三元组评分

该模块首先会对候选三元组中语义相同的三元组进行合并。很多候选三元组往往仅在关系短语部分存在微小差别，因此而可以进行合并。比如，<林俊杰，演唱，江南>和<林俊杰，唱，江南>中“演唱”和“唱”可能表达的是相同的关系，因此可以进行合并。另一种情况是，候选三元组有相同的关系描述，但关系主体和关系客体略有不同。比如，<JJ Lin，演唱，江南>和<林俊杰，演唱，江南>中“JJ Lin”和“林俊杰”可能表达的是相同的含义，这时也需要进行合并。在对同义的三元组进行合并后，统计各个三元组在整个语料中以不同形式出现的频次，频次越大的三元组越有可能是正确的抽取，根据此思路计算各三元组的置信度评分，并最终选取得分较高的三元组作为最终抽取的结果。

4.4.2　ReVerb

TextRunner 系统虽然有效地实现了开放关系抽取，但仍然存在一些问题。

- 抽取出的三元组的关系短语损失了细节信息。例如，从“Fantasy is an album by Jay Chou.”句子中容易抽取出以“is”作为关系短语的三元组，却难以抽取完整的关系描述“is an album by”。

- 抽取出的三元组的关系有错误且不连贯。例如，从句子“他想起拿破仑出生于科西嘉”中抽取出错误的关系描述“想起……出生”，混杂了多条关系的信息。

为了解决这些问题，Fader 等人在 2011 年提出了 ReVerb[25]系统。ReVerb 通过引入基于词性的句法约束，对上述两类问题中出现的低质量关系短语进行过滤，以解决这两类问题。

图 4-11 给出了 ReVerb 系统中对关系短语的句法约束。在 ReVerb 系统中，首先通过句法分析等手段抽取出可能的关系短语，然后基于图 4-11 的规则对关系短语进行限制，筛选满足规则的最长短语作为三元组中的关系短语。通过上述约束，类似于“is an album by”的满足句法约束（满足 VW*P 形式）的关系短语将被完整地抽取出来，而像“想起……出生”这样的包含了多个动词（不满足 V|VP|VW*P 形式）的关系短语则会被过滤掉。此外，为了避免抽取出太过具体的关系（比如从“President Trump is offering only minor concessions during the meeting.”这句话中抽取出“is offering only minor concessions during the meeting”这样过于具体的关系），ReVerb 系统也要求关系在全部候选关系中的实例数量大于给定阈值，即$|\text{args(Relation)}| > k$，通常$k$的取值被设定为 20。显然，过于具体的关系描述不可能有太多匹配的实例，从而可以被筛除。

V|VP|VW * P

V = verb particle?adv?

W = (noun|adj|adv|pron|det)

P = (prep|particle|inf.marker)

图 4-11 ReVerb 系统中对关系短语的句法约束

ReVerb 系统在实现了对低质量三元组谓词的过滤的同时，也实现了对较具体的关系短语的支持。确定高质量关系短语后再进行抽取的思路使 ReVerb 系统在准确率和召回率上均有较大的进步。

4.4.3 Ollie

虽然 ReVerb 系统提升了关系短语的质量，但也带来了较多的局限性。首先，ReVerb 系统难以处理不包含动词的关系短语。例如，在“Microsoft co-founder Bill Gates spoke at …”中，包含有<*Bill Gates*, *be co-founder of*, *Microsoft*>这一关系，而“co-founder”并非动词。其次，ReVerb 系统无法识别需要满足前提条件的关系。例如，在“古人以为地球是宇宙的中心。”中，<地球，是中心，宇宙>这一三元组只在古人的观念里才成立。

为此，研究人员提出了 Ollie[30]系统方法，其本质是基于依存解析路径（Dependency Parse Paths）的自举法学习。Ollie 系统利用依存树的信息来定位三元组的前提条件，从而识别需要前提条件的三元组。同时，基于自举法，它使用 ReVerb 系统得到的高质量种子三元组在语料中进行迭代，找出不包含动词的关系模式，实现对不含动词的关系短语的抽取。

为实现上述思路，Ollie 系统引入了一种新的包含依存路径的模式，如“{arg1} ↑ nsubj ↑ {rel:postag=VBD} ↓ dobj ↓ {arg2}”[1]，它表示关系主体 arg1 为关系短语的名词主语（nsubj），关系短语 rel 本身为被动形式的动词（postag=VBD），而关系客体 arg2 为关系短语的直接宾语（dobj）。但凡匹配这一模式的文本即可抽取出形如<*arg1*, *rel*, *arg2*>的三元组。这类模式拓展了关系短语的句法范围，增加了对不包含动词的关系短语（如“be co-founder of”）的支持，克服了 ReVerb 系统无法抽取不含动词的关系的缺陷。

总的来说，Ollie 系统首先利用自举法从语料库中挖掘出更多与 ReVerb 系统的种子模式同义的新模式（如不包含动词的关系短语的模式）。在抽取的过程中，通过使用这些学习出来的模式对文本进行匹配，并利用其上下文及依存树进行分析并筛选（处理需要条件的三元组），这样就能够最终得到新的关系三元组。

本章小结

关系抽取是信息抽取的关键子任务之一。随着知识图谱的兴起和发展，

1 ↑与↓表示相应依存关系在依存关系树中的方向。

关系抽取受到了前所未有的关注。事实上，关系抽取在近 20 年来得到了学术界广泛的研究。尽管如此，目前关系抽取在实际应用中仍面临着巨大的挑战，其主要难点在于自然语言本身的歧义性和模糊性，关系抽取的难度不低于机器理解自然语言的难度。关系抽取问题的解决在很大程度上取决于机器对文本的理解水平。传统的基于规则或约束的关系抽取效果十分显著，也得到广泛应用。但基于规则匹配的方法存在很明显的缺点，即召回率低。随着深度学习的兴起，基于深度学习的关系抽取在性能上有了显著的提升，且大大降低了人工定义特征的成本。

关系抽取仍然是一个开放性问题，存在很多有意义的、有待进一步深入研究的问题。下面对这些问题做简单评述。

（1）**文本的语义表示与理解**。关系抽取本质上关系到文本的语义理解，而语义理解通常需要通过适当的表示才能实现。显式的语法或语义模式需要高昂的人工代价而且召回率低。分布式表示易于从大规模语料中自动习得，但是其精度仍有很大的提升空间。例如，绝大多数基于分布式表示的深度模型会基于句子“柏拉图不是中国的国民”将实体对<柏拉图, 中国>分类到“国籍”关系，这是因为在训练语料中“国籍”关系的标注语料出现了大量“国民”、“公民”等关键词，而目前的深度模型会将“国民”自动关联到“国籍”关系而忽略了“不是”在文本中起着关键的语义反转作用。

（2）**基于规则和深度学习融合的关系抽取**。规则在早期的关系抽取中起着重要的作用。基于规则的抽取具有较高的准确率，但召回率不高。此外，基于规则的抽取，另一个明显的缺点是“硬匹配”或“完全匹配”问题，即无法将规则应用于语义相同但表述不同的短语。而深度学习能够基于表示学习匹配两个表述不同但语义相近的句子。因此，如果将基于规则的硬匹配和基于深度学习的软匹配融合在一起，则有可能实现准确率和召回率同时较高的关系抽取。

（3）**大规模关系分类**。典型的关系分类任务一般只考虑数十个关系类别，然而现实世界中存在数千甚至数万个关系类别。这意味着，任意一个给定的实体对都很可能不属于目标关系类。如果关系分布是均匀的，那么定义好的几十至上百个关系也只占总体的百分之一左右。也就是说，实际应用所关心的关系实例命中预定义关系的可能性极低。这一问题的解决是关系抽取大规模落地应用的关键。

（4）**轻量级解决方案**。当前关系抽取模型多采用有监督学习的框架，需要大量的样本。然而，大量的真实应用对无监督学习与弱监督学习提出了迫切需求。远程监督学习就是一类有效的弱监督学习方法，能够为关系抽取任务自动构建大规模训练数据，但是远程监督学习也引入了较多的噪声。如何检测这些噪声或者降低其对模型性能的影响，仍是关系抽取研究中的开放性问题之一。

（5）**关系抽取的评测问题**。关系抽取技术的进步依赖于合理的评测基准。目前大部分评测集来自通用领域，缺乏对于领域抽取任务特性的考虑。大部分关系抽取的评测集存在噪声干扰、样本不均衡以及关系类目稀疏等问题。如何构造大规模评测基准，并且能够反映实际关系抽取任务各个方面的实际约束，是当前关系抽取研究的关键问题之一。

思考题

1. 远程监督学习假设存在什么问题？有哪些有效的解决办法？
2. 领域关系抽取和通用语料上的关系抽取的主要区别有哪些？
3. 基于深度学习的关系抽取核心是学习文本的有效表示，那么迁移学习能否用于关系抽取，为句子学习更有效的表示？如果能，有哪些思路？
4. 关系抽取通常面临实体对有多条关系的情形，有什么有效的办法建模这种多关系抽取？
5. 讨论如何设计具备容错能力并可以进行模糊匹配的模式。
6. 基于自举法的自动化模式获取为什么需要进行质量控制？质量控制应该体现在自举法的哪些步骤中？
7. OpenIE 系统和其他抽取方法的区别体现在哪里？它相比于其他方法的优劣体现在哪里？
8. 寻找一个关系抽取评测任务，设计相应的算法并开展评测。

参考文献

[1] Iris Hendrickx, Su Nam Kim, Zornitsa Kozareva, Preslav Nakov, Diarmuid ´O S´eaghdha, Sebastian Pad´o, Marco Pennacchiotti, Lorenza Romano, and Stan Szpakowicz. 2009. Semeval-2010 task 8: Multi-way classification of semantic relations between pairs of nominals. In Proceedings of the Workshop on Semantic Evaluations. ACL, pages 94–99.

[2] Mike Mintz, Steven Bills, Rion Snow, and Dan Jurafsky. 2009. Distant supervision for relation extraction without labeled data. In Proceedings of the Joint Conference of the 47th Annual Meeting of the ACL and the 4th International Joint Conference on Natural Language Processing of the AFNLP: Volume 2-Volume 2. ACL, pages 1003–1011.

[3] Kate R J, Mooney R J. Joint entity and relation extraction using card-pyramid parsing[C]//Proceedings of the Fourteenth Conference on Computational Natural Language Learning. Association for Computational Linguistics, 2010: 203-212.

[4] Mark Craven and Johan Kumlien. 1999. Constructing biological knowledge bases by extracting informa-tion from text sources. In Thomas Lengauer, Rein-hard Schneider, Peer Bork, Douglas L. Brutlag, Jan-ice I. Glasgow, Hans W. Mewes, and Ralf Zimmer, editors, ISMB, pages 77–86. AAAI.

[5] Alexander A. Morgan, Lynette Hirschman, Marc Colosimo, Alexander S. Yeh, and Jeff B. Colombe. 2004. Gene name identification and normalization using a model organism database. J. of Biomedical Informatics, 37(6):396–410.

[6] Zhou Z H. A brief introduction to weakly supervised learning[J]. National Science Review, 2018(1).

[7] Zheng S, Wang F, Bao H, et al. Joint extraction of entities and relations based on a novel tagging scheme[J]. arXiv preprint arXiv:1706.05075, 2017.

[8] Nal Kalchbrenner, Edward Grefenstette, and Phil Blunsom. 2014. A convolutional neural network for modelling sentences. In ACL.

[9] Yoon Kim. 2014. Convolutional neural networks for sentence classification. In EMNLP.

[10] Baotian Hu, Zhengdong Lu, Hang Li, and Qingcai Chen. 2014. Convolutional neural network architectures for matching natural language sentences. In NIPS.

[11] Feng J, Huang M, Zhao L, et al. Reinforcement learning for relation classification from noisy data[C]//Thirty-Second AAAI Conference on Artificial Intelligence. 2018.

[12] Zeng X, He S, Liu K, et al. Large scaled relation extraction with reinforcement

learning[C]//Thirty-Second AAAI Conference on Artificial Intelligence. 2018.

[13] Rion Snow, Daniel Jurafsky, and Andrew Y. Ng. 2005. Learning syntactic patterns for automatic hypernym discovery. In Lawrence K. Saul, Yair Weiss, and L´eon Bottou, editors, NIPS 17, pages 1297–1304. MIT Press.

[14] Zeng D, Liu K, Chen Y, et al. Distant supervision for relation extraction via piecewise convolutional neural networks[C]//Proceedings of the 2015 Conference on Empirical Methods in Natural Language Processing. 2015: 1753-1762.

[15] Ji G, Liu K, He S, et al. Distant Supervision for Relation Extraction with Sentence-Level Attention and Entity Descriptions[C]//AAAI. 2017: 3060-3066.

[16] Lin Y, Shen S, Liu Z, et al. Neural relation extraction with selective attention over instances[C]//Proceedings of the 54th Annual Meeting of the Association for Computational Linguistics (Volume 1: Long Papers). 2016, 1: 2124-2133.

[17] Mooney R J, Bunescu R C. Subsequence kernels for relation extraction[C]//Advances in neural information processing systems. 2006: 171-178.

[18] Zhao S, Grishman R. Extracting relations with integrated information using kernel methods[C]//Proceedings of the 43rd annual meeting on association for computational linguistics. Association for Computational Linguistics, 2005: 419-426.

[19] Kambhatla N. Combining lexical, syntactic, and semantic features with maximum entropy models for extracting relations[C]//Proceedings of the ACL 2004 on Interactive poster and demonstration sessions. Association for Computational Linguistics, 2004: 22.

[20] Miller S, Fox H, Ramshaw L, et al. A novel use of statistical parsing to extract information from text[C]//Proceedings of the 1st North American chapter of the Association for Computational Linguistics conference. Association for Computational Linguistics, 2000: 226-233.

[21] Culotta A, McCallum A, Betz J. Integrating probabilistic extraction models and data mining to discover relations and patterns in text[C]//Proceedings of the main conference on Human Language Technology Conference of the North American Chapter of the Association of Computational Linguistics. Association for Computational Linguistics, 2006: 296-303.

[22] Dekang Lin. 1998. Dependency-based evaluation of minipar. In Workshop on the Evaluation of Parsing Systems.

[23] Zhang, Dongxu, and Dong Wang. "Relation classification via recurrent neural network." arXiv preprint arXiv:1508.01006 (2015).

[24] Bekoulis G, Deleu J, Demeester T, et al. Joint entity recognition and relation extraction as a multi-head selection problem[J]. Expert Systems with Applications, 2018, 114: 34-45.

[25] Anthony Fader, Stephen Soderland, and Oren Etzioni. 2011. Identifying relations for open information extraction. In Proceedings of the 2011 Conference on Empirical Methods in Natural Language Processing, pages 1535-1545, Edinburgh, Scotland, UK., July. Association for Computational Linguistics.

[26] Brin S. Extracting Patterns and Relations from the World Wide Web[C]// International Workshop on the World Wide Web and Databases. Springer, Berlin, Heidelberg, 1998:172-183.

[27] Agichtein, Eugene, Gravano, et al. Snowball:extracting relations from large plain-text collections[J]. 2000:85-94.

[28] Daniel Jurafsky and James H. Martin. 2009. Speech and Language Processing (2Nd Edition). Prentice-Hall, Inc., Upper Saddle River, NJ, USA.

[29] Etzioni O, Cafarella M, Downey D, et al. Unsupervised named-entity extraction from the Web: An experimental study[J]. Artificial Intelligence, 2005, 165(1):91-134.

[30] Mausam, Michael Schmitz, Stephen Soderland, Robert Bart, and Oren Etzioni. 2012. Open language learning for information extraction. In Proceedings of the 2012 Joint Conference on Empirical Methods in Natural Language Processing and Computational Natural Language Learning, pages 523–534, Jeju Island, Korea, July. Association for Computational Linguistics.

[31] Michele Banko, Michael J. Cafarella, Stephen Soderland, Matt Broadhead, and Oren Etzioni. 2007. Open information extraction from the web. In Proceedings of the 20th International Joint Conference on Artifical Intelligence, pages 2670–2676, San Francisco, CA, USA. Morgan Kaufmann Publishers Inc.

第5章

概念图谱构建

内容提示　概念是认知的基石，构建概念图谱是让机器具备概念认知能力，进而形成认知能力的关键一环。本章旨在回答如下问题：什么是概念图谱？有哪些概念图谱？概念图谱有什么价值与应用？如何自动化构建与完善一个大规模概念图谱？

5.1　概述

让计算机"像人一样思考"是人工智能的重要目标之一。所谓"像人一样思考"，或者说类人思维，有着极丰富的内涵。其中概念认知是人类思维的基础，是构建人类心灵世界的基石[1]。所谓机器的概念认知，从计算机信息处理的角度来说，是对某个形态的数据输入产生符号化概念输出的过程。比如，对于"猫"一词，我们能产生"宠物"这一概念。这里言及的"概念"即是符号形式的概念。显然，这一能力似乎只有人类具备。如何让机器

1　心理学家 Gregory Murphy 在其 *The Big Book of Concept*[21]一书中认为"Concepts are the glue that holds our mental world together"。

具备这一能力是本章以及后续与语言理解相关的章节所要回答的主要问题之一。

概念认知的重要性体现在以下几个方面。

（1）人类能“理解”事物的重要体现之一就是产生概念。虽然人类的“理解”一直以来缺乏严格定义，但是从“柏拉图”联想到“哲学家”显然是人们“理解”“柏拉图”的重要体现之一。

（2）概念是人类能将万事万物准确归类的前提。将事物准确归类（又称为范畴化）是人类认知世界的前提，没有概念（或类别、范畴），人类就无法归类事物。

（3）概念的发展使得人类以最经济、最有效的方式认知世界。人类能够轻松地识别各种汽车，即便从未见过的汽车也不会识别错误。我们显然不可能记住所有汽车的具体细节，这种强大的认知能力得益于概念层级的对象识别。概念使我们只需记住一类事物的根本特征，而无须纠缠于每个对象的特质，这是人类认知经济性的一种重要体现。

（4）概念是联想的重要隐含因素。比如，说到“鸡”，你可能会联想到“鸭”；说到“豆浆”，你可能会联想到“油条”。这些联想都取决于概念，鸡、鸭都是家禽，豆浆、油条都是常见的早餐食物。

（5）概念是归纳与推理的基础。比如，我们都知道如果 x 是一个哲学家，那么 x 有自己的哲学观点，基于这一推理规则，我们可以通过“柏拉图是哲学家”判断柏拉图一定有自己的哲学观点。概念在这一推理过程中扮演了十分重要的角色。

符号化概念的发展甚至可能是人类从动物实现智能跃迁而成为智人的革命性一步。正是概念的出现，使得抽象思维成为可能。因此，将概念知识以及相应的认知能力赋予机器，也必将是机器智能发展历程中的重要一步，是让机器形成认知的关键性基础工作。建设概念图谱就是为了让机器也能拥有人类的概念知识，进而形成概念认知能力。

概念图谱（Concept Graph）是一类专注于实体与概念之间的 isA 关系的知识图谱。从认知和语言两个角度，概念图谱可以分为**概念层级体系**（Taxonomy）以及**词汇概念层级体系**（Lexical Taxonomy）。

概念层级体系包含三种元素：实体、概念和 isA 关系，如在 isA 关系“apple isA fruit”中，apple 是实体，fruit 是概念。isA 关系又可以细分为实体与概念之间的 instanceOf 关系以及概念之间的 subclassOf 关系。前者，如“dog isA animal”（狗是一种动物）表达的是实体与概念之间的关系；后者，如“fruit isA food”（水果是一种食物）表达的是概念之间的关系，其中水果是子概念，食物是父概念。任何实体或者概念总要通过语言表达，因此实际应用中通常使用词汇概念层级体系，其中的节点是没有经过消歧的词。词汇概念层级体系中的基本关系是词汇之间的**上下位关系**（Hypernymy-Hyponymy，上下位关系）。比如，“apple isA fruit”，apple 是 fruit 的**下位词**（Hypernym），fruit 是 apple 的**上位词**（Hyponym）。在词汇概念层级体系中，“apple”只是一个词汇，在很多情况下并不严格区分其语义，因此 apple 同时具有“公司”和“水果”两个上位词。表 5-1 对比了这些术语之间的关系。

表 5-1　概念层级体系与词汇概念层级体系的区别

概念图谱	图中的节点	边	结　　构
概念层级体系（Taxonomy），面向认知	概念与实体，如公司、动物	实体与概念之间的 instanceOf 关系；子概念与父概念之间的 subclassOf 关系。两类关系统称为 isA 关系	有严格的层级结构，有向无环图
词汇概念层级体系（Lexical Taxonomy），面向语言	自然语言描述的实体与概念，如“苹果”（可能指一种水果，也可能指一家公司）	上下位关系（Hypernymy-Hyponymy）	有粗略的层级结构，可能由于歧义而存在环

一般而言，概念层级体系是一个有向无环图（Directed Acyclic Graph，DAG），其中的 isA 关系都是由较具体的实体（或概念）指向较抽象的概念的。然而，在词汇概念层级体系中，由于自然语言中存在大量的歧义词汇，一个词可能同时具有具体的含义或者抽象的含义。例如，“word”本身是一个抽象的概念，但当它表示文字处理软件时，它指的又是一个具体的实体。在专家手工构建的经过语义消歧的词汇概念层级体系中，比如在 WordNet 中，每个节点都指代一个具体语义，不会产生问题。然而，在用自动化方法

构建的大规模的词汇概念层级体系中，对于数千万的词汇进行准确的语义消歧则非常困难。因此，大规模的词汇概念层级体系（比如 Probase）中的节点都是没有经过消歧的词。比如，Probase 中的“apple”一词同时具有“公司”和“水果”两个上位词。这就导致 Probase 可能存在环，比如 word isA software（此处的 word 指微软的 Word 文字处理软件）和 software isA word（这里的 software 指“软件”对应的英文单词）。因此，自动化构建的且未经过语义消歧的词汇概念层级体系往往只有粗略的层级结果，并非严格的 DAG。

5.1.1 常见的概念图谱

在人工智能发展的早期，人们就已经意识到概念的重要性，并开展过一系列概念获取、概念知识库构建的工作。时至今日，我们已经有大量的概念图谱，并且它们在各种应用中发挥着积极的作用。大部分概念图谱是公开、可用的，这些概念图谱的对比见表 5-2。

表 5-2 公开的概念图谱的对比

概念图谱	作　　者	实　　体	概　　念	isA 关系数	准确度	权重
WordNet（英文）	普林斯顿认知科学实验室	—	117 659	84 428	100%	无
WikiTaxonomy（英文）	欧洲媒体实验室	121 359	76 808	105 418	85%	无
Probase（英文）	微软亚洲研究院	10 390 064	2 653 872	16 285 393	92%	有
大词林（中文）	哈尔滨工业大学	9 000 000	70 000	10 000 000	90%	无
CN-Probase（中文）	复旦大学	15 066 667	270 025	32 925 306	95%	无

1. WordNet

WordNet[9]是普林斯顿认知科学实验室于 1985 年开始创建的英文词典，旨在从心理语言学角度建立英文词汇基本语义关系的实用模型。其目的在于通过概念来帮助用户获取语义知识。WordNet 用单词的常见拼写来表示词形，用同义词词集（Synset）来表示词义。WordNet 包含两种类型的关系：第一种是词汇关系，这种关系存在于词形之间；第二种是语义关系，这种关系存在于词义之间。WordNet 利用词义而不是词形来组织词汇。同时，

WordNet 还包含同义（Synonymy）、反义（Antonymy）、上下位（Hypernymy-Hyponymy）和整体-部分（Whole-Part）关系等多种语义关系。

WordNet 将所有英文词汇分成五类：名词、动词、形容词、副词和功能词。截至 2018 年，它包含大约 155 287 个单词（117 659 个词义或同义词集）。如图 5-1 所示为 WordNet 中部分名词的同义词词集，其中的边表达上下位关系，比如 car 的第一个词义 car.n.01 的上位词是 motor_vehicle.n.01。

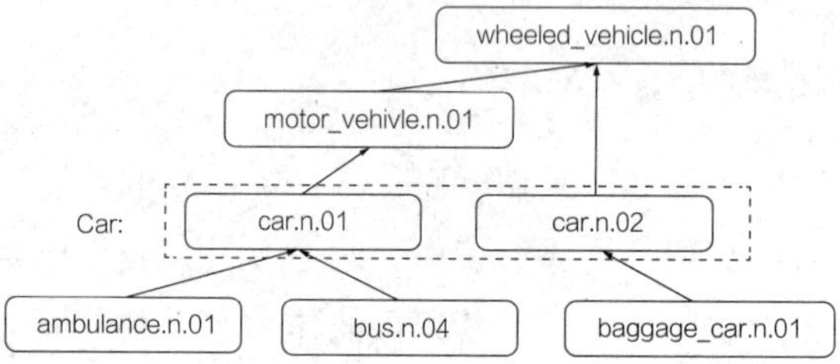

图 5-1　WordNet 中部分名词的同义词词集（其中 n 表示词性为名词，n 右边的数字标号是该词的词义序号）

2．WikiTaxonomy

2008 年，Ponzetto 和 Strube 提出 WikiTaxonomy[10]概念图谱，其数据来源于 2006 年 9 月 25 日的维基百科数据快照，并将抽取出的 isA 知识以 RDF 形式表示。具体来说，WikiTaxonomy 从 127 325 个类和 267 707 个链接中产生了 105 418 条 isA 关系，其 F 值达到了 87.9%。

3．Probase

Probase[13]是 2012 年微软亚洲研究院提出的研究原型，其目标为从网页数据和搜索记录数据中构造出一个统一的分类知识体系。Probase 是从 16 亿个网页中用 Hearst 模式[5]进行自动抽取构造而成的。例如，“NP such as NP”这一模式可以从“household pets such as cats”中抽取出“cats isA household pets”。Probase 早期版本包含 1600 万条 isA 关系，准确度达到了 92%，并且每条关系皆含有频数，表示该关系在语料中出现的次数，如表 5-3 所示。这些频数对于刻画实体或概念的典型性具有重要意义。Probase 经过扩容后更名为 Microsoft Concept Graph，现已包含超过 500 万个概念，1200 多万个实例和 8000 多万条 isA 关系。

表 5-3　Probase 示例

实　体	isA	概　念	频　数
Google	isA	Company	7816
Basketball	isA	Sport	6423
Apple	isA	Fruit	6315
Microsoft	isA	Company	6189

4．大词林

大词林[4]是哈尔滨工业大学社会计算与信息检索研究中心构建的中文概念图谱。大词林是基于弱监督框架自动构建而成的。大词林对每个实体分别从搜索引擎的结果、百科页面和实体名称的形态这三个数据源中获取上下位关系，然后通过排序模块对实体的上位词进行排序。

5．CN-Probase

CN-Probase[1]是由复旦大学知识工场实验室研发并维护的大规模中文概念图谱，其 isA 关系的准确率在 95%以上。与其他概念图谱相比，CN-Probase 具有两个显著优点：第一，规模巨大，基本涵盖常见的中文实体和概念，包含约 1700 万个实体、27 万个概念和近 3300 万条 isA 关系；第二，严格按照实体进行组织，有利于精准理解实体的概念。“刘德华”这个名字可能对应很多叫“刘德华”的人，在 CN-Probase 里搜索“刘德华”，会将所有匹配的实体按照典型性进行排序，排在第一的是众所周知的香港流行歌手“刘德华”（如图 5-2 所示）。

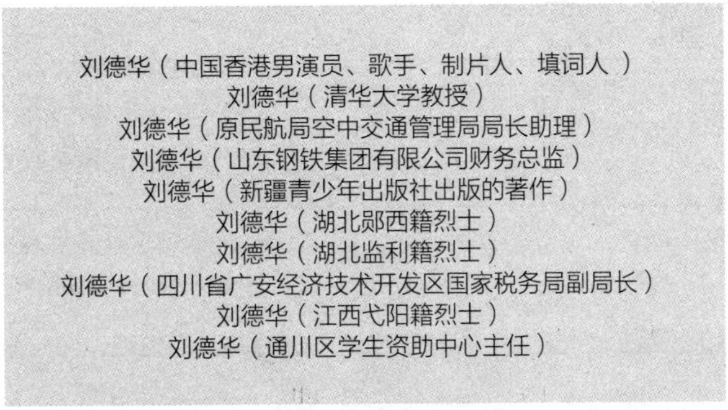

图 5-2　CN-Probase 中的实体

5.1.2 概念图谱的应用

如前面所述，概念图谱对于机器认知智能的实现至关重要。这种重要性体现在一系列实际应用中，这些应用涉及概念图谱的简单查询以及相对复杂的推理。不管应用的形式如何，都可以归结为实例化和概念化这两个最基本的功能。

- **实例化（Instantialization）**：根据给定的概念，列出这个概念下的一些典型实体，比如给出“Largest company”，返回“China Mobile”“Google”等。
- **概念化（Conceptualization）**：给出一个或一组实体，推断出这些实体所属的概念。比如给出“Brazil”“India”“China”，返回“BRIC country”（金砖四国）、“Developing country”等概念。这里往往需要给出既能涵盖实例又相对具体的概念。比如，在本例中“Country”也是合适的概念，但没有前两个概念具体。

在实例化和概念化这两个基本功能的基础上，概念图谱演化出一系列具体应用。这些应用分为三大类，如表 5-4 所示。第一类是基于实例化的应用，包括实体搜索与样本增强。第二类是基于概念化的应用，包括文本分类、主题分析、语义表示、概念归纳、基于概念的解释等。第三类是综合使用了实例化和概念化的应用，主要包括实体推荐和规则挖掘。比如，在实体推荐任务中，需要先根据给定实体推断其概念，再利用概念推断合适的待推荐实体。

表 5-4 概念图谱的应用

类型	任务	定义	例子
基于实例化的应用	实体搜索	给定一个概念作为查询，检索该概念的典型实体	搜索“上海 985 高校”，返回“复旦大学”“上海交通大学”等
	样本增强	利用概念下的实例，增强样本	对样本“复旦在哪里”替换实体，生成“交大在哪里”，作为新增样本

续表

类　型	任　务	定　义	例　子
基于概念化的应用	文本分类	根据文本中实体的概念，将文本分为不同类别	包含“足球”“篮球”的文本应当与包含“宝马”“奔驰”的文本属于不同类别
	主题分析	给定文本，分析文本属于什么主题	包含“足球”“篮球”的文本应当属于体育类主题
	给文档打标签	给定文本，给文本标上若干个概念作为标签	对文本“iPhone 进水了怎么办”可以打上“手机，维修”等标签
	用户画像	给定用户信息，为用户生成显式的概念	根据用户描述“精通 Java、Android 开发”，可以为其打上“面向对象编程”“手机 App 开发”的标签
	基于概念的解释	根据概念信息，为事件提供解释	特斯拉 Model S 的加速性能很好，因为它是“电动汽车”，电动汽车通常具有较好的加速性能
	概念归纳	从实体集合或者词袋归纳概念标签	给定“清华大学”“复旦大学”“北京大学”，可以归纳出“中国高校”“985 学校”等概念
	语义表示	利用概念集合表达实体、词汇的语义	“iPhone X”的语义可表达为其概念集合{“全面屏手机”、“智能手机”、“旗舰手机”}
综合使用实例化和概念化的应用	实体推荐	根据一些实体的概念信息为其推荐其他实体	当用户搜索“iPhone XS”时，为其推荐“华为 P30”等高端手机
	规则挖掘	利用概念从大量数据中挖掘出具有一定泛化能力的规则	从健身的人吃蔬菜、吃燕麦等食物，可以挖掘出健身的人主要吃“高纤维食物”

可见，概念图谱有着广泛的应用场景。上述应用的本质都是用概念作为实体、词汇或者其他对象的语义表示。不同于当前深度学习方法中常用的基于向量的**隐式**表示，基于概念的语义表示是一种**显式**表示。概念是符号，是人类可理解的，因此，基于概念图谱的语义表示具有可控、可解释等优点。这在一些场景下是非常有意义的。

本章接下来的内容将介绍如何从零开始构建一个实用概念图谱：首先从各种来源中抽取大量的 isA 关系组成基本图谱；之后利用各种信息进行推理，补全 isA 关系；最后对图谱进行清洗，利用图谱中的信息将可疑的 isA 关系清除。

5.2 isA 关系抽取

知识图谱的规模和质量是构建知识图谱的重要因素，对于概念图谱也不例外。人工构建的概念图谱（如 WordNet）质量精良，已经在很多领域得以应用并得到检验，但是人工构建的概念图谱规模有限。概念图谱对于实体和概念的覆盖率直接决定了其能否胜任自然语言中海量实体和概念的理解任务。另外，大规模文本中也蕴含着丰富的 isA 关系。因此，从大规模文本中自动抽取 isA 关系进而构建大规模概念图谱是可能的。如何确保自动化构建的大规模概念图谱的准确率？这是整个自动化构建中的核心命题。

isA 关系的抽取是构建概念图谱的核心。isA 关系抽取的方法分为三种：基于模式（Pattern）的方法、基于在线百科的方法以及基于词向量（Word Embedding）的方法。

基于词向量的方法将词汇表中的单词或短语映射到向量空间，基于向量运算发现上下位关系[16]。研究人员发现词向量能够保持上下位关系，比如，“vec(虾)-vec(对虾)”约等于“vec(鱼)-vec(金鱼)”，其中 vec(x)是 x 的词向量。因此，可以寻找合适的向量变换$\emptyset$，使得对于已观察到的任意一对“x isA y”都有$\emptyset x \approx y$。基于变换$\emptyset$，若要判断 a 是否具有上位词 b，只需要判断$\emptyset a \approx b$即可。这类方法思路简单，但是由于向量化过程损失了知识图谱中原有的语义信息，因此直接使用向量推断 isA 关系的效果比较有限，准确率一般在 80%左右[16]。一般而言，需要在基于向量推断的基础上辅以其他证据，才能进行 isA 关系的准确推断，进而完成概念图谱的构建。

基于模式的方法从大规模语料中使用模式抽取 isA 关系，所得到的概念图谱往往规模较大。例如，Probase 包含千万级别的实体和百万级别的概念，是规模较大的英文概念图谱。

基于在线百科的方法则利用高质量的在线百科对实体与概念之间的关系

进行重构和组织，生成的概念图谱通常具有较高的精度。英文概念图谱 YAGO[11]和中文概念图谱 CN-Probase 都是基于在线百科的方法构建的，它们的准确率都在 95%以上。

本节将主要介绍基于模式的方法和基于在线百科的方法，它们是目前在实际中使用较多的方法。

5.2.1　基于在线百科的方法

基于在线百科的方法主要是从百科网站的标签系统中抽取出概念之间的 isA 关系。标签系统用于组织百科网站上的所有实体，为构建概念图谱提供了理想的数据来源。只需从标签系统中筛选出高质量的概念，并建立起概念之间的层级关系，就能将用户自发贡献的标签系统转换成有结构的概念层级体系。英文概念图谱 WikiTaxonomy 和 YAGO 都是基于这一思路构建而成的。以 YAGO 为例，其具体构建方法分为以下两步。

（1）**概念标签识别**。根据标签的功能，维基百科中的标签可分为概念型标签、主题型标签、属性型标签以及管理型标签。概念型标签用来描述实体所属的类型，如“American male film actors”。概念标签是概念图谱中的理想节点。主题型标签用来描述实体所属的主题，如“Chemistry”。属性型标签用于描述实体的相关属性信息，如“1979 births”。管理型标签主要用于管理维基百科词条，比如“Articles with unsourced statements”。属性型标签和管理型标签一般来说比较少，可以通过人工或设定简单规则来剔除。剩下的标签主要是概念型标签和主题型标签。YAGO 使用了浅层语言分析来识别概念型标签，其基本思路为识别出标签名称中的中心词。如果这个中心词为复数（比如“American male film actors”中的“actors”），则认为该标签为概念型标签；如果中心词为单数（比如“Chemistry”），则认为该标签为主题型标签。

（2）**概念层级体系构建**。在识别出维基百科中的概念型标签后，YAGO 提出了将这些概念型标签与 WordNet 知识图谱中的概念建立 isA 关系，进而构建一个比 WordNet 更大的概念层级体系。如图 5-3 所示，YAGO 构建概念层级体系的步骤主要分为三步。

- 首先，将维基百科中的概念型标签（比如“American male film

actors”和“American Singers”）看作一个名词词组，通过名词词组分割工具[1]分割成前缀修饰词（“American male film”和“American”）、中心词（“actors”和“Singers”）和后缀修饰词。

- 随后，对中心词进行词干化（得到“Actor”和“Singer”）。
- 接着，检查由“前缀修饰词+词干化的中心词”组合而成的名词词组是否是 WordNet 中的某一概念。如果是，即认为这个维基百科的标签是 WordNet 概念。如果不是，则进一步去除前缀修饰词，仅检查“词干化的中心词”是否是 WordNet 中的某一概念。如果是，则认为这个标签是概念的子概念。如果都不是，则认为该标签与 WordNet 概念之间不存在 isA 关系。

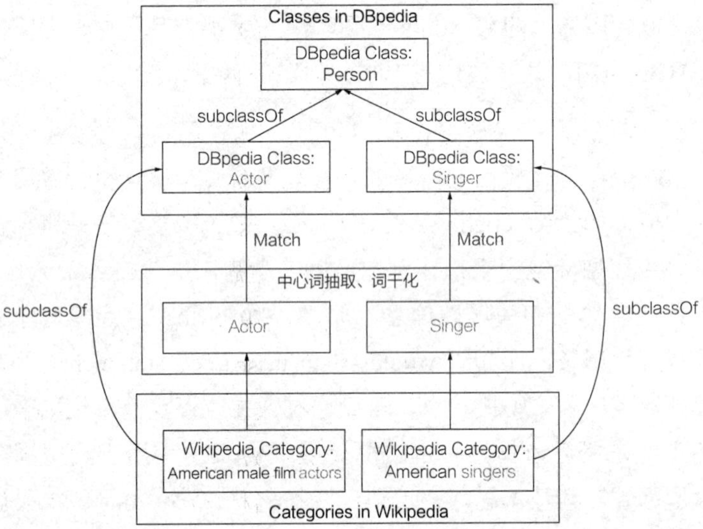

图 5-3 YAGO 构建概念层级体系的步骤

5.2.2 基于模式的方法

维基百科的标签系统规模有限，这决定了基于维基百科构建的概念图谱规模有限，难以满足大规模应用的需要。突破规模瓶颈的一个重要思路是将互联网上的自由文本作为构建概念图谱的数据源。互联网上的自由文本的规

1 NounGroup，该工具由马克斯·普朗克研究所提供，专门用来将一个名词词组分割为前缀修饰词、中心词和后缀修饰词，其下载地址参见链接[36]。

模几乎是无限的，由此而构建的概念图谱可以覆盖常见的实体和概念。从自由文本中抽取 isA 关系最常见的方法是基于模式（Pattern）的抽取方法。

最常用的从英文文本中抽取 isA 关系的语法模式是 Hearst 模式。表 5-5 中列举了最典型的 Hearst 模式，其中 NP 表示名词短语（Noun Phrase）。之所以将 Hearst 模式归为语法模式，是因为模式中指定了语法相关的标记。

表 5-5　典型的 Hearst 模式

模　式	例　子
NP such as {NP,}*{(or | and)} NP	*companies* **such as** *IBM, Apple*
NP{,} including {NP,}*{(or | and)} NP	*algorithms* **including** *SVM, LR* and *RF*
NP{,NP}*{,} or other NP	*animals, dogs*, **or other** *cats*
NP{,NP}*{,} and other NP	representatives in *North America, Europe, Japan, China*, **and other** *countries*
NP{,} especially {NP,}*{(or | and)}NP	*developing countries*, **especially** *China* and *India*

一个简单的抽取 isA 关系的方法就是将 Hearst 模式与文本匹配，提取模式特征词（如 such as）前后的名词短语作为上下位词。比如，“NP such as {NP,}*{(or | and)} NP”又可以表达为“NP_0 such as {NP_1, NP_2, … (or | and)} NP_n”，这一模式意味着对于任一 NP_i，都有 NP_i isA NP_0 成立。因此，对于与此模式匹配的“*companies* **such as** *IBM, Apple*”，不难抽取出“IBM isA Company”、“Apple isA Company”。但是，这种做法仍然存在如下一些问题。

- 模式前后的噪声词汇会导致抽取错误。例如，对“*animals* other than *dogs* **such as** *cats*”的抽取得到了错误的关系“cats isA dogs”，这是 ***other than*** 的干扰导致的。
- 分词错误会导致抽取错误。例如，在“*algorithms* **including** *SVM, LR* and *RF*”中，分词模型难以确定“*LR* and *RF*”到底是一个实体还是两个实体，从而导致抽取错误。

因此，基于 Hearst 模式的抽取仍然需要采用额外的手段提升抽取的精度和召回率。充分利用大规模语料以及抽取过程中间结果的统计数据可以帮助解决上述问题。比如，对于上述第一类问题所提及的错误，完全可以通过

t_1="cats isA dogs"，t_2="cats isA animal"，t_3="dog isA animal"三者的统计信息加以纠正。显然，从大规模互联网语料中抽取出 t_2 与 t_3 的频次要显著高于 t_1 的（频次越高越可信，反之则越不可信），结合"同一个词汇的两个下位词不可能满足上下位关系"的规则，可以识别 t_1 是错误的。上述第二类问题也可以采用类似的思路解决。本书第 8 章将会详细介绍基于模式的抽取过程中的质量控制问题，此处就不展开介绍了。

5.2.3 中文概念图谱的构建

基于模式的方法依赖高质量的抽取模式，但是中文的高质量句法模式较少，这是因为中文的语法相对英文而言更加复杂和灵活。例如，典型的 Hearst 模式"NP such as {NP,}* {(or | and)} NP"在英文中有 95.7%的准确率，但是在中文中只有 75.3%的准确率。如表 5-6 所示，大部分中文模式比相应的英文模式准确率低。这导致基于模式的方法很难构建高质量的中文概念图谱。而基于在线百科的方法仅从百科的类别系统中获取 isA 关系，这种方法构建的概念图谱的覆盖率往往不高。

表 5-6　典型的中英文 Hearst 模式及准确率

英文模式	准确率	中文模式	准确率
NP is a NP	97.2%	NP 是一(个|种|…|类) NP	95.7%
NP such as {NP,}*{(or | and)} NP	95.7%	例如 NP{、NP}*	75.3%
such NP as {NP,}*{or | and} NP	96.6%	—	—
NP{,NP}*{,} and other NP	89.3%	NP {、NP}*等 NP	93.0%
NP{,NP}*{,} or other NP	90.7%	—	—
NP{,} including {NP,}*{(or | and)} NP	81.7%	NP 包括{NP、}*NP	80.4%
—	—	NP 是 NP	80.6%

另一类典型的思路是将其他语言的概念图谱翻译成中文。这一思路存在两个挑战。首先，译法存在歧义，需要在各种可能的译法中选择合适的译法。比如，对于"China isA country"，China 可以翻译成"中国"或者"瓷器"，country 可以翻译成"国家"或者"乡村"，而显然只有"中国 isA 国家"是合理的。因此，仍需要利用一些特征来识别正确的译法。比如，利用词对的共现频次[15]，"中国"与"国家"的共现频次要远高于其他不准确的

翻译词对。

其次，不同语种倾向于表达不同的知识。不同语种表达的知识相交部分不多，比如，中文百度百科与英文维基百科中的实体相交数量只有 40 万个左右，而它们的总实体数都超过了 400 万个[19]。不同的语种对应不同的文化，不同文化的人们对世界的认知是不同的，自然就有很多知识只在特定语言中存在表达。比如，中国讲究饮食文化，烹饪方式有拌、腌、卤、炒、熘、烧、焖、蒸、烤、煎、炸、炖、煮、煲、烩等，而在英文中只有 stew、fry、steam 等几种有限的烹饪方式，无法反映中国烹饪方式的差别与多样性。因此，基于翻译的方法构造中文概念图谱，在精度和召回率方面均面临巨大挑战。

接下来，介绍两种典型的中文概念图谱（大词林和 CN-Probase）的构建方法。

1. 大词林

大词林是一个基于**抽取+排序**框架构建的中文概念图谱。大词林的框架如图 5-4 所示，框架的输入是实体，输出是实体的有序上位词表，其基本思想是利用搜索引擎获取输入实体的上位词。其框架主要包含两个模块：候选上位词抽取和上位词排序。

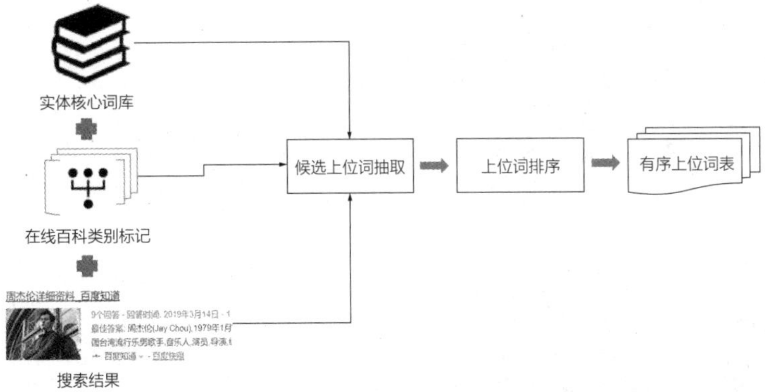

图 5-4　大词林的框架

候选上位词抽取模块使用 Web 上的多个信息源挖掘一个命名实体的候选上位词。通过搜索引擎搜索实体，从搜索结果、在线百科类别标记和实体核心词库等三类来源获取候选上位词。这一做法充分利用了互联网数据量大、覆盖面广的特点，从而避免了数据稀疏问题，提高了实体上位词的召回率。但是由于 Web 数据中往往包含较多噪声，在抽取步骤中得到的候选上位词的准确率并不是很高，因此仍然需要通过上位词排序模块对它的候选上位词进行排序。上位词排序模型的训练需要大量命名实体及其候选上位词的标注语料。考虑到人工标注费时费力，大词林系统使用了一些启发式的策略来自动收集训练语料。

2. CN-Probase

这是一个以中文在线百科为来源，基于**生成+验证**框架构建的中文概念图谱。中文在线百科（百度百科、互动百科等）包含丰富的信息，其每个页面对应一个实体和它的相关描述。如图 5-5 所示，中文在线百科的页面一般包含实体括号（记为 a）、摘要（记为 b）、Infobox（记为 c）和标签（记为 d）。针对这些数据源进行深度加工，可以获得大量的 isA 关系。比如，根据实体括号信息可以获得“刘德华 isA 歌手”，根据 Infobox“职业：演员”可以获得“刘德华 isA 演员”，根据标签可以获得“刘德华 isA 娱乐人物”。从多个数据源中抽取 isA 关系能够确保概念图谱的覆盖率，但是从每个数据源中抽取的 isA 关系又会包含一些噪声，比如，从标签中会抽取到错误的 isA 关系“刘德华 isA 音乐”。因此，在生成 isA 关系后验证模块还需要对其进行仔细筛选。

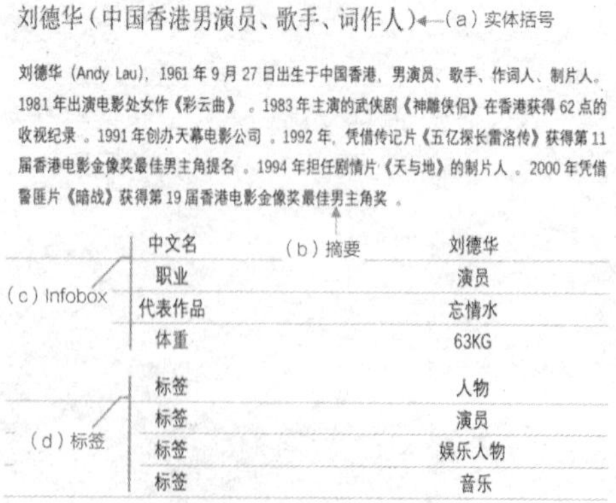

图 5-5　中文百科页面

图 5-6 是 CN-Probase 的框架图，其中输入是中文在线百科，输出是概

念图谱。其框架主要包含两个模块：生成模块和验证模块。生成模块主要负责从中文在线百科的多个数据源中抽取上下位关系，以确保概念图谱的覆盖率。短语分割模块用于从括号中抽取上位词，其核心思想是对括号内的短语进行切分和组合以得到上位词；深度生成模块使用编码器-解码器模型来生成实体的上位词；谓词发现模块的基本思想是发现 Infobox 中隐含的表达 isA 关系的谓词（职业和公司性质等）；直接抽取模块直接把实体的标签当作上位词。

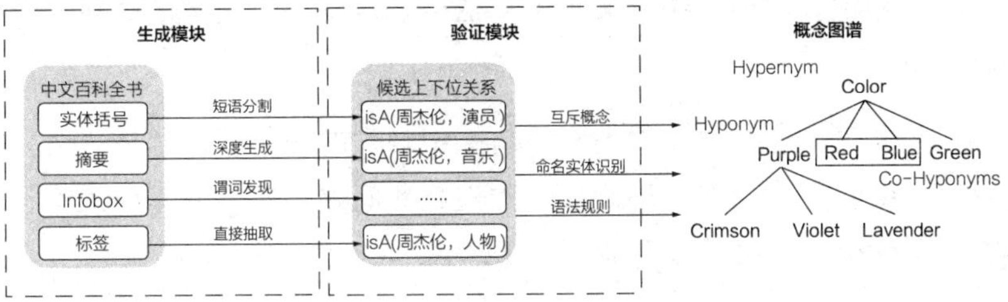

图 5-6 CN-Probase 的框架图

验证模块使用多种启发式方法来发现错误的 isA 关系，从而确保概念图谱的准确率。验证模块包括基于互斥概念的验证、基于命名实体识别的验证和基于语法规则的验证。通过构建互斥的概念对（如人物和音乐）可以发现错误的 isA 关系。例如，“周杰伦”同时存在“人物”和“音乐”这两个上位词，其中必然有一个是错误的。命名实体识别主要判断实体的上位词是否是命名实体，一般而言，命名实体不可能是一个正确的上位词。语法规则主要通过人工定义一些规则来纠错，比如当下位词 x 是一个名词性复合短语时，作为修饰成分的名词一般不能作为 x 的上位词，如当 x=“教育机构”（教育是修饰词，机构是核心词），教育显然不是 x 的上位词。

5.3 isA 关系补全

虽然语料越来越多，抽取工具也越来越强大，但是基于文本语料通过自动抽取而建立的概念图谱仍可能存在 isA 关系缺失的情况。例如，虽然 Probase 包含约 1000 万个实体/概念和约 1600 万条 isA 关系，但平均每个实体只有约 1.6 个上位词。然而对于人类而言，所能枚举的概念显然远超这一数值。本节将讨论 isA 关系缺失的成因与解决方案。

5.3.1 isA 关系缺失的成因

任何从文本语料中通过自动抽取方法构建的知识图谱都存在一定程度的缺失。其根本原因在于，某个特定的文本语料只是对知识全集的一个不完整的表达。人类的知识浩如烟海，可以明确表达的知识只是其中的一部分。在这一部分中，通过自然语言文本表达的，也就是在语料中被提及的知识，也只是一部分（还有很多知识，比如时空知识，多以图片等其他模态表达）。不同语言的文本语料所提及的知识又存在一定的倾向性，很容易遗漏该语言少有提及的知识。比如，中国人日常生活中的油条、豆浆类的早餐知识在其他语种就很少被提及。

那么是否可以通过增加语料来解决知识缺失的问题呢？增加语料只能在一定程度上缓解上述问题，彻底解决知识缺失问题仍然十分困难。除了上面提到的局限性因素以外，还包括以下原因。

1. 低频实体相关知识缺失

实体在语料中出现的次数大致服从幂律分布（也就是 Zipf 定律 $r \times f = C$，其中 f 是实体出现的次数，r 是实体出现的次数在所有实体中的排名，C 是一个常数）。大多数实体在语料中出现的频率较低，因此缺乏足够的信息抽取相关的 isA 关系。例如，在 Probase 中，“腓特烈二世”仅有“皇帝”一个概念，这是因为“腓特烈二世”这个词在语料中出现的次数相对较少。在包含这个词的句子中，符合特定抽取模式的句子则更加稀少。因此，即使收集更多的语料，提升低频实体的抽取效果仍然十分困难。

2. 常识相关知识缺失

还有大量常识性的 isA 关系，在语料中鲜有提及，因而也就无从抽取。比如，“柏拉图”是一个人，这是十分显然的，以至于在文本中很少被提及，也就无法被抽取。

因此，通过增加语料来解决 isA 关系缺失的效果有限。然而，人类往往可以通过推理来得到更多的 isA 关系，从而补全概念图谱。比如，知识库中往往包括“柏拉图”是一个“哲学家”，再结合“哲学家是人”，那么就可以推理出“柏拉图是一个人”。

综上所述，让计算机利用已有的 isA 关系推理出新的 isA 关系是一种可行的概念图谱补全思路。有两类典型的补全思路，一类是利用 isA 关系的传递性，另一类是利用相似实体（协同过滤思想）。

5.3.2 基于 isA 关系传递性的概念图谱补全

isA 关系在理论上具有传递性，即：若 x isA y 且 y isA z，则 x isA z 成立。比如，根据爱因斯坦是一个物理学家，物理学家是一类科学家，可以推理出爱因斯坦是一个科学家。根据传递性，可以通过 x isA y 且 y isA z，推理出 x isA z 并加入概念图谱中，从而实现概念图谱补全[8]。

在 WordNet 等语言专家精心构建的经过语义消歧的概念图谱中，isA 关系的传递性是成立的。然而，在从大规模文本语料自动抽取构建的大规模词汇概念图谱（比如 Probase）中，isA 关系的传递性却不一定总是成立的。图 5-7 给出了 Probase 中 isA 关系传递性不成立的两个例子。比如，Einstein isA Physicist（爱因斯坦是一个物理学家），Physicist isA Job（物理学家是一种职业），但若说 Einstein isA Job（爱因斯坦是一种职业）则不合理。再比如，Car seat isA Chair（汽车座椅是椅子），Chair isA Furniture（椅子是家具），但若说 Car seat isA Furniture（汽车座椅是家具）就很牵强。

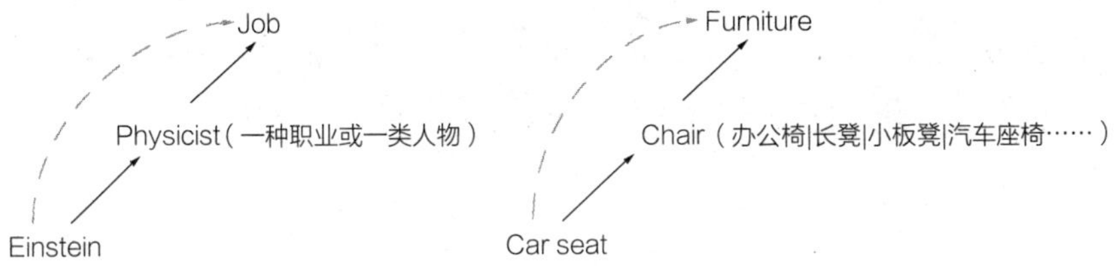

图 5-7　在 Probase 中，isA 关系的传递性不一定成立

isA 关系传递性不成立的一个重要原因是，Probase 中的词汇没有经过消歧。例如，Einstein isA Physicist 和 Physicist isA Job 中前后两个 Physicist 有着不同的语义。前者指的是一类人，而后者指的是一种职业。有一种直接的方法：像 WordNet 一样对词义进行识别和区分。然而，在 Probase 这样的大规模词汇概念图谱中进行词义消歧代价极大，基本不可行。一方面，在大规模的概念图谱中进行消歧需要很大的计算量；另一方面，对每一个概念在不同语境下的含义进行非常精准的语义细分，理论上也是很困难的。例如，Chair 有办公椅、长凳、小板凳、汽车座椅等各种含义，要区分 Chair 细微的语义差别十分困难。

因此，基于 isA 关系的传递性对 Probase 这样的大规模词汇概念图谱进行补全，首先需要判断：**isA 关系的传递性是否成立**？只有当 isA 关系的传递性成立时，才可以进行补全。这一问题可以建模为一个二元分类问题：给定词汇概念图谱中的某个三元组$<x, y, z>$，且 x isA y，y isA z，判断 x isA z 是否成立。如果 x isA z 成立，这个三元组就是正例，否则是负例。给定标注样本以及基本特征，就可以构建一个二元分类器，完成判定。

1．样本标注

人工标注样本耗时耗力，难以构建大规模高质量样本。利用专家构建的高质量概念图谱，比如 WordNet，来自动构建大规模标注数据，是一个廉价、有效的方法。WordNet 是由专家构建的经过语义消歧、按词义进行组织的概念图谱，这使得自动化构建标注样本集成为可能。如图 5-8 所示，通过 WordNet 可以判断 water tank isA vessel（水箱是容器）成立；而 water tank isA military vehicle（水箱是军用车辆）不成立。因此，可以根据如下的规则来标注三元组。

- 在 WordNet 中，若 x isA y 且 y isA z，则 x isA z 成立，因此$<x, y, z>$是一个正例。
- 在 WordNet 中，若 x isA y_1 且 y_2 isA z，且 y_1 和 y_2 是同一个词 y 的不同词义，则 x isA z 不成立，因此$<x, y, z>$是一个负例。

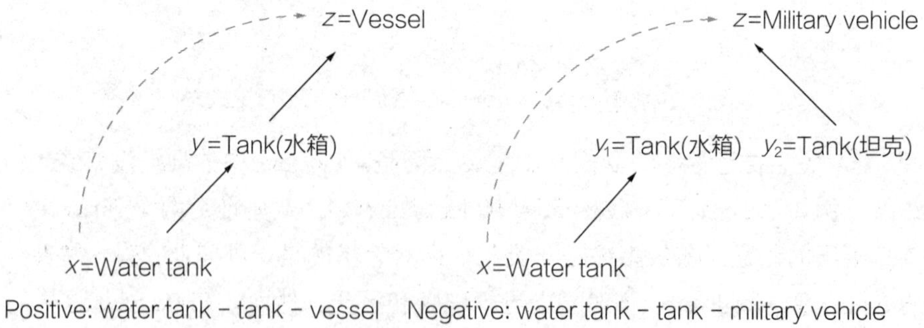

图 5-8　使用 WordNet 自动标注数据集

2．特征

需要从 x isA y 和 y isA z 这两个已知的 isA 关系中提取一系列有效特征来判定传递性是否成立。基本特征包括各实体/概念 x、y、z 的一些统计信息，比如，其上（下）位词的数量、在语料中出现的频次等。同样，对于 x isA y 和 y isA z 这两条已知的 isA 关系，也可以提取其边权（即此关系在语料中出现的频次）、关系两端实体/概念的点互信息量（Pointwise Mutual Information）等特征。

除了这些基本特征外，还有一些统计特征具有较好的区分度。第一个特征来自同类实体的信息。例如，为了判断<*Einstein*, *Physicist*, *Scientist*>的传递性是否成立，可以观察与 Einstein 类似的实体，如 Newton、Faraday 相应的传递性。由于 Newton、Faraday 等实体都同时具有 Physicist 和 Scientist 等上位词，因此有理由相信 Einstein 的 isA 关系也可以通过 Physicist 传递到 Scientist。第二个特征来自相似概念的信息。对于三元组<x, y, z>，考虑与之相关的正例三元组<x, y, z'>，概念 z'和 z 的相似度可以用来推断<x, y, z>的传递性。例如，为了判定三元组<*ak47*, *gun*, *military weapon*>的传递性是否成立，可以观察与 military weapon 相似的概念 weapon、firearm 等，这些概念与 ak47、gun 构成的三元组传递性均成立，因此可以判定三元组传递性成立。

5.3.3　基于协同过滤思想的概念图谱补全

基于传递性进行补全的方法能找到大量新的 isA 关系，但是这种方法只适用于存在一个中间“桥梁”概念的 isA 关系，因而具有一定的局限性。另一个推断缺失的 isA 关系的想法是，相似实体拥有类似的上位词。如图 5-9 所示，在考虑实体“Steve Jobs”（苹果公司创始人）时，人们很容易联想到其他相似的人物，如“Bill Gates”（微软公司创始人）等。由于后面这些实体都属于“Billionaire”（亿万富翁）这一概念，因此可以推测“Steve Jobs”也属于“Billionaire”。

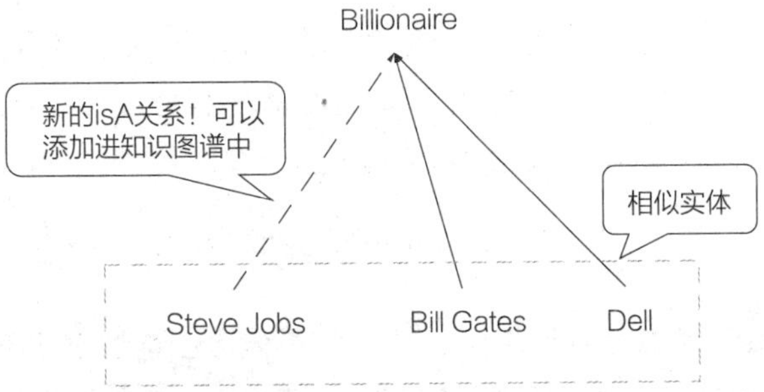

图 5-9　利用相似实体来寻找实体所属的概念

上述想法与推荐系统中的协同过滤思想相似，因此，不难设计基于协同过滤思想的 isA 关系补全框架[6]。如图 5-10 所示，该框架为每个目标实体 c 寻找其缺失的上位词，主要包括以下两步。

- 在概念图谱中寻找 c 的相似概念或实体集合$\text{Sim}(c)=\{s_1,s_2,\cdots\}$，这一过程的核心是相似度计算。
- 从$\text{Sim}(c)$的上位概念集合中，寻找 c 的候选缺失上位词。这一过程的核心是计算上位词的推荐分数。

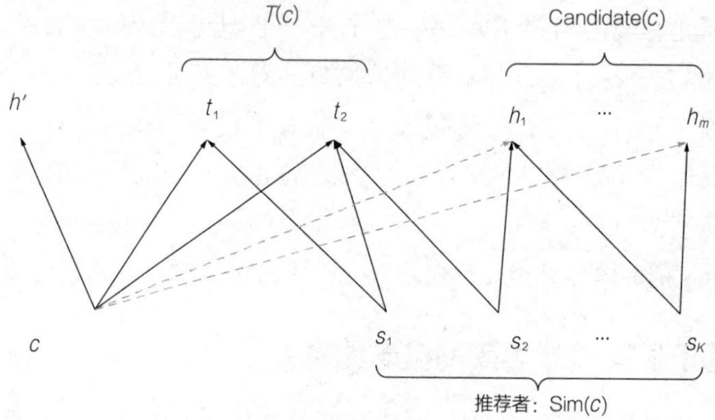

图 5-10　利用相似实体推荐上位词

1．计算相似度

首先要为目标实体 c 寻找与其相似的实体/概念集合$\text{Sim}(c)$。为了做到这一点，需要在概念图谱中计算两个实体/概念c_1、c_2相似度的函数$\text{sim}(c_1,c_2)$。基于这一相似度函数，可选择与 c 最相似的 k 个实体/概念构成$\text{Sim}(c)$。

在概念图谱中，有两种相似度度量方法。第一种是基于集合相似度的度量方法，通过度量两个节点的上位词集合之间的相似度和下位词集合之间的相似度来确定节点的相似度。通常用 Jaccard 相似度来度量两个集合之间的相似度：对于集合 U、V，其 Jaccard 相似度为$J(U,V)=\frac{|U\cap V|}{|U\cup V|}$。之后，需要对这两个 Jaccard 相似度结果进行合并。由于概念图谱通常非常稀疏，两个相似性度量结果往往比真实的相似度偏小。因此，通常采用 Noisy-Or 模型

合并各个相似性度量结果以增强信号：$N(x,y)=1-(1-x)(1-y)$。显然，合并的结果不会小于被合并的各个分量。利用 Noisy-Or 模型增强信号是稀疏图谱中的常用做法，有一定的代表性。

除了基于上下位词集合的相似度度量外，基于随机游走的度量也广为使用。基于随机游走的度量可以充分利用全图信息，也就是说可以利用非直接邻接的远程关系的信息，从而更加有效地利用图中的结构信息放大稀疏图谱中的微弱信号。此外，在包含数千万个实体的概念图谱中为每个实体寻找其相似实体/概念需要很大的计算量，因此需要一些加速计算的方法。详见参考文献[6]，此处不再详述。

2. 上位概念推荐

对于实体 c，根据$\text{Sim}(c)$的上位词可以构建待推荐的上位词候选集 $H=\{h|s_i \text{ isA } h, s_i \in \text{Sim}(c), c \text{ isA } h \text{ not in KB}\}$。集合 H 中分数较高的上位词将作为 c 的新上位词。打分机制采用加权求和的方法，这是协同过滤系统常用的方法：

$$\text{Score}(h_j)=\sum_{s_i\in\text{Sim}(c)} w(s_i \text{ isA } h_j)\text{sim}(s_i,c)$$

其中，每个累加项包含相似项s_i和c的相似程度$\text{sim}(s_i,c)$，以及相似项s_i与上位概念h_j的 isA 关系权值$w(s_i \text{ isA } h_j)$。在 Probase 中，某条 isA 关系的权值就是该 isA 关系在语料中被观察到的次数。基于$\text{Score}(h_j)$，对每一个c，选择有较高得分的新上位概念补充给c即可。使用协同过滤框架最终能为 Probase 添加接近 500 万条新的 isA 关系，抽样检测表明其正确率超过 85%[6]。

5.4　isA 关系纠错

从大规模语料，特别是互联网语料中，通过自动抽取技术构建出来的千万节点规模的概念图谱，不可能没有错误。对于一个千万节点规模的概念图谱，即使是 1%的错误率，错误关系的绝对数量也可能在 10 万级别。这些错误会对下游应用产生显著的负面影响。比如，错误地把“上海”当成一个“人”可能会使下游应用在查询人的时候返回“上海”。因此，很有必要对抽取到的概念图谱进行清洗，以进一步提升概念图谱的质量。

5.4.1 错误的成因

下面对自动化构建的概念图谱中的错误成因进行分析。自动化构建包括 3 个基本步骤：首先收集大量语料；其次使用各种抽取算法从语料中自动抽取实体、概念和 isA 关系；最后用一些自动推理技术补全 isA 关系。整个过程中的每一步都有可能引入错误。

1. 来自语料的错误

语料，特别是互联网语料，会给概念图谱的构建带来很多挑战。比如，修辞现象（如反话、比喻、抽象等）。例如，从句子“要真这样，猪也飞起来了”中会把“猪”抽取成“会飞的动物”。互联网语料往往还包含错误的句子、不当的表达，甚至是笔误。例如，Probase 中存在一个明显错误“Exciting city isA Paris”，其源自句子“…Paris is such **as(an)** exciting city”，其中有一个明显的笔误（把 an 写成了 as），使得通过 Hearst 模式抽取得到的是错误的 isA 关系。

2. 来自抽取的错误

即便语料是完美的，自动化的抽取方法也仍会出错。总体而言，自然语言是十分复杂的，而抽取方法往往又是由大量基本 NLP 模块（如分词、词性标注、语法树构建等）堆砌而成的复杂方案，每个模块的错误容易传播、影响到后续模块，导致最终抽取出的 isA 关系质量低下。端到端的深度学习 NLP 方案在一定程度上可以缓解上述问题，但正确率仍然有限。

3. 来自推理的错误

前面提到的一些自动推理技术虽然能够新增大量的知识，但也会不可避免地引入错误。除了自动推理技术本身的限制外，还有一些客观原因也造成了错误。一方面，原始的概念图谱中就存在着错误，基于错误的前提推理所得的结果往往也是错误的；另一方面，现实世界中往往存在大量的特例，它们不符合简单的推理规则。例如，企鹅是鸟，但是不会飞，按照推理规则“鸟都会飞”就会错误地推断出“企鹅不是鸟”。

想要自动找到所有错误是不太现实的。退而求其次，我们希望能找到一些机制与方法，尽可能多地识别某些类型的错误，从而进一步提升概念图谱的质量。

5.4.2 基于支持度的纠错

一个简单的纠错方法是，为每一条知识寻找支持它的证据，来“证明”其正确性。最直接的证据是语料中提及这一条知识的频次。显然，如果一条知识在各种语料的大量句子中都可以抽取到，那么它很有可能是正确的。在特定语料中，将出现某条**知识**的句子的数量作为这条知识的支持度。表 5-7 对 Probase 中具有不同支持度的 isA 关系进行了抽样验证，发现有更高支持度的 isA 关系通常更可能是正确的。

表 5-7 Probase 中关于支持度的抽样验证[7]

支持度	占比	正确率
1	85.88%	78%
2~10	13.27%	86%
11~100	0.80%	94%
>100	0.05%	100%

那么，能否仅凭支持度筛选出错误的 isA 关系呢？答案是否定的。支持度一般服从幂律分布，也就是说绝大多数的 isA 关系的支持度都仅为 1。从表 5-7 中可以看出，支持度为 1 的 isA 关系的正确率有 78%，而在整个 Probase 中支持度为 1 的知识占 85%以上。如果简单地将支持度为 1 的知识都视作错误知识，则误删率太高。

对于这一问题，可以采用更可靠的 isA 关系可信度度量。一般而言，一个更具体的概念在概念图谱中的实例要比抽象的概念少。因此，对一条 isA 关系 x isA y，记$e(x)$为 x 的直接下位词数量，一般有$e(x) < e(y)$。因此，$e(y)/e(x)$越大，则 x isA y 越可信。例如，在 Probase 中，“juice”有 173 个下位词而“tomato”只有 69 个下位词，所以“juice isA tomato”是不可信的。因此，可以使用如下公式估计 x isA y 的可信度:

$$P_h(x \text{ isA } y) = \log(1 + \frac{e(y)}{e(x)})$$

然而，仅仅使用上述度量仍不足以达到较好的清洗效果，还需要利用一些算法对整个图谱进行清洗。

5.4.3 基于图模型的纠错

一个理想的概念图谱往往是一个有向无环图（DAG）。较为抽象的概念在更高的层级，而较为具体的实体在较低的层级（如图 5-11 所示）。isA 属性的边都是从具体（低层级）往抽象（高层级）连接的。然而，在自动抽取构建的概念图谱中往往会发现大量的环。显然，环中的 isA 关系之间存在逻辑上的冲突。因此，可以猜想：**自动化构建的概念图谱中的环往往是由错误的 isA 关系导致的**。如图 5-11 所示，“exciting city isA paris”是一条逆层级的边，因此很可能是一条错误边。采样统计数据显示，在 Probase 中，97%的长度为 2 的环中存在错误的 isA 关系，而 96%的长度为 3 的环中存在错误的 isA 关系[7]。这些统计数字证实了环中有错这一猜想。

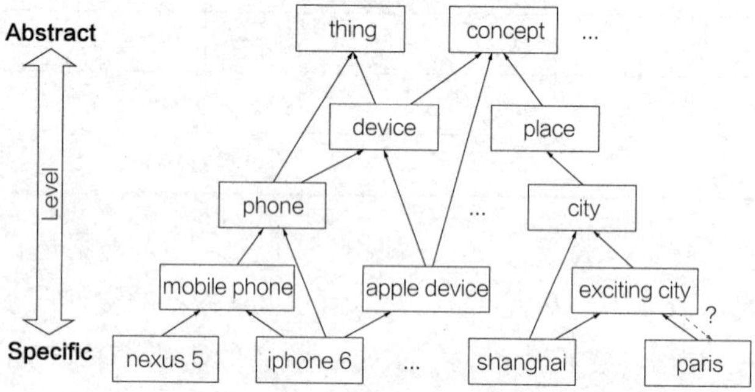

图 5-11　概念图谱的层级结构

环的存在可以帮助定位词汇概念图谱中的 isA 关系错误，但是我们还需要从环中识别并清除错误的 isA 关系。容易想到，在一个环中，可信度最低的 isA 关系应予以清除。这样，前面所讲到的 isA 边的可信度度量就可以帮助我们选择错误的 isA 关系。此时，可以建立如问题 1 所定义的模型。

问题 1（isA 关系错误清洗）：给定有向图 $G(V, E)$，可信度函数 $w: E \to \mathbb{R}$ 是定义在每条边上的实数权重。求边集 E'，使得 $G(V, E-E')$ 为有向无环图，且 $\sum_{e\in E'} w(e)$ 最小。

这个问题并不是一个新问题。事实上，它是图论中的一个经典的 NP-

Hard 问题的带权版本：**最小反馈边集问题**（Minimum Feedback Arc Set Problem，MFAS）[3]。有一些近似解法可以在短时间内获得这个问题的较优解[2]。下面的贪心算法可以求解该问题，它包含以下两个基本步骤。

步骤 1：以随机顺序枚举图中的每个环，每次将环中权值最小的边全部删除，直到图中不存在环为止。

步骤 2：将前一步骤中删除的边按权值从大到小排列，尝试将这些边逐个加回到图中。若不会产生环，则将其加回图中，否则将这条边加入 E'，作为最终输出的一部分。

尽管此算法的最差时间复杂度是 $O(NM)$（N 和 M 分别为概念图谱中的节点数和边数），但是它在实际使用中简单、有效，可以胜任含千万节点的概念图谱的处理工作。针对 Probase 使用上述算法识别错误 isA 关系，抽样检测结果表明，在识别出的错误 isA 关系中，超过 90%的确实是错误的。

除了使用基于图的环消除方法外，还可以基于概念图谱的节点层次布局算法识别错误的 isA 关系。其基本思想是为概念图谱中的节点分配层级，使得概念图谱中的 x isA y 关系尽量满足“x 的层级比 y 的层级低”。当概念图谱中的绝大多数 isA 关系满足上述要求时，相应层次布局方案下的从高层级指向低层级的 isA 关系就是错误的。具体细节可查看参考文献[7]，此处不再详述。

本章小结

本章主要介绍了概念图谱，这是一类有着广泛用途的、以实体与概念之间的 isA 关系为主要内容的知识图谱。概念图谱可以用于查询各种实体或概念的从属关系，以支撑概念化、推理、归纳等智能应用。人工构建的概念图谱虽然拥有很高的精度，但是其规模过小，不能覆盖实际情况中各种各样的实体和概念。而从大规模语料自动构建的概念图谱，拥有更大的规模和可接受的准确度。本章介绍了一系列构建大规模概念图谱的方法，这些方法涵盖了从大规模的互联网语料中抽取 isA 关系的方法，以及对初步构建完的概念图谱进行补全和清洗的方法。

概念图谱更新将是未来的研究热点。对概念图谱进行更新的重要性和必要性主要体现在以下两个方面。

（1）在现实生活中，经常会出现一些新的实体，将与这些实体相关的上下位关系加入概念图谱是至关重要的。比如，2018 年苹果公司发布了新款手机 iPhone X，但在概念图谱中还不存在实体 iPhone X。如果在一个文本中出现了概念图谱还未覆盖的实体 iPhone X，则会影响机器对文本的理解。

（2）有些实体的概念会随着时间的推移而发生变化。比如，特朗普当选美国总统之后，就有必要给特朗普增加一个新的概念“美国总统”。概念图谱更新主要的挑战是如何发现需要更新的实体和如何抽取实体的上位词，这都是后续研究中要重点解决的问题。

图书[21]对于概念在人类认知中所起的作用做了深入讨论，有兴趣的读者可以进一步阅读。此外，文献[1,5,6,7,9,13]介绍了大量概念图谱构建的技术细节。另外，越来越多的研究工作（比如文献[20]），开始关注如何使用概念图谱完成各种 NLP 任务。

思考题

1. 考虑从“金庸的作品《神雕侠侣》”和“刘亦菲的作品《神雕侠侣》”这两个相似的句子中抽取出人物与作品的关系。如何让抽取模型准确抽取出两种不同的关系（一个表达了写作关系，另一个表达了主演关系）？
2. 在题目 1 的两个例句中，“神雕侠侣”应当指的是不同的实体，如何进行区分？
3. 从维基百科中任选一个实体，查看它的标签，其中哪些标签可以作为实体的概念，哪些标签不能？
4. 找出 3 个词汇概念图谱中传递性不成立的例子。
5. 找出 3 个词汇概念图谱中可能存在的正确的环的例子。
6. 在基于消环的概念图谱纠错算法中，如果不执行步骤 2，会产生什么样的结果？
7. 设计一个算法，寻找两个词汇的共同概念。例如，给定 Apple、

Dell，一个可选的答案是“Computer Corporation”。

8. 设计一个算法，利用概念图谱完成实体集补全。例如，给定{Apple, Pear, Banana}，算法可以找到 Watermelon 进行补全。

参考文献

[1] Chen J., Wang A., et al (2019). "CN-Probase: A Data-driven Approach for Large-scale Chinese Taxonomy Construction." IEEE 35th International Conference on Data Engineering (ICDE). IEEE, 2019.

[2] Demetrescu, C., & Finocchi, I. (2003). Combinatorial algorithms for feedback problems in directed graphs. Information Processing Letters, 86, 129-136.

[3] Even, G., Naor, J. S., Schieber, B., & Sudan, M. (1998). Approximating minimum feedback sets and multicuts in directed graphs. Algorithmica, 20, 151-174.

[4] Fu, Ruiji, Bing Qin, and Ting Liu. "Exploiting multiple sources for open-domain hypernym discovery." Proceedings of the 2013 conference on empirical methods in natural language processing. 2013.

[5] Hearst, M. A. (1992). Automatic acquisition of hyponyms from large text corpora. Proceedings of the 14th conference on Computational linguistics-Volume 2, (pp. 539-545).

[6] Liang, J., Xiao, Y., Wang, H., Zhang, Y., & Wang, W. (2017). Probase+: Inferring Missing Links in Conceptual Taxonomies. IEEE Transactions on Knowledge and Data Engineering, 29, 1281-1295.

[7] Liang, J., Xiao, Y., Zhang, Y., Hwang, S.-w., & Wang, H. (2017). Graph-Based Wrong IsA Relation Detection in a Large-Scale Lexical Taxonomy. AAAI, (pp. 1178-1184).

[8] Liang, J., Zhang, Y., Xiao, Y., Wang, H., Wang, W., & Zhu, P. (2017). On the Transitivity of Hypernym-Hyponym Relations in Data-Driven Lexical Taxonomies. AAAI, (pp. 1185-1191).

[9] Miller, G. A. (1995). WordNet: a lexical database for English. Communications of the ACM, 38, 39-41.

[10] Ponzetto, S. P., & Strube, M. (2008). WikiTaxonomy: A Large Scale Knowledge Resource. ECAI, 178, pp. 751-752.

[11] Suchanek, F. M., Kasneci, G., & Weikum, G. (2007). Yago: a core of semantic knowledge.

Proceedings of the 16th international conference on World Wide Web, (pp. 697-706).

[12] Tatti, N. (2014). Faster way to agony. Joint European Conference on Machine Learning and Knowledge Discovery in Databases, (pp. 163-178).

[13] Wu, W., Li, H., Wang, H., & Zhu, K. Q. (2012). Probase: A probabilistic taxonomy for text understanding. Proceedings of the 2012 ACM SIGMOD International Conference on Management of Data, (pp. 481-492).

[14] Xu, B., Xu, Y., Liang, J., Xie, C., Liang, B., Cui, W., & Xiao, Y. (2017). CN-DBpedia: A Never-Ending Chinese Knowledge Extraction System. International Conference on Industrial, Engineering and Other Applications of Applied Intelligent Systems, (pp. 428-438).

[15] Xu, Renjie, et al. "An integrated approach for automatic construction of bilingual Chinese-English WordNet." Asian Semantic Web Conference. Springer, Berlin, Heidelberg, 2008.

[16] Fu, Ruiji, et al. "Learning semantic hierarchies via word embeddings." Proceedings of the 52nd Annual Meeting of the Association for Computational Linguistics (Volume 1: Long Papers). Vol. 1. 2014.

[17] Shwartz, Vered, Yoav Goldberg, and Ido Dagan. "Improving Hypernymy Detection with an Integrated Path-based and Distributional Method." Proceedings of the 54th Annual Meeting of the Association for Computational Linguistics (Volume 1: Long Papers). Vol. 1. 2016.

[18] Wang, Chengyu, et al. "Transductive non-linear learning for chinese hypernym prediction." Proceedings of the 55th Annual Meeting of the Association for Computational Linguistics (Volume 1: Long Papers). Vol. 1. 2017.

[19] Wang, Zhichun, Juanzi Li, Zhigang Wang, and Jie Tang. "Cross-lingual knowledge linking across wiki knowledge bases." In Proceedings of the 21st international conference on World Wide Web, pp. 459-468. ACM, 2012.

[20] Song, Yangqiu, et al. "Short text conceptualization using a probabilistic knowledgebase." Twenty-Second International Joint Conference on Artificial Intelligence. 2011.

[21] G. Murphy. The big book of concepts. The MIT Press, 2004.

第6章 百科图谱构建

内容提示 本章聚焦于百科图谱的构建。百科图谱是一类十分重要的知识图谱，是早期知识图谱实践的重要形式，对于下游应用具有重要意义。本章旨在回答如下问题：什么是百科图谱？为何要构建百科图谱？如何有效地构建百科图谱？

6.1 概述

6.1.1 什么是百科图谱

百科图谱是一类以百科类网站作为主要数据源构建而成的知识图谱。与纯文本页面不同，百科类网站的页面中包含丰富的结构化信息。如图 6-1 所示，两张图都在介绍电影《一出好戏》。图 6-1（a）为来自新闻网站的纯文本页面，使用两段文字对电影进行介绍，用户需要仔细阅读文字才能对电影有所了解。图 6-1（b）为百科页面，其中包含了丰富的格式标记，包括标题、摘要、Infobox、主要演员等区域标记，对内容分门别类地进行组织，方便用户理解这部电影。

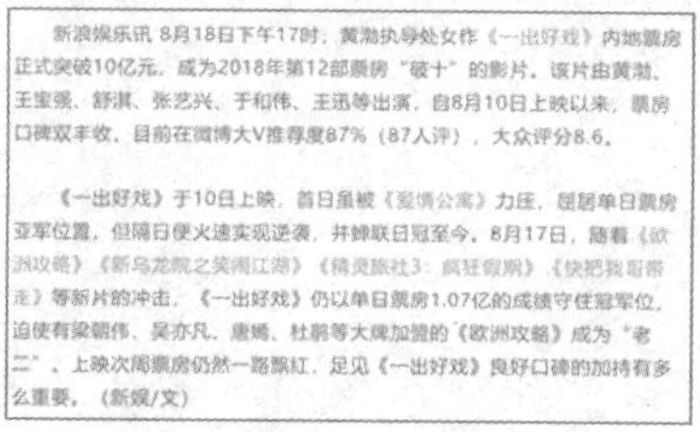

新浪娱乐讯 8月18日下午17时，黄渤执导处女作《一出好戏》内地票房正式突破10亿元，成为2018年第12部票房"破十"的影片。该片由黄渤、王宝强、舒淇、张艺兴、于和伟、王迅等出演，自8月10日上映以来，票房口碑双丰收，目前在微博大V推荐度87%（87人评），大众评分8.6。

《一出好戏》于10日上映，首日虽被《爱情公寓》力压，屈居单日票房亚军位置，但隔日便火速实现逆袭，并蝉联日冠至今。8月17日，随着《欧洲攻略》《新乌龙院之笑闹江湖》《精灵旅社3：疯狂假期》《快把我哥带走》等新片的冲击，《一出好戏》仍以单日票房1.07亿的成绩守住冠军位，迫使有梁朝伟、吴亦凡、唐嫣、杜鹃等大牌加盟的《欧洲攻略》成为"老二"，上映次周票房仍然一路飘红，足见《一出好戏》良好口碑的加持有多么重要。（新娱/文）

（a）纯文本页面

（b）百科页面

图 6-1　纯文本页面和百科页面的对比

总体而言，百科类网站页面中的信息组织更加结构化，便于用户阅读和理解。百科类网站的特点包括以下几点。

（1）知识全面。根据《中国大百科全书》的定义，百科是概要介绍人类一切门类知识或某一门类知识的工具书。从理论上来说，百科类网站能覆盖全部知识。

（2）实体独立。每个实体对应一个页面，每个页面均围绕一个独立的实体进行全面的介绍。

（3）格式统一。每个页面都由统一的网页模板自动生成，包含固定格式的半结构化文本。

（4）质量优良。每个页面的内容都由众包工人或者专业人员编辑，而且通常有着严格的审核机制，准确率较高。

因此，以百科类网站作为数据源的百科图谱具有知识完备、获取容易、抽取简单、质量优良等优点。

6.1.2　百科图谱的意义

百科图谱的研究具有重大意义，其主要表现在以下几个方面。

1．支撑领域知识图谱的构建

很多领域知识图谱（以下简称领域图谱）是建立在通用知识图谱基础之上的。百科图谱对领域图谱起着重要的支撑作用。百科图谱是一类典型的通用知识图谱。因此，如本书第 1 章 1.5.2 节所述，百科图谱一方面可以给很多领域图谱提供高质量的种子事实；另一方面，百科图谱可以提供领域模式。此外，很多领域知识就是以领域百科的形式存在的，如电影网站、音乐网站等。另外，一些企业的知识分享平台也是百科形式的。因此，面向百科类型数据源的知识获取技术对于领域（企业）图谱的构建也具有积极意义。

2. 为机器语言理解提供通用知识

第 1 章已经阐述了机器理解自然语言需要丰富的背景知识，其中的关键之一是通用知识（Common Knowledge）[1]，比如，中国的首都是北京，地球的卫星是月球。而通用知识的重要载体就是百科。百科图谱存储了海量实体的知识，这些知识可以作为背景知识支撑机器语言理解。百科中的通用知识已经成为支撑机器语言理解、提升机器学习效果的重要背景知识[1]。

3. 支撑语料自动标注

当前的自然语言处理任务大量采用监督学习模型，而这往往需要大量的标注样本。人工标注语料费时、费力，并且语料规模有限，难以有效支持模型的训练。百科图谱包含丰富的实体和关系知识，可以自动标注大量语料。词汇挖掘、命名实体识别以及关系抽取等任务都可以使用百科中的结构化知识与文本的自动比对实现自动标注，这类方法被称作远程监督（Distant Supervision）学习、间接监督（Indirect Supervision）学习等，例如在本书第 4 章中已经介绍过的基于远程监督学习的关系抽取方法。

6.1.3 百科图谱的分类

百科图谱根据其数据源的特点可以分为通用百科图谱和领域百科图谱。通用百科图谱来自通用百科类网站[2]，包含来自各个领域的实体。领域百科图谱来自领域百科类网站，仅包含特定领域的实体，如电影网站、购物网站、工商网站和法律网站等。这些网站也是每个页面介绍一个实体，同时每个页面中都包含大量的结构化内容。例如，图 6-2 展示了豆瓣电影网站中《美女与野兽》电影的介绍页面，其中介绍了导演、编剧、主演等信息。

1　参见链接[37]。

2　例如维基百科和百度百科等。

图 6-2　豆瓣电影网站中电影《美女与野兽》电影的介绍页面

百科图谱根据构建的方法可以分为两类。一类是针对单个数据源（单源）而构建的百科图谱，典型代表有 DBpedia[2]、YAGO[3]和 CN-DBpedia[4]等。其中，DBpedia 和 YAGO 以维基百科作为数据源，CN-DBpedia 以百度百科作为数据源。

另一类是融合多个数据源（多源）而构建的百科图谱，典型代表有 BabelNet[5]、zhishi.me[6]和 XLORE[7]等。BabelNet 融合了 284 种不同语言的数据源，zhishi.me 融合了百度百科、互动百科以及中文维基百科，XLORE 融合了百度百科、互动百科以及英文维基百科。此外，最新版本的 DBpedia 和 YAGO 也融合了不同语言版本的维基百科并构建了跨语言的百科图谱。这两类知识图谱的构建方法不同，前者侧重于抽取，而后者侧重于融合。本章后面将分别介绍这两类方法。

6.2　基于单源的百科图谱构建

基于单源的百科图谱是以单个百科类网站作为数据源构建而成的百科图谱。其输入是一个百科类网站，输出是一个百科图谱。例如，输入维基百科，输出 DBpedia；输入百度百科，输出 CN-DBpedia。从构建步骤来讲，基于单源的百科图谱构建主要包括五个步骤，如图 6-3 所示。

图 6-3　基于单源的百科图谱构建步骤

第一步是数据获取，目标是找到一个百科类网站所有实体的介绍页面；第二步是属性抽取，目标是从百科页面的半结构化文本中抽取出实体的属性知识；第三步是关系构建，目标是建立实体与实体之间的关联；第四步是概念层级体系构建，目标是建立一个概念集合以及概念之间的层级关系；最后一步是实体分类，目标是将实体分类到上一步建立的概念集合中。

6.2.1　数据获取

百科类网站不仅包含实体页面，还包含很多其他的辅助页面，包括志愿者页面、标签页面、主题页面等。数据获取主要分为两步：第一步是获取一个百科类网站的全部页面，第二步是从全部页面中识别出实体的介绍页面。

1．页面获取

获取一个百科数据源中的全部网页有三种策略，每种策略都有其适用场景和现实挑战。

（1）基于备份文件（Dump）的下载。有些在线百科类网站会定期对外发布全部页面的备份文件。用户只需下载最新的备份文件，即可获得该网站的全部页面。例如，维基百科每隔一段时间就会发布网站的备份文件供用户下载。这种策略最为简单，但目前提供备份文件的百科类网站不多。

（2）基于超链接的遍历。这是搜索引擎获取网页的方法。百科类网站的网页之间通常是通过超链接连接起来的。通过超链接，理论上可以遍历网站中的所有网页。如图 6-4 所示，打开百度百科首页，可以找到“2018 年雅加达亚运会”的超链接，打开该页面后里面又存在“曼谷”的超链接。通过这种策略，可以找到所有关联的百科页面。这种策略能找到大量的网页，但在真实应用中，召回率仍然存在一定的问题，因为会存在部分百科页面未被其他任何页面链接的情况，这会导致其无法被获取。

（3）基于枚举的遍历。这种策略的基本假设是百科类网站的页面 URL 具有可枚举性。可枚举性是指可以根据百科类网站页面 URL 的格式枚举出所有百科页面的 URL。有两类典型的 URL 枚举方式：ID 枚举和名称枚举。表 6-1 给出了两类枚举方式的例子，其中前三行是 ID 枚举，最后一行是名称枚举。直接的枚举方式穷举所有可能的 ID 或者名称，但显然这种方式效率不高，有可能枚举出并不存在的 URL。一类优化思路是根据有限数量的样本 URL 推断 URL 的字符模式，从而提高所枚举 URL 的命中率。这本质上属于语法学习（Grammar Learning）[8]的问题。这种策略在复杂场景下是有必要采用的。

图 6-4　基于超链接的网页获取策略示例

2. 页面识别

百科图谱主要关注实体相关的知识，因此需要从所有网页中识别出介绍实体的页面，可以充分利用百科页面的特殊性来完成这一任务。与普通的页面不一样，百科类网站是以词条的方式对内容进行编排的，每个页面均围绕一个词条进行全面的介绍。因此，实体发现过程等价于词条页面发现过程。一般而言，每个百科类网站的词条页面 URL 都具有一定的命名规律，如表 6-1 所示，根据其命名规律不难枚举出所有实体的 URL。

表 6-1　词条页面 URL 具有一定的命名规律

百科类网站	词条页面 URL 的命名规律	示　例
**百科	http://baike.**.com/view/[ID].htm	http://baike.**.com/view/1.htm
**音乐	https://music.**.com/#/song?id=[ID]	https://music.**.com/#/song?id=30953009
**电影	https://movie.**.com/subject/[ID]	https://movie.**.com/subject/26213252/
**百科	http://baike.**.com/item/[NAME]	http://baike.**.com/item/一出好戏

6.2.2 属性抽取

百科类网站的每个页面都围绕一个独立的实体进行全面的介绍。因此，只需要解析一个百科页面，就能得到一个实体的全部属性和属性值，其中包括半结构化知识抽取和数据清洗两大步骤。本节首先剖析百科页面的内容，然后介绍如何从百科页面中抽取知识。

1. 百科页面内容

百科类网站的页面格式基本固定，包含大量半结构化的信息。如图 6-5 所示，本节以百度百科为例，介绍百科图谱经常会用到的几类半结构化信息。

- 多义词（A）：又称消歧项、义项，一般出现在词条名称存在歧义的页面中。例如，有多个百科词条的名称都叫“刘德华”，点击不同义项的超链接，可以跳转到相应的词条页面。
- 标题（B）：每个页面都有的词条名称，可能存在名称重复的情况。
- 同义词（C）：当用户搜索一个词条的别名时才会出现。例如，搜索“华仔”会跳转到“中国香港男演员、歌手、制片人、填词人”义项的“刘德华”词条。
- 摘要（D）：是文本形式的词条概述，大部分页面都有摘要信息。
- 目录（E）：是词条详细描述内容的大纲，大部分页面都有目录。
- 基本信息表格（F）：又称 Infobox，是一组包含属性及属性值的表格，是对实体的结构化总结。大部分页面都有 Infobox。
- 超链接（G）：与当前词条相关的其他词条会通过超链接的形式与当前词条进行关联。
- 标签（H）：由广大用户创建的标签，用于对词条进行组织和分类，方便用户导航、浏览等。标签中既有主题型标签（如军事、生物），也有概念型标签（如演员、行政区域）。

当然，不同的百科类网站包含的半结构化信息不尽相同。例如，维基百科中就存在一些百度百科中没有的知识，如概念的层级结构信息、词条的地理信息以及多语言版本链接信息等。

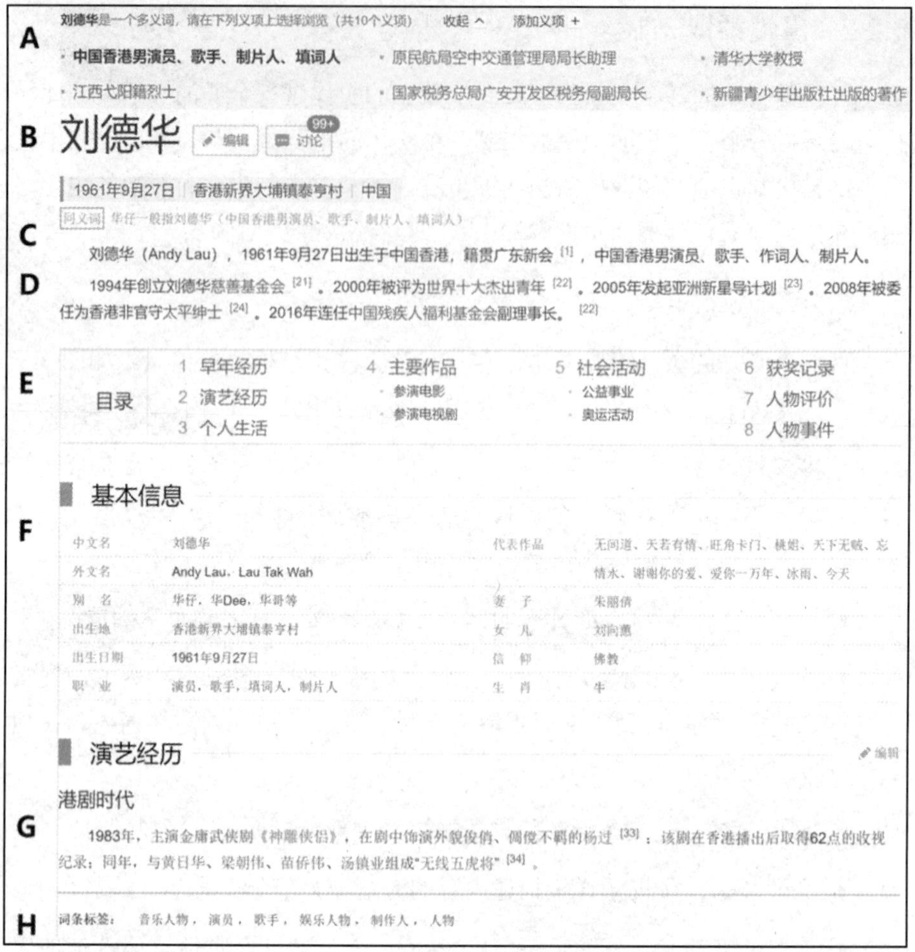

图 6-5 百科页面格式介绍，标记 A~H 分别表示不同类型的半结构化信息

2. 半结构化知识抽取

针对百科页面的知识抽取，本质上是针对其中的半结构化内容进行解析。百科类网站中的每个词条都被看作一个实体，针对每个词条页面的不同类型的半结构化信息，可以使用不同的抽取器来抽取知识，最终会得到一个实体的全部属性及部分隐性关系。下面将介绍其中几类非常重要的属性及关系。

（1）名称属性。知识图谱所描述的实体都是唯一的，在数据库中存储时其通常使用唯一标识符（Unique ID，UID）进行标记，但是 UID 显然对用户不够友好。因此，百科图谱通常采用字符型名称对实体进行表示。但是中文实体名又经常会出现重复的情况，因此百科图谱通常会通过额外的备注对实体进行消歧。用于消歧的备注可以是实体类型、关键特征，例如，图 6-5 中的实体名称可以表示为“刘德华（中国香港男演员、歌手、制片人、填词人）”（后面无特殊说明时，所谈及的刘德华均是指这一实体）。

（2）实体指代。知识图谱中的实体会以多种不同的**指代**（Mention）形式出现在文本语料中。如刘德华有时会以“华仔”的形式出现，有时又会以“刘德华”“刘天王”等形式出现。识别一个实体的不同指代形式有助于机器理解文本。获取实体的指代有三种方式。第一种是根据同义词信息获取，例如，在图 6-5 的 C 中，搜索“华仔”将跳转到“刘德华（中国香港男演员、歌手、制片人、填词人）”。第二种是根据多义词信息（如图 6-5 的 A 所示）获取，每个包含歧义项的实体的标题就是这个实体的指代。第三种是根据基本信息表格获取，表格中可能包含一些指示实体指代的属性，如英文名、别名、学名等。这些属性的值均是实体的指代，比如，刘德华的英文名“Andy Lau”也是其指代之一。

（3）摘要属性。摘要属性是对实体的概述性描述，包含的信息非常丰富，可用于实体展示、相似度计算和实体的表示学习等，主要来自页面的摘要部分。

（4）基本属性。除了上述几类特殊的属性外，还有更多的其他属性。这些属性来自基本信息表格，它们刻画了实体的基本信息，是百科图谱最重要的知识来源之一，对最终的知识图谱中的知识贡献最大。实体的属性及属性值直接来自这些表格的属性列和属性值列。

（5）相关关系。相关关系是通过超链接信息获得的，是实体之间的一种隐性关系。如图 6-5 的 G 所示，“刘德华”和实体“杨过”之间存在超链接，表明两者之间存在关系，但这种关系（刘德华于 1983 年在电影《神雕侠侣》中饰演杨过）难以用简单的基本关系进行表示。因此，目前用相关关系来表示。

（6）分类关系。分类关系通过标签信息获得，包含实体与概念之间的实例关系（instanceOf），以及实体与主题之间的关系等。

3. 知识清洗

由于百科类网站是通过众包的方式编写的，因此通常没有统一的编写标准。利用半结构化的知识抽取方法得到的实体知识（主要是来自基本信息表格中的基本属性）会存在很多质量问题，具体包括以下方面。

- 属性表述不一致。不同词条对同一属性的表述不同，有些词条描述人物时使用了“英文名”属性，而另一些词条则使用的是“英文名称”属性。
- 数值属性值格式不统一。在填写日期属性时，部分志愿者习惯使用“YYYY 年 MM 月 DD 日”的格式，而另一部分志愿者倾向于使用纯数字“YYYYMMDD”的格式。另外，有些属性值的单位不统一。例如，在描述身高时，有些使用“米”作为单位，有些则使用“厘米”作为单位。
- 对象属性的多个属性值合并表示。对象属性（Object Property）是指那些属性值是实体或实体指代的属性[1]，本质上表达了实体间的关系。对象属性是可枚举的，可能存在多个不同的属性值。在百科类网站中，这些属性值往往会通过各种连接符合并成一个字符串。例如，在图 6-5 中刘德华有一个对象属性“代表作品”，其属性值为“无间道、天若有情、旺角卡门……”，每个逗号分割的是一部作品（实体）的名称。这种合并表示会导致后续关系构建步骤难以建立实体之间的关系，因为需要合适的方法识别属性值提及了哪些实体。比如，需要识别出“无间道”是一个实体并且链接到知识库中名为“无间道（2002 年刘伟强、麦兆辉执导的电影）”的实体。

这些质量问题会降低知识图谱的可用性，因此需要对抽取出来的知识进行清洗。具体来说，知识清洗主要分为三个部分。

（1）属性对齐。属性对齐的目标是将单数据源中的所有等价属性合并，用统一的属性名称表示。例如，将百度百科中词条的属性“英文名”和属性“英文名称”统一用“英文名称”来表示。属性对齐通常采用**生成+过滤+验证**的基本思路。在生成步骤中，为全部属性两两计算相似度，得到候选的等价属性对。在过滤步骤中设计规则，过滤掉其中的错误等价属性对。最后，

1 与对象属性相对应的数据属性，其属性值是具体的日期、数值、字符等类型。

交由人工对最终结果进行验证。对于每个等价属性对，使用两者中出现频次较高的那个属性的名称来表示这对等价属性。

在生成步骤中，属性相似度的计算方法分为三种。第一种是基于属性名称相似性的方法，将每个属性名称当作一个字符串。度量字符串相似度的指标包括 Jaccard 系数、Dice 系数、编辑距离等。例如，Jaccard 系数将属性名称当作字符集合，通过比较两个属性名称的字符集合的相交程度评估属性之间的相似度。如属性“英文名”和属性“英文名称”相应字符集合的 Jaccard 相似度为$3/4 = 0.75$。第二种是使用外部同义词知识库（如同义词字典、百度汉语等）的方法，处理那些语义相似但名称相去甚远的属性，如“妻子”和“老婆”。第三种是基于属性取值相似度的方法，包括属性值集合的相似度和属性值类型的相似度等。

过滤步骤倾向于采用一些启发式规则，如“两个等价属性不会同时出现在一个百科词条页面中”，如果一个词条中同时出现了两个候选的等价属性，那么这两个属性不是等价属性。

（2）数值属性值归一化。数值属性值归一化的目标是将所有的数值属性值统一表示。数值属性值往往是由“数字+单位”构成的，所以数值属性值归一化可以分为数值抽取和单位统一两个步骤。例如，对于日期属性，可通过正则表达式抽取出年、月、日等数值信息，再通过转换来统一单位。

（3）对象属性值分割。对象属性值分割的目标是将一个对象属性的多个属性值合并而成的字符串拆分成多组属性-属性值对，以便后续进行关系构建。比如，将刘德华的属性“代表作品”的值 “无间道、天若有情、旺角卡门……”拆分为多组属性-属性值对（“代表作品”，“无间道”）、（“代表作品”，“天若有情”）和（“代表作品”，“旺角卡门”）等。这一拆分的难点在于并非所有由分隔符连接而成的属性值都是需要分割的多值对象属性。例如，复旦大学的属性“校训”的属性值为“博学而笃志，切问而近思”。尽管该属性值是通过分隔符逗号组合而成的，但是“校训”是不可拆分的单值属性，不应该拆分。

对象属性值分割的基本思路是：对于任意一个属性，如果分割后的属性值集合中的大部分属性值都指代特定实体，那么这个属性很可能是多值的对象属性，对相应属性值进行分割是合理的尝试。这一思路的一个简单实现如下：对于一个属性值，首先判断其中是否存在分隔符，如果不存在任何一种分隔符，就认为不需要分割；如果存在一种或多种分隔符，则计算属性值字符串按照出现的每种分隔符进行分割后的得分（比如属性值集合中能够链接上实体的属性值的数量或比例），最后将得分最高的方案作为最终的分割方案。

6.2.3 关系构建

通过属性抽取步骤，可以获得知识图谱中实体的属性和属性值。当属性是对象属性时，通过将实体的属性值链接到知识图谱中已有的实体，就可以建立起实体之间的关系。关系名即基本属性的名称。例如，刘德华“代表作品”的值为“无间道”可以链接到知识图谱中的实体“无间道（2002 年刘伟强、麦兆辉执导的电影）”，由此可以建立起“刘德华”与实体“无间道（2002 年刘伟强、麦兆辉执导的电影）”之间名为“代表作品”的关系。因此，关系构建的核心步骤是将属性值链接到知识图谱中的实体。根据属性值是否存在指向其他词条的超链接，分为以下两类情形进行处理。

当属性值存在指向其他词条的超链接时，只需解析出这个超链接所指向的实体。例如，在刘德华的百科页面中，“无间道”存在一个超链接指向“无间道（2002 年刘伟强、麦兆辉执导的电影）”这个实体页面，因此可以直接得到该属性值对应的实体。

当属性值不存在超链接时，需要利用上一节提到的实体的指代信息来进行实体链接。如果一个属性值不是知识图谱中的任何实体的指代，则认为该属性值不能指向任何实体。如果一个属性值是知识图谱中的一个或多个实体的指代，则需要使用分类器来进行判断。具体来说，分类器的输入是一个<实体，属性，属性值>三元组和与这个属性值对应的某个候选实体；输出是 0 和 1 之间的小数，表示该属性值指向这个候选实体的概率。

分类器的性能取决于特征的选择。下面介绍一些比较有效的特征。

（1）百科中属性值链接到候选实体的次数（来自文献[9]）。在线百科中存在大量的超链接，在锚文本为属性值的所有超链接中，链接次数最多的候选实体最有可能是属性值所表达的真实实体。

（2）反指特征。在候选实体的页面中，如果存在超链接指向该属性值的主体实体，则说明主体实体与候选实体存在关系，该属性值很可能指向这个候选实体。比如，刘德华的代表作品《无间道》可能存在很多候选实体，包括电影、电视剧、小说、歌曲，但只有刘德华（主体实体）所出演的电影存在超链接指向刘德华，因此其是属性值所指的实体。

6.2.4　概念层级体系构建

概念层级体系构建便于对知识图谱中的实体进行组织和管理，目前主要包括人工构建和半自动构建两种方式。百科图谱对概念层级体系的质量要求较高，一般不采用全自动的方式构建。

人工构建的典型代表是 DBpedia，它通过众包的方式将来自维基百科数据源的所有实体用 320 个概念进行有效的组织，其中概念之间通过类属（subclassOf）关系进行连接，构成一个最大深度为 5 的概念层级结构。

半自动构建的典型代表为 YAGO，它的概念层级体系由专家构建的层级体系（WordNet）和用户众包构建的标签体系（维基百科标签体系）两部分组成，共包含 35 万个不同的概念。标签体系中的标签和层级体系中的概念之间的类属关系（subclassOf）通过自然语言处理的方法建立。本书第 5 章 5.2.1 节具体介绍过这一构建方法。

6.2.5　实体分类

实体分类的目标是将知识图谱中的实体分类到一组预定义的概念集合中，这组预定义的概念集合来自概念层级体系。与本书第 3 章 3.5 节提到的命名实体识别不同，实体分类的研究对象是知识图谱中的实体，分类依据来自知识图谱中的全部数据（包括结构化数据和非结构化文本）；而命名实体识别的研究对象是句子中的实体指代，分类依据仅来自句子的上下文文本信息。实体分类方法主要包括人工方法、基于规则的方法和基于机器学习的方法，下面分别进行介绍。

1．人工方法

基于人工的实体分类方法借助领域专家和广大志愿者对知识图谱中的实体进行类别标注。早期的语义网络规模不大，实体数量不多，往往由领域专家直接标注。随着知识图谱的实体规模不断扩大，人工方式逐渐由专家构建转为由广大志愿者共同协作构建，不同场景下人工参与的程度不同。例如，维基百科中的志愿者需要为每个词条按照标签系统中的标签进行分类，而

DBpedia 的志愿者利用维基百科的 Infobox 模板来进行批量人工标注。维基百科的 Infobox 类似于百度百科中的基本信息表格（如图 6-5 的 F 所示）。为了方便用户添加信息，维基百科为不同类型的实体设计了不同的 Infobox 模板，每个 Infobox 模板描述了该类实体的基本属性。例如，“电影”类型词条的 Infobox 模板会包括“导演”“演员”“上映时间”等属性。基于此，DBpedia 采用了类似于本书第 5 章 5.2.1 节提到的 YAGO 的策略，将维基百科中所有的 Infobox 模板与 DBpedia 的概念层级体系进行手动匹配，建立起模板名称与概念之间的等价或者包含关系。因此，所有使用了 Infobox 模板的词条都能被分类到 DBpedia 的概念层级体系中。

2．基于规则的方法

基于规则的实体分类方法使用一组 IF-THEN 规则来对实体进行分类。其中，规则分为通用的推理规则和启发式的推理规则。

通用的推理规则指那些能适用于全部概念的实体分类规则，包括基于等价实体关系和基于概念子类关系的推理规则。前者的推理规则如公式（6-1）所示：

$$(e_1 \in c)\wedge(e_1 = e_2) \Rightarrow e_2 \in c \tag{6-1}$$

具体含义为：如果实体e_1属于某一概念c，并且实体e_1和实体e_2等价，那么就可以推断出实体e_2也属于概念c。比如，CUTE[10]通过跨语言实体链接，建立起百度百科中文实体与 DBpedia 英文实体之间的等价关系（比如“刘德华”和“Andy Lau”），又已知了英文实体的分类结果（比如“Andy Lau”的英文分类包括 Person、Actor 和 Singer 等），进而得到部分中文实体的英文分类（比如“刘德华”的英文类别包括 Person、Actor 和 Singer 等）。

后者的推理规则如公式（6-2）所示：

$$(e \in c_1)\wedge(c_1 \subset c_2) \Rightarrow e \in c_2 \tag{6-2}$$

具体含义为：如果实体e属于概念c_1，并且概念c_1是概念c_2的子类，那么可以推断出实体e也属于概念c_2。比如，本书第 5 章 5.2.1 节提到的 YAGO 就是通过这种规则将维基百科中的实体分类到 WordNet 的概念集合中的。

除了通用的推理规则外，还有一些仅适用于部分概念的启发式推理规则，包括基于实体名称、基于属性和基于属性-值的推理规则等。例如，

（1）基于实体名称的推理：实体名称后缀为“医院”“大学”的很可能分别属于概念“医院”和“大学”。（2）基于属性的推理：实体包含属性“性别”的，很可能属于概念“人物”。（3）基于属性-值的推理：如果实体包含属性-值对（职业，演员），很可能属于概念“演员”。

3. 基于机器学习的方法

基于机器学习的实体分类方法往往将实体分类问题建模成一个多标记分类（Multi-label Classification）问题[11]。每个标记类代表知识图谱中的一个概念，一个实体可以属于知识图谱中的多个概念。输入为一个实体的一组特征，输出为该实体的所有概念标记。目前主要采用监督学习方法，包括决策树、支持向量机、最大熵模型等[12-16]。这类方法需要大量的训练样本，即已分类的实体。监督学习方法本质上是利用训练集建立起实体的特征到概念集合之间的映射。

（1）特征表示

实体的特征表示可分为单示例（Single Instance）特征表示和多示例（Multi-Instance）特征表示两种。单示例特征表示是指一个实体只用一组特征集合来表示，该组特征集合包含实体的全部信息，能得到实体的完整分类结果。多示例特征表示则是指一个实体需要用多组特征集合来表示，每组特征集合仅包含实体的部分信息，只能得到实体的部分结果。

具体来说，单示例特征往往来自实体的结构化信息，包括属性特征、属性-值特征和标签特征等，如表 6-2 所示。这些特征来自专家定义，具有全面性。多示例特征往往来自实体的文本语料，出现实体的每个句子均可看作该实体的一个示例，如表 6-3 所示。每个示例根据句子的上下文信息都只能得到实体的部分分类结果，需要综合全部示例的分类结果才能得到实体完整的分类结果。

表 6-2　实体“刘德华”单示例特征表示

特 征 类 型	特 征 举 例
属性特性	血型、妻子、国籍
属性-值特征	(职业，演员)、(职业，歌手)
标签特征	演员、歌手、制作人

表 6-3 实体“刘德华”多示例特征表示及每个示例的分类结果

实体	文本	分类结果
刘德华	**华仔**出生于 1961 年 9 月	人物
	刘德华出演了最新电影《长城》	人物、演员
	《忘情水》是**刘德华**的代表歌曲	人物、歌手

（2）分类模型

针对单示例特征表示的实体分类问题，输入为实体的一个二元特征向量，特征向量每一维的取值为 1 或者 0，表示该实体包含或不包含这个特征；输出为一个二元概念向量，概念向量每一维的取值也是 1 或者 0，表示该实体属于或者不属于这个概念。这是一个典型的多标记分类问题，使用经典的朴素贝叶斯、逻辑回归、支持向量机和决策树等模型即可解决。

针对多示例特征表示的实体分类问题，目前主要有两类方法。第一类是**分类+融合**的方法，如图 6-6 所示，首先对每个示例中的实体指代进行分类，之后将所有示例的结果进行融合，得到完整的分类结果；另一类是多示例学习的方法，一次性考虑实体的全部示例信息，得到完整的分类结果。

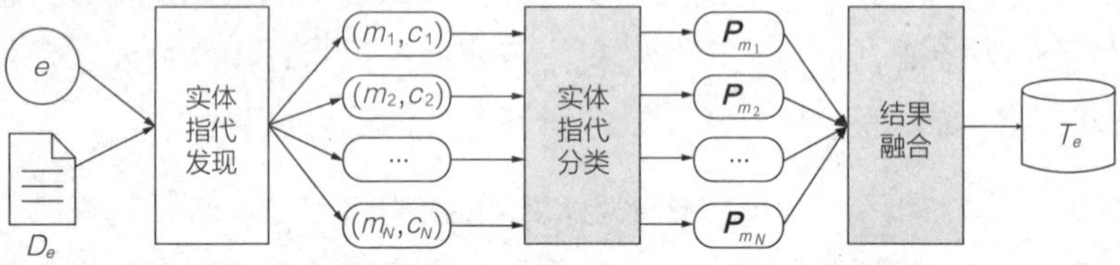

图 6-6 针对多示例特征表示的分类+融合的实体分类方法

图 6-6 针对多示例特征表示的**分类+融合**的实体分类方法的第一步是，针对单个示例中的实体指代进行分类，这个问题又被称作**实体指代分类**（Mention Typing）[1]。根据特征的类型可以分为基于人工特征的实体指代分类方法和基于神经网络自动特征提取的实体指代分类方法。基于人工特征的实体指代分类方法需要由专家来设计特征，再基于这些特征设计分类模型，典型的方法包括 FIGER[17]、HYENA[18]、ClusType[19]、AFET[20]等。显然，

1 也有一些论文将实体指代分类称为 Entity Typing。本书严格区分了**实体指代分类**与**实体分类**。实体指代分类是指对句子中的实体指代进行分类，而实体分类是指对知识图谱中的实体进行分类。

这类方法需要针对不同的数据设计不同的特征，因此缺乏通用性。比如，英文中的单词首字母是否大写、是否全部字母大写等特征就无法直接应用在中文场景中。

因此，越来越多的研究开始关注基于神经网络自动特征提取的实体指代分类方法，包括 HNM[21]、METIC[22]、KNET[23]等。图 6-7 展示了 METIC 提出的基于神经网络的实体指代分类模型。对于一个包含实体指代的句子，将其分割成三部分，即实体指代及其左右两部分文本。对于每部分文本，分别使用神经网络的字（词）向量层来将文本中的每个字（词）表示为一个分布式向量。再通过长短期记忆网络层来抽取每个部分的文本特征，同时考虑词之间的顺序关系。最后，通过一个合并层将三个部分的文本特征合并，并输出分类结果。

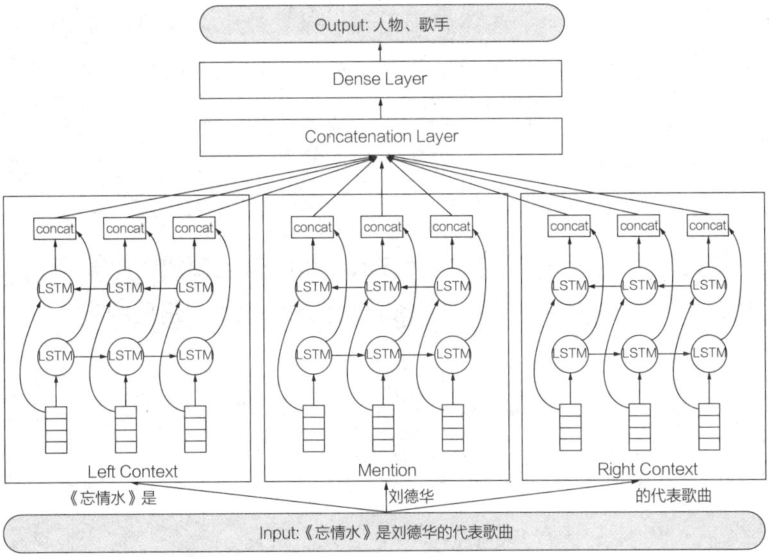

图 6-7　METIC[22]提出的基于神经网络的实体指代分类模型

分类+融合方法的第二步是，融合多个示例的分类结果（比如，在表 6-3 中“刘德华”存在多个分类），同时去除单示例分类过程中可能出现的噪声（比如，在关于特朗普的文本中可能会提及“特朗普大厦”从而得到“特朗普”的错误概念“建筑物”）。除了传统的直接合并、一致性投票和大多数投票等融合策略外，METIC 提出了一种基于约束的融合策略。约束来自知识图谱中的先验知识，包括概念互斥约束和概念层级约束等。

概念互斥约束要求一个实体不能同时属于两个语义互斥的概念，比如，一个实体是“人物”就不可能是“组织机构”。两个概念的互斥程度可根据两个概念所包含的实体集合的相交程度来计算。越不相交，表示两个概念越互斥；越相交，表示两个概念越兼容。METIC 使用了点互信息（Pointwise Mutual Information，PMI）指标来表示知识图谱中两个概念之间的相交程度，如公式（6-3）所示：

$$\mathrm{PMI}(t_1, t_2) = \log \frac{P(t_1, t_2)}{P(t_1) \times P(t_2)} \tag{6-3}$$

其中，$P(t_1)$和$P(t_2)$分别表示一个实体属于概念t_1和t_2的概率，即概念t_1和t_2包含的实体个数占总实体个数的比值；$P(t_1, t_2)$表示一个实体同时属于这两个概念的概率。当 PMI 值低于某个阈值时，认为两个概念语义互斥。

概念层级约束是指一个实体如果不属于某个概念，那么它也不可能属于这个概念的任意子概念。比如，不属于概念“人物”的实体也不可能属于概念“歌手”。为了生成概念层级约束，可直接使用知识图谱中概念之间的类属关系。例如，概念“公司”是概念“组织机构”的子类，而概念“歌手”是概念“人物”的子类。

基于约束的多示例分类结果融合方法，将问题建模成一个整数线性规划模型，其中的约束包括概念互斥约束和概念层级约束。模型的定义如下：

$$\text{Maximize} \quad \sum\nolimits_{t \in T} (P(t|m) - \theta) \times x_{e,t}$$

Subject to

$$\begin{gathered} \forall_{\mathrm{ME}(t_1,t_2)}\ x_{e,t_1} + x_{e,t_2} \leqslant 1 \\ \forall_{\mathrm{IsA}(t_1,t_2)}\ x_{e,t_1} - x_{e,t_2} \leqslant 0 \end{gathered} \tag{6-4}$$

其中，$x_{e,t}$是一个指示变量，取值为 0 或者 1，表示实体e是否属于概念t。$P(t|m)$表示一个实体指代m属于概念t的概率；θ为阈值；$\mathrm{ME}(t_1, t_2)$表示t_1和t_2是两个互斥的概念。$\mathrm{IsA}(t_1, t_2)$表示概念t_1是概念t_2的子类。从公式（6-4）中可以明显发现，第一个约束限制了两个互斥的概念，至多只能选中其中一个，而第二个约束限制了当一个父概念没被选中时，它的任何子概念都将被排除。

针对多示例特征表示的多示例学习的实体分类方法是一个端到端的神经网络模型，直接使用一个神经网络来预测实体的完整分类结果。输入为实体的全部示例，输出为实体的完整结果。多示例学习模型与图 6-6 中的 METIC 的方法类似，区别在于多示例学习模型在单示例分类结果的基础上，使用了一个池化层（Pooling Layer）替代结果融合模块来融合多示例的结果。文献[24]设计了三种不同的池化策略，分别是基于最大值、平均值和注意力机制的池化策略。

6.3　基于多源的百科图谱融合

6.2 节介绍了基于单源的百科图谱的构建方法，本节将介绍如何利用多个不同的数据源来获得一个更完整、更准确的百科图谱。基于多源的百科图谱融合方法主要分为两类。第一类是基于多个知识图谱的融合方法，如图 6-8（a）所示，首先根据每个数据源单独构建一个知识图谱，再将这些知识图谱进行融合，得到最终的知识图谱。第二类是基于多源异构数据的融合方法，如图 6-8（b）所示，每条知识都通过多源异构数据得到，再将所有知识合并成一个知识图谱。

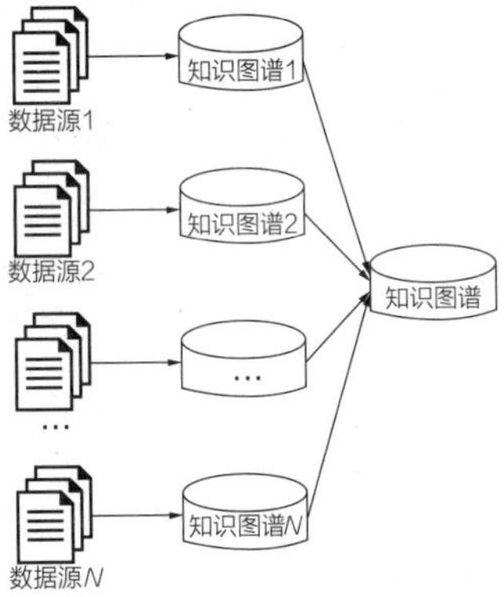

（a）基于多个知识图谱的融合方法

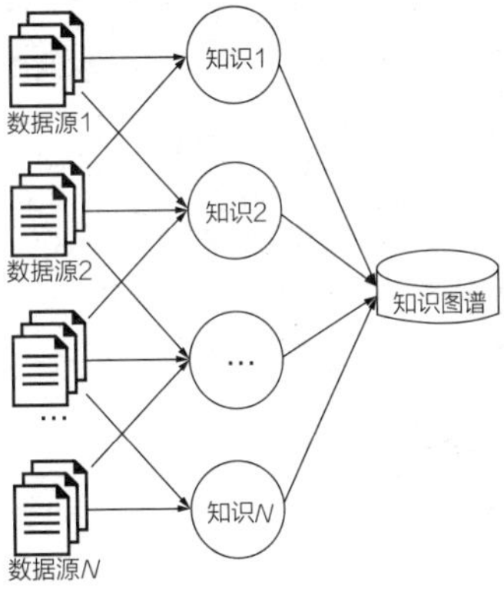

（b）基于多源异构数据的融合方法

图 6-8　基于多源的百科图谱融合方法

6.3.1　基于多个知识图谱的融合方法

这一方法需要融合多个百科图谱，其中每个百科图谱都由一个独立的百科数据源构建获得。本节以两个知识图谱之间的融合为例进行介绍，主要包括四个步骤：概念融合、实体对齐、属性对齐和属性值融合。

1．概念融合

不同知识图谱的概念层级体系各不相同，而融合后的知识图谱只能有一个概念层级体系。概念融合的关键是找到等价概念。由于概念层级体系非常重要并且规模可控，目前主流的系统主要采用人工方法进行匹配以保证融合的质量。例如，DBpedia 通过众包的方式为不同语种的知识图谱上的概念建立等价关系，如英文概念“Book”和希腊文概念“Βιβλίο”。

不同知识图谱的概念层级体系除了包含等价概念外，还包含各自图谱特有的概念。如概念“玄幻小说”只在中文概念中出现，而不会在其他语言的概念集合中出现。有两种融合策略处理上述情形：一种以 DBpedia 为代表，只以其中的一个概念层级体系为主，另一个概念层级体系中特有的概念将被过滤掉；另一种以 XLORE[7]为代表，保留所有的概念，只将等价的概念合并。

2．实体对齐

实体对齐是知识图谱融合的最关键的步骤，它决定了知识图谱之间是否能够融合。实体对齐的主要任务是判断来自两个知识图谱中的实体是否等价，如图 6-9 所示，对于两个知识图谱 KB_1 和 KB_2，对齐方法主要分为数据预处理、分块、成对对齐和集体对齐四个模块[25]。

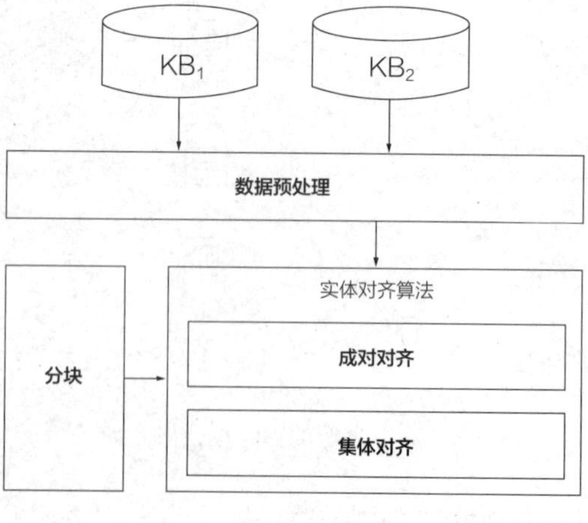

图 6-9　实体对齐的具体步骤

其中，数据预处理的目标是解决实体命名不统一的问题，主要方法包括去除实体名称上的标点符号、进行同义词扩展等。分块的目标是减少需要两两比对的实体对的数量。具体做法是，根据一些启发式策略，将两个知识图谱中的相似实体分配到相同的区块中。在进行实体对相似度计算时，只需要计算相同区块中的实体对即可。例如，可以根据实体的概念进行分块，只有属于同一概念分块中的实体才可能彼此对齐。比如，“人物”和“建筑”两个概念分块中的实体是不可能等价的。实体对齐方法又分成**成对对齐**和**集体对齐**。成对对齐只根据一个实体对中两个实体本身的信息进行匹配，而集体对齐会考虑整个知识图谱的信息进行匹配。下面分别针对这两类方法展开介绍。

（1）成对对齐

成对实体的相似度计算主要分为两类方法。第一类是无监督学习方法，包括以下几种。

①根据现有的知识得到等价关系进行判断，如 DBpedia 通过维基百科中的实体的多语言版本信息得到了不同语言知识图谱中实体的等价关系。

②根据实体名称的相似度进行判断。相似度计算的方法包括 Jaccard 系数、Dice 系数和编辑距离等。相似度大于某个阈值即认为等价；反之，则认为不等价。

③根据实体的语义相似性进行判断，如同义关系或概念相近等。

第二类是监督学习方法，即构建二元分类器，判断来自两个不同知识图谱的实体是否等价。这类方法的基本思路是利用已有的部分知识图谱间的等价实体作为训练集，再通过各种二元分类模型扩展得到更多的等价关系。其中，特征往往通过人工方式定义，来自实体的名称、正文、相关实体、标签、Infobox 等信息。

（2）集体对齐

集体对齐会把实体所在的图谱的信息也考虑进来，可以细分为两类。第一类是**局部集体对齐**，也就是要匹配两个实体，不仅要考虑两个实体本身的相似度，还要考虑两个实体的邻居节点的相似度，如公式（6-5）所示：

$$\mathrm{sim}(e_1,e_2)=\alpha\times\mathrm{sim}_{\mathrm{Attr}}(e_1,e_2)+(1-\alpha)\times\mathrm{sim}_{\mathrm{NB}}(e_1,e_2) \qquad (6\text{-}5)$$

其中，$\text{sim}_{\text{Attr}}(e_1, e_2)$为实体对本身的相似度，$\text{sim}_{\text{NB}}(e_1, e_2)$为实体的邻居节点的相似度。

第二类是**全局集体对齐**。从全局的角度来计算所有实体的匹配关系，该方法主要分为两种。一种是基于相似度传播的方法，基本思路是基于初始匹配通过迭代计算产生新的匹配。例如，如果已知两个作者匹配，那么与这两个作者具有“合著”关系的另外两个相似名字的作者之间会有较高的相似度。另一种是基于概率模型的方法，基本思路是将全局实体匹配的概率最大化，常用的方法包括贝叶斯网络、LDA、条件随机场和马尔可夫逻辑网等[25]。

例如，文献[26]提出了基于因子图（Factor Graph）的概率模型来对齐不同百科图谱中的等价实体。因子图的输入为两个知识图谱之间的连接图（Pairwise Connectivity Graph，PCG）。PCG 的构建过程如图 6-10 所示。这一方法首先枚举两个图谱的所有点对作为 PCG 的节点（如图 6-10 所示的两个图谱各有三个节点，两两组合而成的 PCG 中共有九个节点）。PCG 上的节点$a_{i_1}b_{i_2}$代表一个实体对，分别来自两个知识图谱（a_{i_1}来自K_1，b_{i_2}来自K_2）。PCG 上的边$\text{edge}(a_{i_1}b_{i_2}, a_{j_1}b_{j_2})$表示在各自的引用图上同时存在$a_{i_1}$指向$a_{j_1}$的边以及$b_{i_2}$指向$b_{j_2}$的边。

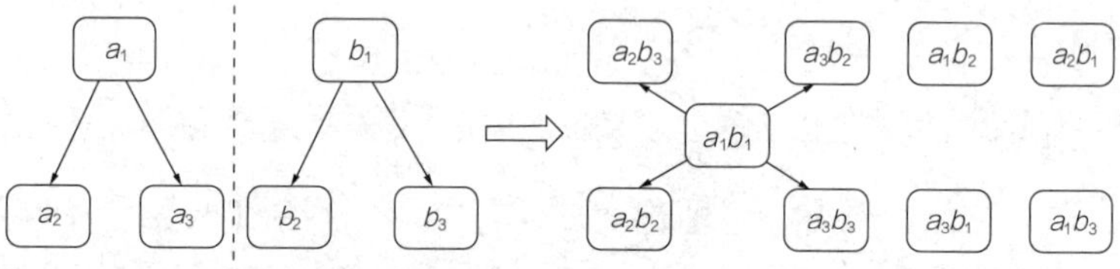

图 6-10　文献[26]提出的将两个知识图谱的引用图转化为 PCG

因子图概率模型的输出为$Y = \{y_i\}_{i=1}^{n \times m}$，每个$y_i$的取值为 0 或者 1，表示 PCG 的每个节点中的两个实体是否等价。根据输入的 PCG，因子图模型提出了三类不同的特征函数。

第一类为 PCG 中节点的特征函数$f(y_i, x_i)$，如公式（6-6）所示，用来表示 PCG 中每个节点x_i对应的实体对是否等价的先验概率。

$$f(y_i, x_i) = \frac{1}{Z_\alpha} \exp\{\boldsymbol{\alpha}^{\text{T}} f(y_i, x_i)\} \tag{6-6}$$

其中，$\boldsymbol{\alpha}$是要学习的特征权重，$f(y_i, x_i)$是一个概率向量，由各类相似度指标构成（比如文献[26]采用了两个实体在百科中链入（出）实体集的相似度、标签相似度和编写者的相似度等）。

第二类为 PCG 中边的特征函数$g(y_i, G(y_i))$，如公式（6-7）所示，用来表示节点之间的相关性。

$$g\big(y_i, G(y_i)\big) = \frac{1}{Z_\beta}\exp\{\sum_{y_j \in G(y_i)} \beta g(y_i, y_j)\} \tag{6-7}$$

其中，β是要学习的特征权重，$G(y_i)$是与y_i在 PCG 中的邻居节点集合，函数$g\big(y_i, y_j\big)$是一个指示函数，表示在 PCG 中是否存在节点x_i到节点x_j的边。如图 6-11 所示，$g(y_1, y_3) = 1$表示 PCG 中的节点$x_1 = (a_2 b_3)$与节点$x_3 = (a_1 b_1)$之间存在边，在图中表现为知识图谱K_1中实体a_1指向了实体a_2，在知识图谱K_2中实体b_1指向了实体b_3。

第三类为约束特征函数$h(y_i, H(y_i))$，如公式（6-8）所示，用来表示 PCG 中节点之间的约束。这里的约束指的是一一对应约束，即一个知识图谱中的实体至多只能和另一个知识图谱中的一个实体等价。

$$h\big(y_i, H(y_i)\big) = \frac{1}{Z_\gamma}\exp\{\sum_{y_j \in H(y_i)} \gamma h(y_i, y_j)\} \tag{6-8}$$

其中，γ是要学习的特征权重，$H(y_i)$是与y_i存在标记冲突（即违反一一对应约束）的隐变量集合，$y_j \in H(y_i)$表示两个节点x_i和x_j中存在一个相同实体，$h(y_i, y_j)$是约束函数。当$y_i = 1$并且$y_j = 1$时，也就是说两个节点x_i和x_j中的实体对都是等价的，因此违反了一一对应约束，此时$h\big(y_i, y_j\big) = 0$。在其他情况下，$h\big(y_i, y_j\big) = 1$。

最后，因子图模型的目标是最大化联合概率$P(Y)$，如公式（6-9）所示，它是三个特征函数的乘积。文献[26]根据给定一组已知匹配的实体对，通过最大化$P(Y)$似然函数来估计参数α、β和γ的值。根据习得的联合概率模型，实体对的集体对齐问题就转变成根据已对齐实体对估计其他实体对是否能够对齐的条件概率估计问题。如图 6-11 所示的问题就是条件概率$P(y_1, y_4, y_5 | y_2 = 0, y_3 = 1)$的估计问题。

$$P(Y) = \prod_i f(y_i, x_i) g(y_i, G(y_i)) h(y_i, H(y_i)) \tag{6-9}$$

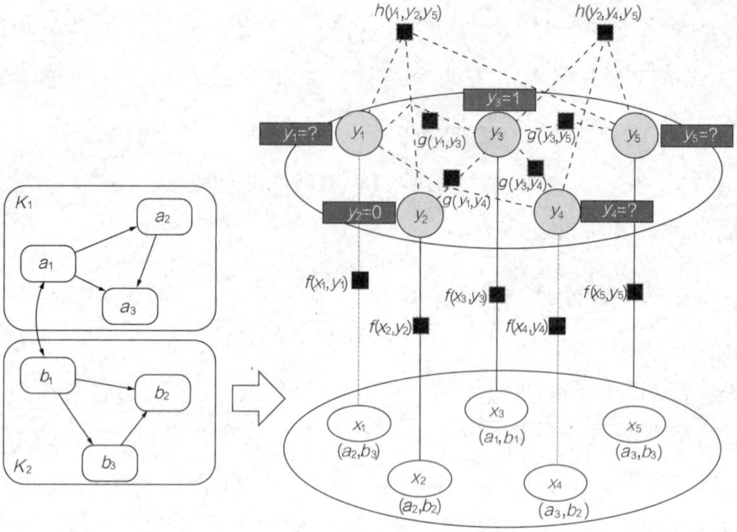

图 6-11　文献[26]提出的基于因子图的概率模型方法

3．属性对齐

属性对齐是指将不同知识图谱中的等价属性合并为同一个属性。在 6.2 节中已介绍过单数据源的属性对齐，其方法可以直接用于多数据源的属性对齐。此外，由于多数据源中存在着大量的等价实体，还可以充分利用一些统计信息来对齐属性。

一个常用的统计信息是属性对应的实体-属性值集合的重叠程度。如表 6-4 所示，知识图谱K_1的属性“出生日期”包括四个实体-属性值对，知识图谱K_2的属性“生日”也包括四个实体-属性值对。通过 Jaccard 系数计算出两个属性的实体-属性值集合的重叠程度为 100%，由此可以推断出这两个属性是等价的。

表 6-4　利用统计信息来对齐两个知识图谱中的等价属性

知识图谱	实　体	属　性	属 性 值
K_1	AAA	出生日期	1988-09-01
K_1	BBB	出生日期	1966-06-11
K_1	CCC	出生日期	1978-11-22
K_1	DDD	出生日期	1999-09-09

续表

知识图谱	实　体	属　性	属 性 值
K_2	AAA	生日	1988-09-01
K_2	BBB	生日	1966-06-11
K_2	CCC	生日	1978-11-22
K_2	DDD	生日	1999-09-09

4．属性值融合

在对齐属性后，需要对来自不同知识图谱的同一实体的同一属性的属性值进行合并。属性值融合的任务包括删除重复知识和去除错误知识。

删除重复知识最需要解决的问题是属性值的规范化，比如数值类型的属性值使用同一个标准来表示，包括单位统一、日期统一等。如果属性值对应一个实体且该实体存在多个名称，则使用统一的实体名称表示。

去除错误知识主要是利用不同知识图谱中的已知知识来实现的。根据属性是单值还是多值的，可以分为单值属性融合和多值属性融合。单值属性只有唯一的属性值，根据这一性质，可以利用投票的方法得到最可能的结果。文献[27]提出了一种基于异构信息网络的真值发现方法。为了从一个实体-属性对对应的多个属性值中找到正确的那个属性值，如图 6-12 所示，异构信息网络中构建了三类节点，第一类节点为知识图谱，第二类节点为三元组事实，第三类节点为三元组中的实体-属性对（为了方便描述，以下将其称为对象）。

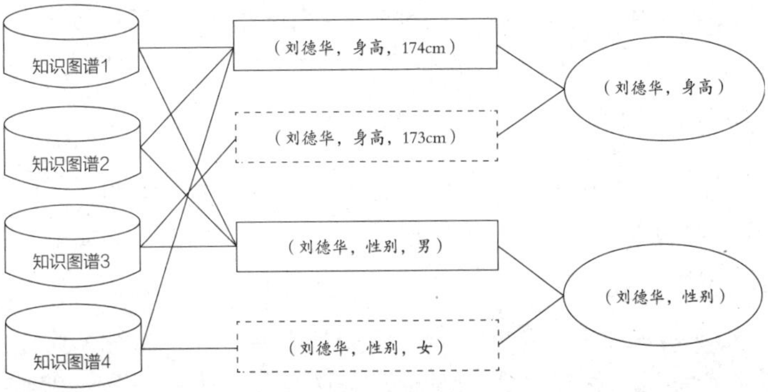

图 6-12　一个异构信息网络示例，虚线框中的三元组是错误的

每个知识图谱都存在大量的（实体，属性，属性值）三元组，可以为多个对象提供属性值。这些三元组的平均准确率决定了知识图谱的质量，而知识图谱的质量也可以用来估计三元组的准确率。当一个对象存在多个属性值时，如果大多数高质量的知识图谱都支持其中某一个属性值，那么这个属性值很有可能就是这个对象的真值。

上述思想的一个基本实现如下。首先对知识图谱质量按照如下公式进行估计：

$$Q(k) = 1 - \frac{\sum_{t\in T(k)} P(t)}{|T(k)|}, \ P(t) = \frac{1}{1 + \mathrm{e}^{-\gamma\cdot\sigma^*(t)}} \tag{6-10}$$

其中，$T(k)$为第k个知识图谱中的三元组集合，$P(t)$为三元组t的准确率，γ是一个惩罚因子，取值为 0 和 1 之间。三元组t的准确率$P(t)$由$\sigma^*(t)$决定（$P(t)$是$\sigma^*(t)$的归一化形式）。$\sigma^*(t)$是对三元组 t 的质量的直接度量，其值越大，准确率越高。$\sigma^*(t)$的计算公式如下：

$$\sigma^*(t) = \sigma(t) - \rho\cdot \sum_{o(t')=o(t)} \sigma(t') \tag{6-11}$$

可见，$\sigma^*(t)$由两部分因子组成。一是来自知识图谱本身的质量（也就是$\sigma(t)$）。当包含t的知识图谱可信时，t也就更可信。因此，$\sigma(t) = \sum_{k\in K(t)} Q(k)$。二是来自描述实体同一属性但有着不同取值的三元组（所有满足等式$o(t') = o(t)$的三元组t'）。当实体的某个属性存在不同事实时，这些不同的候选事实之间是此消彼长的关系。比如在图 6-11 中，如果刘德华身高为 174cm 更可信，那么另一个候选身高 173cm 可信度则要降低，因为二者最终只能选其一。因此，需要从公式（6-11）中减去$\sum_{o(t')=o(t)} \sigma(t')$，公式中的$\rho$是调节两部分因子的相对权重的参数。

文献[27]提出了一种迭代的方法来计算每个知识图谱的质量$Q(k)$和每个三元组的准确率$P(t)$。在初始化过程中，为每个知识图谱设置相同的质量值（如知识图谱的平均质量估计值），然后进入迭代计算。在每轮迭代中，首先通过知识图谱的质量来计算每个三元组的准确率，然后根据所有三元组的准确率来重新计算每个知识图谱的质量。依此迭代，直至收敛，即每个指标的变化值都小于某个阈值。

对于多值属性的情况，可以考虑多策略融合的方法，其包括如下策略。

- 直接合并策略，该策略认为所有属性值都是正确的，直接合并所有结果即可。
- 投票策略，包括大多数投票、一致性投票和加权投票等。大多数投票是指只有当超过半数的知识图谱都包含该属性值时，才认为这个属性值是正确的；一致性投票是指只有当所有知识图谱都包含该属性值时，才认为这个属性值是正确的；加权投票是指对不同的知识图谱设置不同的权值进行合并。
- 自定义融合策略。比如，某一知识图谱的可信度远高于其他知识图谱，可以将这个知识图谱中属性的属性值作为基准，而将其他知识图谱中属性的属性值通过启发式的方式加入进来。

6.3.2 基于多源异构数据的融合方法

这类方法的输入是多源异构的数据源，包括互联网页面和知识图谱等，输出是一个融合后的百科图谱。基于多源异构数据的融合方法的典型代表是 Knowledge Vault[28]，其主要由三部分组件构成：知识抽取器、知识推理器（文献[28]中称之为先验概率计算器）和知识融合器。

知识抽取器主要以互联网页面作为数据源进行知识抽取。根据数据类型的不同又可分为文本文档抽取器、DOM 树抽取器、网页表格抽取器和人工注解页面抽取器等四类抽取器。知识抽取器的基本思想是为知识图谱中的每条关系训练一个抽取器，再利用这些抽取器从多源异构的互联网页面中抽取出更多的知识。每个抽取器抽取出来的知识都会有打分（0 到 1 之间，分值越高表示越可信）。以文本文档抽取器为例，抽取方法类似于关系抽取器。对于一条关系抽取器，输入为文本文档中的一个句子，输出为一个包含该关系的三元组，训练集通过远程监督学习的方法利用知识图谱中的已有知识自动标注。具体方法可参见第 4 章。

知识推理器从知识图谱自身推理出新知识。这类推理器基于知识图谱的向量表示来推断知识图谱的缺失关联，并计算相应三元组成立的概率。典型方法包括路径排序算法、表示学习方法等。详细方法参见本书第 2 章 2.2.3 节和本书第 8 章 8.2.2 节，在此不再赘述。

最后，Knowledge Vault 通过知识融合器从知识抽取器和知识推理器中得到每条知识的最终可信度。其具体方法为：训练一个回归模型，输入是每类抽取器及推理器的特征值，输出是这条知识的最终可信度。比如，每个知识抽取器的特征值有两个，第一个是能抽取出这条知识的互联网页面的数量（取其平方根），另一个是抽取出这条知识所涉及的所有抽取器的打分均值。每个推理器也计算类似的特征值，比如所推理出的知识的可信度等。

本章小结

本章主要介绍了百科图谱的相关概念及构建方法。根据数据源的数量，百科图谱又分为基于单源的百科图谱构建方法和基于多源的百科图谱构建方法。这两类知识图谱的构建方法不同，前者侧重于抽取，而后者侧重于融合。其中，基于单源的百科图谱构建方法包括数据获取、属性抽取、关系构建、概念层级体系构建和实体分类等步骤；基于多源的百科图谱融合方法又分为基于多个知识图谱的融合方法和基于多源异构数据的融合方法。而基于多个知识图谱的融合方法包括概念融合、实体对齐、属性对齐和属性值融合等步骤；基于多源异构数据的融合方法包括基于互联网页面的知识抽取和基于已有图谱的知识推理以及知识准确率评估等步骤。

本章力求对百科图谱的构建进行全面的介绍，但是受限于篇幅，仍有大量相关方法未予详细说明，仅对一些共性技术做了简单的介绍。若读者感兴趣，可以阅读相关的百科图谱系统构建文献，如 DBpedia[29]、YAGO[30]、Freebase[31]、CN-DBpedia[4]、XLORE[7]、zhishi.me[6]以及 Knowledge Vault[28]等。

百科图谱由于以百科类网站作为数据源，因此具有知识全面、获取容易、抽取简单、质量优良等优点。百科图谱通常仅对高频知识覆盖较好，而对长尾知识覆盖较少。如何利用外部语料对百科图谱中的长尾知识进行补全，逐步成为一个热门的研究问题。同时，随着高质量知识图谱的数量越来越多，基于多个知识图谱的百科图谱融合方法逐渐成为构建趋势。目前针对单源的百科图谱的构建方法已基本成熟，但基于多源的百科图谱融合方法还缺乏通用的解决方案，还有很大的研究空间。

思考题

1. 什么是百科图谱？百科图谱的意义是什么？
2. 百科图谱如何分类？如何获取百科图谱数据？
3. 百科图谱中实体属性抽取的步骤有哪些？
4. 如何建立百科图谱中实体之间的关系？
5. 如何构建百科图谱中的概念层级体系？
6. 百科图谱中实体分类的方式有哪几种？请详述其中一种方法。
7. 在基于机器学习的实体分类问题中，实体的表示形式有哪几种？针对不同的表示形式可以采用哪种分类方法？
8. 百科图谱的融合方法共分为几类？每类方法各包括哪些主要步骤？

参考文献

[1] Yangqiu Song and Dan Roth. Machine learning with world knowledge: the position and survey. arXiv preprint arXiv:1705.02908, 2017.

[2] Jens Lehmann, Robert Isele, Max Jakob, Anja Jentzsch, Dimitris Kontokostas, Pablo N Mendes, Sebastian Hellmann, Mohamed Morsey, Patrick Van Kleef, Sören Auer, et al. DBpedia: a large-scale, multilingual knowledge base extracted from wikipedia. Semantic Web, 6(2):167-195, 2015.

[3] Fabian M Suchanek, Gjergji Kasneci, and Gerhard Weikum. Yago: a core of semantic knowledge. In Proceedings of the 16th international conference on World Wide Web, pages 697-706, New York, NY, USA, 2007. ACM.

[4] Bo Xu, Yong Xu, Jiaqing Liang, Chenhao Xie, Bin Liang, Wanyun Cui, and Yanghua Xiao. Cndbpedia: A never-ending chinese knowledge extraction system. In International Conference on Industrial, Engineering and Other Applications of Applied Intelligent Systems, pages 428-438, Berlin, Heidelberg, 2017. Springer.

[5] Roberto Navigli and Simone Paolo Ponzetto. Babelnet: Building a very large multilingual semantic network. In Proceedings of the 48th annual meeting of the association for

computational linguistics, pages 216-225, Uppsala, Sweden, 2010. Association for Computational Linguistics.

[6] Xing Niu, Xinruo Sun, Haofen Wang, Shu Rong, Guilin Qi, and Yong Yu. Zhishi. me-weaving chinese linking open data. In The Semantic Web-ISWC 2011, pages 20-220. Springer, Berlin, Heidelberg, 2011.

[7] Zhigang Wang, Juanzi Li, Zhichun Wang, Shuangjie Li, Mingyang Li, Dongsheng Zhang, Yao Shi, Yongbin Liu, Peng Zhang, and Jie Tang. Xlore: A large-scale english-chinese bilingual knowledge graph. In Proceedings of the 12th International Semantic Web Conference (Posters & Demonstrations Track) - Volume 1035, pages 121-124, Aachen, Germany, Germany, 2013. CEUR-WS.org.

[8] Zoltan Dienes, Donald Broadbent, and Dianne C Berry. Implicit and explicit knowledge bases in artificial grammar learning. Journal of Experimental Psychology: Learning, Memory, and Cognition, 17(5):875, 1991.

[9] Mengling Xu, Zhichun Wang, Rongfang Bie, Juanzi Li, Chen Zheng, Wantian Ke, and Mingquan Zhou. Discovering missing semantic relations between entities in wikipedia. In International Semantic Web Conference, pages 673-686. Springer, 2013.

[10] Bo Xu, Yi Zhang, Jiaqing Liang, Yanghua Xiao, Seung-won Hwang, and Wei Wang. Crosslingual type inference. In International Conference on Database Systems for Advanced Applications, pages 447-462, Berlin, Heidelberg, 2016. Springer.

[11] 周志华. 机器学习. 清华大学出版社，北京，2016.

[12] Samuel Sarjant, Catherine Legg, Michael Robinson, and Olena Medelyan. All you can eat ontology-building: Feeding wikipedia to cyc. In Proceedings of the 2009 IEEE/WIC/ACM International Joint Conference on Web Intelligence and Intelligent Agent Technology-Volume 01, pages 341-348, Los Alamitos, USA, 2009. IEEE Computer Society.

[13] Aleksander Pohl. Classifying the wikipedia articles into the opencyc taxonomy. In Proceedings of the Web of Linked Entities Workshop in conjuction with the 11th International Semantic Web Conference, volume 5, page 16, Berlin, Heidelberg, 2012. Springer.

[14] DB Lenat and RV Guha. Building large knowledge-based systems: Representation and inference in the cyc project. Artificial Intelligence, 61(1):41-52, 1993.

[15] Vivi Nastase and Michael Strube. Decoding wikipedia categories for knowledge acquisition. In AAAI, volume 8, pages 1219-1224, Chicago, Illinois, 2008. AAAI Press.

[16] Alessio Palmero Aprosio, Claudio Giuliano, and Alberto Lavelli. Automatic expansion of dbpedia exploiting wikipedia cross-language information. In The Semantic Web: Semantics and Big Data, pages 397-411. Springer, Berlin, Heidelberg, 2013.

[17] Xiao Ling and Daniel S. Weld. Fine-grained entity recognition. In Proceedings of the Twenty- Sixth AAAI Conference on Artificial Intelligence, pages 94-100, California, USA, 2012. AAAI Press.

[18] M Amir Yosef, Sandro Bauer, Johannes Hoffart, Marc Spaniol, and Gerhard Weikum. Hyena: Hierarchical type classification for entity names. In Proceedings of the Conference: Posters, pages 1361-1370, Indian, 2012. Indian Institute of Technology Bombay.

[19] Xiang Ren, Ahmed El-Kishky, Chi Wang, Fangbo Tao, Clare R Voss, and Jiawei Han. Clustype: Effective entity recognition and typing by relation phrase-based clustering. In Proceedings of the 21th ACM SIGKDD International Conference on Knowledge Discovery and Data Mining, pages 995-1004, New York, NY, USA, 2015. ACM.

[20] Xiang Ren, Wenqi He, Meng Qu, Lifu Huang, Heng Ji, and Jiawei Han. Afet: Automatic fine-grained entity typing by hierarchical partial-label embedding. In Proceedings of the conference on Empirical Methods in Natural Language Processing (EMNLP), Austin, USA, 2016. EMNLP.

[21] Li Dong, Furu Wei, Hong Sun, Ming Zhou, and Ke Xu. A hybrid neural model for type classification of entity mentions. In Proceedings of the 24th International Conference on Artificial Intelligence, pages 1243-1249, California, USA, 2015. AAAI Press.

[22] Bo Xu, Zheng Luo, Luyang Huang, Bin Liang, Yanghua Xiao, Deqing Yang, and Wei Wang. Metic: Multi-instance entity typing from corpus. In Proceedings of the 27th ACM International Conference on Information and Knowledge Management, pages 903-912. ACM, 2018.

[23] Ji Xin, Yankai Lin, Zhiyuan Liu, and Maosong Sun. Improving neural fine-grained entity typing with knowledge attention. In Thirty-Second AAAI Conference on Artificial Intelligence, pages 5997-6004. AAAI, 2018.

[24] Yadollah Yaghoobzadeh, Heike Adel, and Hinrich Schütze. Noise mitigation for neural entity typing and relation extraction. In Proceedings of the 15th Conference of the European Chapter of the Association for Computational Linguistics: Volume 1, Long Papers, volume 1, pages 1183-1194, 2017.

[25] 庄严，李国良，冯建华. 知识库实体对齐技术综述. 计算机研究与发展，53(1):165-

192, 2016.

[26] Zhichun Wang, Juanzi Li, Zhigang Wang, and Jie Tang. Cross-lingual knowledge linking across wiki knowledge bases. In Proceedings of the 21st international conference on World Wide Web, pages 459-468, New York, NY, USA, 2012. ACM.

[27] Xiaoxin Yin, Jiawei Han, and S Yu Philip. Truth discovery with multiple conflicting information providers on the web. IEEE Transactions on Knowledge and Data Engineering, 20(6):796-808, 2008.

[28] Xin Dong, Evgeniy Gabrilovich, Geremy Heitz, Wilko Horn, Ni Lao, Kevin Murphy, Thomas Strohmann, Shaohua Sun, and Wei Zhang. Knowledge vault: A web-scale approach to probabilistic knowledge fusion. In Proceedings of the 20th ACM SIGKDD international conference on Knowledge discovery and data mining, pages 601-610. ACM, 2014.

[29] Sören Auer, Christian Bizer, Georgi Kobilarov, Jens Lehmann, Richard Cyganiak, and Zachary Ives. Dbpedia: A nucleus for a web of open data. In The semantic web, pages 722-735. Springer, Berlin, Heidelberg, 2007.

[30] Farzaneh Mahdisoltani, Joanna Biega, and Fabian M Suchanek. Yago3: A knowledge base from multilingual wikipedias. In CIDR, 2013.

[31] Kurt Bollacker, Colin Evans, Praveen Paritosh, Tim Sturge, and Jamie Taylor. Freebase: a collaboratively created graph database for structuring human knowledge. In Proceedings of the 2008 ACM SIGMOD international conference on Management of data, pages 1247-1250, New York, NY, USA, 2008. ACM.

第7章 知识图谱的众包构建

内容提示 与前面的章节关注知识图谱自动化构建方法不同，本章专注于如何有效地将人力引入知识图谱构建的各个环节中。本章旨在回答如下问题：为什么知识图谱构建需要人工干预？哪些环节应该由人工来完成？人力如何最高效地融入知识图谱构建过程？

7.1 概述

目前知识图谱主要是以基于数据驱动的方法来构建的，即机器利用自然语言处理等方法自动从大规模文本中抽取知识，这种方法克服了完全依靠人工专家构建知识库所带来的高昂成本，使知识图谱的规模呈几何级数增长。然而，在当前阶段，知识的获取仍然需要人力介入，这主要有以下三个原因。

首先，人机混合智能仍然是当前人工智能发展的主要形态。总体来说，当前人工智能是人机混合智能的初级阶段，离机器自主智能阶段仍然相距甚远。这意味着，大部分人工智能过程仍然需要来自专家的经验与知识，大部分机器学习算法仍然显著依赖于人工标注的样本（或者人类社会活动产生的间接标注的样本），智能过程的输出结果还是需要人类的反馈，机器的价值观与认知框架还需要人类来建立。人机混合智能既是当前人工智能技术发展的局限所致，也是人工智能技术发展的可控性要求的结果[1]。因此，整个知识图谱的构建过程，从抽取模型的样本标注、概念层级的设计到知识的验证等若干环节，仍然需要人类的积极参与。

其次，知识是人类认知世界的结果，知识的对错其责任主体还是人自身。在当下，通过自动化方法获取知识产生错误在所难免。由于人工智能、模式识别、自然语言处理等技术的限制，以及网络文档不规范、噪声数据多等条件的制约，知识图谱构建的每一个重要步骤（如实体识别、关系抽取和知识融合等）都不可能用自动化的手段完全、准确地完成，而在这些中间步骤中产生的误差经过累加会导致知识图谱将错误的知识也吸纳进来。自动化知识获取所产生的错误必须由人来验证，因为“知识”本质上是人类对世界的认知结果，“知识”的对错是人类社会的命题，与机器无关。因此，由机器自动抽取的任何知识，其最终的验证者还应该是人，而且只有人才能对知识的对错负责，我们没有办法对机器追责。

最后，数据只是人类知识的有限载体，通过数据驱动的自动化获取方法只能获取知识的有限子集，人类对知识的补充不可或缺。人类的知识是十分庞大的，我们口口相传、通过书籍记载或数字化记录的知识只是人类知识总体中相当有限的子集。普通人对世界认知产生的常识以及专家的隐性知识都是极难从数据中使用自动化方法获取的，因而很难被现有的大型知识图谱所覆盖。因此，我们仍然需要将来自专家的隐知识、暗知识、默知识尽量外显，把它们显式地表达出来，连同人类的常识一并灌输给机器。

综上所述，仅仅依靠基于数据驱动的方法难以使知识图谱达到高准确率和高覆盖度，而适当的人力介入则可以缓解上述问题。然而，高昂的人工成本和知识图谱庞大的规模使得传统的由专家介入知识库构建的方案无法展开。众包平台（Crowdsourcing Platform）的出现使这种由人力介入参与知识图谱构建的方式成为可能。由于众包方式利用的是大众的闲暇时间，其没有

1 显然人类不希望机器自主发展出有悖于人类社会的价值观与认知框架。

传统的公司培训开销和团队维护开销，也避免了雇用专家所产生的昂贵费用，因此可以大幅降低单个任务的人工成本。

目前来看，众包可以在以下三个阶段介入知识图谱的构建过程（如图 7-1 所示，灰底部分）。

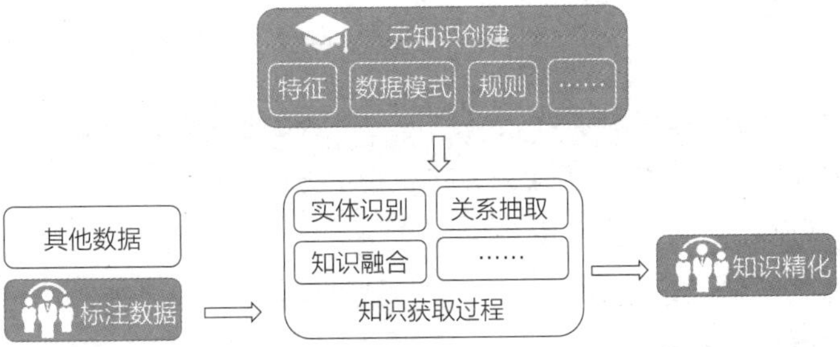

图 7-1　众包在三个阶段介入知识图谱的构建过程

（1）元知识创建阶段。这个阶段主要实现元知识（也就是基本的认知框架）的搭建，原因在于基本的知识体系涉及深层次语义理解，难以从大数据中自动归纳得到。另外，各类知识获取模型所用到的特征和规则也需要由人制定，因此这部分工作主要由专家完成。

（2）知识获取阶段。这个阶段需要利用众包实现数据标注，再将这些标注数据作为训练数据，进而构建知识获取模型（包括实体识别、关系抽取和知识融合等各种经典模型，这些模型大部分是基于监督学习的模型），通过这些模型从文本或数据中自动获取知识。

（3）知识精化阶段。在完成自动化知识抽取后，需要通过众包手段来验证知识，纠错补漏。

因此，众包对于知识图谱的构建十分重要。知识图谱的构建是一项与知识和智慧密切相关的任务，所以其众包任务属于知识型众包。本章下面将介绍知识型众包的基本概念，接着讲述知识型众包领域主要研究的问题，最后阐述将知识型众包用于知识图谱构建需要解决的主要问题。

7.2　知识型众包的基本概念

众包（Crowdsourcing）是一种新型的外包模式，它将一群松散的任务发包方（Requester）和任务完成者（简称工人，Worker）联系起来，实现任务发包、匹配、完成和付款等一系列操作。在数字时代到来以前众包就出现了，只不过当时主要采用“线下”的形式完成众包。

与传统外包模式不同的是，众包所联系的群体是一群松散的无组织人群，而传统承接外包任务的对象是一个相对固定的组织。相对于传统外包，众包在经费开销、时间与灵活性等方面表现更佳。

互联网 2.0 使得人们交互、支付和组织的便捷性大大提高，众包因此也得到了推广，目前已经有不少比较成功的众包平台。比如，滴滴出行和 Uber 通过自己的互联网约车平台实现了司乘需求的匹配。其他的一些 O2O 平台（如美团外卖、达达物流等）也都采用众包的方式完成了发包方与工人的匹配。可以说，众包已经成为现代服务业的一种重要组织方式。

上面介绍的比较成功的众包平台更偏向于劳动密集型行业，如快递、外卖和出租车等，主要是将闲散的劳动力组织起来为大众服务。近年来，涌现出一类新型的众包平台——知识型众包平台（Knowledge-Intensive Crowdsourcing）。这类众包平台主要将大众的智慧和时间合理组织，为广大用户提供智力支持。目前典型的知识型众包平台有亚马逊的 Mechanical Turk[1]、阿里众包[2]、猪八戒[3]等，在其之上产生了各种各样的智力型任务需求，如语料标注、字幕翻译、Logo 设计和问卷调查等。

与劳动密集型众包相比，知识型众包有以下特点。

（1）任务多样性强。劳动密集型众包往往只要求工人完成单一的任务，如美团外卖只关注外卖，滴滴出行只关注打车。而知识型众包涉及的任务丰富多样，在难度、时间开销等各个维度都存在较大区别。

（2）工人多样性强。劳动密集型众包工人的准入门槛较低，所需的工作技能单一，因此比较容易在人群中找到较多具备相应技能的工人。而知识型众包所需要的智力门槛较高，真正适合完成任务的工人不多。

（3）任务质量难以评价。劳动密集型众包由于任务单一，比较容易制定

---

1 参见链接[100]。

2 参见链接[101]。

3 参见链接[102]。

标准来评判任务完成的质量，比如，滴滴出行主要关注司机的响应时间和服务质量，美团外卖则是用订单完成时间作为评判标准。而知识型众包任务大多没有客观的评判标准，由于事先没有答案，因此很难评价工人完成得对不对、好不好。

（4）任务完成质量的影响面大。劳动密集型众包任务若完成的质量不高，可能会部分地影响用户体验，但并不会从根本上影响任务能否完成，如美团外卖的订单完成较慢只会影响用户用餐时间，而不影响其用餐与否。而知识型众包任务的完成质量则关系到任务本身能否完成，比如，若数据标注准确度不高，将导致后继的模型训练错误，从而完全推翻众包任务存在的必要性。

根据以上总结的特点，可以看出劳动密集型众包的核心问题是如何优化任务与工人的匹配，提升用户体验；而知识型众包则需要在此基础上进一步考虑一系列技术问题。首先，需要考虑如何筛选众包任务。由于知识型众包往往需要完成大规模任务，如对知识图谱的全局清洗和融合等，因此经费开销的总额比较大，需要精挑细选出预计收益最大的众包任务。其次，需要对参与的工人做适当筛选。由于工人多样性强和任务完成质量的影响面大等特点，参与任务的工人素质的优劣直接决定了任务的完成度。最后，良好的工作流设计关系到任务完成的质量。如何设计众包任务、如何激励用户以及如何控制任务完成的质量都是知识型众包的关键。我们将在 7.3 节具体讨论以上问题。

目前，已有不少成功的知识型众包的应用和平台。reCAPTCHA[1]是由卡耐基梅隆大学开发的一套验证码系统，它在人们输入验证码的同时，借助人类大脑对古旧书籍中难以被 OCR 识别的字符进行辨别。每次在 reCAPTCHA 系统中会出现两个机器难以自动识别的单词，其中一个系统已经知道答案，而另一个则交由用户识别。该系统已用于识别纽约时报和 Google 图书扫描文本中难以识别的单词。

ImageNet[2]是一个大型图片标注项目。它借助众包的力量对超过 1400 万张图片进行了语义标注，它的标注结果已成为许多图像识别应用的训练数

1 参见链接[75]。

2 参见链接[76]。

据。另外，维基百科也是一个广义上的知识型众包系统（平台），它是一个向全互联网开放的百科系统，已经可以支持超过 285 种语言，大众可以在上面对任何词条进行编辑，但编辑内容通过审核后才能正式在网站上发布。维基百科也由于其词条的权威性和内容组织的高度结构化成为自然语言处理和知识工程研究的基础数据来源。

7.3 知识型众包研究的问题

根据 7.2 节所述，知识型众包平台需要研究具体技术问题，以获得众包的最佳收益。总体来说，知识型众包平台需要考虑的问题可以总结为三个单词：What（对什么任务进行众包）、Whom（将任务交予谁完成）和 How（如何完成众包）。本节将就这些具体技术问题展开讨论，介绍已提出的解决方法并分析其利弊。

7.3.1 What（对什么任务进行众包）

一般而言，需要精心挑选具有最佳收益的一批问题交予众包平台。挑选的原则有如下两条。

（1）挑选最重要的任务。虽然众包单个任务的花费很少，但知识型任务往往需要将大量的小型任务拼接在一起，比如，数据标注通常要达到一定的数量才能获得合适的训练数据集。知识图谱的融合和清洗也往往面临知识图谱规模超大等问题，这造成整体开销十分巨大。另一方面，数据源的异构以及样本分布不均衡往往导致知识图谱构建的结果质量不一。因此，挑选最重要的任务进行众包是必要的。这里的“重要性”一方面由领域专家定性选择，另一方面用一些指标进行量化度量。

（2）挑选机器最不擅长而人最擅长的任务。显然，人机智能是有着显著差异的。比如，人擅长理解常识，而机器不擅长；人擅长理解似是而非的事实，而机器擅长处理精确的知识；人擅长理解概念性、框架性的元知识，而机器在这一方面的能力仍然十分有限。因此，在知识众包的过程中，通常要将这些人擅长而机器不擅长的工作交给人类，这样才能最大化人工干预的效益。目前这方面的研究工作还不多，但是在很多实际落地的应用中已经有意无意地在基于这些原则开展相关工作。

本节将主要针对如何挑选重要任务展开论述。在单个知识的构建和清洗方面，已经有不少研究工作值得借鉴。最常见的需要挑选任务的众包应用是实体对齐，这也是知识图谱构建和精化中最主要、最难的问题之一。Li 等人提出利用实体匹配的传递性原则来合理调度交予众包平台的实体匹配的顺序[24]。该团队后来又提出了建立实体对之间的偏序关系来节省众包开销，并在此基础上开发了 HIKE 系统[29]。Marcus 等人在论文[13]中提出利用众包进行排序和 Join 操作，研究其中众包任务的选取和优化问题。Zhang 等人在论文[27]中提出利用众包实现模式匹配，根据机器前期获得模式匹配的先验概率决定选取哪些匹配任务交予众包平台。

在构建知识图谱的过程中，实体识别、关系抽取等自然语言处理技术往往只能提供带有一定置信度的结果，因此节点之间的关系可以建模为不确定边，整张图可以建模为**不确定图**（Uncertain Graph）。众包可以帮助清洗不确定图，最简单的方法是将不确定性最强（即概率最接近 0.5）的边交予众包平台清洗，让人判断该边是否存在。然而这种做法是任务无关的，很容易出现众包清洗的边并非用户关心的内容的情况，因此，Lin 等人提出了一种查询任务导向的不确定知识图谱的概率清洗方法[8]。

该方法的核心在于度量消除某条边的不确定性能够给查询任务带来多大程度的收益，显然应将收益最大的边优先交予众包平台。图上的一类经典查询是可达性查询（本部分的查询均是指可达性查询），比如，问图 7-2（a）中“s 和 i 之间是否有两跳以内的关系？”。在确定图上（比如忽略图 7-2（a）上的概率），这一答案是明确的，答案为“是”，因为存在 s-k-i 这样的两跳路径。但是当考虑边上的概率时，结果为“是”的概率是 0.5（因为 s-k-i 存在的概率为 $0.625\times0.8=0.5$）。概率为 0.5 意味着存在与不存在的概率是相同的，这样的不确定结果对于发起查询的应用或用户来说过于模糊、无法使用。因此需要利用众包平台对某些不确定边进行清洗（也就是消除不确定性），使结果的置信度更靠近 0 或者 1。

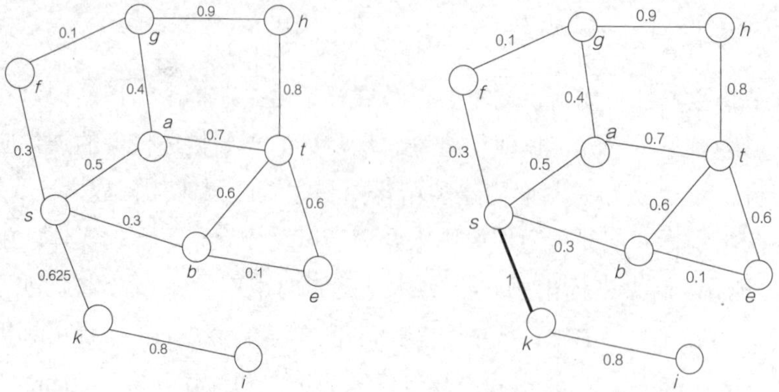

（a）原图　　（b）边(s, k)经众包修正为真之后的图

图 7-2　基于众包的知识图谱概率清洗问题

熵显然是衡量不确定性的最典型的方法。假设查询结果为“是”的置信度是 R，则结果的质量为：

$$Q = -R \times \lg(R) - (1 - R) \times \lg(1 - R) \tag{7-1}$$

显然，熵越大代表答案不确定性越强，结果质量越差。对于前面查询的结果，其熵为 lg2≈ 0.3。为了提升结果质量，需要借助众包将某些边的概率修正为明确的 0 或者 1（即这条关系是否存在）。通过对单条边的修正，达到结果质量的提升。由于不可能将知识图谱中所有的边交予众包平台修正（代价太大），因此需要挑选能最大程度提升结果质量的边交予众包平台。

在将某条边成立与否的问题抛给众包平台之前，系统也无法预知众包平台会返回 0 还是 1，只能假设返回 1 的概率与原先边上的置信度相同（p_e）。假设众包对边 $e=(s,k)$进行证实的结果为成立（对应于将其概率修正为 1），那么新图将变成图 7-2（b）。在这张新图上，查询结果为“是”的概率调整为了 R_1，根据公式（7-1）可以算出新的结果质量 Q_1（$R_1=1\times0.8 = 0.8$，$Q1 = -0.8\lg0.8 - 0.2\lg0.2 \approx 0.21$，显然熵值下降，也就是不确定性减弱）。同理，若众包返回的概率是 0，则有新的结果质量 Q_0，新的结果质量的期望值为：

$$Q'(e) = (1 - p_e) \times Q_0 + p_e \times Q_1 \tag{7-2}$$

则结果质量提升量的期望值为：

$$\Delta Q(e) = Q - Q'(e) \tag{7-3}$$

在以上假设的模型下，将结果质量提升量期望值最大的边交予众包平台清洗显然是合理的，也就是找到使$\Delta Q(e)$最大的边 e 交予众包平台。显然不同的查询需要众包不同的边，因此在实际计算$\Delta Q(e)$时还需要综合考虑不同查询对于评估的影响，从而更为客观地评估众包某条边对于不同查询的综合收益。具体方法详见论文[8]。

7.3.2　Whom（将任务交予谁完成）

众包任务有两种不同的发包方式：**被动众包**和**主动众包**。**被动众包**是指发包方将任务挂在众包平台上，由工人来认领任务并完成，发包方不对工人做过多选择，最多设计一套测试方法来验证工人的资格。而**主动众包**则是由发包方通过一系列算法精心挑选工人实现任务的分配。当前大规模的众包平台，如亚马逊的 Mechanical Turk、阿里众包等，均采用被动众包的方式分配任务，因为其上的大部分任务的完成门槛较低，且平台用户数量庞大，难以筛选。在某些质量攸关且所需工人又不多的特殊任务中，需要采用主动众包的方式，对工人精挑细选，如项目评审、代码众包等。这也成为这类众包任务的第一道质量控制程序。

目前研究较多的是主动众包，尤其是众包过程中工人与任务的匹配度计算问题。这一问题类似于商品推荐系统中用户与商品的匹配度计算问题。Zheng 等人在论文[28]中提出基于向量的工人匹配算法，该算法将所有任务分为 13 个领域，如体育、财经等，然后根据工人以往的任务完成情况为他们计算出每个领域的得分，再抽取出任务描述中的实体，计算出任务的每个领域得分，最后利用这些得分计算出工人与任务的匹配度，并据此排序挑选工人。

此外，Maridis 等人[11]提出使用技能树对工人的技能建模，当新的任务来临时，将任务与工人都对应到技能树上的某个节点，利用该树计算任务与工人之间的距离并将其转换为匹配度。技能树表达了技能之间的层级关系。在该树上，技能（节点）越深，则该技能的专业程度越高。如图 7-3 所示，技能“core Java prog.”所处位置的深度小于“Java 1.8 threads”，这说明后者的专业程度高于前者。在技能树上，技能s和s'之间的距离可以表示为：

$$d(s,s')=\frac{d_{\max}-\mathrm{depth}(\mathrm{lca}(s,s'))}{d_{\max}} \tag{7-4}$$

其中$d_{\max}$表示技能树的最大深度，depth(n)表示某一节点 n 的深度。lca(s,s')表示技能s和s'在技能树上的最小公共祖先，如 `lca("core Java prog." , "core C") = "programming"`。至此，工人与任务之间的距离（$d(s,s')$）就可以表示为工人所拥有的技能（s）到任务所需技能（s'）之间的距离，距离越短表示任务与工人的匹配度越高。

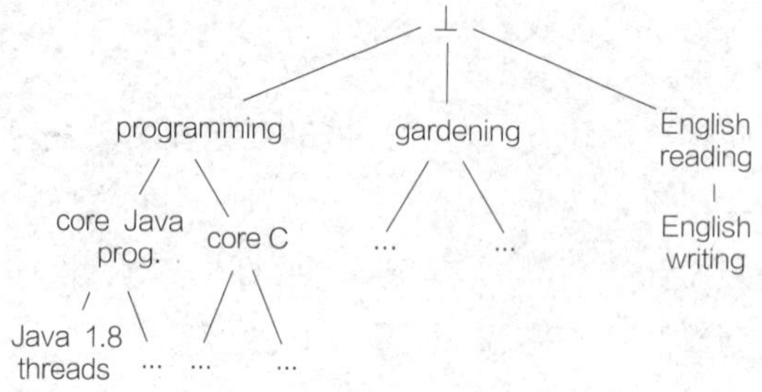

图 7-3　技能树示例

以上两种方法在实际应用中各有缺点。基于向量的方法需要对任务领域做事先划分，难以适应任务的动态扩展，比如，扩展到新领域；另外，该方法对于划分领域的粒度也较难设定，太粗和太细都会造成计算得到的匹配度不准确。而技能树方法在构建过程中可能无法真实反映现实世界中技能的分布，比如，“门球”和“篮球”虽然都属于体育运动，但喜欢和熟悉它们的人群可能完全无交集，篮球迷对门球运动可能一窍不通。如针对知识图谱构建这样复杂的任务，相关子任务间交叉纷繁，无法用一棵层级关系明确的树来建模技能和知识，这时可以考虑树图结合的方式，这样既考虑了技能和知识的分类体系，又考虑了分类之间可能存在的交叉关系。

与推荐系统一样，主动众包中的一个重要问题是冷启动问题，即新加入的工人由于没有什么历史表现，无法对其进行准确的建模。Mo 等人[14]提出采用迁移学习的方法将工人在某一领域的经验迁移到数据稀缺的领域，比如，对“口红”熟悉的工人也许对“高跟鞋”也熟悉，因此可以将工人对“口红”相关问题的回答迁移到其对“高跟鞋”相关问题的回答中。这种方法在一定程度上解决了冷启动问题，显然也可以应用于知识图谱的众包构建。

7.3.3　How（如何完成众包）

早期的众包过程比较程式化，整个过程包括任务发布、任务领取、任务验证和交付报酬。然而最近的研究表明适当调整众包过程，能够使任务的参与度和完成质量都大大提高。这里的调整包括：如何设计任务、如何激励工人和如何控制质量。

1. 如何设计任务

从工人的视角来看，众包任务可以分为显式众包和隐式众包。显式众包是指工人在完成众包任务时知晓自己正在完成众包任务，而隐式众包是指工人在不知不觉中完成众包任务。

现在大多数众包平台采用的是显式众包的方式，工人完成任务也主要是为了获得金钱报酬。显式众包领域有一些公认的设计原则，介绍如下。

（1）偏好更小的任务。众包平台人员的组织与参与都比较随意，工人往往利用闲暇时间完成众包任务，不希望在单个任务上消耗太多时间。

（2）判断题优于选择题，选择题优于填空题。这是由于判断题可选答案的空间最小，而填空题答案的空间最大，工人更偏好答案空间小的简单任务。

（3）工人不喜欢有大量交互合作的任务，这和简单任务更受青睐的原则一致。

然而最新的一些研究也表明，在一些特殊任务中，选择题可能也会优于判断题。Verroios 等人[23]指出，一道选择题的结果需要结合多道判断题的结果才可以得到，使用选择题可以付出更小的代价完成任务。因此，对于较容易的任务，用选择题代替判断题，而只有在难度较大的部分才采用判断题的形式，使资源分配更合理。

隐式众包是比较巧妙的众包方式，这一类众包通常为用户（工人）设计了两个任务，第一任务是游戏或者带有实际应用价值的任务，第二任务才是众包任务，用户在集中精力完成第一任务时，会不知不觉地完成众包任务。常识知识一直以来是知识工程中难以获取的知识，卡耐基梅隆大学的 Luis Von Ann 教授设计了一种类似于“心有灵犀”的网络游戏[1]，来尽可能多地收集优质的常识知识。这个游戏需要两名用户同时参与，游戏将一个实体展现给其中一个用户（称为 Narrator，“叙述者”），叙述者输入关于这个实体的描述，让另一个用户（称为 Guesser，“猜者”）猜测描述所提示的实体，在相同时间内猜出更多实体的用户可以获得奖励。为了使队友更快地猜出实体，叙述者常常会输入更加接近常识的描述，因此通过这个游戏可以收集到质量很高的常识知识。

图 7-4 描述了这个游戏的具体界面。叙述者看到游戏提示的词是“LAPTOP”，于是在对话框中输入“It contains a KEYBOARD”，如果猜者能通过这句话迅速猜到“LAPTOP”，那么系统便将这句话绑定为与“LAPTOP”相关的一条常识知识。

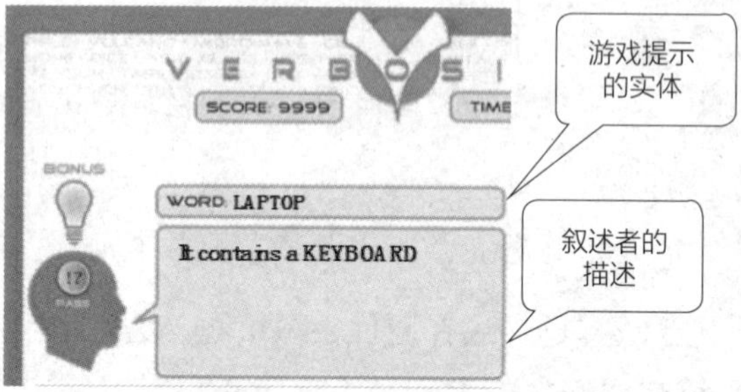

图 7-4 众包收集常识知识系统中的叙述者界面[1]

另一个隐式众包的代表性论文是文献[18]，它给出了一种视觉焦点标注的方法。所谓的视觉焦点是指，在人看到一张图片时，目光最先注意到的部分。捕获视觉焦点有利于理解图片的语义。该方法将许多图片缩小后通过手机发送给用户，用户为了看清图片上他最关心的内容，会用两根手指拉大屏幕，而根据人手指的触摸点可以推断出用户真正的视觉焦点。

从上面的例子可以看到，隐式众包可以以更小的代价完成任务，而且结果质量更高。隐式众包也存在如下的一些设计原则。

（1）众包任务往往是在无意识间发出和完成的，工人下意识做出的决定往往比有意识地完成任务准确性更高。因此，让工人聚焦于第一任务而无意识地完成第二任务是隐式众包的核心思想。

（2）工人即用户，在隐式众包中工人既是服务（第一任务）的受用方，又是众包任务（第二任务）的完成者，因此做界面设计时既要考虑工人完成任务的便利性，又要考虑工人作为用户的体验。

（3）第一任务的设计更重要，必须切合工人（用户）的基本需求。如果第一任务无法吸引工人使用，第二任务的完成便无从谈起。

2. 如何激励工人

目前众包系统常用的激励机制有以下四种。

- 名誉度。这就像游戏中的等级制度，是一种虚拟的奖励，在有些系统中，某些等级就代表某种特权。
- 快感。这是基于游戏的隐式众包常常采用的激励机制，让工人从游戏中获得快感，同时完成众包任务。
- 金钱激励。这也是目前众包平台中采用得最多的激励机制。
- 社交影响。利用社交需求激励工人参与众包任务，并让其在社交网络中受到关注。

其中金钱激励和社交影响是学术界研究的焦点。金钱激励机制分为以下三类。

- 静态奖励。每个工人完成每个任务后收到的金钱奖励的数量一致，与他们完成任务的质量和所花费的时间无关。这是目前最常用也是最简单的金钱激励方式。
- 动态奖励。有研究发现[6]，在任务执行的不同阶段给予不同金额的奖励会产生更好的效果，这也是目前经济学领域研究得较多的方式。
- 条件奖励。只有工人按时且保质地完成了任务，才会发放奖励。比如，文献[2]规定，只有工人的答案和大多数其他工人的答案吻合，才会发放奖励。另外，Rokicki 等人[20]提出利用团队竞争的方式提升众包效率。

社交网络可以分为强连接网络和弱连接网络。强连接网络指的是网络中的人在线上和线下都互相认识且交往。典型的强连接网络包括微信、Facebook 等。在弱连接网络中，用户之间的社交关系通常在线上和线下是分开的，网友之间互相不知道对方线下的身份。典型的弱连接网络包括百度贴吧、论坛等。而新浪微博和 Twitter 介于二者之间。有研究发现，对于知识型众包任务，弱连接网络有较好的推广和促进作用，而强连接网络的推广和促进作用较小。这是因为通常众包任务的回报并不高，工人往往不希望生活中真正的朋友知晓其正在完成众包任务，而弱连接网络既能让其在虚拟社交空间中分享众包心得，又无与现实联系之忧，因此更受众包工人的欢迎。

综上所述，适当的激励机制可以更有效地激发工人的能动性，使其提供更高质量的答案。为了达到更好的效果，可混合使用以上的激励机制。比如，在任务开始阶段，使用强连接网络和金钱激励吸引大量工人注意到此任务；在有足够多的工人参与后，可以构建弱连接网络，并采用名誉度等虚拟激励机制以节省开销。

3．如何控制质量

知识型众包最大的问题之一就是质量控制，因为发包方也没有任务的标准答案，只能凭借工人返回的结果推断出真实的答案，而工人的素质和水平又参差不齐，所以质量控制就成了很难的问题。目前，众包质量控制方法根据众包前中后三个阶段分为如下三类。

（1）众包前的质量控制，主要是在任务发包之前制定好任务设计策略和激励分配策略。

（2）众包过程中的质量控制，是指在众包过程中通过设计一些精细的过程提升众包任务完成的质量。

（3）众包后的质量控制，是指在获得工人返回的答案后综合推断出真实的结果。

众包前的质量控制主要关注如何更合理地分配众包任务和激励。比如，文献[12]提出了一种基于问题难度的不均衡工人分配策略，即事先对众多任务的难易程度做出预判，再根据难易程度分配工人的数量（越难的任务分配越多的工人）。文献[5]在此基础上做出改进，提出先用小规模众包预测出决定任务难度的特征，再根据这些特征分配工人数量。众包前的质量控制手段在第 8 章中将会进行介绍，因此本节不再详细讲述。

众包过程中的质量控制的目的是防止众包工人不认真完成任务而出现质量问题。文献[4]提出采用回溯法剔除只为获得奖励而胡乱完成任务的工人，它会在任务中不定时地向工人提出“前一道任务中的关键词是什么”这一类问题。此外，有许多应用会在任务中插入一些已经知道标准答案的任务，若工人在这些任务上返回了一定量的错误结果，其就会被剔除。

众包后的质量控制是目前研究最多的领域，主要关注从众多众包答案中推断出真实的结果。具体来说，就是将同一任务同时发给多个工人，得到冗余结果，再根据一系列概率模型计算、推断出真实的结果。众数投票是应用得最广泛的结果聚合方法，它将结果中出现最多的答案当作最终结果。

为了获得更加准确的聚合结果，一些学者提出从众包任务中噪声来源的角度（例如，标注者的投入程度、标注者的专业程度、标注者潜意识的正确与否和标注任务本身的难度）出发，对标注结果进行质量评估后再进行聚合[31,21]。文献[17]提出借助隐马尔可夫模型聚合带有序列属性的众包答案，从而得到最佳的标注结果。在此基础上，文献[26]指出，在众多普通标注者的标注结果中，提取其公有的部分以使得最终结果接近专家标注。因此，该文献提出一种对抗网络模型，在模型中分别学习标注者的公有信息和属于不同标注者的私有信息，同时以判别不同标注者作为目标进行对抗式学习，从而提高公有模块的学习质量，使其收敛于专家标注的数据分布。

7.4 基于众包的知识图谱构建与精化

构建与精化知识图谱的过程中有三个阶段是最需要引入人工的：知识图谱模式构建或本体构建阶段、知识图谱构建阶段、知识图谱精化阶段。表 7-1 总结了几个利用众包实现知识图谱构建的代表性系统。下面将分别着重介绍上述三个阶段中众包的工作与贡献。

表 7-1　利用众包实现知识图谱构建的代表性系统

平台名称	主要特点	发生阶段
Wikidata	利用在线社区吸引用户	本体构建
Freebase	众包加知识融合	本体构建
OntoPronto	游戏众包	本体构建
Inpho	构建概念层级	本体构建
HIGGINS	三元组抽取	知识图谱构建
HIKE	实体对齐	知识图谱构建
VCode	利用验证码补全知识	知识图谱精化

7.4.1 本体构建阶段的人工介入

在知识图谱构建之初，本体设计是不可或缺的环节，构建好本体后，再从数据中抽取实例挂接到概念之下。实例之间可以继承本体中对应的概念与概念之间的关系。因此，本体构建的准确性和覆盖度对整个知识图谱的构建而言至关重要。

有许多著名的大型项目采用众包方式实现本体构建。Wikidata[1]是维基百科的姊妹项目，其也以在线社区的方式吸引互联网用户贡献知识。与维基百科不同的是，Wikidata 最终呈现的数据形态是结构化数据。它的目标是提供一个准确的、实时更新的百科类知识库。Freebase[2]也是一个通过众包完成的知识库，同时它还集成了其他外部数据，如百科数据等。众包在以上的本体工程中的主要贡献在于定义知识类型、概念层级和关系元数据，以及添加标签和其他元数据等。

除了这些大型项目，本体工程领域还有不少利用众包的例子。Noy[16]尝试使用众包代替专家构建本体工程，它聚焦于本体构建中的一个难点任务：isA 关系验证。实验证明，众包能在该任务上达到 90%的准确率，这在一定程度上弥补了专家贵而少的不足。

InPhO 系统[15]是一个利用众包完成的概念层级体系。它首先依靠一个由领域专家组成的社区完成基本概念框架的搭建，然后提供众包任务来判定这些概念之间的关系是否准确。Zhang 等人[27]提出了基于众包的模式匹配算法，如图 7-5 所示，可以将不同数据表中的列名对应起来。它利用机器先算出各个模式组合之间的匹配概率，再利用概率模型从中识别出最不确定的列名对，并交予众包平台验证。

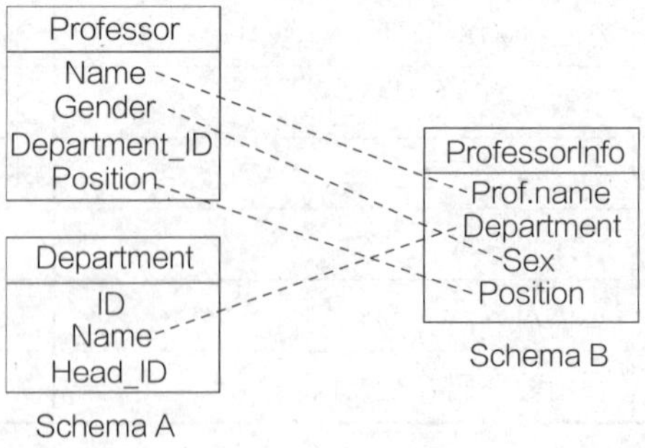

图 7-5 模式匹配示例

1 参见链接[77]。

2 参见链接[78]。

游戏众包是本体构建中一种常用的方式，它设计游戏，让用户在无意间把知识贡献出来并完善本体。OntoPronto[9]就是一种概念建模的游戏众包，它有单人和双人两种模式，双人模式是该游戏的特点。它首先将维基百科中某个词条的一段话或者一张图片贴出来，询问两名用户（玩家）这个词条指的是一个实体还是一个类型，只有两名用户的答案一致才可以得分。该游戏的后端设计了一系列机制来验证用户的答案。图 7-6 展示了 OntoPronto 游戏界面。虚拟宠物游戏[1]是一款旨在构建语义网络的虚拟游戏，它构建在一个中文 BBS（PTT）之上，游戏给每名用户都赠送了一个虚拟宠物，为了照顾宠物，用户需要在系统中完成本体相关的常识性问题来赚取分数，用户之间可以互相交叉验证对方的答案。

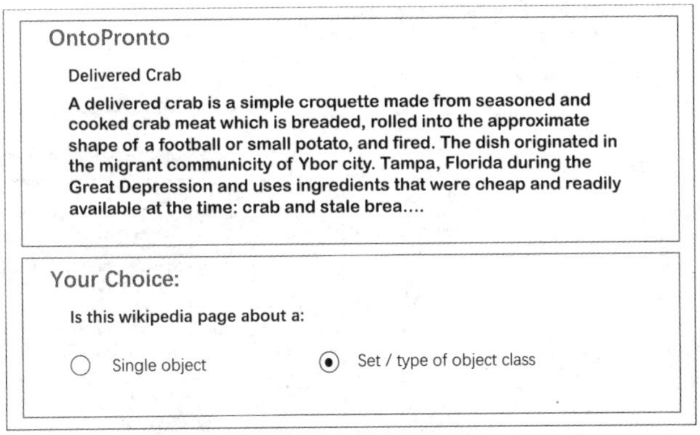

图 7-6　OntoPronto 游戏界面

7.4.2　知识图谱构建阶段的人工介入

完成本体设计后，需要用自动化的手段从大规模文本中抽取相关知识。在知识获取方面，由于人类拥有远胜于机器的认知能力，因此在以下方面更有优势：从非结构化的自然语言中抽取出三元组，以及对齐异构数据源中的实体。因此，本节主要介绍众包在这两个方面的研究工作。

1. 三元组抽取

目前的三元组抽取基本上采用两种方式：基于规则的方法和基于机器学习的方法。无论使用哪一种方法，都不可避免地会产生一定的错误。比如，

1　参见链接[79]。

对于 “不同于《如懿传》，《延禧攻略》是一部由东阳欢娱影视公司于 2018 年出品的古装宫廷剧”这句话，无论使用基于规则的方法还是基于机器学习的方法，都极容易遗漏正确的三元组（<东阳欢娱影视公司，出品，《延禧攻略》>），或挖掘出错误的三元组（<东阳欢娱影视公司，出品，《如懿传》>）而这个任务对于人来说十分容易。由于构建知识图谱所要处理的文本规模十分庞大，完全通过众包完成将会产生巨大的开销，因此最合理的方式是采用人机结合的方式，先由机器利用自动化信息抽取方法（如 OpenIE）获得候选三元组，然后将不确定的三元组抛给众包工人来判断。

Kondreddi 等人在 2013 年提出了 HIGGINS 系统[32]，其就是采用人机结合的方式实现三元组抽取的。如图 7-7 所示，HIGGINS 系统包括信息抽取引擎（IE Engine）和众包引擎（HC Engine）。

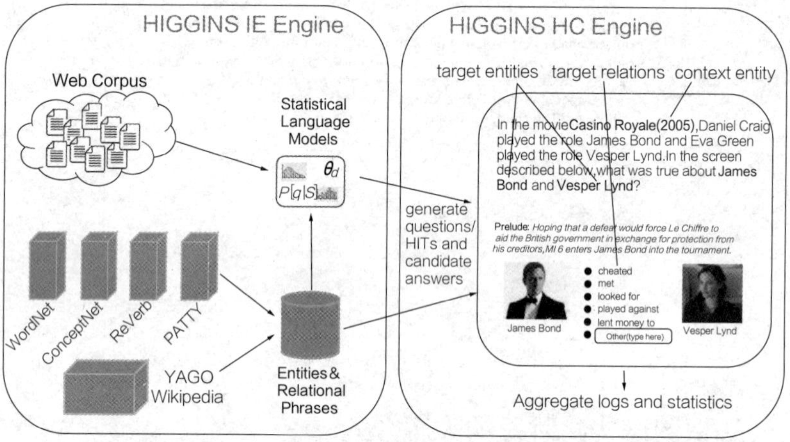

图 7-7 HIGGINS 系统[32]

信息提取引擎的作用是：

- 识别文本中的实体（从名词短语中过滤）。
- 抽取实体之间的关系（从动词短语中过滤）组成三元组。
- 删除置信度低的三元组。

而众包引擎的作用是：

- 生成问题。将与三元组相关的上下文融入问题中，并生成选择题的题目。

- 生成答案。生成选择题的候选答案。

之所以采用选择题的方式进行众包，是为了防止开放性问题造成众包答案五花八门而难以统一。图 7-7 的右图展示了一个 HIGGINS 系统生成众包任务的例子。这个题目是一段描述，包含了目标实体和一些上下文实体，给出了若干条待选择的关系，工人需要根据这段描述做出最终的选择。

2．实体对齐

实体对齐是知识型众包中最常见的任务之一，它是一项典型的人擅长而机器不容易准确完成的任务。比如，人可以很容易地把“苹果 iPad 4”和“苹果平板电脑 4 代”对应起来，而机器却不容易做到。这是因为：

- 互联网中新的实体层出不穷，训练集很难覆盖这些新实体。
- 实体的结构复杂、不规范，因此很难用规则模板来适配。
- 实体表述一般较短，需要结合上下文来判断和识别。而人脑由于有更强大的认知能力和更丰富的常识储备，所以可以非常轻松、准确地完成实体对齐任务。

图 7-8 展示了基于众包的实体对齐系统框架，其中采用了典型的人机结合的对齐策略。首先，由机器对所有实体对进行匹配分析，计算它们的相似度，对于模棱两可的实体对，通过众包问题生成策略产生众包任务，并交予众包平台。待众包结果返回后，经过验证分析，如果仍然存在疑似错误的匹配，则须循环抛给众包平台，继续完成实体对齐任务，直至所有疑似错误都被消除。

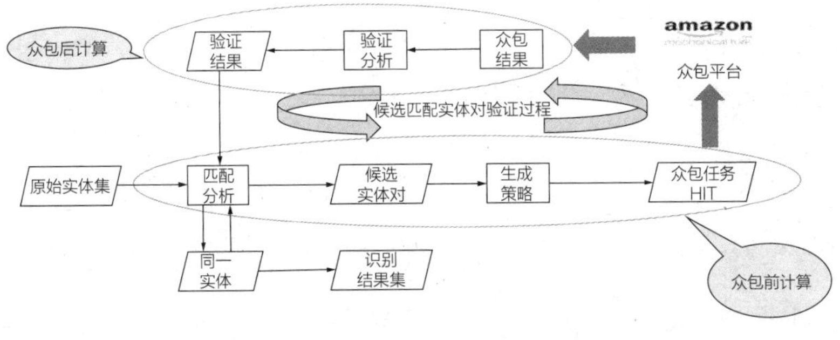

图 7-8　基于众包的实体对齐系统框架

目前的研究大多集中在如何调整众包顺序，以降低众包任务花费的时间与金钱开销。Li 等人设计了基于众包的实体对齐系统 HIKE[29]，该系统架构如图 7-9 所示。与图 7-8 中描述的传统实体对齐步骤不同，为了降低开销，除了基本步骤外，它还增加了两个步骤：实体分块（Entity Partition）与偏序对构建（Partial Order Construction）。

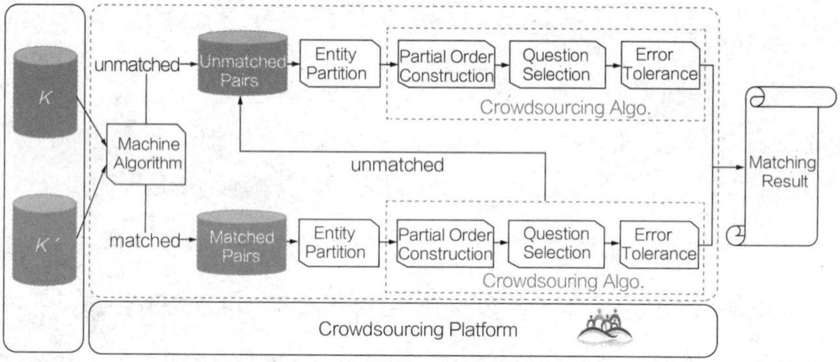

图 7-9　HIKE 系统架构[29]

真实的实体对齐场景可能需要将两个千万数量级别的实体集合做对齐操作，如果不加过滤，将所有实体对交予众包平台，将会产生实体数平方级别的开销。采用实体分块将疑似相同的实体分在同一块，这样跨块的实体就没有必要再对齐，从而大大降低了众包的开销。然而，即使在同一块中，仍然有很多实体对，所以需要在实体对间排一个偏序，表明某些实体对比另一些实体对更有可能匹配，因此只需要通过众包判断其中一些实体对是否真的指代相同实体，就可以利用偏序传导性推断其他实体对是否匹配，从而降低众包开销。

具体来说，HIKE 系统使用三元组中的谓词来实现实体分块和偏序对构建。假设知识库 K 中含有谓词集合 $\{p_1, p_2, p_3, \cdots, p_m\}$，知识库 K' 中含有谓词集合 $\{p'_1, p'_2, p'_3, \cdots, p'_m\}$，$T(p)$ 代表包含谓词 p 的三元组。如果对于相同的头实体 s 和尾实体 o，K 中存在三元组 $<s, p_i, o>$，K' 中存在三元组 $<s, p'_j, o>$，那么我们称 $<s, o>$ 属于谓词 p_i 和 p'_j 的交集。因此，谓词 p_i 和 p_j 的相关度表示为 $\mathrm{Sim}(p_i, p'_j) = \frac{|T(p_i) \cap T(p'_j)|}{|T(p_i) \cup T(p'_j)|}$。

对于 K 中的每个谓词 p，找到 K'中与它相关度最高的谓词 p'；同理，对于 K'中的每个谓词 p'，也找到 K 中与它相关度最高的谓词 p。然后把这些最相关的谓词对组成集合 P，计算 P 中每个谓词对之间的相关度（关于相关度的计算参见论文[29]的第 4 节）。只有相关度在阈值之上，才认为谓词对属于相同的块，而与同一块的谓词对同时产生关联的实体，才会被分配到同一块中。

图 7-10 描述了一个 HIKE 系统分块的示例，在如左图所示的第一阶段（Phase I），通过相似度矩阵计算出 pp^1~pp^5 这五个谓词对。右图中给出了实体与这些谓词对的关联关系，基于这些关联关系，可以将谓词对聚类为 $\{pp^1, pp^2, pp^3\}$和$\{pp^4, pp^5\}$两个块，对应的实体也被分配给这两个块。

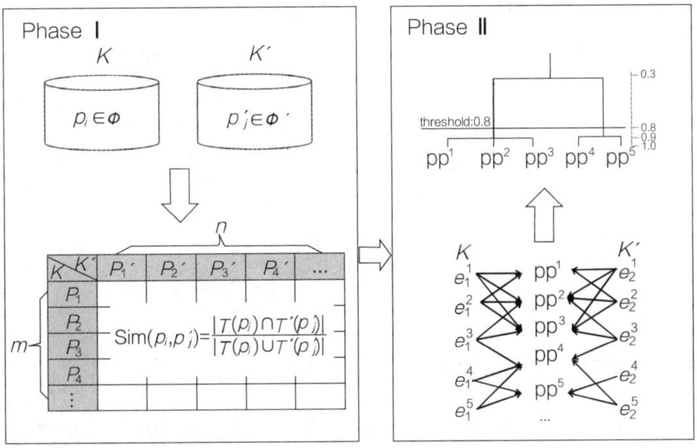

图 7-10 一个 HIKE 系统分块的示例[29]

基于以上定义的谓词对，还可以进一步定义偏序对。对于块内每一个实体对 p_{ij}，可以计算出关于每个谓词对的相关度。如果某一实体对 p_{ij} 关于块内所有谓词对的相关度都高于另一实体对 p_{mn}，我们称偏序$p_{ij} \succ p_{mn}$成立。也就是 p_{ij} 在偏序$\succ$意义下大于 p_{mn}，这意味着如果经过众包判断，实体对 p_{ij} 并不指代同一实体，那么实体对 p_{mn} 也一定不指代同一实体。反过来，如果实体对 p_{mn} 指代同一实体，那么实体对 p_{ij} 也一定指代同一实体。所以根据实体对之间的偏序关系，调整交予众包平台判断的实体对顺序，可以有效降低众包开销。

图 7-11 描述了一个关于偏序关系的示例，假设块中有四个谓词对，对

于实体对 p_{11}，针对四个谓词对算出的相关度分别是{1, 1, 1, 0.8}，而实体对 p_{22} 针对四个谓词对算出的相关度分别是{0.5, 0.6, 1, 0.5}，所以我们称 $p_{11} \succ p_{22}$。在图 7-11 中，用 p_{11} 指向 p_{22} 表示这一偏序关系。假如我们利用众包验证了 p_{22} 指代的是同一个实体，那么 p_{11} 也一定指代的是同一个实体；反之，如果利用众包验证了 p_{11} 并不指代同一个实体，那么 p_{22} 也不指代同一个实体。另外，图 7-11 中的 p_{22} 和 p_{33} 则不存在这种偏序关系。偏序关系可以传递，由于 $p_{11} \succ p_{22}$，同时 $p_{22} \succ p_{44}$，因此有 $p_{11} \succ p_{44}$ 成立。

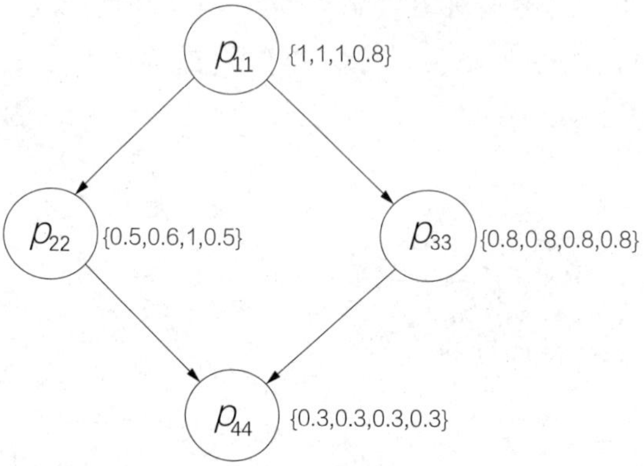

图 7-11　一个关于偏序关系的示例

7.4.3　知识图谱精化阶段的人工介入

正如 7.4 节一开始所说的，在知识图谱的精化过程中引入众包，可以提高基于数据驱动的知识图谱构建过程的准确度和覆盖度。某些知识图谱中的错误或者缺失，可以借助用户在应用后的反馈来完成。比如，若用户无法回答某个问题，可以以此推导出某条知识的缺失。知识图谱精化可以分为知识补全和纠错。在知识补全方面，众包化的常识补全和基于验证码的补全具有一定的代表性，下面分别展开介绍。

Cyc[1]是一个利用众包完成常识知识收集的大型项目，而常识知识往往被认为是现有知识图谱严重缺乏的知识。Cyc 创建于 20 世纪 80 年代，创始人雇用了一个工程师和哲学家团队，构建了一个涵盖所有人类知识类别的基础本体，并达到了一定的细化等级，还开发了一个基于该本体的知识库，收集

1　参见链接[80]。

了 2500 万条常识知识。到目前为止，Cyc 已经收集了超过 150 万个词条。

OpenMind[1]是另一个基于众包的常识知识收集项目，它是由麻省理工学院于 1999 年发起的，其底层是一个被称为 ConceptNet 的语义网络。发起者构建了一个众包网站，鼓励世界各地的志愿者贡献诸如“天是蓝的”“鸟会飞”“桌子有四条腿”之类的知识。这些知识以自然语言的形式提供，然后被加工成计算机系统能使用的形式。从众包网站的交互界面来看，最初允许互联网用户输入自然语言，而为了方便处理知识，如今只提供结构化的填空式输入。另外，它也采用游戏的方式收集常识知识。无论 Cyc 还是 OpenMind，都采用随机众包的方式，即工人想到什么知识就输入什么知识，其并不是从上层应用出发的。因为在随机众包中，工人（用户）想到什么知识就输入什么知识，所以由此贡献的知识是大部分人都容易想到的知识，而一些生僻的知识却难以收集。因此，由此方法构建的知识库难以覆盖长尾知识，覆盖度不高，难以支持上层的智能应用。

除此之外，使用验证码也可以实现众包式的知识补全。由于验证码可以部署在重要的互联网服务上供大量用户使用，所以它可以以很低的成本获取大量的用户反馈。一般而言，在使用验证码提供众包任务时，会有小概率提出一些连验证码提供商也不知道答案的问题让用户回答（此时验证码不用于验证用户的合法性）。这样便可以收集用户对于这些问题的答案。

因此，可以使用验证码众包验证知识图谱中的可疑知识——只需要提出一个与知识相关的问题，让用户根据其拥有的知识回答即可。然而，用户未必熟知知识图谱中的每条知识，因此还需要在提出问题的同时给用户一些提示。如图 7-12 所示，中文知识图谱 CN-DBpedia 使用了一种问答式验证码[2]。该验证码除了给出一个问题让用户回答外，还提供了一句含有问题答案的句子，并要求用户在句子中点击属于答案的单词。

图 7-12　基于验证码的众包知识补全示例

1　参见链接[81]。

2　参见链接[82]。

如图 7-12 所示的示例可用于验证<*Beat it*, *singer*, *Michael Jackson*>这条知识。验证平台通过在语料中搜索包含三元组的相关文本，可以构造问题的提示，再通过自然语言问题生成技术构造问题。如果大部分用户都会选择 Michael 或者 Jackson 来通过验证，就说明这条“知识”很可能是事实。该验证码用于 CN-DBpedia 的知识补全，并取得了较好的效果，其对约 1000 条可疑的知识进行了验证，验证结果达到了 98%的准确率。随着时间的推移，其很容易对更多的知识进行验证。

对于知识图谱的纠错，Google 最早也采用了众包方式：利用众包方式使工人在其网站上显式地指出错误，并由后台的审核人员进一步审核。而其他知识图谱的提供商由于没有太大的访问流量，因此需要先由机器定位疑似出错的知识，再将这些知识交予众包平台纠错。给定关于错误知识的评价标准，机器不难找出可疑的错误知识。因此，众包纠错的关键在于评估知识错误的可能性。这其实是整个知识图谱构建的核心问题之一。

对知识图谱的质量评估在前面的章节以及后面的第 8 章中均有涉及，这里只做概要介绍。最典型的评估方法是 Google 提出的基于分类的冲突检测方法，从而识别知识的对错[3]；文献[19]提出用概率模型计算出可信度较低的关系；文献[13]提出利用混合推理和概率发现错误知识；文献[10]提出利用 isA 关系中带环的链路定位出错的 isA 关系。除了对关系的纠错，还有部分文献探讨了对属性值的纠错。文献[25]采用单变量异常点检测的方法找出数值属性的错误，文献[7]试图用数值关系（如大小关系）定位错误的数值属性值。

本章小结

利用众包实现知识图谱的构建和精化，是知识型众包的一类重要应用。与其他知识型众包任务一样，它关注的是 What、Whom、How 的问题。然而，知识图谱系统建设涉及众多任务，每个问题都不能用单一的方案来解决。比如，在众包任务设计环节，实体匹配等任务仍可遵循显式众包中越小的任务越受欢迎的原则，将一个个实体对呈现给众包工人。而对有些文本进行语义标注，需要将任务的上下文交代清楚，因此不宜将任务做过小的分割。在实际操作中，需要具体地分析知识图谱相关任务的性质，这样才能发挥众包的最大威力。

另外，由于篇幅限制，本章对众包中的一些其他关键问题（如降低金钱成本、控制时间成本等问题）没有展开讲解，感兴趣的读者可以参考文献[30]和[22]。此外知识图谱的应用众包也是本章未予涵盖的内容。比如CrowdSPARQL[2]使用众包方式回答 SPARQL 查询。当用户的 SPARQL 查询无法通过知识库获得结果时，查询任务会自动转换成众包任务发布在亚马逊的 Mechanical Turk 平台上。该系统应用了一系列手段来控制众包的质量，如穿插一些已经知道答案的任务来验证工人的素质、使用众数投票机制融合结果等。

在未来的研究中，知识型众包至少存在以下几个方面的挑战。

（1）知识型众包数据集的构建。目前公开的与知识型众包相关的数据集无法支撑该领域的大规模实验，因为大部分众包任务都是单标注任务，并未涉及较为复杂的任务，如知识发现、知识库填充等，该些复杂的知识型众包任务缺乏足够的数据来验证任务完成的准确率和召回率。

（2）复杂众包任务的结果推断。结果推断是众包后质量控制中最重要的研究课题，目前也有许多结果推断算法被提出，用于聚合众包结果，但是仍然缺乏相对普适的方法以应对不同类型的知识型众包任务，尤其是知识库填充等复杂任务。因此，需要研究一种适用于各种复杂任务的众包结果推断方法。

（3）众包激励机制。目前众包激励机制还存在以下挑战：如何防止过多的奖励被恶意用户领取？如何针对复杂的众包任务制定动态的激励机制？如何针对大规模众包任务制定激励机制？

思考题

1. 知识型众包与传统众包有何不同？
2. 知识型众包挑选任务的基本原则是什么？
3. 隐式众包为何受到青睐，它有哪些好处？
4. 知识型众包的激励机制有哪些，分别有什么作用？

5．知识型众包的质量控制有哪些常见方式？在实际应用中，哪种质量控制方式最有效？

6．众包在知识图谱构建和精化阶段如何发挥作用？

7．为什么众包对于知识图谱构建十分重要？

8．众包对于实体对齐有何帮助？请简述一种基于众包的实体对齐方法。

9．知识型众包还面临哪些挑战？

参考文献

[1] AHN L, KEDIA M, BLUM M. Verbosity: A Game for Collecting Common-Sense Knowledge. Proceedings of ACM Conference on Human Factors in Computing Systems. Apr. 22-27, 2006 [C]. Montreal, Canada: ACM, 2006.

[2] ACOSTA M, SIMPERL E, FLOCK F, NORTON B (2012) A Sparql Engine for Crowdsourcing Query Processing Using Microtasks. [R]. Institute AIFB, KIT, Karlsruhe.

[3] DONG X, MURPHY K, GABRILOVICH E, HEITZ G, HORN Q, LAO N, STROHMANN T, SUN S, ZHANG W. Knowledge Vault: A Web-scale approach to probabilistic knowledge fusion. Proceedings of Conference on Knowledge Discovery and Data Mining. Aug 24-27, 2014 [C]. New York, USA: ACM, 2014.

[4] GADIRAJU U, KAWASE R, DIETZE S, DEMARTINI G. Understanding Malicious Behavior in Crowdsourcing Platforms: The Case of Online Surveys. Proceedings of ACM Conference on Human Factors in Computing Systems. Apr. 18-23, 2015. [C]. Seoul, Korea: ACM 2015.

[5] JIANG Y, SUN Y, LIN X, HE L. Enabling Uneven Task Difficulty in Micro-task Crowdsourcing. Proceedings of ACM Conference on Supporting Group Work, Jan. 7-10, 2018. [C]. Florida, USA: ACM 2018.

[6] LIU J. JI Y, LU W, XU K. Budget-Aware Dynamic Incentive Mechanism in Spatial Crowdsourcing. Journal of Computer Science and Technology. [J] 32(5):890-904, 2017.

[7] LI H, LI Y, XU F, ZHONG X. Probabilistic Error Detecting in Numerical Linked Data. Proceedings of International Conference on Database and Expert Systems Applications.

Sep. 1-4, 2015. [C]. Valencia, Spain, 2015.

[8] LIN X, PENG Y, XU J, CHOI B. Human-Powered Data Cleaning for Probabilistic Reachability Queries on Uncertain Graphs. [J].IEEE Transactions on Knowledge and Data Engineering.2017, 29(7):1452-1465.

[9] SIORPAES K, HEPP M.Ontogame:Weaving the Semantic Web by Online Games.The Semantic Web:Research and Applications,2008[C]Berlin,German:751-766.

[10] LIANG J, XIAO Y, ZHANG Y, HWANG S, WANG H. Graph-based Wrong IsA Relation Detection in a Large-scale Lexical Taxonomy. Proceedings of The 31st AAAI Conference on Artificial Intelligence. Feb 4-9, 2017[C]. California, USA, 2017.

[11] MARIDIS R, GROSS-AMBLARD D, MIKLOS Z. Using Hierarchical Skills for Optimized Task Assignment in Knowledge-Intensive Crowdsourcing. Proceedings of International World Wide Web Conference Committee. Apr.11 -15, 2016 [C]. Montreal, Cananda: ACM, 2016.

[12] MOZAFARI B, SARKAR P, FRANKLIN M, JORDAN M, MADDEN S. Scaling Up Crowd-Sourcing to Very Large Datasets: A Case for Active Learning. Proceedings of the 42nd International Conference on Very Large Databases. Aug 31- Sep. 4, 2015 [C]. Hawaii, USA: ACM, 2015.

[13] MARCUS A, WU E, KARGER D, MILLER R. Human Powered Sorts and Joins. Proceedings of the 38th International Conference on Very Large Databases. Aug. 29-Sep.3 , 2011[C]. Seatte. USA: ACM, 2011.

[14] MO K, ZHONG E, YANG Q. Cross-Task Crowdsourcing. Proceedings of Conference on Knowledge Discovery and Data Mining. Aug. 11-14 [C]. Chicango, USA:ACM, 2013.

[15] NIEPERT M, BUCKNER C, ALLEN C. A dynamic ontology for a dynamic reference work. Proceedings of the 7th ACM/IEEE-CS Joint Conference on Digital Libraries. June 18-23, 2007 [C], Vancouver. Canada:ACM, 2007.

[16] NOY, N, MORTENSEN, J, MUSEN, M, ALEXANDER, P. Mechanical Turk as an Ontology Engineer?: Using microtasks as a Component of an Ontology-Engineering Workflow. Proceedings of the 5th Annual ACM Web Science Conference. May 2-4, 2013 [C]. NewYork, USA: ACM, 2013.

[17] NGUYEN A, WALLACE B, LI J. Aggregating and Predicting Sequence Labels from Crowd Annotations. Proceedings of the onference Association for Computational Linguistics. Meeting. July 30-Aug. 4, 2017 [C]. Vancouver, Canada: NIH Public Access,

2017.

[18] NI B, XU M, NGUYEN T, WANG M, LANG C, HUANG Z ,YAN S. Touch Saliency: Characteristics and Prediction. [J]. IEEE Transactions on Multimedia, 2014, 16(6):1779-1791.

[19] PAULHEIM H, BIZER C. Improving the Quality of Linked Data Using Statistical Distributions. International Journal on Semantic Web and Information Systems [J]. 10(2):63-86, 2014.

[20] ROKICKI M, ZERR S, SIERSDORFER S. Groupsourcing: Team Competition Designs for Crowdsourcing. Proceedings of International World Wide Web Conference Committee. May 18-22, 2015 [C]. Florence, Italy:ACM, 2015.

[21] SHESHADRI A, LEASE M. Square: A benchmark for research on computing crowd consensus. Proceedings of First AAAI Conference on Human Computation and Crowdsourcing. Nov. 6-9, 2013[C]. California USA: ACM, 2013.

[22] BERNSTEIN M, BRANDT J, R. C. Miller, KARGER D. Crowds in Two Seconds: Enabling Realtime Crowd-powered Interfaces. UIST, 2011. [C] St Barbara, USA: 33-42, 2011.

[23] VERROIOS V, GARARCIA-MOLINA H, PAPAKONSTANTINOUS Y. Waldo: An Adaptive Human Interface for Crowd Entity Resolution. Proceedings of International Conference on Management of Data. May 14-19, 2017 [C]. Chicango, USA:ACM, 2017.

[24] WANG J, LI G, KRASKA T, FRANKLIN M, FENG J. Leveraging Transitive Relations for Crowdsourced Joins. Proceedings of International Conference on Management of Data. June 22-27,2013. [C] New York, USA: ACM, 2013.

[25] WIENAND D, PAULHEIM H. Detecting Incorrect Numerical Data in DBpedia. Proceedings of International Semantic Web Conference. Oct 19-23, 2014.[C]. Trentino, Italy, 2014.

[26] YANG Y S, ZHANG M, CHEN W, ZHANG W, WANG H, ZHANG M. Adversarial Learning for Chinese NER from Crowd Annotations. Proceedings of The 32nd AAAI Conference on Artificial Intellige. Feb 2-7, 2018[C]. Louisiana, USA, 2018.

[27] ZHANG C, CHEN L, JAGADISH H, Cao C. Reducing uncertainty of schema matching via Crowdsourcing. Proceedings of the 40th International Conference on Very Large Databases. Aug. 26-30 [C]. Terento, Canada:ACM, 2013.

[28] ZHENG Y, LI G, CHENG R. DOCS: A Domain-Aware Crowdsourcing System Using

Knowledge Bases. Proceedings of the 43rd International Conference on Very Large Databases. Sep. 5-9, 2016 [C]. New Delhi, India: ACM, 2016.

[29] ZHUNG Y, LI G, ZHUANG Z, FENG J. Hike: A Hybrid Human-Machine Method for Entity Alignment in Large-Scale Knowledge Bases. Proceedings of International Conference on Information and Knowledge Management. Nov. 6-10, 2017 [C]. Singapore:ACM, 2017.

[30] CHEN C, FAN J, LI G, WANG J, ZHENG Y. Crowd-Powered Data Mining. [C] Keynotes in KDD 2018. London, UK.

[31] RAYKAR V C, YU S. Eliminating Spammers and Ranking Annotators for Crowdsourced Labeling Tasks[J]. Journal of Machine Learning Research, 2012, 13(Feb): 491-518.

[32] KONDREDDI S, TRIANTAFILOU P, WEIKUM G. HIGGINS: Knowledge Acquisition Meets the Crowds. WWW. May 13-17, 2013. [C]Rio de Janeiro, Brazil: 85-86, 2013.

第8章

知识图谱的质量控制

内容提示 本章是构建篇的最后一章，主要介绍知识图谱构建过程中的质量控制。本章涉及全篇各章内容，是知识图谱构建的核心内容。本章旨在回答如下问题：如何评价知识图谱的数据质量？知识图谱的数据质量问题与一般的数据质量问题有何不同？有哪些有效的方法能保证知识图谱的质量？

所谓知识图谱的质量，即知识图谱中知识的质量。知识图谱的质量控制指的是如何通过技术手段来确保知识图谱中知识的质量。知识图谱的质量评估与控制是知识图谱构建必不可少的重要一环。在知识图谱的构建层面，高质量的知识图谱是知识图谱构建的最终目标之一。在知识图谱的应用层面，知识图谱的质量高低很大程度上决定了其在具体应用场景中的效用。

总体来说，目前知识图谱的质量控制方法主要有两种思路，分别是“内检”和“外观”。“内检”指的是利用知识图谱的内部知识进行综合推理，得到新的缺失知识，也可以发现相互矛盾的错误知识等；“外观”指的是从外部知识源获得信息，然后结合知识图谱内部的知识进行比对，从而补全、修正或者更新知识图谱中的知识。也有一些学者考虑把两种思路结合起来，充分利用知识图谱的内部和外部知识来共同提升知识图谱的质量。

本章首先阐述知识图谱质量控制的意义，然后介绍知识图谱质量控制的核心问题，最后重点介绍一些具有代表性的方法与思路。

8.1 概述

不论是通用领域还是垂直领域，知识图谱的构建都力求做到自动化，即尽量少用人力，尽量依靠机器自动完成。一方面，自动化构建知识图谱可以提升构建的效率，大大降低时间成本和人力成本；但另一方面，其不可避免地会引入一些质量问题。如果说知识图谱的自动化构建是知识图谱应用落地的基本前提，那么知识图谱的质量控制则是知识图谱应用落地效果的根本保障。知识图谱质量控制的首要问题是知识质量评估。接下来，我们首先介绍知识图谱质量评估的维度与方法。

8.1.1 知识图谱质量评估的维度

知识图谱质量评估的考察对象涉及知识图谱的方方面面，具体来说包括概念、实体、属性这三类个体对象，以及概念之间的关系、概念与实体之间的关系、实体之间的关系等三类关系。知识图谱质量评估一般考虑四个维度，即准确性、一致性、完整性和时效性，如图 8-1 所示。

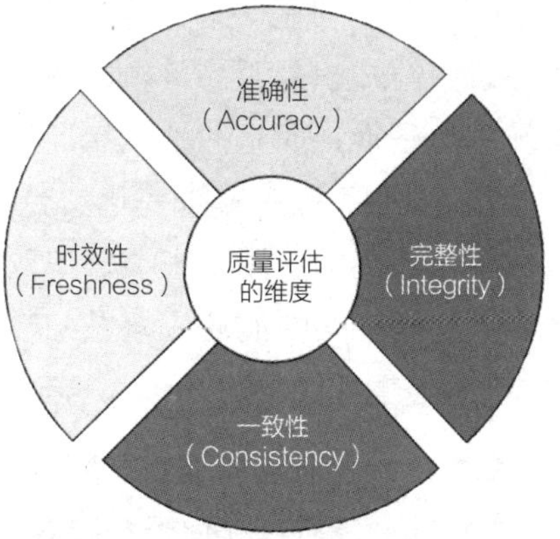

图 8-1　知识图谱质量评估的四个维度

- 准确性（Accuracy）：主要考察知识图谱中各类知识的准确程度。图谱知识的高准确性是知识图谱得以有效应用的前提。然而，由于数据源中原始数据的错误以及知识获取过程中发生的难以避免的错误，最终的知识图谱中往往会有错误。对于知识图谱准确性的评估，目前比较通用的办法还是通过与黄金标准数据自动比对或者由领域专家抽样检查比对进行判断。

- 一致性（Consistency）：主要考察知识图谱中的知识表达是否一致，即知识图谱中是否存在互相矛盾的知识。比如，已知 A 和 B 为大学同学，而且 A 就读的大学是 X(A)，B 就读的大学是 X(B)。如果 X(A)和 X(B)并非同一实体，则此处必存在错误，可能是 A 和 B 之间的关系有误，也可能是 A 或 B 所就读的大学这一属性值有误。对于一致性，一般不会设置量化指标。检查一致性的目标是希望消除所有知识不一致的情况。
- 完整性（Integrity）：主要考察知识图谱对某领域知识的覆盖程度。绝对“完整”的知识图谱，其现有知识（或基于现有知识进行推理可得的知识）应覆盖相关领域中的所有知识。然而，完整性在大部分实际应用中是一个相对的概念，大多数领域并非绝对封闭，所以知识图谱中的知识很难绝对完整。知识图谱的完整性可通过专家抽样检查进行评估，或通过对比某实体是否具备其同类实体的常见属性和关系来判定该实体的相关知识是否完整。
- 时效性（Freshness）：时效性可以看作准确性的一个子维度，但它侧重于考察知识图谱中的知识是否为最新知识。知识是动态变化的，比如，时任美国总统是谁、明星的婚姻状况、每个人的年龄和工作单位等信息都会随着时间的变化而变化。过期的知识也是一种错误，会对实时性要求较高的应用带来显著问题。比如，在特朗普当选美国总统之后，提到他的新闻就应该是与政治强相关的，而其之前的新闻则是与企业家强相关的。

高质量的知识图谱需要在知识的各个维度上都满足较高的要求。那么对于给定的知识图谱，如何对其进行质量评估呢？接下来介绍常见的知识图谱质量评估方法。

8.1.2　知识图谱质量评估的方法

知识图谱的质量评估旨在对知识图谱中知识的质量进行量化。根据量化评估的结果，保留置信度较高的知识，舍弃置信度较低的知识，从而有效确保知识图谱中知识的可靠性。常见的质量评估方法有以下几种。

- 人工抽样检测法：由领域专家进行抽样质量检测与评估。通常，人工检测与评估的准确度高，然而代价也相对较大。不同的应用场景对知识的准确度要求不同，这决定了人工抽检率也不同。比如，医疗场景对知识的准确度要求较高，应不惜成本采用大量人工对知识图谱进行逐条检测。抽样检测的具体抽样方法也有多种，可以采取均匀随机采样法，即所有样本都有均等的被采样概率；也可以采取不均匀随机采样法，比如，按照实体的流行度（Popularity）进行优先采样，确保头部实体得以检验。
- 一致性检测法：通过专家预先制定的一致性检测规则检测知识图谱中的知识冲突，以发现知识质量问题。比如，给定规则“大学同学的毕业院校应该是同一所大学”和“一个人同一时间段只能有一名配偶”，如果检测发现“两位大学同学 A 和 B 的毕业院校不同”和“一个人 C 存在多名配偶”等问题，则需要检查是否有错误或存在过期知识。相对于人工抽样检测法而言，一致性检测法成本较低，但只能检测所定义类型的质量问题，且检测效果取决于一致性检测规则的优劣以及各知识图谱本身的知识冲突情况。
- 基于外部知识的对比评估法：使用与目标知识图谱有较高重合度的高质量外部知识源作为基准数据，对目标知识图谱进行质量检测。该方法的优点在于可以利用人工校对过的高质量基准知识对自动构建的含同类知识的知识图谱进行高效、准确的质量检测。比如，自动构建的概念图谱 Probase 就曾利用专家构建的 WordNet 对比检验，以此发现和校正其质量问题。然而，由于外部知识源的知识表达方式与目标知识图谱中的知识表达方式未必一致，因此该方法需要准确关联两方的知识才能进行对比评估。

还有一些相对体系化的知识图谱质量评估方法，根据用户提供的数据质量标准或者背景信息来进行质量评估。这类方法可能更适用于一些垂直领域的知识图谱，其中比较有影响力的是 Mendes 等人提出的基于 LDIF 框架（Linked Data Integration Framework）的知识质量评估方法[1]。在此评价体系中，用户可根据业务需求来定义质量评估函数，或者通过对多种评估方法的综合考评来确定知识的最终质量评分。

8.1.3 知识图谱质量控制全周期概览

知识图谱的质量控制贯穿于知识图谱构建的全周期（如图 8-2 所示），涉及知识图谱构建前、中、后三个阶段的质量控制。构建前的质量控制主要在于对数据来源的质量控制，即对于获取知识的数据源头做质量评估与控制。如果不加控制，任由包含大量噪声的数据涌入知识图谱，则必将造成“garbage in, garbage out”的质量噩梦。构建中的质量控制主要是知识获取手段和知识融合阶段的质量控制。针对不同的知识源，还需要采取不同的知识获取方法来获取知识。不同的知识获取方法的准确度不同，准确度低的方法会影响知识图谱中知识的质量。

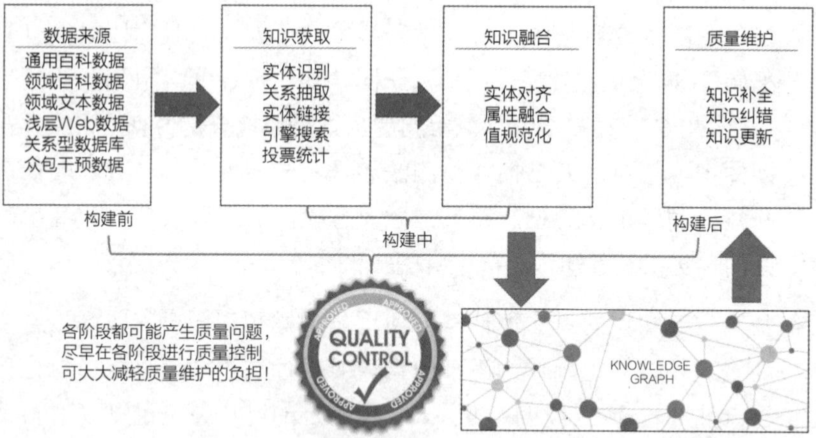

图 8-2 知识图谱质量控制全周期概览

为了尽量避免引入错误，需要对知识获取的方式进行质量控制与管理；而知识融合是对从各源头获取的知识进行融合、统一，涉及很多数据融合相关的质量问题，包括实体对齐、属性融合及值规范化。而知识图谱构建后的质量控制指的是在知识图谱完成初步构建后，对知识图谱的质量进行进一步的完善与常规维护。例如，补全缺失的知识，发现并纠正错误知识，发现并更新过期知识。

综上所述，知识图谱构建的各阶段都可能产生质量问题，虽然可以在构建完知识图谱以后再进行质量控制，但还是应该尽早对各阶段的质量问题进行及时的把控，减轻后面阶段质量维护的负担。下面分别简述三个阶段质量控制的主要工作。

1．知识图谱构建前的质量控制

知识图谱构建前的质量控制主要关注知识来源的质量。在新闻和传播领域很早就开始关注信息来源（信源）的可信度评估问题，并提出衡量信源可信度最关键的两个因素**专业**（Expertise）和**可信赖**（Trustworthiness）。“专业”衡量的是信源在某领域的专业性，而“可信赖”衡量的是信源所提供内容的可靠性。知识图谱中的知识来自各种各样的知识源（或数据源），最常见的如新闻媒体、知识库、数据库、互联网上的各类网站以及用户贡献的知识等。在知识图谱构建之初，如何对数据来源进行可信度评估，不仅是知识图谱构建的起点，更是重点所在。下面重点介绍互联网数据源的质量控制和众包质量控制。

互联网数据可粗略分为浅网（Surface Web）数据和深网（Deep Web）数据。浅网数据是指各类网站静态网页所包含的数据信息，而深网数据是隐藏在各类网站背后的网络数据库中的数据记录。

对于浅网数据，有学者通过网站网址的后缀评估网站可信度，他们认为：.mil（军事）>.int（国际组织，比如 NATO）>.gov（政府） >.org（非营利组织等）>.edu（教育）>.com>.net[2]。这一结果是基于大众对于网站信息的权威性、真实性和可靠性进行排序而得到的。例如，.edu 后缀的网站较.com 后缀的网站更可靠，即相对于公司发布的信息，大众更愿意相信教育机构发布的信息，这是因为教育机构比公司更具公益性质。

然而，仅根据网站网址的后缀进行可信度评估粒度较粗，而以网页为基本单元开展可信度评估则更为合理。通常，网页信息可信度评估指标体系会从来源权威性、内容重要性和网页重要性等角度来评估可信度。每类评估指标都有特定的评估方法，比如，网页重要性可以根据网页之间的链接结构使用 PageRank 或 Random Walk 算法进行评估。类似的，深网中各网络数据库之间的数据记录也可以通过数据记录间的匹配与关联形成网络，之后可以利用 PageRank 等算法来评估各条数据记录的可信度。

对于众包知识的可信度评估[3]，比较粗粒度的方法是只评估众包工人的可信度，然后直接将众包工人的可信度赋予其所提供的知识的可信度。同一众包工人在不同领域或不同类型的任务上有不同的可信度，这方面的研究工作较多，大多根据众包工人的历史表现从不同角度或维度评估。更细粒度的方法是通过让多个众包工人完成同一知识任务，之后对结果进行比对从而判定所产生知识的可信度。关于众包方面的质量控制可参考本书第 7 章的内容。

2．知识图谱构建中的质量控制

知识图谱的构建过程需要不断从各种知识源获取知识。知识源不同，获取知识的手段不同，所需的质量控制方法也不同。常见的自动化知识获取技术主要包括基于模式（Pattern）的知识获取技术和基于机器学习模型的知识获取技术。下面分别介绍这两种技术可能产生的质量问题以及如何应对。

基于模式的知识获取可以使用专家给定的高质量模式从文本中获取构建知识图谱所需的实体之间的关系实例、实体与概念之间的上下位关系实例，以及实体的属性值；也有些迭代式抽取方法会通过已有的种子实例从文本中发现和学习可用的模式，再利用这些模式抽取新的实例。由于文本表达的随意性和不规范性，基于模式的自动抽取往往会发生抽取错误，其中最常见、危害性最大的错误当属迭代式抽取中发生的“语义漂移”问题[4]。

语义漂移，也称概念转移，即在基于模式的迭代式抽取过程中由于上一轮发生抽取错误而引入其他语义类中的实体或跨语义类的多义实例，这导致后续轮次所抽取实例的语义类与目标语义类相距甚远。图 8-3 展示了两种常见的迭代式抽取模型及可能发生的语义漂移现象。图 8-3（a）采用的是基于种子实例学习新模式，再利用新模式发现更多实例扩充种子集合的迭代式抽取方法。以发现和抽取“Animal”语义类下的实体为例，给定种子集合{dog, cat, horse}，可以学习到图 8-3 中的 P1 和 P2 两种模式，再基于这两种模式可以继续抽取到更多的“Animal”实例。然而模式 P2 可能会引入“computer”和“robot”这两个错误的抽取结果，在之后轮次的抽取中这两个错误可能会让抽取结果“越漂越远”，把很多语义类为“Artefact”下的实例归入目标类“Animal”中。

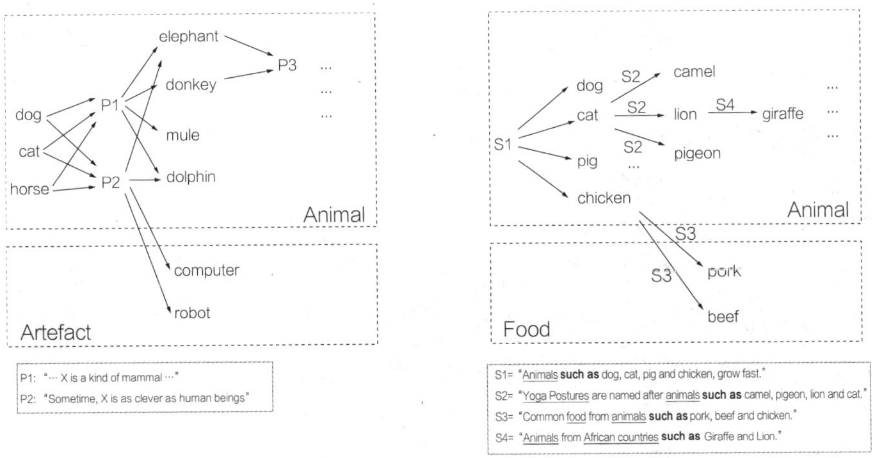

(a) "syntax-based" bootstrapping mechanism　　(b) "semantic-based" bootstrapping mechanism

图 8-3　基于模式（Pattern）的迭代式抽取机制及语义漂移问题举例

如图 8-3（b）所示的迭代式抽取并不会学习新的模式，而是采用“Animal such as NP”的语义模式。这一模式的迭代原理是：给定一个符合该模式的句子，如果句子中的“such as”前只有一个概念，那么默认“such as”之后的实体列表中的实体都是此概念下的实体。根据语义模式，从 S_1 抽取到“Animal”的下位词“cat”“dog”“pig”和“chicken”。然而，在多义词“chicken”被引入“Animal”中之后，其可能会引入更多如“pork”和“beef”等错误，在接下来的迭代过程中这一偶然出现的抽取错误可能会被不断放大，最终甚至出现“差之毫厘，谬以千里”的现象。

研究人员提出了一系列应对模式抽取错误和迭代抽取中的语义漂移问题的方法。最典型的传统方法包括实体类型检查法（Type Checking）[4]和基于语义类互斥假设的判定法[5]。实体类型检测法[4]使用 NLP 工具检测实体类型，根据这一类型与抽取出的概念是否矛盾来判定所获取的概念是否正确。该方法的思想是：一个实例不应该属于互斥的两个概念或类别。比如，如果实体的类型被判定为“机构”，但抽取出的概念却是“艺术家”，显然两者是矛盾的，这就提示我们当前的抽取结果可能是错误的。再比如，如果“柏拉图”的类型被判定为“人物”，其类型与抽取出的概念“唯心主义哲学家”和“哲学家”是不矛盾的，则可认定这些概念是正确的。

该方法在一些公开数据集上能达到 90%以上的准确率，但也存在一定的局限性。一方面，它依赖于 NLP 实体类型检测工具；另一方面，它无法发现同一粗类型下的概念错误，比如，如果抽取出“柏拉图”的一个错误概念“电影演员”，但由于“电影演员”与“人物”并不矛盾，所以该方法无法发现这一错误，因此其召回率较低。

还有一些方法会对每一个抽取到的实例或学习到的模式做质量评估，给出置信度，然后根据置信度对模式或抽取结果进行取舍。实例或模式的置信度计算多采用启发式方法，会综合考虑实例被语义模式抽到的频率、模式被种子集合中的种子支持的程度，以及文本源本身的可信度等因素。更为普遍的方法是将实例和模式之间的关系建模成图，再利用随机游走等图算法计算图上的实例和模式的置信度[6-7]。还有学者提出了通过发现“语义漂移发生点”来阻止语义漂移的想法[8]。不同于传统方法关注发现抽取错误发生的位置，这一想法倾向于发现语义漂移发生的位置（即语义漂移发生点）。比如，图 8-3（b）中的“chicken isA Animal”就是语义漂移发生点。这样不仅可以更彻底地消除语义漂移，还可以更好地区分哪些是由语义漂移之外的因素导致的错误，应该丢弃；哪些是多义实例，应该保留。

基于机器学习模型的抽取质量取决于学习模型本身的质量。在第 2 章中曾经论述过，一个好的机器学习模型（这里主要针对基于监督学习的学习模型）需要大规模高质量的标注样本，需要设计合理的优化准则，以及需要选择合适的模型。这三者是使用机器学习模型解决问题的关键，在很多机器学习相关书籍与文献中对此都有深入的论述，此处不再赘述。

在知识图谱相关研究与落地过程中，样本标注既是构建知识图谱的关键前提，也是知识图谱给很多 NLP 模型带来的机遇。为了构建有效的信息抽取模型，在知识图谱领域倾向于利用远程监督学习，通过将知识库中的结构化信息与自由文本进行比对来自动生成标注样本。但是远程监督学习生成的样本往往存在噪声，还需要对样本进行选择。在深度抽取模型中，常常借助类似注意力的机制来对样本进行区分。相关细节参见本书第 4 章。

此外，弱监督（Weakly Supervised）学习近期也受到了人们的强烈关注。所谓的弱监督学习是指利用外部知识库、模式/规则或其他分类器启发式地生成训练数据。目前主流的监督式机器学习方法通常需要领域专家标注大量的训练数据，代价极大。虽然有一些研究方法如（主动学习、半监督学习和迁移学习等）可以大大降低数据标注的需求量，然而一定量的训练数据仍然不可或缺。在这种情况下，除了让领域专家直接参与数据标注，还可以创建一些较为高级的机制，使专家以更高效的方式参与数据标注。

斯坦福 AI 实验室研究人员近年来研发的 Snorkel[9]就是一个很典型的弱监督学习的框架。在 Snorkel 中，机器学习模型不使用手工标记的训练数据，而是要求用户编写标记函数（Labeling Function），用于标注数据。标记函数可以对任意信号进行编码：模式、启发式规则、外部数据资源、来自群众工作者的嘈杂标签、弱分类器等。如果标注逻辑发生了变化，可以调整标记函数来快速适应。另外，Snorkel 提出以概率图模型为主要手段从多个弱标注器自动习得一个强标注器。其基本假设是：弱标注往往是廉价的、大量的、结果较差的，但是如果将不同的若干弱标注模型集成，使其协同工作，则有可能得到更好的标注结果。Snorkel 能够充分利用各类弱标注方式完成大规模样本的自动化高质量标注，其近期受到了广泛的关注。

3. 知识图谱构建后的质量控制

知识图谱初步构建完成，并不意味着构建周期的结束。虽然在构建前和构建中有质量控制，但是因为知识图谱的构建往往遵循“先数量再质量”的策略，即“先构建到一定规模，再提高质量”这样一种妥协的策略，因此自动构建而成的知识图谱不可避免地存在各种质量问题，包括知识缺失、知识错误和知识过期等。因此，知识图谱构建后的质量控制是重点，也是本章后面要详细介绍的内容。其具体内容包括如下几点。

- 缺失知识的发现与补全：初步构建完的知识图谱往往会因为所采用的知识源对知识的覆盖不全而缺失大量相关知识，因此需要补全。缺失知识的类型不同，所采用的补全技术也截然不同。相较于概念和实体的缺失（这些往往是构建阶段的焦点），质量控制更关注属性（以及属性值）和关系的缺失。例如，图 1-1 中缺失了“柏拉图”是一位“哲学家”这样的上下位关系；缺失了“亚里士多德”的“死亡时间”等属性和属性值；缺失了“柏拉图”是“苏格拉底”的“学生”这样的关系。
- 错误知识的发现与纠正：不论在知识图谱构建过程中质量控制做得多么严格，一些错误的知识还是会因为各种原因被引入知识图谱中，为了避免这些错误给相关应用带来副作用，应尽可能地纠正这些错误。与概念相关的错误一般由专家手动整理，这样既可靠又高效。而与实体相关的错误不易发现，需要在构建过程中尽量避免。知识图谱迫切需要使用自动化或半自动化的方法来发现和纠正的错误主要集中在实体属性值错误和实体（概念）间关系错误上。例如，有些知识图谱中“苏格拉底”的“出生时间”为“公元前 469 年”，这是一个错误的属性值，而“亚里士多德”创办了“柏拉图学院”，则是一条错误的关系。

- 过期知识的更新：知识图谱中每条知识的时效性都不同。图 1-1 中列出的知识属于史实知识，基本上是静态不变的，但是还有很多知识是动态变化的，比如，大部分国家的元首每过若干年都会换届，公众人物的婚姻状况和婚姻关系，上市公司的市值和股价等。因此，需要通过技术手段及时更新发生了变化的事实与知识。

值得注意的是，上述各种缺失、错误、过期知识检测均与众包构建密切相关，相关技术均可用于指导众包构建。基本思路是：尽量通过自动化检测的方法发现高度疑似的缺失、错误和过期知识，再请众包专家进行人工检验与排查。因此，自动化检测方法越精准，人力成本越低，效果越好。

8.2 缺失知识的发现与补全

本节重点介绍实体类型补全、实体间关系（或实体属性）补全，以及实体缺失属性值补全。需要特别说明的是：本节关注的这几个问题与前面相关章节中的类似问题，如实体识别、关系抽取、实体分类等任务，是有差别的。其差别在于：前面章节所关注问题的输入是文本，输出是实体、类别、关系等，而这里输入是知识图谱以及可选的外部数据源，输出是更多的类别和关系。通常充分利用已构建的知识图谱是本节方法的基本特点。

8.2.1 类型补全

实体类型补全是对知识图谱构建中遗漏的概念进行补全，其通常也被称为实体判型（Entity Typing）。从前面的章节可知，在构建知识图谱的过程中会考虑如何从数据源获取实体与概念之间的 isA 关系，但这一过程不是专门针对特定实体来做的，而是从指定数据源尽力挖掘和获取大量的 isA 关系实例对。知识图谱构建后的质量控制环节关注为缺失概念的实体获取其相应的概念。

实体判型通常需要借助于实体在知识图谱中已有的属性与关系信息，以及整个知识图谱的信息。此外，也可借助外部知识源来获取额外信息。根据所使用的技术路线来区分，常见的实体判型方法大致可以分为基于知识图谱信息的启发式概率模型和实体分类模型两类。下面分别介绍两类方法的大致思路。

1. 基于知识图谱信息的启发式概率模型

这类方法主要通过考察知识图谱中与实体相关的信息来构建一些启发式规则或概率模型。一种比较经典的方法是基于三元组谓词的启发式实体判型方法 SDType[10]。该方法统计实体的可能谓词作为中间变量，推断一个实体具有某个类型的可能性。其基本过程如图 8-4 所示。

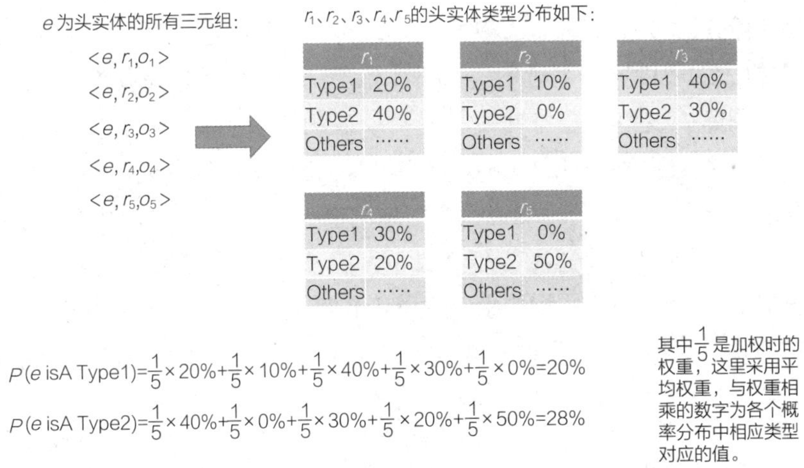

图 8-4　启发式实体判型方法 SDType 的基本过程

给定的目标实体 e 通常出现在知识图谱的多个三元组中。首先考虑 e 为头实体 [1] 的情况。在 e 为主体的三元组中存在多个谓词，每个谓词 r_i 又出现在

1　本章对三元组各元素的描述为："头实体"对应前面章节中的"subject（主体）"，"关系"或"属性"对应前面章节中的"predicate（谓词）"，"尾实体"对应前面章节中的"object（客体）"。

多个其他三元组中，因此可以统计谓词为r_i的三元组中的头实体的类型分布。基于这些类型分布，再推断给定实体的类型分布。具体而言，实体 e 具有类型 t 的概率为：

$$P(e\ \text{isA}\ t) = \sum_{r_i \in R(e)} P_{r_i,t} \times \text{conf}(r_i) \tag{8-1}$$

其中，$R(e)$为以 e 为头实体的三元组谓词集合，$P_{r_i,t}$是一个谓词为r_i的三元组的头实体类型为 t 的概率，而$\text{conf}(r_i)$则是r_i的置信度，也就是加权时的权重。如图 8-4 所示的例子采用了平均权重，可计算出 e 的类型为 Type1 的概率为 20%，而 e 的类型为 Type2 的概率为 28%。在实际的实现中，不仅可以考虑 e 为头实体的情况，还可以同时考虑 e 为尾实体的情况。

SDType 依赖于百科图谱中的三元组统计信息完成实体判型。另一些工作直接利用概念图谱进行实体类型补全。虽然概念图谱中缺乏丰富的实体谓词信息，但存在丰富的 isA 信息以及概念层级结构。比如，在 Probase+[11]中会利用协同过滤的思想补全上下位关系，其基本假设是：相似语义的元素倾向于在概念图谱中共享上位词/下位词。例如，图 1-1 中实体“苏格拉底”只被挖掘出与“哲学家”存在 isA 关系，而更细粒度的“唯心主义哲学家”isA 关系没有被发现。在 Probase+中，根据相似度计算发现，“柏拉图”和“苏格拉底”最相似，同时“柏拉图”是“唯心主义哲学家”，那么“苏格拉底”也很有可能是一个“唯心主义哲学家”。这种方法利用了概念图谱中已存在的 isA 关系。概念图谱中存在大量细粒度概念，这在一定程度上能够解决 SDType 无法进行细分类的问题。其细节参考本书介绍概念图谱的章节（第 5 章）。

2. 实体分类模型

另一类方法将实体判型建模为分类问题。通过构建一个实体分类模型为每一个实体给出相应的概念标签。最初的实体分类模型期望挖掘知识图谱内部的信息作为分类特征，或综合外部知识源中可以获取的实体相关信息构建更丰富的特征。最常用的外部知识源是各种在线百科。很多工作都是在探讨如何根据在线百科信息判定实体类型，期望利用在线百科上的各类标签、摘要以及结构化与非结构化描述信息来训练分类模型，从而获得实体的细粒度类型。分类模型的训练方法根据情况可以选择普通的分类学习方法，如支持向量机（Support Vector Machine），但随着词向量表示学习和深度学习模型的发展，深度学习模型（如 CNN）日益成为主流分类器，实体分类模型也进化为基于深度神经网络的分类模型。基于在线百科的实体分类可参考本书 6.2.5 节，这里补充介绍基于知识图谱表示学习的实体分类模型。

首先借助 TransE 等表示学习方法将实体、关系（属性）等转换为向量化表示，然后通过外部语料获取更多实体相关的上下文信息，分类器通常采用 CNN 完成文本特征提取。对于粗粒度实体分类任务（即在概念为数不多时），基于深度学习的分类模型通常能够取得较为理想的分类效果。然而，对于细粒度实体分类任务（即在概念的类别较多、分类较细时），由于很多细粒度概念只有少量实例，深度学习模型往往会因为训练样本不足、数据过于稀疏而表现较差。为了应对数据稀疏的挑战，研究人员也提出了一些方案。比如，借鉴多任务联合训练的思想[12]：对于每一种实体类型都构建一个基础分类器，用于判断当前实体是否属于该类型，并且所有的基础分类器都共享一个隐层进行联合训练，使模型能够习得对于多个实体类型分类器普遍有效的输入特征的组合，从而有效缓解部分实体类型中的数据稀疏问题。

8.2.2 关系补全

关系补全是对知识图谱中不完整的关系三元组（头实体，关系，尾实体）进行补全。其中，三元组头实体缺失的场景鲜有人研究，大部分的研究工作主要考虑的是关系或尾实体缺失的场景。关系补全是近年的研究热点，大量研究工作集中于此，其大致可分为：基于内部知识的关系补全和基于外部数据的关系补全。

1. 基于内部知识的关系补全

基于知识图谱已有知识的推理进行关系补全受到了研究人员的广泛关注。相关的方法大体可以分为三类：第一类是概率图模型，如马尔可夫逻辑网络（Markov Logic Network）及其衍生方法；第二类是较为传统的路径排序算法（Path Ranking），即通过路径来预测实体间的潜在关系；第三类，也是当下最热门的主流方法，是基于表示学习的模型，即将实体和关系映射为空间中的向量，通过空间中向量的运算来推断缺失关系（如 TransE）。下面分别展开介绍这三类方法的思想。

概率图模型[13-14]的大致做法是，为知识图谱上的每一条候选知识附上一定的概率，用于衡量该候选知识的合理性，通过概率推理发现缺失关系。概率图模型用节点来表示变量，即知识图谱上的各条候选知识；用边来表示候选知识之间的关系，用于建模推理过程中使用的规则。在这里，概率主要经以下三种方式获得。

- 从文本提取器或分类器中获取的统计信息。
- 从领域知识得到的规则。
- 从数据中挖掘出的规律与模式。

基于概率图模型对知识图谱进行重构之后，可以得到用于表示知识图谱候选知识概率分布的概率图。基于此概率图对各候选知识进行可能性推理，从而达到知识图谱补全的目的。

传统的路径排序算法[15-16]的基本思想是：用连接两个实体的路径作为特征，来预测两个实体间的关系。这类算法的学习阶段分为特征抽取、特征计算和构造分类器三个步骤。

假设我们需要判定图 1-1 中“苏格拉底”的“出生地”是否为“雅典”，那么首先需要构建训练集。可以找出知识图谱中“出生地”这一关系的相关三元组作为正例，然后采用随机替换正例三元组中尾实体的方法来构造负例。接下来就是构造特征向量集合。将两个实体之间的一条路径作为一个特征向量，比如“苏格拉底”和“雅典”之间有一条路径为<苏格拉底，学生，柏拉图，出生地，雅典>。通过枚举任意两个实体之间所有符合设定条件的路径（比如，设定的条件是长度不超过给定阈值），可以构建该实体对的特征集合。通过特征集合获得特征值，之后便可以使用特征数据训练分类器。

路径排序算法中特征抽取的常用方法有随机游走（Random Walk）、广度优先搜索（Breadth-First Search）和深度优先搜索（Depth-First Search）等。特征值可以是随机游走概率（Random Walk Probability）、表达路径出现/不出现的 0 或 1 以及路径的出现频次等。路径排序算法的优点是可解释性强，而且可以从数据中自动发现关联规则，其准确率往往高于基于表示学习的方法。路径排序算法的缺点是很难处理关系稀疏的数据和低连通度的图，而且路径特征抽取的效率低且耗时。

基于表示学习的推理补全模型[17-18]首先要在低维向量空间中对知识图谱中的实体和关系进行表示，表示形式包括向量、矩阵或张量形式。然后在每个知识条目上定义一个基于三元组的打分函数，用之前给定的知识表示形式作为参数，判断三元组或者事实成立的可能性。推理阶段较为简单，根据打分函数等内容进行推理。最初知识图谱中的知识表示用到的信息源主要是三元组信息，后来人们逐渐将更多的信息（如实体的类别、关系路径、实体的描述文本，以及简单的逻辑规则等）融入表示学习过程中，这样可以学到更为准确和全面的表示，从而提升推理补全任务的准确度。

基于表示学习的推理补全模型的优点在于比较通用，对关系和实体没有太多的限制，其对于某些方法来说效率非常高、操作性强。然而，单纯的数据驱动的方法其准确率有一定的限制。在此以比较经典的 NTN（Neural Tensor Network）模型[19]为例来阐述，如图 8-5 所示。该模型以知识图谱中的实体向量作为输入，对每一种关系都用一个张量神经网络来表示，每个张量神经网络需要使用该关系下的三元组作为正例，并生成一些不属于该关系的三元组作为负例来进行训练。经过训练后，对于一个待判断的实体对，某关系的张量神经网络可以给出一个得分，分数越高表明该实体对越有可能满足这一关系。我们把实体对输入所有已知关系的张量神经网络中，得分最高的关系即为实体对之间最可能存在的关系。

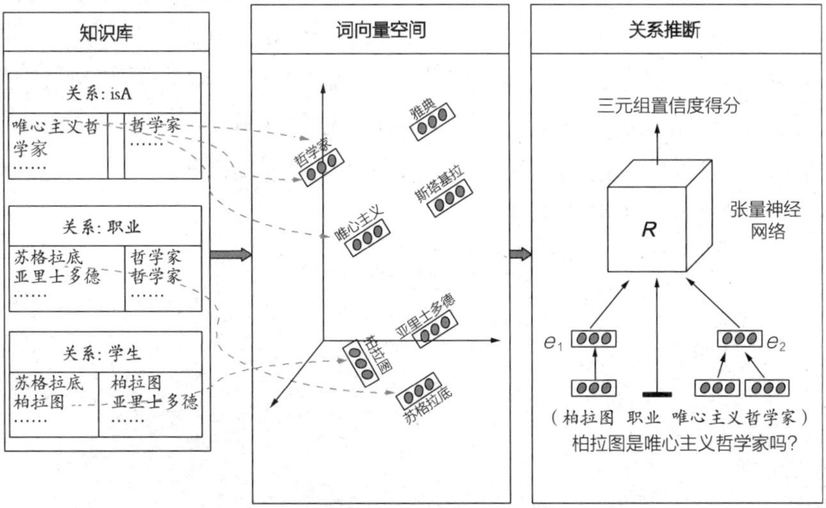

图 8-5　NTN 模型示例

如图 8-5 所示，把知识图谱中的“柏拉图”“唯心主义”“哲学家”等词分别用向量进行表示，再利用 NTN 预测“柏拉图”和“唯心主义哲学家”两个实体之间存在何种关系。把这两个实体输入不同关系的张量神经网络中，关系“职业”的张量神经网络的输出得分最高，所以可以预测这两个实体之间有“职业”这种关系。

2．基于外部数据的关系补全

基于知识图谱内部知识推断出的知识是有限的，因此还需要从外部的开放世界，特别是在线百科、文本语料、结构化表格数据及搜索引擎的搜索结果等外部资源，对知识图谱进行补全。其中，在线百科（百度百科、维基百科等）所包含的信息不仅丰富且质量较高，其成为知识图谱补全最流行的外部数据源。

较为直接的使用外部数据的方法是，利用外部丰富的文本增强实体的表示以提高推断缺失关系的准确率。比如，文献[20]提出了一个基于在线百科三元组与相应文本的统一表示学习框架，将知识图谱中的三元组和相应的文本描述映射到同一向量表示空间（称为 Belief Embedding Space）。如图 8-6 所示，其中实线向量为知识图谱中已有的实体向量，长虚线向量为预测的关系，点虚线向量为从文本中获取的相关关系词语的向量。要预测三元组（柏拉图，出生地，雅典），即(e_1, r, e_2)的可能性，可以先把“柏拉图”、“雅典”、“出生地”和关系的描述“生于一个……家庭”进行向量表示，即$(\boldsymbol{e}_1, \boldsymbol{r}, \boldsymbol{e}_2, \boldsymbol{m})$（其中 $\boldsymbol{m}$ 为关系的描述信息表示向量），进一步将这些向量投影到统一的同一向量表示空间中，通过不断调整这些向量，使得投影后向量尽可能满足如图 8-6 所示的向量间关系，最终使用习得的同一空间中的实体与关系向量可以进行缺失关系推断。

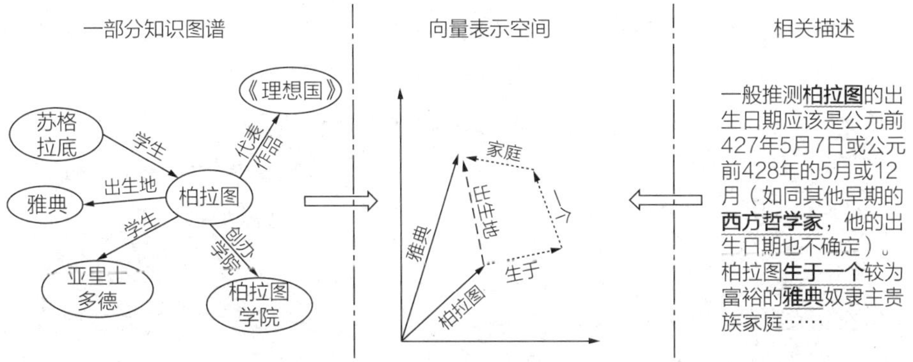

图 8-6　基于同一向量表示的表示学习示例

除了直接将外部信息投影到隐式的向量空间，还有一些显式利用外部信息的方法。比如，ConMask 模型[21]可以利用外部文本锁定缺失的相关实体。给定头实体和关系，该模型认为在一段有关头实体和其指定关系的描述文本中，所缺失的尾实体往往出现在关系指示词的附近，因此可以通过相似度计算先找到文本中的关系指示词，然后提高其附近词的权重，从而抽取出目标尾实体。如图 8-7 所示，“柏拉图”的“导师”这一关系需要补全，有实体描述“柏拉图的老师是苏格拉底”。对于“导师”这一关系，文本中与之相似度较高的词是“老师”，模型会给“老师”附近的词赋予更高的权重，经过融合后得到词向量，最后在候选实体中根据词向量以及其他文本特征相似度选定实体“苏格拉底”。

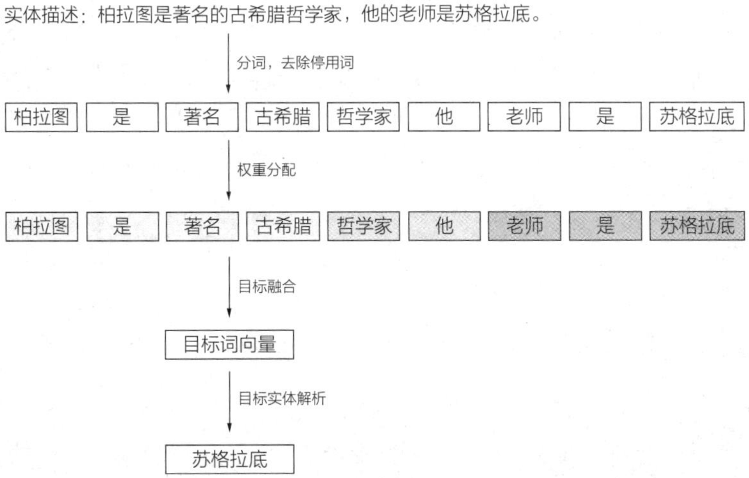

图 8-7　ConMask 模型示例（其中颜色越深代表权重越高）

基于外部结构化表格数据的知识图谱补全，需要做好表格与知识图谱之间的匹配，即让表格的模式（Schema）与知识图谱中的概念、属性等相匹配。具体而言，需要建立知识图谱中的属性与表格列之间的对应关系，以及知识图谱中的实体与表格行之间的对应关系；接着根据匹配结果将最可能的关系或者实体填入知识图谱存在缺失的三元组中的相应位置。

借助搜索引擎来补全知识图谱的方法也得到了一些关注。该方法首先发现关系的高频上下文词汇，并使用这些词汇定制搜索关键词，之后根据搜索结果填充缺失的关系。该方法的优点在于可以从整个互联网获取信息补全知识，然而这也容易引入互联网中的噪声。最近，伴随着机器阅读理解模型的快速进展，也有一些研究人员将关系补全问题转换成机器阅读理解问题，通过对搜索所得的相关文本进行理解与问答实现补全。

8.2.3 属性值补全

知识图谱中的属性值补全问题与关系型数据库领域经典的属性值补全问题很相似。因此，一个直接的想法是沿用关系型数据库领域的相关方法，但是二者仍然存在很多不同之处，在沿用关系型数据库领域的相关方法时须谨慎选择。

1. 知识图谱属性值补全与关系型数据库属性值补全的差别

首先，关系型数据库是用来存放关系型结构化数据的，关系型数据库要求数据库的模式设计统一、严谨，但是数据库中数据本身的正确性对于数据库而言并不重要。与此截然不同的是，知识图谱存放的是人类公认的知识，它对模式是否统一、严谨往往要求并不严格，但对知识本身的质量却要求极高。因此，关系型数据库属性值补全方法中针对**可计量类型数据**（Quantifiable Data）的统计补全方法，如取平均值法、最大似然估计法等，在知识图谱中并不适用。比如，如果“亚里士多德”的“身高”缺失，不能简单地以人群的平均身高值来补全。而关系型数据库对**不可计量类型数据**（Non-quantifiable Data）的传统补全方法，则值得知识图谱借鉴。

另外，关系型数据库中的属性值缺失是**显式**的，即关系表中的空缺部分通常就是亟待填补的缺失属性值；而知识图谱中的属性值缺失是**隐式**的，即在知识图谱中一个实体的属性值都是与其对应的属性一同缺失的，因此无法直观地判定一个实体具体缺失了哪些属性和属性值。

综上，知识图谱的属性值补全需要发展有别于传统关系型数据库的全新方法。一般而言，首先需要发现知识图谱中实体的缺失属性，然后填补相应的缺失属性值。下面的内容会介绍这两方面的技术。

2. 缺失属性的发现与补全

实体缺失属性的发现问题往往会被转化为概念（或实体类型）**必有属性**（Obligatory Property）的发现问题。如果已知一个概念的必有属性有哪些，而这一概念下的某一个实体并没有这些属性和对应的属性值，则可以判定实体缺失这些属性。比如，“上任年份”是“美国总统”这一概念的必有属性，如果实体“奥巴马”没有这一属性和对应的属性值，则可判定相应属性缺失。概念必有属性的发现可通过统计此概念下已有实体的属性分布情况来判定。比如，某概念下的所有实体拥有某属性 A 的比例超过一个给定阈值（如 70%），则可判定属性 A 为该概念的必有属性。还有学者提出基于概念的层次结构和不同概念下实体的同一属性的分布密度来推断概念必有属性的方法。该方法假设知识库的不完全性在知识库的所有类中都是均匀分布的，如果一个属性 A 在某概念 C 下分布较密集，而在其他概念下分布较稀疏，则属性 A 很可能是概念 C 的必有属性[23]。

此外，还有一些方法会基于一些特定假设来建立检查实体属性或属性值完整程度的判定机制。常见的判定规则包括如下几种[22]。

- 属性的重要程度。该判定规则需要预先设定同一概念下不同属性的重要程度，其假设为：如果一个实体连相对次要的属性 A2 的属性值都完整具备，那么相对重要的属性 A1 的属性值应该不会缺失。如果在知识图谱中该实体拥有属性 A2 的完整三元组，却没有属性 A1 的三元组，则这一实体在真实世界中应该没有 A1 这一属性。
- 参考同一概念下的其他实体。这一判定规则类似于依靠概念必有属性来判断实体缺失属性的方法，即如果同一概念下大部分其他实体都具备某一属性，则该实体也应该具备该属性。
- 参考相似实体。这一判定规则需要预先获得实体间的相似关系，相似实体未必属于同一概念，但它们的属性应该有较高的重合度。如果某实体的所有相似实体都具有属性 A，则该实体也应该具有属性 A。

- 模式匹配。指定概念 C 和属性 A，领域专家或用户可以列出一些模式，通过一个文本库中概念 C 下的某实体 *e* 与模式的匹配情况，来判断实体 *e* 是否具备属性 A。比如，给定概念“人类”和属性“子女”，用户给出的模式可以包括 p1=“X has no children”，p2=“Y1 (and Y2) are all X’s children”等，如果一个实体 *e* 在文本中匹配了模式 p1，则判定 *e* 没有“子女”，但如果一个实体 *e* 在文本中匹配了模式 p2，则判定 *e* 有“子女”。
- 属性值的部分完整性。还有一种属性为多值属性的特殊情况，即实体的一个属性对应多个属性值。假设属性 A 是某实体的一个多值属性，如果在知识图谱中该实体具有属性 A 的一个或一些属性值，那么该实体也往往同时具有属性 A 下对应的其他属性值。比如“浙江省”的“下属地级市”这一属性就是多值属性，如果知识图谱中已经有“杭州”和“宁波”，那么其他如“温州”“金华”等九个地级市也应该已经在知识图谱中了。虽然这条假设并不总是正确的，但在实际应用中还是有一定的成立概率的。

如果通过以上方法判定某实体缺失某属性，接下来就需要补全该实体对应的这一属性的属性值。知识图谱中缺失属性值的补全方法大致分为：基于众包的补全法、基于搜索引擎的补全法和基于文本的补全法。具体方法与前面介绍的知识图谱关系和实体补全方法类似，在此不再赘述。

8.3 错误知识的发现与纠正

不论构建过程中的质量控制做得如何到位，自动化构建知识图谱还是会不可避免地产生一些错误知识。不纠正这些错误，知识图谱的质量将大打折扣，也会对应用产生负面影响。纠错的前提是发现错误。一旦发现错误的知识，就可以使用构建和补全知识图谱的相关方法对错误进行纠正。从海量知识图谱中发现错误显然是一个极具挑战的任务，因此本节关注错误的发现，特别是与实体相关的错误（因为与实体相关的知识占据知识图谱的绝大多数）的发现。在知识图谱中，实体的概念、实体间的关系、实体属性值均可能出错。

8.3.1　错误实体类型检测

对于知识图谱中错误实体类型的检测，在构建知识图谱的过程中也有所涉及（见 8.1.3 节）。两者的不同之处在于，知识图谱构建后的错误实体类型检测是在知识图谱中的知识抽取完成后才进行的，知识抽取过程中的相关信息已不可用，因此那些用到知识抽取过程中间信息的方法不再适用，但一些错误类型检测的基本原则，如概念互斥关系等，仍然可用。此外，还可以依赖知识图谱中的知识来推断可能出错的实体类型。比如，可以根据知识图谱计算实体的属性及属性值与实体概念之间的概率关系，从而根据属性来推断其概念。假设一个实体有“代表作品”这一属性且具体的值为一些电影，则其概念是“演员”或“导演”的可能性较大，是“电影”的可能性较小。

8.3.2　错误实体关系检测

发现错误实体关系的方法大致分为两类：基于知识图谱内部数据的检测方法和借助知识图谱外部数据的检测方法。前一类方法通过挖掘知识图谱内部数据的关联关系建立错误实体关系判定规则，或通过分析知识图谱中数据的分布特征来建立错误实体关系检测的概率模型。后一类方法通常借助互联网等外部数据源来发现错误实体关系。

比较有代表性的内部检测方法之一[24]是将知识图谱建模为图，从任意实体出发进行随机游走，如果能够通过一条路径到达目标实体，就将此路径记为一条可行路径。给定一种实体对之间的语义关系，若能在知识图谱中找到很多条可行路径，则该关系很可能是正确的，否则其很可能是错误的。据此我们构建该语义关系的一个三元组错误检测分类器。例如，对于（柏拉图，老师，苏格拉底）这一关系，从图 1-1 中可以观察到“柏拉图”和“苏格拉底”之间存在多条可行路径进行关联（比如路径<柏拉图，isA，哲学家，isA，苏格拉底>和路径<苏格拉底，学生，柏拉图>），则该关系成立的可能性较大。

另一类代表性方法[25]使用数据的分布特征来发现错误实体关系。对于给定关系 p，在知识图谱中找到关系为 p 的所有关系三元组，并分别统计出这些三元组中头实体和尾实体的实体类型分布情况。对于关系 p 的一个新实例三元组，如果其头实体和尾实体的类型都分别落在先验的头/尾实体类型的高频分布区域，则其正确的概率较大。反之，如果其头实体和尾实体的类型都落在先验的头/尾实体类型的低频分布区域（甚至是先验分布中没有出现过的类型），则其错误的概率较大，需要请专家检查并确认。

借助外部数据的检测方法通常借助互联网或外部本体库进行错误实体关系检测。基于互联网的检测方法通常利用搜索引擎检测知识图谱中的错误知识[26]。大致流程是将三元组转换为各类语言的搜索关键词，通过搜索引擎搜索得到相关页面，然后对排名靠前的网页内的有效内容进行事实确认（Fact Confirmation）并计算网页的置信度，之后通过监督学习模型判定三元组描述是否正确并提供相应的证据。最后，由用户判断模型的输出和证据是否有用。对于判定有用的记录可以直接接收，同时将其加入训练集中，用于更新监督学习模型。当三元组的头/尾实体在互联网上有较多相关信息时，该模型可以获得不错的效果。然而，知识图谱中的很多事实，特别是一些低频事实，在互联网上只存在很少的相关网页。因此，基于互联网的检测方法并不适用于检测这些低频事实的正确性。

还有一类代表性方法是利用外部本体库进行错误实体关系检测。具体来说，给定某个三元组，首先通过 DBpedia 考察相应谓词的值域，也就是尾实体的概念类型，将这一概念映射到本体上的等价类（比如文献[27]使用 DOLCE 作为其外部本体），然后将三元组的尾实体在 DBpedia 中的类型映射到本体上的等价类。如果从谓词值域与尾实体映射而来的两个类（概念）是互斥的，则可判定该关系三元组很可能是错误知识。

如图 8-8 所示，对于<柏拉图，学生，柏拉图学院>这一错误三元组，“学生”这一关系的值域为“人物”，可映射到本体中的等价类“人”上，而“柏拉图学院”属于“机构”，可映射到本体中的等价类“社会机构”上，然而“人”和“社会机构”是互斥的，因此可判定该关系三元组可能是错误的。

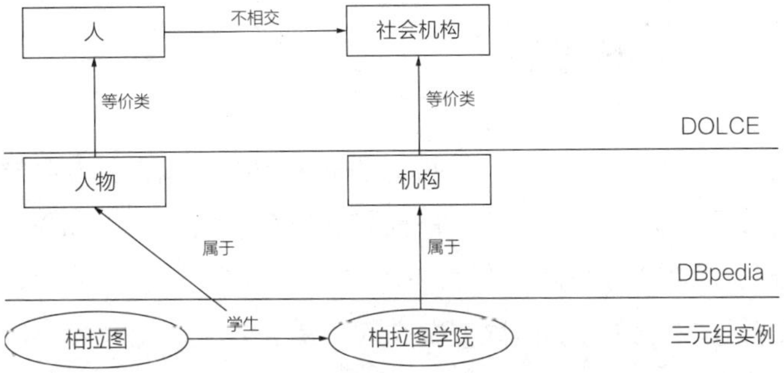

图 8-8　将三元组实例映射到本体来检测实体间关系的正确性

8.3.3　错误属性值检测

错误属性值是一种常见的知识图谱质量问题，也得到了学者们的广泛关注。错误属性值检测方法仍有“内检”与“外观”两类主流思路。

常见的“内检”方法是离群值检测，即将与相关数据分布不相符的离群值作为可能的错误。例如，如果一众古希腊哲学家的出生时间都为“公元前×××年”，然而苏格拉底的出生时间却是“公元 469 年”，则可以通过基于离群值检测的方法发现“公元 469 年”为离群的错误属性值。但这种方法容易受到异常值的影响。例如“某地区的总人口”这一属性，其适用的实体包括村庄、城镇、城市、国家甚至大陆等。按照上述方法操作就意味着大多数国家和大陆的人口会是离群值，因为国家和大陆的人口数量相对于村庄、城镇、城市而言要多得多。为了解决这个问题，有必要按照类型进行分组离群值检测[28]。例如，将城市、国家等区域分开，然后按组对这些群体进行离群值检测。此外，研究人员还尝试过使用多种相互独立的离群值检测方法来检测错误属性值，并将不同检测方法的检测结果进行比对[29]。被多种方法检测为可能错误的属性值更有可能的确是错误属性值。

“外观”方法与其他错误的纠正方法类似，都是利用互联网等外部信息源来发现与纠正错误属性值。不同之处在于，属性在互联网上的提及方式十分多样，因此要予以特别的考虑。比如，为了补全某实体的“出生时间”，需要首先通过语义相似性来寻找它的等价提及方式，包括“诞辰”“出生日期”等，然后结合给定实体，从互联网开放数据中收集相关的三元组，通过加权平均的方法计算这些三元组的置信度，将置信度较高的三元组与数据库中的三元组做比较，从而发现可能的错误属性值。文献[30]采取了类似的思路。

8.4 过期知识的更新

知识是动态变化的，因此发现知识图谱中的过期知识并及时更新是知识图谱构建后质量控制的重要一环。根据更新发起方的不同，知识图谱的更新方式可以分为主动更新和被动更新。如图 8-9（a）所示，由知识图谱平台方发起的更新是主动更新，由数据源发起的更新是被动更新。显然，大多数知识图谱更新都是主动更新。

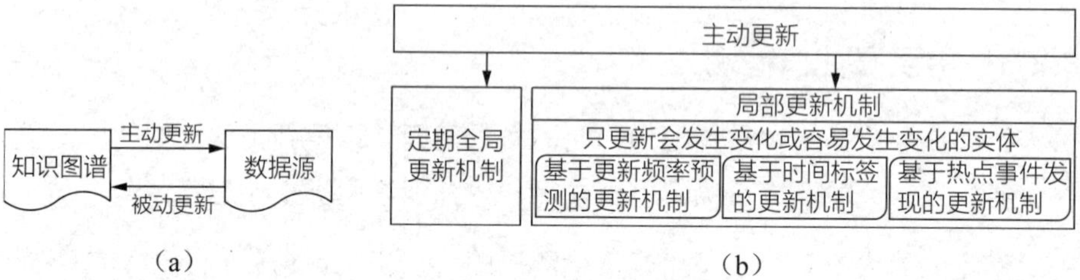

图 8-9 知识图谱更新技术分类

早期的知识图谱更新主要采用主动更新中的定期全局更新机制，即设定一个时间跨度（比如 1 个月），每隔这样一段时间就将现有知识图谱的所有内容进行一次全面的重新获取。早期的 DBpedia 系统即采用这种全局更新机制。但是这种方法每次更新时的代价极大，还容易给维基百科等互联网资源网站造成极大的负载。针对这些缺陷，DBpedia 提出了基于更新流的改良方案[31]：每当维基百科产生一个更新，都将产生一条记录并主动推送给 DBpedia，然后 DBpedia 只需根据更新流的内容修改其数据库即可。这种更新机制是被动更新，需要得到数据源的主动支持才能实现。然而，提供更新流的数据源很少，被动更新往往难以实施。

由于全局更新机制有种种弊端，研究人员提出了局部更新机制，即每次只更新知识图谱的局部知识。局部更新显然更为合理，因为很多知识是不会发生变化的，比如，关于柏拉图的生平不太可能再变化，因此只需要更新可能发生变化的局部知识即可。局部更新的关键在于如何识别出发生了变化的知识。大量的研究围绕变化知识的识别或者知识更新的预测展开。大体来说，这些方法分为以下几类：基于更新频率预测的更新机制、基于时间标签的更新机制和基于热点事件发现的更新机制。图 8-9（b）展示了知识图谱主动更新技术分类。

8.4.1　基于更新频率预测的更新机制

基于更新频率预测的更新机制认为：更新频率高的知识应该优先更新。虽然数据源方一般会有完整的更新日志，但知识图谱构建方往往无法获取完整的更新日志，因此这种机制主要关注于如何根据有限的采样观测情况来准确估计知识的更新频率，从而实现主动局部更新[32]。

假设在一段时间T内对某知识进行了n次观测（相当于 n 次均匀采样），其中 X次观测到了知识的更新（显然$0 \leqslant X \leqslant n$）。显然，我们的**观测频率**（单位时间内的观测次数）为$f = n / T$。一段时间内，某个事件发生的频次通常服从泊松分布。因此，可以假设X服从**泊松分布**：$P(X = k) = \frac{\lambda^k e^{-\lambda}}{k!}$，其中$\lambda$为**知识更新频率**（也就是单位时间内知识发生更新的次数）。显然，λ是我们最终需要估计的目标变量。知识更新频率与观测频率的比值（Frequency Ratio）为：

$$r = \lambda / f \tag{8-2}$$

因此，我们的任务就是根据X、n估计λ。通常，可以对r进行如下估计：

$$\hat{r} = \frac{\hat{\lambda}}{f} = \frac{X}{n} \tag{8-3}$$

此时，知识更新频率可以按照如下公式估计：

$$\hat{\lambda} = f \times \frac{X}{n} \tag{8-4}$$

例如，在一段时间内我们以每两周访问一次（假设观测频率以天为单位，则 $f = 1/14$）的频率对某网页访问了$n = 10$次，其中有$X = 5$ 次观测到了知识的更新，那么$\hat{r} = \frac{5}{10} = 0.5$，因此可以得到$\hat{\lambda} = \hat{r} \times f = 0.5 \times \frac{1}{14} = \frac{1}{28}$（可以理解为每 28 天更新一次）。当然，仅一次观测周期所得的X有一定的随机性，可以通过多次观测周期得到多个X并取其均值，从而更好地评估知识更新频率λ。

然而，上述方法只有在观测频率不低于知识更新频率（即$r \leqslant 1$）时才能做出较为准确的评估。如果知识更新频率比我们的观测频率要高（即$r > 1$），则观测到的知识更新次数X比实际的知识更新次数要少，那么用公式（8-3）得到的估计量$\hat{r}$也比实际的r值小，我们对λ值的评估也就不再准确。为了应对这一状况，可以通过分析$\hat{r}$的期望值来近似拟合出一个更为准确的$\hat{r}$值。此外，如果可以得知每次观测前知识发生更新的最后时间，可以根据这一信息进一步提升知识更新频率估计的准确度，这些具体改进方法详见文献[32]。

8.4.2 基于时间标签的更新机制

基于时间标签的更新机制[33]利用事实间的时序关系预测将更新的事实。例如，对于一个人，与其相关的事实存在以下时序关系：出生→求学→工作→死亡。较早（较晚）发生的关系被称为先验（后续）关系。

有两种模型可用于发现事实间的时序关系。一种是基于时序信息的时间感知模型（Time Aware Embedding，TAE）。该模型结合事实发生的时间，将时序信息在特定向量空间进行表示学习，使得训练得到的向量表示能够自动分离先验关系和后续关系，从而确定事实间的时序关系。

另一种模型利用时间相关的语义约束作为整数线性规划（Integer Linear Programming，ILP）的约束，构造相应的推理模型。ILP 模型考虑了以下三种约束。

（1）时间分离约束，即具有相同头实体和相同函数关系的任意两个事实的时间间隔是不重叠的。比如，一个人在同一时间段内只能是另一个（唯一且确定的）人的配偶，因此：

$$(e_1, \text{wasSpouseOf}, e_2, [1990, 2010)) \wedge (e_1, \text{wasSpouseOf}, e_3, [2005, 2013)) \Rightarrow e_2 \neq e_3$$

（2）时间顺序约束，即对于某些时间顺序关系，一个事实总是先于另一个事实发生。比如，一个人必须在他毕业之前出生，因此：

$$(e_1, \text{wasBornIn}, e_2, t_1) \wedge (e_1, \text{graduateFrom}, e_3, t_2) \Rightarrow t_1 < t_2$$

（3）时间跨度约束，即某一事实在知识图谱的时间范围之外的其他时间段内无效。比如，奥巴马在 2009—2017 年期间担任美国总统，而从 2017 年起他不再是美国总统，因此：

$$(e_1, \text{presidentOf}, e_2, [2009,2017]) \in KG \Rightarrow (e_1, \text{presidentOf}, e_2, [2018,2019]) \notin KG$$

上面提出的两种模型互为补充。ILP 模型考虑的时间限制比 TAE 模型更严格，而 TAE 模型则为 ILP 模型的目标函数生成更精确的向量表示。基于时间标签的更新机制不仅能对时间敏感的数据做出较为准确的更新预测，还广泛应用于知识图谱查错等领域，但其适用范围仅限于时间敏感的数据。

8.4.3　基于热点事件发现的更新机制

最后介绍基于热点事件发现的更新机制[34]。该机制的基本思想是：知识图谱中经常更新的知识往往源自少数热门实体（比如，当红明星和知名产品等），且热门实体的信息更新往往伴随着热点事件或热词的出现，因此该机制提出对互联网上的热词进行实时监控，识别出热门实体并将其百科页面信息同步到知识库中。一个实体之所以变成热门实体，可能有两种情况：（1）新词，如最新上映的电影《流浪地球》；（2）相关知识产生变化的旧词，如唐纳德·特朗普当选美国总统，实体“唐纳德·特朗普”和“美国总统”本身都会发生改变，与其相关联实体的信息也会发生变化。该方法包含四个步骤，如图 8-10 所示。

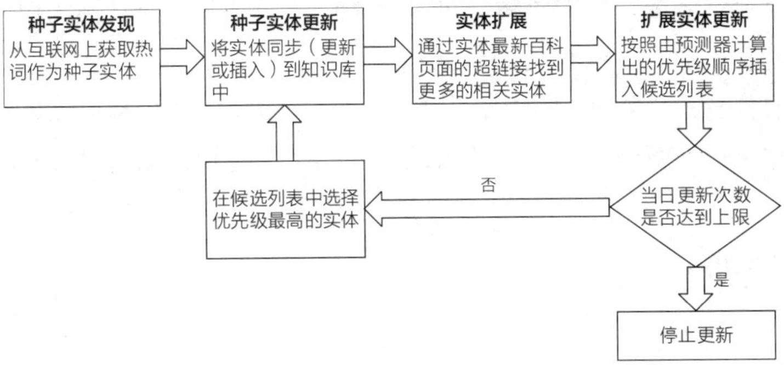

图 8-10　基于热点事件发现的更新机制的四个步骤

（1）种子实体发现。从搜索热点事件中获取热门实体（以下简称热词），并将其作为种子实体。热词来源包括：热门新闻的标题、搜索引擎的热门搜索以及门户网站的热门话题等。从这些来源抽取出热门的短语或句子（热词），利用命名实体识别技术抽取出其中的实体。

（2）种子实体更新。根据抽取出的热词对知识库做更新。访问或抓取每个热词对应的最新百科页面，并通过在线百科中的知识提取器同步（更新或插入）在线百科中的信息。更新的原则是，如果知识图谱中已存在该实体，就用百科页面中的新信息全部替换该实体在知识库中的信息[1]；如果知识库中不存在该实体，就将该实体的百科页面中的信息抽取后添加至知识图谱中。

（3）实体扩展。由于在某一时间段内热词数量是有限的，为了能够更新更多的实体，需要对热词进行扩展。显然，与热门实体相关的实体也较容易发生更新，比如某当红影星非常热门，经常有新的作品推出，那么与他相关的一些电影、导演、合作演员和各类电影奖项等也很容易发生更新。显然，热门实体的百科页面中的超链接实体是与其高度相关的，可以将这些实体扩展到候选更新实体列表中。

（4）扩展实体更新。对上一步扩展得到的关联实体按照优先级排序，并依次处理队列中的实体，将其对应的百科页面中最新的知识同步更新到知识图谱中。

对上述步骤进行迭代，直至候选更新实体列表为空或者当天的实体更新次数已达到上限。一般情况下，候选更新实体列表不会为空，所以终止条件主要是由设置的实体更新次数上限决定的。上面第（4）步中的优先级排序显然是决定该方法效率的关键，可直接使用前面提到的模型预测相应实体的更新频率，以此为定义优先级的依据。文献[34]也提出了一种根据百科页面中信息的各种语义特征构建的词条更新频率预测器。该机制可以以较高的准确率预测出需要更新的实体，从而以较低的代价对知识图谱进行实时更新。

本章小结

高质量是构建知识图谱的基本目标之一。本章首先给出了评估知识图谱质量的四个维度，即知识图谱中知识的准确性、一致性、完整性和时效性。

---

1 这个做法看似简单，实则很有效。原因首先在于，复杂的融合策略依赖严格定义的模式，但在海量的通用知识库上定义完整、严格的模式是一个艰巨的任务。其次在于，对于热门实体，在线百科的编辑审核机制通常较为严格，不同在线编辑之间的反复博弈也可确保知识质量。因此，完全替换是一种简单而有效的策略。

然后介绍了几种常见的知识图谱质量评估方法。知识图谱质量控制工作贯穿于知识图谱构建全生命周期，涵盖知识图谱构建前、构建中和构建后三个阶段。构建后的质量控制指的是在知识图谱初步构建完成后对知识图谱进行质量检测与维护。这是本章主要关注的重点内容，具体包括：补全知识图谱中的缺失知识，发现知识图谱中的错误知识并纠错，以及更新知识图谱中的过期知识。目前的主流方法均采用“内检”或“外观”两种方法之一或将二者结合使用。

对知识图谱质量控制的研究目前还处于初步探索阶段，仍有大量需要解决的问题。受限于现有的自然语言处理技术、知识获取技术和知识图谱表示学习与推理技术的水平，目前仍缺乏可用性高且高度自动化的质量控制解决方案。在工业界的知识图谱构建与应用中，对知识图谱的质量控制目前还主要依赖专家的手动维护，效率低、成本高，因此急需可操作性强、自动化程度高的知识图谱质量控制框架、工具及系统来弥补这一缺憾。

由于篇幅限制，本章仅对知识图谱质量控制主要技术流派的大致思路做了初步介绍，尚有很多未深入介绍和展开的研究成果。比如，众包质量控制方面的很多相关工作，具体可参考文献[35-37]；弱监督学习模型方面的很多相关工作，具体可参考文献[38-39]；基于知识图谱内部知识的关系推理补全技术方面，也有很多相关的研究工作。除了本章介绍的主要技术流派和方法外，近年来不断有新的改进方法被提出，比如文献[40-42]。此外，知识图谱的质量控制与关系型数据库的质量控制有很多相似之处，因此很多关系型数据库的质量控制技术值得借鉴，比如，关系型数据库中的错误数据发现与修正技术、关系型数据库中的缺失数据补全技术等，可参考文献[43-45]。

思考题

1. 请简述知识图谱质量评估的四个维度分别是什么。
2. 请简述知识图谱质量控制全生命周期包括哪几个阶段，每个阶段具体的关注点是什么。
3. 请简述知识图谱构建后的质量控制涉及哪几个方面的技术。
4. 请简述实体类型补全有哪几种技术流派。

5．请论述知识图谱中的属性值补全与关系型数据库中的数据补全有何异同。

6．请简述知识图谱的知识纠错具体有哪些问题，分别举例说明。

7．请简述如何使用离群值检测发现知识图谱中的错误属性值。

8．请简述知识图谱中的错误知识发现与纠正和关系型数据库中的错误数据发现与修正有何异同。

9．请简述错误实体类型检测的几种可行思路。

10．请阐述基于热点事件发现的知识图谱更新机制如何获取热门实体并扩展热门实体。

参考文献

[1] Mendes P N, Mühleisen H, Bizer C. Sieve: linked data quality assessment and fusion[C] //Proceedings of the 2012 Joint EDBT/ICDT Workshops. ACM, 2012: 116-123.

[2] Reddick R, King E. Online Journalist: Using the Internet and Other Electronic Resources [M]. Harcourt Brace College Publishers, 1997.

[3] 张志强，逄居升，谢晓芹等. 众包质量控制策略及评估算法研究[J]. 计算机学报，2013，36(8):1636-1649.

[4] Paşca, Marius, Lin D, Bigham J, et al. Names and similarities on the web: fact extraction in the fast lane[C]// International Conference on Computational Linguistics & the Meeting of the Association for Computational Linguistics. Association for Computational Linguistics, 2006.

[5] Curran J, Murphy T, Scholz B. Minimising semantic drift with Mutual Exclusion Bootstraping [C]// 2007.

[6] Komachi M, Kudo T, Shimbo M, et al. Graph-based Analysis of Semantic Drift in Espresso-like Bootstrapping Algorithms[C]// Conference on Empirical Methods in Natural Language Processing. 2008.

[7] Carlson A, Betteridge J, Wang R C, et al. Coupled semi-supervised learning for information extraction[C]// 2010.

[8] Li Z, He Y, Gu B, et al. Diagnosing and Minimizing Semantic Drift in Iterative

Bootstrapping Extraction[J]. IEEE Transactions on Knowledge and Data Engineering, 2018, 30(5):852-865.

[9] Ratner A, Bach S H, Ehrenberg H, et al. Snorkel: Rapid Training Data Creation with Weak Supervision[J]. Proceedings of the Vldb Endowment, 2017, 11(3).

[10] Paulheim H, Bizer C. Type inference on noisy rdf data[C]//International semantic web conference. Springer, Berlin, Heidelberg, 2013: 510-525.

[11] Liang J, Xiao Y, Wang H, et al. Probase+: Inferring Missing Links in Conceptual Taxonomies[J]. IEEE Transactions on Knowledge & Data Engineering, 2017, 29(6):1281-1295.

[12] Suzuki M, Matsuda K, Sekine S, et al. A Joint Neural Model for Fine-Grained Named Entity Classification of Wikipedia Articles[J]. Ieice Transactions on Information & Systems, 2018, 101(1):73-81.

[13] Richardson M, Domingos P. Markov logic networks[J]. Machine Learning, 2006, 62(1-2):107-136.

[14] Chen Y, Wang D Z. Knowledge expansion over probabilistic knowledge bases[C]//Proceedings of the 2014 ACM SIGMOD international conference on Management of data. ACM, 2014: 649-660.

[15] Lao N, Cohen W W. Relational retrieval using a combination of path-constrained random walks[J]. Machine Learning, 2010, 81(1):53-67.

[16] Gardner M, Mitchell T. Efficient and expressive knowledge base completion using subgraph feature extraction[C]//Proceedings of the 2015 Conference on Empirical Methods in Natural Language Processing. 2015: 1488-1498.

[17] Bordes A, Usunier N, Garcia-Duran A, et al. Translating embeddings for modeling multi-relational data[C]//Advances in neural information processing systems. 2013: 2787-2795.

[18] Wang Z, Zhang J, Feng J, et al. Knowledge graph embedding by translating on hyperplanes[C]//Twenty-Eighth AAAI conference on artificial intelligence. 2014.

[19] Socher R, Chen D, Manning C D, et al. Reasoning with neural tensor networks for knowledge base completion[C]//Advances in neural information processing systems. 2013: 926-934.

[20] Fan M, Zhou Q, Abel A, et al. Probabilistic belief embedding for knowledge base completion[J]. arXiv preprint arXiv:1505.02433, 2015.

[21] Shi B , Weninger T . Open-World Knowledge Graph Completion[J]. 2017.

[22] Razniewski S, Suchanek F, Nutt W. But What Do We Actually Know?[C]// Workshop on Automated Knowledge Base Construction. 2018.

[23] Moser W, Adlassnig K P. Consistency checking of binary categorical relationships in a medical knowledge base[J]. Artificial Intelligence in Medicine, 1992, 4(5):389-407.

[24] Dong X, Gabrilovich E, Heitz G, et al. Knowledge vault: a web-scale approach to probabilistic knowledge fusion[J]. KDD 2014.

[25] Paulheim H, Bizer C. Improving the quality of linked data using statistical distributions[J]. International Journal on Semantic Web and Information Systems (IJSWIS), 2014, 10(2): 63-86.

[26] Li Z, Sharaf M A, Sitbon L, et al. WebPut: Efficient Web-Based Data Imputation[J]. Lecture Notes in Computer Science, 2012, 7651:243-256.

[27] Paulheim H, Gangemi A. Serving DBpedia with DOLCE–more than just adding a cherry on top[C]//International Semantic Web Conference. Springer, Cham, 2015: 180-196.

[28] Wienand D, Paulheim H. Detecting incorrect numerical data in dbpedia[C]//European Semantic Web Conference. Springer, Cham, 2014: 504-518.

[29] Fleischhacker D, Paulheim H, Bryl V, et al. Detecting errors in numerical linked data using cross-checked outlier detection[C]//International Semantic Web Conference. Springer, Cham, 2014: 357-372.

[30] Liu S, d'Aquin M, Motta E. Towards Linked Data Fact Validation through Measuring Consensus[C]//LDQ@ ESWC. 2015.

[31] Hellmann S, Stadler C, Lehmann J, et al. DBpedia live extraction[C]//OTM Confederated International Conferences" On the Move to Meaningful Internet Systems". Springer, Berlin, Heidelberg, 2009: 1209-1223.

[32] Cho J, Garcia-Molina H. Estimating frequency of change[J]. ACM Transactions on Internet Technology (TOIT), 2003, 3(3): 256-290.

[33] Jiang T, Liu T, Ge T, et al. Towards time-aware knowledge graph completion[C]//Proceedings of COLING 2016, the 26th International Conference on Computational Linguistics: Technical Papers. 2016: 1715-1724.

[34] Liang, J.,Zhang, S. & Xiao, Y. (2017). How to Keep a Knowledge Base Synchronized with Its Encyclopedia Source. Proceedings of the Twenty-Sixth International JointConference on Artificial Intelligence, 3749-3755.

[35] Dong Z, Fan J, Lu J, et al. Using Crowdsourcing for fine-grained entity type completion in

knowledge bases[C]//Asia-Pacific Web (APWeb) and Web-Age Information Management (WAIM) Joint International Conference on Web and Big Data. Springer, Cham, 2018: 248-263.

[36] Acosta M, Zaveri A, Simperl E, et al. Crowdsourcing linked data quality assessment[C]//International Semantic Web Conference. Springer, Berlin, Heidelberg, 2013: 260-276.

[37] Acosta M, Zaveri A, Simperl E, et al. Detecting linked data quality issues via Crowdsourcing: A dbpedia study[J]. Semantic Web, 2018, 9(3): 303-335.

[38] Oquab M, Bottou L, Laptev I, et al. Is object localization for free? - Weakly-supervised learning with convolutional neural networks[C]// Computer Vision & Pattern Recognition. 2015.

[39] Lin C, He Y, Everson R, et al. Weakly Supervised Joint Sentiment-Topic Detection from Text[J]. IEEE Transactions on Knowledge & Data Engineering, 2012, 24(6):1134-1145.

[40] Ji G, He S, Xu L, et al. Knowledge graph embedding via dynamic mapping matrix[C]//Proceedings of the 53rd Annual Meeting of the Association for Computational Linguistics and the 7th International Joint Conference on Natural Language Processing (Volume 1: Long Papers). 2015, 1: 687-696.

[41] Xiong W, Yu M, Chang S, et al. One-Shot Relational Learning for Knowledge Graphs[J]. arXiv preprint arXiv:1808.09040, 2018.

[42] Shen Y, Huang P S, Chang M W, et al. Modeling large-scale structured relationships with shared memory for knowledge base completion[C]//Proceedings of the 2nd Workshop on Representation Learning for NLP. 2017: 57-68.

[43] Li Z, Sharaf M A, Sitbon L, et al. A web-based approach to data imputation[J]. World Wide Web-internet & Web Information Systems, 2014, 17(5):873-897.

[44] Mayfield C, Neville J, Prabhakar S. ERACER:a database approach for statistical inference and data cleaning[C]// Acm Sigmod International Conference on Management of Data. 2010.

[45] Fleischhacker D, Paulheim H, Bryl V, et al. Detecting errors in numerical linked data using cross-checked outlier detection[C]//International Semantic Web Conference. Springer, Cham, 2014: 357-372.

第3篇

管理篇

第9章

知识图谱的建模与存储

内容提示 本章是管理篇的第 1 章。整个管理篇旨在介绍知识图谱数据管理相关的基本概念和关键技术，包括知识图谱的建模与存储、查询与检索，以及图数据管理系统。建模与存储承前启后，是对知识图谱数据进行有效管理的前提。本章旨在回答如下问题：在实际应用中，如何对知识图谱数据有效建模？如何在计算机系统中高效存储知识图谱数据？

9.1 概述

知识图谱数据应用的前提是，这些数据的有效表示与存储。逻辑层面的表示（即数据模型）是从人的角度对知识图谱数据进行描述，而物理层面的存储是从计算机的角度对数据进行组织，两者密切相关。通常，首先需要利用合适的数学模型来描述知识图谱数据，然后基于这些模型将知识图谱数据有效地存储在计算机中。第 2 章已经对知识图谱的基本表示模型做了介绍，但是在实际应用中往往需要在此基础上进一步细化。比如，知识图谱的基本表示模型（三元组模型）通常情况下只需要表示成<主体（Subject），谓词

（Predicate），客体（Object）>，但在实际应用中往往还需要基于三元组拓展多模态、时空知识表达能力，需要将其扩展成四元组甚至五元组。知识图谱的另一种常见表示模型是图模型，一般情况下表示为简单图，但在实际应用中往往需要细化为有向无环图（Directed Acyclic Graph）或概率图（Probalistic Graph）。进一步的，基于三元组模型，知识图谱可以存储在关系表中；而基于图模型，知识图谱可以以邻接表或者邻接矩阵的形式存储在计算机中。知识图谱的数据模型和存储模型以及它们之间的关系如图 9-1 所示。

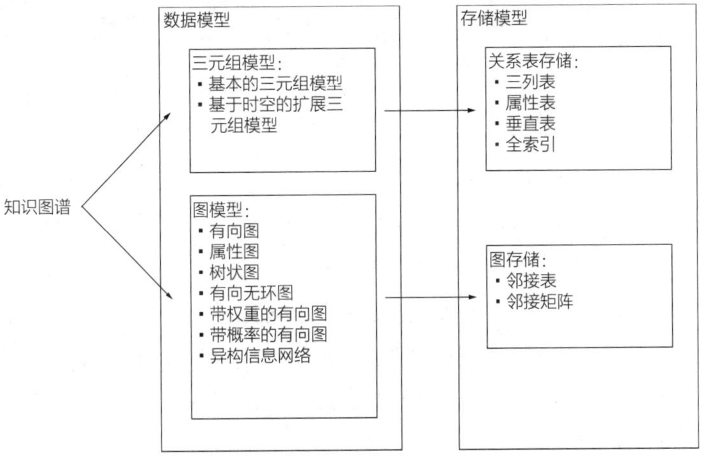

图 9-1　知识图谱的数据模型与存储模型以及它们之间的关系

本章首先将详细介绍知识图谱的数据模型，即三元组模型和图模型，以及它们的各种变种（9.2 节）。然后，介绍不同知识图谱的数据模型所对应的存储模型，即关系表存储和图存储以及基于它们的各种延伸方案（9.3 节）。

9.2　知识图谱的数据模型

知识图谱用于描述现实中的概念、实体与关系。它提供了一种描述现实世界的通用模型，这种模型不仅可以被人直观理解，也可以被计算机程序有效处理。

9.2.1　知识图谱的三元组模型

现实世界可以表达为知识图谱中的实体（比如柏拉图）、概念（比如哲学家)、属性（比如柏拉图的出生时间是公元前 427 年）和关系（比如柏拉图是苏格拉底的学生）。知识图谱在语义网络领域通常用 W3C 提出的 RDF[4]（Resource Description Framework，即资源描述框架）来表示。RDF 是 W3C 提出的知识表示模型，用来描述和表达互联网上资源的内容与结构。

1. 基本的三元组模型

很多现实世界中的概念、实体和事件都有自己的属性描述。比如，实体“柏拉图”可以用一个属性英文译名和相应的属性值“Plato”描述，这个属性和属性值描述了实体“柏拉图”所对应的英文译名是“Plato”。此外，知识图谱也表达了现实世界中不同实体、概念和事件之间的相互关系。比如，实体“柏拉图”和“雅典”通过“出生地”关系连接起来，描述“柏拉图出生于雅典”这个事实。RDF 的基本数据单元是一个三元组，可以表示为<主体（Subject），谓词（Predicate），客体（Object）>。每个实体的一个属性及属性值，或者它与其他实体间的一条关系，都可以表示成三元组，成为一个事实或一条知识。于是，知识就被表示成三元组形式。三元组的谓词可以是两个实体间的关系，也可以是一个实体的某种属性。对于后面这种情况，三元组的三个元素又被称为主体、属性及属性值。因此，一个知识图谱数据集可以看作三元组的集合。

在 RDF 中，人们利用国际化资源标识符（Internationalized Resource Identifier，IRI）标识对象（从网页等信息资源拓展到所有对象）。这些 IRI 所对应的事物既包括现实世界中的实体（比如一个人），也包括人们在社会实践中形成的概念（比如哲学家、城市），还包括关系或属性（比如出生地）等。比如，在知识图谱 Freebase 中，“柏拉图”这个现实世界中的实体就通过一个 IRI（参见链接[103]）进行了标识。利用 IRI，同名实体就能区分开来。比如，柏拉图的著作《理想国》发行过多个版本，其中 1995 年由黑石公司出版的版本在 Freebase 中对应的实体的 IRI 参见链接[104]，而 2004 年由哈科特出版社出版的版本在 Freebase 中对应的实体的 IRI 参见链接[105]。

在上述 RDF 三元组模型中，IRI 被用来区分同名实体。IRI 本质上是一个全局唯一标识，就好比我们的身份证。基于 IRI 的实体（或概念）标识避免了基于名称的实体标识中常会出现的重名问题，这在实际应用中有着积极意义。但是，在实际应用中往往会进行一些妥协。很多应用对知识图谱的规模有较高的要求（比如大规模互联网应用），在构建知识图谱的过程中往往会简化对同名实体的区分，仅构建基于字符串的三元组，以便快捷地构造规模更大的知识图谱数据集，其代表性知识图谱就是 NELL[31]。在 NELL 中，每个概念都是按照名称进行表示的。比如在 NELL 中，“布鲁克”这个人名表示成概念 concept:person:brooke，“出生于”表示成概念 concept:personBornInLocation，“约克市”表示成概念 concept:county: york_city。于是，“布鲁克出生于约克市”这条知识就表示成三元组 <concept:person:brooke, concept: personBornInLocation, concept:county: york_city>。这里“布鲁克”这个人名可能对应多个人物实体，但是在 NELL 中不做区分。

除了基本的三元组模型外，在知识图谱的实际应用中，常常还需要表达一些相对复杂的语义，包括对多元关系、时空知识、多模态知识以及对象知识的表示。

2. 对多元关系的表示

基本的三元组模型只讨论了二元关系的情况，而在实际应用中实体间经常还可能存在多元关系。例如，“古雅典在地米斯托克利的带领下与入侵的古波斯阿契美尼德王朝进行了马拉松战役”这条知识就涉及古雅典、地米斯托克利以及古波斯阿契美尼德王朝等多方面的信息。

针对多元关系，构建知识图谱时常见的做法就是将多元关系本身也抽象成一个实体，其代表性知识图谱就是 Freebase[31]。在 Freebase 中，每个多元关系对应一个实体。具体而言，针对上述“古雅典在地米斯托克利的带领下与入侵的古波斯阿契美尼德王朝进行了马拉松战役”的例子，Freebase 就将马拉松战役这个事件定义成了一个实体[1]。这个事件实体涉及古雅典、地米斯托克利以及古波斯阿契美尼德王朝[2]。图 9-2 表达了分解出来的三元组。

1　为了便于描述，仍然使用实体名称指代实体。在实际的知识库中，这里的实体对应的 IRI 参见链接[111]。

2　为了便于描述古雅典、地米斯托克利以及古波斯阿契美尼德王朝，此处也依然使用实体名，它们的 IRI 可分别参见链接[112]至链接[114]。同时，关系也使用关系名“涉及实体”和“参加战役”来指代，它们的 IRI 可分别参见链接[115]和链接[116]。

值得注意的是，在由多元关系往二元关系转换的过程中，很容易损失语义信息。比如，原句中是古波斯入侵古希腊，其中入侵者是古波斯，这些信息在上述三元组中并未表达出来。

马拉松战役	涉及实体	古雅典
马拉松战役	涉及实体	古波斯阿契美尼德王朝
地米斯托克利	参加战役	马拉松战役

图 9-2　Freebase 中的多元关系三元组示例

3．对时空知识的表示

在实际的应用中，知识往往也与时间、地点相关。比如，“苏格拉底的学生是柏拉图”这条知识发生在公元前 407 年，地点位于北纬 38°02'、东经 23°44'的雅典，即公元前 407 年柏拉图在雅典跟随苏格拉底学习。为了对这种带时空信息的知识建模，YAGO2[32]提出在三元组的基础上扩展成五元组，也就是给每条知识增加其经纬度坐标和时间信息。于是，<亚里士多德，导师，柏拉图>这个三元组就被扩展成了<亚里士多德，导师，柏拉图，（北纬 38°02'，东经 23°44'），公元前 407 年>的五元组形式。

4．对多模态知识的表示

对于互联网上的多媒体信息，三元组模型会基于每个多媒体文件在互联网上的位置形成一个实体，然后建立起此多媒体文件与相关实体的关系。按此方法组织数据的典型知识图谱是 DBpedia[1]。DBpedia 首先将所有维基百科上的图片建模为一个实体，并且定义了“图片资源链接”之类的关系，然后将实体与它的图片资源通过这一关系进行连接。比如，维基百科中柏拉图头像图片的路径地址是 http://.../Plato_Silanion_Musei_Capitolini_MC1377.jpg。DBpedia 将这一图片路径地址也作为一个实体，通过 IRI 唯一标识（参见链接[106]，此处我们简写为 wikiFile:Plato_MC1377.jpg），并且定义了人物实体图片谓词（IRI 参见链接[107]）。所以，柏拉图的头像可以表达为一个三元组<柏拉图，http://*****.com/foaf/0.1/depiction（具体参见链接[107]），wikiFile: Plato_MC1377.jpg>。

三元组模型的优点在于模型简单、易于扩展，这使得基于这一模型构建大规模数据集成为可能。但是，三元组模型也有局限性，其局限性主要是对于所有知识都只能拆分成二元关系的组合，难以表达复杂语义。三元组主要表达的是事实性知识，对于事理逻辑的表达能力有限，难以有效支撑逻辑推理。在实际应用中，需要联合使用其他知识表示，比如谓词逻辑，并基于三元组知识开展有效的推理。

9.2.2　知识图谱的图模型

在实际应用中，人们还经常将三元组数据通过预先定义的语义关联转换成一个或多个连通图。于是，整个知识图谱就可以表示成一个大图。

1. 有向图

RDF 表达的知识图谱数据可以天然地转换成一个**有向图**。在这个图中，每个实体或者属性值构成图上的点，每个三元组可以视为连接主体及客体的有向边，而三元组中的谓词可以视作有向边上的标签。相比于将知识图谱数据视作三元组集合，知识图谱的图模型更利于展示通过语义关联建立起来的全局结构。

图 9-3 展示了与“柏拉图”相关的知识图谱三元组数据的图形式，其中知识图谱可以表示成一个有向图。在图 9-3 中，椭圆形表示实体，圆形表示概念，矩形表示属性值，每个有向边表示一个三元组的谓词。

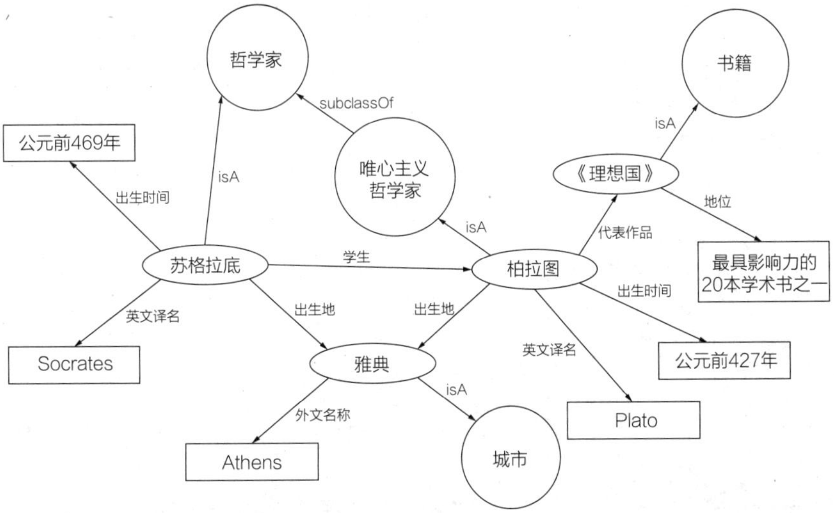

图 9-3　与“柏拉图”相关的知识图谱三元组数据的图形式

上述的有向图模型是实际中最常用的知识图谱表示模型。现有的大部分知识图谱都是基于有向图模型的，比如百科图谱 DBpedia[1] 和 CN-DBpedia[2]、药品知识图谱 Drugbank[33]、蛋白质知识图谱 UniPort[34]、地理信息知识图谱 LinkedGeoData[35]等。

2. 属性图

除了基于 RDF 的有向图模型外，属性图是另一种管理知识图谱数据时常用的数据模型。与 RDF 相比，属性图对于节点属性和边属性具备内在的支持。目前，属性图被图数据库业界广泛采用。最近，由图数据管理领域学术界和工业界成员共同组成的关联数据基准委员会（Linked Data Benchmark Council，LDBC）正在以属性图为基础对图数据模型和图查询语言开展标准化工作[36]。

图 9-4 是图 9-3 所对应的属性图。在属性图中，每个节点和边都具有唯一标识符；节点和每条边均具有类型标签（如节点 v_2 上的类别标签为“唯心主义哲学家”，边 e_2 上的类型标签为“出生地”），用来标识实体或关系的类型；节点和边均具有一组属性，每个属性由属性名和属性值组成（如节点 v_2 上的属性为“英文译名 = Plato”、边 e_2 上的属性为“时间 = 公元前 427 年”）。可以看出，属性图能表达丰富的信息，而且没有改变图的整体结构。

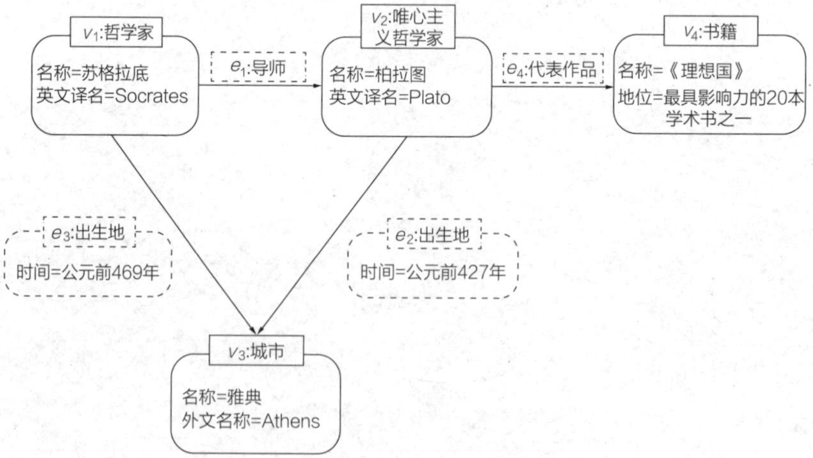

图 9-4　图 9-3 所对应的属性图

在上述属性图中，每个节点或每条边上只能有一个类型标签，每个属性也只能有一个属性值。在实际应用中，也可以拓展基本的属性图模型，以允许节点或边上具有多个类型标签，或者允许属性对应多个属性值。实际中，不同图数据管理系统可能有不同的设定。针对现实世界中的各种具体关系，如层次关系、蕴含关系等，很多应用进一步扩展了上述模型。

3. 树状图

除了图形式的知识图谱，在实际应用中概念与实体之间的关系也经常被组织成层次结构，构成一棵树（也就是没有环的图），典型的表示层次关系的树状知识图谱就是 WordNet[5]。WordNet 是普林斯顿大学建立和维护的英文字典，它主要依靠语言学专家来定义名词、动词、形容词以及副词之间的语义关系，其所定义的关系主要是同义词关系与上下位关系。WordNet 的结构类型就是树结构。图 9-5（a）给出了 WordNet 中的一部分来作为树状图的示例，其中描述了从犬科动物和猫科动物到动物的上下位关系，比如动物（animal）是哺乳动物（mamal）的上位词。

4. 有向无环图

在利用自动化方法构建的实体以及概念层级结构（也就是概念图谱）中，如果某个实体（概念）存在多个父实体（父概念），树状层次结构将会变成有向无环图（Directed Acyclic Graph，DAG）。严格来讲，有向无环图表达了 isA 关系所构成的偏序关系[1]，典型的采用有向无环图模型的知识图谱是 WikiTaxonomy。WikiTaxonomy[37]是一个从维基百科中提取出来的概念图谱，其抽取了维基百科中的所有类及实体的信息，并抽取出这些实体与类及子类与父类之间的 isA 关系。图 9-5（b）给出了 DAG 结构的 WikiTaxonomy 片段。

1　偏序关系是指满足自反性、反对称性和传递性的二元关系。在偏序关系下，满足偏序关系的集合其部分元素之间是可以比较的。典型的偏序关系有集合间的包含关系、概念间的包含关系等。

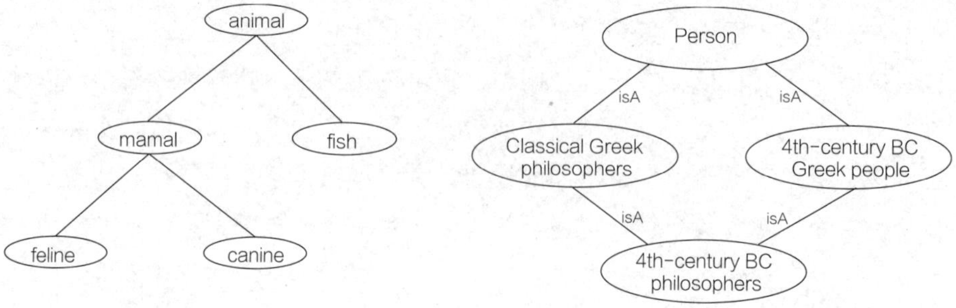

（a）　　　　（b）

图 9-5　WordNet 树状图和 WikiTaxonomy 有向无环图示例

5. 带权重的有向图

在利用大规模文本语料自动构建的概念图谱中，对于每条 isA 关系可以附加该关系在语料中被观察到的频率。第 5 章曾论述可以用频率估计给定实体（概念）、某个概念（实体）的典型性，而典型性是概念认知的关键，因此，带权重的有向图也是一类重要的知识图谱表示模型。Probase[3]就是基于这种思想构建的知识图谱。Probase 是从海量 Web 语料中根据 Hearst 模式自动抽取而获得的。在抽取过程中，每条 isA 关系在语料中出现的频率得以保留。一般而言，频率越高，相应的 isA 关系越可信。关于 Probase 的细节内容可参见第 5 章。

6. 带概率的有向图

保留关系抽取过程置信度的知识图谱还有 YAGO[6]。YAGO 是德国马克斯・普朗克实验室基于维基百科抽取出的信息并结合 WordNet 中的类型信息所形成的知识图谱。YAGO 中包含多种关系，对于每种关系，它都给出一个 0.90~0.98 的置信度，这一置信度表达了这种关系的某个实例是正确事实的概率。为了计算每种关系的置信度，YAGO 对每种关系都随机抽取了若干关系实例，然后由多人来判断这些关系实例准确与否，并以此为据计算这些关系的置信度，进一步将置信度值转换成概率，因此 YAGO 可表示成一个边带概率的有向图。

7. 异构信息网络

描述现实世界中事物之间关联性的数据除了知识图谱外还有社交网络数据、生物网络数据等。这些描述事物之间关联性的数据都可以称为“信息网络（Information Network）”[38]。如果一个信息网络中的所有点和边都是同一个类型的，那么我们称之为同构信息网络（Homogeneous Information Network）；否则，我们称之为异构信息网络（Heterogeneous Information Network，HIN）[38]。异构信息网络是数据挖掘领域常用的知识图谱建模方式。

为了更好地理解和表示复杂的异构信息网络，我们可以定义“网络模式（Network Schema）”[38]以在元数据层面描述信息网络中不同类型的点之间的关系。异构信息网络中每个点的类型在其网络模式中对应一个点；如果异构信息网络中两个点之间存在一条边，那么这两个点的类型在其网络模式中连接着一条边。网络模式中的一条路径被称为元路径（Meta Path）[7]，元路径可以描述异构信息网络中不同点之间的语义联系。

图 9-6 给出了一个关于文献信息的异构信息网络及其网络模式。这个异构信息网络包含从 DBLP 中提取的多个计算机科学研究人员的论文发表信息。这个异构信息网络中的点可以是 Author（作者）、Paper（论文）等多种类型，它的网络模式如图 9-6（b）所示。在这个网络模式中可以定义元路径 Author-Paper-Author，用来表示两个作者的合作关系。

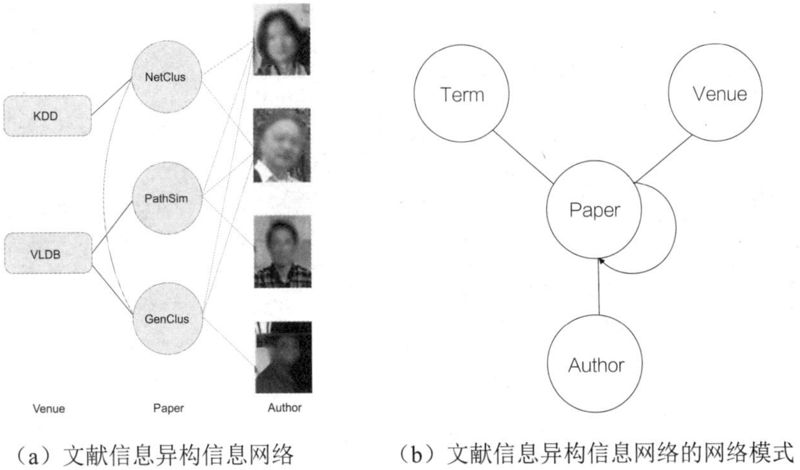

（a）文献信息异构信息网络　　（b）文献信息异构信息网络的网络模式

图 9-6　关于文献信息的异构信息网络及其网络模式[38]

9.3 知识图谱的物理存储

为了对知识图谱数据进行高效管理，除了对其进行逻辑上的抽象描述外，还需要在存储介质上合理组织这些数据。现有知识图谱数据的存储方式分为两类：基于关系模型的存储方式和基于图模型的存储方式。本节先介绍知识图谱数据的基本操作，因为对这些操作的高效支持是设计存储方案的主要目标；然后依次介绍两类存储方式。此外，针对规模日益庞大的知识图谱数据，本节还将简要介绍分布式环境下知识图谱数据的存储方法。

9.3.1 知识图谱数据的基本操作

在传统的关系型数据库领域，对关系型数据库所做的查询，可以通过多个关系表上的基本操作，包括选择、投影、连接等，加以完成。如果将知识图谱用图 9-7 中的三元组关系表进行表示，我们也可以将知识图谱数据上的常见查询任务分解为与关系操作类似的基本操作，主要包括以下两种。

（1）**选择（Selection）**：在知识图谱中选择满足给定条件的知识图谱片段。图 9-7 给出了一个选择操作示例“选出出生于雅典的人物”，其答案为苏格拉底和柏拉图。

主体	谓词	客体
苏格拉底	学生	柏拉图
苏格拉底	出生时间	公元前469年
苏格拉底	英文译名	Aristotle
苏格拉底	出生地	雅典
苏格拉底	isA	哲学家
柏拉图	代表作品	《理想国》
柏拉图	出生时间	公元前427年
柏拉图	英文译名	Plato
柏拉图	出生地	雅典
柏拉图	isA	唯心主义哲学家
《理想国》	地位	最具影响力的20本学术书之一
《理想国》	isA	书籍
雅典	外文名称	Athens
雅典	isA	城市
唯心主义哲学家	subclassOf	哲学家

主体	谓词	客体
苏格拉底	出生地	雅典
柏拉图	出生地	雅典

图 9-7 选择操作示例

（2）**连接（Join）**：按照一定条件从两个知识图谱的笛卡儿积[1]中选取知识图谱片段。图 9-8 给出了一个通过连接操作回答“苏格拉底学生的出生地”的示例，其中将<苏格拉底，学生，柏拉图>与<柏拉图，出生地，雅典>在“柏拉图”字段进行了等值连接。

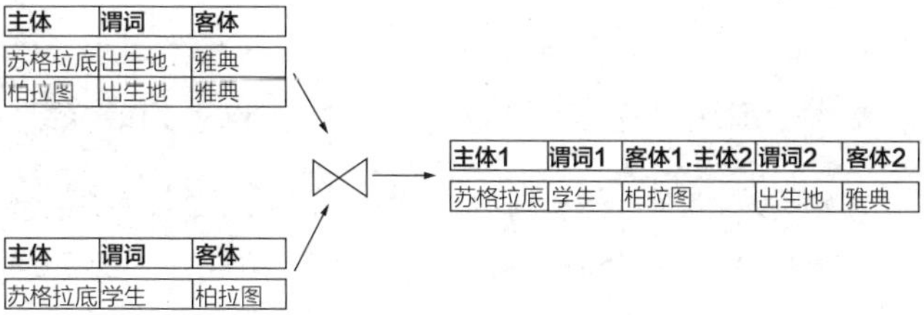

图 9-8　连接操作示例

很多复杂知识图谱查询任务可以通过上述基本操作的组合来完成。复杂查询的优化问题是知识图谱管理系统的核心问题之一，可以借鉴传统关系型数据库中的 SQL 查询的计划生成和查询优化策略。在后面的章节中将会详细介绍基于基本操作的查询优化策略。在实际应用中，知识图谱数据的查询运算常呈现出如下特点。

（1）选择度高：即知识图谱中常见选择操作的答案仅涉及知识图谱中很少的三元组，其原因在于大部分选择操作是为了查询实体的某个相关属性。

（2）连接数量多：即知识图谱中常见的运算经常会包含大量的连接操作，这是知识图谱数据表示的碎片化（很多简单事实分解为了多个三元组）导致的。

9.3.2　知识图谱的关系表存储

在数据管理方面，关系模型自问世以来取得了巨大的成功。市面上已经存在大量成熟的关系型数据库系统，而知识图谱数据的三元组很容易映射到关系模型上。因此，使用关系模型（也就是关系表）存储知识图谱中的三元组是重要的存储方案之一。基于关系表对知识图谱数据进行组织的方式可以分成四类：基于三列表的存储方式、基于属性表的存储方式、基于垂直表的

1　两个集合 A 和 B 的笛卡儿积（$A \times B$）是指 A 和 B 中元素所有可能有序对组成的集合，其中有序对的第一个对象是 A 的成员，第二个对象是 B 的成员。

存储方式和基于全索引的存储方式。

1．基于三列表的存储方式

这种存储方式通过维护一个巨大的三元组表来管理 RDF 知识图谱数据。这个三元组表包含三列，分别对应主体、谓词和客体。当系统接收到用户输入的查询请求时，系统将该查询转换为 SQL 查询。这些 SQL 查询通常需要对三元组表执行多次自连接[1]（Self-join）操作以得到最终结果。

使用一个大规模三元组表管理知识图谱数据的首要问题是：**系统不论执行何种查询，都需要扫描整个表**。这样做的代价是极其巨大的。因此，Virtuoso 通过构建索引的方式来提高查询执行的效率。Virtuoso[10]是 OpenLink 公司开发的知识图谱管理系统，有免费的社区版。Virtuoso 是典型的将整个知识图谱数据集存储于一个大关系表中的系统。为了提高各种操作的效率，它在这个大关系表上构建了若干索引。具体而言，如图 9-9 所示，Virtuoso 将表的主键建立在“客体”列。为了提高查询客体的效率，Virtuoso 设定：当客体字符串长度在 12 字符以内时，直接存储客体值；当客体字符串长度过长（大于 12 字符）时，将客体值映射为一个整数标识符并进行存储。Virtuoso 同时建立了以主体和客体为搜索键值的多列索引。

主键
当客体字符串长度在12字符以内时，直接存储客体值；当客体字符串长度大于12字符时，存储客体值所对应的一个整数标识符来进行存储

主体	谓词	客体
苏格拉底	学生	柏拉图
苏格拉底	出生时间	公元前469年
苏格拉底	英文译名	Socrates
苏格拉底	出生地	雅典
苏格拉底	isA	哲学家
柏拉图	代表作品	《理想国》
柏拉图	出生时间	公元前427年
柏拉图	英文译名	Plato
柏拉图	出生地	雅典
柏拉图	isA	唯心主义哲学家
《理想国》	地位	最具影响力的20本学术书之一
《理想国》	isA	书籍
雅典	外文名称	Athens
雅典	isA	城市
唯心主义哲学家	subclassOf	哲学家

图 9-9　Virtuoso 的知识图谱数据存储方式

1　自连接是针对一个表自身与自身的连接。自连接会将表自身的一个副本当作另一个表来对待，从而得到连接的结果。

由于构建了多个索引，Virtuoso 的整体性能得到了巨大的提升。但是，如前面所述，知识图谱上的运算经常包含大量的连接操作，所以对于知识图谱上的复杂查询，Virtuoso 可能需要进行大量的自连接操作。而为了执行自连接操作，系统需要将三列表复制一份，然后在两个规模巨大的三列表上进行连接操作，显然这些自连接操作会非常耗时，特别是对于那些数据规模很大的表而言。所以，用一个巨大的三元组表存储知识图谱数据的方法仍有很大的局限性。

2．基于属性表的存储方式

为了减少自连接操作的次数，很多知识图谱数据管理系统在单个大三元组表之外还构建了额外的属性表来管理知识图谱数据。这些属性表方法又分为分类属性表方法和聚类属性表方法。具体而言，分类属性表方法根据实体类型将三元组分类，相同类的三元组放在同一个表中；聚类属性表方法将相似的三元组聚类，然后将每类三元组集中在一个属性表中进行管理。对于上述两种方法，由于知识图谱数据表示的灵活性（容忍一些劣质或者不规范的数据），会存在部分三元组无法放入任何一个属性表的情形。此时，属性表方法通常会另建一个表来管理这些三元组。此外，并非属于某个属性表的每个实体在各个谓词上都有值，所以属性表中可能存在若干条目为空。

典型的采用基于属性表存储方式的知识图谱数据管理系统是 Jena[11]。Jena 是惠普实验室开发的知识图谱数据管理系统，现已由 Apache 管理。如图 9-10 所示，Jena 首先维护了一个大的三元组表。此外，Jena 还维护了三种属性表：单值属性表、多值属性表和属性类表。单值属性表是将实体中所有客体值唯一的谓词聚集起来组织而成的一个表；多值属性表是为每一个客体值不唯一（或取值可能不明确）的谓词构建的只有两列的表，分别存储主体值和客体值；属性类表是在单值属性表的基础上增加了存储实体类型列的表。

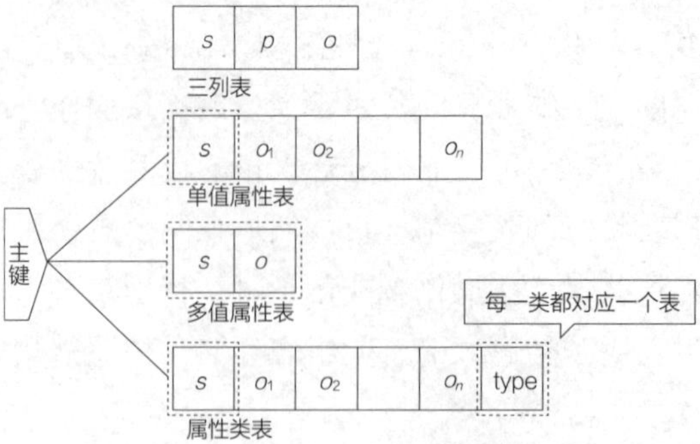

图 9-10　Jena 的知识图谱数据存储方式

对于采用属性表方法存储数据的知识图谱，其执行查询的时候不用扫描整个数据集，效率相对较高，比如对于查询“出生于雅典的哲学家”，只需要查询哲学家实体所对应的属性表；而且，属性表方法中的连接操作不再是关系表的自连接操作，效率有所提高，比如对于查询“柏拉图出生地的外文名称”，只需要连接哲学家实体所对应的属性表与地点实体所对应的属性表。基于属性表存储数据的知识图谱最大的问题在于**可能存在空值**。比如，由于苏格拉底这个哲学家实体包含“学生”这个谓词，所以哲学家所对应的属性表中存在“学生”这一列，这导致柏拉图在“学生”这一列为空值。不论是分类属性表还是聚类属性表，在属性表中都可能存在相当多的空值，这些空值会导致极大的空间浪费。

3. 基于垂直表的存储方式

针对三列表和属性表连接操作效率低的问题，SW-Store[12]提出了按照谓词分表的方法。具体而言，SW-Store 将三元组按照谓词分成不同的表，每个表保存谓词相同的三元组，SW-Store 称这种方法为垂直分割。这种方法用不同表之间的连接代替自连接，避免了自连接操作。因为在现有的关系型数据库中不同表之间的连接操作要快于自连接操作，所以 SW-Store 能在一定程度上提高效率。如图 9-11 所示的就是图 9-3 中的示例知识图谱的垂直表。但是，垂直表也存在缺点：它无法很好地支持谓词是变量的查询操作。比如在垂直表中查询“柏拉图和苏格拉底的关系”，这时就需要扫描所有表才能回答，导致操作效率低。

出生时间

主体	客体
苏格拉底	公元前469年
柏拉图	公元前427年

出生地

主体	客体
苏格拉底	雅典
柏拉图	雅典

英文译名

主体	客体
苏格拉底	Socrates
柏拉图	Plato

isA

主体	客体
苏格拉底	哲学家
柏拉图	唯心主义哲学家
《理想国》	书籍
雅典	城市

学生

主体	客体
苏格拉底	柏拉图

代表作品

主体	客体
柏拉图	《理想国》

地位

主体	客体
《理想国》	最具影响力的20本学术书之一

外文名称

主体	客体
雅典	Athens

subclassOf

主体	客体
唯心主义哲学家	哲学家

图 9-11 图 9-3 中的示例知识图谱的垂直表

4. 基于全索引的存储方式

除了采用一般的关系型数据库相关技术，还有一些系统针对知识图谱数据和运算的特点提出了特定的优化技术，如 Hexastore[13]和 RDF-3x [14-16]。它们都是利用知识图谱三元组的特点来构建索引的。

为了加速知识图谱数据在运算过程中的连接运算，Hexastore 和 RDF-3x 将三元组中主体、谓词、客体的各种排列情况都枚举出来，然后为它们一一构建索引。主体、谓词和客体的排列情况共计六种。比如，针对三元组$<s, p, o>$，Hexastore 和 RDF-3x 还将额外存储五个对应的三元组：$<s, o, p>$、$<p, s, o>$、$<p, o, s>$、$<o, s, p>$ 和$<o, p, s>$。这些索引内容正好对应知识图谱运算中带变量的三元组模式的各种可能。于是，不论是基于主体来查询谓词和客体，还是基于谓词来查询主体和客体，抑或是基于客体来查询谓词和主体，系统都能很快地找到相应的结果。因为这类方法构建了大量索引，所以选取满足查询条件的三元组的效率极高。但是，连接操作依然低效，而且索引维护与更新的代价高昂。

9.3.3 知识图谱的图存储

针对知识图谱的图模型表示，很多系统设计了相应的图存储模式，主要有两种：**邻接表**和**邻接矩阵**。所谓的**邻接表**，就是知识图谱中的每个节点（实体）对应一个列表，列表中存储与该实体相关的信息。所谓的**邻接矩阵**，就是在计算机中维护多个$n \times n$维的矩阵，其中 n 为知识图谱中节点的数量。每个矩阵对应一个谓词，其中每一行或每一列都对应知识图谱中的一个节点。若谓词 p 所对应的矩阵中第 i 行第 j 列为 1，则表示知识图谱中第 i 个节点到第 j 个节点有一条谓词为 p 的边。

1. 基于邻接表的存储方式

一些知识图谱数据管理系统采用邻接表存储知识图谱数据。图 9-12 展示了一个知识图谱及其邻接表的示例。实体的相关谓词与客体按链表形式进行组织。

节点	邻接表
柏拉图	（isA，唯心主义哲学家）、（出生时间，公元前427年）、（出生地，雅典）、（英文译名，Plato）、（代表作品，《理想国》）
苏格拉底	（isA，哲学家）、（出生时间，公元前469年）、（出生地，雅典）、（英文译名，Socrates）、（学生，柏拉图）
……	……

图 9-12 知识图谱及其邻接表的示例

在利用图结构管理知识图谱数据的时候，一个关键问题是**如何在基于图结构的指数候选空间中对查询操作有效减枝**。为此，北京大学基于邻接表存储方式构建了一个知识图谱数据管理系统——gStore[17-18]。gStore 提出了一种基于位图索引[1]的有效减枝策略以加速数据访问。gStore 为每个实体基于其邻接表建立了一个二进制位串作为这个实体的位图索引。之后，gStore 进一步将这些位图索引按照图结构组织起来。在查询执行时，gStore 将查询条件也按照与实体相同的索引构建方式映射到一个二进制位串。如果查询的位串与某个实体的位图索引进行“与”运算后的结果与该查询位串本

1 位图索引指使用二进制位串进行数据存储与计算操作的数据库索引技术。

身不相同，那么就从候选答案中排除该实体。由于二进制位操作十分高效，因此 gStore 能实现对知识图谱数据的高效访问。

因为每个实体的邻接表中都包含谓词和客体两部分，gStore 会事先设定两个值 M 和 N，分别表示该实体邻接表中谓词所对应位串的长度以及客体所对应位串的长度。具体而言，gStore 用 m 个散列（Hash）函数将每个实体邻接表中的谓词与客体分别映射到[1, M]和[M+1, M+N]两个区间中，并将相应的位置设置为“1”。在将客体映射到位图索引的过程中，为了实现对通配符的支持，gStore 对于这个客体按照 n 元语法（n-gram）分解成若干字符串，并使用散列函数将每个 n-gram 字符串映射到[M+1, M+N]中的某个位置，且将相应的位置设置为“1”。

图 9-13 展示了 gStore 对“柏拉图”这个实体的谓词 p=“出生时间”及其相应客体 o=“公元前 427 年”进行二进制编码的示例。这里假设 M=8、N=12、m=2 且 n=3。谓词 p 预定义的两个散列函数（H_1 和 H_2）分别映射到[1，8]中的位置 4 和 5，于是谓词 p 及其相应客体 o 对应的二进制位串的第 4 位和第 5 位被设置为“1”；客体 o 的三元语法（n-gram）包括五个字符串：“公元前”、“元前 4”、“前 42”、“427”和“27 年”，这些字符串按照预定义的散列函数映射到第 3、3、8、10 和 8 位这五位上，于是 p 与 o 对应二进制位串的第 11、16 和 18 位被设置为“1”。

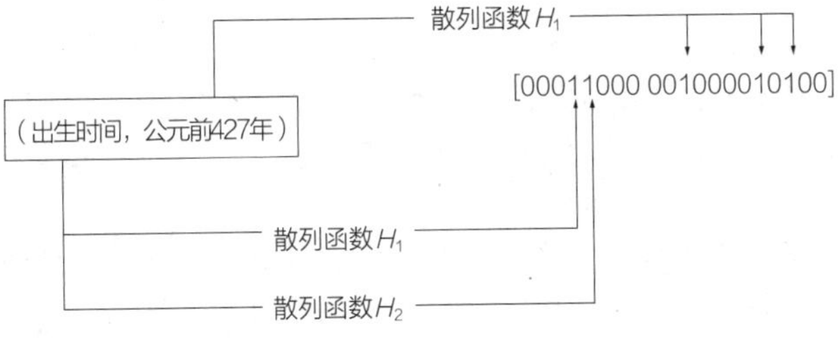

图 9-13　gStore 中数据的二进制编码示例

当用户查询知识图谱上满足某些限制条件的变量时，gStore 将查询条件按照实体构建位图索引的方式映射到一个二进制位串。如图 9-14 所示，对于查询“出生时间是公元前 427 年的实体”，gStore 首先将查询条件转化成一个带变量节点的查询图，然后将查询图上的每个变量节点映射到一个二进制位串。如果一个节点的位串与查询位串的“与”运算结果和查询位串相等，那么这个节点可能满足查询条件，从而成为这个查询图中变量节点的候选匹配。比如，对于按照如图 9-13 所示构建的柏拉图这个实体节点的二进制位串与按照如图 9-14 所示构建的查询图中变量节点的二进制位串而言，它们的“与”运算结果会与变量节点的二进制位串相等，所以柏拉图会是满足这个查询条件的候选节点。

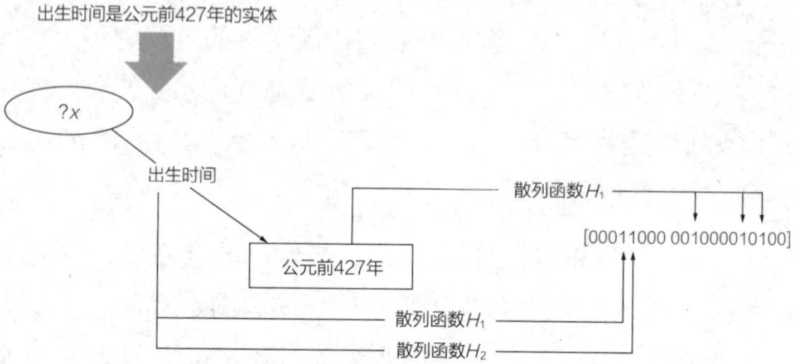

图 9-14　gStore 中查询条件的二进制编码示例

2. 基于邻接矩阵的存储方式

在实际应用中，也有不少系统将知识图谱数据表示成邻接矩阵的形式。这些系统首先给知识图谱中的主体、谓词和客体（或属性和属性值）进行编号，然后构建一个$|V_s| \times |V_p| \times |V_o|$的三维矩阵 $\boldsymbol{M}$，其中$|V_s|$、$|V_p|$和$|V_o|$分别表示主体、谓词及客体的数量。如果<*s*, *p*, *o*>存在于知识图谱中，则设置$M[i][j][k]$为 1，否则将其设置为 0，其中 i、j、k 分别为 s、p、o 对应的编号。

BitMat[9]就是一个典型的基于邻接矩阵存储知识图谱的系统。因为知识图谱中的常见查询是以谓词为常量的查询，BitMat 将上述$|V_s| \times |V_p| \times |V_o|$的三维矩阵切分成$|V_p|$个$|V_s| \times |V_o|$和$|V_o| \times |V_s|$的二维矩阵。同时，为了提高基于主体和客体查询的性能，BitMat 还切分出$|V_s|$个$|V_p| \times |V_o|$的二维矩阵和$|V_o|$个$|V_p| \times |V_s|$的二维矩阵。由于实际的知识图谱数据往往比较稀疏，BitMat 对每个矩阵中的每一行交替存储 0 和 1 的数量以实现压缩。比如，如果 BitMat 的某个矩阵中有一行为“0011000”，那么该行会被存储成“[0] 2 2 3”，这里的“[0]”表示此行的第 1 位是“0”且“0”连续出现 2 次，再跟着 2 个“1”和 3 个“0”。基于压缩后的二维矩阵，BitMat 针对谓词的查

询以及基于主体和客体的查询会非常高效。

3. 小结与讨论

基于图的存储方式通常会构建基于图结构的索引，这类索引编码了图上的结构信息，因此对于复杂查询（特别是表达复杂子图的查询）来说十分高效，其性能优于基于关系模型的方案（如 Virtuoso）。但是，基于图模型的知识图谱存储方式（如 gStore）在简单查询（比如直接查询某个实体的特定属性值）方面性能优势不明显。

另外，针对属性图模型，Neo4j 公司用 Java 语言开发了图数据库管理系统——Neo4j[23]。它是一个符合 ACID 标准的事务型数据库，而且具有图数据存储和管理功能。Neo4j 已经成为当前最受欢迎的图数据库管理系统之一。在 Neo4j 中，属性图中的节点、边以及属性都以**固定长度**记录的形式分别存储在不同的文件中。节点记录维护着指向其相邻边和属性的指针；边记录维护着指向其相邻节点和属性的指针；属性记录维护着指向其所对应的具体属性值。因为不论节点记录、边记录还是属性记录都是固定长度的，所以 Neo4j 在磁盘中读取记录的时候都能快速计算出偏移量，进而快速得到相应记录。因此，这样的设计使得 Neo4j 的读取效率很高。

9.3.4 分布式计算环境下的知识图谱数据存储

知识图谱的规模日益增长，百亿节点规模的知识图谱已得以应用。为了应对这些巨图给存储带来的挑战，研究人员提出了一系列分布式存储解决方案。在进行分布式知识图谱管理时，不同的应用有着不同的需求。有些应用要求较高的可扩展性，但对查询效率要求不高，对于这一类应用，可以基于已有的云计算平台来搭建分布式知识图谱存储系统；而有些应用对查询效率要求很高，在这种情况下，系统往往需要自行划分数据，并依据划分结果将知识图谱数据分布到不同的机器上。下面将分别介绍这两种存储方式。

1. 基于已有的云计算平台的存储方式

最直接的方式是利用已有的云计算平台实现大规模知识图谱数据的存储，并利用这些平台上成熟的任务处理模式执行知识图谱上的运算。典型的能够支撑 SPARQL 查询处理的云计算平台包括 Hadoop[19]、Spark[20]、Trinity[21]等。表 9-1 列出了常见的基于已有的云计算平台的分布式知识图谱存储方式。

表 9-1　常见的基于已有的云计算平台的分布式知识图谱存储方式

云计算平台	系　统	存 储 方 式
Hadoop	SHARD[22]	基于邻接表的存储
Spark	S2RDF[26]	基于垂直表的存储
Trinity	Stylus[25]	基于邻接表的存储

Hadoop 是最常见的存储知识图谱的云计算平台。基于 Hadoop 平台的存储方式首先将知识图谱数据转换为平面文件（Flat File），然后存储在 Hadoop 分布式文件系统（Hadoop Distributed File System，HDFS）上，各种不同的分布式存储方式在具体的数据转换方式方面有所不同。SHARD[22]以三元组中的主体为依据划分数据，与一个主体相关的所有三元组被聚集到一起并存储为 HDFS 文件中的一行。图 9-15 展示了 SHARD 将以“柏拉图”为主体的三元组组织成 HDFS 文件中的一行的方式。

图 9-15　SHARD 中知识图谱数据的存储方式

除了 Hadoop 外，近年来还涌现出一批基于其他云计算平台的分布式知识图谱存储方式。比如，基于 Spark[20]的 S2RDF[26]、基于 Trinity[21]的 Stylus[25]。

S2RDF 利用 Spark 的关系型数据库接口管理知识图谱数据。它利用 9.3.2 节提到的垂直划分方式对知识图谱数据进行划分。在此基础上，S2RDF 物化了部分垂直表之间的连接结果并存储在关系表中。

Stylus 利用微软的基于内存云的分布式管理系统 Trinity 进行 RDF 数据的管理。Stylus 的基本思想是：将知识图谱数据按照**键值**（Key-Value）对的形式组织成邻接表。因为知识图谱中的同类实体通常有着相近的谓词集合，所以 Stylus 提出了名为 xUDT 的数据结构，其本质是同类实体的谓词模板。具体而言，每个 xUDT 对应一类实体，这类实体的邻接表包含同样的谓词集合，而且这些谓词按顺序组织成一个序列。当利用 xUDT 对每个节点（实体）的邻接表进行组织时，每个实体的邻居信息按照 xUDT 的谓词序列顺序排列。基于 xUDT，每个实体的邻接表信息分成几部分：第一部分是实体标识符，第二部分是每个谓词的对应值在邻接表里的偏移量，第三部分是所有客体值（按照 xUDT 的谓词序列顺序排列）。

假设“柏拉图”这个实体所对应 xUDT 的谓词序列是代表作品、出生时间、英文译名、出生地和 isA，那么“柏拉图”这个实体的基于 xUDT 邻接表的组织形式如图 9-16 所示。

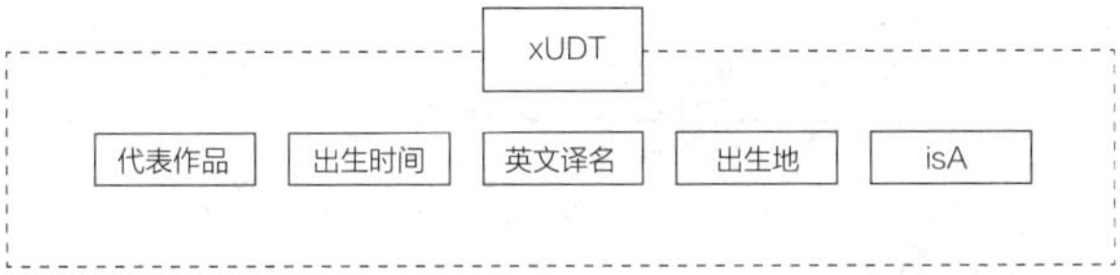

（a）xUDT 结构示例

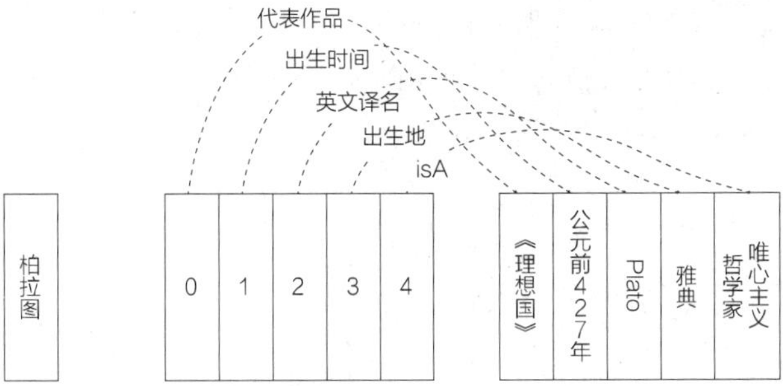

（b）柏拉图按 xUDT 组织的邻接表（虚线仅做示意之用，并非真实存在）

图 9-16　Stylus 中基于 xUDT 的邻接表示例

在 Stylus 中，同类实体节点共享了相同的谓词模板，并有着相同的 xUDT 结构，于是同类实体不用再重复存储谓词信息，从而节省了存储空间。另外，对于以实体为中心且以多个谓词为条件的查询而言，Stylus 可以从 xUDT 中直接根据谓词查询条件找到答案，从而加速了此类查询。

2. 基于数据划分的存储方式

基于数据划分的分布式知识图谱存储方式，首先利用特定算法将数据划分成若干分片，再将这些分片分配到不同机器上。这类方式的主要区别在于数据的划分方式，按照数据的划分方式，可以将这类方式分成两类：基于粗化（Coarsening）的划分方式和基于局部模式的划分方式。表 9-2 列出了常见的基于数据划分的分布式知识图谱存储方式。

表 9-2 基于数据划分的分布式知识图谱存储方式

划分方式	系统	划分思想
基于粗化	METIS[27]	基于极大匹配进行粗化
	MLP[8]	基于标签传播进行粗化
基于局部模式	SHAPE[28]	基于星状结构的三元组群

基于粗化的划分方式的主要思想在于，将知识图谱数据图中一些节点迭代地合并构造小规模的粗粒度图，直至一些精细但复杂度高的算法（比如 Kerninghan-Lin 算法，即 KL 算法[24]）能处理，然后利用 KL 等算法对最终足够小规模的粗粒度图进行划分，最后将对小图的划分结果回溯成对大图的划分结果。基于粗化的图划分过程如图 9-17 所示。

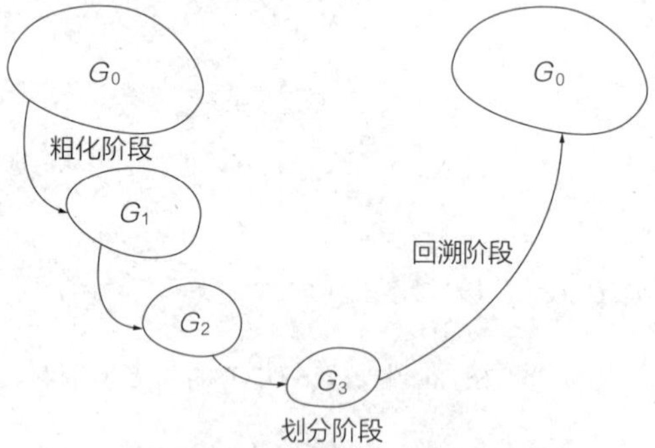

图 9-17 基于粗化的图划分过程[8]

这一划分方式的关键是巨图的逐步粗化。METIS[27]使用极大匹配（Maximal Matching）实现巨图粗化。另一个典型方案 MLP[8]使用标签传播（Label Propagation，LP）实现巨图粗化。LP 是一个迭代计算过程，在迭代的每一轮中每个节点收集来自自己的邻居标签，选择绝大部分邻居所具有的标签，然后更新自己的标签。在所有节点更新完自己的标签后，LP 进入下一轮。上述计算持续下去，直至所有节点的标签不再更新。在 MLP 中，有相同标签的节点将被合并。LP 的计算过程只涉及每个节点的邻居，而无须对整张图进行处理。相比较而言，极大匹配则需要对全图进行计算，因此，MLP 更适应分布式多机并行计算环境。

基于局部模式的划分方式，首先定义若干模式，然后找出知识图谱数据上满足这些模式的子图，最后将这些子图按照模式划分成不同的分片。这类划分方式的关键在于模式的定义。比较典型的方法是基于星状结构定义模式的 SHAPE[28]。SHAPE 划分的基本单元为一个三元组群，而三元组群的实质是图上的星状结构。SHAPE 提出了三种三元组群：只含中心点出边的三元组群（图 9-18 中的实线部分）、只含中心点入边的三元组群（图 9-18 中的虚线部分）、含中心点出边与入边的三元组群（图 9-18 中的实线与虚线部分）。图 9-18 展示的是与实体“柏拉图”相关的三元组群示例。

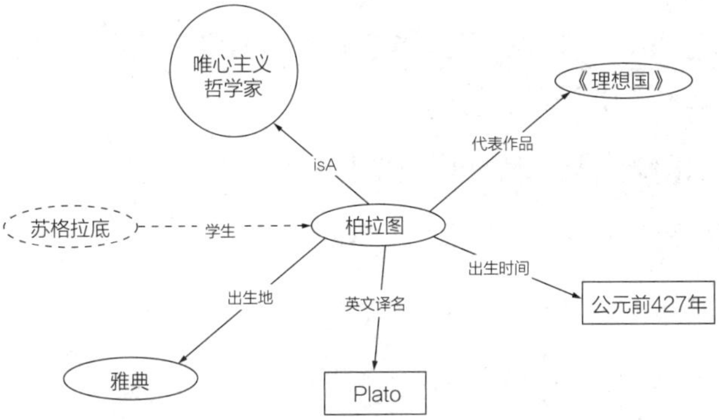

图 9-18　与实体“柏拉图”相关的三元组群示例

本章小结

本章首先介绍了如何利用合适的数据模型来描述知识图谱数据，然后介绍了基于这些模型的知识图谱数据存储方式。

知识图谱的数据模型包括三元组模型和图模型。三元组模型将知识图谱中的知识建模成<主体，谓词，客体>的三元组形式；而图模型将知识图谱中的知识建模成图的形式。根据所用的数据模型，知识图谱可以采用关系表

（三元组模型）或者图（图模型）的形式存储。而为了对日益庞大的知识图谱数据进行高效管理，人们构建出很多分布式知识图谱数据管理系统。

对知识图谱数据进行高效的建模和存储是一个在不断发展的研究领域。当前，随着新硬件技术的发展，如何利用 GPU、FPGA 等硬件快速访问知识图谱数据逐渐成为一个热门的研究方向。斯坦福大学讨论了如何利用 SIMD 技术[29]加速知识图谱数据上的连接操作。国内天津大学研究团队已经开展了一些关于 GPU 的工作[30]。上述这些研究工作都仍在继续，还有很大的发展空间。

思考题

1. 知识图谱有哪两种常见的数据模型？
2. 如何扩展三元组模型以表示多元关系、时空知识、多模态知识？
3. 基于图模型的知识图谱建模方式有哪些细分类型？这些细分类型各自代表性的知识图谱是什么？
4. 将知识图谱建模成有向图模型与属性图的区别是什么？
5. 知识图谱上常见的数据操作有哪些？
6. 常见的知识图谱存储方式可以分成哪两类？
7. 基于关系表存储的知识图谱存储方式可以分成几类，各自的优缺点是什么？
8. 基于图存储的知识图谱存储方式可以分成几类，各自的优缺点是什么？
9. 分布式知识图谱存储方式有哪些，各自有哪些特点？

参考文献

[1] J. Lehmann, R. Isele, M. Jakob, A. Jentzsch, D. Kontokostas, P. N. Mendes, S. Hellmann, M. Morsey, P. van Kleef, S. Auer and C. Bizer. DBpedia - A large-scale, multilingual

knowledge base extracted from Wikipedia. Semantic Web. 6 (2). 167-195 (2015).

[2] CN-DBpedia. 参见链接[38].

[3] Wentao Wu, Hongsong Li, Haixun Wang, Kenny Qili Zhu. Probase: a probabilistic taxonomy for text understanding. SIGMOD Conference 2012: 481-492.

[4] RDF. 参见链接[39].

[5] WordNet. 参见链接[40].

[6] F. M. Suchanek, G. Kasneci and G. Weikum, YAGO: A Large Ontology from Wikipedia and WordNet, J. Web Sem. 6 (3), 203-217 (2008).

[7] Y. Sun, J. Han, X. Yan, P. Yu, and T. Wu. Pathsim: Meta path-based top-k similarity search in heterogeneous information networks. VLDB, 2011, pp. 992-1003.

[8] Lu Wang, Yanghua Xiao, Bin Shao, Haixun Wang. How to partition a billion-node graph. ICDE 2014: 568-579.

[9] Medha Atre, Vineet Chaoji, Mohammed J. Zaki, James A. Hendler. Matrix "Bit" loaded: a scalable lightweight join query processor for RDF data. WWW 2010: 41-50.

[10] Virtuoso. 参见链接[41].

[11] K Kevin Wilkinson. Jena Property Table Implementation. HPL-2006-140. HP Labs Technical Reports. 2006.

[12] Daniel J. Abadi, Adam Marcus, Samuel Madden, Kate Hollenbach: SW-Store: a vertically partitioned DBMS for Semantic Web data management. VLDB J. 18(2): 385-406 (2009).

[13] C. Weiss, P. Karras and A. Bernstein, Hexastore. Sextuple Indexing for Semantic Web Data Management, PVLDB 1 (1), 1008-1019 (2008).

[14] T. Neumann and G.Weikum, RDF-3X: A RISC-style Engine for RDF, PVLDB 1 (1), 647-659 (2008).

[15] T. Neumann and G. Weikum, The RDF-3X Engine for Scalable Management of RDF Data, VLDB J. 19 (1), 91-113 (2010).

[16] T. Neumann and G. Weikum, x-RDF-3X: Fast Querying, High Update Rates, and Consistency for RDF Databases, PVLDB 3 (1), 256-263 (2010).

[17] L. Zou, J. Mo, L. Chen, M. T. Özsu and D. Zhao, gStore: Answering SPARQL Queries via Subgraph Matching, PVLDB 4 (8), 482-493 (2011).

[18] L. Zou, M. T. Özsu, L. Chen, X. Shen, R. Huang and D. Zhao, gStore: A Graph-based SPARQL Query Engine, VLDB J. 23 (4), 565-590 (2014).

[19] Hadoop. 参见链接[42].

[20] Spark. 参见链接[43].

[21] Trinity. 参见链接[44].

[22] K. Rohloff and R. E. Schantz, High-performance, Massively Scalable Distributed Systems using the MapReduce Software Framework: the SHARD Triple-store, in PSI EtA (2010), p. 4.

[23] Neo4j. 参见链接[45].

[24] B. W. Kernighan and S. Lin. An efficient heuristic procedure for partitioning graphs. The Bell System Technical Journal, 1970.

[25] Liang He, Bin Shao, Yatao Li, Huanhuan Xia, Yanghua Xiao, Enhong Chen, Liang Chen. Stylus: A Strongly-Typed Store for Serving Massive RDF Data. PVLDB 11(2): 203-216 (2017).

[26] A. Schätzle, M. Przyjaciel-Zablocki, S. Skilevic, and G. Lausen. S2RDF: RDF Querying with SPARQL on Spark. PVLDB, 9(10):804-815, 2016.

[27] G. Karypis and V. Kumar. Multilevel Graph Partitioning Schemes. In ICPP, pages 113-122, 1995.

[28] K. Lee and L. Liu, Scaling Queries over Big RDF Graphs with Semantic Hash Partitioning, PVLDB 6 (14), 1894-1905 (2013).

[29] Christopher R. Aberger, Andrew Lamb, Susan Tu, Andres Nötzli, Kunle Olukotun, Christopher Ré. EmptyHeaded: A Relational Engine for Graph Processing. ACM Trans. Database Syst. 42(4): 20:1-20:44 (2017).

[30] Jiaming Song, Xiaowang Zhang, Peng Peng, Zhiyong Feng, Lei Zou. MapSQ: A Plugin-based MapReduce Framework for SPARQL Queries on GPU. WWW (Companion Volume) 2018: 81-82.

[31] Freebase. 参见链接[46].

[32] J. Hoffart, F. M. Suchanek, K. Berberich and G. Weikum. YAGO2: A Spatially and Temporally Enhanced Knowledge Base from Wikipedia, Artif. Intell. 194, 28-61 (2013).

[33] DrugBank. 参见链接[47].

[34] UniProt. 参见链接[48].

[35] LinkedGeoData. 参见链接[49].

[36] Renzo Angles, Marcelo Arenas, Pablo Barceló, Peter A. Boncz, George H. L. Fletcher, Claudio Gutierrez, Tobias Lindaaker, Marcus Paradies, Stefan Plantikow, Juan F. Sequeda, Oskar van Rest, Hannes Voigt. G-CORE: A Core for Future Graph Query Languages.

SIGMOD Conference 2018: 1421-1432.

[37] Simone Paolo Ponzetto, Michael Strube. WikiTaxonomy: A Large Scale Knowledge Resource. ECAI 2008: 751-752.

[38] Yizhou Sun, Jiawei Han. Mining Heterogeneous Information Networks: A Structural Analysis Approach. SIGKDD Explorations 14(2): 20-28 (2012).

第10章 知识图谱的查询与检索

内容提示 查询与检索是知识图谱的重要使用方式，也是知识图谱数据管理系统的核心能力之一。本章旨在回答如下问题：知识图谱数据的查询语言是什么，如何工作？知识图谱数据上有哪些常见的查询方式？如何实现高效的查询处理？

10.1 概述

为了更好地管理和使用知识图谱，一个关键的任务就是对知识图谱进行查询。知识图谱上的查询需要解决两个基本问题：**查询的表达**和**查询的执行**。由于知识图谱本质上也是一种图数据，因此知识图谱上的查询与传统图数据上的查询有着密切的联系；同时由于知识图谱所特有的结构和语义信息，二者又有一定的区别。

为了描述知识图谱上的查询，其关键问题是提升查询的表达能力，即充分表达实际应用中的语义信息和结构约束。国际标准化组织 W3C 提出了针对 RDF 知识图谱的标准化查询语言 SPARQL。作为一种图数据，SPARQL 查询的执行可以通过图匹配的方式实现。然而图匹配的计算复杂度较高，关于查询的执行和实现，核心问题是如何降低时空开销，同时保证结果的正确性，因此需要设计合理的模型和算法。

本章将首先介绍知识图谱上的查询语言 SPARQL 及其执行机制（10.2 节），然后讨论基础的查询任务——子图查询（10.3 节），最后介绍一些其他重要的查询方式（10.4 节），比如路径查询、关键词查询、社团搜索等。在某种程度上，路径查询、关键词查询、社团搜索都可以看作特殊的子图查询。例如，路径查询的目标是找到指定的路径，而路径是一种简单且较为特殊的子结构，但是它的计算复杂度比一般的子图查询低很多。也正是因为这些子结构的特殊性以及应用目标的不同，本章将分别对它们进行专题介绍。

10.2　查询语言：SPARQL

SPARQL 是一种针对 RDF（Resource Description Framework，资源描述框架）数据的查询语言，它的全名是 SPARQL Protocol and RDF Query Language（SPARQL 协议与 RDF 查询语言）。2008 年 1 月 15 日，SPARQL 正式成为万维网联盟（W3C）推荐的针对 RDF 数据的标准查询语言，它类似于面向关系型数据库的查询语言 SQL。和 SQL 一样，SPARQL 也是一种**声明式**的结构化查询语言，即用户只需要按照 SPARQL 定义的语法规则描述其想查询的信息即可，不需要明确指定计算机实现查询的步骤。SPARQL 提供了一套完整的查询操作符，包括选择、排序、聚集等操作符，且无须声明额外的模式定义。

10.2.1　简单查询

SPARQL 的查询语句保留了一些专用符号。查询变量使用“`?`”或“`$`”进行标记，但是“`?`”或“`$`”并不是变量名的一部分，在一个 SPARQL 查询语句中，`?bcd` 和`$bcd` 表示相同的变量。在 SPARQL 中，用“#”表示注释，即“#”字符后面的内容不是 SPARQL 查询语句的组成部分。

一个 SPARQL 查询语句通常由查询子句和 `WHERE` 子句组成，其中查询子句包括 `SELECT`、`CONSTRUCT`、`ASK`、`DESCRIBE` 等关键字。最常见的是 `SELECT` 子句，`SELECT` 子句识别查询结果中要返回的变量，`WHERE` 子句提供需要在目标数据图上进行匹配的基本图模式和相关限制条件。SPARQL 通过基本图模式来表述用户的查询需求，一个基本图模式是三元组模式的集合。三元组模式与 RDF 三元组的形式很相似，不同之处在于三元组模式中的主体、谓词或客体可能是一个变量。如果一个基本图模式与 RDF 数据的一个子图匹配，就把基本图模式中的变量用该子图中相应的 RDF 节点替换所得子图与该子图同构，并返回查询结果。这一过程就是 SPARQL 查询处理的核心过程，具体的匹配算法将在 10.3 节详细介绍。

例如，SPARQL 查询 Q1[1]从三元组<org:book1, dc:title, "Knowledge graph" >中查询 book1 这本书的名字，这个查询包含 SELECT 和 WHERE 两个子句。Q1 的基本图模式包含了一个三元组模式，并且客体是一个变量（?title）。

Q1：查询图书名称

```
SELECT ?title
WHERE { org:book1   dc:title  ?title .}
```

图 10-1 展示了该基本图模式的图形表示。查询结果的数量可能会有多种情况，比如有 0 个、1 个或多个匹配答案，每个答案给出了一种填充基本图模式中变量的方式。注意，为了简化书写形式，可以定义前缀（Prefix）来表示完整的 IRI（Internationalized Resource Identifier，用于唯一标识主体、谓词或客体），前缀名和具体的对象名之间以分号“:”隔开。

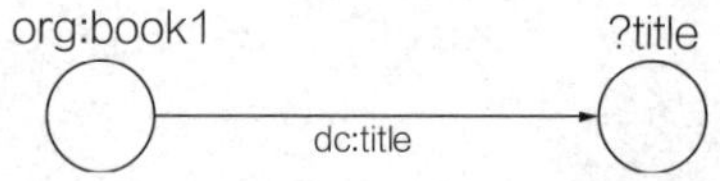

图 10-1　该基本图模式的图形表示

表 10-1 给出了一些前缀与 IRI 对应的示例。根据表 10-1 可知，foaf:name 等价于完整的描述形式<http://*****.com/foaf/0.1/name>（参见链接[108]）。我们还可以进一步简化三元组的书写形式，在 SPARQL 中用 PREFIX 对前缀进行声明。

1　注意，为了简化书写形式，在后续的 SPARQL 查询示例中，不再对前缀进行特殊声明，其基本信息可以参照表 10-1。

表 10-1　一些前缀和 IRI 对应的示例

PREFIX	IRI
org:	http://example.org/ns#
ns:	http://example.com/ns#
dc:	参见链接[109]
foaf:	参见链接[110]

SPARQL 提供了一些函数和关键字增强表达用户查询意图的能力。为了便于陈述和理解，我们假设存在一个如表 10-2 所示的知识图谱数据集。下面基于这个知识图谱数据分别介绍 SPARQL 的一些常用函数、子句和关键字。

表 10-2　知识图谱数据集

org:book1	dc:title	"SPARQL Tutorial" .
org:book1	ns:price	42 .
org:book2	dc:title	"The Semantic Web" .
org:book2	ns:price	23 .
org:book1	dc:author	org:author1 .
org:author1	foaf:givenName	"John" .
org:author1	foaf:surname	"Doe" .
org:book1	foaf:publisher	"BigPublisher" .
org:book3	dc:bookTitle	"Data Mining" .

1. CONCAT 函数

在 SPARQL 1.1 中允许使用复杂的表达式来创建数据。例如，CONCAT 函数可以把若干个字符串拼接起来，然后将拼接出来的值通过 SELECT 子句赋给一个返回变量。对于表 10-2 中的数据，查询 Q2 将会返回 {name:"John Doe"}，也就是人的全名。

```
Q2:  SELECT ( CONCAT(?G, " ", ?S) AS ?name )
```

```
WHERE  { ?P foaf:givenName ?G ; foaf:surname ?S 1}
```

2. BIND 函数

BIND 函数把某个值赋给基本图模式中的某个变量，其使用形式为 BIND(value AS ?var)。比如，查询 Q3 中将拼接后的姓名赋给变量 name，其执行结果与查询 Q2 相同。

```
Q3:  SELECT ?name
WHERE  {
   ?P foaf:givenName ?G ;  foaf:surname ?S
   BIND(CONCAT(?G, " ", ?S) AS ?name)  }
```

3. CONSTRUCT 子句

SELECT 查询子句直接返回指定变量的值。除了 SELECT 形式的查询子句外，还有 CONSTRUCT 形式的查询子句，它可以构建一个 RDF 图并且将其返回。返回的结果图是基于 CONSTRUCT 子句中的指定模式进行构建的，该模式中的变量取值来自 WHERE 子句中基本图模式匹配获得的结果。

```
Q4:  CONSTRUCT { ?x dc:bookTitle ?title }
WHERE  { ?x dc:title ?title }
```

例如，基于表 10-2 中的数据，查询 Q4 构建了新的三元组，其返回结果是由如下两个三元组构成的 RDF 图。

```
org:book1  dc:bookTitle  "SPARQL Tutorial" .
org:book2  dc:bookTitle  "The Semantic Web" .
```

4. FILTER 关键字

执行图模式匹配会产生一个答案序列，其中每个答案都是一组变量的值，为了更好地筛选答案，SPARQL 使用 FILTER 关键字进行约束，具体的约束条件由正则表达式（Regex）指定。对于满足基本图模式的答案，在替换 SPARQL 查询中的变量后，如果 FILTER 表达式的布尔值为 False 或产

1 注意，这里使用了简便写法，省略了第二个三元组模式的主体，两个三元组模式之间用分号“;”隔开。

生了错误，答案则会被过滤掉。下面的示例展示了 FILTER 关键字的应用。

查询 Q5 利用正则表达式来限定字符串。Q5 使用 FILTER 关键字限定了三元组中?title 要以“SPARQL”开头，其查询结果是{title: "SPARQL Tutorial"}。

```
Q5:  SELECT  ?title
WHERE  { ?x dc:title ?title
         FILTER regex(?title, "^SPARQL")  }
```

在 SPARQL 查询中还可以用 FILTER 关键字表达算术操作对数值结果进行过滤。例如，查询 Q6 对客体中?price 的取值范围进行了限定，对那些通过图模式能够匹配基本图模式"?x ns:price ?price."的子图进行过滤，所以其查询结果只有{"The Semantic Web" 23}。

```
Q6:  SELECT  ?title ?price
WHERE  { ?x ns:price ?price .
         FILTER (?price < 30.5)
         ?x dc:title ?title . }
```

5. OPTIONAL 关键字

基本图模式要求查询结果严格匹配整个查询模式，在真实的应用中，完整的图模式匹配过于严格，也就是说如果基本图模式中包含多个三元组，则要求这些三元组都必须匹配。然而，其中有一些三元组模式可能找不到匹配，从而导致找不到任何匹配结果。可通过关键字 OPTIONAL 放松匹配约束，其基本的语法形式如下。

```
pattern1 OPTIONAL { pattern2 }
```

其中，pattern1 是基本图模式，pattern2 是可选图模式。查询结果需要严格匹配基本图模式 pattern1，如果 pattern2 中的三元组同时找到匹配，则返回相应的子图；如果 pattern2 中的三元组找不到匹配，则返回与 pattern1 匹配的子图，pattern2 中涉及的变量返回值为空。

下面的示例展示了 OPTIONAL 的使用方法。基于表 10-2 中的 RDF 数据，假设带有 OPTIONAL 的查询如 Q7 所示。

```
Q7: SELECT ?title ?publisher
WHERE { ?x dc:title ?title .
        OPTIONAL { ?x  foaf:publisher  ?publisher }
```

使用这个 SPARQL 查询语句，由于"The Semantic Web"没有谓词 foaf:publisher 以及相应的客体，所以得到的查询结果如下。

```
      title                       publisher
"SPARQL Tutorial"              "BigPublisher"
"The Semantic Web"
```

OPTIONAL 子句中的 pattern 可以包含多个三元组模式。对于一组基本图模式，可以有多个 OPTIONAL 子句，它们之间用“.”分隔，如 Q8 所示。

```
Q8: SELECT ?title ? publisher ?date
WHERE { ?x  dc:title  ?title .
        OPTIONAL { ?x foaf:publisher ?publisher } .
        OPTIONAL { ?x foaf:publicationDate ?date }
      }
```

6. UNION 关键字

SPARQL 通过关键字 UNION 对多个基本图查询模式的匹配结果进行合并，每组基本图模式用“{}”界定，每组图模式可能包含多个三元组查询。具体用法可以参照下面的 SPARQL 查询 Q9。

```
Q9: SELECT ?title
WHERE  { { ?book dc:title  ?title } UNION
{ ?book dc:bookTitle  ?title } }
```

该查询的执行结果如下。

```
  title
"SPARQL Tutorial"
"The Semantic Web"
"Data Mining"
```

SPARQL 还支持其他一些较为高级的运算操作，比如 NOT EXISTS、

EXISTS、MINUS、VALUES 和属性路径等。此外，SPARQL 也支持聚集操作，常见的运算符有 GROUP BY、COUNT、SUM、MIN、MAX、AVG、SAMPLE 和 GROUP_CONCAT。关于这些高级运算符的具体用法可以参考相关资料[1]。

10.2.2　SPARQL 查询机制及知识图谱上的推理

前面几节介绍了 SPARQL 查询语言的基本语法，本节将介绍执行 SPARQL 查询的基本原理以及基于 SPARQL 查询的推理。

实现 SPARQL 查询的方法主要有两种，分别是基于关系型数据库查询的方法和基于图数据库查询的方法。由于知识图谱以三元组的形式存储，这些三元组可以直接用关系型数据库中的关系表存储，然后把 SPARQL 查询转换成 SQL 查询，从而利用关系型数据库实现 SPARQL 查询。虽然这种方法简单且容易实现，但是由于 SPARQL 查询可能包含多个三元组，导致所生成的 SQL 语句中含有多个自连接操作，所以执行效率并不是很高。例如，为了回答 SPARQL 查询 Q10（查找一本书的作者，该书 2005 年出版，作者的出生地地名中包含"York"，作者毕业于 Stanford_University），需要将其转换成 SQL 语句 Q11，Q11 涉及多个自连接操作，执行代价很大。

```
Q10:  SELECT ?a
WHERE {
     ?a <bornIn> ?city . ?a <graduateFrom>
Stanford_University .
     ?p <author> ?a .   ?p <publishedYear>  " 2005 " .
     FILTER( regex( str(?city), "York" ) )
}
```

```
Q11:  SELECT T1.subject
FROM T as T1, T as T2, T as T3, T as T4
WHERE T1.property="bornIn"
AND T2.property="gradudateFrom"
AND T3.property="author"
```

1　参见链接[83]。

```
AND T4.property="pubishedYear"
AND T1.subject=T2.subject
AND T2.object="Stanford_University"
AND T3.object=T1.subject
AND T3.subject=T4.subject
AND T1.object LIKE '%York%'
```

为了提高查询效率，人们提出了一系列改进方案，比如，基于属性表、二分表（垂直划分）、全索引等模型的方案。这些方案的基本思路是提前建立一些索引，利用空间换取时间，具体的内容在第 9 章中进行过详细的介绍，这里不再赘述。

实现 SPARQL 查询的另一种方法是子图查询，这种方法比基于关系型数据库查询的方法更直接。一个 SPARQL 查询本质上是一个小规模的查询图。例如，SPARQL 查询 Q10 所对应的查询图如图 10-2 所示。更多关于子图查询的相关内容，将在 10.3 节详细介绍。

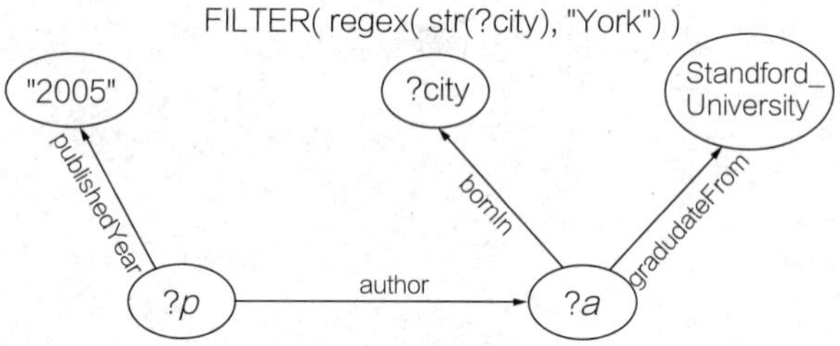

图 10-2　SPARQL 查询 Q10 所对应的查询图

知识图谱存储了大量的实体及其之间的语义关联，在此基础上我们可以进行查询推理。所谓推理，本质上就是利用规则在已有的 RDF 三元组数据上进行推导和归纳，从而发现隐含关系的过程。

目前主要有两种推理方式：正向推理和反向推理。正向推理是指把归纳和推导出的新知识，即新的三元组，与原有的知识图谱存放在一起，以备后续查询和使用；反向推理是指不提前执行归纳和推导，而是在查询需要的时候再进行推理。正向推理的查询效率很高，但是相应的存储代价也较大。RDFS（RDF Schema）和 OWL（Web Ontology Language）各自都定义了一系列规则，用以描述数据之间隐含的关系。其中，RDFS 是描述 RDF 三元组的数据模型，OWL 是一种用来描述事物及事物之间关系的网络本体语言。

RDFS 推理是一个迭代推理的过程，即在 RDF 知识图谱上迭代地执行 RDFS 推理规则，直到没有新的三元组产生为止。表 10-3 给出了 RDFS 的部分推理规则，每条推理规则包含两部分：前件和后件。例如，如果有两个三元组分别是<*Google*，*rdf:type*，公司>和<公司，*rdfs:subClassOf*，组织机构>，根据规则 5，可以推导出一条新的三元组<*Google*，*rdf:type*，组织机构>。

表 10-3　RDFS 的部分推理规则

序号	前　　件	后　　件
1	<*p, rdfs:domain, x*>、<*s, p, o*>	<*s, rdf:type, x*>
2	< *p, rdfs:range, x*>、<*s, p, o*>	<*o, rdf:type, x*>
3	< *p, rdfs:subPropertyOf, q*>、<*q, rdfs:subPropertyOf, r*>	< *p, rdfs:subPropertyOf, r* >
4	<*s, p, o*>、<*p, rdfs:subPropertyOf, q*>	<*s, q, o*>
5	< *s, rdf:type, x*>、<*x, rdfs:subClassOf, y*>	<*s, rdf:type, y*>
6	<*x, rdfs:subClassOf, y*>、<*y, rdfs:subClassOf, z*>	<*x, rdfs:subClassOf, z*>

OWL 也定义了一些推理规则，这些推理规则比 RDFS 的推理规则更复杂。表 10-4 列举了 OWL 的部分推理规则。其中，规则 1 表示如果谓词 p 是对称属性，则可以根据三元组<*v, p, u*>推理得出三元组<*u, p, v*>也成立，例如“配偶”关系是对称属性，如果 A 是 B 的配偶，则有 B 也是 A 的配偶；规则 2 表示如果谓词 p 具有传递性，那么根据三元组<*u, p, w*>和<*w, p, v*>可以推理得出三元组<*u, p, v*>，例如“领导”关系具有传递性，如果 A 是 B 的领导，B 是 C 的领导，则 A 也是 C 的领导；规则 3 表示如果 v 是 w 的子属性，且 w 是 v 的子属性，则可以推理得出 v 和 w 是互相等价的属性。

表 10-4　OWL 的部分推理规则

序号	前　　件	后　　件
1	<*p, rdf:type, owl:SymmetricProperty*>、<*v, p, u*>	<*u, p, v*>
2	< *p, rdf:type, owl:TransitiveProperty*>、<*u, p, w*>、<*w, p, v*>	<*u, p, v*>
3	<*v, rdfs:subPropertyOf, w*>、<*w, rdfs:subPropertyOf, v*>	<*v, owl:equivalentProperty, w*>

除了 RDFS 和 OWL 给出的推理规则外，我们还可以根据实际需要，自己定义一些推理规则。但是，对于定制的推理规则，需要设计相应的推理执行算法来实现。

10.3 子图查询

10.2 节详细介绍了查询的表达，即 SPARQL 的基本语法，而本节将重点介绍查询的执行。正如前面所提到的，知识图谱在逻辑上是一种图结构，而 SPARQL 查询也可以表达为一个规模较小的查询图，因此 SPARQL 查询可以通过在大知识图谱上进行子图查询来完成，这是基于图数据库实现 SPARQL 查询的核心思想。本节将先介绍子图查询的基本知识，然后介绍几种子图查询的变种，包括近似子图查询、Top-k 查询，最后介绍加速子图查询的各种索引结构。

10.3.1 子图查询基本知识

子图查询可以建模为图论中经典的子图同构问题。在介绍子图同构之前，我们先介绍图同构。首先考虑两个不带标签的图$G=(V,E)$和$G'=(V',E')$。如果存在一个双射函数（一一映射函数）f：$V\to V'$，使得$e(v_1,v_2)\in E$当且仅当$e(f(v_1),f(v_2))\in E'$，那么图G与G'是**同构**的。满足这一条件的映射函数 f 就是图G与G'之间的同构映射函数。图 10-3 中的 G_2 和 G_3 是同构的（v_i 和 u_i 表示节点的标号），这是因为不难找到一个同构映射$\{(v_5, u_1), (v_1, u_2), (v_3, u_3), (v_4, u_4), (v_2, u_5)\}$[1]。如果图$G$与$G'$的节点是带标签的，则同构映射还需要保持标签相同，也就是说，对于任意$v\in V$，它的标签与$f(v)\in V'$的标签相同。

---

1 此处的每个（v_i, u_j）表示将 v_i 映射为 u_j。

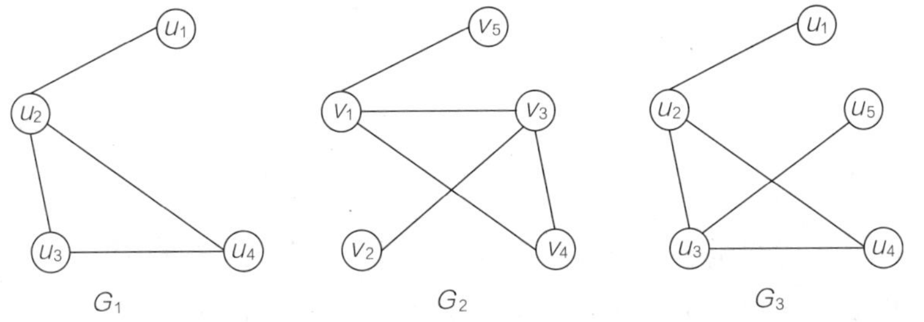

图 10-3　图同构和子图同构示例

对于给定的查询图q，如果图G中存在至少一个子图g使得 q 同构于g，则认为q**子图同构**于G。例如，图 10-3 中 G_1 子图同构于 G_3。实际上子图查询就是在目标图（被查询图）中寻找与查询图具有相同结构和特征的子图。因此，子图查询的核心是子图同构判定。子图同构判定是图论中的一个基础问题，已被证明是 NP 完全的问题之一。因此，如何提高其查询效率成为一个关键问题。针对这一问题，研究人员提出了很多算法，这些算法各有优缺点，其中有些算法只适用于规模较小的图，有些算法需要借助索引进行剪枝与加速（通常需要在离线阶段花费较长的时间建立索引），有些算法的空间存储开销很大，有些算法对于目标图的稀疏程度很敏感。子图查询的两个经典算法是 Ullmann 算法[1]和 VF2 算法[2]，感兴趣的读者可以进行深入的学习和了解。

虽然子图查询在很多实际应用中非常有价值，但是子图匹配返回的结果可能非常多，使得查询人员淹没在大量的匹配结果中，很难从中找到更有价值的答案。所以，为了辅助用户分析查询结果，在获得子图匹配的结果之后需要做进一步的处理和筛选，选取其中具有代表性的结果呈现给用户。一种典型的方法是通过子图 skyline 技术[3]进行结果选择。

例如，如果不考虑节点上的数值，图 10-4 中的两个图就是同构的，右图中 u_1 和 u_4 的值不大于左图中 v_1 和 v_4 相应的值，并且 u_4 的值小于 v_4 的值，所以右图支配左图。关于两图之间的支配关系的严格定义参见定义 1。

定义 1：子图支配关系。

给定两个图G_1和G_2，如果满足如下条件，则G_1支配（dominate）G_2：

（1）不考虑G_1和G_2中数值型节点的值，G_1和G_2是同构的。

（2）G_1中的每个数值型节点 v_i 都支配 $f(v_i)$，即 v_i 的值不比 $f(v_i)$的值大。

（3）G_1中至少存在一个节点 v_j 比 $f(v_j)$小。

其中，$f(\cdot)$是G_1和G_2之间的同构映射函数。

图 10-4 子图支配关系示例

对于给定的查询图 q，如果子图g满足如下条件：不考虑数值型节点的值，图G的子图g与查询图q同构，并且对于q中的数值型节点，图g不被图G的任何其他子图支配，则称图g是图 G 的一个子图 skyline。因此，在给定一个查询图q之后，如果它的匹配结果很多，就可以通过计算它的子图 skyline 来进一步处理返回的结果。当将子图 skyline 应用于知识图谱上的子图查询时，只需要利用知识图谱中的结构特征（比如度数）或者实体的语义特征（比如实体的重要性）赋予节点合适的权重，即可完成子图 skyline 查询的建模。由于计算子图 skyline 同时会涉及子图同构和支配关系计算两个问题，因此其计算复杂度相对较高。关于如何设计更高效的算法来计算子图 skyline，感兴趣的读者可以参考文献[3]。

10.3.2 近似子图查询

常规的子图匹配运算要求查询图中的每个节点只能映射到目标图中具有相同标签的节点，这个要求过于严格，在很多实际场景中会丢失很多有意义的匹配。此外，知识图谱描述了大量实体之间的丰富语义关联，进行近似子图查询可以召回语义更丰富的结果，因此支持近似子图查询就非常有必要。本节主要介绍两类近似子图查询算法，一类主要考虑语义近似，另一类则同时考虑结构近似和语义近似。

1. 基于语义的近似查询

这类算法的基本思想是允许一个节点映射到目标图中语义相同或相近的节点。有很多算法通过设计查询节点与目标图中节点之间的相似度来扩展子图匹配的定义，可参看文献[4-7]等。

一类典型的计算节点间语义相似度的方法是利用概念层级体系。本书前面提到的本体、概念图谱都描述了概念之间（或实体与概念之间）的 isA 关系。这里我们选择基于有向图的概念层级体系来评估节点之间的语义相似性。令 $sim(u,v)$表示节点 u 和节点 v 之间的相似度，一般来说 $sim(u,v) = sim(v,u)$。一种常见的方法是根据 u 和 v 在概念层级中**最近公共祖先节点**（Least Common Ancestor）的深度来定义语义相似性，该深度值越大，则它们之间的语义越相近。例如，在图 10-5 中，“电动汽车”和“燃油汽车”的最近公共祖先是“汽车”，而“太阳能汽车”与“火车”的最近公共祖先是“车辆”，由于“汽车”的深度比“车辆”的深度大，所以“电动汽车”和“燃油汽车”的相似度比“太阳能汽车”与“火车”的相似度高。

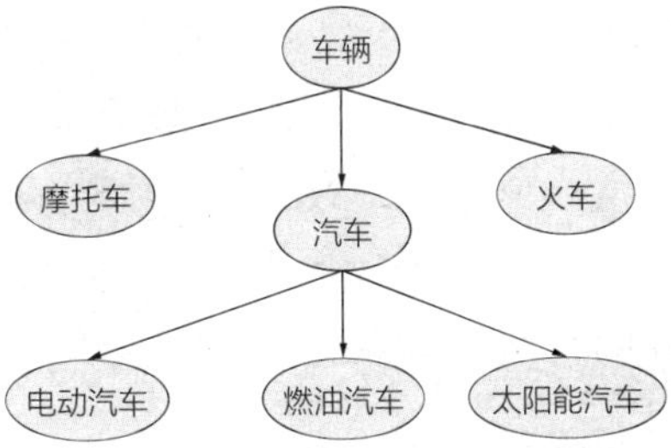

图 10-5　关于车辆的概念层级体系

文献[8]根据 u 和 v 在概念图谱 Probase 中的距离来定义 $sim(u,v)$，u 和 v 在 Probase 上的距离越远，它们之间的相似度相应地就会越小。在实际应用中，语义相似度可以根据词向量、实体的概念分布、词汇的相关百科词条向量（如 Explicit Semantic Analysis 的做法）来定义。在很多系统的冷启动阶段，也可根据领域专家的知识或经验人工评估语义相似性。

在两个节点之间的相似度定义基础上可以对候选匹配进行筛选，一般要求匹配图与查询图之间的每对匹配节点间的相似度不小于某个阈值θ，其定义与子图匹配类似，具体的定义见定义 2。

定义 2：语义近似查询。

对于查询图$q=\{V,E,\Sigma,L\}$和目标图G的某个子图$g=\{V',E',\Sigma',L'\}$，其中V和V'表示节点集合，E和E'表示边集合，Σ和Σ'表示节点标签，L和L'表示节点到标签的映射函数。当且仅当存在一个函数 f 满足如下条件，则称g是q的一个匹配。

（1）对于V中的任意一个节点v，满足$\mathrm{sim}(L(v),L'(f(v)))\geqslant\theta$，并且$f(v)\in V'$。

（2）对于V中的任意两个节点v_1和v_2，v_1和v_2之间有一条边$e(v_1,v_2)\in E$，当且仅当E'中存在$e(f(v_1),f(v_2))\in E'$。

为了衡量每个匹配的质量，需要进一步计算每个匹配子图 g 与查询图 q 之间的相似度。一个简单的方法是对所有对应节点对之间的相似度求和：

$$\mathrm{sim}(q,g)=\sum_{v\in V}\mathrm{sim}\Big(L(v),L'\big(f(v)\big)\Big)$$

其中，$\mathrm{sim}(q,g)$表示查询图 q 与候选匹配 g 之间的相似度，这个值越大说明 g 与 q 越相似。如果 q 和 g 同构，则它们之间的相似度最大。此外，当节点之间的相似度阈值θ被设置为1时，上面的近似查询就退化成了子图查询。由于子图同构判定问题是一个经典的 NP 完全问题，相应的，近似子图查询在大多数情况下是 NP 难问题。近似子图查询一般要返回与查询图相似度最大的若干个匹配，具体的查询策略将在后面介绍。

2. 融合结构和语义的近似子图查询

基于节点间语义相似性的近似子图查询在一定程度上扩展了传统的子图查询，但是这类方法仅仅考虑了节点之间的语义相似，而忽略了结构上的信息，无法描述更加丰富的语义。由于知识图谱的建模和表示都非常灵活，通常一个语义可以有多种不同的描述形式，因此两个子图即便在结构上不同，但也有可能表达相同或相近的语义[9]。图 10-6 展示了某车辆知识图谱的局部（摘自文献[9]），可以发现德国生产的汽车有保时捷卡宴（Porsche Cayenne）、奔驰（Benz）和宝马 X6（BMW X6），但是它们分别以三种不同类型的子结构表示，虚线圈出来的子图是关于宝马 X6 的相关描述。

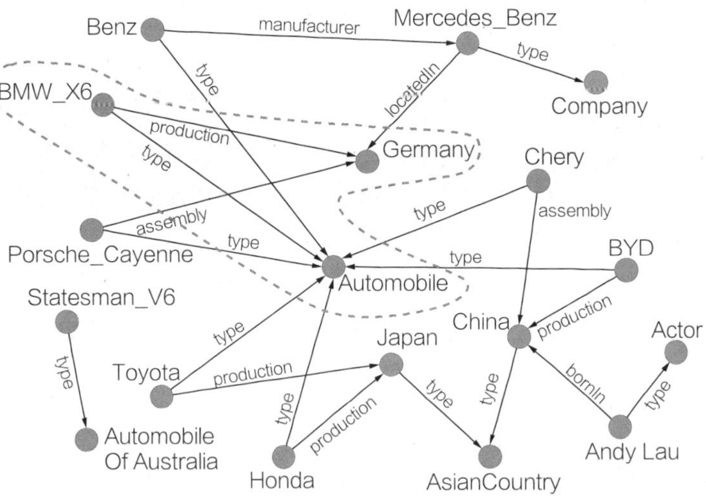

图 10-6　某车辆知识图谱的局部[9]

假设我们想查询德国生产的汽车有哪些，如果想要找到全部的答案，就需要写一个较复杂的 SPARQL 查询语句，这个查询语句包含了三种模式，分别对应着上面的三个答案。这个 SPARQL 查询的基本图模式如图 10-7 所示。

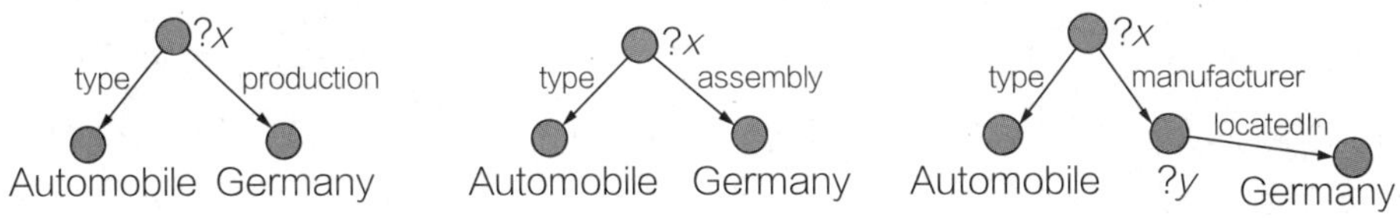

图 10-7　SPARQL 查询的基本图模式

如果 SPARQL 查询中只包含了其中的一个查询模式，则只能找到部分匹配。即使利用前面介绍的基于节点语义近似查询的方法，也无法找到更多的匹配和答案，这就要求我们设计一种能够同时融合结构和语义相似性的度量方法。

图编辑距离是在图数据上衡量两个图相似度的经典方法，一般来说，图编辑距离允许六种图操作：增加节点、删除节点、增加边、删除边、替换节点标签、替换边上的标签。对于两个图 q 和 g，它们之间的图编辑距离是将 q 转换成 g 所需要的最少的图编辑操作数。计算两个图之间的图编辑距离是一个经典的 NP 难问题。

图编辑距离虽然能够衡量两个图之间结构上的相似度，但是不能体现它们之间的语义相似度，所以需要设计一个同时考虑结构相似度和语义相似度的度量标准。为了解决这个问题，文献[9]在图编辑距离的基础上提出了语义图编辑距离，其核心思想是引入**语义编辑操作**和**语义等价变换**。语义编辑操作包括语义节点的增加、删除与替换，以及语义边的增加、删除与替换。它们在传统的图编辑操作基础上引入了节点之间的语义距离，比如当语义节点增加操作增加了一个节点时，图编辑操作的代价不再是 1，而是根据所增加节点的类型（即知识图谱中实体的类型）计算出其增加操作的代价，编辑操作的代价即两个类型在本体图中的语义距离。

在实际应用中，传统的图编辑操作难以处理知识图谱中结构上不同但是语义相同的子图。因此，语义图编辑操作进一步引入了三种语义等价变换，相应的编辑代价均是 0。

（1）边重定向。很多关系在知识图谱中表达为其相反的关系。比如，$(person_1$, *influenced*, $person_2)$这一事实在知识图谱中可能表达为$(person_2$, *influencedBy*, $person_1)$，因此需要引入边重定向操作更改边的方向，然后用谓词 r_2 替换这条边上的原始谓词 r_1，即$(v_1, r_1, v_2)\rightarrow(v_2, r_2, v_1)$。

（2）路径替换。很多关系在知识图谱中表达为多个谓词形成的路径。该操作使用一条边替换一条路径或者使用一条路径替换一条边。例如图 10-8 中的路径(*Person*, *birthPlace*, *City*, *locatedIn*, *Country*)可以替换为(*Person*, *birthPlace*, *Country*)。

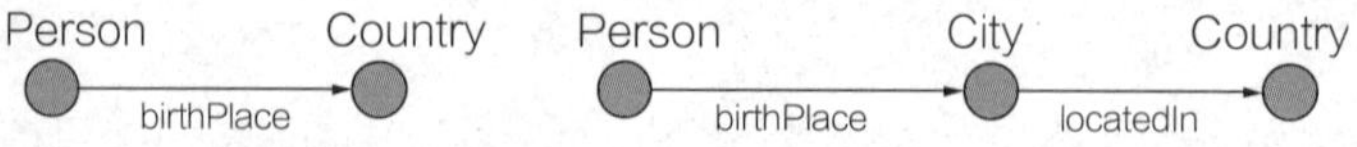

图 10-8　路径替换示例

（3）星型替换。很多细粒度概念在知识图谱中表达为基本概念和相关谓词的组合。比如，在图 10-9 中，“*Statesman_V6*”是“*AutomobileOfAustralia*”（澳大利亚生产的汽车）的事实等价于它是“*Automobile*”（汽车）且装配地在澳大利亚。因此，引入星型结构，用单个边$(v$, *type*, $t)$替换一个星型结构或反之。注意，这里的 t 是细粒度概念，星型结构表达了基本概念和其他谓词的组合信息。

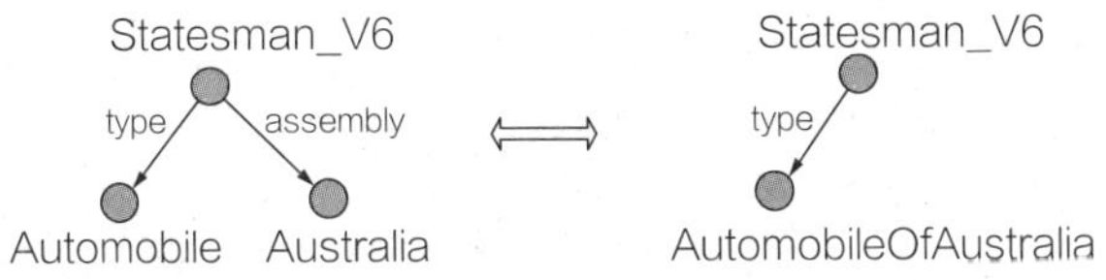

图 10-9 星型替换示例

定义了上述图编辑操作之后，就可以定义语义图编辑距离了。给定两个图 g_1 和 g_2，它们之间的语义图编辑距离可记作 sged(g_1, g_2)，即把 g_1 转换为 g_2 所需要的最少语义图编辑操作数。显然传统的图编辑距离是语义图编辑距离的一种特殊情况，因此语义图编辑距离的计算也是一个 NP 难问题。在给定一个查询图的时候（可能是复杂、完整的图模式中的一种简单情况），就可以根据语义图编辑距离计算出与查询图最相近的 k 个子图，返回更全面和有意义的答案。

10.3.3 Top-*k* 查询

与一般意义上的 Top-k 查询类似，本节介绍的 Top-k 查询的目标是返回与理想值最接近的前 k 个匹配或答案。实际上，Top-k 查询与近似子图查询有着密切的关系，近似子图查询定义了候选匹配与查询图之间的相似度度量标准，基于这一相似度度量标准可以计算出候选匹配与查询图之间的距离。理论上，几乎所有的子图都与查询图有一定的相似度，所以近似子图查询一般需要返回前 k 个相近的匹配，也就是说需要进行 Top-k 查询。

为了提高计算效率，Top-k 查询较常用的框架是**先过滤后验证**。在过滤阶段，主要是根据相似度度量标准构建或搜索出一系列候选匹配，然后根据过滤策略进行筛选，过滤策略包括上界过滤和下界过滤两种。具体而言，先找到 k 个任意匹配放入答案列表，同时将这 k 个匹配按照与查询的相似度由高到低排列。一般情况下，计算一个候选匹配与查询图之间的相似度所需要付出的代价比较大，因此往往先以较小的代价估算它们之间相似度的下界。显然，可以将答案列表中所有比下界分数低的候选答案安全剔除。对于剩余的候选匹配，可以先以较小的代价估算它们与查询图之间相似度的上界，如果这个上界比当前答案列表中最后一个匹配的相似度小，则可以确定当前答案列表中的匹配就是最后的答案，从而节省了计算开销。

除了上下界剪枝，在多个排序机制融合时也存在很多有效的 Top-*k* 查询剪枝策略。其中两个经典的 Top-*k* 查询算法是：**Fagin 算法**和**阈值算法**。它们的核心任务是将$f(x) = f_1(x) + f_2(x)$两个维度上的函数融合后进行 Top-*k* 查询。一般先基于$f_1(x)$与$f_2(x)$分别进行排序，然后按照特定的策略进行剪枝。

下面通过一个具体的示例来讨论这两个算法的执行过程。假设小明想去旅游，他的两个朋友小丽和小华[1]推荐了两组旅游景点，分别如表 10-5 所示，并且每个景点被设置了一个评分（推荐指数），评分越高的景点表示越值得推荐。假设小丽和小华的意见同样重要，小明需要综合这两个人的推荐指数计算出分数最高的景点。一个简单的方法是把所有景点的综合得分都计算出来（即简单加和），然后选取分数最高的景点，显然这个方法需要访问所有数据，当候选列表规模很大时其效率较低。

表 10-5　推荐的景点及权重列表

景　　点	推荐指数 1
九寨沟	10
大理	8
西湖	7
黄山	6

景　　点	推荐指数 2
大理	9
西湖	7
九寨沟	6
黄山	6

假设这两个列表已经按照评分由高到低排列（如果没有排好序，则需要先各自排序），由 Fagin 算法维护两个指针和一个临时表，Fagin 算法具体执行流程如图 10-10 所示。初始时刻两个指针分别指向两个列表的第一行，把相应的元素添加到临时表中，即把“九寨沟”和“大理”分别加入临时表中，然后指针同时移向下一行，再把第二行的元素添加到临时表中，直到某个景点在临时表中的两个维度上都出现，则可以停止扫描两个列表（例如两列中同时出现了“大理”），接着把临时表中其他配对的景点补全（把“九寨沟”在推荐指数 2 中的分值补全；由于“西湖”在两个推荐列表中均位于

1　在实际的知识图谱 Top-*k* 查询应用中，这里小丽与小华可表示不同的匹配与排序机制，比如，来自结构的匹配机制和来自语义的排序机制。

"大理"之后，其总分数一定小于"大理"，则可以直接将其舍弃)，最后计算临时表中景点的综合得分，选出分数最高的那个景点即可。

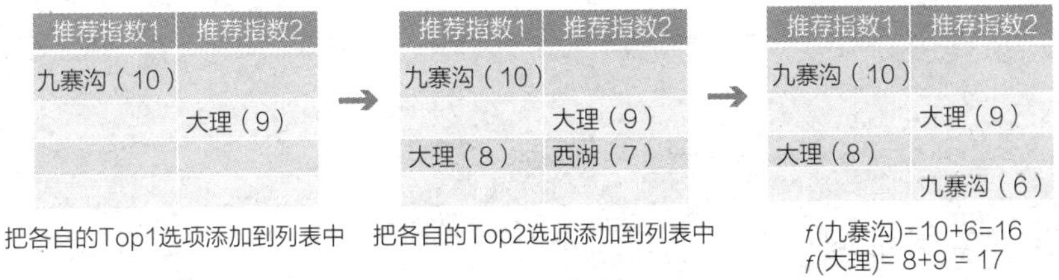

图 10-10　Fagin 算法具体执行流程

我们发现 Fagin 算法并不需要计算所有候选景点的综合得分就可以得到正确答案，这是因为两个列表中的景点已经按照评分从高到低的顺序排列，所有未出现在临时表中的景点的综合得分不可能比当前选出来的景点的最高分还高，因此这样可以大幅度提高计算效率。显然，这种方法不需要把两个列表中的数据全部扫描完就可以准确地得到综合得分最高的景点，尤其当两个列表的数据量很大时，这种方法具有显著优势。

与 Fagin 算法很类似，阈值算法也维护着两个指针和一个临时表，其具体执行流程如图 10-11 所示。步骤 1：初始时刻两个指针分别指向两个列表的第一行，把相应的景点添加到临时表中，并且对这两个景点的评分求和，记作"SUM"；步骤 2：计算两个景点各自的综合得分；步骤 3：指针同时移向下一行，重复前面两个步骤，直到发现当前景点综合得分的最大值比当前得到的 SUM 值大，则停止搜索。当前找到的综合得分最高的景点即为最终答案。

例如，在本例中，首先"九寨沟"和"大理"同时进入临时表，当前的 SUM 值是 19，然后求"九寨沟"和"大理"各自的总分数，分别是 10+6=16（九寨沟）和 9+8=17（大理），此时"大理"的总分数最高。指针移向下一行，当前的 SUM 值是 15，比候选景点"大理"的总分数低，这说明后面所有还未访问到的景点的总分数都不可能比 15 高，所以可以停止搜索，返回总分数最高的景点"大理"。

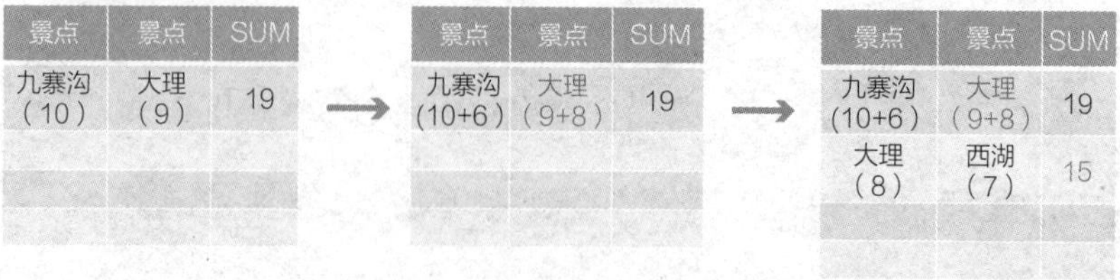

图 10-11　阈值算法具体执行流程

10.3.4　索引结构

如 10.3.1 节介绍的，子图查询是一个 NP 难问题，为了提高计算效率，设计有效的索引结构进行剪枝是非常关键的步骤。目前的索引策略大体上可以分为两类：**全局结构特征索引**和**局部邻居信息索引**。

1．全局结构特征索引

选取特殊的结构（如路径、子树或子图）作为特征，在离线处理阶段，这些结构特征在图数据库（一个由感兴趣的目标图组成的集合）中出现的位置被记录下来，并被有效地组织和存储起来。在线查询阶段在给定了查询图 q 之后，与处理目标图类似，首先提取 q 中相应的结构特征，通过这些结构特征和离线阶段建好的索引结构可以有效筛选候选图。

其中的基本原理是，如果某个特征结果在 q 中出现，但是在某个图 G 中不存在，则可以确定 q 一定不会子图同构于图 G。显然，如果图数据库中有很多目标图，则不必逐一进行比较，根据索引结构就可以筛选出一些图作为候选答案。例如，GraphGrep 选取所有长度值不大于某个值 maxL 的路径作为结构特征[33-34]；gIndex[35]和 FG-index[36]提出利用频繁子图来构建索引，相对于基于路径的方法，其优势体现在频繁子图描述了更多的信息，因此具有较强的过滤能力，但其缺点也很明显，即空间开销较大；QuickSI 利用频繁子树作为结构特征，并且设计了有效的搜索顺序[37]。

由于需要挖掘（频繁）子结构作为结构特征，基于结构特征的方法并不适用于规模很大（指包含的节点数和边数很多）的图。例如，在一个较为稠密（边数/节点数较多）的图上枚举所有的路径代价非常大。此外，基于结构特征的方法大多只用于过滤候选图，而较少用于匹配阶段的子图同构判定。

2. 局部邻居信息索引

也就是基于每个节点的邻居信息进行剪枝。其基本原理是，如果子图 q 同构于图 G，那么对于 q 中的每个节点 u，在 G 中存在一个节点 v 与其匹配，并且 u 的邻居结构也子图同构于 v 的邻居结构；反之，若 u 的邻居结构与 v 的邻居结构不满足子图同构关系，则说明 v 不可能是 u 的候选匹配节点。这种方式可以筛选节点 u 的候选匹配节点。

GCoding 将每个节点周围的多跳邻居结构转换成树结构，然后把树结构的信息编码到数值空间，称作顶点签名（Vertex Signature）[38]。SPath 把节点 n 跳以内的最短路径作为基本索引单元[39]。NOVA 基于每个节点周围邻居的标签分布，设计了一个向量索引[40]。SQBC 设计了一种融合局部邻居信息和结构特征的索引，其中局部邻居信息索引部分基于邻居标签和节点度数为每个节点编码。它采用团（Clique）[1]作为结构特征，这样可以提升过滤能力，同时能够加速子图同构判定[41]。

10.4　其他查询

除了前面两节介绍的内容外，在知识图谱中还有一些比较有意义且使用广泛的查询，比如，路径查询、关键词查询、社团搜索等，本节将重点介绍这些内容。

10.4.1　路径查询

一般图（传统的不包含语义信息的图）上的最短路径查询问题已有大量研究，这些研究重点解决如何提高计算效率的问题。知识图谱作为一种图，也可以在图上进行类似的查询，尤其是在我们对某个知识图谱不够了解的情况下，这种最短路径查询提供了一个非常简单的方式来探究两个实体之间的关联关系。由于这类查询与目标图是否是知识图谱无关，所以本书对其将不展开介绍。

1　团中的任意两个节点之间都有一条边。

1．带标签限制的路径查询

不同于一般图，知识图谱上的节点和边蕴含了丰富的语义信息，单纯地计算两个节点之间的最短路径的实际意义有限，因此一个更好的办法是对路径上的边进行限制。Ankita Likhyani 等人提出了白名单标签限制的路径和黑名单标签限制的路径[15]。白名单标签限制要求路径上的边标签只能是白名单中的标签，而黑名单标签限制要求路径上的边标签不能出现在黑名单中。

基于白名单标签限制的路径查询可以定义为：给定图 G 中的起始节点 s 和目标节点 t，以及白名单标签集合 T，返回从 s 到 t 的所有最短路径，使得路径上的边标签是 T 的子集。基于黑名单标签限制的路径查询指定了黑名单标签集合 S，S 可以转化成白名单标签集合 T 的路径查询，其中 $T=R-S$，而 R 代表图 G 的边标签集合。为了实现这种带限制的路径查询，可以采用一般图上不带限制的路径计算方法，把所有可能的路径按照路径长度穷举出来，直到找到满足限制条件的路径为止。但是这种方法通常效率较低，这是因为它需要枚举满足长度限制的所有可能路径。

下面介绍一种不需要枚举所有路径的方法。在一般的有向无权图上，基于路标（Landmark）的方法是在计算或估计最短路径时广泛使用的技术之一。这一方法有很多变种，但核心思路都是先选取一些“路标”（Landmark，记作 l），然后计算任意其他节点到路标集合中每个节点的最短距离以及路标集合中每个节点对之间的最短距离。这样，基于三角不等式就可以估计任意两个节点之间的最短路径了：

$$\mathrm{dist}'(s,t)=\min_{l\in L}\{\mathrm{dist}(s,l)+\mathrm{dist}(l,t)\}$$

其中$\mathrm{dist}(s,l)$表示节点 s 到 l 的最短路径距离，$\mathrm{dist}'(s,t)$是估算的最短路径距离。如果除了返回路径距离，还要找到相应的路径，那么在提前计算路标及其与其他节点之间的距离时还需要存储相应的路径信息。对于基于白名单或黑名单标签限制的路径查询，可以提前检查这些预先存储的路径信息是否满足限制，然后进行筛选。此外，为了提高计算效率，还可以对边标签建立索引[15]。

2．元路径的查询

为了更好地体现语义信息，一种可行的方法是只考虑符合特定元路径

（Meta Path）的最短路径。它除了考虑边上的类型限制外，还对路径上的节点类型进行了限制。关于元路径的定义可以参见第 9 章关于异构信息网络的介绍。在指定元路径之后，最短路径检索可以找到更有针对性的结果，返回的结果也更具可解释性。元路径的另一个重要应用是计算知识图谱上两个节点之间的相似度。在一般图上有很多相似度度量的方法，包括个性化的 PageRank[18]、SimRank[19]、SCAN[20]等。为了更好地支持在知识图谱等异构信息网络上进行相似节点的计算，Yizhou Sun 等人提出了基于元路径的相似度度量方法 PathSim[21]，这种方法可以取得比较好的效果。基于相似度度量，元路径还可以被用来进行实体扩展，生成更多的实例集，从而支持各种实际应用，比如词典构建、查询结果推荐、新品牌标识等[17]。

因此，如何发现有意义的元路径成了关键问题。针对不同任务（比如节点相似性评估、关系预测）需要不同的元路径，这里以相似节点关系解释为例介绍知识图谱上的元路径发现方法。比如，给定节点苏格拉底和亚里士多德，如何从哲学家知识图谱中找到一条最能解释两者关系的元路径？显然从图 1-1 可知，苏格拉底是柏拉图的导师，柏拉图是亚里士多德的导师，这两个路径对应的元路径是解释二者关系的最合理元路径。发现这类元路径的直接方法是由专家指定，但是由于知识图谱的规模庞大并且结构复杂，这种方法难以用于实际场景。一个简单的自动化方法是枚举给定的两个节点之间所有可能的元路径，并从中选取与给定节点相关度最高的元路径。显然这个方法有局限性，其原因是元路径的数量会随着路径长度变长以指数级增加。

为了提高计算效率，有研究提出了一个**相似节点发现**与**元路径生成**交替进行的算法[16]，其主要思路是基于给定的相似节点先自动产生一组元路径，然后以这些元路径作为查询条件发现更多的相似节点，用户从中选取那些确实相似的结果，再把这些新发现的相似节点加入之前的输入中，重复之前的步骤，进一步筛选元路径。这个方法的优势是，用户可以在过程中查看和修改元路径，以及添加新的相似节点实例，深度参与整个过程，提高结果的准确率。还有学者进一步提出了基于树结构进行扩展的方法[16]，利用树结构指引元路径的逐步扩展，直到找到元路径符合条件。

10.4.2　关键词查询

搜索引擎在推动网络信息时代的发展中起到了巨大作用，而在搜索引擎技术中最主要的就是关键词查询。关键词查询具有简单、灵活等优势，容易被广大的普通用户所接受和使用。关键词查询特别适用于知识图谱场景，知识图谱包含大量的实体和关系并且具有灵活、多样的表达方式，普通用户很难清楚地了解知识图谱中使用的实体名称和谓词名称，而关键词查询使得用户无须指定精确的搜索关键词就能查找到相关知识。

知识图谱上的关键词查询通常返回包括指定关键词的子树或子图，然而这样的子树或子图可能会很多，需要从中筛选出满足特定条件的子树或子图。类似于一般图数据上的关键词查询，可以规定所返回的子树或子图包含查询中的所有关键词且规模最小。这一要求通常被建模为最小斯坦纳树（Steiner Tree）的问题。**最小斯坦纳树**是组合优化中的一个经典问题，是指从输入图中找到一个使得给定的所有节点集合连通并且边权总和最小的子树。对于知识图谱上的关键词查询，与关键词匹配的节点集合就是输入节点集合，输出为由这些节点构成的最小斯坦纳树。

图 10-12 给出了一个最小斯坦纳树的示例。边上的数字表示边的权重（在真实的知识图谱中，边的权重可以根据相应的谓词在知识图谱中出现的频次进行计算）。如果输入关键词匹配了灰色的节点 u_2、u_3、u_5、u_8，粗边连接起来的子图就是最小斯坦纳树。注意，最小斯坦纳树中可以引入指定节点集合之外的节点（如节点 u_7）。一种求解最小斯坦纳树的方法是，枚举 $V-U$ 的子集 S（其中 V 是图 G 中的节点集合，U 是给定的关键词节点集合），特别注意 S 可能为空集，基于点集 $U \cup S$ 求解最小生成树[1]，在所有的最小生成树中，权重最小的即为最小斯坦纳树。

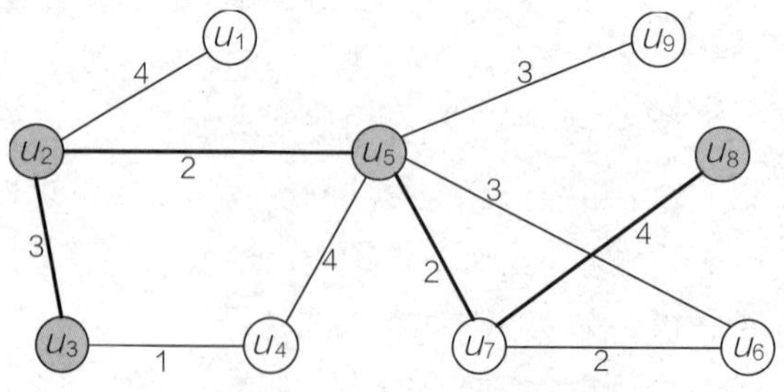

图 10-12　一个最小斯坦纳树的示例

1　所谓的生成树是指连通图的包含图中的所有节点的极小连通子图。

关键词查询虽然简单、易用，但是它的语义表达能力相对有限，因此对用户的意图建模与理解是其中的关键问题。但是，传统的关键词查询研究一般更关注查询的效率，在意图建模与理解方面的工作不多。目前有三类解决这一问题的思路值得关注。第一类是直接针对搜索关键词的语义展开分析，明确用户查询意图。例如，如果用户的搜索关键词是“actor, comedy”，那么用户的查询意图是查找喜剧电影演员，其中 comedy（喜剧）是对 actor（演员）的修饰。识别出其中的核心词和修饰词，然后根据决定意图的核心词对结果进行排序，这样才有可能反馈用户感兴趣的结果[10-11]。第二类是通过探索式搜索（Exploratory Search）逐步明确用户的搜索意图[12]。用户很难一次性给出表达清晰查询意图的关键词，通过多轮交互式搜索可以逐步捕捉用户的搜索意图。第一次系统根据用户给出的关键词进行查询，将初步答案返回给用户。在此基础上，用户进一步针对这些返回的答案给出第二组关键词，再对结果进行筛选。这种方式能提高查询结果的准确度，但是会增加用户使用系统的时间开销。第三类是对查询结果根据其结构和内容信息进行分类，找出其中有代表性的结构或对所找到的结构进行抽象概括，用户只需要从不同的分类或概括中选择满足用户需求的结果即可[13-14]。

10.4.3　社团搜索

社团结构广泛存在于包括知识图谱在内的很多真实的复杂网络中，一般而言，社团是指一组内部互相紧密联系的节点，它们与社团之外节点的联系相对松散。通常，社团内的紧密程度以该子结构的平均度数或者节点的最小度数作为衡量依据。社团搜索有很多应用，比如团队推荐、金融领域的风险控制、公共安全领域的犯罪团伙发现等。

传统的社团搜索可以分为两类任务，即社团挖掘[22-23]和社团查询[24-26]。社团挖掘是指给定图 G 和特定的社团度量标准，找出其中所有的社团。社团挖掘效率较低，通常需要离线处理。社团查询也可以称为个性化社团发现，它是指预先给定图 G 和特定的社团度量标准，为某个查询节点找到包含该节点的社团。社团查询是一种典型的按需服务，通常通过在线处理的形式完成。

传统的社团搜索一般只考虑结构上的特征，对于知识图谱上的语义信息缺乏必要的考虑，为此需要针对知识图谱设计相应的社团搜索。基于属性的社团搜索在一定程度上适用于知识图谱[27]。基于属性的社团搜索考虑两方面的约束：在结构上，社团内部的节点联系非常紧密；在语义上，这些节点彼此高度相关。这可以很好地解释所找到的某个社团的语义。比如，如果某个社团中的人都对音乐感兴趣或职业与音乐相关，则可以清楚地了解这个社团的类型。与传统的社团搜索类似，基于属性的社团搜索也可以分为两类任务：基于属性的社团发现和基于属性的社团查询。

具体而言，为了体现属性的限制，一种简单的方式是**使用关键词进行限制**。比如，可以限定社团里节点的标签集合必须为某个集合的子集或社团中每个节点都共享若干关键词。图 10-13 中的“{}”里描述了每个人的工作信息，如果指定了标签“音乐”，则可以找到一个社团$\{P_1, P_2, P_3\}$，很容易发现这是一个家庭，并且每个家庭成员都与音乐相关，从而有助于进一步的分析。用户也可以根据关键词来控制目标社团的语义信息。

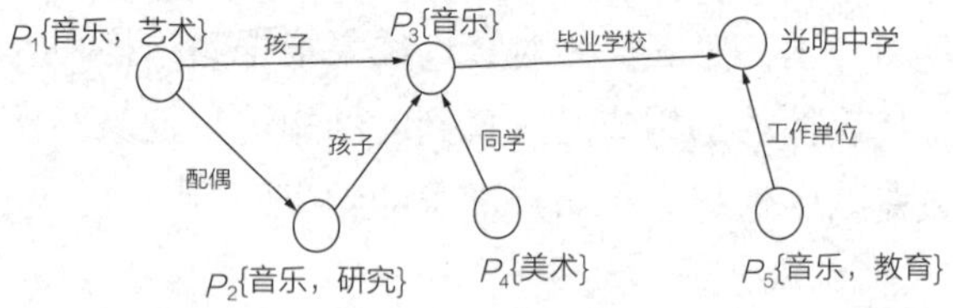

图 10-13　基于属性的社团搜索示例

在关于文献引用的知识图谱中，每个人都被标记了一些来自他们所发表论文的关键词，指定不同的关键词组合会相应地返回不同的社团。在市场宣传方面，基于属性的社团搜索也起着积极作用。比如，如果小丽是一个瑜伽爱好者并且是某个健身中心的会员，则可以把小丽当成查询节点，把瑜伽当成属性限制，查询一个包含小丽的社团，其中每个人都对瑜伽感兴趣，这样健身中心就可以针对这个社团中的人群投放广告，增强广告效果。

在一个规模极大的知识图谱上高效地进行基于属性的社团搜索是十分困难的，例如要求社团中的每个节点都包含关键词集合 S，一个直接的优化策略是先只考虑属性限制（即枚举所有包含关键词集合 S 的节点集合），然后返回满足结构约束的子图。由于需要枚举所有可能的满足条件的节点集合，这种方法的复杂度随着关键词集合的变大而呈指数级增加，时间开销很大。

为了提高计算效率，一个可行的办法是建立一个索引结构，以节点上的关键词为索引项进行有效的组织，比如层级化的树形结构 CL-tree[27]。构建 CL-tree 的基本思路是，利用图上的 K-core 分解（K-core Decomposition，持续移除图中度数小于 K 的节点，最终所得图即为原图的 K-core，这一过程就是 K-core 分解）求得图上最小度数不低于 K 的连通子图，并以此作为索引树的节点。比如，针对如图 10-14 所示的节点带有关键词标签的示例图，为了求得 1-core，需要移除 J 点（构成 CL-tree 的根）；进一步为了得到 2-core，需要从图的两个不同的连通分支分别移除 F、G 以及 H、I，两组节点从而构成了 CL-tree 的 r_1 层级所对应的两个节点。依此类推，直到得到完整的 CL-tree，如图 10-15 所示。进一步的，在树中每个节点内对原图每个节点的关键词进行索引，并记录该组节点所属 K-core 的 K 值。比如，图 10-15 中节点 E 及其所有子孙节点构成的子图的最小度数是 2，因为其隶属于原图的 2-core。

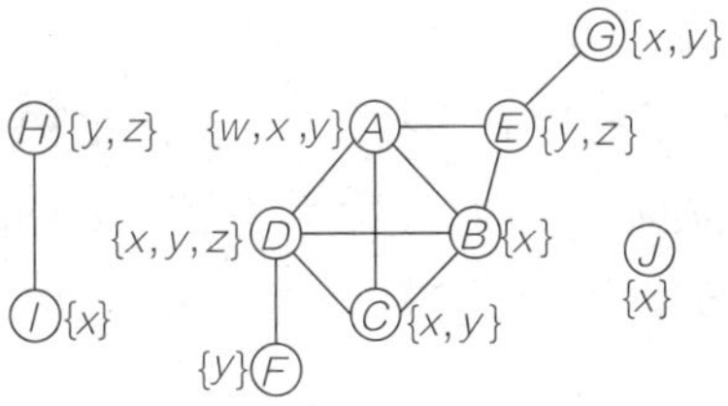

图 10-14　节点带有关键词标签的示例图[27]

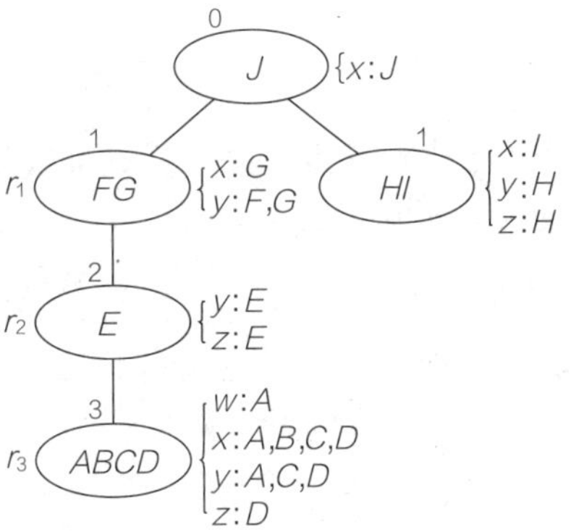

图 10-15　层级化树形结构 CL-tree 的示例图[27]

上述索引结构索引了子图的最小度数信息以及节点的关键词信息。对于一个关键词集合 S，如果某个社团的每个节点都包含 S，那么对于集合 S 的每个子集 S'，一定存在一个满足 S' 约束的社团，即该社团中的每个节点都

包含 S'。比如，给定查询关键词 $S=\{x,y,z\}$ 并且要求社团中最小的节点度数 $d=3$，由如图 10-15 所示的 CL-tree 可以判断，"*ABCD*"节点所代表的子图（由 *A*、*B*、*C*、*D* 构成的子图）是唯一满足最小度数条件的，但 *A*、*B*、*C*、*D* 四个节点并不满足关键词约束 $S'=\{z\}$，因此可以直接得出结论，该图中不存在满足 $S=\{x,y,z\}$ 且 $d=3$ 的社团。

基于属性的社团查询与前面介绍的关键词查询类似，都需要指定一些关键词或属性作为约束。但它们之间也存在很大的区别，主要可以归纳为三个方面。首先，关键词查询不需要指定查询节点，而基于属性的社团查询需要给出查询的节点，返回个性化结果。其次，关键词查询返回的结构不一定像基于属性的社团查询一样满足结构上的约束（比如，每个节点的度数不小于某个数值）。最后，基于属性的社团查询一般要求返回的子图中的每个节点都包含给定的关键词约束，而关键词查询返回的结构并没有这样的限制。

由于知识图谱中的节点可能包含地理位置信息，所以还有一类基于地理位置的社团搜索，即要求所找到的社团除了满足结构上的约束外，还需要满足地理位置上的约束，比如，限制社团中的每个节点都在某个地理区域内，并且这个地理区域的面积要尽可能小[28]，这样可以为某个地理区域内的社团分析提供支持。

本章小结

知识图谱上的查询丰富多样，SPARQL 作为标准的知识图谱查询语言，可以有效地实现知识图谱数据的查询与检索。本章首先介绍了 SPARQL 查询语言的基本语法及其执行机制，然后介绍了 SPARQL 查询的图理论基础，包括子图查询和近似子图查询，最后介绍了知识图谱上的路径查询、关键词查询和社团搜索等。

由于篇幅有限，本章仅介绍了知识图谱上较常见的查询问题。需要注意的是，由于实际应用场景的需求不尽相同，知识图谱上的查询任务非常多样，除了本章已介绍的常见查询外，还包括可达性查询[29]、最大团搜索[30]、独立集查询[31-32]等。感兴趣的读者可以通过查阅相关文献进一步学习和研究。知识图谱上的查询是不断发展和演化的，为了方便人们对知识图谱的使用和分析，新的查询需求将会不断涌现。比如，针对动态更新的知识图谱如何设计高效的查询算法，以及交互式、探索式的知识图谱查询如何实现等，这些新问题有待进一步深入研究。

思考题

1. 请基于如图 10-6 所示的某车辆知识图谱的局部，写出一个查找“全部为中国生产的汽车”的 SPARQL 查询。
2. 简述实现 SPARQL 查询的方法，并比较它们的优缺点。
3. 基于图 10-5 比较（摩托车，汽车）和（电动汽车，太阳能汽车）之间的相似性，并阐述原因。
4. 请简述知识图谱上近似查询的必要性。
5. 请思考基于本体的近似查询、融合结构和语义的近似子图查询各有什么缺点，如何改进？
6. 请阐述知识图谱上 Top-*k* 查询的常见方法。
7. 知识图谱上的路径查询有哪些，与一般图上的路径查询有什么区别？
8. 知识图谱上的社团搜索与关键词查询有什么异同？
9. 尝试设计一种加速基于属性的社团搜索的算法。

参考文献

[1] Julian R. Ullmann. An Algorithm for Subgraph Isomorphism[J]. J ACM. 1976, 23(1):31-42.

[2] Luigi P. Cordella, Pasquale Foggia, Carlo Sansone, Mario Vento. A (Sub)Graph Isomorphism Algorithm for Matching Large Graphs[J]. IEEE Trans Pattern Anal Mach Intell. 2004, 26(10):1367-1372.

[3] Weiguo Zheng, Xiang Lian, Lei Zou, Liang Hong, Dongyan Zhao: Online Subgraph Skyline Analysis over Knowledge Graphs. IEEE Trans. Knowl. Data Eng. 28(7): 1805-

1819 (2016).

[4] T. Coffman, S. Greenblatt, and S. Marcus. Graph-based technologies for intelligence analysis. Commun. ACM, 47, 2004.

[5] W. Fan, J. Li, S. Ma, H. Wang, and Y. Wu. Graph homomorphism revisited for graph matching. PVLDB, 3, 2010.

[6] V. Vassilevska and R. Williams. Finding, minimizing, and counting weighted subgraphs. In STOC, pages 455-464, 2009.

[7] O. Corby, R. Dieng-Kuntz, F. Gandon, and C. Faron-Zucker. Searching the semantic web: approximate query processing based on ontologies. Intelligent Systems, IEEE, 21(1):20-27, 2006.

[8] Wu Y, Yang S, Yan X. Ontology-based subgraph querying[C]// IEEE, International Conference on Data Engineering. IEEE, 2013:697-708.

[9] Zheng W, Zou L, Peng W, et al. Semantic SPARQL similarity search over RDF knowledge graphs[J]. Proceedings of the Vldb Endowment, 2016, 9(11):840-851.

[10] Shan Y, Chen Y. Constructing target-aware results for keyword search on knowledge graphs[J]. Data & Knowledge Engineering, 2017, 110.

[11] Sadikov E, Madhavan J, Wang L, et al. Clustering query refinements by user intent[C] International Conference on World Wide Web. ACM, 2016:841-850.

[12] Yu Su, Shengqi Yang, Huan Sun, Mudhakar Srivatsa, Sue Kase, Michelle Vanni, Xifeng Yan. Exploiting Relevance Feedback in Knowledge Graph Search. KDD 2015: 1135-1144

[13] Wu Y, Yang S, Srivatsa M, et al. Summarizing answer graphs induced by keyword queries[J]. Proceedings of the Vldb Endowment, 2013, 6(14):1774-1785.

[14] Wang Y, Zhong M, Zhu Y, et al. Diversified Top-k Keyword Query Interpretation on Knowledge Graphs. APWeb-WAIM, 2017

[15] Likhyani A, Bedathur S. Label constrained shortest path estimation[J]. 2013:1177-1180.

[16] C. Meng, R. Cheng, S. Maniu, P. Senellart, and W. Zhang. Discovering Meta-Paths in Large Heterogeneous Information Networks, WWW, page 754-764. ACM, (2015).

[17] Zheng Y, Shi C, Cao X, et al. A Meta Path based Method for Entity Set Expansion in Knowledge Graph[J]. IEEE Transactions on Big Data, 2018, PP(99):1-1.

[18] G. Jeh and J. Widom. Scaling personalized web search. In WWW'03, 271-279, 2003.

[19] G. Jeh and J. Widom. Simrank: a measure of structural-context similarity. In KDD'02, 538-543, 2002.

[20] X. Xu, N. Yuruk, Z. Feng, and T. A. J. Schweiger. Scan: a structural clustering algorithm

for networks. In KDD'07, 824-833, 2007.

[21] Sun Y, Han J, Yan X, et al. PathSim: Meta Path-Based Top-K Similarity Search in heterogeneous Information Networks[J]. Proceedings of the Vldb Endowment, 2011, 4(11): 992-1003.

[22] S. Fortunato. Community detection in graphs. Physics Reports, 486(3):75-174, 2010.

[23] M. Newman et al. Finding and evaluating community structure in networks. Physical review E, 69(2):026-113, 2004.

[24] M. Sozio and A. Gionis. The community-search problem and how to plan a successful cocktail party. In KDD, pages 939-948, 2010.

[25] W. Cui et al. Online search of overlapping communities. In SIGMOD, pages 277-288, 2013.

[26] W. Cui et al. Local search of communities in large graphs. In SIGMOD, pages 991-1002, 2014.

[27] Y. Fang et al. Effective community search for large attributed graphs. In PVLDB, pages 1233-1244, 2016.

[28] Fang Y, Cheng R, Li X, et al. Effective community search over large spatial graphs[J]. Proceedings of the Vldb Endowment, 2017, 10(6):709-720.

[29] Yu J.X., Cheng J. (2010) Graph Reachability Queries: A Survey. In: Aggarwal C., Wang H. (eds) Managing and Mining Graph Data. Advances in Database Systems, vol 40. Springer, Boston, MA.

[30] Fakhfakh F., Tounsi M., Mosbah M., Hadj Kacem A. (2018) Algorithms for Finding Maximal and Maximum Cliques: A Survey. In: Abraham A., Muhuri P., Muda A., Gandhi N. (eds) Intelligent Systems Design and Applications. ISDA 2017. Advances in Intelligent Systems and Computing, vol 736. Springer, Cham.

[31] L. Chang, W. Li, and W. Zhang, "Computing A near-maximum independent set in linear time by reducing-peeling," in Proceedings of the SIGMOD Conference, 2017, pp. 1181-1196.

[32] Weiguo Zheng, Qichen Wang, Jeffrey Xu Yu, Hong Cheng, Lei Zou, Efficient Computation of a Near-Maximum Independent Set over Evolving Graphs. ICDE 2018.

[33] R. Giugno, D. Shasha, Graphgrep: a fast and universal method for querying graphs, in: ICPR (2), 2002, pp. 112-115.

[34] R.D. Natale, A. Ferro, R. Giugno, M. Mongiovı`, A. Pulvirenti, D. Shasha, Sing: subgraph search in non-homogeneous graphs, BMC Bioinform. 11 (2010) 96-110.

[35] S. Zhang, M. Hu, J. Yang, Treepi: A novel graph indexing method, in: ICDE, 2007, pp.

966-975.

[36] J. Cheng, Y. Ke, W. Ng, A. Lu, Fg-index: towards verification-free query processing on graph databases, in: SIGMOD Conference, 2007, pp. 857-872.

[37] H. Shang, Y. Zhang, X. Lin, J.X. Yu, Taming verification hardness: an efficient algorithm for testing subgraph isomorphism, PVLDB 1 (1) (2008) 364-375.

[38] L. Zou, L. Chen, J.X. Yu, Y. Lu, A novel spectral coding in a large graph database, in: EDBT, 2008, pp. 181-192.

[39] P. Zhao, J. Han, On graph query optimization in large networks, PVLDB 3 (1) (2010) 340-351.

[40] K. Zhu, Y. Zhang, X. Lin, G. Zhu, W. Wang, Nova: a novel and efficient framework for finding subgraph isomorphism mappings in large graphs, in:DASFAA (1), 2010, pp. 140-154.

[41] Weiguo Zheng, Lei Zou, Xiang Lian, Huaming Zhang, Wei Wang, Dongyan Zhao,SQBC: An efficient subgraph matching method over large and dense graphs, Information Sciences, in Information Sciences (Inf. Sci.), 261, 2014.

第11章 图数据管理系统

内容提示 本章将结合知识图谱数据介绍图数据管理系统（正文中简称为“图管理系统”）的设计与选型要素。与管理篇的前两章侧重于介绍基本概念和关键技术不同，本章着重阐述如何将零散的技术整合起来，构建一个能够支撑数百亿个节点规模的巨大知识图谱的有效管理系统。本章旨在回答如下问题：知识图谱数据对图管理系统的设计提出了哪些独特挑战？如何架构面向知识图谱数据的图管理系统？在知识图谱应用中，如何选择一款适用的图管理系统？

11.1 概述

知识图谱数据相对于关系数据更具关联性和灵活性，这给传统数据库技术带来了巨大的挑战，传统数据库技术在知识图谱数据管理方面仍然面临巨大挑战。作为一种新兴的数据管理系统类型，图管理系统日益成为知识图谱数据管理的首选，得以广泛应用。

知识图谱数据对图管理系统的性能提出了较高的要求。如今，知识图谱已达到空前规模，例如 Freebase 包含约 19 亿个三元组[1]，DBpedia 包含超过 95 亿个三元组[2]，而 Bio2RDF 拥有约 100 亿个三元组[3]。这些数据集因为“链接开放数据”倡议而进一步互相链接，进而形成一个拥有数千亿个三元组的超大知识图谱。如果算上根据标准规则集从它们（如 RDFS 和 OWL 等，包含类型继承和属性继承等定义）推断而得的三元组，知识图谱的潜在规模将会更大。

与设计传统数据库系统类似，图管理系统在设计时主要考虑尽量减少磁盘读/写操作和提高数据访问效率，在分布式情况下还要考虑网络通信代价。这些因素是大规模知识图谱数据管理系统设计和选型的主要考虑因素。同时，存储介质的基本特征对于系统设计和选型有很大的影响。例如，磁盘的块存储特征、内存的随机访问特征等。

11.2 知识图谱与图数据管理系统

大规模知识图谱给图管理系统的设计和实现带来了全新的挑战。其中一些挑战来自知识图谱多样的应用场景对图管理系统提出的新需求。这些需求大致可分为**在线查询**（Online Query）和**离线分析**（Offline Analytic）。表 11-1 和表 11-2 对这两类需求分别进行了举例说明。

表 11-1　知识图谱在线查询示例

查 询 任 务	说明/举例
针对实体的查询	“普希金的诗” “参加赤壁之战的主要将领”
针对属性的查询	“辛弃疾的生卒年以及官职” “三国时期魏国的人口”
针对关系的查询	“汤姆·克鲁斯、凯蒂·霍姆斯及苏瑞·克鲁斯之间的关系”
针对子图结构的查询	“参与演出过同一部电影并且具有夫妻关系的演员”
针对实体的聚合查询	“世界十大最高峰所在的国家”

1　2016 年 4 月的数据。

2　2016 年 5 月的数据。

3　2014 年 8 月的数据。

表 11-2　知识图谱离线分析示例

查 询 任 务	说明/举例
基于图结构的计算	知识图谱向量化表示学习 基于图结构的知识图谱补全 基于图结构的实体排序 实体的社团搜索
基于规则的推理	根据规则推导蕴含的知识
规则挖掘	从给定的知识图谱中归纳规则
辅助分析	基于知识图谱的推荐算法 安全事件分析 金融风险控制

在线查询通常服务于实时交互类任务，要求高响应、低延迟。具体来说，在线查询包括如下任务。

（1）针对实体的查询，如“普希金的诗”和“参加赤壁之战的主要将领”等，这些查询以获取符合特定条件的目标实体为目标。

（2）针对属性的查询，如“辛弃疾的生卒年以及官职”和“三国时期魏国的人口”等，主要查询目标实体的属性值。

（3）针对关系的查询，通过多跳关系遍历实现知识图谱中的关系发现，如“汤姆•克鲁斯、凯蒂•霍姆斯以及苏瑞•克鲁斯之间的关系”等。

（4）针对子图结构的查询，目的是查询具有某种特定关系的实体，如“参与演出过同一部电影并且具有夫妻关系的演员”等。

（5）针对实体的聚合查询，如“世界十大最高峰所在的国家”等。

离线分析通常用于批量图分析和处理，可以容忍高延迟，但是要求高吞吐量（即单位时间的数据处理规模大）。具体来说，离线分析包括如下任务。

（1）基于图结构的计算，如知识图谱向量化表示学习、基于图结构的知识图谱补全、基于图结构的实体排序和实体的社团搜索等。知识图谱向量化表示学习需要将知识图谱中的元素表示成向量，按照所代表元素之间的关系，这些向量需要符合一定的函数关系。基于图结构的知识图谱补全根据已有的实体和关系预测出图中可能存在的其他关系。基于图结构的实体排序根据图上的随机游走概率来计算实体的分数，并按照这个分数对实体进行排序。实体的社团搜索可以将知识图谱中关系相近的实体集合挖掘出来，用于进一步的处理和计算。

（2）基于规则的推理，根据给定的知识图谱三元组以及某个规则集合，推理得出知识图谱中蕴含的未知三元组。比如，知识图谱中存在两条陈述“小布什的父亲是老布什”和“老布什的父亲是普雷斯科特·布什”，那么根据

$$(\forall x, \mathrm{Father}(x,y) \wedge \mathrm{Father}(y,z) \ \Rightarrow \mathrm{Grandfather}(x,z)$$

容易推得“小布什的祖父是普雷斯科特·布什”。

（3）规则挖掘，从给定的知识图谱中归纳规则。比如，从知识图谱中可以挖掘出“大部分人的出生国与国籍相同”，这一频繁模式可以挖掘出规则：

$$\mathrm{BirthInContry}(x,y) \Rightarrow \mathrm{Nationality}(x,y)$$

（4）辅助分析，利用知识图谱作为附加数据辅助其他分析任务。如基于知识图谱的推荐算法，利用知识图谱提取新的特征增强用户/物品描述，从而实现更好的推荐模型；安全事件分析和金融风险控制等任务则将各个元素及其关系建模为知识图谱中的节点和边，然后在构建的知识图谱上进行分析，挖掘出潜在线索或实现预警。

另外，在一些复杂的真实应用场景下，会交替使用在线查询和离线分析。比如，实时估计大规模知识图谱数据中的两个给定节点之间最短路径的长度有着广泛应用[18]，这是一个在线查询任务。为了完成这一任务需要离线计算一些信息以提升在线查询回答的效率。离线阶段通常选择一些“路标”节点，并计算它们之间的最短路径距离以及其他节点与这些“路标”节点之间的最短路径距离。在线算法通过计算给定节点与“路标”节点之间的最短路径距离来估算两个给定节点之间的距离。

11.2.1 大图管理的挑战

作为一种大规模图数据，知识图谱数据的处理需要应对四个方面的挑战。前两个挑战也是一般图数据处理都会面临的挑战，后两个挑战是知识图

谱数据处理所特有的。

1. 图数据的复杂性

作为一种典型的图数据，知识图谱比传统的线性和树形结构数据更复杂。其原因在于，能对线性和树形结构数据有效分而治之的并行加速策略在图数据上难以奏效。并行图处理有如下特点[1]：数据驱动计算（Data-driven Computation）[1]、问题非结构化（Unstructured Problem）[2]、数据访问局部性差（Poor Locality）[3]以及数据访问计算比高（High Data Access to Computation Ratio）[4]。这些难点引出了两个方面的问题。

（1）从数据访问的角度看，当前存储介质的线性存储结构决定了无论如何表示图数据，对图中邻居节点的连续访问都不可避免地会涉及存储空间中的“跳转”。换言之，图数据的处理中会出现大量的随机数据访问。许多现代加速技术依赖于数据访问的局部性（也就是需要连续访问的数据会被组织在一起）。很显然，大量的随机数据访问使得基于局部性的性能优化难以奏效。比如，频繁的随机数据访问会导致中央处理器的缓存在大部分请求下失效，从而导致系统性能急剧下降。

（2）从程序执行的角度看，图上的很多计算是难以并行处理。很多图上的计算问题，比如在深度优先搜索（Depth First Search，DFS）过程中，后续计算依赖前序计算中选择的路径，因此很难并行优化，这导致了性能瓶颈。

2. 图计算的多样性

图计算的类型多种多样，除了前面讨论的在线查询和离线分析，知识图谱中的计算还涉及很多其他类型。例如，知识图谱的可视化（Knowledge Graph Visualization）以及交互式探索（Interactive Exploration）等，它们对知识图谱计算的响应速度、数据吞吐量、交互友好性等方面提出了不同的需求。

1　指图上的计算逻辑通常由节点和边的结构决定，而无法在代码中预先给出。

2　指图上的节点和边的结构通常不规则，这导致问题求解过程的非结构化。

3　为了在线性存储中表达图数据，图上的节点及相邻节点的数据很难连续布局。

4　在图上的各种计算中，数据访问的情况多于数据计算。优化数据访问效率因此更重要。

3．知识图谱的多样性

知识图谱的类型很多，从数据处理的角度看，不同类型的知识图谱其数据特征相差甚远。例如，领域知识图谱中的实体和关系类型相对较少，而数据密度相对较大（比如平均每个实体关联关系数多）；而通用知识图谱中的实体和关系类型相对较多，而数据密度则相对较小；事件知识图谱中的线性偏序关系比重大（事件之间的逻辑顺承关系多是偏序关系），这导致基于批量处理的算法轮次增多等。知识图谱上图算法的性能会因为图的特征不同而差别很大。

4．知识图谱数据的规模巨大

知识图谱数据的规模对系统设计会产生很大的影响。很多实际应用需要使用数十亿个节点的大型知识图谱数据，这样大规模的知识图谱数据使得很多经典图算法失效，大部分超线性复杂度的算法都难以胜任大规模知识图谱的计算任务。

针对这些挑战，工业界和学术界设计和开发了大量专有或通用图管理系统。图管理系统的发展很迅速，但是对图管理系统的定义与分类尚有争议。本章将图管理系统分为**狭义**上的图管理系统和**广义**上的图管理系统。

狭义上的图管理系统主要指使用邻接表（Adjacency List）或邻接矩阵（Adjacency Matrix）等典型数据结构来表示和管理图数据的系统，通常也称为**原生图**表示，如 Neo4j、HyperGraphDB、FlockDB、PEGASUS、Pregel 以及 Microsoft Graph Engine。

广义上的图管理系统指用于管理任意类型图数据的系统，如当我们使用关系型数据库存储知识图谱时，关系型数据库也可以被认为是一种图管理系统。本章下面将概述广义和狭义上的图管理系统的基本特性，并着重讨论如何使用上述狭义上的图管理系统来管理知识图谱。

11.2.2 图数据管理系统的重要性

知识图谱数据是一种特定类型的图数据。一个知识图谱对应一个多关系的有向图。每一个实体可以表示为图上的一个节点，每个三元组可以表示为图上的一条带标签（Label）的有向边：三元组中三个元素的顺序限定了有向边的方向，而三元组中的谓词则对应该边上的标签。

既然知识图谱是图数据，使用图管理系统管理知识图谱就顺理成章了。具体来说，利用图管理系统来管理知识图谱有以下优点。

- 查询执行高效。图数据的查询通常涉及大量的随机数据访问。当访问节点的邻居节点或多跳的邻居节点时，通常需要访问存放在多段分散位置中的数据。在传统数据库中，这类查询通常会被转换为多次索引查询、多个大表之间的连接或直接转换为线性扫描所有数据这样的数据访问形式，这会造成数据库系统（特别是传统关系型数据库系统）性能上的瓶颈。相对而言，图管理系统一般会把此类操作转换为图上的遍历操作，尽可能减少对数据的多次磁盘读/写，从而优化查询效率。如图 11-1 所示，回答“苏格拉底的学生的学生”这样一个问题需要关系型数据库做多次连接操作，而在图管理系统中只需要两跳的图遍历操作，从而避免了对大量无关数据的访问和操作。

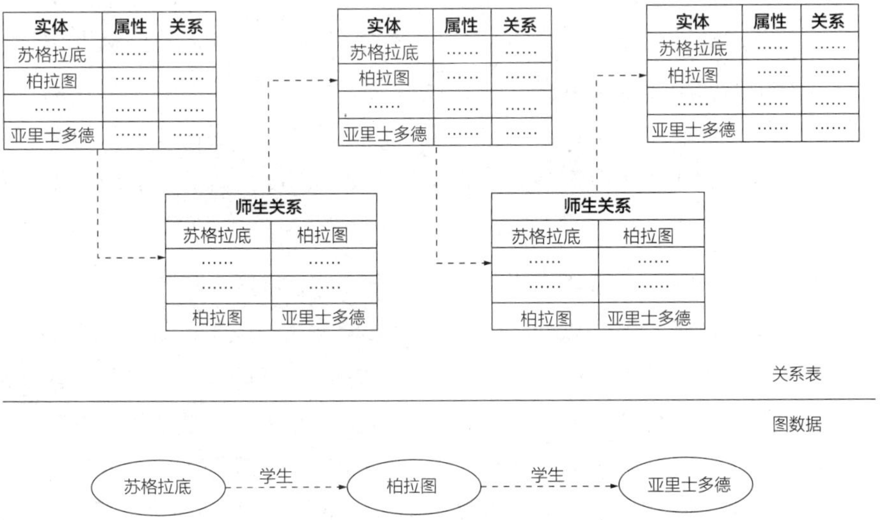

图 11-1　多次表格连接操作与图遍历操作

- 查询表达丰富。几乎所有的知识图谱查询[1]都可以很容易地转化为图查询语言的表达。比如，线性路径查询、环形结构查询、星型结构

1　需要说明的是，也存在一些难以表达的知识图谱查询，这些查询通常带有逻辑量词“所有/大部分/一半……都……的 ”，或者对结构带有量化要求。

查询等子图结构的查询，以及基于正则表达式的子图查询和复杂结构查询等。

- 系统友好、易用。使用简单、直观的图查询和处理接口来统一管理与使用知识图谱，降低知识图谱的应用门槛。我们可以很容易地将要查询需求表达为图上的操作，比如图上的路径遍历。图管理系统也可以固化已有的大量成熟图算法［如最短路径算法、图节点排序算法（PageRank[20]、HITS[21]）等］，形成直接的用户服务。

11.2.3 图数据管理系统管理知识图谱的挑战

图管理系统的数据管理与传统关系型数据库的数据管理有很大的区别。进行图数据管理时需要考虑的因素包括随机数据访问、读/写操作密集、数据异构程度高等。知识图谱以三元组为语义表达的基本单位，三元组内容简短且相互独立（三元组之间没有类似关系型数据库中的外键约束之类的严格语义约束）。基于三元组的数据组织方式具有碎片化和灵活性两个典型特征。一方面，基于三元组形式的组织，一些简单事实往往需要分解为多个三元组，因此知识图谱数据呈现出高度碎片化的特征。另一方面，三元组之间的独立性又使得增加、删除、修改三元组变得很容易，这让知识图谱的结构具有高度的灵活性。知识图谱数据高度碎片化和高度灵活等特征进一步给系统带来了新的挑战。

首先，知识图谱上的查询涉及大量子图的匹配和聚合。其直接的影响是会产生大量的中间结果，以及在这些中间结果上执行大量的连接（Join）操作。一方面，连接操作本身耗时较长；另一方面，中间结果非常多，有时连接操作得到的中间结果甚至会比原始数据还要多。这个问题在分布式架构下尤为突出：大量的中间结果不仅会占用可观的运行时存储空间，还会因为数据传输造成网络拥塞，从而进一步降低系统性能。为了应对这些挑战，图管理系统在查询处理时需要尽可能地减少中间结果，并对连接操作进行有效的提前过滤（例如，优化子图匹配顺序等）。

其次，为了支持 RDF 数据表示的灵活性，在图管理系统中建模和存储知识图谱需要考虑以下难点。

- 数据模式复杂且非严格限定。在知识图谱数据的模式（Schema）中可定义数以万计的实体类型和谓词，实体类型的数量庞大且类型之间的关系复杂。模式本身就是一个小型图数据集，其中类型为节点，谓词为边。管理知识图谱，一方面需要管理复杂的数据模式；另一方面，由于数据来源多样且知识图谱数据更新速度快（特别是在通用知识图谱中），而人工维护模式与数据耗时、耗力，所以经常会出现数据不符合模式定义的情况。在这种情况下，不能简单地将不符合模式的数据舍弃，它们在很多时候仍然正确且有用。这就要求管理知识图谱数据的图管理系统具有模式容错能力，或者不以模式数据作为构建物理存储模型的唯一依据。

- 多值谓词。给定一个实体和谓词，关联的客体实体可能有多个。例如，小红的哥哥除了小明外，还可能有小华，这时对应主体“小红”和谓词“哥哥”的客体就有两个。这个现象在知识图谱数据中很普遍，这就要求建模和存储模块能够处理多值问题，而只能处理谓词和客体一对一关系的系统需要间接建模这样的关系。比如，在关系型数据库中可以使用外键的方法，但这会在查询处理时增加连接操作的次数；也可以采用重复多次“谓词-客体”对的方法，但是这会引入大量的存储开销（如表 11-3 所示的 K1~K8）。
- 属性值缺失。属性值缺失也是知识图谱数据中常见的现象。比如，模式中的一个类型定义了多个谓词，而实际数据中实体的某些属性可能没有相应的属性值。这种情况会影响系统的存储性能，特别是将谓词建模为数据列的关系型数据库方案需要存储大量的 NULL（如表 11-3 所示的 NULL）。
- 多角色实体的处理。知识图谱中的一个实体可以拥有多种数据类型。比如，如果一个人同时是“医生”和“作家”，那么这个实体将既拥有与“医生”相关的谓词，也拥有与“作家”相关的谓词。处理多角色实体的难点在于：数据类型之间的组合所形成的复合类型需要根据具体的实体来确定，无法给出预先定义的实体模式。
- 数据和模式的实时更新。知识图谱需要反映现实世界中的变化。比如，“特朗普于美国当地时间 2017 年 1 月 20 日宣布就任第 45 届美国总统”这件事情会使“美国（主体），总统（谓词），奥巴马（客体）”这一事实失效。如果知识图谱数据未能及时更新，后续应用将产生重大偏差。除了三元组级别的更新，知识图谱的模式也可能需要更新，而模式的更新通常会影响大量实体。

表 11-3　哲学家数据片段存储示例

实体名称	英文译名	类　型	代表作品	名　言	创立学派
苏格拉底	Socrates	K1	K2	K3	NULL
柏拉图	Plato	K4	K5	NULL	NULL
亚里士多德	Aristotle	K6	K7	NULL	K8

标识符	属性值
K1	哲学家
K2	《克堤拉斯篇》
K2	《泰阿泰德篇》
K3	“认识你自己”
K4	哲学家
K4	唯心主义哲学家
K5	《对话录》
K5	《理想国》
K6	哲学家
K6	科学家
K7	《工具论》
K7	《形而上学》
K8	逍遥学派

除了上述图数据管理方面的挑战，应用规则在知识图谱上进行逻辑推理也进一步加剧了优化存储和查询性能的难度。不同的推理方法（正向推理、反向推理或混合方法）有着不同的实现代价。正向推理在查询开始之前执行。系统将已知的三元组及推理规则作为输入，穷举所有蕴含的未知三元组，然后将其与已知三元组一样存储起来。这种方法会消耗大量离线运行时间，同时需要大量的存储空间来保存推理得到的三元组。反向推理在查询过

程中执行。它将规则实时地应用到查询中，将查询重写为一个或多个新的子查询，然后依次执行并汇总各个子查询的结果为最终结果。推理规则甚至可以包含递归关系，比如“亲戚的亲戚”仍然是“亲戚”关系，这使得重写的子查询数量难以预测，需要一边执行一边生成新的子查询。由于需要执行大量实时产生的新查询，这种方法对系统的实时查询处理能力有着较高要求。混合方法结合上述两种方法，在查询开始之前和过程中各完成一部分推理任务。这种方法可以折中正向推理所需要的存储开销和反向推理所需要的查询时间开销。

11.3　图数据管理系统的基本架构和设计原则

在 11.2 节中，我们介绍了图数据管理所面临的挑战以及知识图谱数据对图管理系统设计提出的新要求。一个图管理系统需要管理图中的节点、关系及属性等数据，并且对外提供图查询和操作接口。本节将介绍为了应对这些挑战，需要怎样的图管理系统架构。

首先，图管理系统要能够对数据进行高效数据类型之间的组合而形成的复合类型建模，这里主要考虑如何在存储代价尽量小的情况下实现高效的图数据访问。其次，图管理系统要支持高效的处理图数据的计算范式，要点在于如何在给定存储模型下实现高效的图查询和分析。

当数据规模较大时，我们常使用分布式集群来提高系统的可扩展性。所以，大图处理系统通常需要高效处理不同数据分区之间的数据交换和消息传递。同时，为了满足高可用性要求，图管理系统还需要在集群的部分机器宕机等情况下做出有效的响应。

为了管理复杂的图数据，图管理系统的基本架构可以大致分为三层：图数据层、图模型层及图应用层。这三层由下而上，直至用户交互入口。

- 图数据层负责图数据的物理存储和访问。该层使用物理存储模型对具体数据进行管理并向上提供高效的数据访问接口。该层的主要任务包括图数据的预处理、导入、导出、增、删、改、查等操作。
- 图模型层负责图数据的逻辑建模与操控，提供图建模和图操作接口来直观地操作图数据。该层提供节点、边、邻居节点及边的标签等抽象操作接口，同时隐藏对底层数据访问的细节，包括存储数据访问和并行环境中的数据操作。

- 图应用层负责图数据的应用实现。该层基于图模型和图操作接口来实现图查询和分析算法。通用图算法（例如最短路径算法、社区发现算法、标签传播等）、面向用户的图查询语言接口（例如 SPARQL 查询）、关键词搜索等都可以在该层实现。

图 11-2 给出了一个被实际采用的图管理系统架构示例，其中图数据层对应图中最下面的一层，用于数据的管理；图模型层包括并行数据操作、辅助操作等模块，而图应用层包括图算法以及各类应用模块。

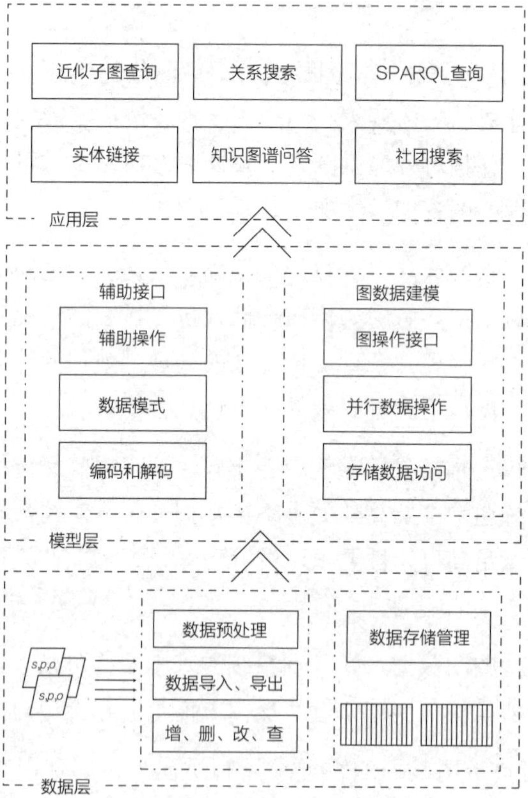

图 11-2　一个被实际采用的图管理系统架构示例

在底层，存储后端可以是单机或分布式的。存储后端对图管理系统的设计有重大影响，存储后端的选择很大程度上由系统的优化目标决定。比如，使用分布式文件系统（Distributed File System）作为后端的图管理系统，通常是为了优化吞吐量；而使用键值对存储系统（Key-Value Store System）作为后端的图管理系统，则通常是为了利用随机数据访问来优化系统响应时间。

下面介绍设计一个高效图管理系统应遵循的两个基本原则。

（1）处理随机数据访问的挑战。前面提到过，对一个图中邻居节点的连续访问不可避免地会涉及访问跳转，不管图数据是如何表示的，也不管图数据被表示在哪种现有介质上，都是如此。

一个图的查询性能取决于系统随机访问图数据的快慢。磁盘上的大量随机数据访问会导致其出现性能瓶颈，所以将图数据保存在内存中对提高图计算的效率意义重大。为了设计一个既支持低延迟在线处理又支持高吞吐量离线分析的图处理系统，需要在数据访问层应对图数据的随机访问挑战。

对于在线查询任务，把图数据放置在内存中尤为高效，因为大部分在线查询处理算法（如深度优先搜索、广度优先搜索、子图匹配等）都需要进行大量的实时图遍历计算。对于很多包含迭代式、批量式计算过程的离线分析任务，将运行时可重复使用的中间结果存放在内存中，可以使性能提升几个数量级。

对于离线分析任务，数据划分机制是关键。一旦找到一种高效的划分图数据的方法，就有了实现高效离线图数据处理的基础。一般而言，即使有了好的数据划分机制，图计算的随机访问特性仍然使得基于磁盘的高效访问困难重重。但是对于某些特定的离线分析任务，有可能使用分而治之的策略实现基于磁盘的高效访问。一个典型的例子是 GraphChi 系统[16]，其利用某些分析任务中的邻居节点数据可以异步更新的特点，将图按照边的有序集合划分成内存可容纳的边子集[1]并进行多轮计算，其中每个子集数据被连续存储。在每一轮计算中，系统依次将这些边子集加载到内存中进行处理，并将处理所得的结果传递给下一轮计算，当前轮次处理一个子集时更新上一轮由邻居节点传递的信息。由于边的集合和每轮所传递的消息被有效划分，这类特殊计算任务可以被系统分治完成。

虽然磁盘技术取得了长足发展，但是磁盘仍然难以提供图数据处理所需

1 具体的排序和划分方法可参见相关文献。

的随机访问能力。动态随机访问存储器（DRAM，以下简称内存）仍然是能在合理价格条件下提供高效随机访问的存储介质之一。另外，基于内存的单机存储方案通常不能满足大规模图数据的存储和处理需求。所以分布式内存存储是高效处理大规模图数据的有效方案之一。

（2）避免图结构索引。图计算有着数据访问密集的鲜明特点。一个传统的加速数据访问的方法是使用索引。该类技术通过提前计算并物化（Materializing）公共查询模式的结果或通过存储冗余信息来加速数据访问和查询处理过程。为了捕捉图的结构化信息，图结构索引通常需要付出超线性的时间和空间代价。对于大规模图数据，例如有 10 亿个节点的图，超线性的复杂度是不可行的。对于拥有高效存储后端的图管理系统，零索引（Index-free）的图处理不仅是可行的，而且被证明是非常高效的[7,8,18,19]。这类系统采用数据局部性好的邻接表来保存节点的邻居信息，然后采用并行图遍历的方法来实现高效的图数据访问和计算。

最后，我们讨论知识图谱的数据模式对其图管理系统的影响。我们从以下三个方面讨论这一问题。

- 在图数据层中，需要考虑前面提到的多值谓词的处理及数据更新时模式变化对整个存储系统造成的影响，包括数据布局、更新操作、模式和数据分离等。
- 在图模型层中，需要考虑加入访问和操作数据模式的相关接口，或者直接将数据模式与普通数据等同处理。
- 在图应用层中，需要考虑知识图谱数据的语义，用以支持 SPARQL 等查询语言的推理功能。例如，在使用后向方法时考虑查询的重写、执行及结果汇总，在使用前向方法时设计数据加载后执行的规则推理模块等。

11.4 典型的图数据管理系统

前面介绍了知识图谱数据处理的挑战及相应的系统设计架构和原则。本节将介绍和对比几个典型的图管理系统，为知识图谱落地应用中的图管理系统选型提供参考与依据。

11.4.1　通用图数据管理系统

对于通用图管理系统的考察通常考虑以下五个因素。

（1）数据是否以原生图表示[1]的形式存在？原生图存储容易实现高效的图数据操作，非原生图存储涉及图数据操作的等价转换，通常会有性能上的牺牲。

（2）是否支持低延迟的在线查询？这是实时应用所需要的关键系统特性。

（3）是否支持数据分片和分布式图数据处理？这对系统的可扩展性很重要。

（4）是否选择内存作为主要的存储介质？从性能和成本的角度来看，这个选择尤为关键：以非内存为主的系统成本相对较低，但会有较明显的性能瓶颈；以内存为主的系统成本相对较高，通常需要对分布式内存进行有效组织，但性能优势明显。

（5）是否支持事务？事务是数据库管理系统保证数据一致性与完整性的重要技术。在图管理系统中实现事务处理难度更大，为了实现对大图的高效数据管理，一些图管理系统往往会选择牺牲一定程度的事务功能。

表 11-4 对当前典型的通用图管理系统做了比较。

表 11-4　对当前典型的通用图管理系统的比较

系统名称	是否为原生图	是否支持在线查询	是否支持数据分片	是否采用内存作为存储介质	是否支持事务
Neo4j[2]	是	是	否	否	是
Graph Engine[3]	是	是	是	是	原子性
Horton[11]	是	是	是	是	否
FlockDB[4]	否	是	是	否	是

1　邻接表或邻接矩阵的图数据表示。

2　参见链接[84]。

3　参见链接[85]。

4　参见链接[86]。

续表

系统名称	是否为原生图	是否支持在线查询	是否支持数据分片	是否采用内存作为存储介质	是否支持事务
TinkerGraph1	是	是	否	是	否
InfiniteGraph2	是	是	是	否	是
Cayley3	是	是	底层	底层	是
Titan4	是	是	底层	底层	是
MapReduce[12]	否	否	是	否	否
PEGASUS[13]	否	否	是	否	否
Pregel[14]	否	否	是	否	否
Giraph5	否	否	是	否	否
GraphLab[15]	否	否	是	否	否
GraphChi[16]	否	否	否	否	否
GraphX[17]	否	否	是	否	否

在侧重支持在线查询的系统中，对事务处理支持较好是 Neo4j 等基于图模型的事务型数据库系统的优势。但是 Neo4j 对跨机器分片的图数据处理的支持仍然十分有限，系统的可扩展性不强。为了应对这类基于磁盘的单机系统所面临的挑战，先后涌现出一批基于分布式内存的图管理系统，典型的有 Graph Engine 和 Horton。它们使用内存存储图数据来加速图上的随机访问，并使用分布式计算引擎并行处理图查询以提升查询性能。

另一类图管理系统侧重于支持离线分析，包括 MapReduce、PEGASUS、Pregel、Giraph、GraphLab、GraphChi 及 GraphX 等系统。它们主要的优化目标是提高跨机器分片的大规模图数据处理的吞吐量。在离线分析型计算中，图的结构信息需要反复在网络上传输和交换，因此基于 MapReduce 的图数据处理系统效率高度依赖网络带宽。

1 参见链接[87]。

2 参见链接[88]。

3 参见链接[89]。

4 参见链接[90]。

5 参见链接[91]。

MapReduce 并行粒度仍然相对较粗，为此研究人员提出了以节点为中心的图并行计算范式。实现了这类新范式的典型系统是 Pregel。相比于 MapReduce，Pregel 具有更细的并行粒度，因此能够更好地进行图离线处理。Pregel 及其变种系统采用以节点为中心（Vertex-Centric）的计算范式来表达图上的各种计算。该计算范式将图计算表达为在节点上执行的迭代式计算，每一轮迭代计算过程称为一个“超步”（Superstep）。在每一个超步运算完成后，节点之间（通常是邻居节点之间）采用消息交换的方式进行通信，其方式分为同步的（Synchronous）和异步的（Asynchronous）两种。同步计算要求节点在收到所有所需消息后才可以进行计算，而异步计算则允许节点收到部分所需消息后就可以进行计算。Pregel 基于整体同步并行计算模型（Bulk Synchronous Parallel，BSP），属于同步计算范式。除了同步计算范式，也有些系统采用以节点为中心的异步计算范式，其典型系统是 GraphChi。

图 11-3 展示了两个相邻超步的同步计算过程。系统从一个初始化状态开始，每个节点执行其预设的计算。在所有节点完成计算后，一个超步完成，节点之间交换消息并进行全局的消息同步，直到所有节点完成消息接收任务，然后开始下一轮超步计算。而当采用异步计算范式时，各个节点之间不需要全局同步，各自收到部分消息后即可进行计算。

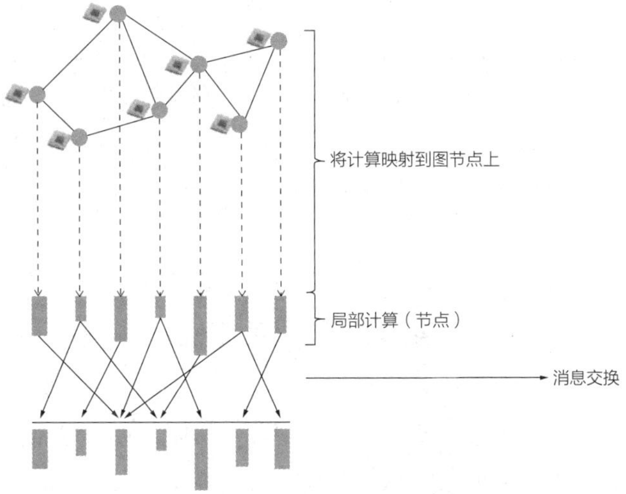

图 11-3　两个相邻超步的同步计算过程

另外，尽管理论上几乎所有的图算法都可以用以节点为中心的计算范式进行表达，但仍有很多图计算，比如深度优先搜索等，很难用该计算范式简单且优雅地表达出来。

11.4.2 知识图谱专用图数据管理系统

对于知识图谱专用的图管理系统，我们主要考察其性能、易用性和可扩展性等三个方面。性能主要指存储和查询所需的代价，包括所使用的存储空间和查询响应时间等。易用性主要考察系统对用户的友好程度，包括是否存在获取系统或代码的便捷途径、对外接口是否简明且易懂，以及是否支持常见的数据格式等。可扩展性一般包括系统能否很好地支撑纵向扩展（Scale up，也就是增强单机计算能力和容量）和横向扩展（Scale out，也就是扩大分布式集群规模）。纵向扩展代价很大，而横向扩展因其成本相对低廉（基本上与规模成正比）而得以广泛采用。因此，下面主要讨论横向扩展。

我们从物理存储模型和查询执行策略两个主要方面来比较几个知识图谱专用的图管理系统，包括 BitMat、TripleBit、gStore、Trinity.RDF 及 Stylus。

物理存储模型决定了数据的读/写效率，包括访问延迟和吞吐量。物理存储模型首先需要考虑的是存储介质类型。可以把存储介质类型大致分为随机访问介质和连续访问介质，它们分别以内存和硬盘为代表。硬盘随机访问有约 10ms 左右的机械延迟且并行读/写困难。基于硬盘的图管理系统通常需要通过缓存数据或进行数据压缩来缓解相应的困难。基于内存的图管理系统可以更好地实现图数据的随机访问且容易实现并行读/写。但是，内存的易失性要求系统能够实现数据的持久化，也就是在断电重新通电后数据能被再次读取和加载。

其次需要考虑的是图数据的物理表示，从数据建模的角度来看，由于邻接矩阵中的维数是确定的，系统可以实现高效的磁盘存储与访问，还可以使用内存来进一步提高数据访问速度；而邻接表形式的数据多为变长记录，一般需要采用内存作为主要存储介质，以便高效访问数据。除了介质的选择，数据建模中的另一个重要因素是如何存放与实体相关的数据。有两种可能的选择，一种是将与实体相关的信息使用单一记录集中存放，另一种是分为多个记录分散存放。显然后者组织数据的方式需要更频繁地使用连接操作才能完成实体相关信息的查询。

在查询执行策略中，有两种处理策略能显著影响系统性能：降低连接操作的代价及减少中间结果的数量。以 SPARQL 查询为例，其执行的基本方式包括基于三元组的匹配和基于子图结构的匹配两种。基于三元组匹配的查询执行策略需要根据查询中的三元组模式，逐个匹配候选答案三元组并连接中间结果；而基于子图结构匹配的查询执行策略则只需将查询图拆解为多个更小的查询子图，执行每个查询子图得到相应的中间结果，然后连接所有中间结果并得到最终答案。相比较而言，基于三元组匹配的查询执行策略需要执行的连接操作数与查询图中边的数量相当，而基于子图结构匹配的查询执行策略所需要的连接操作相对较少。与基于关系表的连接操作相比，基于子图结构匹配的查询执行策略在减少连接操作与中间结果数量方面具有优势。

表 11-5 比较了各个系统的物理存储模型和查询执行策略。在存储介质方面，BitMat、Trinty.RDF 和 Stylus 使用内存存储知识图谱数据。TripleBit 和 gStore 主要使用硬盘存储知识图谱数据，而使用内存作为缓存。

表 11-5　各个系统的物理存储模型和查询执行策略的比较

系统名称	存储模型	存储介质	查询执行策略
BitMat[2]	邻接矩阵	内存	三元组匹配+连接
TripleBit[6]	邻接矩阵	硬盘/内存	三元组匹配+连接
gStore[3]	邻接表	硬盘/内存	三元组匹配+部分/全局执行
Trinity.RDF[7]	邻接表	内存	三元组匹配+图遍历+连接
Stylus[8]	邻接表	内存	子图结构匹配+图遍历+连接

就存储模型而言，BitMat 和 TripleBit 使用邻接矩阵来存储知识图谱，而 gStore、Trinity.RDF、Stylus 均采用邻接表作为数据存储模型。表 11-6 对上述系统的多值属性存储方案和实体信息组织方式两个因素进行了比较。

表 11-6　各个系统的多值属性存储方案和实体信息组织方式的比较

系统名称	多值属性存储方案	实体信息组织方式
BitMat	比特数组	多个
TripleBit	比特数组	多个

续表

系统名称	多值属性存储方案	实体信息组织方式
gStore	邻接表多值	单一
Trinity.RDF	邻接表多值	单一
Stylus	邻接表多值	单一

在查询执行策略方面，BitMat、TripleBit、gStore 和 Trinty.RDF 均采用匹配三元组模式（Triple Pattern）的查询方法，对查询中的三元组模式逐个匹配，然后对匹配的中间结果做连接操作并得到最终结果。Stylus 采用子图分解的方式，先将查询图结构分解为多个高度为 2 的树形子图，然后逐个匹配后对中间结果做连接操作并得到最终结果。

在构建应用时，通常需要在系统上做二次开发，这时就需要考察系统的实现语言、系统是否开源、系统所采用的通信协议等。实现语言的抽象程度会影响构建应用的效率和效果，比如 C++属于底层语言，其开发速度一般低于 C#等语言，但是其可优化空间更大。另外，MPI 协议是双通道通信协议，收发两端都需要处理逻辑，而且它不区分消息类型，需要在构建应用时自行指定。主动消息协议是单通道的，类似于分布式环境下的事件驱动型计算，构建应用时只需要指定发送怎样的消息和每种消息的处理逻辑。

表 11-7 总结了各系统的实现语言、源代码以及通信协议信息，表中所列的系统均支持 SPARQL 查询接口。

表 11-7　各系统的实现语言、源代码以及通信协议信息

系统名称	实现语言	源代码	通信协议
BitMat	C++	开源	无
TripleBit	C++	开源	无
gStore	C++	开源	MPI
Trinity.RDF	C#	未开源	主动消息
Stylus	C#	开源	主动消息

11.4.3　图数据管理系统使用实例

如本书第 10 章所述，知识图谱数据最为常见的查询语言是 SPARQL，

但特定的图管理系统通常采用各自的查询语言表达。下面我们选取 Gremlin 和 Cypher 这两种语言[1]分别作为**命令式**（Imperative）查询语言和**声明式**（Declarative）查询语言的代表展开介绍。命令式查询会指定具体的查询过程和结果，而声明式查询主要描述目标结果所符合的条件，查询的具体过程由系统决定。

知识图谱建模为图，包含四类元素，即节点、边、属性以及标签，图的创建和修改过程都包含这四类元素及其关系。这四类元素的标识在不同的图管理系统中各不相同，例如，在 Neo4j 中用形如“(ID:Label)”的圆括号表示节点，其中的 ID 是节点的标识符，Label 是节点上的标签，标签可以有多个。边则用方括号表示，比如“-[ID:Label]->”表示标识符为 ID 且具有标签 Label 的边。使用 SET 赋值语句可以修改属性。在 Gremlin[2]中，节点和边分别用 V 和 E 来表示，对二者的操作形如 xxxV()和 xxxE()，例如 addV()、addE()、outE()等；属性的增加和修改可用 property()函数操作实现。

在 Neo4j 中，创建图的过程可通过其查询语言 Cypher 实现，具体方法如下。

- 创建节点 n 和 m：

```
CREATE (n), (m)
```

- 创建标签为 Person 的节点 n：

```
CREATE (n:Person)
```

- 创建标签为 Person 和 Philosopher 的节点 n：

```
CREATE (n:Person:Philosopher)
```

- 创建标签为 Person，名字为 Socrates 的节点 n：

```
CREATE (n:Person { name: "Socrates" })
```

1　Cypher 最初是为 Neo4j 设计的声明式查询语言，后经过 OpenCypher 项目开放；Gremlin 是 Apache 软件基金会下的 Apache TinkerPop 开发的图遍历语言，已被多个图管理系统支持，这里我们指 Gremlin 语言。

2　参见链接[92]。

- 更新名字为 Socrates 的节点属性：

```
MATCH (n { name: "Socrates" })
SET n.quote = 'Know yourself'
RETURN n.name, n.quote
```

- 创建 v1 和 v2 之间的边，边的标识符为 r，类型为 student：

```
CREATE (v1) - [r:student]-> (v2)   或   CREATE (v2) <-
[r:student]-(v1)
```

而在 Gremlin 中，图的创建和更新通过类似如下的操作实现。

```
Graph graph = TinkerGraph.open();
GraphTraversalSource g = graph.traversal();
Vertex v1 = g.addV("Person").property("name",
"Socrates").next();
Vertex v2 = g.addV("Person").property("name",
"Plato").next();
g.V(v1).addE("student").to(v2).iterate();
```

其中包括增加节点 v1，其标签为 Person，属性 name 的值为 Socrates；增加节点 v2，其标签为 Person，属性 name 的值为 Plato。

在图查询中，节点和边通常作为结构匹配，而属性通常作为过滤条件。表 11-8 列举了一个查询的几种图查询语言的表达方法，目的是查询学生的出生地及其相关信息。这个查询如果采用图结构来表示的话，十分简单明了，如图 11-4 所示。

表 11-8　图查询语言表达方法的比较

查询语言	查询表达
SPARQL	SELECT ?x, ?y WHERE { ?m student ?s . ?s birthplace ?x . ?x ?p ?y . }

续表

查 询 语 言	查 询 表 达
Cypher	`MATCH (:) -[:student]-> (:) -[:birthplace]-> (x:) -[:]-> (y:)` `RETURN x, y`
Gremlin	`g.V().out("student").out("birthplace").as("x").out().as("y").select("x", "y")`

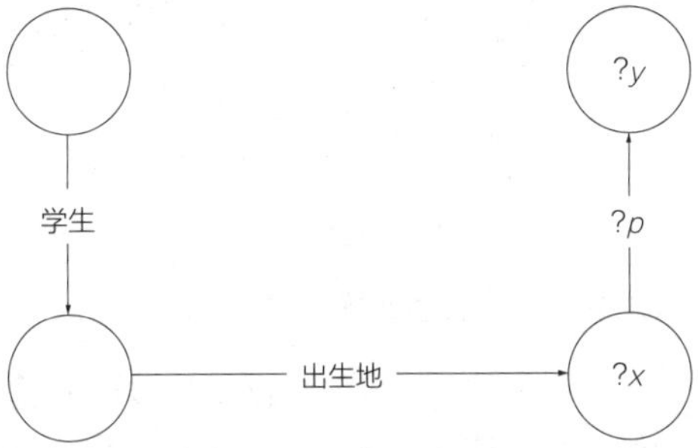

图 11-4　查询图结构表示示例

表 11-8 中的第一行为声明式的 SPARQL 查询。该查询包含五个变量，其中有两个变量需要返回匹配值。该查询的模式描述如下：`?m` 的学生是`?s`，而`?s` 的出生地是`?x`。我们想查询符合上述条件的`?x` 以及与`?x` 相关的其他客体`?y`。

该查询也可以用一条 Cypher 语句来表达（见表 11-8）。圆括号表示节点，方括号表示边，短横线和箭头表示边的方向。括号内的冒号用于分隔变量名和变量值，如果缺省，则表示无变量名或无须匹配变量值。Cypher 查询语句使用节点和边的关联关系来指定需要匹配的子图结构。其中，`MATCH` 子句与 SPARQL 中的 `WHERE` 子句功能类似，用来声明需要匹配的图结构。而 `RETURN` 子句与 SPARQL 中的 `SELECT` 子句功能类似，用于声明返回值的变量列表。

同样的查询还可以使用 Gremlin 语句来表达，查询的过程模拟了在图中遍历的过程（见表 11-8）。其中，`g.V()`表示图中的节点；`out("student")` 和 `out("birthplace")`表示经过标记为“学生”和“出生地”的边，`out()`表示不限制途经边的类型；`select` 函数指定返回值的变量列表。对于上述查询示例，SPARQL 和 Cypher 只声明了返回值?x 和?y 需要满足的条件，而 Gremlin 则指定了具体的图遍历和匹配过程。

为了让查询交互过程更加直观，出现了图数据库查询系统的图形可视化界面，如基于 Neo4j 构建的 Neo4j Browser 和 Neo4j Bloom[1]，还有很多系统基于图可视化工具（如 D3.js[2]和 Gephi[3]）构建图浏览器。本书第 13 章图 13-3 就是基于这些可视化工具所呈现出的知识图谱效果图之一。

本章小结

本章讨论了图数据管理的挑战及高效图管理系统的基本架构和设计原则，并介绍和对比了几个有代表性的知识图谱管理系统及几种查询语言。功能丰富且高效的图管理系统是知识图谱实践应用的基础。

在人工智能研究中，基于符号学派（如基于知识的推理）和基于联结学派（如深度学习）的模型与方法得以广泛应用，而二者的有机结合将提供更丰富和强大的建模能力。例如，近期出现的图神经网络（Graph Neural Network）所展示的建模能力，既能接收图结构的数据输入（以充分利用符号知识），又能提供可训练的数值模型来适配具体应用。图数据管理和计算系统有望成为这类符号计算和数值计算相结合的载体，能够助力符号模型和统计模型的结合以发挥各自的长处，从而推动人工智能研究的进一步发展。

最后附上与本章相关的资源链接，以方便读者参考。

图数据处理的相关资源

- 相关的图管理系统（参见链接[50]至链接[62]）
- 图查询语言（参见链接[53]至链接[65]）
- 图处理工具（参见链接[66]至链接[68]）

---

1 参见链接[93]。

2 参见链接[94]。

3 参见链接[95]。

思考题

1. 图管理系统解决了知识图谱数据管理中的什么问题？
2. 图管理系统在管理知识图谱数据时有哪些优势？
3. 为什么图数据的并行处理十分困难？
4. 有哪些方法可以提升分布式图数据处理的性能？
5. 作为一种图数据，知识图谱的特殊性体现在哪些方面？
6. 如何在图管理系统中实现基于规则的推理？
7. 设计一个高效管理大规模知识图谱的图管理系统的基本原则有哪些？

参考文献

[1] LUMSDAINE A, GREGOR D, HENDRICKSON B, et al. Challenges in Parallel Graph Processing[J] //Parallel Processing Letters, 2007, 17(01): 5-20.

[2] ATRE M, CHAOJI V, ZAKI M J, et al. Matrix "Bit" Loaded: A Scalable Lightweight Join Query Processor for RDF Data[C] //WWW'10: Proceedings of the 19th International Conference on World Wide Web. New York, NY, USA: ACM, 2010: 41-50.

[3] ZOU L, MO J, CHEN L, et al. gStore: Answering SPARQL Queries via Subgraph Matching[C] //. [S.l.]: VLDB Endowment, 2011: 482-493.

[4] SHAO B, WANG H, XIAO Y. Managing and Mining Large Graphs: Systems and Implementations[C] //SIGMOD'12: Proceedings of the 2012 ACM SIGMOD International Conference on Management of Data. New York, NY, USA: ACM, 2012: 589-592.

[5] SHAO B, WANG H, LI Y. Trinity: A Distributed Graph Engine on a Memory Cloud[C] //SIGMOD'13: Proceedings of the 2013 ACM SIGMOD International Conference on Management of Data. New York, NY, USA: ACM, 2013: 505-516.

[6] YUAN P, LIU P, WU B, et al. TripleBit: A Fast and Compact System for Large Scale RDF Data[C] //. [S.l.]: VLDB Endowment, 2013: 517-528.

[7] ZENG K, YANG J, WANG H, et al. A distributed graph engine for web scale RDF data[C] //PVLDB'13: Proceedings of the 39th international conference on Very Large Data Bases. [S.l.]: VLDB Endowment, 2013: 265-276.

[8] HE L, SHAO B, LI Y, et al. Stylus: A Strongly-Typed Store for Serving Massive RDF Data[C] //PVLDB, 11(2), 2018.

[9] KAOUDI Z, MANOLESCU I. RDF in the Clouds: A Survey[J]. The VLDB Journal, 2015, 24(1): 67-91.

[10] MALEWICZ G, AUSTERN M H, BIK A J, et al. Pregel: A System for Large-scale Graph Processing[C] //SIGMOD '10: Proceedings of the 2010 ACM SIGMOD International Conference on Management of Data. New York, NY, USA: ACM, 2010: 135-146.

[11] SARWAT M, et al. Horton+: A distributed system for processing declarative reachability queries over partitioned graphs[C] //Proceedings of the VLDB Endowment 6.14 (2013): 1918-1929.

[12] JEFFREY D, GHEMAWAT S. MapReduce: simplified data processing on large clusters.[J] //Communications of the ACM 51.1 (2008): 107-113.

[13] U KANG, TSOURAKAKIS C, AND FALOUTSOS C. Pegasus: A peta-scale graph mining system implementation and observations[C] //Data Mining, 2009. ICDM'09. Ninth IEEE International Conference on. IEEE, 2009.

[14] MALEWICZ G, et al. Pregel: a system for large-scale graph processing[C] //Proceedings of the 2010 ACM SIGMOD International Conference on Management of data. ACM, 2010.

[15] YUCHENG L, et al. Distributed GraphLab: a framework for machine learning and data mining in the cloud[C] //Proceedings of the VLDB Endowment 5.8 (2012): 716-727.

[16] KYROLA A, BLELLOCH G, GUESTRIN C. Graphchi: Large-scale graph computation on just a pc[C] //USENIX, 2012.

[17] JOSEPH E., et al. GraphX: Graph Processing in a Distributed Dataflow Framework[C] //OSDI. Vol. 14. 2014.

[18] QI Z, XIAO Y, SHAO B, WANG H. Toward a Distance Oracle for Billion-Node Graphs[C] //PVLDB 2014: Proceedings of the 40th International Conference on Very Large Data Bases, Hangzhou, China, September 1-5, 2014, pages 61-72.

[19] SUN Z, WANG H, WANG H, SHAO B, LI J. Efficient Subgraph Matching on Billion Node Graphs[C] //PVLDB 5(9):788-799, 2012.

[20] SERGEY B, PAGE L. The anatomy of a large-scale hypertextual web search engine[J] //Computer networks and ISDN systems 30.1-7 (1998): 107-117.

[21] JON K. Authoritative sources in a hyperlinked environment[J] //Journal of the ACM (JACM) 46.5 (1999): 604-632.

第4篇

应用篇

第12章

基于知识图谱的语言认知

内容提示 知识图谱作为大规模语义网络，为机器的语言认知提供了丰富的背景知识。利用知识图谱实现机器的语言认知能力是开展基于知识图谱的众多应用的前提。本章旨在回答如下问题：什么是机器的语言理解？知识图谱为语言理解带来了哪些新的机遇？如何利用知识图谱实现机器的各种语言认知能力？

语言是人类作为高级动物区别于一般动物的重要标志，理解人类的自然语言则是机器拥有高级智能的重要标志，是实现达到人类水平的机器智能的重要标志。然而，考虑到人类的语言种类繁多，各国、各民族语言的词汇量、语法规则、用语习惯等纷繁复杂，即便是我们人类自己也无法理解一些场合下的人类语言，因此语言理解对机器而言挑战更大。作为一种信息处理任务，机器的语言理解，其输入是自然语言，输出则是语言认知的各种结果，包括实体、概念、关系、场景、主题以及内涵等，涵盖从浅层次到深层次等各种形式的理解任务。各类机器语言理解任务视输入/输出的不同，难易程度也不同。本章将介绍如何利用大规模知识图谱完成这些语言理解任务。

12.1 概述

本节首先介绍机器理解自然语言的挑战，为了应对这些挑战需要引入知识图谱之类的背景知识，然后介绍基于知识图谱的语言理解的具体任务。

12.1.1 语言理解的挑战

当下的很多人工智能应用，如人机对话（或问答系统）和机器翻译，效果往往难以令人满意，离人类水准还相差甚远，其根本原因都可以归结为机器难以准确理解人类的自然语言。这种困难首先是由自然语言在以下几方面的复杂性造成的。

1. 表达的多样性

人类自然语言博大精深，一义多表的现象很普遍，尤其是中文。例如，在中文词汇库中，“妻子”还可以用“老婆”“夫人”“娘子”“太太”“内人”“拙荆”等 100 多个其他词汇表达。如果机器不能知晓同一语义的不同形式，则无法正确理解自然语言。

2. 表达的歧义性

另一方面，人类语言中一词多义的现象也很普遍。例如，“苹果”可以表示一种水果，也可以表示一家科技公司；“青藏高原”可以是一个地理名词，也可以是一首歌曲的名字。同样，很多人名、地名也是一词多义的，这些都会带来语言表达上的歧义。对机器而言，如果没有背景知识支撑，则很难根据上下文（Context）消除歧义，从而也就无法准确理解词义。

3. 上下文关联

对语言的正确理解离不开上下文，在不同的上下文环境中，同样一句话或者一个词可能有不同的指代与语义。例如，“倒了一杯水”在不同语境下的语义完全不同，甚至截然相反。在一些语境下它是指往杯子里倒水，在另一些语境下则可能是指把杯子里的水倒出去。因此，机器必须具备强大的背景知识，才能正确理解同一个词在不同语境下的语义。

机器理解自然语言困难的根本原因在于，人类的语言理解是建立在人类认知能力基础之上的。人类的认知体验所形成的背景知识是支撑人类理解语言的根本支柱。我们人类之所以能够很自然地理解彼此的语言，是因为彼此共享类似的生活体验、类似的教育背景，从而有着类似的背景知识。庞大的背景知识使得人类可以彼此理解自然语言所提及的有限字符串。不同文化背景的人往往难以理解彼此的幽默，根本原因在于不同的文化背景决定了不同的生活体验，不同的生活体验导致了不同的背景知识，不同的背景知识最终决定了人们对彼此文化中的幽默有着不同的理解。所以语言理解需要背景知识，没有强大的背景知识支撑是不可能理解语言的。要让机器理解我们人类的语言，就必须让机器共享与人类相似的背景知识。

12.1.2 语言理解需要知识图谱

自然语言处理（NLP）领域很早就关注将知识应用于机器理解语言的任务中。传统语言理解任务中用到的知识主要是语言学家人工定义的语法规则或者领域专家定义的本体（Ontology）。也有一些方法从文本中自动挖掘语法或语义模式，作为一种知识支撑后续的语言理解任务。不过，传统的方法在大数据时代遇到了瓶颈。首先，语法规则很难穷举，难以覆盖大部分语言场景，因此基于语法规则的语言理解方法很快就被基于统计的机器学习方法所取代。其次，本体这一类人工定义的知识表示规模有限，难以覆盖海量的实体与概念，难以满足实际应用的需求。最后，文本的非结构化特性使得从文本中自动挖掘语义模式异常困难，所能挖掘出的有效模式在数量与精度方面都存在局限性。

需要指出的是，自然语言理解不仅需要语言知识，更需要语言之外的人类认知外部世界的知识（简称世界知识）。人类对于语言知识更多的是一种事后总结，并非人类认知世界的结果。换言之，即便我们不总结出语法规则，也不妨碍我们对语言的理解。学龄前儿童没有接受过任何语法或语义知识的培训，但可以很顺畅地理解自然语言。因此，语言理解不仅需要“动词+宾语”这样的语法知识，以及动词“吃”的后面往往跟随着食物这样的语义知识，更需要“太阳从东边升起”这样的世界知识，因为只有具备了这类世界知识，当有人言及“太阳从西边升起了”，人们才会觉得“奇怪”。

实现机器语言理解所需要的世界知识有着苛刻的条件：规模足够大、语义关系足够丰富、结构足够友好、质量足够精良。以这四个条件考察各类知识表示就会发现，知识图谱是当前满足所有这些条件的少数选项之一。知识图谱规模巨大，动辄包含数十亿个实体；知识图谱中关系多样，比如在线百科图谱 DBpedia 包含数千种常见语义关系；知识图谱结构友好，通常表达为 RDF 三元组，这是一种机器能够有效处理的结构；知识图谱的质量也很精良，因为知识图谱可以充分利用大数据的多源特性进行交叉验证，也可以利用众包方式保证知识库质量。所以，知识图谱成为机器理解自然语言所需背景知识的重要选项之一。

12.1.3　语言理解的任务

在具体介绍各类语言理解任务之前，首先要对“机器语言理解”下一个定义。所谓机器语言理解是指，**机器在接收自然语言输入后，形成相应的内在表示的过程。**根据内在表示的不同，语言理解主要分为以下三类任务。

- 语法解析（Syntactic Parsing），也就是句子成分之间的语法结构。
- 语义解析（Semantic Parsing），也就是文本的语义表示。
- 特定的知识表示或者其中的某个片段。

前两类形式的“理解”是自然语言处理的核心命题，超出了本章范围。本章主要关注与知识图谱形式的知识表示相关的第三类语言理解。由于知识图谱是一个巨大的语义网络，这里的语言理解通常是指从自然语言形式的文本映射到知识图谱中的实体、概念、关系、路径以及子结构的过程。知识库是人类认知世界的结果，因此语言理解的本质是从文本到知识库的映射。

下面举例说明与知识图谱相关的语言理解任务。以理解“法国 4∶2 击败克罗地亚，时隔 20 年再夺世界杯冠军”这句话为例，图 12-1 列出了理解这句话语义的具体任务。语言理解的首要任务是认知语句中的实体和概念。比如，语句中的“法国”和“克罗地亚”不应该理解为国家，而是指这两个国家的成年男子足球队，它们都属于“足球队”这一概念。其次，要正确认知实体间的关系。比如，“法国”和“克罗地亚”这两个实体之间的关系在这句话中表示为“击败”，而这个动词并非表示两个国家间战争的胜负关系，而是两支足球队间比赛的胜负关系。再次，更深层次的理解是对主题与场景的理解。比如，例句谈及的是“体育”主题下的“夺冠”场景。更深层次的理解还包括对概念内涵的理解，比如“世界杯冠军”的内容特指获得国际足联世界杯比赛第一名的足球国家队。机器理解概念的内涵是较深层次的语言理解。因此，语言理解的任务包括对语句中出现的相关实体、概念，以及关系、属性、主题等的正确认知。

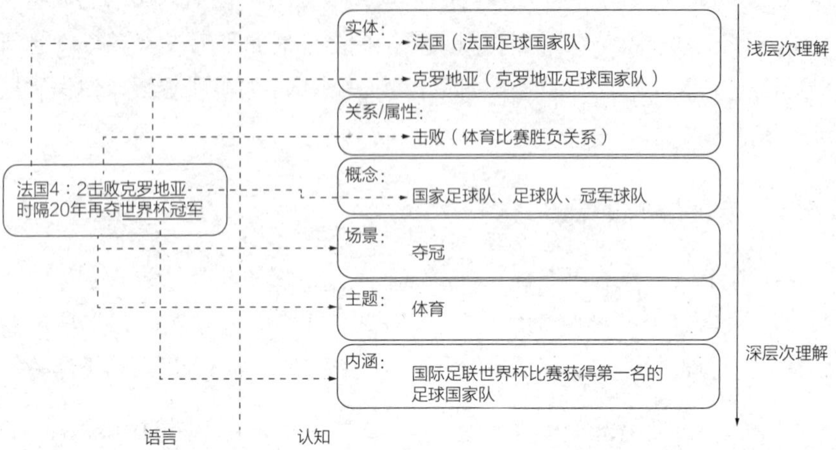

图 12-1　理解一句话语义的具体任务

机器语言理解的输入除了完整句子外，还可能有短文本、词语组合、实体组合、动词短语等语言形式。接下来介绍基于知识图谱如何让机器正确理解实体。

12.2　实体理解

将文本中所提及的实体链接到知识库中的相应实体，是让机器理解自然语言的第一步，也是至关重要的一步。实体链接的输入通常包括实体的指代（Mention）和上下文，以及待链接的知识库；实体链接的输出是指代所对应的知识库中的实体。比如，当智能问答系统在回答“李娜在哪一年拿到澳网冠军？”这一问题时，第一步是识别出“李娜”这一实体的指代，利用上下文“……澳网冠军”将“李娜”这个名称链接到知识库中的网球运动员李娜这一实体，进而才能继续从知识库中找到与实体相关的信息并做出回答。如果识别出错或者将“李娜”链接到歌手李娜或者体操运动员李娜的话，系统对这个问题的回答必然是错误的。

当指代与实体之间是一一对应的关系，也就是没有歧义时，实体链接问题十分简单，但实际应用中其往往会存在歧义。首先，一个实体可以有多种表达方式。比如，美国总统唐纳德·特朗普，在文本中可能以“特朗普”、“Trump”或者“川普”的形式出现。我们把这一任务称作指代理解，为了实现指代理解，需要构建实体与指代的对应关系，以便理解实体的不同说法。其次，同一名称可以指代不同实体。给定指代“李娜”，需要根据上下文决定将其链接到网球运动员李娜还是歌手李娜等。我们把这一任务称作实体链接（Entity Linking）或者实体消歧（Entity Disambiguation）。

指代理解的基本思路是预先建立一个实体与其别名（Alias）的对应表。实体别名也叫作实体同义词，是知识库中的实体在文本中出现的形式。一个实体可以拥有多个别名或同义词，比如，周杰伦就有“杰伦”、“周董”和“Jay Chou”等别名或同义词。关于同义词的自动挖掘方法，请参考第 3 章的详细介绍。

本章着重讲解实体链接（或实体消歧）。实体链接是实体理解的关键，这是一个将文本中的实体指代链接到知识库中特定实体的过程。给定一个实体指代m和其出现的上下文，以及一个知识库K，实体链接的目标就是将指代m链接到知识库中正确的实体t（$t \in K$）。比如，在上面的例子中，指代为“李娜”，上下文为前面提到的那个问句，如果以 CN-DBpedia 作为目标知识库，“李娜”在其中对应名为“李娜（中国女子网球名将）”的实体。

12.2.1　基本模型

实体链接方案通常使用两类信息求解全局最优的映射方案（从指代集映射到实体集）。一类信息是指代上下文与候选实体的匹配程度；另一类信息是候选实体之间的相容程度。全局实体消歧的目标为，对于上下文中的指代集$M = (m_1, m_2, \cdots, m_N)$，找到最优的链接方案$\Gamma = ((m_1, t_1), (m_2, t_2), \cdots, (m_N, t_N))$，使得下面的目标函数最大：

$$\Gamma_{\text{best}} = \text{argmax}_{\Gamma} \sum_{i=1}^{N} \left(\varphi(m_i, t_i) + \sum_{t_j \in \Gamma} \psi(t_i, t_j) \right) \tag{12-1}$$

实体链接方案Γ包括上下文中所有指代以及与它们相对应的实体所组成的“指代-实体”对映射(m_i, t_i)。公式（12-1）中的$\varphi(m_i, t_i)$表示指代上下文与候选实体的匹配程度，因为没有考虑上下文中的其他实体信息，通常其被称作**局部实体链接分数**。$\sum_{t_j \in \Gamma} \psi(t_i, t_j)$表示$t_i$与其他所有候选实体$t_j$之间的相容程度总和，通常其被称作**全局实体链接分数**。最终目标是求解使目标函数最大的方案（也就是Γ_{best}）。

局部实体链接分数通常考虑的是候选实体与上下文词语的关联程度，比如，如果指代“李娜”的上下文中出现词语“唱歌”，那么歌手李娜的局部实体链接分数就要高于网球运动员李娜的该项分数。而全局实体链接分数主要考虑的是候选实体与上下文实体的关联程度，比如，指代“李娜”的上下文中也提及了实体姜山（网球运动员李娜的丈夫），那么网球运动员李娜的全局实体链接分数则会比其他李娜的高。

12.2.2 局部实体链接分数

局部实体链接分数$\varphi(m_i, t_i)$通常是通过计算指代m_i与候选实体t_i的语义匹配程度进行评估的。$\varphi(m_i, t_i)$形式多样，可以表示为上下文与实体表示向量的相似度，也可以表示为多个相似性特征的融合。计算方式可以是有监督的，也可以是无监督的。特征通常考虑指代上下文文本与候选实体描述文本的语义相似度。而文本语义的表示方式主要有基于词袋（Bag of Words）或概念的离散向量以及分布式表示。

词袋表示将文本表示为以词为维度的向量。对于每个指代，从其上下文中收集词汇构成向量表示。上下文可以是指代所出现的整个文档，也可以是以指代出现位置为中心选定的固定窗口大小中的文本。对于每个候选实体，通常用其对应的维基百科页面，或者有选择地使用维基百科页面的第一段描述，或者维基百科页面实体指代的特定窗口（固定大小，根据经验设定，通常取 100 个词）中的文本作为上下文。通常选择具有较强描述能力的词汇（比如 TF-IDF 排名下的 Top-*k* 词汇）构造词向量。

概念向量是以与文本相关的概念为维度的向量。对于出现指代的一般文档或候选实体的维基百科文章，系统从中提取一些关键词，比如锚文本、命名实体、类别标记、描述性标记和维基百科概念等，以组成概念向量表示文本的语义内容。此外，候选实体的上下文可以进一步用维基百科中的链接实体、属性以及信息框（Infobox）中的相关事实来增强实体的表示。

上述语义表示都是用符号化的词汇和概念所开展的显式表示。近年来，随着深度学习的流行，涌现出了一批隐式的分布式语义表示[1]方式。这些方法无须人工构造特征，通过基于大规模语料预训练所得的词向量（Word Embedding）或者从大规模知识图谱习得的实体向量，构造上下文的隐式语义表示。

最直接的隐式语义表示方法是用上下文词汇的词向量表示上下文，用与实体相关词汇的词向量表示实体。相对于显式表示，这种做法可以解决特征稀疏问题，在文本和实体信息稀疏的情况下其具有较好的语义表达能力。比如，与实体相关的词只有“歌手”，而与指代上下文相关的词只有“演唱”，基于显式表示方法，“歌手”与“演唱”是失配的（从而导致错误的实体链接）。然而，基于词向量的隐式表示则能通过“歌手”与“演唱”有着相似的上下文，通过隐式词向量挖掘出两者的关联。近年来，通过深度学习从实体相关的语料中训练实体向量[1]来表示实体的方法也变得越来越流行。当然，这些方法对于知识库中大量的语料稀疏的长尾实体来说效果仍然有限。

12.2.3　全局实体链接分数

全局实体链接分数是优化目标函数（即公式（12-1））的重要组成部分之一。其中实体之间的相关程度$\psi(t_i,t_j)$的度量方法有很多，最常用的是 Jaccard 相似度：

$$\text{Jaccard}(t_i,t_j)=\frac{|U_i\cap U_j|}{|U_i\cup U_j|}\tag{12-2}$$

其中U_i、U_j分别是实体t_i、t_j的邻居实体集合。这里的邻居可以是维基百科页面上超链接所指向的实体，也可以是有语义关联的实体。公式（12-2）的意义是，两个实体共享的邻居实体越多，这两个实体就越相关。Jaccard 相似度的缺陷在于，当$|U_i|\gg|U_j|$时，相关度与t_j关系不大，这显然不合理。因此，更常用的指标为标准化 Google 距离[2]（Normalized Google Distance，NGD）：

1　详细内容参考本书第 2 章相关内容。

$$\mathrm{NGD}(t_i,t_j)=\frac{\log\left(\max\left(|U_i|,|U_j|\right)\right)-\log\left(\left|U_i\cap U_j\right|\right)}{\log(|W|)-\log\left(\min\left(|U_i|,|U_j|\right)\right)} \tag{12-3}$$

其中W为知识库中的实体全集。NGD 考虑了U_i、U_j的大小所带来的影响，并通过 log 函数平滑了由于相邻实体数量相差过大（在知识库中很常见）而带来的巨大差别。公式（12-3）衡量的是两个实体之间的距离，当用其衡量相关度时，通常采用$1-\mathrm{NGD}(t_i,t_j)$的形式。

Adamic Adar 相关度[3]则考虑了不同邻居不同程度的影响：

$$\mathrm{AA}(t_i,t_j)=\sum_{n\in U_1\cap U_2}\log\left(\frac{1}{\mathrm{degree}(n)}\right) \tag{12-4}$$

其中$\mathrm{degree}(n)$表示实体n的度数（相邻实体数量）。度数越大实体越流行，这类邻居实体对两个实体相关度的贡献应该越小。比如，对于实体“李娜”和“刘德华”，他们的共同邻居实体是“中国”（共同的国籍），然而“中国”是所有中国人的关联实体，非常流行，因此“中国”对这两个实体的相关度所做出的贡献很小（我们不能因为两个人国籍相同就说两个人很相似）。但是，如果两个实体同时关联到一个不那么流行的实体，比如实体“刘德华”和“梁朝伟”的一个共同邻居实体是《无间道》（共同出演的电影），则说明他们的相关度很强。

除此之外，基于深度学习的全局实体链接模型常利用实体间的向量相似度来衡量全局实体链接分数，其中实体的向量可以通过 TransE 等模型习得。知识图谱的向量表示在第 2 章中已有大量介绍，在此不再赘述。

12.2.4 模型计算

每个指代可能对应很多候选实体，因此求解公式（12-1）的直接方法是穷举所有可能的映射方案以求最优解，枚举空间为M^N，其中M为指代的候选实体个数，N为指代的数目。由于指数级搜索代价在实际应用中是难以承受的，这一问题进一步被证明是 NP 难问题[4]。所以，通常采用各种近似模型以降低求解的复杂程度。

有两种典型的优化思路。一种是在考虑第 i 个（$1\leqslant i\leqslant N$）指代的实体链接时，将上下文其他指代的实体暂时固定下来，分别为每个指代找到最优链接实体。显然，这是一种以若干局部最优链接代替全局最优链接的策略，这种方式将时间复杂度降低至$O(MN)$。另一种是利用图的结构特性采用图上的近似算法进行高效求解。这种方法将上下文中的指代与候选实体作为点，将（指代–实体）和（实体–实体）关系作为边来构建图模型。

1．全局特征局部化

全局优化方法的时间复杂度高的原因在于，当考虑每个指代的实体链接时，需要同时考虑上下文其他指代的各种链接方案，它们之间相互依赖。比如，在图 12-2 中，为了对指代“李娜”进行消歧，需要综合考虑“青藏高原”的各种可能性，需要在六种实体映射的组合中寻求最优映射。

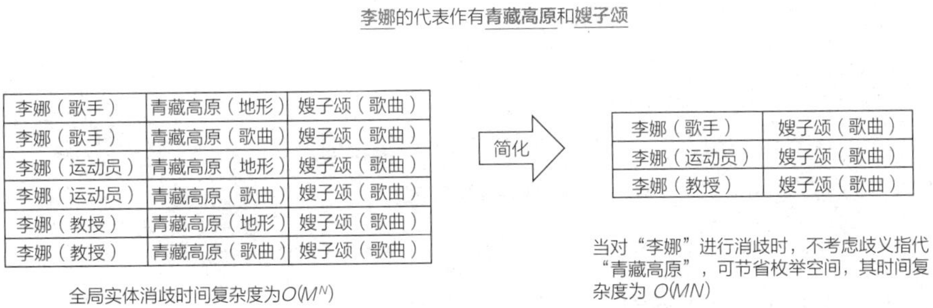

图 12-2　全局特征局部化示例

最直接的局部优化方法是为每个指代独立求解其最优链接实体。此时，问题退化为：

$$\Gamma_{\text{best}} = \text{argmax}_{\Gamma} \sum_{i=1}^{N} \varphi(m_i, t_i) \tag{12-5}$$

这一方法完全忽略了候选实体之间的相容程度，有较多的信息损失。Milne[2]方法针对上述问题做出了改进，其基本思想是选取上下文中无歧义的指代映射Γ'作为当前指代链接的参考。比如，在图 12-2 中，在对“李娜”（或者“青藏高原”）进行消歧时，只考虑无歧义实体“嫂子颂”（在此例中Γ'只包含“嫂子颂”到相应实体的映射）。这样就使目标函数转化成一个简单的形式：

$$\Gamma_{\text{best}} = \text{argmax}_{\Gamma} \sum_{i=1}^{N} \left(\varphi(m_i, t_i) + \sum_{t_j \in \Gamma'} \psi(t_i, t_j) \right) \tag{12-6}$$

该目标函数与公式（12-1）的差别在于：优化公式（12-1）需要考虑Γ中所有指代的所有可能链接，这导致了枚举指数级空间M^N的巨大复杂性；而优化公式（12-6）时，只需要对每个指代独立地计算相应的最优链接$t_{\text{best_i}}$：

$$t_{\text{best\_}i} = \text{argmax}_{t_i} \left(\varphi(m_i, t_i) + \sum_{t_j \in \Gamma'} \psi(t_i, t_j) \right) \tag{12-7}$$

$t_{\text{best\_}i}$（$1 \leqslant i \leqslant N$）构成最后的完整链接方案$\Gamma_{\text{best}} = ((m_1, t_{\text{best_1}}), (m_2, t_{\text{best_2}}), \cdots, (m_N, t_{\text{best_}N}))$。每个实体$t_i$的枚举空间为$M$，整个优化算法的时间复杂度因此从$O(M^N)$降低到了$O(MN)$。

在上述方法基础上演化出了一些基于局部计算的优化方案。比如，Ratinov 等[5]首先仅用局部方法（也就是只使用公式（12-7）中的φ部分）为每个指代发现了一个最优匹配的实体，并利用这些实体构造参照实体集Γ'。此后，再通过公式（12-7）重新计算每个指代m_i的最佳实体$t_{\text{best_}i}$。

显然，该方法只利用了每个上下文指代的**最优**候选实体帮助其他指代进行消歧，但一旦最优候选实体识别有误，就会影响全局最优链接的质量。一个直接的改进思路是，考虑每个上下文指代的**所有**候选实体对链接方案的影响。Tagme 实体标注系统[6]基于投票方案实现了这一想法。在为指代m_i评估其某个候选实体t_i时，利用其他上下文指代m_j的每个候选实体t_k对t_i进行投票。其基本思想是t_k与t_i越相容，投票分值$\psi'(t_i, m_j)$越大，具体公式如下：

$$\psi'(t_i, m_j) \propto \sum\nolimits_{t_k \in \text{cand}(m_j)} \varphi(m_j, t_k) \times \psi(t_i, t_k) \tag{12-8}$$

其中$\text{cand}(m_j)$为m_j的所有可能候选实体集合。$\psi'(t_i, m_j)$可以视作对全局评分函数的一种改进。因此，最终求解时只需将公式（12-7）的$\sum_{t_j \in \Gamma'} \psi(t_i, t_j)$

部分替换为$\sum_{m_j \in M} \psi'(t_i, m_j)$即可，其中 M 为所有指代的集合。

随着深度学习方法的普及，利用注意力机制来实现共现实体[1]对候选实体所产生的影响的模型也被提出[7]。注意力机制的解决方案本质上是对上述“投票”方案的改进。在 Tagme 系统的投票方案中，实体t_i对于每个指代m_j的投票分数$\psi'(t_i, m_j)$只是简单的累加，而注意力机制则会针对每个指代产生的相关度分数ψ'计算出一个权重，并使用加权和的形式进行累加，强化高相关度指代而弱化低相关度指代投票带来的影响，从而达到减少噪声的目的。

上述方法从本质上说都是将需要枚举所有可能实体的全局优化算法简化成对每个实体进行独立的局部优化的算法，从而提高了计算效率。

2. 图算法

如前面所述，全局实体链接方法中每个指代的链接实体是相互依赖的。前面的局部方法简化了复杂的依赖关系。显然，这些复杂的依赖关系可以通过图模型完整表达。基于图模型的实体链接计算能够充分利用指代与候选实体以及候选实体之间的复杂关联信息。在基于图模型的建模中，将指代与实体作为点，局部实体链接分数φ作为指代与候选实体之间的边权，候选实体之间的相关度ψ作为候选实体之间的边权。据此可从上下文构建出一个以所有指代与所有候选实体为节点的图，通常称之为**指涉图**（Referent Graph）[8]。图 12-3 展示了指涉图示例。

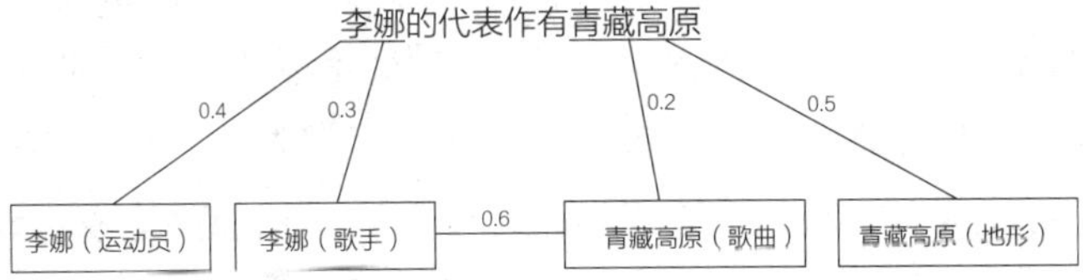

图 12-3　指涉图示例

在构建出指涉图后，优化公式（12-1）的算法可以转化成图上的稠密子图（也就是累计边权最大的子图）发现问题。这个稠密子图包含所有指代节点，而且每个指代都与唯一的实体相关联［也就是只存在唯一的（指代-实体）边］，从而实现实体消歧。具体问题的定义见下面。显然问题的输出条

1　也就是出现在候选实体上下文中的其他实体。

件（1）保证了能够产生一个合法的链接方案，输出条件（2）保证了指代与实体以及实体之间有着足够的关联强度，从而确保这是一个尽可能好的实体链接方案。

> **问题 1（基于图模型的实体链接）**
>
> **输入** 一个指涉图 G，由以下部分组成。
>
> （1）一个上下文中的实体指代点集$M = (m_1, m_2, \cdots, m_N)$。
>
> （2）每个实体指代对应的候选实体点集$E_i = (t_{i1}, t_{i2}, \cdots, t_{i|E_i|}), 1 \leqslant i \leqslant N$。
>
> （3）实体指代与候选实体之间的边权$\varphi(m_i, t_{ij})$，根据局部实体链接算法计算。
>
> （4）候选实体之间的边权$\psi(t_{ix}, \iota_{jy})$，$i \neq j$，根据实体相关度计算。
>
> **输出** G 的一个子图，满足如下条件。
>
> （1）每个实体指代连接且仅连接一个实体节点。
>
> （2）子图的边权和最大。

然而，问题 1 所定义的稠密子图发现问题仍然是 NP-难[4]的，需要寻找合理的近似解算法。图剪枝[4]是一个能产生高质量近似解的贪心算法。该算法首先通过预处理筛掉部分不相关的候选实体。通常，如果某个候选实体与所有的指代都相距甚远，则可排除该候选实体。具体实现时可以使用实体与每个指代的距离平方和作为度量筛选出候选实体（对应算法的预处理阶段）。完成预处理后，算法进入主循环。主循环不断且贪心地删除“不合群”的实体点（及其邻接边）直到所有指代只存在唯一实体。实体节点“不合群”程度通过该实体的**邻接边权和**进行度量，显然**邻接边权和**越小越不合群。为了满足该问题约束，图剪枝时要始终保证每个指代至少链接到一个候选实体。

算法：图剪枝
输入：实体与指代的加权指涉图
输出：每个指代只有一条边的子图
1. 预处理阶段
a）对于每个实体t，计算所有指代节点的最短路径长度的平方和

$D_t = \sum_{i=1}^{N} \text{shortest\_distance}(t, m_i)^2$。

b）保留使D_t最大的若干[1]实体，把其当作候选实体。

2. 主循环：当所有实体都是某个指代的唯一链接实体时。

a）删除邻接边权和最小的实体及其相邻边[2]。

b）如果被删除的实体已经是当前图中邻接边权和最小的点，则将解更新为当前剩余图。

3. 后处理阶段：在最后设置为解的剩余图上穷举最优方案。

图 12-4 展示了一个图剪枝算法的运行示例。其中，图剪枝算法依次删掉了邻接边权和最小的“青藏高原（地形）”和“李娜（运动员）”，最终产生了没有歧义的指涉图。

主循环结束后得到的解通常已经是相对理想的方案了，但是在有些情况下仍有可能存在一些多余的（指代-实体）边（因为需要保证每个指代至少链接到一个实体，所以有时具有最小邻接边权和的实体不会被删除）。经过剪枝后的图通常规模很小，所以可以进一步使用暴力枚举的方法寻找最优子图作为最终答案，在实际应用中这种代价消耗是可以接受的。

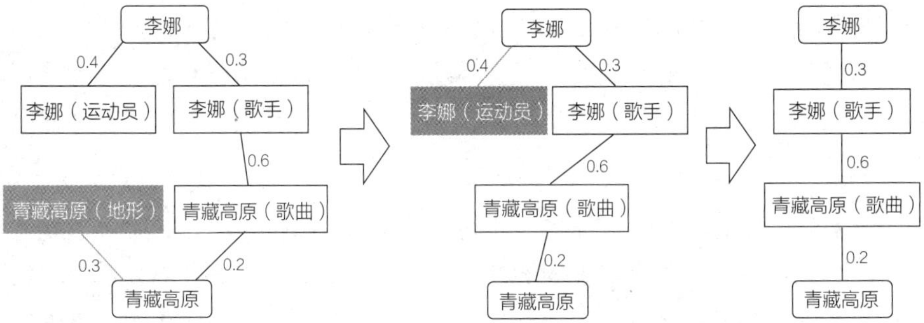

图 12-4　一个图剪枝算法的运行示例（图中圆角框是指代，方框是实体）

总的来说，基于图的全局实体链接方法都试图挖掘指涉图中节点与节点的关系，从而找到更“合群”的实体节点作为链接的结果。

1　论文[8]中保留(5×N)个候选实体。

2　如果该实体为某个指代所链接的唯一实体，跳过该实体，寻找下一个邻接边权和最小的实体进行处理。

12.2.5 短文本实体链接

在各种实体链接任务中，面向短文本的实体链接吸引了较多研究人员的关注。短文本是指一段长度有限、上下文稀缺的文本。短文本可以是搜索引擎上的查询短语、广告关键词、标题或者影视作品的字幕等。短文本实体链接有着广泛的应用场景，对许多应用言而至关重要，但也存在众多挑战。首先，短文本并不总是遵循书面语言的规范语法，因此传统的 NLP 工具（从词性标注到语法解析）都难以取得良好的效果。其次，短文本上下文稀疏，缺乏足够的信息来支撑很多文本挖掘方法（比如主题建模等）。最后，短文本中往往含有噪声，语义更为模糊和嘈杂，增加了处理难度。

短文本实体链接所接收的输入文本通常是短语、词组或者句子。与针对长文本或者文档的实体识别和链接方法不同，短文本输入的上下文信息非常稀缺，往往只提及一两个实体，共现实体很少，因此无法利用其他相关实体进行实体识别和实体消歧。比如，“冰与火之歌有多少卷”只包含一个实体，识别“冰与火之歌”并将其链接到小说而非电视剧是一个十分困难的任务，因为很难将“卷”这个字表达的微弱信号关联到“冰与火之歌（小说）”这个实体，特别是当该实体信息不足（知识库中的很多实体存在信息不足的现象）时，“卷”字可能根本就没有出现在该实体的文字描述中。因此，传统的词袋文本相似度在上下文稀疏时，很难准确量化相关度。为了解决这一问题，需要着重挖掘词语与实体的关系，从极少的上下文文本中提取有意义的语义信号。

文献[11]发现，虽然很难将“冰与火之歌（小说）”这个实体与“卷”这个字关联起来，但很多其他同类型的实体（小说）会提到“卷”这个字，因此可以将实体的概念作为“主题”与上下文关联，来解决实体的信息不足与上下文的词语稀疏问题。即如果实体的主题（概念）与上下文词语的主题具有一致性，那么说明它们是相关的；这个实体的主题与上下文词语的主题一致的程度被定义为**主题凝聚度**（Topic Coherence）。指代 m 的上下文词语与实体 t 之间的主题凝聚度可以按照如下公式计算：

$$\mathrm{sim}_c(m,t)=\cos\big(\boldsymbol{v}_c(m),\boldsymbol{v}_c(t)\big) \tag{12-9}$$

其中$\boldsymbol{v}_c(t)$为实体的概念向量，其每一维为实体t与概念c[1]的关系权重$r(t,c)$；$\boldsymbol{v}_c(m)$为指代上下文词语的概念向量，通过上下文每个词概念向量的加权和计算而得：

$$\boldsymbol{v}_c(m) = \sum_{w \in \mathrm{CT}(m)} \frac{\boldsymbol{v}_c(w)}{D(w,m)} \tag{12-10}$$

其中$\mathrm{CT}(m)$为m的上下文词语集合；$D(m,w)$为词语与指代的间隔词的数量（其道理在于与指代距离越远的词语对其上下文主题的贡献越小）；$\boldsymbol{v}_c(w)$为词语的概念向量，其每一维为w与概念c的关联强度$r(w,c)$，通过概念c下属实体的相关文本计算：

$$r(w,c) = \sum_{t \in E} \frac{n(w,t) \cdot r(t,c)}{\sum_{c'} r\left(t,c'\right)} \tag{12-11}$$

其中$n(w,t)$为w出现在实体t的文章中的次数；$r(t,c)$为前面所述的实体与概念的关系权重。如上所述，如此计算出来的$r(w,c)$表示的是词语w与概念c的关联强度，$r(w,c)$越大表示w与c的关联程度越强。

12.2.6　跨语言实体链接

很多小语种的知识库并不完善，比如维基百科上英文词条的数目显著多于其他语种。因此，实体链接实际使用时往往要将小语种的文本链接到英文知识库。跨语言实体链接通常以维基百科为知识库，将一个非英文文档中的实体指代链接到英文维基百科的页面（每个页面对应一个英文实体）。下面的非英文文档以中文为例。除了输入的实体指代m与上下文的语言为中文，而知识库 K 为英文，问题定义与普通实体链接类似。

传统跨语言实体链接的方法分为三类，如图 12-5 所示。第一类是利用机器翻译模型将中文文本翻译成英文文本，然后进行实体识别和链接。第二类是直接匹配中文上下文和英文实体。第三类是将中文的维基百科作为知识库进行实体链接，利用维基百科的多语言性质链接到英文百科页面。第一类方法直接利用英文实体链接模型即可，最终效果取决于机器翻译的质量。

1　实体的概念可直接从相关知识库（比如 Probase）中获得。

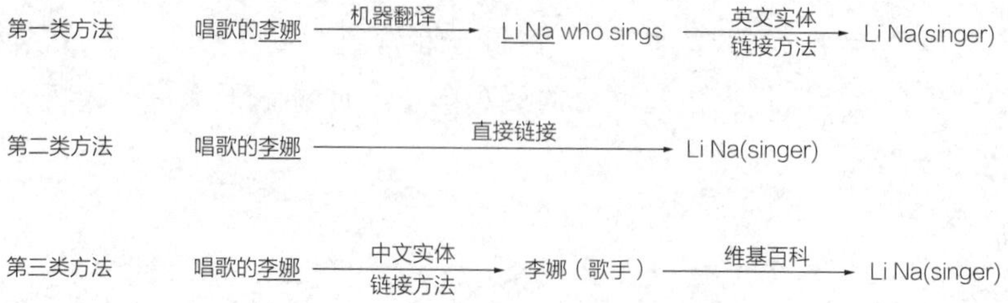

图 12-5　三类传统跨语言实体链接的方法

第二类方法的核心在于如何计算上下文中的中文词语和英文实体的相关度。如图 12-6 所示，一个典型的方法是将词语与实体的不同语言表达在同一个低维空间中进行统一表示[28-29]。这里需要解决两个问题，一是词语和实体的统一表示，二是不同语言的词语（或实体）的统一表示。

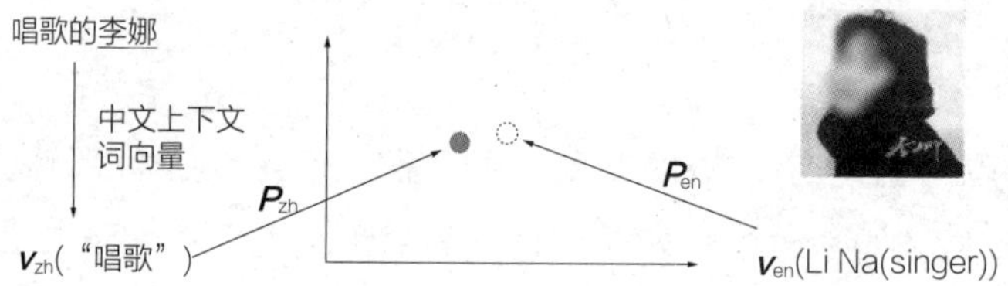

图 12-6　跨语言实体链接中的统一表示

对于单一语言的情况，实体和词语统一表示使用 Word2Vec 方法针对维基百科文本进行训练而得到。这一方法充分利用了百科中的锚文本（带超链接的文本）通常指向百科中的特定词条（实体）这一特性。不同语言的两个对象（文本或者实体）统一表示的关键在于，计算不同语言的转换矩阵$\boldsymbol{P}_{\text{zh}}$和$\boldsymbol{P}_{\text{en}}$。在跨语言实体链接中常用的方法是典型相关分析（Canonical Correlation Analysis，CCA）[30]，旨在求得使$\rho(\boldsymbol{v}_{\text{zh}}\boldsymbol{P}_{\text{zh}}, \boldsymbol{v}_{\text{en}}\boldsymbol{P}_{\text{en}})$最大的转换矩阵$\boldsymbol{P}_{\text{zh}}$和$\boldsymbol{P}_{\text{en}}$，其中$\rho$用于度量两个多维向量的线性相关度，$\boldsymbol{v}_{\text{zh}}$与$\boldsymbol{v}_{\text{en}}$分别为中文文本和英文实体的向量表示。在习得词语和实体的向量以及语言转换矩阵之后，不难在转换后的统一空间中直接计算指代上下文与候选实体的相似度。以图 12-6 为例，$\boldsymbol{v}_{\text{zh}}$(“唱歌”) $\boldsymbol{P}_{\text{zh}}$与$\boldsymbol{v}_{\text{en}}$(Li Na(singer)) $\boldsymbol{P}_{\text{en}}$可直接计算相似度，其中$\boldsymbol{v}_{\text{zh}}$(“唱歌”)可以通过短语中所有词的平均向量进行量化。

第三类跨语言实体链接方法的主要挑战是，英文之外的其他语言资源不足，难以训练出效果好的模型。一种典型的解决方法是利用语言无关的特征，在丰富的英文语料上训练实体链接模型，然后将其应用于其他语言[27]

的实体链接任务。语言无关的特征指的是非词汇的（Non-lexical）特征。比如，实体描述与指代上下文的文本相似度[1]、指代链接到实体的先验统计概率$P(e|m)$，以及各类图特征（比如，链出与链入的实体重合度）。英文训练集上训练得到的语言无关实体链接模型，可以直接迁移到具有相同语言无关特征的其他语种的实体链接任务上。

12.3　概念理解

概念理解问题是指，对于特定形式的输入产生相应的概念，输入可以是单实例、多实例（或者词袋）、短文本以及句子等。其中，isA 关系（即实例-概念关系）对概念理解起着至关重要的作用。本节将介绍如何利用概念图谱来对各类输入数据进行概念理解。由于 Probase 中的 isA 关系具有权重，能够较好地评估给定实体（概念）下的概念（实体）的典型性，因此在概念理解任务中得到广泛应用。在本节中若无特殊说明，概念图谱均是指 Probase。

12.3.1　单实例概念理解

单实例概念理解问题是指为单一实例产生其概念集合。比如，给定实例“苹果”，它可以是水果、食物，也可以是公司。Probase 中的每对 isA 关系都有在一个语料库中出现的频率。这一频率可用于评估向互联网人群提及苹果时他们联想到水果（或食物、公司）的概率。给定“苹果”，如果大部分人想到的都是水果，那么水果的典型性（Typicality）[21]高于其他概念。典型性是一个心理学概念。知识库是人类认知世界的结果，而人类对于世界的认知不是非黑即白的，而是有着心理强度区分的，需要通过各种权重和概率进行度量。典型性就是其中的一个典型度量。

具体而言，文献[21]使用$P(e|c)$来表示概念 c 中的实例 e 的典型性，用$P(c|e)$表示概念 c 对于实例 e 的典型性。用公式定义如下：

1　文本相似度是针对单一语言计算的，在切换到新的语言之后，可以利用同样的方法（如 TFIDF）在新的语言上计算同样的文本相似度。因此文本相似度为语言无关的特征。

$$P(c|e)=\frac{n(e,c)}{\sum_{c_i}n(e,c_i)},P(e|c)=\frac{n(c,e)}{\sum_{e_i}n(c,e_i)} \tag{12-12}$$

其中$n(e,c)$表示 e isA c 在语料库中出现的次数。根据定义，典型性也可以用作评估人们由某个给定实体联想到某个概念的可能性，或是由某个给定概念联想到某个实体的可能性。例如，在 Probase 中，$P(c=$水果$|e=$苹果$)>P(c=$电影$|e=$苹果$)$（也就是说，人们从苹果联想到水果的可能性大于联想到电影的可能性），$P(e=$麻雀$|c=$鸟$)>P(e=$企鹅$|c=$鸟$)$（也就是说，人们从鸟联想到麻雀的可能性大于联想到企鹅的可能性）。因此，基于频率的典型性估计在一定程度上反映了人们的认知典型性。

基本概念理解。人类倾向于将物体分类到特定层级的类别上来理解世界，这个类别的粒度既不会太粗，也不会太细。这个过程往往是潜意识下完成的。哲学家与语言学家称这个过程为**基本水平分类**（Basic-Level Categorization，BLC）。当我们面前出现一只狗时，首先想到的不是“这是一只中华田园犬”，也不会是“这是一个生物”，因为这些类别的粒度要么太细要么太粗，我们最可能想到的是“这是一只狗”，“狗”就是**基本概念**（Basic Concept）。

对于认知基本概念这一目标而言，概念图谱中的概念层级并非越细越好。概念层级通常只需涵盖某个领域所需要的基本概念即可。在基本概念的基础上，可以通过组合属性和基本概念来得到很多细粒度概念。例如，“连衣裙”是基本概念，连衣裙的颜色属性可以取值红色，产地属性可以取值韩国，通过组合就可以得到“韩国产红色连衣裙”这一细粒度概念。

给定一个实体，如何识别它的基本概念呢？例如，对于 Microsoft 而言，它的概念可以是“公司”“软件公司”“最大的桌面操作系统供应商”等。显然，在此例中“软件公司”是更基本的概念，是相比于其他两个概念而言人们更容易想到的概念。需要有合适的度量来评估概念的基本程度。一个常见的评估原则是：**如果从实体能够很容易地联想到某个概念，同时从该概念也能够很容易地联想到给定的实体，那么这样的概念往往就是基本概念。**上述原则可以表达成以下数学形式：

$$\text{Rep}(e,c)=P(c|e)\cdot P(e|c) \tag{12-13}$$

对于一个实例 e，通常选择在这个度量意义下最大的概念作为其基本概念：

$$\text{blc}(e) = \arg\max_{c} \text{Rep}(e, c) \tag{12-14}$$

直观来看，度量函数倾向于识别出满足以下两个条件的概念 c：概念 c 是实例 e 的典型概念，且实例 e 也是概念 c 的典型实例。也就是说，c 与 e 互为彼此的典型对象（概念或实例）。

12.3.2　多实例概念理解

在概念理解任务中，输入数据可能是多个实例，这些实例可以体现为实体，也可以是实体的词汇描述。所以，更为一般的概念理解任务是为实体集合或者词袋产生概念集合。本节以词袋概念理解为例展开介绍，实体集合的概念理解与之类似。词袋概念理解是指输入一组标签，使用较少的几个概念进行概括。比如：

- {china, japan, india, korea} → {asian country}
- {dinner, lunch, food, child, girl} → {meal, child}
- {president, gdp, population } → {country}

词袋广泛存在于各类应用中，比如互联网上图片的标签、文档的标签以及微博用户的标签等。为这些标签产生概念是理解这些标签的重要方式之一。

词袋概念理解的主要挑战是，如何度量分配给词袋的概念标签的质量。根据文献[27]，一组好的概念应该满足以下两个准则。

（1）语义覆盖：概念应该尽可能多地覆盖输入中的单词或短语，否则部分输入字词的信息将丢失。例如，假设一张照片的标签包括{vehicle, car, bicycle, road, pedestrian}，如果简单地将输入总结为 vehicle，将会导致信息丢失，因为 pedestrian（人行道）与 road（道路）等信息并不能被 vehicle 涵盖。

（2）最少概念：心理学研究表明，人们倾向于用尽可能少的概念来概括语义。例如，对于词袋{putty, kitten, small dog}，单个概念标签 pet 就足以表达输入的语义。虽然{dog, cat}的概念标签也可以覆盖输入标签的语义，但显然没有 pet 经济有效。

很显然，如果允许使用尽可能多的概念来概括输入实例的语义，语义覆盖这一准则就很容易满足。因此，语义覆盖与最少概念是一对相互矛盾的准则。平衡这对矛盾是多实例概念理解的关键。这对矛盾的平衡问题可以建模成**最小描述长度**（Minimal Description Length，MDL）问题。MDL 将概念选择问题转化为最短编码问题，其核心思想在于选择特定概念使得概念自身以及输入实例的编码长度之和最短。目标之一是选择尽可能少的概念，换言之选择的概念集合本身的编码长度越短越好。这部分编码代价构成了公式（12-15）的 $L(C)$部分。目标之二是被选择的概念应尽可能涵盖输入实例的语义，换言之就是，利用被选择概念对输入实例进行编码的长度越短越好。这部分编码代价对应公式（12-15）的$L(X,C)$部分。所以，这两个编码长度之和就是整个问题的最小化目标：

$$\mathrm{CL}(X,C)=L(C)+L(X,C)=\sum_{c_i\in C}L(c_i)+\sum_{x_i\in X}L^*(x_i|C) \tag{12-15}$$

其中，X 表示输入词袋，C 表示输出概念集合，$L(C)$表示概念集合的编码长度，$L(X, C)$表示给定概念集合的条件下词袋的编码长度。在编码过程中需要用到编码实例与概念的对应关系（索引），因为在解码过程中需要知道实例被哪个概念编码。因此，利用概念集合 C 编码某个实例 x 的公式如下：

$$L^*(x|C)=\log|C|+\min_{c\in C}L(x|c) \tag{12-16}$$

$$L(x|c)=-\log P(x|c),\ \ L(c)=-\log P(c) \tag{12-17}$$

其中，$P(x|c)$即为公式（12-15）定义的概念 c 对于实体 e 的典型性，而 $P(c)$则是概念 c 在语料库中出现的先验概率。$L(x|c)=-\log P(x|c)$的形象解释是：在概念c下，若实例x越典型，则利用 c 编码 x 的长度越短。

上述基本框架仍然遗留了两个基本问题：一是噪声容忍，二是属性信息融合。

（1）噪声容忍。在实际应用中，输入词袋往往存在噪声。例如，在{apple, banana, breakfast, dinner, pork, beef, bullet}中，“bullet”显然是噪声。

尝试用任何概念来概括噪声词都是不合适的。因此，对于噪声实例，应尝试对其进行单独编码，以避免干扰其他实例的概念选择。基于这一考虑，对于每个实例，除了考虑用某个概念对其进行编码外，还要考虑直接对其进行编码。其编码代价如以下公式所示：

$$L^*(x|C) = \min\begin{cases} L(x) & \text{直接编码} \\ \log|C| + \min\limits_{c \in C} L(x|c) & \text{使用概念 } c \in C \text{编码} \end{cases} \quad (12\text{-}18)$$

显然为“bullet”直接编码的代价小于用任何概念对其编码的代价，因此“bullet”可视作噪声，只需将其他词概念化为{fruit, meal, meat}即可。

（2）属性信息融合。在{president, gdp, population} → {country}这个例子中，president、gdp、population 与 country 之间并非是 isA 关系，而可以理解为 isAttributeOf 关系。使用 isAttributeOf 关系可以产生 country 这样的标签，否则容易产生 macro economic 这样的概念标签。在有些概念图谱中存在 isAttributeOf 关系[1]，通常使用 noisy-or 模型融合来自 isA 和 isAttributeOf 关系的推断。对于实例 x，从其联想到概念 c 的概率可以按照如下公式估计：

$$P(c|x) = 1 - \left(1 - P_e(c|x)\right)\left(1 - P_a(c|x)\right) \quad (12\text{-}19)$$

其中$P_e(c|x)$和$P_a(c|x)$分别是 isA 和 isAttributeOf 关系的典型性分数。根据$P(c|x)$不难使用贝叶斯定义估计$P(x|c)$，进而完成概念理解任务。

12.3.3 短语概念理解

短语概念理解是指输入一段包含一个或多个实例的短语，对各个实例进行相应的概念理解。比如，给定“watch Harry Potter”，这里的 watch 是动词而不是名词手表，因此无须概念化，此处的“Harry Potter”显然是指电影《哈利·波特》。同一实例可属于不同的概念。例如，在“read Harry Potter”、“watch Harry Potter”与“age Harry Potter”中，“Harry Potter”的

1 在 Probase 的后续版本中，通过属性的文本模式挖掘了概念的属性信息，比如“ATTR of ENTITY”模式能够匹配“President of U.S. ”并且抽取出 President 是 U.S. 的一个属性。

概念分别为“书”、“电影”与“角色”。因此，需要针对短语中的名词做合理的概念化。与前面的概念理解任务不同的是，短语中往往伴随着形容词与动词等修饰词，因此在概念化的过程中，需要充分考虑不同词性与众多概念的搭配关系。比如，动词“watch”之后跟随的“Harry Potter”更可能是电影而不是书籍。

短语的上下文稀缺、信息量很少，通常难以进行有效的解析和建模。这对于消除实例的歧义性造成了困难。为了解决这个问题，Wang 等人[23] 构造了一个以词汇为节点的语义网络，以表达词汇在不同上下文语境下的语义角色。这种语义角色是通过不同的语义关系表达的。比如，watch 作为动词时，常与 movie 这一概念构成一个动宾短语（在图 12-7 中用 Verb 表示 watch 与 movie 之间的这一关系）；watch 作为名词时，是 product 的下位词（在图 12-7 中用 isA 表示 watch 与 product 之间的这一关系）。类似的，还可以定义词汇之间的属性关系（isAttributeOf，比如 director 是 movie 的常见属性）和形容词关系（isAdjectiveOf，比如 wonderful 经常修饰 movie）等。

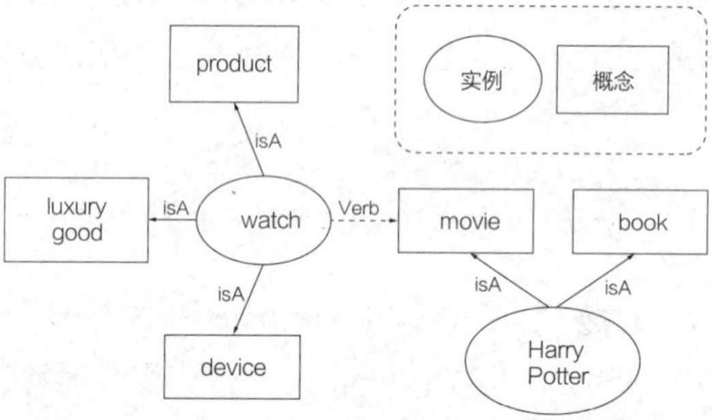

图 12-7　以 watch 为中心的语义网络

通过语义网络上的随机游走，可以得到节点之间最优的语义路径，继而实现正确的概念理解。比如，“watch Harry Potter”的“watch”和“Harry Potter”可以分别匹配语义网络中的相应节点。通过随机游走算法得到两个节点之间概率最大的一条路径，即“watch→movie→harry potter”。因此，可知概念化为“watch movie”比概念化为“watch book”或“watch character”等更合适，因此“watch Harry Potter”中的“Harry Potter”应概念化为一部电影的可能性比一本书的可能性要大。

因此，整个问题的关键变成了语义网络的构建。一方面，可以使用概念图谱 Probase 获取概念、属性与实例之间的关系和权值；另一方面，可以从文本语料中解析出动词、形容词及其与不同概念的搭配关系。比如，通过对以 watch 开头的动词短语进行挖掘与统计，不难挖掘出 watch 作为动词后面跟随着 movie 这一概念的概率，进而可以依此概率估计边权。具体计算细节可以参考文献[23]。

12.3.4 关系对概念理解

当输入是一对有关系的实例时，比如(*Jordan*, *PlaysIn*, *Bull*)，如何对“Jordan”和“Bull”两个实体进行概念理解也是一个值得研究的问题。这里的难点是对“Jordan”和“Bull”进行消歧。存在很多不同类型的“Jordan”实体，比如篮球运动员、运动品牌等。也存在很多不同类型的“Bull”实体，比如动物、球队等。这一问题的特点在于，“Jordan”和“Bull”的概念化任务之间是相互影响的，例如，当“Bull”是指篮球队时，“Jordan”更可能是一个篮球运动员，反之亦然。

关系对的概念理解可以形式化地描述为：给定三元组(s,p,o)输出(c_s,p,c_o)，其中，c_s和c_o分别是实例s和o的概念。首先根据 Probase 的典型性对每个实例分别进行概念化（见公式（12-15）），然后利用其中一个概念化的结果指导另一实例的概念化，其过程如下：

$$P(c_o|o) \propto P_T(c_o|o)P_E(c_o|c_s)P_T(c_s|s) \tag{12-20}$$

其中，$P_T(c_s|s)$是基于 Probase 中s的概念做出的估计，$P_E(c_o|c_s)$是对于任意一个三元组(s,p,o)，s 的概念为c_s时 o 的概念为c_o的条件概率，可以根据 DBpedia 这类富含三元组的知识库进行估计。DBpedia 包含大量三元组且头尾实体经过识别，有着明确的概念，容易得出$P_E(c_o|c_s)$的概率估计。

因此，可以按照如下方式估计$P_E(c_o|c_s)$：

$$P_E(c_o|c_s) = \frac{n(c_s,c_o)}{n(c_s)} \tag{12-21}$$

其中，$n(c_s,c_o)$表示所有三元组中(s_i,o_i)概念化为(c_s,c_o)的数量，$n(c_s)$表示s_i概念化为c_s的三元组数量。

比如，输入(*Jordan*, *PlaysIn*, *Bull*)。首先，根据 Probase 的典型性对“Jordan”的概念进行估计，可以得到如“NBA player”“brand”等候选概念。然后，利用“Jordan”的概念估计指导“Bull”的概念化，即当“Jordan”的概念为“NBA player”时，“Bull”的概念为“basketball team”，也就是$P(\text{basketball team}|\text{Bull})$最大。这是因为关系对的概念化不仅取决于“Jordan”或“Bull”独立概念化的结果，也取决于概率$P_E(\text{basketball team}|\text{NBA player})$。另外，可以观察到，公式（12-21）也可以用于$P(c_s|s)$的计算（将 s 与 o 调换即可）。

12.3.5 概念理解应用举例

在搜索应用中，搜索的核心词与修饰词识别是一类重要的搜索意图理解问题[26]。以电商搜索为例，平台需要为查询语句“popular smart cover iPhone X”找到一系列 iPhone X 的手机保护套。因此这里的核心词是“cover”，“iPhone X”是它的约束，“smart”“popular”都是修饰 cover 的形容词。识别出核心词以及相应的约束对于理解用户搜索意图而言非常关键。如果平台返回了各种各样的 iPhone 手机，那么说明平台错误理解了用户的意图。在理解这个短文本的过程中，可以先通过形容词表来识别形容词（在各类语言中形容词都是有限的）。其难点在于识别“cover”与“iPhone X”两个名词性短语相互之间的修饰关系。在本例中，是“iPhone X”修饰“cover”，而不是“cover”修饰“iPhone X”。因此，“iPhone X”是“cover”的限定词或修饰词。

仅根据词性难以确定两个名词性短语之间的修饰关系。在上例的搜索理解中，关键在于要知道“cover”是一个附件（accessory），而“iPhone X”是一个设备（device）。当一个设备和其附件一起出现时，附件是核心，设备是其约束。因此，实例之间的修饰关系本质上取决于相应的概念之间的语义关系。一旦习得概念之间的这种搭配关系，就不难理解相应实例之间的修饰关系，所以有必要构造概念级别的核心词-修饰词模式来表达相应实例之间的修饰关系。模式的定义如下：

$$(\text{concept}_{[\text{head}]}, \text{concept}_{[\text{modifier}]}, \text{score})$$

其中，$\text{concept}_{[\text{head/modifier}]}$表示核心词/修饰词的概念，score则表示两者共同出现在一个短文本中的可能性。上例中的模式即可表示为：

$$(\text{accessory}_{[\text{head}]}, \text{device}_{[\text{modifier}]}, 90\%)$$

这一模式表明当"accessory"与"device"共同出现时，有 90%的可能性"accessory"是核心词，而"device"是修饰词。因此，相应的实例（"cover"与"iPhone X"）共同出现时也满足相同的修饰关系。

为了获得概念级别的修饰关系，需要先获得实例级别的修饰关系。在识别核心词和修饰词的过程中，介词起着重要的作用。比如，从"smart cover for iPhone X"很容易识别核心词是"smart cover"；反之，从"iPhone X smart cover"或"smart cover iPhone X"很难鉴别出其中的核心词与修饰词。因此，通常利用短文本所对应的包含介词的完整形式来推断相应词汇之间的修饰关系。进一步，可以利用基于介词的文法规则识别核心词-修饰词之间的修饰关系，例如"A for B""A of B""A with B"等模式意味着 A 几乎总是核心词，而 B 是修饰词。因此，通过使用以下语法模式从语料库中提取核心词-修饰词关系对(A, B)：

{head [for|of|with|in|on|at] modifier}

其中，A、B 项必须是概念库或分类体系中的已有项。

12.4　属性理解

所谓的属性理解是指，为一个类别（概念）生成一组属性，这组属性能够解释类别的内涵。比如，"单身汉"的字面解释为"一个没结婚的男人"，它的一组定义性特征表示为：未婚∧男性。那么，如果任何一个人同时满足这两个特征，就可以被称为"单身汉"。为类别生成的这种属性理解可用于知识图谱补全（比如，某个人是单身汉，则可推断其为未婚男性的事实），也可用于搜索理解、问答交互等应用。

属性理解问题可以建模为类别的**定义性特征**（Defining Feature，DF）挖掘问题。一个类别的定义性特征刻画了实体属于该类别的充分必要条件，也就是说，当且仅当实体具有这组属性时[1]，实体属于该类别。一般从属性-

1　要挖掘严格的充分必要条件是十分困难的，在实际问题的求解中往往会放宽相关约束。

值对（Property-Value pair，PV）特征和类别[1]特征两个角度构造 DF。表 12-1 展示了类别“films directed by Christopher Nolan”的定义性特征集合表示形式。

表 12-1　类别“films directed by Christopher Nolan”的定义性特征集合表示形式

PV 特征	(director, Christopher Nolan)
类别特征	(type, Film)

富含实体的知识库已经大量存在，比如 DBpedia，这些知识库中的实体同时被赋予了大量的类别标签，因此可以利用这些数据为某个类别自动挖掘其相应的 DF。有两种基本的 DF 挖掘思路。第一种，利用数据驱动的统计方法挖掘有效的 DF 特征；第二种，利用 DBpedia 中类别的文本规则来挖掘。下面分别进行介绍。

（1）统计方法。统计方法通过一个打分函数来估计一组特征集合 $f = (f_1, f_2, \dots, f_k)$ 是某个类别c的 DF 的分值，目标函数是

$$\hat{f} = \arg\max_{\vec{f} \subseteq F_c} \operatorname{score}(c, f) \tag{12-22}$$

打分函数score(*)的定义为

$$\operatorname{score}(c, f) = P(f|c) \times P(c|f) \tag{12-23}$$

其中，$P(f|c)$表示一个属于类别c的实体具有特征集合f的概率，其值越大，表明类别c的成员实体越倾向于具有该特征集合f。而$P(c|f)$表示一个具有特征集合f的实体属于类别c的概率，其值越大，表明具有该特征集合f的实体越倾向于属于类别c。枚举每一个特征子集具有指数级复杂度，因此，可以利用频繁项集挖掘进行事前剪枝，只针对足够频繁的特征集合进行打分。仅考虑这些频繁特征集合能极大地减少需要计算的候选特征集合的数量。

（2）文本规则。DBpedia 的很多类别标签是一种细粒度概念，其名称往往有着鲜明的文本特征。利用这些特征定义规则也可以生成细粒度类别标签的 DF。使用统计方法如果已经挖掘出形如表 12-2 中的类别以及相应的

1　类别来自专家构建的分类体系（如 DBpedia、WordNet 的分类体系），而标签来自百科网站的标签体系（如维基百科的标签系统）。

DF，那么显然这些类别的 DF 特征有一定的文法特征，这就不难归纳出如下的 DF 挖掘规则：

$$\text{films directed by } <\text{Person}> \Rightarrow \text{Type}(c, \text{Film}) \wedge \text{director}(c, <\text{Person}>)$$

表 12-2　类别“films directed by <Person>”的 DF 特征

类　别	DF
films directed by James Cameron	(Type, Film) (director, James Cameron)
films directed by Steven Spielberg	(Type, Film) (director, Steven Spielberg)
films directed by Christopher Nolan	(Type, Film) (director, Christopher Nolan)

该规则表达的是，如果某个类别标签满足规则左边部分的特征（以“films directed by”开始并且后面跟随的是一个人名），则该类别一定满足 $\text{Type}(c, \text{Film}) \wedge \text{director}(c, <\text{Person}>)$。统计方法要求类别有丰富的实例，而且每个实例的三元组信息相对可靠、完整。但是在很多情况下，特别是对于细粒度概念（比如 Taylor Swift albums）来说，这一前提难以成立。规则方法主要利用概念本身的文本描述定义文本规则提取 DF，因此适用于为实例不丰富的类别挖掘 DF 集合。

上述**统计+规则**的方法具有一定的典型性，利用统计方法解决样本丰富情况下的问题，再利用规则方法解决样本稀疏情况下的问题。这一策略在很多实际应用中行之有效。

本章小结

语言的认知与理解是实现人类水平的机器智能的重要环节，存在着表达的多样性、表达的歧义性、上下文关联等挑战。本章主要介绍了利用知识图谱让机器认知与理解自然语言的方法。随着知识图谱相关技术的发展，基于知识图谱的机器语言理解技术将会应用得越来越广泛。

受篇幅限制，除了本章介绍的一些实体链接方法，还包括基于图的全局实体链接算法[9-10]、基于线性规划的全局实体链接方法[12]，基于概率图模型的实体链接方法[13]，以及近年来日益流行的基于深度学习的实体链接方法[1]。在文本的概念理解等方面，读者可以进一步参考 Haixun Wang 等人的

Understaidning Short Text（ACL 2016 Tutorial），以及 Zhongyuan Wang 所著的 *Short Text Understanding* 一书。

基于知识图谱的机器语言理解仍存在很多开放性问题。首先，复杂形式的语言理解还未得到深入研究。本章所介绍的语言理解在形式上是相对简单的，事实上，人类在接收到语言信号后，触发的联想是很复杂的。对应到知识图谱中，一个与输入文本相关的复杂子图是更合适的“理解”结果。如何将自然语言关联到更复杂的知识形式是一个值得深入研究问题。其次，面向特定领域的自然语言理解机制与模型仍有待进一步探索。对于专业文本的理解，比如司法文本、医疗病例，其“理解”的结果显然不同于日常生活中的文本理解。比如，对于某个案情陈述，关联到合适的法条是否足以理解，还是需要进一步关联到相应的法理？显然，理解是有层次之分的。如何对这一类不同层次的专业领域文本“理解”建模仍然是一个艰巨的任务。

思考题

1. 自然语言的理解有哪些具体任务，输入和输出分别是什么？
2. 利用 CN-DBpedia 数据集，实现实体链接的两个典型算法。
3. 短文本有哪些具体形式？面向短文本的实体链接有何挑战，如何克服？
4. 概念理解的典型任务有哪些？请简述相应任务的输入与输出。
5. 简述基于最小描述长度的多实例概念理解的基本原理。
6. 请给出概念理解的典型应用。
7. 概念的属性理解有哪些应用？

参考文献

[1] Ganea, Octavian-Eugen and Thomas Hofmann. “Deep Joint Entity Disambiguation with Local Neural Attention.” EMNLP (2017).

[2] Milne, David N. and Ian H. Witten. “Learning to link with wikipedia.” CIKM (2008).

[3] L. A. Adamic and E. Adar. “Friends and neighbors on the web”. In: Social networks 25.3 (2003), pp. 211-230.

[4] Hoffart, Johannes et al. “Robust Disambiguation of Named Entities in Text.” EMNLP(2011).

[5] Ratinov, Lev-Arie et al. “Local and Global Algorithms for Disambiguation to Wikipedia.” ACL (2011).

[6] Ferragina, Paolo and Ugo Scaiella. “TAGME: on-the-fly annotation of short text fragments (by wikipedia entities).” CIKM (2010).

[7] Globerson, Amir et al. “Collective Entity Resolution with Multi-Focal Attention.” ACL(2016).

[8] Han, Xianpei et al. “Collective entity linking in web text: a graph-based method.” SIGIR (2011).

[9] Pershina, Maria et al. “Personalized Page Rank for Named Entity Disambiguation.” HLT-NAACL (2015).

[10] Guo, Zhaochen, and Denilson Barbosa. "Robust named entity disambiguation with random walks." Semantic Web Preprint (2016): 1-21.

[11] Chen L, Liang J, Xie C, et al. Short Text Entity Linking with Fine-grained Topics[C]//Proceedings of the 27th ACM International Conference on Information and Knowledge Management. ACM, 2018: 457-466.

[12] Cheng, Xiao and Dan Roth. “Relational Inference for Wikification.” EMNLP (2013).

[13] Ganea, Octavian-Eugen et al. “Probabilistic Bag-Of-Hyperlinks Model for Entity Linking.” WWW (2016).

[14] Yangqiu Song, Haixun Wang, Zhongyuan Wang, Hongsong Li, and Weizhu Chen. Short text conceptualization using a probabilistic knowl- edgebase. In IJCAI, pages 2330-2336, 2011.

[15] Dongwoo Kim, Haixun Wang, and Alice Oh. Context-dependent conceptualization. In IJCAI, 2013.

[16] Sun, Xiangyan, et al. "On conceptual labeling of a bag of words." Twenty-Fourth International Joint Conference on Artificial Intelligence. 2015.

[17] Zhongyuan Wang and Haixun Wang, Understanding Short Texts, in the Association for Computational Linguistics (ACL) (Tutorial), August 2016.

[18] Wen Hua, Zhongyuan Wang, Haixun Wang, Kai Zheng, and Xiaofang Zhou, Understand Short Texts by Harvesting and Analyzing Semantic Knowledge, in IEEE Transactions on Knowledge and Data Engineering (TKDE), Volume: PP, Issue: 99, May 23, 2016.

[19] Zhiyi Luo, Yuchen Sha, Kenny Zhu, Seung-Won Hwang, and Zhongyuan Wang, Commonsense Causal Reasoning between Short Texts, in the 15th International Conference on Principles of Knowledge Representation and Reasoning (KR 2016), April 2016.

[20] Peipei Li, Haixun Wang, Kenny Q Zhu, Zhongyuan Wang, Xuegang Hu, and Xindong Wu, A Large Probabilistic Semantic Network Based Approach to Compute Term Similarity, in IEEE Transactions on Knowledge and Data Engineering (TKDE), Volume: 27, Issue: 10, October 1 2015.

[21] Zhongyuan Wang, Haixun Wang, Ji-Rong Wen, and Yanghua Xiao, An Inference Approach to Basic Level of Categorization, in ACM International Conference on Information and Knowledge Management (CIKM), ACM-Association for Computing Machinery, October 2015.

[22] Jianpeng Cheng, Zhongyuan Wang, Ji-Rong Wen, Jun Yan, and Zheng Chen, Contextual Text Understanding in Distributional Semantic Space, in ACM International Conference on Information and Knowledge Management (CIKM), ACM-Association for Computing Machinery, October 2015.

[23] Zhongyuan Wang, Kejun Zhao, Haixun Wang, Xiaofeng Meng, and Ji-Rong Wen, Query Understanding through Knowledge-Based Conceptualization, in IJCAI, July 2015.

[24] Wen Hua, Zhongyuan Wang, Haixun Wang, Kai Zheng, and Xiaofang Zhou, Short Text Understanding Through Lexical-Semantic Analysis, in International Conference on Data Engineering (ICDE), April 2015. Best Paper Award.

[25] Fang Wang, Zhongyuan Wang, Senzhang Wang, and Zhoujun Li, Exploiting Description Knowledge for Keyphrase Extraction, in PRICAI, December 2014.

[26] Zhongyuan Wang, Haixun Wang, and Zhirui Hu, Head, Modifier, and Constraint Detection in Short Texts, in International Conference on Data Engineering (ICDE), 2014.

[27] Sil, Avirup and Florian, Radu. One for All: Towards Language Independent Named Entity Linking. In ACL, 2016.

[28] Tsai, Chen-Tse, and Dan Roth. "Cross-lingual wikification using multilingual embeddings." In ACL. 2016.

[29] Faruqui, Manaal, and Chris Dyer. "Improving vector space word representations using multilingual correlation." Proceedings of the 14th Conference of the European Chapter of the Association for Computational Linguistics. 2014.

[30] HOTELLING, HAROLD. "RELATIONS BETWEEN TWO SETS OF VARIATES*." Biometrika 28.3/4 (1936): 321-377.

第13章 基于知识图谱的搜索与推荐

内容提示 搜索与推荐是知识图谱的两类重要应用，也是当前知识图谱落地的重要形态。本章旨在回答如下问题：知识图谱对于搜索与推荐有哪些独特的价值？如何利用知识图谱改进搜索与推荐的效果？

13.1 概述

搜索与推荐已经成为互联网时代两类重要的信息服务。无论是面向普通客户的互联网应用，还是面向内部员工的企业应用，搜索与推荐都是人们获取信息的两种重要方式。对于很多互联网平台而言，提供高质量的搜索与推荐服务是网站提升用户满意度、增加用户黏性，进而创造更大商业价值的关键。对于企业内部的信息化平台而言，搜索与推荐服务则是释放大数据价值，提升企业内部各工作环节质量与效益的关键。

虽然搜索与推荐是两类具有鲜明特点的不同应用，但从系统服务用户的终极目标来看，二者可视为一体，即都是向用户准确提供其希望获取的对象。这里的对象包括网页、图文资料、电子商品等各类互联网资源。这正是本章将这两类应用放在一起介绍的原因。先看搜索，其任务目标可简要概述为：给定一个查询 q，找出与 q 最匹配的答案 i（在传统的搜索引擎中，返回的答案是网页）。若用 q 表示用户，用 i 表示物品，则该目标就成为推荐的任务目标，即为用户 q 推荐其最感兴趣（或最可能购买）的物品 i。因此，可将搜索与推荐的目标统一地形式化表达为求解满足以下条件的i_o：

$$i_o = \text{argmax}_{i \in I} P(i|\hat{q}, \hat{\imath}) \tag{13-1}$$

公式中的 I 是候选的搜索答案或推荐物品集合，$\hat{q}$和$\hat{\imath}$分别是与 q 和 i 相关的信息（在推荐系统中，一般指用户和物品的画像），$P(i|\hat{q}, \hat{\imath})$则是根据这些信息计算出来的 i 匹配 q 的分值。在后面的内容中，为便于统一描述，常把用户、搜索的答案和推荐的物品等都统称为对象（Object）。如果将$P(i|\hat{q}, \hat{\imath})$视作概率，则其度量了用户 q 点击或购买 i 的可能性。无论是针对搜索，还是面向推荐，$\hat{q}$往往还包括用户的历史行为。用户的历史行为有助于分析用户的搜索意图，把握用户的个性化偏好，这些信息都是完成精准搜索与推荐的前提。

传统的搜索与推荐模型大都基于用户的历史行为来产生结果，从用户的历史搜索、点击、购物、浏览行为中，习得用户行为的统计规律。比如，大部分购买了 A 商品的人也购买了 B 商品[1]，那么当用户 X 购买了 A 之后平台也倾向于把 B 推荐给 X。然而，即便大部分人的行为服从这一规律，对于特定用户 X 而言，他却未必在购买了 A 后还会购买 B。对于不服从统计规律的用户，传统的统计模型只会简单地将其视为异常。

但事实上，任何用户的行为往往有其动机。传统模型由于数据匮乏难以捕捉个体行为背后的动机，只能将群体的行为特征简单地移植到个体上，因此只能提供千篇一律的服务，这样容易抹杀用户或对象的个体特性。虽然也存在大量的个性化模型，但它们也只是在一定程度上细化了统计模型的适用范围，难以改变其使用群体行为特征来服务个体的本质。

基于单纯的统计行为，搜索与推荐在准确性和召回率方面都存在一些局限性，而知识图谱则为突破这些局限性带来了新的机遇。例如，用户时常抱怨

1 在搜索场景下也是类似的，如果大部分用户搜索关键词 A 时都倾向于点击文档 B，那么系统将自动习得 A 与 B 的相关性，从而给予 B 在搜索关键词 A 时较前的排序位置。

搜不到想找的答案或系统推荐的物品并不是自己喜欢的，其原因有以下几点。

（1）用户意图理解难。例如，对于查询关键词“姚明 身高”，传统搜索引擎并不能直接返回用户想要找的答案（2.26m），而是返回一堆包含关键词“姚明”和“身高”的网页。这是因为搜索引擎并没有准确理解用户是想知道“姚明”这个人物实体的身高数值。

（2）精准匹配难。例如，对于一个给自己打了“哲学系学生”标签的用户，系统很难直接根据这一标签为该用户推荐柏拉图、亚里士多德等哲学家的相关内容。这是因为系统缺乏与哲学相关的背景知识，所以难以实现超出字面匹配的语义推荐。

（3）个性化服务难。同样是搜索“排序 算法”，一个数据库开发程序员显然更希望找到一个外存排序算法或者 SQL 的排序代码；而一个内存算法工程师则可能更希望找到内存排序算法。

伴随着大数据技术与应用的发展，平台对于各种对象的理解日益深入，对于理解用户行为背后的动机也日益深入，这些理解在一定程度上可以通过知识图谱来表达。例如，表达画像标签之间语义关联的标签图谱，表达消费动机的电商场景图谱等。由此可以预见，各类搜索与推荐平台将大力发展基于语义知识的新型搜索与推荐模型。基于语义知识的搜索与推荐将成为基于统计行为的搜索与推荐的重要补充，千人千面式的精准搜索与推荐成为可能。

在搜索与推荐系统中，引入知识图谱能够显著提升系统的智能化水平和用户体验，有效解决以上问题及其他各种问题，这主要是因为：

（1）知识图谱有助于完善对象的画像。知识图谱作为背景知识可以丰富和增强对用户及各类互联网资源的描述。而精准、全面的画像则是实现精准的查询匹配（针对搜索）和物品匹配用户（针对推荐）的前提。

（2）知识图谱能发掘查询（用户）与答案（物品）之间的语义关联。语义失配问题的原因往往在于缺失了中间的语义关联链条。比如，为登山爱好者推荐登山杖，就需要通过“登山爱好者—喜爱登山—需要登山装备—包括登山杖”这样的语义链条来关联。

（3）知识图谱能为搜索与推荐提供可解释性依据。搜索与推荐结果的可解释性对于用户是否采信系统的结果十分关键。知识图谱中的符号化知识对用户而言是相对容易理解的。利用知识图谱中的概念、关系、关联路径等实现搜索与推荐结果的解释，是知识图谱为搜索与推荐带来的全新机遇。

（4）为用户的信息探索提供认知框架。为了增加用户黏性，系统在满足用户当前搜索与购物需求的同时，往往还要合理地组织当前结果，积极拓展当前实体的相关信息，这些都需要知识图谱提供认知框架。比如，搜索“柏拉图”，可以按照与柏拉图相关的事件、著作、好友等维度对当前搜索结果或者柏拉图的相关实体进行分类组织，便于用户洞察相关信息。

下面将介绍如何应用知识图谱来改进搜索与推荐系统，尤其是知识图谱在上述几个方面发挥的作用。

13.2 基于知识图谱的搜索

搜索是互联网用户获取网络信息最重要的手段之一，其在整个互联网行业中占据了重要的市场，有着巨大的商业价值。诸如 Google 公司这样的全球高科技龙头企业，其发展早期的核心业务也是搜索。Google 公司还较早地预见到知识图谱与搜索业务关联密切，体现在：一方面，搜索引擎采集的海量网页可以作为知识图谱的数据来源；另一方面，知识图谱又可以大幅提升搜索业务的智能化水平，改善用户体验。因此，Google 公司率先提出了知识图谱的概念并付诸实践，构建了大规模的知识图谱。

本节所讨论的搜索不局限于网页搜索，还包括邮件搜索、电商搜索、App 搜索以及企业内资源搜索等任务，因此下面将相关的搜索引擎、平台、软件等统称为搜索系统。本节主要介绍知识图谱如何应用于搜索系统中，介绍其中的关键问题与相应的解决方案，而并非知识图谱中的搜索技术。知识图谱中的搜索即知识图谱查询，其相关内容已在第 10 章中介绍过。

13.2.1 搜索概述

搜索实际上是一种用户发起的信息检索行为，其过程一般为：用户向系统提交查询（传统搜索引擎的查询一般是关键词查询），在系统接收到查询后，查找匹配查询的内容（如包含关键词的网页），查询结果经过排序后返回给用户。排序的依据除了内容相关性外还包括网页重要性（通常用

PageRank 等度量）。因为用户关心的内容很容易湮没在大量的排序结果中，带来较差的用户体验，因此**搜索直达目标**是搜索平台的核心诉求。

在知识图谱的支撑下，搜索系统越来越智能化，搜索直达目标日益成为现实，集中体现在对搜索意图的准确理解以及对搜索结果的精准匹配上。例如，知识图谱可以帮助系统准确地识别“李娜 赛事”这样的搜索关键词。借助于知识图谱，系统可以理解用户想搜的是网球明星李娜，而不是歌星李娜，从而实现精准的意图理解。另外，通过知识图谱可以识别网页内容中的实体，理解其中的主题，这样系统就会返回网球选手李娜相关的网页，而不是其他李娜的人物网页，从而实现精准匹配。

此外，搜索系统还可以拓展搜索结果，呈现“李娜”的相关实体（如图 13-1（a）所示的百度搜索的结果页面）。在 Google 上还会展示“李娜”知识卡片（如图 13-1（b）所示），以帮助用户了解目标实体的基本信息。这些搜索的相关信息均来自知识图谱，为人们带来了搜索引擎应用知识图谱后的直观感受。

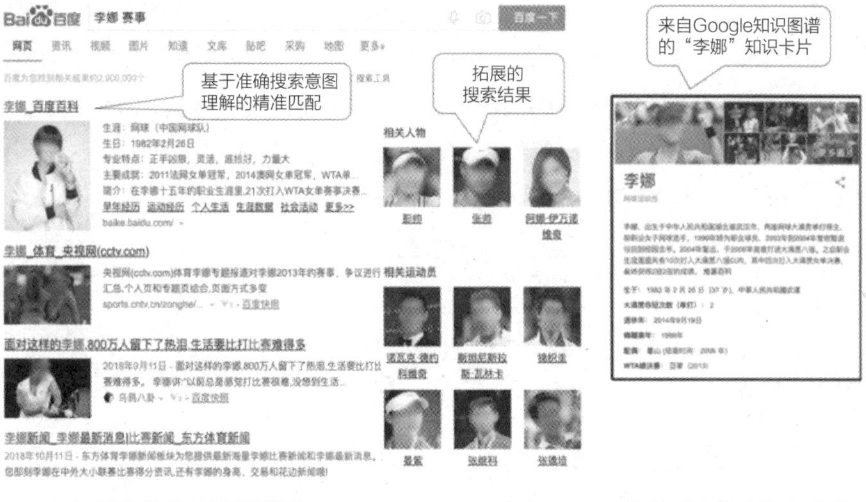

（a）百度搜索的结果页面　　（b）Google 上的“李娜”知识卡片

图 13-1　通过百度和 Google 搜索“李娜 赛事”的结果展现

上述的搜索例子属于**实体搜索**（Entity Search），即搜索的目标是实体及其相关信息，而不再是网页，它是知识图谱在搜索中的典型应用。本节主要结合实体搜索展开基于知识图谱的搜索技术介绍。图 13-2 展示了基于知识图谱的实体搜索的基本过程，主要包括以下四个步骤。

第一步，搜索意图理解。该步骤的任务是确定用户搜索的真实意图，即从用户提交的查询中识别出用户希望查找的目标实体，并为执行下一步工作生成目标实体的查询条件。

第二步，目标查找。在目标实体的查询条件明确后，用查询语句（如SPARQL）或设计某种算法在知识图谱中查找出目标实体及其相关内容，然后返回给用户。

第三步，结果呈现。这是整个搜索流程中的重要步骤。如果目标实体不唯一，就需要对所有结果实体排序后再呈现给用户，排序应该有合理的依据。此外，多个目标实体可能属于不同的类型，或者目标实体的相关结果内容繁杂（例如要展示实体的各个属性），这时还要对结果内容进行合理的分类，有组织地呈现给用户，这样才能给用户提供好的搜索体验。

第四步，实体探索。为了增加搜索结果的多样性，提高商业附加值，增加用户对系统的黏性，搜索系统往往还要呈现目标实体以外的关联内容（一般是相关的实体），这属于实体探索的范畴。例如，搜索“刘德华”，系统除了呈现刘德华本人的相关信息，还可以列出刘德华主演的电影或演唱的歌曲等，这些都是用户可能感兴趣的内容。而对相关内容进行选择时难免会引入噪声，因此，筛选内容并有组织、有结构地展现这些内容，都是在这一步骤中要解决的关键问题。

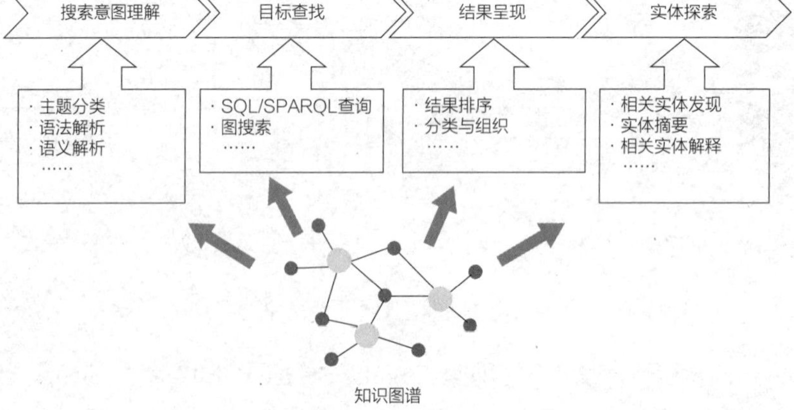

图 13-2　基于知识图谱的实体搜索的基本过程

下面针对这四个步骤涉及的部分技术环节，尤其是知识图谱在其中如何发挥作用，分别进行介绍。

13.2.2　搜索意图理解

准确理解用户的搜索意图是搜索系统要完成的第一个任务，即准确定位搜索的目标。用户的搜索意图总体而言十分复杂，一般而言，用户搜索意图可以分为以下三类[1]。

- 导航类意图：用户想访问的网址。
- 信息类意图：用户想获得的关于某个主题的信息。
- 事务类意图：目的是以网络为媒介的某种活动，如购物、下载互联网资源等。

无论是上述何种意图，都需要根据用户提交的查询来获知用户的搜索目的。用户查询一般是一个或多个关键词，或短语、短句等文本形式。基于搜索关键词的意图理解可视为根据查询文本形成用户意图“理解”的过程。根据“理解”的形式又可分为主题分类、语法解析和语义解析等几类任务。

主题分类的输出是查询的主题，明确用户查找的是什么类型的实体。例如，用户是想查找项目、文件、人物、地点、商品，还是一段代码？对实体搜索而言，主题分类通过对候选的实体类别进行排序来求解。类别排序的依据则是基于给定的查询内容$\hat{q}$计算候选类别 t 的相关度分数$s(t|\hat{q})$。可以利用知识图谱中实体所属的概念、查询文本的上下文词汇等信息计算该分数。

语法解析的输出是查询中关键词的词性标注或者语法修饰关系。不同于问答系统中的对话文本，查询文本往往不符合语法规则，因此正确地标注各关键词的词性，解析关键词之间的语法关系，是理解搜索意图的关键任务，其主要目的是确认查询的核心词（对应目标实体）与修饰词（往往限定了目标实体的属性特征）。

为完成该任务，一般还需要进行查询分割（Segmentation）、关键词标注（Tagging）等 NLP 操作。例如第 12 章中提到的示例，对于一个查询“smart cover iPhone X”来说，“iPhone X”只是修饰词，“smart cover”才是核心词，因此系统返回给用户的应该是手机壳而不是 iPhone 手机。又例如，对于一个查询“java 工程师 上海”，其核心词是“java 工程师”（工作岗位名称），而“上海”则是修饰词。

要让系统做出如此准确的判断，一般需要基于知识图谱设计正确的查询模板（Template）。例如，凡是工作岗位名称和表示地点的名词同时出现，则查询的目标是工作岗位，而地点是用来限定工作岗位所在地的。如果存在大量的标注样本（带词性标注或者修饰关系标注的查询），也可以训练相应的标注模型。一般大规模的搜索平台可以根据用户的点击情况自动生成此类弱标注数据。例如，搜索了“smart cover iPhone X”的用户大部分都在点击手机壳相关的页面，这从一定程度上说明了“iPhone X”是在修饰“smart cover”。

语义解析的输出是查询中关键词对应的语义角色，其比语法解析更加关注查询关键词之间的语义关联。对于每个关键词，首先要明确语义上的类别而不是简单的语法标记（如词性）。例如，在与航班相关的查询“上海 旧金山 航班 直航”中，“航班”是目标，即主题类型，“上海”位置在前，一般是航班的起始地，“旧金山”则是目的地，“直航”则限定了要查询的是非中转航班。一般来说，需要为不同类型的搜索预先定义不同的语义角色及它们之间的修饰关系。比如，为了理解上面的例子，需要定义“起点”“终点”“是否经停”等语义角色，在实际解析时要将关键词映射到相应的语义角色。类似于语法角色标注，可以定义规则，也可以根据标注样本学习语义角色标注模型。

在语义解析中，一个尤为重要的子任务是搜索关键词中的实体理解，包括实体识别与实体链接。实体理解是意图消歧的重要步骤，往往需要借助上下文和知识图谱的信息来消除歧义。例如，当用户查询“乔丹 价格”时，通过“价格”可知这里的“乔丹”是指运动品牌，而不是指一个人物。在明确了这里的“乔丹”是指运动品牌后，才能明确用户的搜索意图是希望了解“乔丹”牌商品的价格。实体识别与实体链接的具体方法在第 12 章中已介绍过，此处不再赘述。

需要特别强调的是，基于搜索关键词的用户意图理解颇具挑战性。首先，查询文本往往不符合严格的语法规则。其次，查询文本往往是短文本，能从中获取的上下文信息比一般的文档要少。知识图谱对于用户搜索意图理解的作用主要体现在其能够帮助搜索系统提高短文本理解能力。因此，第 12 章介绍的基于知识图谱的语言理解相关技术，包括实体链接等，很多都能用于搜索意图理解的任务中。

13.2.3　目标查找

搜索意图理解的结果构成了目标实体查询的条件，接下来需要根据这些查询条件生成查询语句或使用特定的算法从知识图谱中找出目标实体。

最直接的方法是根据查询条件生成 SQL 或 SPARQL 查询语句，然后在知识库或知识图谱中执行查询语句来找到结果或目标实体。关于 SPARQL 查询，已在第 10 章中介绍过，在此不做重复说明。一般的解决方案是根据预先定义的规则模板生成相应的查询语句。近年来，已有一些相关研究专注于从自然语言查询直接生成 SQL 或者 SPARQL 查询语句。

此外，还可以为每类查询条件定制相应的搜索算法，如基于倒排索引的关键词检索就属于这一类。近年来，以知识图谱为信息来源直接提供答案的查询算法也出现了不少。例如，针对查询“上海的 985 高校”，可先在概念图谱（如 CN-Probase）中定位到概念“985 高校”，并检查其下的每个实体（即概念的每个实例），凡是“地理位置”属性的值为“上海”的实体都可作为查询的结果。对于查询中出现的多个概念名，则可以取每个概念下的实体集合的交集作为查询结果。例如，查询“金砖国家 东亚国家”的目标实体应为中国。

13.2.4　结果呈现

结果呈现一般分为两个子任务：结果排序以及结果内容的分类与组织。

当目标实体不唯一时，需要指定排序的原则，来对多个答案（实体）进行排序。常见的实体排序依据包括以下几类。

（1）在知识图谱网络结构中的重要性：通常可以计算结果实体在知识图谱网络结构中的重要性，例如，将 PageRank 值作为实体排序的依据。

（2）实体的流行度：一个实体越流行，越有可能是用户期望看到的实体。实体流行度有多种评估方法，可以用语料库提及该实体的频次，也可以用百科中相应词条的用户浏览次数来评估。

（3）与查询的相关性：例如，对于查询“古希腊的哲学家”，实体“柏拉图”就比“赫拉克利特”更被人们所熟知，因而与查询更为相关。这里的相关性显然可以通过第 12 章介绍的$P(e|c)$（实体 e 对于给定概念 c 的典型性）进行度量。

在实际应用中，往往要综合考虑上述几个依据。例如，对于查询“古希腊的哲学家”（对应一个概念 c），每一个候选实体 e 的排序分值可按照$P(e)P(e|c)$计算，其中$P(e)$体现的是 e 本身的流行度，$P(e|c)$体现的是 e 在 c 的实例中的典型性。

除了结果排序外，对结果内容进行合理的分类与组织也很重要。例如，如果用户搜索“复旦大学”，匹配的内容可能会包括相关人物（如主要领导、知名校友和学者等）、主要机构、历史事件、相关新闻等。如果能将这些信息分类、组织并呈现出来，将十分有利于用户全面了解查询结果，实现该功能的关键是对属性的重要性进行排序，以决定优先展现实体的哪些属性。例如，在高考期间搜索各大学，平台展现大学相关信息时，“历年录取分数线”“优势学科与专业”就比“知名校友”“相关新闻”等更应优先呈现。一般而言，可以针对高频的实体类别（概念）人工设定关键属性，而对于低频的实体类别，则可以基于用户点击日志等挖掘该类别的关键属性。也可以尝试一些摘要生成技术，将相似结果聚类，并生成每个类别的摘要性描述。这些设想目前见诸论文的还不多，但是在很多垂直搜索和企业内部搜索领域有日益旺盛的需求。13.2.5 节将要介绍的实体摘要技术也可以应用在此处。但总体而言，对于搜索结果的分类与组织仍然是一个颇具挑战性的问题。

13.2.5 实体探索

实体探索是实体搜索基本过程的最后一步工作，其目的在于拓展目标实体之外的相关内容并向用户有效地呈现（往往是展现相关实体）。实体探索是提升**搜索多样性**的关键，主要内容包括：相关实体发现、实体摘要（Entity Summarization）和相关实体解释。

1. 相关实体发现

相关实体可视为用户当前搜索意图的一种扩展与延伸，能够延长用户在搜索系统上的停留时间，不仅能提升用户的搜索体验，还有可能进一步创造商业价值。例如，电商领域中的交叉销售与连带销售就是针对用户刚刚搜索完的某种商品，向其展现（推荐）与该商品高度相关的其他商品，这些商品很有可能也会引起用户的兴趣，从而带来新的销售机会。

两个实体的相关性一般体现在两者具有关联关系或相同的概念。一方面，一些实体对可通过某种关系直接关联，例如，人物实体“姜山”通过“丈夫”的属性关系与“李娜”直接关联。另一方面，一些实体对因为有相同的概念而相关，例如，“彭帅”和“李娜”都是“中国网球运动员”，“德约科维奇”与“李娜”都是“网球大满贯冠军”，这些相同的概念决定了搜索“李娜”时，推荐“彭帅”和“德约科维奇”是合适的。此外，两个实体在语料或者搜索会话中高频共现也是两者相关的重要证据。

发现相关实体的任务目标可以形式化地表述为：对于给定的实体 e_s，根据目标实体所属的类型 T，以及目标实体与 e_s 的关系描述 R，找出与 e_s 最相关的目标实体 e。请注意，本节所述的目标实体并非前面所述的搜索目标实体，而是指相关实体发现任务的目标实体，即与用户搜索目标实体相关的其他实体。实际上，该任务可转化成概率$P(e|e_s,T,R)$的计算问题。该概率值由公式（13-2）中右边的三个因子共同决定，计算这三个因子的值即对应了三个工作步骤[2]。

$$P(e|e_s,T,R) \propto P(R|e_s,e) \times P(e|e_s) \times P(T|e) \qquad (13\text{-}2)$$

（1）实体共现的程度$P(e|e_s)$。该值按如下公式计算：

$$P(e|e_s) = \frac{f(e,e_s)}{\sum_{e'\in E} f(e',e_s)} \qquad (13\text{-}3)$$

其中，$f(e,e_s)$是 e 和 e_s 的共现频率，其有两类常见的估算方法。第一类方法是根据两个实体在某个大规模语料库中的共现次数进行估算，适用于搜索系统建设的冷启动阶段（即缺乏搜索日志的时期）。第二类方法是根据搜索会话中两个实体的共现次数进行估算，需要系统日志的支持。用户在搜索过程中，往往会先后使用多个搜索关键词进行搜索，这构成了一个完整的搜索会话。在搜索系统运行一段时间后，统计两个实体（对应两个搜索关键词）在用户搜索会话中的共现次数，该次数能够较好地反映实体间的相关性。

（2）基于类型的相关性$P(T|e)$。基于最大共现值（只使用公式（13-3））选出的实体有时会不符合目标实体所属的类型 T，因此还需要进行类型

过滤。公式（13-2）中的$P(T|e)$代表 e 属于类型 T 的概率，通过它可选出最有可能属于类型 T 的实体。其值可以利用百科词条（实体）文档中的分类信息或者知识图谱中实体与概念间的权重计算得到，例如第 12 章的公式（12-2）。

（3）基于关系的相关性$P(R|e_s,e)$。基于该值可以识别出与关系描述 R 的上下文最一致的 e，具体计算如下：

$$P(R|e_s,e)=\prod_{t\in R}P\left(t|\theta_{ee_s}\right)^{n(t,R)} \tag{13-4}$$

其中，t 是关系描述 R 中的一个关键词，$n(t,R)$是 t 在 R 中出现的次数。而$P\left(t|\theta_{ee_s}\right)$计算如下：

$$P\left(t|\theta_{ee_s}\right)=\frac{1}{|D_{ee_s}|}\sum_{d\in D_{ee_s}}P(t|\theta_d) \tag{13-5}$$

其中D_{ee_s}是同时包含实体 e 与 e_s 的文档集合。$P(t|\theta_d)$是 t 出现在文档 d 中的概率（用于度量 t 与 d 的相关性），具体计算方法可参考文献[2]。公式（13-5）的计算原则是：若在 e 与 e_s 的共现语料中越容易观察到 t，则$P\left(t|\theta_{ee_s}\right)$的值越大。因此，公式（13-4）体现的基本思想是：包含 e 与 e_s 的语料与关系描述 R 越接近，则 e 与 e_s 越相关。

2. 实体摘要

实体摘要有多种展现形式，比较流行的是通过文本和图的形式展现实体的相关信息。

（1）文本式摘要。在维基百科和百度百科这类百科网站中，每个词条页面中的信息框（Infobox）就是一种文本式摘要。这些信息摘要是由互联网用户编辑并经过严格审核的。搜索系统可以直接从中抽取摘要的文字信息反馈给用户。此外，也可以根据文本摘要生成方法[3]从实体相关语料中自动生成摘要。

值得注意的是，实体本身具有的很多属性信息是生成摘要的重要指引。以属性为模板结合实体描述文本自动生成的摘要，对搜索用户更加友好。另外，对于具有丰富属性信息的实体，还要设计相关的属性筛选算法来选出最重要、最相关的属性信息放入摘要中，相关算法可参考本章参考文献[4]。文本式摘要已经广泛应用于通用搜索引擎的知识卡片栏目中（如图 13-1（b）所示）。

（2）图形化摘要。文本式摘要的内容详尽但是形式不够友好，另一种重要的摘要形式是形象、直观的图形化摘要。图形化摘要常用于对相关实体（或概念）进行筛选、分类、组织与展示，与知识图谱的可视化密切相关。图形化摘要的关键问题是，大多数相关实体通常需要经过筛选与组织后才能让用户更好的理解。

有两类解决这一问题的典型思路。第一类思路是针对相关实体进行层次化聚类，并赋予类标签，使得用户可以按照浏览需要逐层探索相关实体。比如，文献[5]利用在线百科中的类别体系对相关实体进行聚类和打标签。第二类思路是针对相关实体与目标实体的相关性进行排序，从而实现一种渐进式（Progressive）的展现方式，BabelNet[1]和 CN-DBpedia[2]的展示系统都采取了这种方式。

例如，图 13-3 是 CN-DBpedia 的 curiosity 系统以图的形式展现的“柏拉图”摘要信息，其中左图展示的是其最相关的实体。通过鼠标在右侧控制条上滑动，用户可以选择展示更多与柏拉图相关的实体，强相关的实体优先展示，弱相关的实体会在用户的控制下逐层展示（见图 13-3 右图）。相关实体的筛选（基于排序结果）可以参照相关度分数（如基于公式（13-2）计算出的概率）。

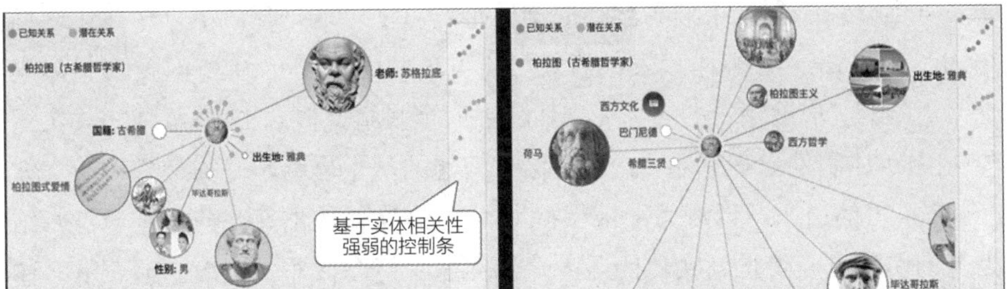

图 13-3　CN-DBpedia 的 curiosity 系统以图的形式展现的“柏拉图”的摘要信息

1　可以访问链接[96]进行体验。

2　可以访问链接[97]中的 curiosity 系统进行体验。

3. 相关实体解释

随着智能应用的进一步发展，仅向用户展现相关的实体已经难以满足用户的搜索需求，对展现结果的合理解释显得日益必要，后者是提高结果的可信度和用户体验的关键。可解释的相关实体发现（即实体推荐）目前还是一个相对新颖的话题，已有一些研究工作利用实体的概念来解释所发现的相关实体。对用户而言，这也是实体探索的一种重要功能。

如图 13-4 所示，假设用户之前已经浏览或搜索过左边的两部手机（对应两个实体），若系统不仅能推荐右边的两部相关手机，而且还能如图中文字说明的那样将四部手机同属的概念“高端商务机”显示出来，作为向用户推荐这些相关手机的一种解释，那么可以显著增加用户对推荐结果的信任度，进而有可能提升后续的点击率或购买转化率。这种实体解释的功能不仅适用于智能搜索，还适用于个性化推荐场合。

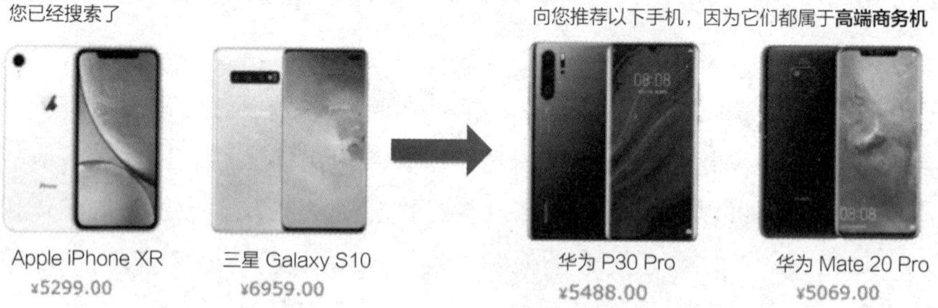

图 13-4　相关手机（实体）的推荐与解释

下面介绍一种基于概念解释的实体推荐算法。这一任务可以形式化地描述为：给定由一组实体代表的查询 q（可理解为用户已经浏览过的实体集合），找出与 q 最相关的实体 e，且产生一个（组）概念 C 能解释相关实体与 q 中实体间的潜在联系[6]。求解这一问题的基本思路是寻找最相关的实体 e，使得 e 的引入可以尽可能地保持 q 中原有实体的语义。问题进一步归结为查询实体以及待推荐实体的语义表示问题。概念分布（用$P(C|q)$表示）作为一种有效的显式语义表示机制，可以用于求解该问题。具体而言，将 e 的查找问题建模为如下优化目标：

$$\text{argmin}_{e\in E-q}\,\text{KL}\big(P(C|q),P(C|q,e)\big) \tag{13-6}$$

公式（13-6）的基本思想是：e 的引入应该尽可能地保持 q 中实体所属的概

念分布。公式中的 KL 散度按照如下公式计算：

$$\mathrm{KL}\big(P(C|q),P(C|q,e)\big)=P\sum_{i=1}^{n}P(c_i|q)\times\log\left(\frac{P(c_i|q)}{P(c_i|q,e)}\right) \qquad (13\text{-}7)$$

其中，$P(c_i|q)$刻画了概念 c_i 能表示 q 中实体语义的程度，可以理解为：给定查询实体集合（在如图 13-4 所示的示例中，q 中的实体是 Apple iPhone XR 和三星 Galaxy S10），人们最容易联想到概念 c_i（如“高端商务机”）的可能性。$P(c_i|q)$是选择可解释概念的依据，其计算要综合考虑概念 c_i 的相对典型性以及 c_i 的粒度，具体计算方法可以参考本书第 12 章。一般而言，一个可解释性强的概念既要能覆盖 q 中所有实体的语义，又最好能具有最细的粒度，从而传达较为丰富的信息。比如，虽然“手机”也是一个能够涵盖 Apple iPhone XR 和三星 Galaxy S10 的概念，但却没有“高端商务机”的信息量丰富。

13.3　基于知识图谱的推荐

本节先针对推荐系统的基本问题与挑战展开论述，然后从物品画像、用户画像、跨领域推荐和可解释推荐等方面分别介绍利用知识图谱改善推荐效果的算法和模型。

13.3.1　推荐的基本问题与挑战

推荐的任务可以形式化地表述为：给定一个用户 u 和一组候选物品（也称为项目或资源）集合 I，为 I 中每个候选物品 i 计算出 u 会喜好 i 的匹配分值，然后根据匹配分值筛选出要推荐给 u 的物品。这里所述的喜好，视具体的推荐场景而表现为购买、点评、浏览等用户行为。若仅需要为用户 u 推荐最相关的物品，则推荐任务的目标可以建模为寻找$i_{\mathrm{o}}=\mathrm{argmax}_{i\in I}P(i|\hat{u},\hat{\imath})$（即将公式（13-1）中的 q 用 u 表示）。若推荐多个物品，则只需根据推荐的物品数 n 将 I 中的物品按照匹配分值的降序取列表的前 n 个。计算物品匹配分值 P 的主要依据是$\hat{u}$，即用户 u 的相关信息。因此，针对不同的用户，推荐模型会产生不同的推荐物品，这正体现了推荐系统的个性化特征。实现千

人千面的推荐不仅是个性化推荐系统的基本要求，也是设计推荐算法最主要的挑战。

1. 基于协同过滤的推荐

目前，各类推荐算法层出不穷，其分类也存在多种标准，常用的一种分类法将推荐算法大致分为基于协同过滤的（Collaborative-filtering-based）、基于内容的（Content-based）和混合的（Hybrid）三大类。其中，基于协同过滤的推荐算法目前应用得最广泛，其基本原理是根据用户之前的喜好或者与他兴趣相近的其他用户的选择来向该用户推荐物品。这类算法又可细分为基于记忆的（Memory-based）和基于模型的（Model-based）两类。无论是哪类协同过滤算法，系统都需要获取用户对物品的历史交互信息（Interaction），包括用户的购买、评分、浏览等行为记录。如果用 behavior(u)表示用户 u 的行为记录，则协同过滤算法所计算的物品 i 与用户 u 的匹配分值 P 可以表示为：

$$P(i|\text{behavior}(u)) \tag{13-8}$$

这类算法对 behavior(u)数据有显著依赖，这导致了以下几个影响推荐效果的关键问题[7]。

（1）冷启动问题。新用户或者新物品在系统中没有充足的历史交互数据可用于对用户/物品间的相似性进行分析，这使得新物品很难被推荐，而对于新用户，系统也因难以获知其兴趣、偏好而无法做出有效推荐。

（2）数据稀疏问题。在一个大型推荐系统（网站）中，不少物品（尤其是比较冷门的物品）并没有或只有很少的用户交互记录，交互数据稀疏使得对这些物品刻画精准画像十分困难，这导致很多基于模型的方法（如矩阵分解）的效果下降。

2. 基于内容的推荐

相比较而言，基于内容的推荐算法则通过对用户的偏好特征（即 $\hat{u}=\text{content}(u)$）和物品的描述特征（即$\hat{\imath}=\text{content}(i)$）进行提取，在特征表示的基础上计算用户与物品的匹配分值，从而实现准确的推荐。虽然这类方法不需要收集用户与物品的历史交互信息，避免了冷启动和数据稀疏问题，但也同样面临着一些挑战。

（1）特征描述问题。很多基于内容的推荐系统利用社会化标签来描述用户与物品的特征，但现实的系统中仍存在大量未标注过的用户/物品，并且不同人对同一事物、概念会产生不同的标签描述，容易引入噪声。此外，音频、视频、图像等多媒体对象往往难以用文字进行直观、简单的描述。

（2）同义/多义词问题。同一物品常常有多个名称，或者同一个条目常常对应多个不同的物品。例如，“十面埋伏”既可以是一个成语，也可以是一部电影、小说，甚至还可以是衍生的游戏、歌曲或剧目的名称。一词多义现象使得系统难以从文字表面准确区分不同的实体，从而造成特征错配与误表，影响推荐效果。

（3）同质性问题。基于内容的推荐算法与基于协同过滤的推荐算法都缺乏推荐结果的多样性。用户往往只能得到与自己兴趣相匹配的物品，推荐给用户的也都是其以前喜好的同类物品（例如给刚刚买过电视机的用户推荐其他电视机，这显然不合理），难以发掘用户未知的新兴趣点（即没有表现在历史交互记录中，但用户实际上会喜好的物品）。

3．基于知识的推荐

推荐算法的核心是用户 u 与待推荐物品 i 的关联匹配，获得 u 与 i 的精确画像是匹配的前提。用户行为特征（behavior(u)）或者用户/物品的内容的特征（content(u)或 content(i)），为提取 u 与 i 的精确画像提供了依据。但是由于数据缺失，用户与物品的画像仍有很大的提升空间。一个直接的想法是补入各类关于用户与物品的“知识”，以弥补原始数据的不足，从而完善用户与物品的画像。因此，这一类被称为基于知识的推荐算法的优化目标可以形式化地表示为：

$$\operatorname{argmax}_{i\in I} P(i|\text{knowledge}(u,i)) \tag{13-9}$$

其中的 knowledge(u,i)是一种广义上的知识。一般来说，与推荐系统中的用户或物品有关的信息都可以理解为知识，例如，用户的社交网络信息、商品目录等。另外，不同的推荐场景和推荐对象涉及的知识是不同的。“基于知识的推荐系统”一词在 2000 年左右就被提出[8]，但是早期推荐算法中的知识无论在规模还是形式丰富性方面都远远不及当前的知识图谱。比如，传统的基于约束的推荐系统通过与用户的交互获知用户对物品的特定需求，将其刻画为约束条件或规则集合。但是，基于与用户反复交互而获得的知识在规模和多样性上都是有限的。

图 13-5 描述了主流推荐算法的基本框架，从中可见各类算法产生的数据为精准刻画用户画像与物品画像所带来的帮助。其中，知识图谱不仅为用户/物品画像提供了精准和丰富的数据支撑，还为准确计算待推荐物品的匹配分值提供了帮助。下面重点介绍基于大规模知识图谱的推荐系统。

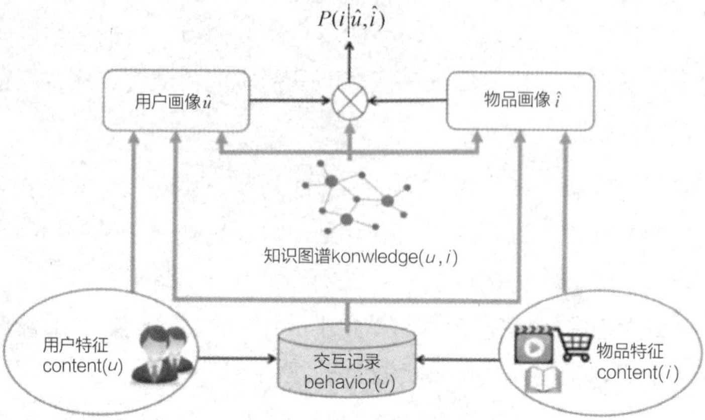

图 13-5 主流推荐算法的基本框架

13.3.2 基于知识图谱的物品画像

本节介绍如何使用大规模知识图谱中蕴含的丰富知识，弥补传统推荐系统中缺失的数据，使物品画像更精确，提升推荐效果。基于知识图谱的物品画像算法分为显式模型与隐式模型两大类。

1. 显式物品画像模型

显式物品画像算法利用知识图谱中实体的相关属性值（如电影的演员、歌曲的歌手、图书的作者等）作为物品的背景知识，用这些知识来判断两个物品间关联程度（或相似度）的强弱。根据相似度计算方法的不同，其可分为：基于属性向量的表示模型和基于异构信息网络的关联模型。下面主要针对电影推荐场景展开介绍，但相关模型同样可以推广到其他类型物品的推荐场景中。

（1）基于属性向量的表示模型

以电影画像为例，这类模型利用电影的属性为每部电影生成一个表示向量[9]。具体而言，对于一部电影 m，先用向量$\boldsymbol{v}_p \in \mathbb{R}^n$来表示其属性 p 的向量，其中 n 是属性 p 中不同取值的总数（如全体演员人数）。这里的属性一般只考虑可枚举属性（如电影的演员、导演和类型），而不考虑数值型属性（如电影的时长）。如果电影 m 在属性 p 上的值是属性 p 值域中的第 i 个值，则其属性向量$\boldsymbol{v}_p$的第 i 维值为 1，剩余维度的值都为 0（多值属性的向量会有多个维度的值为 1）。一般需要借助 TF-IDF 思想为每个维度计算一个更加精细的分值。相应的“TF-IDF”值可以根据属性 p 的特点进行计算。例如，假设电影 m 有一个演员 a，则在 m 的演员属性向量中 a 所对应维度的“TF”值可设为 a 在 m 的演员表中排序的倒数（体现了 a 在 m 中的重要程度），而“IDF”值则可与 a 参演的电影数量（或电影类型数量）成反比。

基于属性向量，两部电影在某属性 p 上的相似度可通过$\boldsymbol{v}_p$的余弦距离进行量化，然后进一步计算一个用户 u 对某部电影 m_i 的喜好评分[9]：

$$v_i = \frac{\sum_{m_j \in M(u)} v_j \mathrm{sim}(m_j, m_i)}{|M(u)|}, \mathrm{sim}(m_j, m_i) = \frac{\sum_p \alpha_p \mathrm{sim}_p(m_j, m_i)}{P} \quad (13\text{-}10)$$

其中，v_j 是用户 u 对电影 m_j 的喜好评分，$\mathrm{sim}(m_j,m_i)$是电影 m_j 与 m_i 的综合相似度，$M(u)$是用户 u 喜欢的电影（根据不同场景可以有不同的认定标准）集合；右式中，α_p 是属性 p 的权重（可通过训练习得），$\mathrm{sim}_p(m_j,m_i)$是电影 m_j 与 m_i 在属性 p 上的相似度（即它们的属性 p 向量的余弦距离），P 则是所有属性的数量。

公式（13-10）体现的算法基本思想是：如果 m_i 与用户 u 评分较高的电影 m_j 相似，则电影 m_i 值得推荐给用户 u；而 m_j 与 m_i 的相似度通过对它们各个属性向量的相似度进行综合计算获得。该思想其实也与基于电影的协同过滤原则一致，但是对电影间相似度的计算不再基于用户评分的历史记录，而是基于电影的属性（即知识）相似度。

（2）基于异构信息网络的关联模型

在知识图谱中，不同电影的实体可能在某个属性上链向同一个实体，例如两部电影可以拥有相同的导演或者演员。图 13-6 展现了电影《战狼 1》与《战狼 2》的电影知识图谱子图（也是包含《战狼 1》《战狼 2》及吴京等演员实体的异构信息网络），从中可以看出两部电影之间存在多条、多种类型的链接路径，这些路径刻画了两部电影之间的关联程度或相似性，可作为刻画电影精准画像的依据。

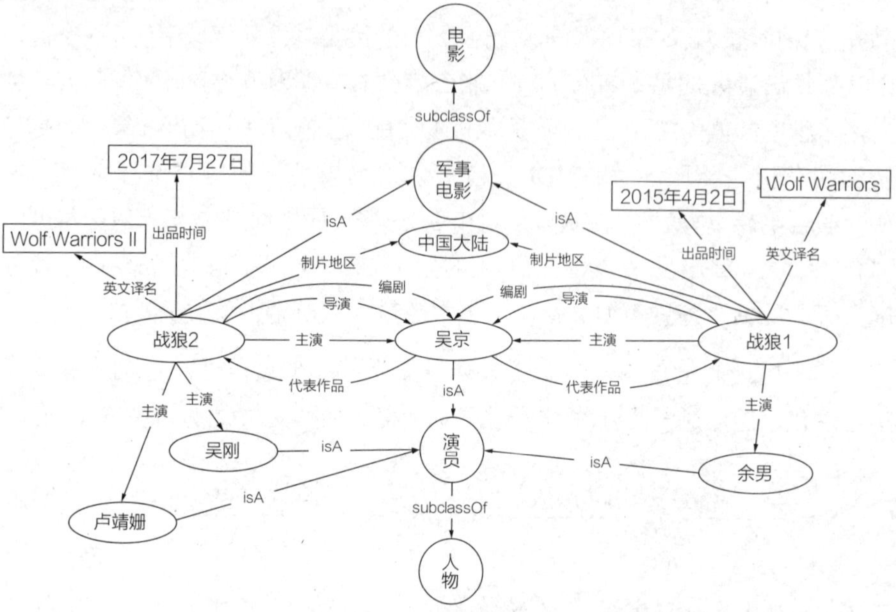

图 13-6　电影《战狼 1》与《战狼 2》的电影知识图谱子图

例如，图中路径“战狼 $1 \xrightarrow{\text{主演}}$ 吴京 $\xleftarrow{\text{主演}}$ 战狼 2”和“战狼 $1 \xrightarrow{\text{isA}}$ 军事电影 $\xleftarrow{\text{isA}}$ 战狼 2”表明电影《战狼 1》与《战狼 2》非常相似，因为它们都是吴京主演的军事电影。因此，向一个看过《战狼 1》的用户推荐《战狼 2》，准确率会很高。关于利用链接路径来度量两个节点相似度的算法思想，已有大量的研究成果，一种简单的方法是使用如下公式：

$$\mathrm{sim}_p(v,v') = \frac{2 \times |S_p(v) \cap S_p(v')|}{|S_p(v)| + |S_p(v')|} \tag{13-11}$$

该公式计算的是两部电影v和v'关于属性 p 的相似度，其中$S_p(v)$表示v在属性 p 上的邻居集合，两部电影的相似度综合了其所有属性上相似度的结果（可像公式（13-10）那样求加权均值）。这种计算电影间相似度的方法本质上是在度量两部电影属性及邻居相互重叠的程度。基于知识图谱的电影相似度计算不受用户观影行为数据稀疏的限制，将其应用于矩阵分解[10]等传统推荐算法后能进一步提升推荐效果。

2. 隐式物品画像模型

上述基于属性向量的显式模型在语义表达能力上仍然存在局限性。比如，两部电影的主演一个是成龙，一个是李连杰，相应的属性向量余弦距离为 0，但根据常识可知成龙与李连杰都是功夫明星，他俩主演的电影作品在主题上往往是很接近的。基于属性向量的物品画像模型还存在稀疏性问题（即向量绝大部分的维度取值为 0）。伴随着深度学习模型的发展，基于低维稠密实值向量的隐式物品画像模型因其具有强大的语义表达能力，得以快速发展。

基于隐式物品画像的推荐算法大都利用某种表示学习（Representation Learning）方法（往往是深度学习模型）将知识图谱中的物品相关知识先表示成向量（常称为 Embedding），再在此基础上进一步生成物品的综合表示向量（即物品画像），然后将其输入深度神经网络中计算出用户与物品的匹配分值，从而实现推荐。

在基于知识图谱的隐式物品画像模型中，两个物品即便没有共同的属性值，但只要潜在关联（比如通过较长的链接路径建立起的多阶联系）足够多，它们的表示向量在向量空间中也有可能很接近，相似的物品因此仍有机会被准确识别出来。下面介绍两类隐式物品画像模型，分别是基于结构特征的图向量（Graph Embedding）模型和基于非结构特征的自动编码器模型。

（1）基于结构特征的图向量模型

这类模型基于知识图谱的结构特征学习图中节点（包括物品与用户节点）的表示向量，这些向量是物品画像的基础。这类模型又可大致细分为基于随机游走的图向量模型和基于距离的翻译模型两类。

在基于随机游走的图向量模型中，最基础的版本是 DeepWalk[11]。其基本思想是，在图中先按一定的规则选择起点发起多次随机游走，在每次随机游走中所经过的节点被认为是与起始节点相关的节点，它们与起始节点一起构成正样本，而其他未经过的节点则经过随机采样构成负样本，最后将正负样本输入 Skip-gram 模型[12]，利用该模型习得所有节点的表示向量。

近年来，在 DeepWalk 的基础上又衍生出很多变种模型，以满足不同场景的要求。例如，在 Metapath2Vec 模型[13]中，每次随机游走必须沿着异构信息网络中的某条元路径（Meta-path），如 P_1= “电影$\xrightarrow{\text{主演}}$人物$\xleftarrow{\text{主演}}$电影” 或 P_2= “电影$\xrightarrow{\text{导演}}$人物$\xleftarrow{\text{导演}}$电影”。因此，该模型习得的电影向量能表征由某条元路径刻画出的电影相似度。例如，在如图 13-6 所示的异构信息网络中，电影《战狼 1》与《战狼 2》基于元路径 P_1 习得的向量能表达这两部电影由共同主演（吴京）所表现出的相似度。这类模型习得的电影节点向量可直接输入深度神经网络模型[14]，用于计算用户与物品的匹配分值，并产生最终的推荐结果。

另一类基于距离的翻译模型则是从 TransE[15]模型演化而来的，是专为知识图谱的表示而设计的模型，在本书第 2 章中已有介绍。这类模型也用于很多基于知识的物品画像任务中，例如文献[16]针对新闻推荐任务设计了一个深度知识推荐网络，通过一种翻译模型（TransD[17]模型）来习得知识图谱中的实体向量，用于表示新闻。

（2）基于非结构特征的自动编码器模型

自动编码器（Auto-encoder）也是一种流行的深度学习模型，常被用于数据压缩、降维和特征提取。自动编码器会尽可能地在输出层重建输入数据，而其中的隐藏层尽管要比输入层和输出层规模小，但其中包含的信息足够代表输入数据的特征，因此可作为表示学习的输出。

除了知识图谱结构化特征所蕴含的知识，互联网上能够刻画物品特征的其他非结构化信息同样可视为物品的相关知识，例如文本、图像等多媒体数据。引入这些非结构化信息可以进一步丰富物品画像的内容，从而解决传统推荐系统中的数据稀疏问题。针对非结构化信息，使用自动编码器可习得其特征表示向量。

文献[18]提出的深度推荐模型框架，其中融合了多种物品表示机制，它使用贝叶斯 TransR 模型（也是一种基于距离的翻译模型）将电影的结构化知识（来自知识图谱）表示成向量，还使用堆叠降噪自动编码器（Stacked Denoising Auto-Encoders，简称 SDAE）将电影评论的文本内容表示成向量，并用堆叠卷积自动编码器（Stacked Convolutional Auto-Encoders，简称

SCAE）将电影海报的图片也表示成向量。然后，将三类表示向量融合成电影的综合表示向量。最后，将其与用户的表示向量一起进行协同联合学习（Collaborative Joint Learning）并实现最终的推荐。

13.3.3 基于知识图谱的用户画像

知识的加入不仅有助于完善物品画像，也利于进一步完善用户画像，13.2 节提及的利用知识图谱准确理解用户的搜索意图，也可视作一种用户画像的完善。本节将介绍一些利用知识图谱来完善用户画像的代表性算法。

1. 基于概念标签的用户画像

标签一般以单词或短语的文本形式呈现，被广泛应用于各类网站与应用系统中的用户描述，包括用户的社会属性、兴趣爱好等特征。标签已被证明是对用户画像简单、直接且有效的刻画方式。用户的标签来源于多种渠道，包括用户注册数据、用户自己打的标签（如对电影或图片的标注），以及利用机器学习算法从用户的行为中挖掘出的标签（如评论的关键词，购买过的商品类型、品牌等）。

利用知识图谱中的同义词/近义词信息、实体的分类（所属概念）和属性等信息可以对已有标签做进一步的补充与完善，从而使画像的标签更加准确、完整、精细。一般而言，知识图谱有助于改善基于标签的画像中存在的以下问题。

（1）标签不准确。例如，一个关于王宝强离婚案的新闻内容中只出现了名字叫“宝强”的人物，而只打上人物标签“宝强”容易产生歧义，借助知识图谱则可以准确识别出新闻中提及的人物是王宝强，因此应该为其打上规范的人物标签“王宝强”。

（2）标签不完整。还是关于王宝强离婚案的新闻，利用知识图谱中的人物关系，可以补充“马蓉、宋喆”等与这一事件关系密切的人物标签，这些补充的标签能为后续的搜索、推荐等任务提供更直接、充分的依据。

（3）标签语义失配。一般来说，越具体的标签对用户或物品特征的刻画能力越强。例如，“篮球迷”标签代表的用户群体过于庞大，不足以精确刻画用户的个性化特征，而“姚明”“科比”这样的标签才能清晰地表明用户是这些篮球明星的粉丝。但是过于精细的标签有时也易造成类似机器学习中的过拟合问题，标签必须进行适当的泛化，才能实现期望的语义匹配。

如图 13-7 所示的例子展示了两个没有共同原始画像标签的用户 A 与 B，但从画像标签中可以观察出两人很相似，这是因为“学生”和“90 后”都是刻画大学生群体的典型标签，“复旦大学”和“上海交通大学”都是上海的 C9（九校联盟）高校，“小米 8 青春版”和“荣耀 9 青春版”都是流行的学生智能手机。两人的原始标签所刻画的用户特征虽然足够精细，但如果只基于两人是否有共同标签来判断两人的相似性，则无法得到令人满意的结果，即标签失配。如果利用 Probase、CN-Probase 等概念图谱中的概念泛化原始的画像标签，则可以发现它们所属的共同概念（见图 13-7 中虚线框上的标签），从而有效解决了原始标签的失配问题。标签泛化可以用 12.3.2 节中介绍的多实例概念理解的算法来实现。

		大学生群体	C9高校	学生智能手机
用户A标签：	男、	学生、	复旦大学、	小米8青春版
用户B标签：	女、	90后、	上海交通大学、	荣耀9青春版

图 13-7　两个没有共同原始画像标签但很相似的用户 A 与 B

上述利用知识图谱改善画像标签的做法，既可以离线处理，直接为推荐系统的用户与物品画像补充标签；也可以在线运行，直接产生缺失的标签。

2．基于深度学习的用户画像

在大多数个性化推荐系统中，用户的偏好都是基于用户曾经喜好的物品推断而得的，因此很多基于深度学习的用户画像模型都是在物品画像的基础上生成用户画像。下面简要介绍两类典型的基于深度学习的用户画像模型。

一类是**针对序列化推荐**（Sequential Recommendation）任务的深度画像模型[20]。序列化推荐的任务根据用户历史上交互过的物品以及交互的先后时间顺序来预测用户接下来会交互的物品，其输入是用户与物品的历史交互序列，其输出是用户下一个要交互的物品。文献[20]所提出的模型结合用户的历史交互记录与知识图谱数据先产生用户喜好的物品表示向量（即物品画像），再将其综合成用户的偏好表示向量（即用户画像），并存入一个**键值对记忆网络**（Key-Value Memory Network，简称 KV-MN）。记忆网络是一种深度神经网络，可存储各种表示向量，并能根据新产生的交互记录及时更新其存储的信息。

另一类是基于兴趣传播的深度画像模型。文献[21]提出的 RippleNet 推荐系统是这类工作的典型代表。其基本思想是：用户的偏好不仅能用其历史上交互过的物品来表征，与这些物品**关联**的其他实体（通过知识图谱发现）也能在一定程度上表征用户的偏好。该模型首先将用户的历史交互物品（对应知识图谱中的某些实体节点）视作用户的原始兴趣，然后通过迭代计算得到用户喜好物品的 K 阶邻居（即知识图谱中通过 K 步跳转可达的邻居）的表示向量。整个过程可视作用户的兴趣传播，距离越远的邻居（即 K 越大）能表达用户兴趣的程度越弱，如同涟漪散开的波纹，该模型的名称由此而来。仍以如图 13-6 所示的电影知识图谱子图为例，一个看过电影《战狼 1》的用户，其兴趣偏好在一定程度上体现在演员吴京和电影《战狼 2》上，因为它们分别是“战狼 1”节点的 1 阶邻居和 2 阶邻居，与电影《战狼 1》高度相关。因此，一个用户 u 的偏好表示向量 $\boldsymbol{u}$（即 u 的画像）可以按照如下公式计算：

$$\boldsymbol{u} = \boldsymbol{o}_u^1 + \boldsymbol{o}_u^2 + \cdots + \boldsymbol{o}_u^K \tag{13-12}$$

公式中的$\boldsymbol{o}_u^i(1 \leqslant i \leqslant K)$表示用户 u 的 i 阶邻居向量，在实际计算中它包含了 i 步可达的邻居信息。

13.3.4　基于知识图谱的跨领域推荐

跨领域推荐是推荐系统研究的一个重要分支，不同领域的异构性（用户不同、物品不同、特征不同等）给跨领域推荐带来了巨大的挑战。如何有效关联异构的表示是跨领域推荐的关键。知识图谱中的丰富背景知识为关联与桥接不同领域的用户与物品带来了全新的机遇。相关的推荐模型不仅能发掘不同领域中各类物品的潜在关联，还能发掘不同领域中异构特征的语义关联，知识图谱的引入主要起到了不同领域间的**关联**与**桥接**作用。下面详细介绍知识图谱在异构领域间的实体关联和特征语义关联这两方面的应用，以及相应的跨领域推荐算法。

1. 跨领域的实体关联

用户的兴趣点（Point of Interest，简称 POI，一般指地理位置）在很大程度上能反映用户的个人偏好，这些 POI 通常作为一类实体存在于知识图谱中。因此，利用知识图谱往往能发现 POI 与用户喜好的物品（如音乐、电影等）间存在潜在关联。例如，文献[22]提出，先利用英文知识图谱 DBpedia 构建了一个丰富的语义网络，包含 POI、音乐家等实体，以及其类别与属性等。然后，通过一种基于图的权重迭代传播算法计算用户所在的 POI 与一些音乐家的相关度，从而为用户推荐音乐家。例如，图 13-8 描述了一个将维也纳国家歌剧院（Vienna State Opera）关联到奥地利籍作曲家 Gustav Mahler 的语义网络，涵盖了建筑的类型、地址、建造时间等信息，以及音乐家的出生年代、逝世地点、作曲风格等信息。该语义网络中从最左边的源头节点（歌剧院）到最右边的目标节点（音乐家）的连通路径是两者存在关联的证据，也是跨领域推荐的重要依据。在整个语义网络中，为了找出最匹配 POI 的音乐家，需要计算所有目标节点（待推荐音乐家）与源头节点（用户 POI）的关联程度，并推荐关联最紧密的目标节点。

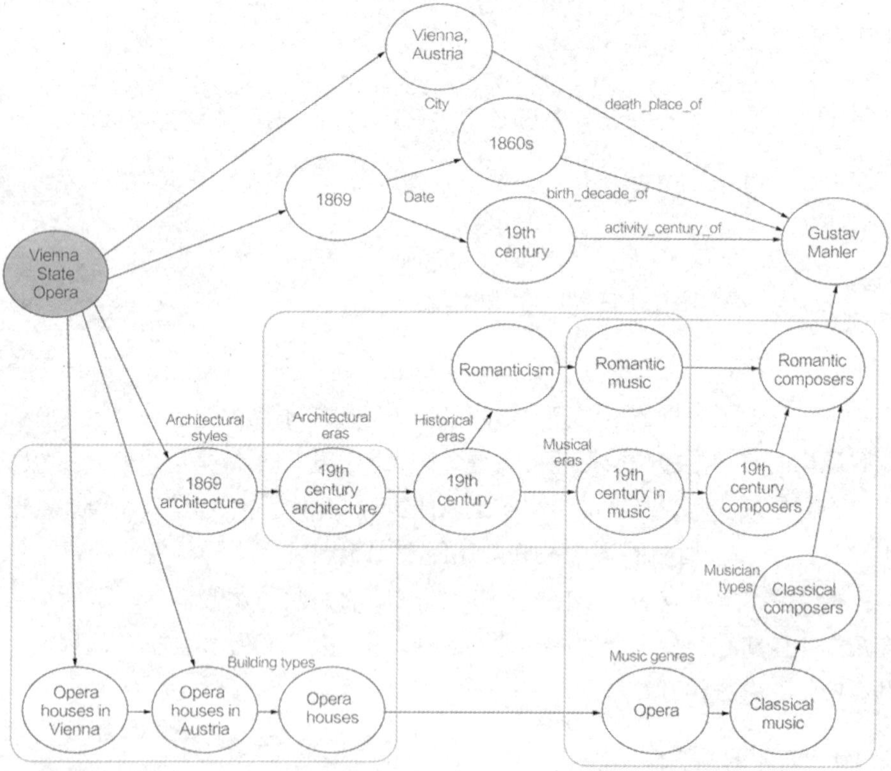

图 13-8　将维也纳国家歌剧院关联到奥地利籍作曲家 Gustav Mahler 的语义网络（摘自文献[22]）

2．跨领域的特征语义关联

很多传统推荐算法需要先找出用户与物品的特征，再基于这些特征之间的相似性来计算用户与物品之间的匹配程度，相似性评估往往要求特征来自同一领域或属于同一特征空间，换言之这些特征必须是同构的。在跨领域推荐的场景中，有一类具有重大应用价值的跨领域推荐任务，即用户与物品分别来自不同领域，例如，为微博用户推荐豆瓣网站上的电影。用户与物品分属于不同领域，各自的特征表示往往也是异构的，这是这类跨领域推荐任务的主要挑战。

图 13-9 展现了微博用户（左）和豆瓣电影（右）的异构标签云，可见微博用户标签主要描述用户的兴趣、星座、职业等，豆瓣电影标签则主要描述电影的类型、国家等，两个领域的标签少有重叠，而它们又都分别是用户与物品最重要的特征表示。这些异构特征使传统的特征相似性算法失效，所以要完成这一类推荐任务，关联异构特征尤为关键。

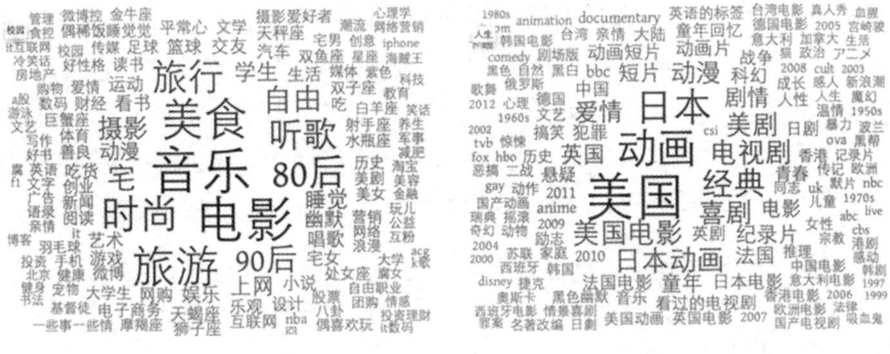

图 13-9　微博用户（左）与豆瓣电影（右）的异构标签云

文献[23]针对这类跨领域推荐任务提出了一种利用知识图谱发现异构特征（即标签）间语义关联并实现推荐的算法。该算法利用百科图谱来计算不同标签间的语义相似度。具体而言，首先将标签映射到百科图谱中的某个实体，标签实体对应的百科词条页面间的超链接可视为标签之间的某种语义联系，这样就构建出了一个由标签实体及其超链接关系构成的知识图谱。然后，在该知识图谱中应用**显式语义分析**（Explicit Semantic Analysis，简称ESA）[24]模型为每个标签实体 i 生成一个语义向量$[c_1, c_2, \cdots, c_E]$（向量的维数是所有实体的总数）。向量每一维的值 c_j（$1 \leqslant j \leqslant E$）刻画了标签实体 i 与

其超链接实体 j 的语义相关度，具体计算方法可参考文献[24]。ESA 模型的设计原则使得具有较强语义关联的两个标签实体的语义向量也会比较接近，因此它们语义向量间的距离（如余弦距离）即可作为两者的语义相似度。

13.3.5 基于知识图谱的可解释推荐

推荐系统（算法）的效果不仅体现在推荐结果的准确性方面，也体现在推荐结果的可解释性方面。推荐结果的可解释性在实际应用中日益受到关注。结果是否可解释往往决定了用户是否会接受推荐结果，因此可解释性成为评价推荐效果好坏的重要因素之一。

已有的可解释推荐系统一般分为两大类[25]。第一类系统注重设计具有可解释性的推荐模型，在设计模型时往往以用户挑选喜好物品的行为机制为出发点，为模型输入更多的可解释特征，使得模型产生的推荐结果具备较强的可解释性。这一类可解释推荐系统占比较高。第二类系统则侧重于为推荐结果寻找可解释的依据或原因，并通过合适的形式展现出来（如显示解释文本），这类系统一般被称为事后（Post-hoc）可解释推荐系统。无论哪一类可解释推荐系统，都会从多个维度寻找物品被推荐的可解释缘由，包括用户/物品的特征、文本信息（包括用户对商品的评论、商品的描述等）、商品的图像信息、用户的社交关系等[25]。知识图谱中蕴含的丰富语义信息也是推荐结果可解释的重要依据，在两类可解释推荐系统中都能发挥作用。

在第一类可解释推荐系统中，应用知识图谱的算法目标可以形式化地表述为：对于给定的用户 u 与物品 i，根据相关知识图谱 KG，计算用户 u 与物品 i 的匹配分值：

$$s(u,i|P_{\mathrm{KG}}(u,i)) \tag{13-13}$$

公式（13-13）表明分值 s 取决于$P_{\mathrm{KG}}(u,i)$，即 KG 中链接 u 和 i 的路径集合。这些路径是设计可解释推荐模型的核心，也是推荐结果可解释的依据。例如，在图 13-6 的示例中，两部电影拥有共同的演员（吴京）及其同属于“军事电影”都是把《战狼 2》推荐给看过《战狼 1》的用户的重要依据，将它们作为重要特征输入推荐模型，可以提升模型的可解释性。前面章节介绍的各类基于知识图谱路径的画像以及用户与物品的匹配，在某种意义上都可视作增强推荐系统可解释性的尝试。

事后可解释推荐系统则倾向于在知识图谱中寻找用户与被推荐物品间的关联路径，并以此作为推荐结果的可解释性依据。文献[26]提出的模型就属于此类可解释推荐模型。首先，将用户、商品、商品品牌、评论关键词等组成一个商品知识图谱，在其中用广度优先算法找出所有关联用户和商品的路径，然后基于路径上每个节点（实体）的向量计算每条路径的分值，最后将分值最高的路径作为结果的可解释性依据展现出来。例如，从如图 13-10 所示的商品知识图谱中可以发现，Bob 以往的商品评论中提到过“iOS”，而其他用户关于 iPad 的评论中也提到了“iOS”，并且 iPad 与 Bob 曾经购买过的某个商品 *i* 都属于 Apple 品牌。Bob 与 iPad 间的这些关联路径可作为 Bob 购买 iPad 的可解释性依据。

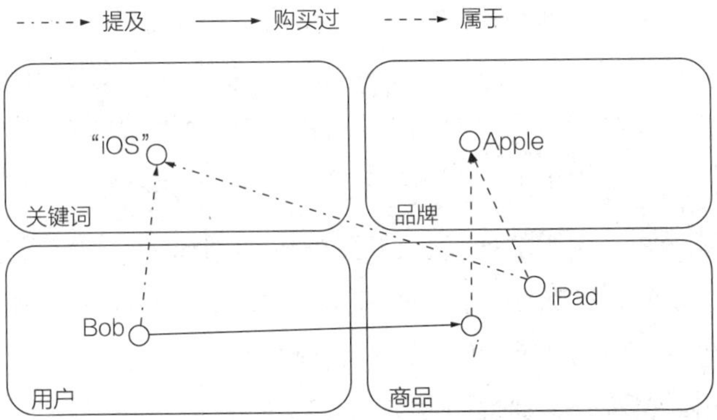

图 13-10　用户与商品间的关联路径被视为可解释性依据

本章小结

本章主要介绍如何应用知识图谱改善搜索与推荐系统。知识图谱在完善对象画像（包括用户画像与物品画像），发掘查询与答案（包括用户与物品）间的语义关联，提供可解释性依据，以及为用户的信息探索提供认知框架等方面发挥了积极的作用，从而显著提升了搜索与推荐系统的效果与用户体验。在介绍基于知识图谱的搜索相关技术时，本章将搜索业务流程分为搜索意图理解、目标查找、结果呈现与实体探索四个步骤，并对每个步骤所涉及的算法和模型分别做了介绍。在介绍基于知识图谱的推荐技术时，则从物品画像、用户画像、跨领域推荐与可解释推荐等角度介绍了相关的模型，涉及传统模型和近年来流行的深度学习模型。

因为篇幅的限制，本章仅选取了具有代表性的算法和模型进行介绍，难免有遗漏之处。例如，文献[27]提出了一种基于学术知识图谱的文献搜索模型。因为该搜索任务的目标是学术文献，而非具体的实体，因此本章并未对其做针对性介绍，但其使用知识图谱的思路与方法值得借鉴。本章在介绍相关算法和模型时，只阐述了基本思想和原理。想进一步了解相关技术细节的读者可以详细参阅本章最后所列的参考文献。

值得注意的是，在工程实践中应用本章介绍的相关技术时，必须深刻理解知识图谱在搜索和推荐等应用任务中能发挥作用的本质原因。相比具体的模型与方法，更重要的是明确在不同的场景下应该利用哪类知识图谱，明确哪些知识可用，以及如何使用这些知识。例如，在本章介绍的基于知识图谱的搜索和推荐技术中，所利用的知识基本上是实体与概念之间的 isA 关系、实体之间的属性共享关系，以及基于这些基础关系进一步发掘出的实体间潜在关联（对应知识图谱中的各种关联路径）。

目前，基于知识图谱的搜索和推荐仍存在不少挑战，仍有一些值得探索的问题。例如，知识图谱中存储的是符号化知识，主流的搜索与推荐模型大都是统计模型（包括深度学习模型），如何将两者有效地融合以最大化地发挥知识的作用，值得深入研究。此外，知识推理与常识理解是知识图谱研究领域十分具有挑战性的开放性问题，相关理论与技术如何用于改善搜索与推荐同样值得学术界与工业界的研究人员关注。

展望未来，我们相信随着机器智能化水平的进一步提升，搜索将会逐渐被个性化推荐取代。正如本章第 1 节概述中提到的，搜索和推荐的任务目标本质上是一致的。随着用户画像的日益全面与精准，用户需要通过搜索关键词来表达搜索需求的场合将越来越少，更多的信息或物品将以平台主动推送的方式传递给用户。越来越多的应用服务在用户登录系统后就能展现千人千面的信息内容，通过用户给出的很少的关键词或者简单的几个点击行为，平台就能精准捕捉用户的需求。我们相信，由平台发起的主动推荐将很快成为信息服务的主流形式之一。

思考题

1. 知识图谱对于搜索与推荐有什么作用？
2. 基于实体的搜索与传统的 Web 搜索有什么区别？
3. 实体搜索的四个主要步骤中各自需要完成哪些任务，各有什么具体的挑战？
4. 搜索意图理解可以分为哪几类任务，有什么区别？
5. 传统推荐算法一般可以分为哪几类，有什么区别？
6. 针对推荐系统中的应用，知识图谱中的知识有哪些表示方法？
7. 知识图谱中的哪些信息可以用作推荐系统的可解释性依据，如何发现这些依据？

参考文献

[1] Broder, Andrei. A taxonomy of web search[J]. ACM SIGIR Forum, 2002, 36(2):3-10.

[2] Bron M, Balog K, Rijke M D. Ranking related entities: components and analyses[C]// ACM International Conference on Information and Knowledge Management. ACM, 2010:1079-1088.

[3] Neto J. L., Freitas A. A., Kaestner C. A. A. Automatic Text Summarization Using a Machine Learning Approach[C]// Advances in Artificial Intelligence, 16th Brazilian Symposium on Artificial Intelligence, SBIA 2002, Porto de Galinhas/Recife, Brazil, November 11-14, 2002, Proceedings. Springer Berlin Heidelberg, 2002.

[4] Yan J, Wang Y, Gao M, et al. Context-Aware Entity Summarization[M]// Web-Age Information Management. Springer International Publishing, 2016.

[5] Xie C, Chen L, Liang J, et al. Automatic Navbox Generation by Interpretable Clustering over Linked Entities[C]// ACM International Conference on Information and Knowledge Management. ACM, 2017.

[6] Zhang Y, Xiao Y, Hwang S W, et al. Entity Suggestion with Conceptual Expanation[C]// Twenty-Sixth International Joint Conference on Artificial Intelligence. 2017:4244-4250.

[7] Sarwar B M. Sparsity, scalability, and distribution in recommender systems[M]. University

of Minnesota, 2001.

[8] Burke R. Knowledge-Based Recommender Systems[J]. 2000.

[9] Noia T D, Mirizzi R, Ostuni V C, et al. Linked open data to support content-based recommender systems[C]// International Conference on Semantic Systems. ACM, 2012:1-8.

[10] Yu X, Ren X, Sun Y, et al. Personalized entity recommendation: a heterogeneous information network approach[C]// ACM International Conference on Web Search and Data Mining. ACM, 2014:283-292.

[11] Perozzi B, Al-Rfou R, Skiena S. DeepWalk: online learning of social representations [C]// ACM SIGKDD International Conference on Knowledge Discovery and Data Mining. ACM, 2014:701-710.

[12] Mikolov T, Sutskever I, Chen K, et al. Distributed representations of words and phrases and their compositionality[J]. Advances in Neural Information Processing Systems, 2013, 26:3111-3119.

[13] Swami A, Swami A, Swami A. metapath2vec: Scalable Representation Learning for Heterogeneous Networks[C]// ACM SIGKDD International Conference on Knowledge Discovery and Data Mining. ACM, 2017:135-144.

[14] Yang D, Guo Z, et al. A Knowledge-Enhanced Deep Recommendation Framework Incorporating GAN-based Models[C]// international Conference on Data Mining. 2018.

[15] Bordes A, Usunier N, Garcia-Duran A, et al. Translating Embeddings for Modeling Multi-relational Data[C]// International Conference on Neural Information Processing Systems. Curran Associates Inc. 2013:2787-2795.

[16] Wang H, Zhang F, Xie X, et al. DKN: Deep Knowledge-Aware Network for News Recommendation[C]// The Web Conference. ACM, 2018.

[17] Ji G, He S, Xu L, et al. Knowledge Graph Embedding via Dynamic Mapping Matrix.[C]// Meeting of the Association for Computational Linguistics & the International Joint Conference on Natural Language Processing. 2015.

[18] Zhang F, Yuan N J, Lian D, et al. Collaborative Knowledge Base Embedding for Recommender Systems[C]// ACM SIGKDD International Conference on Knowledge Discovery and Data Mining. ACM, 2016:353-362.

[19] Sun X, Xiao Y, Wang H, Wang H, et al. On conceptual labeling of a bag of words[C]// International Conference on Artificial Intelligence. AAAI Press, 2015:1326-1332.

[20] Huang J, Zhao W, Dou H, et al. Improving Sequential Recommendation with Knowledge-Enhanced Memory Networks [C]// ACM SIGIR International Conference on Information Retrieval. 2018.

[21] Wang H, Zhang F, Wang J, et al. Ripple Network: Propagating User Preferences on the Knowledge Graph for Recommender Systems[C]// ACM Conference on Information and Knowledge Management. 2018.

[22] Kaminskas M, Fernández Tobías, Ignacio, Cantador, Iván, et al. Ontology-based identification of music for places[M]// Information and Communication Technologies in Tourism 2013. Springer Berlin Heidelberg, 2013.

[23] Yang D, He J, Qin H, et al. A Graph-based Recommendation across Heterogeneous Domains[C]// ACM Conference on Information and Knowledge Management. 2015:463-472.

[24] Gabrilovich E, Markovitch S. Wikipedia-based Semantic Interpretation for Natural Language Processing[J]. Journal of Artificial Intelligence Research, 2014, 34(4):443-498.

[25] Yongfeng Zhang, Xu Chen. Explainable Recommendation: A Survey and New Perspectives. arXiv:1804.11192v4 [cs.IR]. 2018.

[26] Ai Q, Azizi V, Chen X, et al. Learning Heterogeneous Knowledge Base Embeddings for Explainable Recommendation[J]. 2018.

[27] Xiong C, Power R, Callan J. Explicit Semantic Ranking for Academic Search via Knowledge Graph Embedding[C]// The 26th ACM International World Wide Web Conference, 2017.

第14章 基于知识图谱的问答

内容提示 本章介绍基于知识图谱的问答系统关键技术。本章旨在回答如下问题：基于知识图谱的问答与其他问答相比有何优势？如何实现一个基于知识图谱的问答系统？这样的问答系统需要哪些关键技术，实现的主要思路是什么？

14.1 概述

自然语言问答是知识图谱的重要应用之一。本章首先简要介绍问答系统的基本概念，再具体介绍面向知识图谱的问答系统的关键技术，包括基于模板的 KBQA（Knowledge Base Question Answering）、基于图模型的 KBQA 和基于深度学习的 KBQA。

14.1.1 问答系统

问答系统（Question Answering system，QA system）是人工智能的重要应用之一。在维基百科[24]中，问答系统被定义为回答人提出的自然语言问题的系统，其构建涉及自然语言处理、信息检索、数据挖掘等多个领域。问答系统最早可以追溯到 20 世纪 60 年代的 Baseball[1]和 70 年代的 Lunar[2,4]。Baseball 回答关于美国棒球大联盟相关的问题，而 Lunar 回答阿波罗探月工程中岩石的地质问题。它们在各自领域表现良好，例如，Baseball 可以正确回答该领域 90%的问题。自那时起，各类问答系统不断涌现[5,6,7]。

近年来，问答系统受到了工业界的高度关注，成为很多人工智能产品的支撑性技术。2011 年 9 月，由 IBM 研发的 Watson 机器人参加了一档智力问答节目“Jeopardy!”，并战胜该节目的人类冠军，赢得了百万美元大奖。这一事件引起了工业界对于问答技术的高度关注，各大公司先后推出自己的问答系统产品，比如，苹果的个人智能助理 Siri、Google 的个人智能助理 Google Now、微软的虚拟助理 Cortana 以及亚马逊的智能音箱 Alexa 等。

接下来将围绕问答系统的研究与应用价值、问答系统的分类、常见问题类型展开介绍。这些内容是建设基于知识图谱的问答系统的基础知识。

1. 问答系统的研究与应用价值

问答系统的研究与应用价值体现在以下几点。

（1）问答将逐渐取代传统关键词搜索，成为人机交互的主要形式之一，以及人类获取数据与知识的主要入口形式之一。问答系统通过自然语言完成人机交互，对于人类形式友好，有成为新的知识获取入口的趋势。传统搜索引擎公司，比如 Google、百度等，纷纷投入巨大资源研究相应的问答交互技术。随着人工智能等技术的持续进步，以自然语言形式（或者语音）直接完成与数据库或知识库的问答式交互将成为趋势。

（2）问答系统的研究是跨越人机语义鸿沟的重要尝试之一。从技术的角度看，问答系统的构建是语义计算和自然语言处理技术的综合应用，涉及多种自然语言处理技术，例如实体识别、意图理解、答案生成等。其核心在于自然语言形式的问题表示与计算机知识表示之间的映射。这一映射过程是计算机理解自然语言表达的关键，其核心挑战在于计算机和人类在语义表达方式上的巨大差异。人类的自然语言表达往往是模糊的、多样的、不精准的，而计算机则采用明确的、结构化形式的表达。问答系统的研究与实现，有助于缩短和跨越这一语义鸿沟。

（3）问答系统是检验机器智能的重要方式之一。问答系统是著名的人工智能测试——图灵测试——的核心手段。在计算机之父 Alan Turing 所设计的图灵测试中，人类测试者与被测试者相互隔离，人类测试者通过键盘等装置向被测试者随意提问。如果在相当长的一段时间内，人类测试者无法根据这些问题判断被测试者是人还是计算机，则可以认为被测试计算机具有与人相当的智能水平。因此，从图灵测试的角度而言，问答能力是机器智能的重要体现。

2．问答系统的分类

问答系统有多种分类方式，比如基于不同的知识源和不同的问题类型等。本节主要采用基于知识源的分类方式。

如图 14-1 所示，基于知识源可以将问答系统分为基于非结构化知识源和基于结构化知识源两大类。基于非结构化知识源的问答技术主要包括单文档阅读理解（Single-document Reading Comprehension）和多文档阅读理解（Multi-document Reading Comprehension）。单文档阅读理解是从单一文档中寻找答案，而多文档阅读理解则是从多个文档中检索答案，侧重于跨文档的推理。基于结构化知识源的问答包括基于关系型数据库的问答（Relational DB oriented QA，RQA）和基于知识库的问答（KBQA）。本书所涉及的知识库就是知识图谱。若无特别指示，本书提到的“KBQA”就是指基于知识图谱的问答。知识图谱提供了多元异构知识的统一表示，通常表示为一个巨大的三元组表格。因此，KBQA 是通过单一表格来做出回答的。而基于关系型数据库的问答则是跨表的问答方式，问答系统需要理解多表之间的关联。

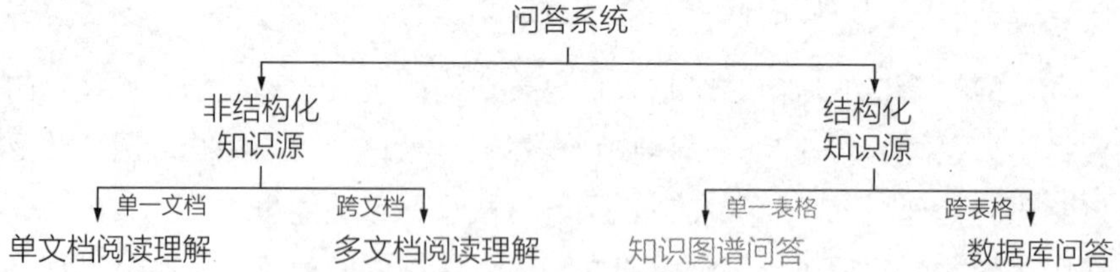

图 14-1　基于知识源的问答系统分类

3．常见问题类型

问答系统中几种典型的问题分类如下。

- 事实型问题。关于实体特定事实的询问，比如“When was Barack Obama born?”“Who is the wife of Barack Obama?”“Where was

Barack Obama born?”等。

- 是非型问题。关于某一陈述是否成立的询问，回答一般为是（yes）或否（no），比如“Is Beijing the capital of China?”。
- 对比型问题。关于两个实体的对比，比如“Which city is larger, Shanghai or Beijing?”。
- 原因/结果/方法型问题。关于某一事件的原因、结果或方法的询问，答案往往是一句或者若干句相关陈述，比如“How to open the door?”“Why summer is hotter than winter?”等。
- 观点型问题。对于某一事物观点的询问，比如“What is Chinese opinion about Donald Trump?”。
- 对话型问题。包含若干段连续的问答对话，比如用户与办公助理的对话[21]：

> 用户：I need to find out the time and parties attending my appointment.
>
> 智能助理：I have 3 appointments scheduled, with Alex, your sister, and Jeff. Which are you referring to?
>
> 用户：I want to know about the one that Alex is joining me at?
>
> 智能助理：That optometrist appointment is at 4 pm.

除了原因/结果/方法型问题和观点型问题，其他类型问题都是在询问某一客观事实，答案通常唯一。这类客观问题以**事实型问题**为核心。对于是非型问题“Is Beijing the capital of China?”，事实型问题“What is the capital of China?”是其回答的基础。若该事实型问题的答案为“Beijing”，则相应的是非型问题的答案显然为“Yes”。而对于对比型问题“Which city is larger, Shanghai or Beijing?”，必须先回答事实型问题“How large is Shanghai?”和“How large is Beijing?”，这是回答该对比型问题的前提和基础。因此本章重点讨论事实型问题。事实型问题也是问答系统研究、关注最多的问题类型。

14.1.2 KBQA

下面将阐述 KBQA 系统及其方法。本节主要介绍 KBQA 的优势、

KBQA 的工作方式以及 KBQA 的评测。

1. KBQA 的优势

与以文本作为答案来源相比，KBQA 的知识来源有其优势。知识图谱将知识表示为计算机更易理解和查询的结构化知识，而文本则包含了非结构化知识，计算机难以理解和表示。知识图谱也可以表达文本中鲜有表达的知识，比如常识。因此，相对于文本，知识图谱在特定类型的知识覆盖率、知识的结构化程度等方面占据优势地位，因而 KBQA 可以实现更精准、更高召回率的问答。此外，KBQA 还具有以下优势。

（1）为问题的语义理解提供丰富的背景知识。知识图谱中丰富的语义关联使得深入理解问题的语义成为可能。对于纯文本数据，语义理解往往仅限于字符、词法与语法等浅层文本理解，难以形成对于与问题相关的背景知识的理解，也就无法深入理解问题的语义，因此难以准确回答问题。而知识图谱所提供的丰富的背景知识，为问题的语义理解、答案的精准匹配创造了必要条件。例如，对于问题“In which city was President Obama born?”，知识图谱中 Barack Obama 的职务信息 President 为识别该问题问及的实体提供了背景知识；知识图谱中实体 Honolulu 的类型是城市，实体 USA 的类型是国家，这些背景知识使得问答系统可以准确匹配正确的答案 Honolulu 而非 USA。

（2）提供初步的推理能力。知识图谱丰富的结构化知识使得推理成为可能。基于知识图谱的关系推理，问答系统可以回答知识图谱没有直接表达的事实。例如，对于问题“When was Barack Obama’s wife born?”，当使用文本作为问答数据源时，由于文本中缺乏 Barack Obama 和 Michelle Obama 的显式关系表示，因此难以回答这一问题。而在知识图谱中，可以根据 Barack Obama 的关联事实为问题“Who is Barack Obama’s wife?”找到答案 Michelle Obama，并进一步根据 Michelle Obama 的关联事实回答“When was Michelle Obama born?”。沿着知识图谱中的关联事实进行遍历以回答文本很少表达的复杂事实，实现一定程度的问答推理，是 KBQA 优势的重要体现。

2. KBQA 的工作方式

在以知识图谱作为知识源回答问题时，首先需要将自然语言问题转换成知识图谱上的查询语句，这是 KBQA 的核心。例如，对于问题“How many people live in Honolulu? ”，使用如图 14-2（a）所示的关于奥巴马的知识图谱片段，KBQA 可以将问题转换成如图 14-2（b）所示表格上的 SQL 查询语句 `Select value From KB Where subject='d' and predicate='population'` 或 SPARQL 查询语句 `Select ?dateTime Where {Res:Honolulu dbo:population ?dateTime}`，并找到问题的答案。

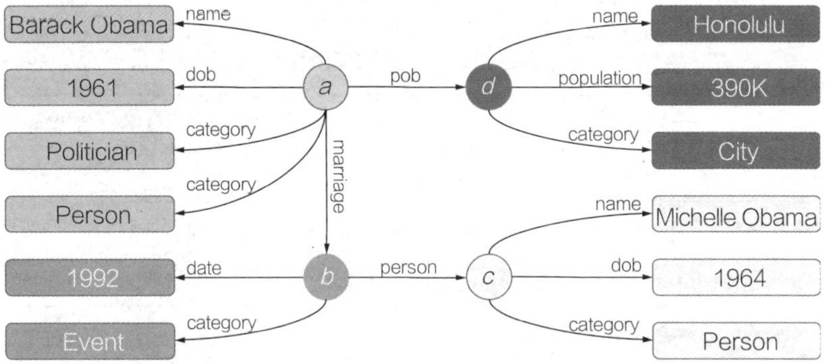

（a）关于奥巴马的知识图谱片段

主　　体	谓　　词	客　　体
a	*name*	*Barack Obama*
a	*dob*	1961
a	*category*	*Politician*
a	*category*	*Person*
a	*marriage*	*b*
b	*date*	1992
b	*category*	*Event*
b	*person*	*c*
c	*name*	*Michelle Obama*
c	*dob*	1964
c	*category*	*Person*
a	*pob*	*d*
d	*name*	*Honolulu*
d	*population*	390*K*
d	*category*	*City*

（b）关于奥巴马的知识图谱三元组表

图 14-2　一个 RDF 知识图谱示例。这里的“dob”和“pob”分别表示“出生日期”和“出生地”。Barack Obama 与 Michelle Obama 之间的“配偶”关系是由多条边表示的，即其是由 *name-marriage-person-name* 等多个谓词组成的复杂关系。

将自然语言问题映射到结构化查询的过程一般包含两个子过程：**实体链接**和**属性理解**。实体链接指的是识别问题所问及的实体并将其链接到知识图谱的相应实体上。例如，表 14-1 中的 Q1 所问及的实体 Honolulu 对应于图 14-2 中的实体 *d*。属性理解是识别问题对应的知识图谱子结构的过程。例如，表 14-1 中 Q1 的属性理解的结果为 population，这意味着只需要用相应实体的属性 population 的值进行回答即可。

表 14-1 自然语言问题及其在知识图谱中的对应关系

自然语言问题	属　性
Q1:How many people are there in Honolulu?	population
Q2:What is the population of Honolulu?	population
Q3:What is the total number of people in Honolulu?	population
Q4:When was Barack Obama born?	dob
Q5:Who is the wife of Barack Obama?	marriage→person→name
Q6:When was Barack Obama's wife born?	marriage→person→name dob[1]

根据实体链接和属性理解的结果，不难构造出相应的结构化查询语句，计算机最终通过对知识图谱执行该结构化查询语句得到答案，并返回给用户。KBQA 的这一典型工作方式如图 14-3 所示。

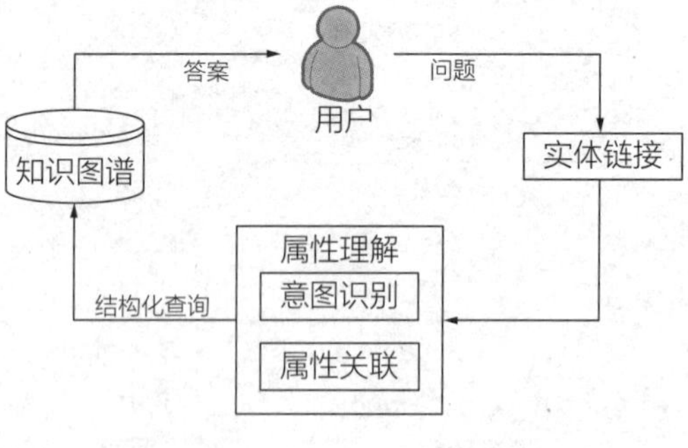

图 14-3 KBQA 的这一典型工作方式

1 这里的问题答案对应了两条路径。第一条 marriage→person→name 用来指向“Barack Obama's wife”，即 Michelle Obama；第二条 dob 则用来指向 Michelle Obama 的出生日期，即问题的最终答案。

关于实体链接部分的内容，可以参考本书第 12 章的专题论述。本章专注于阐述属性理解的相关技术。属性理解需要解决两个核心问题：意图识别和属性关联（将问题映射到知识图谱的具体属性上）。接下来将阐述其具体挑战和解决方案。

意图识别　识别实体之后，准确识别自然语言问题的意图是 KBQA 的关键。在与实体相关的事实型问题中，意图识别特指识别问题所问及的实体属性。比如，表 14-1 中的 Q1 是在询问 Honolulu 的人口（population）。意图识别的难点在于如何理解同一意图的不同问题形式以及区别相似问法的不同意图。具体而言，问答系统中的意图识别需要满足以下两点要求。①能够理解相同语义的不同问法。例如，表 14-1 中的 Q1 和 Q2 在字面上差异很大，但都是在询问 Honolulu 的人口。②能够区分形式上接近但意图不同的问题。例如，“北京的外来人口有多少”和“北京的常住人口有多少”的语义是完全不同的，虽然这两个问题仅有一词之差。意图识别通常通过特定的问题表示来完成，例如将问题表示为不同的模板、图或向量，我们将在后续章节深入讨论这一问题。

属性关联　在明确问题的意图之后，系统需要找到这一意图对应的知识图谱属性。例如，在表 14-1 中，Q1 可以通过实体在知识图谱中的属性 population 进行回答。属性关联的挑战在于知识图谱知识表示和问题表示之间存在巨大差异。这种差异体现在两个层面。一是自然语言与知识图谱在词汇层面上的差别。比如，知识图谱中的谓词“*population*”在自然语言中会以“how many people live in”的形式来提问，仅仅根据词汇特征很难建立起它们之间的语义相关性。二是语义表示结构上的差异。知识图谱的模式是人工设计的，设计模式时首要考虑的因素是对于异构知识的统一管理。这使得自然语言中十分简单、自然的表达在知识图谱中可能采取十分复杂的形式。比如，在图 14-2 中，Barack Obama 与 Michelle Obama 之间的“配偶”关系是由多条边，即其是由 *name-marriage-person-name* 等多个谓词组成的复杂关系。文献[12]发现，在某些知识图谱中，超过 98%的自然语言问题需要匹配知识图谱中的复杂结构才能回答。因此，需要谨慎处理从问题到具有复杂结构的属性的映射。

本章将 KBQA 方法分为基于模板的方法、基于图模型的方法和基于深度学习的方法。基于模板的问答方法出现于 20 世纪 60 年代，早期方法主要通过人工配置文法、语法规则回答特定领域的问题。这类方法具有较高的可解释性和可控性，但要消耗大量人力标注成本，普适性较差，难以适用于大规模应用（特别是通用领域）。近些年，出现了一些基于学习的自动模板抽取方法[12]，降低了模板方法所需的人力标注成本。图模型的方法用图来表示问题中的短语与知识图谱的关联。图模型具有较强的表达能力，能够将各类要素进行统一建模，因此更具普适性。另外，图模型也有一定的可解释性和可控性。随着深度学习技术在自然语言处理应用中的普及，深度学习也逐渐成为 KBQA 系统的主流方法之一，并且其在一系列相关评测数据集上取得了较好的性能。但是，深度学习方法在可解释性和可控性等方面仍然存在缺陷。本章将分别在 14.2~14.4 节详细介绍这几类方法。

3. KBQA 的评测

KBQA 是一个综合性强的任务，需要建立完整的评测体系以不断推动技术的进步。首先，需要设计合理的评测指标，以客观、量化的方式对问答系统的性能展开评估。其次，需要建设合理的评测数据集。自然语言问题复杂多样，不同的评测数据集往往侧重评测问答系统不同侧面的能力。因此，需要建立合理的评测数据集以客观地评估问答系统在各类自然语言问答任务上的能力。

KBQA 模型（或系统）的常见评测指标如下。

（1）精确率（Precision）。KBQA 模型（或系统）对评测数据集中的每个问题预测答案，精确率为正确预测出答案的问题数与总问题数的比值。

（2）召回率（Recall）。有一些问题可能存在多个答案。例如，问题“北京有哪些山？”存在多个答案。因此，还需要评估 KBQA 模型召回完整答案的能力。召回率为正确预测的答案个数与问题答案总数的比值。

（3）路径精确率。如前面所述，将问题映射到知识图谱中的某个三元组或具有复杂路径的三元组是 KBQA 的关键。路径精确率用于评测这一关键环节的准确性。路径精确率是正确做出谓词路径映射的问题数与总问题数的比值。路径精确率能够相对客观地反映问答模型自身的准确性，而单纯的精确率有时还取决于知识图谱本身的正确性和完整性。

（4）F1 值。KBQA 模型的总体性能通常使用 F1 值对精确率和召回率进行综合评价。通常对测试集中的每个问题求得相应的 F1 值，其典型形式为 $\frac{2\cdot p_i\cdot r_i}{p_i+r_i}$，其中$p_i$、$r_i$分别表示精确率和召回率。最终，可以在每个测试问题的 F1 值基础上得到整个测试集的平均 F1 值，以评估 KBQA 模型的最终评估标准。F1 值的具体公式如公式（14-1）所示，其中N为整个测试集中的问题数。

$$\mathrm{F1}=\frac{1}{N}\cdot\sum_{i=0}^{N}\frac{2\cdot p_i\cdot r_i}{p_i+r_i} \tag{14-1}$$

KBQA 模型（或系统）的典型评测数据集如表 14-2 所示，具体介绍如下。

（1）QALD（Question Answering over Linked Data）是针对关联数据（Linked Data）问答的一系列评测竞赛，每年发布新的竞赛任务。每个任务有不同的侧重点。例如，QALD7 侧重于基于 DBpedia 的多语言问答任务、混合问答任务、基于 RDF 的大规模问答任务、基于维基百科的英文问答任务。每个任务一般包括 50 至上百个训练和测试数据。

（2）WebQuestions[19]是斯坦福大学于 2013 年发布的问答数据集。该数据集来自 Google 搜索引擎上的用户问题。从人工定义的少量种子问题出发，通过 Google Suggest API 获取相关问题，按照广度优先遍历的方法逐步获得更多的相关问题。该数据集使用 Freebase[1]作为知识库。每个问题都以一个疑问词开始，且仅包含一个实体，答案则通过在 Amazon Mechanical Turk 上发布众包任务获得。该数据集包括 3778 个训练问答对样本和 2032 个测试问答对样本，每个样本包含问题陈述、目标值、页面链接等三个部分。

（3）WebQSP（WebQuestions Semantic Parses Dataset）[22]是由微软在 2016 年发布的数据集。它对 WebQuestions 数据集做了扩展，对 WebQuestions 中可利用 Freebase 回答的问题添加了人工标注的语义解析结果（也就是 SPARQL 查询语句）。其中，为 4737 个查询语句添加了完整的语义解析，为剩余的 1073 个不能有效解析的问题则添加了部分标注，使模型学习过程可以得到来自语义解析的指引。

1　Freebase API 目前已不可用，但可于链接[98]下载数据。

（4）SimpleQuestion[23]是由 Facebook 发布的大型问答数据集。这一数据集包括 108 442 个人工标注的英文自然语言问题及其对应的来自 Freebase 的三元组。

（5）NLPCC 是由中国计算机学会主办的中文信息技术专业委员会年度学术会议。该会议在 2017 年发布了中文 KBQA 测评任务，训练样本的形式为问题及其对应的答案，训练集共包括 24 479 个问题及其对应的答案。这一任务同时提供了相应的知识图谱以及自然语言问题到知识图谱实体的映射表，该知识图谱包含 600 多万个实体和 4000 多万个三元组。

表 14-2　KBQA 模型（或系统）的典型评测数据集

数据集	作　者	数据类型	规　模	URL
QALD 系列	ESWC workshop、ISWC workshop、CLEF促进会的问答实验室	基于DBpedia的多语言问答任务、混合问答任务、基于RDF的大规模问答任务，以及基于维基百科的英文问答任务等多种任务	50至上百个训练和测试数据	参见链接[69]
Web-Questions	斯坦福大学	Google用户搜索的问题，及其在Freebase上的答案	3778个训练问答对样本和2032个测试问答对样本	参见链接[70]
WebQSP	微软	对 WebQuestions 数据集加入了人工标注的语义解析	4737个带有完整的语义解析查询语句的样本，1073个带有部分标注的样本	参见链接[71]
Simple-Question	Facebook	人工标注的问题及其在Freebase上对应的三元组	108 442个问答对样本	参见链接[72]
NLPCC	中国计算机学会中文信息技术专业委员会	人工标注的中文问题，及其在中文百科图谱上的回答。作者同时放出了对应知识图谱的数据	24 479个问答对样本	参见链接[73]

14.2　基于模板的 KBQA

基于模板（Template）的属性理解方法，通常通过将自然语言问题匹配到人工定义的模板来完成意图理解，人工标注每个模板所对应知识图谱中的属性来完成属性关联。基于模板的 KBQA 的优点是，模板（或规则）可解释、易理解、可人工编辑，因此具有较好的可控性；缺点是，人工定义的模板数量有限，难以覆盖表达多样的自然语言问题。在实际应用中，可控性是应用落地的强需求之一，工业界往往不惜花费大量人力来标注更多的模板来表达多样的自然语言语义，基于模板的 KBQA 因此得以广泛应用。表 14-3 给出了模板分类及其示例。

表 14-3　模板分类及其示例

模板分类	示　例
概念模板	$c_{1=}$ *capital*$country*　（询问国家的首都） $c_{2=}$ *population*$location*（询问地区的人口） $c_{3=}$ *length*$river*　（询问河流的长度） $c_{4=}$ “Which philosopher wrote $book？”（询问哲学著作的作者）
句法规则	S → NP || VP NP → Det || N VP → V || N Det → which|who N → philosopher|scientist V → wrote|created|invented N → republic|Luceion

14.2.1　基于模板的意图识别

本节将介绍两类代表性模板：概念模板和句法规则。

1．概念模板

概念模板将意图表达为包含单词概念的正则表达式。例如，在表 14-3 中，“$c_{1=}$*capital*$country*”是询问国家首都这一意图的概念模板。任何先出现单词 capital，后出现概念$country 的实体（任意国家，例如 China）的

问题都能匹配 c_1，并对应询问国家首都这一意图。例如，问题“Which city is the capital of China?”或问题“What is the capital of China?”均匹配 c_1，因此都是在询问国家的首都。概念模板定义简单，但是缺乏对问题句法结构的限制，因此难以理解复杂问题。

2．句法规则

句法规则规定了特定意图下自然语言问题的生成方式。一套句法规则可以生成多个句子，而每个可以由该句法规则生成的句子都被认为匹配该规则，因此具有相应的意图。常见的句法规则的定义操作包括“定义为（→）”“串联（||）”“或（|）”等。例如，在表 14-3 中，句法规则表达了询问作者的意图，其中“NP → Det||N”表示 NP（名词）短语被定义为限定词 Det[1]串联名词 N。而Det → which|who表示 Det 被定义为单词 which 或单词 who。由于“或”操作的存在，表 14-3 中的句法规则可以生成多个不同的问题。例如，问题“Which philosopher wrote republic?”和问题“Which scientist created Luceion?”都可由表 14-3 中的句法规则所生成，它们对应的意图是作品的作者。句法规则将问题的句法结构引入规则中，从单词和句法两个角度定义模板，因此可以为复杂问题定义模板。但是，句法规则缺失问题的语义信息，表达能力仍然有限。

上述概念模板和句法规则通常由专家人工构造。这一做法可控性强，但专家能够构造的模板或规则是有限的，难以覆盖不同的问题意图。人工构造的规则的表达能力也往往存在缺陷，难以涵盖某一意图的所有问题实例。因此，基于人工模板的做法往往用于领域问答，或者用于高频问答。

为了突破人工构造模板的局限，研究人员提出了自动化的模板学习方法[12]。也就是，利用大规模问答语料中的问题，使用本书第 12 章介绍的实体概念化技术，对具有相似问法的问题进行实体识别和实体概念化[10,11]，生成相应问题的概念模板。比如，如图 14-4 所示的问题都符合“How many people live in $ENTITY?”[2]的模式，且$ENTITY 都可以利用概念图谱（英文概念图谱 Probase 中包含有 Shanghai isA City 以及 Beijing isA City 等知识）概念化为$city。因此，可以得到其语义模板“How many people live in $city?”。还

1 Det 为限定词（Determinative）的缩写。

2 $ENTITY 为模式所代替的字符，对应图 14-4 问答语料问题中带下画线的字符。

可以进一步地将模板中的其他单词进行泛化，提升模板的匹配能力。自动化学习极大地降低了模板构造所需的人力成本。

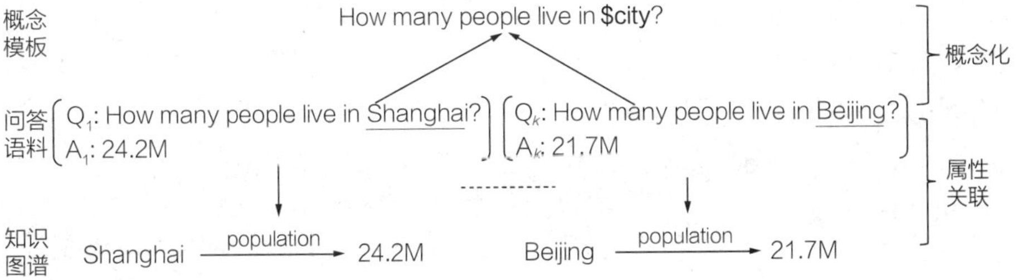

图 14-4 基于语义模板的属性理解

14.2.2 基于模板的属性关联

在识别了问题的意图之后，回答问题仍需要进行属性关联，也就是将意图与知识图谱中的属性或者复杂谓词路径进行关联。最直接的方法是，人工标注每个模板对应的属性。例如，可以直接指定表 14-3 中的概念模板意图 c_1 为知识图谱中定义在国家概念下的首都属性（比如 CapitalOf）。人工标注的优点在于准确率高、可解释和可控，但是人工成本较高，难以快速应用于新领域。因此，近期的研究都在关注如何从语料中自动学习意图与属性之间的关联。自动化方法保持了模板本身的可解释性和可控性，同时能够充分利用已经大量积累的问答语料，从而降低人工成本。本节详细介绍基于概念模板的自动化属性理解方法，以及基于此的问答模型。

1. 属性关联

文献[12]提出了一种从问答语料中自动建立概念模板与知识图谱属性关联的方法。其基本思想是，如果符合某个语义模板的大多数问答对所对应的问题实体和答案总是通过知识图谱的某个谓词进行关联，则可以认为这一谓词是该语义模板的属性理解结果。在如图 14-4 所示的属性关联部分中，通过对比问答对与知识图谱，不难发现模板“How many people live in $city?”问题总是对应谓词 *population*。因此，可以建立起模板 t = “How many people live in $city?”与知识图谱谓词 $p = population$ 之间的关联。这一映射过程可以用条件概率$P(p|t)$来表达。

2. 问答模型

在具体的建模求解方面，文献[12] 提出了基于概率生成模型的问答模型。该模型首先在离线阶段学习获得条件概率$P(p|t)$，再以在线运行的方式接收自然语言问题作为输入，识别问题中的实体与相应的概念模板，并从$P(p|t)$获取相应的知识图谱属性。图 14-5 展示了使用该生成模型回答问题 q=“How many people live in Honolulu?”并最终从知识图谱中获得答案“390K”的过程。

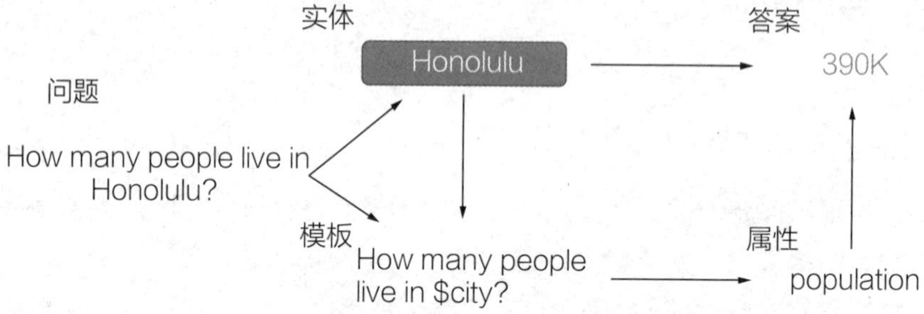

图 14-5　基于概念模板的问答模型示例

从用户的问题 q = “How many people live in Honolulu?”出发，系统首先通过条件概率 $P(e|q)$识别它的实体 e（也就是 Honolulu）。在明确了问题和实体之后，系统根据条件概率 $P(t|q,e)$产生模板 t，这一过程实质上是将实体 Honolulu 概念化为 city 的过程，得到模板 t = “How many people live in $city?”。由于属性 p 仅依赖于 t，系统可以通过 $P(p|t)$来推断 p。最终，给定实体 e 和属性 p，系统通过 v 产生答案值 $P(v|e, p)$。v 可以被直接返回，或是嵌入一个自然语言句子作为答案。基于这个生成模型，可以估计联合分布概率 $P(q,e,t,p,v)$如下：

$$P(q,e,t,p,v) = P(q)P(e|q)P(t|e,q)P(p|t)P(v|e,p) \qquad (14\text{-}2)$$

一旦完成联合概率的建模，问题 q 下的 KBQA 模型即可建模为：

$$\text{argmax}_v P(V = v|Q = q) \qquad (14\text{-}3)$$

也就是求得给定问题 q 的知识图谱中概率最大的答案 v。公式（14-2）的概率可被视作参数，从历史问答数据通过 expectation–maximization（EM）算法估计得到。

14.3　基于图模型的 KBQA

基于图模型的 KBQA 的关键是通过图模型对问题和知识图谱进行建模，并习得从自然语言问题到知识图谱子结构的映射关系。本节先介绍基于监督学习的方法，这一方法直接根据标注样本学习从自然语言问题到知识图谱子结构的映射，然后介绍一类无监督方法，这一方法将自然语言问题与知识图谱用图模型进行统一表示，利用图上的消歧运算实现自然语言问题的语义理解。

14.3.1　监督学习方法

将自然语言问题转化成结构化查询的关键步骤是，理解自然语言问题中各组成部分的语义角色。图 14-6 中识别出“Where was Obama born?”是在询问 Barack Obama 这个实体的 PlaceOfBirth 属性，并且返回的结果类型是 Location。确定问题的语义角色是回答这一问题的关键。这一问题在自然语言处理领域的语义解析（Semantic Parsing）任务中得到了广泛研究。通过预先定义问题可能的概念、属性标签，建立相应的语义解析模型，完成对新问题的理解，这一过程本质上是在学习从自然语言问题到计算机逻辑表达之间的映射。

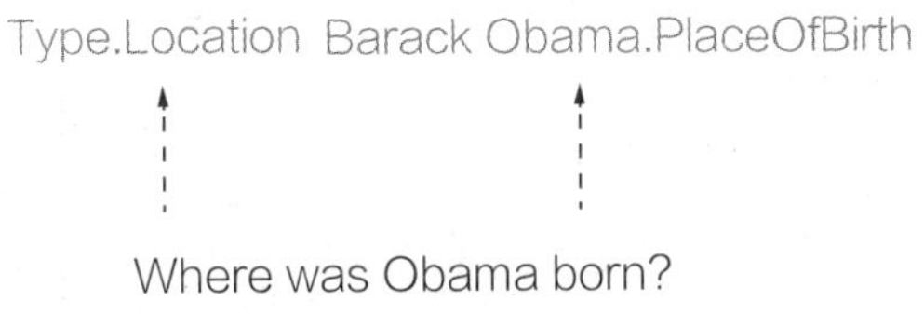

图 14-6　自然语言问题的语义理解

在 KBQA 中，自然语言的语义往往表达为知识图谱中的实体、概念、属性之间的复杂关系。例如，图 14-7 表达了“Where was Obama born?”对应的知识图谱中的子图。显然只有将问题中的“Where”映射到属性“category.City”、“Obama”映射到实体 a、“born”映射到“pob”，才能正确回答出“Honolulu”。因此，更为一般的基于语义解析的 KBQA 方法是，学习从自然语言问题到知识图谱子图的映射。对于每个自然语言问题 q，以及能够回答相应问题的知识图谱子图 d，(q, d)就构成了正样本。例如，如

图 14-7 所示的自然语言问题与相应的知识图谱子图就是一个正样本。任何 $(q, d')(d \neq d')$ 可以构成一个负样本。利用正负样本，文献[19]构建了一个判别模型（Discriminative Model），以从候选知识图谱子图中选择最可能回答 q 的子图。子图 d 能够回答问题 q 的子结构的概率可以通过 Softmax 函数来估计：

$$p_{\theta}(d|q) = \frac{\exp\{\varphi(q,d)^{\mathrm{T}}\boldsymbol{\theta}\}}{\sum_{d'}\exp\{\varphi(q,d')^{\mathrm{T}}\boldsymbol{\theta}\}} \tag{14-4}$$

其中$\varphi(q,d)$表示子图 d 和问题 q 的关联特征，$\boldsymbol{\theta}$是模型参数。使用公式（14-4）可以建模任意的问题和知识图谱的关联特征。文献[19]总结了五大类特征，包括关联型特征（如实体对和属性在文本中的共现特征）、词汇特征（如问题短语和属性的连接词）、文本相似度特征、桥接特征（如文本中实体对通过某一属性相连接的次数）、组合特征（如桥接词的 POS 标签）等。

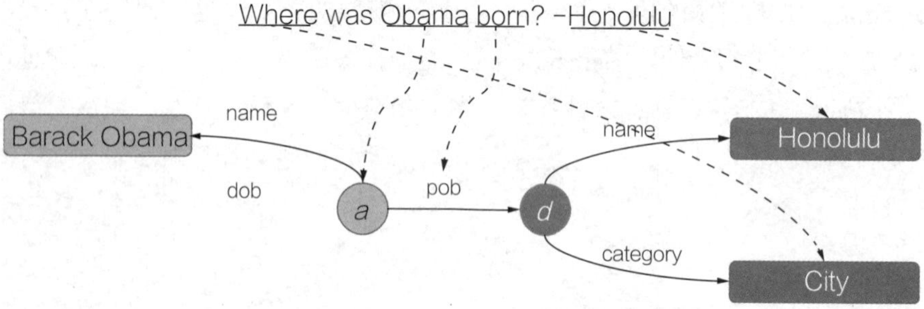

图 14-7　从自然语言问题映射到知识图谱子图的示例

但是，上述方法仍然难以处理复杂问题。比如，对于自然语言问题“柏拉图教授的一个学生，著有《形而上学》一书，请问该学生的出生日期是哪天？”，回答这一问题涉及“?x *StudentOf* 柏拉图”“?x *WriterOf*《形而上学》”“?x *BirthDay* ?y”等多个三元组模式（Triple Pattern）。这些三元组又可能组成复杂的结构。在模型学习阶段，为复杂的自然语言问题标注对应的知识图谱子结构十分困难。在模型应用阶段，需要枚举可能的知识图谱子结构，一一判断其是否匹配问题，子结构的枚举具有指数级复杂度。

监督学习方法在复杂问题回答方面的学习语料的局限性，对基于图模型的无监督方法提出了诉求。一种典型思路是，利用图联合建模自然语言问题和知识图谱，并直接使用图上的计算完成自然语言问题理解。下面详细阐述这一方法。

14.3.2　无监督方法

无监督方法包括两个主要步骤：第一个是**图表示**，即首先使用同一张图统一表示自然语言问题和知识图谱的相关信息；第二个是**图消歧**，即通过图上的消歧算法识别问题所问及的实体、概念或属性，完成自然语言理解。

1．图表示

图表示过程将自然语言问题 q 和知识图谱的相关信息表示到同一张图上，将问题中的文本片段、短语和知识图谱的元素表示为图中的节点，将它们之间的语义关系表示为边。自然语言转化成结构化查询语句的关键在于，将自然语言问题中的成分映射为相应的知识图谱元素。知识图谱核心元素有三类，分别是实体、属性、概念。所以，首先定义一类 s-节点，用于表达知识图谱中的元素，如图 14-8（a）所示。一般自然语言问题包含两个层次的信息，第一个层次是实体、属性与概念在文本中的表达，通常体现为短语，比如，例句中的“柏拉图”指代一个实体、“著有”指代作者关系。这类信息在图 14-8 中用 p-节点表达。另一个层次的信息是由实体、属性、概念等组成的三元组事实，比如，“一个学生著有《形而上学》”表达形如（arg1=一个学生，rel=著有，arg2=《形而上学》）的三元组事实。这类信息在图 14-8 中通过 q-节点表达。

图 14-8 中的边包含以下三类。边的权重通过无须标注数据的相似度计算方法得到。

（1）s-节点之间的语义关联。同一问题所对应的知识图谱元素之间一般有很强的语义关联。在上例中，“形而上学”与“作品”之间显然有着很强的语义关联。知识图谱的实体、属性、概念之间的关联强度可以通过它们在文本语料中的共现次数、它们在给定知识图谱属性下的共现次数等进行度量。最终，在经过消歧的子图中，保留下来的 s-节点之间应该具有较高的语义关联强度。

（2）p-节点与 s-节点之间的语义关联。这类边表示短语（p-节点）表达特定知识图谱元素（s-节点）的可能性。例如，文本中的短语“著有”指代属性“代表作品”的可能性极高。最终，在经过消歧而保留下来的子图中，每个 p-节点只有唯一对应的 s-节点，并且 p-节点与 s-节点之间的关联强度较高。

（3）q-节点与 p-节点之间的关系。这类边表示文本片段与词组是否有关联，不具有权重。这类关系的构造与短语节点的获取方式有关。给定自然语言问题，通过语法依存分析可以识别动词以及主宾成分，例如，可以从文本片段 q_1=“一个学生著有《形而上学》一书”识别出形如（arg1=一个学生，rel=著有，arg2=《形而上学》）的三元组事实。但是在句法分析时，两个 p-节点“一个学生”“学生”都是依存分析树上的可能节点，但 arg1 成分只有一个对应的 p-节点。因此，为 q_1 与其相关的短语构建了三类边 rel、arg1 和 arg2，分别表示相应的短语属于 q_1 的哪个成分。比如，q_1 与“一个学生”“学生”之间的边都是 arg1。最终经过消歧后，为每个 q-节点相应的 rel、arg1 和 arg2 角色只保留一个 s-节点。

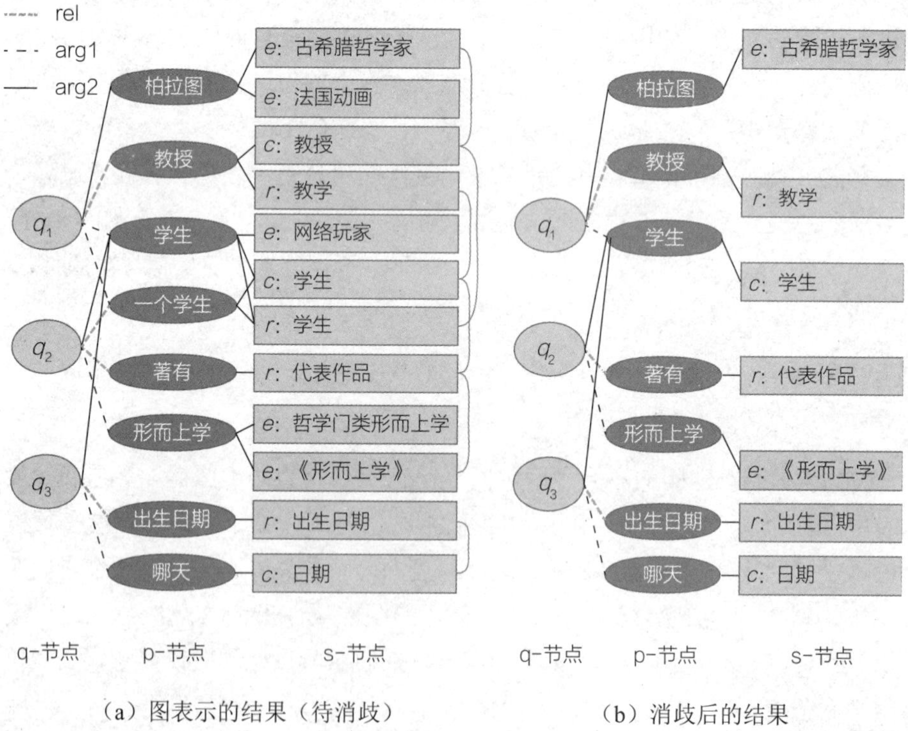

图 14-8　图表示和图消歧示例

2. 图消歧

图消歧过程旨在利用图算法消除原图中存在的歧义，从而建立从自然语言问题到知识图谱元素的明确对应关系。图中的歧义包括以下两部分。一是某个 q-节点的某类角色（rel、arg1、arg2 等三类角色）可能存在多个 p-节点（比如，q_1 对应“学生”和“一个学生”）；二是某个 p-节点可能对应多个 s-节点（比如，“柏拉图”既可能是哲学家也可能是一个动画片）。

图消歧的基本思路是：挖掘满足特定结构约束的最优子图。此处的最优子图通过语义关联强度进行定义。在文献[3]中，该子图分数被定义为该子图不同类型的节点和边的加权和：

$$\max \alpha \sum_{i,j} w_{ij} + \beta \sum_{k,l} v_{kl} + \gamma \tag{14-5}$$

其中w_{ij}为图 14-8 上的问题 p-节点 i 到 s-节点 j 的语义相关度，v_{kl}为 s-节点 k 与 l 之间的语义相关度，α、β、γ为各部分的相对重要程度的调节参数。子图的结构约束为：每个 q-节点对应三个词组（也就是三个 p-节点，分别对应 rel、arg1 和 arg2 角色），每个 p-节点对应一个 s-节点。公式（14-5）的优化问题可以转化为带约束的整数线性规划问题加以求解。图 14-8 中的每条边对应一个取值为 0 或 1 的整数变量，取值为 1 表示该边出现在该子图中，取值为 0 表示该边未出现在该子图中，各种约束都可以表达为相应的量化约束。这样，最优子图的求解就转化为带约束的 0-1 整数线性规划问题。

图 14-8（a）进过消歧计算之后的结果如图 14-8（b）所示。无关的 p-节点（如“一个学生”）被剔除。文本中的每个短语对应唯一的知识图谱元素，从而实现了对问题的理解，为进一步构造结构化查询奠定了基础。

14.4　基于深度学习的 KBQA

深度学习是近年来较为流行的机器学习方法。基于深度学习的 KBQA[20]通常采用端到端的方式，同时建模问题表示和属性关联，直接将问题和知识图谱作为模型输入，并预测属性理解的结果，问题和知识图谱的特征表示以及模型其他参数是同时进行训练的。端到端的问题理解模型避免了人工设计模式或特征。在很多 KBQA 任务上，深度学习都取得了最优的结果。

基于深度学习的 KBQA 有两个关键问题。第一个问题是如何表示自然语言问题与知识图谱。深度学习方法要将符号化的自然语言问题以及知识图谱转化成连续的数值，然后才能参与模型的学习过程。第二个问题是如何选择合理的模型架构。虽然很难给出统一的模型架构选择标准，但是在基于深度学习的 KBQA 中，分类模型与生成模型是两类常见的选择。

14.4.1 表示学习

为了将知识图谱的信息作为背景知识引入神经网络，需要对知识图谱中离散化的符号数据进行向量化。对于 KBQA，知识图谱相关信息包括答案路径、答案上下文以及答案类型等。这些知识图谱信息一般可以直接通过 0-1 向量做离散化表示，也就是构造相应的特征维度，将所有信息表示为有（1）/无（0）的特征值。更为有效的方式则需要表示知识图谱的内部结构（比如由多个谓词构成的复杂路径）信息。考虑某个问题 q（其所问及的实体为 e）以及候选答案 a，KBQA 所涉及的知识图谱相关信息如下。

（1）答案路径指的是知识图谱中答案 a 与问题实体 e 之间的路径。例如，对于表 14-1 中 Q3 的答案路径是 population，而 Q5 的答案路径是 marriage→person→name。尽管不同的答案路径具有不同的形式和长度，为了统一表示，一个答案路径通常被表示为该路径所经过的属性向量之和。

（2）答案上下文指的是答案的邻居节点信息。在第 1 章图 1-1 的知识图谱中，实体“《理想国》”的一步邻居信息包括<《理想国》, *isA*, 书籍>、<《理想国》, 地位, 最具影响力的 20 本学术书之一>、<柏拉图, 代表作品,《理想国》>等。如果上下文信息扩展到两步邻居，则可以进一步包括其作者柏拉图的相关信息，例如，柏拉图的概念信息等。

（3）答案类型指的是答案的概念。在图 1-1 的知识图谱中，答案“《理想国》”的概念是书籍，即其类型是书籍。

值得注意的是，上述三类知识图谱相关信息都是离散的。这里以答案路径为例，阐述如何将这些离散数据加入神经网络。首先，将答案路径表示为 0-1 二元向量的形式，即用 0-1 二元向量 $\boldsymbol{u}_p$ 表示一个答案路径 p。向量 $\boldsymbol{u}_p$ 的每个维度对应一个知识图谱属性，某一维的取值表示路径 p 是否包含对应的属性。例如，路径（marriage→person→name）包含属性 marriage、person、name，则该路径向量相应维度为 1，其他维度为 0。通过引入答案路径向量矩阵 $\boldsymbol{W}_p$，将高维的离散向量降维到低维的连续空间：

$$f(p)=\boldsymbol{W}_p\,\boldsymbol{u}_p \tag{14-6}$$

其中 $\boldsymbol{W}_p$ 的维度一般远小于属性的个数。通过这种方式，答案路径信息被引入神经网络中。类似的，可以对实体、答案上下文、答案类型进行向量化表示。经过向量化表示的各种信息最终作为神经网络的输入之一，为问答提供相应的知识图谱信息。

复杂图结构的向量表示　除了上述信息外，将知识图谱中的复杂结构进行向量化表示后引入深度问答模型中，这也是提升模型效果的重要手段之一。复杂图结构通常被表示为组成该结构的实体或属性的向量之和。例如，长度大于 1 的问题实体到答案的路径是一类常见的复杂图结构。问题实体到答案的路径信息包括该路径的左右（即问题实体和答案）端点，以及路径经过的属性向量之和。对于长度为 l 的路径，问题实体到答案的路径被表示为头尾两个实体与 l 个属性的向量之和。例如，在第 1 章图 1-1 的知识图谱中，从“柏拉图”到“书籍”的路径向量（包含两个端点）可表示为：

$$\begin{aligned}&\text{Emb}(<\text{柏拉图},\ \text{代表作品-}isA,\ \text{书籍}>)\\&=\text{Emb}(\text{柏拉图})+\text{Emb}(\text{代表作品})+\text{Emb}(isA)+\text{Emb}(\text{书籍})\end{aligned} \tag{14-7}$$

其中，Emb()是相应元素的向量表示。而单一实体或谓词的向量计算可见本节的前半部分内容。

14.4.2　分类模型

在使用分类模型解决 KBQA 问题时，一种直接的方式是使用自然语言问题表示作为输入，将其分类到知识图谱的相应属性上[15]。这种做法只是从知识图谱中检索属性作为分类标签，并没有充分利用知识图谱中的丰富信息，而且分类结果是单一属性这样的简单标签，无法满足复杂自然语言问答所需。而对于复杂知识图谱结构和复杂问题，其分类空间过大，该方法不再适用。

更为有效的方式是，将问题和知识图谱均输入分类模型中，并将基于属性标签的分类问题转化成判定问题 q 与某个候选答案 a 是否匹配的二元分类问题。二元分类模型可以用预测分值（0 和 1 之间的值）作为 q 与 a 匹配度的度量。最终问答系统在回答问题时，先枚举所有候选答案 a，计算问题与候选答案的匹配度，并选择匹配度最高的 a 作为最终答案。

如图 14-9 所示的模型架构是上述思路的典型实现之一[16]。模型首先分别对自然语言问题和候选答案所在的知识图谱相关信息进行向量化表示，再通过神经网络计算两者的匹配度。

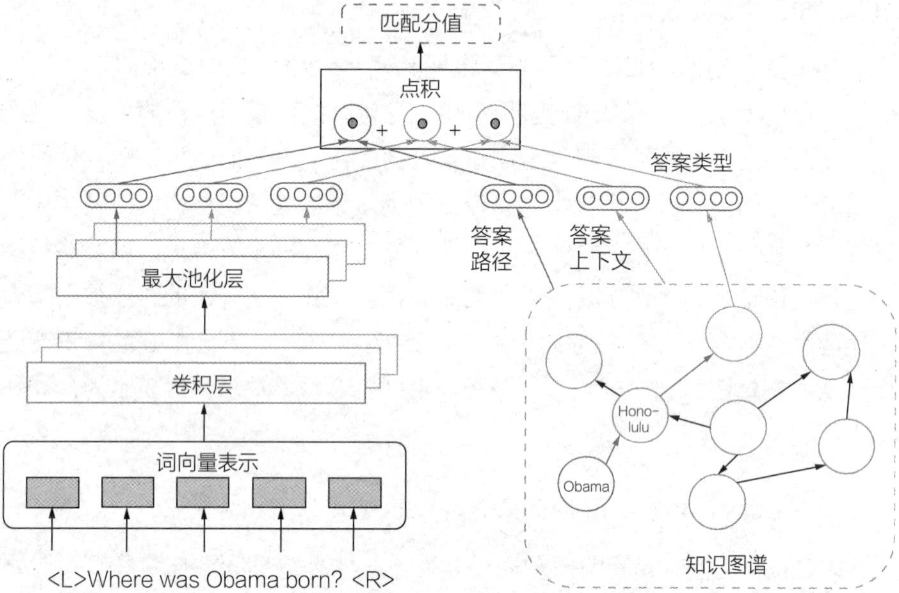

图 14-9　基于深度匹配模型的 KBQA 架构

具体而言，该方法使用候选答案 a 所在的知识图谱上下文（包括答案路径、答案上下文、答案类型三类）和自然语言问题 q 进行向量化表示并输入模型中。对于 q 进行多路（这里取三路）卷积运算和最大池化运算，以提取 q 不同空间的表示向量（也就是$\{\boldsymbol{f}_1(q), \boldsymbol{f}_2(q), \boldsymbol{f}_3(q)\}$）。将答案路径、答案上下文、答案类型三类向量（也就是$\{\boldsymbol{g}_1(q), \boldsymbol{g}_2(q), \boldsymbol{g}_3(q)\}$）分别与每路问题表示向量做点积操作[1]（也就是分别计算$\boldsymbol{f}_i(q)\odot\boldsymbol{g}_i(q)$，$i = 1, 2, 3$），从而得到相应

1　两个向量 $\boldsymbol{a}$ 与 $\boldsymbol{b}$ 的点积操作定义为$\boldsymbol{a}\odot\boldsymbol{b} = \sum_i a_i b_i$。

的匹配分数。三路匹配分数之和即为最终的 q 与 a 的匹配分数 $S(q,a)$=$\sum_{i=1}^{3} \boldsymbol{f}_i(q) \odot \boldsymbol{g}_i(q)$。该模型的最终答案即与 q 匹配分数最高的候选答案。为了生成数据训练该神经网络，除了使用问题和正确答案(q,a)作为正样本，文献[16]的作者还提出使用问题和随机采样的错误答案(q,a')作为负样本，并最小化其 hinge loss：

$$L(q,a,a') = \max(\gamma - S(q,a) + S(q,a'), 0) \tag{14-8}$$

其中γ是差额参数，使用 hinge loss 是为了使模型可以将正确问答对与错误问答对的分数尽量拉开，从而实现准确分类。该模型预测问题答案时选择分数 $S(q,a)$最高的候选答案 a 作为最终回答。

14.4.3 生成模型

当问题涉及多个属性或条件时，其对应的知识图谱的结构变得很复杂，分类模型的结果空间会呈现指数级增长，难以取得较好的效果。此时，生成模型是一种可行的替代方式。

生成模型的基本思想是：将自然语言问题到知识图谱结构化查询的映射问题转化为结构化查询语句的生成问题。结构化查询语句可以视作查询关键词与变量构成的字符序列。因此，生成模型接收自然语言问题所对应的单词序列作为输入，生成结构化查询语句作为输出。

具体而言，以 SQL 语句为例，根据 SQL 语句的句法特征，可以将生成过程拆分为若干个子任务，即生成以下几类片段的子任务：`SELECT` 片段，包括选择列名（`COLUMN`）、聚合函数（`AGG`，如 `COUNT/AVG` 等）；`WHERE` 片段，包括列名、值（`VALUE`）、判断条件（`OP`）等。这些片段之间存在着一定的关联与依赖关系，如图 14-10 所示，对每个子任务的预测仅取决于它所依赖的那些子任务。通过提取输入的自然语言与相关的数据库表、知识图谱子图中的特征，分别对这些片段的子序列生成进行预测，组合后即可获得最终的结构化查询语句 `SELECT $AGG $COLUMN WHERE $COLUMN $OP $VALUE`。

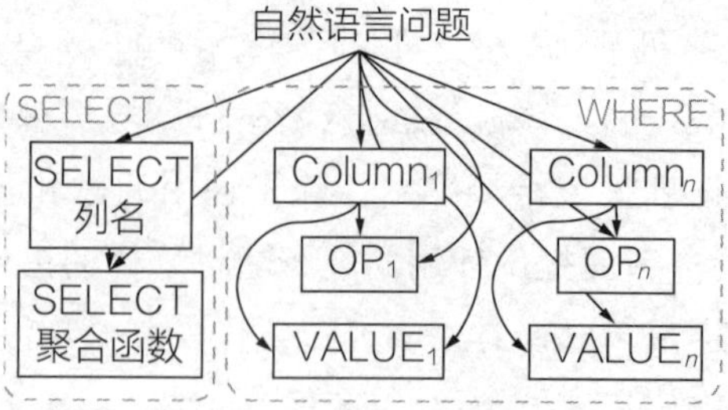

图 14-10 SQL 语句结构化查询生成示例，来自 SQLNet[25]

以“Where was Barack Obama born?”为例，模型根据问句学习到 SELECT 片段的列名是 pob(place of birth)，WHERE 片段的列名是 name，然后根据 WHERE 语句列名与问句得到判断条件（OP）为“=”并且值（VALUE）为 Barack Obama。最终，得到查询语句 SELECT pobWHERE name = Barack Obama。

监督方式与目标函数 生成模型与分类模型有着不同的目标函数。由于某一问题的结构化查询并非唯一，因此无法直接以结构化查询正确与否作为监督依据，也无法直接建立基于结构化查询的目标函数。另外，由于问答系统关注的是答案的准确率，而非结构化查询的准确率，因此生成模型通常以生成结构化查询语句的查询结果与标准答案之间的差异作为监督信息，以生成的结构化查询的查询结果尽可能地接近标准答案为优化目标。

结构化查询有效性与强化学习 值得注意的是，尽管结构化查询生成过程和传统语言翻译模型过程都是以字符序列作为输出的，但是两者之间也存在显著差异。**结构化查询语句需要符合特定语法**，不符合语法的结构化查询结果是无意义的，而语言翻译并无硬性语法要求。因此，符合语法是构建模型时的重要考虑因素之一。文献[13]使用了强化学习框架解决此问题。因为对于查询是否符合特定语法的判断可以自动完成，所以以此作为强化学习框架中的反馈函数，指导生成新的查询，直至生成符合语法的结构化查询。

本章小结

本章介绍了 KBQA 及其属性理解的方法。根据不同的问题表示，属性理解方法分为基于模板、基于图模型和基于深度学习的方法等。基于模板的方法主要包括人工定义的不同模板，以及从问答语料中自动学习模板的方法。基于图模型的方法利用图联合表示问题和知识图谱中的信息，利用图上的计算实现问题的语义理解。基于深度学习的方法包括分类方法和结构化查询语句的生成方法。

由于篇幅的限制，本章并未涵盖某些相关内容，例如，基于文本和知识图谱的混合问答[14,17,18]、基于子图匹配的图表示方法[8 9]、图表示和深度神经网络的混合方法[15]等。

此外，KBQA 依然有大量需要探索和解决的问题。尽管近年来 KBQA 的各项性能指标在不断刷新，但仍未达到可以直接使用的程度。例如，在 WebQuestions[19]数据集上，最先进的 KBQA 方法的平均 F1 值也只有 55%左右[26]。要构建更准确、可用的知识问答系统，亟待解决以下问题。

- 将常识引入问答过程，包括物理类常识、概念类常识等，使系统可以更精确地理解问题意图。例如，对于问题“珠峰上水的沸点是高于 100℃还是低于 100℃？”，不仅需要知道珠峰的海拔高度和水的一般沸点是 100℃，还需要了解“海拔越高，气压越低”及“气压低时沸点降低”的物理常识。
- 知识图谱复杂关系理解。当问题对应的结构化查询涉及的实体和属性个数增多时，其对应的状态空间会呈指数级增长。在实际应用中，标注数据往往规模有限，标注数据稀疏时的复杂关系理解仍然是颇具挑战性的问题。
- 系统可解释性、系统可控性等问题。特别是对于基于深度学习的方法，如何解释基于深度学习的问题理解和推理过程？如何实现基于深度学习模型的问答系统的可控性？这些都是十分具有挑战性的问题。

思考题

1. 知识问答有哪些典型应用场景？
2. 图 14-3 的系统架构是先做实体链接，后做属性理解，是否可以将实体链接和属性理解同步执行？这样的方式有哪些优缺点？

3. 概念模板方法的具体优缺点是什么？试着写一组关于询问某一国家首都的概念模板，再写一组并非询问国家首都但会被模板命中的问题，体会概念模板的局限性。

4. 知识图谱中的哪些信息可用于支撑 KBQA，如何将它们表示在图模型中？

5. 本章提到的与知识图谱相关的离散数据是如何在神经网络中表示的？有没有更有效的表示方式？

6. 有哪些知识不适合用三元组形式表示？如何把这类知识加入知识问答中？

参考文献

[1] Bert F Green Jr, Alice K Wolf, Carol Chomsky, and Kenneth Laughery. Baseball: an automatic question-answerer. In Papers presented at the May 9-11, 1961, western joint IRE-AIEE-ACM computer conference, pages 219-224. ACM, 1961.

[2] William A Woods and R Kaplan. Lunar rocks in natural english: Explorations in natural language question answering. Linguistic structures processing, 5:521-569, 1977.

[3] Mohamed Yahya, Klaus Berberich, Shady Elbassuoni, Maya Ramanath, Volker Tresp, and Gerhard Weikum. Natural language questions for the web of data. In EMNLP, pages 379-390, 2012.

[4] William A Woods, Ronald M Kaplan, and Bonnie Nash-Webber. The Lunar Sciences: Natural Language Information System: Final Report. Bolt Beranek and Newman, 1972.

[5] Gary G Hendrix, Earl D Sacerdoti, Daniel Sagalowicz, and Jonathan Slocum. Developing a natural language interface to complex data. ACM Transactions on Database Systems (TODS), 3(2):105-147, 1978.

[6] Edgar F Codd. Seven steps to rendezvous with the casual user. IBM Thomas J. Watson Research Division, 1974.

[7] Ion Androutsopoulos, Graeme D Ritchie, and Peter Thanisch. Natural language interfaces to databases–an introduction. Natural language engineering, 1(01):29-81, 1995.

[8] Lei Zou, Ruizhe Huang, Haixun Wang, Jeffer Xu Yu, Wenqiang He, and Dongyan Zhao.

Natural language question answering over rdf: a graph data driven approach. In SIGMOD, pages 313-324, 2014.

[9] Weiguo Zheng, Lei Zou, Xiang Lian, Jeffrey Xu Yu, Shaoxu Song, and Dongyan Zhao. How to build templates for rdf question/answering: An uncertain graph similarity join approach. In SIGMOD, pages 1809-1824, 2015.

[10] Yangqiu Song, Haixun Wang, Zhongyuan Wang, Hongsong Li, and Weizhu Chen. Short text conceptualization using a probabilistic knowledgebase. In IJCAI, pages 2330-2336, 2011.

[11] Dongwoo Kim, Haixun Wang, and Alice Oh. Context-dependent conceptualization. In IJCAI, pages 2654-2661, 2013.

[12] Yanghua Xiao, Haixun Wang, Yangqiu Song, Seung-won Hwang, and Wei Wang. "KBQA: learning question answering over QA corpora and knowledge bases." Proceedings of the VLDB Endowment 10, no. 5 (2017): 565-576.

[13] Zhong, Victor, Caiming Xiong, and Richard Socher. "Seq2sql: Generating structured queries from natural language using reinforcement learning." arXiv preprint arXiv:1709.00103 (2017).

[14] Xu, Kun, Siva Reddy, Yansong Feng, Songfang Huang, and Dongyan Zhao. "Question answering on freebase via relation extraction and textual evidence." arXiv preprint arXiv:1603.00957 (2016).

[15] Yih, Scott Wen-tau, Ming-Wei Chang, Xiaodong He, and Jianfeng Gao. "Semantic parsing via staged query graph generation: Question answering with knowledge base." (2015).

[16] Dong, Li, Furu Wei, Ming Zhou, and Ke Xu. "Question answering over freebase with multi-column convolutional neural networks." In Proceedings of the 53rd Annual Meeting of the Association for Computational Linguistics and the 7th International Joint Conference on Natural Language Processing (Volume 1: Long Papers), vol. 1, pp. 260-269. 2015.

[17] Xu, Kun, Siva Reddy, Yansong Feng, Songfang Huang, and Dongyan Zhao. "Question answering on freebase via relation extraction and textual evidence." arXiv preprint arXiv:1603.00957 (2016).

[18] Feng, Yansong, Songfang Huang, and Dongyan Zhao. "Hybrid question answering over knowledge base and free text." In Proceedings of COLING 2016, the 26th International Conference on Computational Linguistics: Technical Papers, pp. 2397-2407. 2016.

[19] Berant, Jonathan, Andrew Chou, Roy Frostig, and Percy Liang. "Semantic parsing on freebase from question-answer pairs." In Proceedings of the 2013 Conference on Empirical Methods in Natural Language Processing, pp. 1533-1544. 2013.

[20] Bordes, Antoine, Sumit Chopra, and Jason Weston. "Question Answering with Subgraph Embeddings." In Proceedings of the 2014 Conference on Empirical Methods in Natural Language Processing (EMNLP), pp. 615-620. 2014.

[21] Eric, Mihail, and Christopher D. Manning. "Key-value retrieval networks for task-oriented dialogue." arXiv preprint arXiv:1705.05414 (2017).

[22] Yih, W., et al., The Value of Semantic Parse Labeling for Knowledge Base Question Answering. Proceedings of the 54th Annual Meeting of the Association for Computational Linguistics (ACL), 2016: p. 201-206.

[23] Bordes, A., et al., Large-scale Simple Question Answering with Memory Networks. 2015.

[24] 参见链接[74].

[25] Xu, Xiaojun, Chang Liu, and Dawn Song. "SQLNet: Generating structured queries from natural language without reinforcement learning." (2018).

[26] Yu Chen, Lingfei Wu, Mohammed J. Zaki, Bidirectional Attentive Memory Networks for Question Answering over Knowledge Bases,In NAACL 2019.

第5篇

实践篇

第 15 章

知识图谱实践

内容提示 本章对知识图谱技术实践展开介绍。为了解决实际问题，不仅需要若干具体技术，更需要将这些技术点串成线，进而形成面上的能力体系。本章旨在回答如下问题：知识图谱系统的内涵是什么？知识图谱工程实践的基本过程、基本原则、最佳实践是什么？

15.1 概述

知识图谱技术最终需要在应用与实践中证明其价值。与知识图谱实践相关的问题包括知识图谱系统、知识图谱工程以及知识图谱应用与产业。知识图谱系统是一类以知识图谱建设与应用为核心内容的人机协作系统。知识图谱系统的建设是知识图谱应用的主要抓手。知识图谱工程是以知识图谱系统的建设与应用为基本内容的工程学科，是众多工程学科的重要分支之一。随着知识图谱技术的应用深入，越来越多的行业和企业正积极推进知识图谱系统的建设。为了有效支撑知识图谱的工程实践，一些企业推出了知识图谱相关的咨询服务、解决方案、服务平台、系统软件、数据服务等形态各异的产品与服务。供应方与需求方、学术界与工业界共同构成了知识图谱的产业生态。

15.1.1 知识图谱应用的推动力

当前，知识图谱的应用与实践有着鲜明的中国特色。首先，随着我国人口红利消失与人力成本增加，我国的实体企业有着迫切的智能化升级与转型需求，对知识图谱技术的应用产生了强烈的需求。传统实体企业需要进一步解放劳动力，降低人力成本，将知识赋予机器，实现简单知识工作（只需简单知识即可完成的工作）自动化无疑是解决方案之一。其次，我国有着丰富的应用场景和数据基础，使得知识图谱在各行业的大规模应用成为可能。我国的互联网、电信、电商、社交、出行等各行业都积累了丰富的大数据，各种面向消费者、企业、政府的应用模式齐全、多样，这些都为知识图谱技术的规模化应用提供了富含养分的土壤。再次，国内的一批头部企业先行先试为知识图谱在更大范围的普及与应用起到了积极的示范作用。我国的很多互联网公司以及 IT 企业已经建成了若干世界级平台，这些平台积累了丰富的知识图谱应用经验，为知识图谱在其他行业的普及与应用起到了良好的示范与带动作用。

知识图谱技术在当下中国的实践呈现以下几个典型特点，这些典型特点体现了当前的宏观发展环境以及技术生态对于知识图谱技术需求的迫切性。

1. 与行业智能化升级紧密结合

很多行业经过数十年的信息化建设，基本上完成了数据的采集与管理使命，为各行业智能化升级与转型奠定了良好的基础。对于企业而言，增加收入、降低成本、提质提效、保障安全都是其业务的核心诉求。知识图谱技术的应用是进一步满足这些核心诉求的手段之一。在实现行业智能化的过程中，迫切需要将行业知识赋予机器并且让机器具备一定的行业认知能力，从而让机器代替行业人员从事简单知识工作。一方面，积累与沉淀知识一直是行业追求的目标；另一方面，提质提效的压力迫使企业积极探索认知智能在企业各工种中的应用。利用知识图谱技术，沉淀行业知识，实现简单知识工作自动化，是当下以及未来一段时间内行业智能化的核心内容。

与行业智能化的深度融合要求知识图谱的研究与落地从通用知识图谱转向领域及行业知识图谱，转向企业知识图谱。领域应用的样本稀疏、场景多样、知识表示复杂等问题对于知识图谱技术均提出了巨大挑战。

2. 与机器智脑的建设深度融合

随着我国人工智能战略的持续推进，作为人工智能重要分支的机器人产业迎来了发展的黄金期。其中，各种服务机器人，包括客服机器人、陪伴机器人、问诊机器人、导购机器人、理财机器人等，已经走进人们的日常生活。与工业机器人相比，服务机器人对机器认知水平的要求较高，而对动作能力的要求较低。因此，决定服务机器人服务效果的是机器的“大脑”而非“四肢”。建设具有一定认知能力的机器智脑是服务机器人产业发展中至关重要的环节，而机器智脑的重要组成部分是知识库。机器是否具有知识并且能够利用知识形成认知能力，进而解决问题，是服务机器人更好地造福人类社会的关键。以知识图谱为代表的大数据知识工程为练就机器智脑带来了全新机遇。未来机器智脑的演进过程也将是知识图谱等知识库技术不断赋能机器人以及各类硬件终端的过程。

与机器智脑建设的深度融合要求针对智能终端与智能机器开展相应的知识工程研究，要求从多模态（语音、图像、视频、传感器等）、类人化（情感、美感、伦理、道德、价值观等）等角度进一步拓展知识图谱的表示，深化知识图谱的应用。

3. 与数据治理以及大数据价值变现紧密结合

很多行业和企业都有大数据，但是这些大数据非但没有创造价值，反而成为负担。大数据价值变现遭遇阻碍的根本原因在于缺少智能化的手段，具体而言就是缺少一个能像人一样理解行业数据的知识引擎。行业人员具有相应的行业知识，才能理解行业数据，进而开展行业工作。类似的，把同样的行业知识赋予机器，构建一个行业知识引擎，机器才可能提炼、萃取、关联、整合数据（对应于传统的数据治理），才可能代替人去理解、挖掘、分析、使用数据（对应于大数据的价值变现），才可能代替行业人员挖掘数据中的价值，从而有力支撑大数据的价值变现。知识图谱已经成为知识引擎的核心，成为大数据价值释放的关键技术之一。

与数据治理以及大数据价值变现的深度融合要求进一步发展从大数据的统计关联筛选语义关联的有效手段，需要进一步深化元知识的表示与应用技术（以有效指导数据融合与关联）。

15.1.2　知识图谱应用与产业现状

当前，知识图谱应用仍然是以典型项目、典型场景的试点为主，正由点及面逐步形成规模。当前知识图谱的产业已经初具形态。知识图谱的产业分为三类典型形态：数据与服务、产品与系统、咨询与解决方案。

1. 数据与服务

知识图谱应用的最直接的方式是建设通用或领域知识图谱并利用知识图谱中的数据对外提供服务。单纯的知识图谱数据服务能力较为有限，往往需要针对应用场景提供深度服务，特别是基于知识图谱的认知服务。一些通用平台（包括 IBM Watson、微软认知服务、百度大脑等）都在尝试提供基于知识图谱的数据与认知服务。除了通用知识图谱外，特定领域或者行业知识图谱也对数据与认知服务有着强烈需求。在图书情报、出版传媒、招聘就业、知识产权等相关领域，缺乏头部企业，第三方平台发展空间较大。并且，这些领域的数据相对公开、容易获取，使得构建独立的第三方服务平台成为可能。

2. 产品与系统

知识图谱的大规模应用与产业化需要各类成熟的产品与软件系统支撑。比如，很多行业知识图谱的建设需要用互联网数据源作为补充，这就需要大规模的分布式爬虫系统。而建好的大规模知识图谱通常需要借助图数据管理系统进行管理。大量的企业或者团队正在从事相关系统的研发工作。目前涉及知识获取的产品与系统仍然有很大的发展空间。知识获取技术总体上仍在持续发展，技术尚未定型，为其固化相应的产品形态具有一定的难度。

3. 咨询与解决方案

知识图谱建设是一个典型的系统工程，与建筑工程十分相似，二者都有论证、设计、实施、监理、验收等各个环节。知识图谱落地过程中最重要的环节不是实现，而是论证与设计，这就给专注于知识图谱咨询和解决方案设计与实施的企业提供了大量的机会。这一状况形成的原因有以下几点。第一，对于很多行业的头部企业而言，企业知识资源的建设是自身升级与转型的命脉，命脉是不可能假手于人的，企业会牢牢握住系统建设的主动权与控制权，而咨询恰好是一种企业能够完全控制自身资源又能引入外部智力资源来增强建设能力的方式。第二，知识图谱技术发展到成熟阶段尚需时日，因此，标品化的服务与产品仍然稀缺，在这样的阶段，咨询与定制化的解决方案自然更容易落地，更容易满足用户需求。

知识图谱产业的三种形态已经出现并迅速发展。知识图谱技术在 2018 年 8 月首次进入了国际知名咨询公司 Gartner 的技术成熟度曲线。如图 15-1 所示，知识图谱技术正处在技术成熟度曲线的上升阶段。Gartner 预计知识图谱将在未来 5~10 年内逐步成熟。这种关注很大程度上是由知识图谱的应用与产业的发展推动的。伴随着行业智能化转型、简单知识工作自动化、机器智脑的发展、感知智能产业的升级等一系列进程的推进，知识图谱技术的应用与产业化将迎来一波热潮。

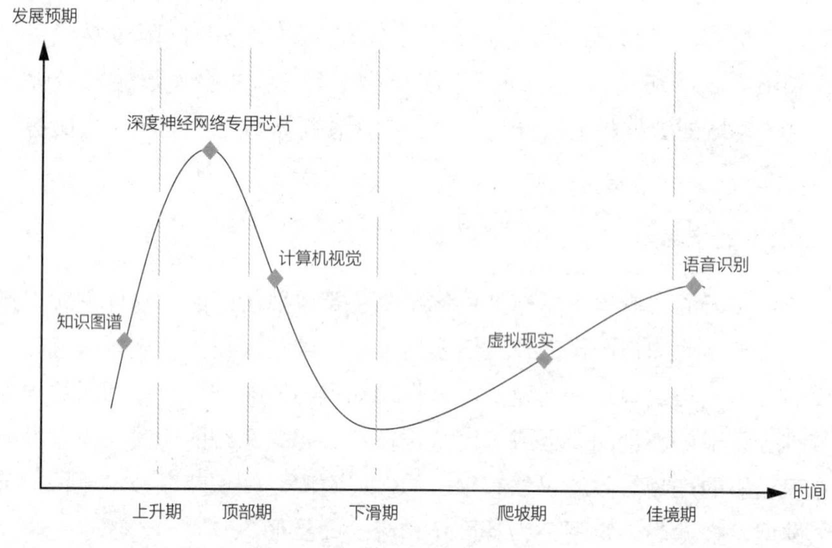

图 15-1　人工智能技术成熟曲线

15.1.3　知识图谱实践的系统工程观念

知识图谱实践是一种典型的大规模知识工程，也是典型的系统工程，在实践过程中应该坚持工程观与系统观。

1．工程观

所谓知识图谱的工程观，是指利用数学和科学原理提出有效方案解决实际问题的观念。基础的自然科学以认识世界为基本使命，而工程学科旨在改造世界。然而，工程师们改造世界的过程本身就是通过实践来认识世界的过程，因此工程与科学又是密切相关的。特别是随着人工智能的发展，我们有机会通过构建具有人类智力水平的智能机器这样一种具体实践去回答“我们从哪里来，又将去往何方”等一系列终极问题。具体到知识图谱，作为一类大规模知识工程，其当下的重要使命在于解决各行业智能化升级转型过程中涌现的一系列实际问题。能否解决这些问题，如何解决这些问题，是摆在知识工程研究者和实践者面前迫切需要回答的问题。

工程观势必要求实践者具备优化问题的求解思路。工程中的大部分问题是受资源约束的最优化问题。任何知识图谱实践所能投入的资源（人力、资金、数据）总是有限的，然而实际问题的解决却又是迫切的，因此工程实践往往需要利用这些有限的资源提出最优方案。明确优化问题中的约束，建立合理的优化目标，提出廉价的方案，是解决优化问题的关键。例如，在知识图谱建设中，目标知识图谱的规模、粒度、精度都是优化目标需要考虑的因素，有多少人力（特别是专家）、有多少数据往往都是约束。过于宏大、不切实际的目标容易造成巨大的困难。有文献[1]指出，手动构建知识图谱，每个三元组的成本大约在 2~6 美元，而自动构建的成本可降为其 1/250~1/15，即便如此，每个三元组仍须消耗 1~15 美分。因此，在知识图谱相关的工程实践中需要注重优化问题和实际约束。

知识图谱的工程观强调实践的重要性。知识工程提出之初就注重从实践中总结知识工程的关键问题，以及发展必要的理论以进一步指导工程实践。知识工程实践与理论研究是相辅相成的，不是对立的。在知识工程的理论研究与工程实践中，实践绝不是从属地位。“知行合一”是中国人追求的理想境界，“知”往往走在“行”之前，但是知识工程的研究与实践不同，“行”更多地走在“知”之前，当下的技术有加速发展的趋势，但理论研究的速度仍然保持原有速度，已经难以跟上技术发展的需求，技术的快速发展反过来要求理论总结必须提速。

2. 系统观

系统观认为现实世界中的大部分复杂系统都是由相互作用、相互依赖的若干组成部分组合而成的具有特定功能的有机整体。知识图谱系统组件众多、涉及要素多样、人机协作复杂，是一类典型的复杂系统。明确知识图谱系统的组成及其之间的相互关系是十分重要的。相比较而言，知识图谱部分组件的实现，比如实体识别或者关系抽取，其效果取决于一两个关键模型。但是，知识图谱作为系统化整体并不是若干组件的简单组合，而是复杂策略指引下的有机组合。比如，在当前 NLP 仍然不能有效完成抽取任务的现实下，能否充分利用各类资源，能否有效利用已经积累的业务知识，能否有效利用人力因素进行验证或者标注，均对知识图谱落地的效果有着显著影响。

作为一个复杂系统，知识图谱系统具有涌现性、交互性以及演化性等鲜明特征。系统的涌现性是指系统在整体上体现出其各组成部分所不具备的特性，也就是 1+1>2 的特性。这一点对于如何在当前 NLP 技术不成熟的前提下实现知识工程的成功落地具有积极意义。很多知识工程在某些场景下要求极高，比如智能医疗系统应用准确率要求达到近乎 100%。虽然每个独立的 NLP 模型都难以达到要求，但是各种模型经由特定策略组合在一起（比如，合理的人机协同策略），则有可能满足苛刻要求。知识图谱系统与外部数据和应用之间存在着复杂的交互，它是一个动态、开放的系统。随着环境的变化，应用需求与数据都会发生变化，从而要求知识图谱系统做出相应的调整。知识图谱系统的动态与演化仍然是一个开放性问题。

知识图谱作为大规模知识工程，与传统知识工程也存在着本质差别。当下的大数据知识工程是以知识的规模化表示与应用为核心标志的，这决定了大数据知识工程是以大规模自动化知识获取为其根本立足点的，自动化知识获取势必要求降低对专家的依赖。受限于当前人工智能总体发展水平，高度自动化、少量人工干预势必要以降低知识的描述精度为代价，而知识描述能力的降低又进一步削弱了相应的推理能力。大规模的互联网应用催生了知识图谱这样的知识表示，知识图谱通过将二元语义关联作为其知识表示的核心，具备了简单、普适以及适合从数据中高度自动化获取等优点，但也有表达能力较弱的缺点。目前，得以成功应用的知识图谱推理往往都是基于上下位关系的简单推理。但是对于传统知识工程而言，推理引擎、解释构件等都是专家系统的重要组成部分[2]。如何兼具规模与效用（知识表示与知识推理的能力）仍然是知识图谱有待进一步深入研究的问题。

15.1.4 知识图谱助力行业智能化的演进路径

如前面所述，知识图谱日益担负起助力行业智能化的使命，探索基于知识图谱的行业智能化演进路径变得十分关键。经过多年实践，这一路径日渐清晰，呈现出知识资源建设与知识应用迭代式发展的基本模式，如图 15-2 所示。在每一轮迭代周期内，优先选择预期效果较好的应用场景，建设以知识图谱为核心的知识资源，并开展相应的知识应用；再根据来自内外部用户的反馈，完善相应的应用与知识资源建设。在特定应用初现成效之后，从有限的应用场景逐步拓展到更多的应用场景，建设更多的知识资源。整个过程持续迭代，直至完成行业或者企业全面的智能化。

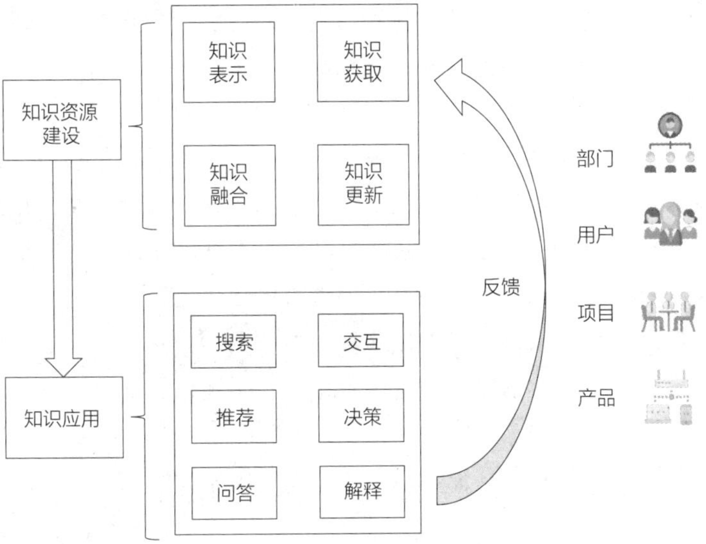

图 15-2　知识图谱助力行业智能化的演进路径

采取由点及面的迭代式发展模式的根本原因有几点。首先，知识资源建设是一个十分艰巨的长期任务。知识资源建设任重道远，很难一蹴而就。任何一个普通人所掌握的知识都可以说是无边无界的，当前所构建的知识库离达到普通人认知世界所需要的知识水平还十分遥远。知识资源建设必定是一个持续完善的过程，很难毕其功于一役。所以，应当谨慎选择应用场景，构建满足应用场景需求的相应知识资源。知识资源建设的基本原则是适度，“适”是指对于特定应用场景的适配，“度”是指合理把控知识的边界与体量。其次，行业与企业的发展环境变化迅速，一成不变的知识库难以适应快速变化的外部环境。

15.2 知识图谱系统

知识图谱技术的落地与实践以知识图谱系统的设计、实施与运营为主要内容。知识图谱系统是一类以知识图谱建设与应用为核心内容的人机协作系统。本节将对知识图谱系统的外部环境、关键要素以及典型架构展开介绍。

15.2.1 知识图谱系统的外部环境

作为一类大规模复杂系统，知识图谱系统是企业更庞大的信息系统或智能系统的一部分。与传统的信息系统相比，知识图谱的构建与应用是知识图谱系统的基本标志。在当前的企业信息化与智能化建设过程中，知识图谱系统对于其他信息系统会起到助推与赋能的作用，而不会代替它们。各类管理信息系统（比如，企业的财务、人事管理信息系统）以及智能信息系统（比如，智能门禁系统、商务智能系统）有其自身存在的不可替代的价值，没有这些系统积累的数据与业务知识，知识图谱系统建设难以成功。知识图谱系统给其他信息系统带来认知能力，这种能力体现为一系列具体的认知服务。知识图谱系统赋能其他信息系统这种关系决定了知识图谱建设不是“大破大立”式的另起炉灶与重新建设，而是“和风细雨”式的柔性改造与能力升级。知识图谱系统与企业其他信息系统之间的关系如图 15-3 所示。

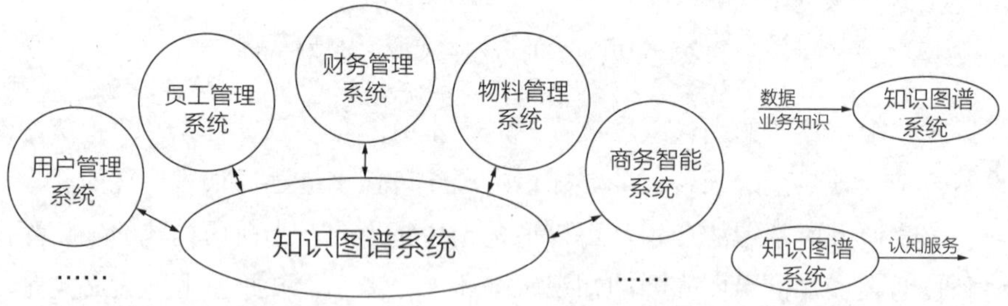

图 15-3 知识图谱系统与企业其他信息系统之间的关系

随着知识图谱在领域与企业应用的普及，知识图谱系统日益占据向上支撑应用、向下统摄数据的核心地位，如图 15-4 所示。在一个典型的企业知识图谱系统中，知识图谱与数据之间的关系是双向的。一方面，各业务系统的数据是构建知识图谱的知识来源；另一方面，知识图谱中的关联关系也为各业务数据的关联与融合提供了支撑，使得自主、普适的数据关联成为可能，例如，ID 与身份证之间的同义关系可以指导相应字段的映射。

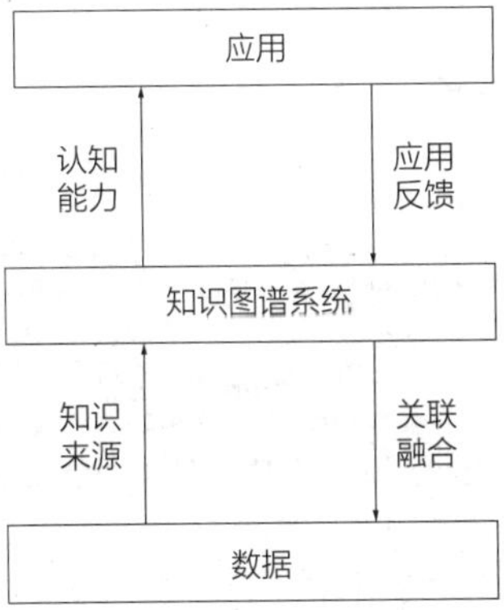

图 15-4　知识图谱系统向上支撑应用、向下统摄数据的核心地位

另外，知识图谱系统与应用之间的关系也是双向的。一方面，知识图谱系统的各类认知服务支撑企业各种典型应用的智能化升级；另一方面，各类应用为知识图谱系统提供反馈。这里的反馈包含两个主要内容：一是对认知服务能力效果的反馈，二是对知识图谱中的知识质量的反馈。很多大型企业，由于业务多元、服务多样，对于技术与服务的平台化提出了诉求。越来越多的技术中台与业务中台的建设被提上了议事日程。随着智能化技术的推进，中台的智能化已经成为鲜明趋势。知识图谱系统向上支撑应用、向下统摄数据这一核心地位决定了其将成为未来智能化中台的核心引擎。

15.2.2　知识图谱系统的关键要素

知识图谱系统的关键要素包括人、算法与数据，如图 15-5 所示。三者相互影响、密不可分，共同构成了知识图谱系统的坚实基础。算法需要人定义特征、选择模型；算法还需要标注数据；数据来自人的活动，来自人的标注；算法的结果支撑人的行为与决策。

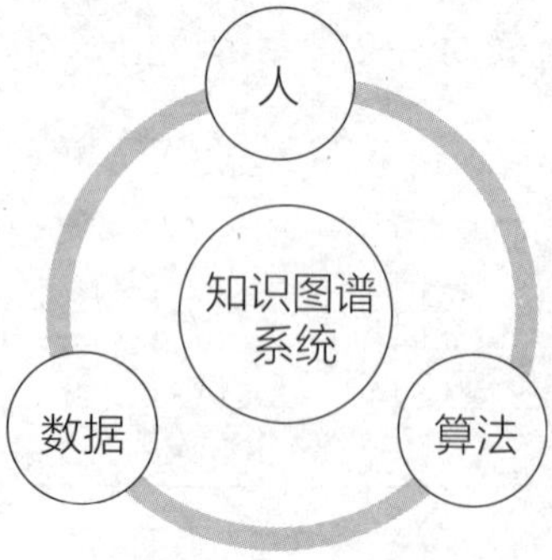

图 15-5　知识图谱系统的关键要素

这里的“人”是指知识图谱系统的各人类角色。人是知识图谱系统的发起者、设计者、实施者与评价者，是知识图谱系统的核心。知识图谱系统中的人员涉及众多角色，按照知识图谱系统生命周期的三个主要阶段，“人”可以分为以下几类角色，如图 15-6 所示。

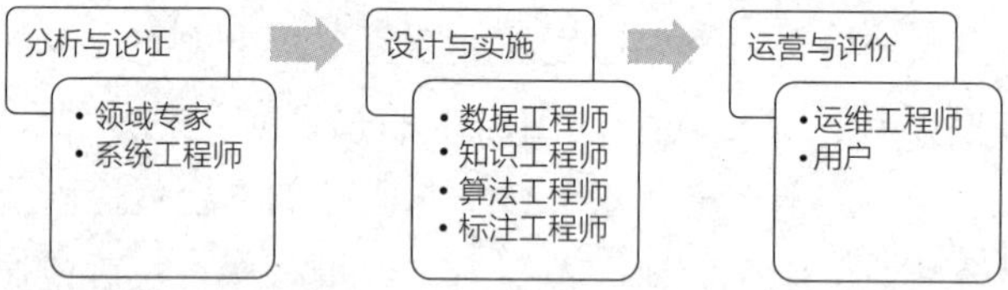

图 15-6　知识图谱系统中人员的角色

（1）在分析与论证阶段，需要领域专家与知识图谱系统工程师共同开展需求分析，论证知识图谱系统建设的必要性与可行性。对于必要性，从应用需求的迫切性与业务价值等角度进行评判；对于可行性，则从数据资源禀赋、应用要求以及知识表示的复杂程度等角度来评估，并进一步合理规划知识图谱系统建设所需要的数据资源、人员投入以及资金投入等。

（2）在设计与实施阶段，需要各类工程师完成数据治理、知识加工、算法设计以及样本标注等各环节的任务。

（3）在运营与评价阶段，需要运维工程师对知识图谱系统进行长期运维，需要用户对系统实施效果加以评价。

这里的“数据”特指作为知识图谱知识来源的数据。数据是符号化的记录，数据经过知识加工而成为知识，知识是数据的结晶。知识图谱作为大数据知识工程的代表，能否实现自动化知识获取是关键，而自动化知识获取的前提是数据。知识图谱系统所使用的数据类型众多，可以是事实数据，也可以是元数据（关于数据的数据）；可以按照模态分为关系数据、文本数据、多媒体数据；也可以按照业务类型分为人事、财务、物料等各类数据；还可以按照来源分为内部数据与外部数据，外部数据可以分为百科数据、Web数据、社交媒体数据、新闻媒体数据、企业内部业务数据等；而从业务知识来源的角度可以分为领域本体、叙词表、领域百科、企业社区等数据。

大数据的一个基本特点是多样性（Variety），知识图谱的数据来源往往是多样的，不同数据来源的模式常常是异构的，这些都对大规模知识加工提出了巨大挑战，因为知识获取、知识验证等算法都需要定制。因此，大规模自动化知识获取在数据处理层面面临着巨大的挑战。

这里的"算法"是知识图谱系统整个生命周期内涉及的自动化计算过程、模型、策略的总称。知识图谱的构建、管理与应用等各个环节均涉及大量算法。知识图谱的构建环节涉及知识的获取模型、知识的融合策略、知识的验证机制以及知识的评估方法。知识图谱的管理环节涉及知识图谱的存储模型、组织方法、索引方式、查询模型、检索方法等。知识图谱的应用环节涉及基于知识图谱的语言理解模型、语义搜索模型、智能推荐模型、自然语言问答模型、面向知识图谱的推理机制与解释方法等。

15.2.3　知识图谱系统的典型架构

知识图谱系统接收外部数据作为输入，历经数据处理、知识加工、知识管理和认知服务，最终为各种场景下的应用提供认知服务能力，其基本过程如图 15-7 所示。数据处理层接收原始数据作为输入，经过数据处理形成高质量数据。高质量数据进入知识加工层，经过各种知识加工工序形成高质量知识图谱。大规模、高质量的知识图谱是知识管理层的主要管理对象，知识管理层提供知识图谱的存储、索引与查询能力。这些基本的知识访问能力进一步支撑基于知识图谱的认知服务的实现。

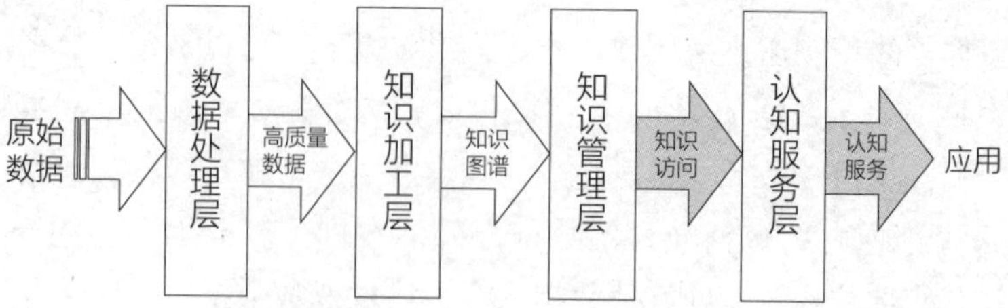

图 15-7　知识图谱系统的基本过程

1. 数据处理层

如图 15-8 所示，数据处理层主要包括数据甄别、数据清洗、数据转换和数据融合等步骤。数据甄别旨在明确建立领域知识图谱的数据来源。知识图谱的源数据可以来自对互联网上领域百科的爬取，也可以来自通用百科图谱的导出，还可以来自内部业务数据的转换，或者来自外部业务系统的导入。应该尽量选择结构化程度较高、质量较好的数据源，从而尽可能降低知识获取的代价。

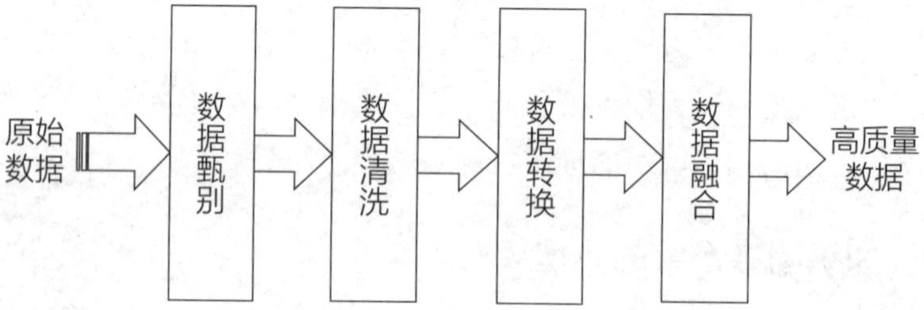

图 15-8　数据处理层的主要流程

不同的数据来源有着不同的数据质量，数据加工的方式也不尽相同。数据清洗、数据转换与数据融合等步骤与传统构建数据仓库所需要的数据处理步骤相似。数据清洗是对数据中的噪声，特别是来自互联网的错误、虚假信息等进行清洗，对表示不规范的数据进行统一与规范化。数据转换是将不同形式、不同格式的数据转换成统一的表达形式。数据融合是针对不同来源的数据在数据层面进行融合。这里的数据融合与后续的知识融合有相似之处，也有不同之处。后续的知识融合是在识别了实体、属性等知识要素之后完成的，而此处的数据融合是字段、元组等层次的融合，数据或信息还未汇聚到实体上。

2. 知识加工层

知识加工层是整个知识图谱系统的核心。它接收数据处理层生成的高质量数据作为输入，输出高质量知识图谱。如图 15-9 所示，知识加工的核心步骤有三个：知识表示、知识获取与知识验证。知识表示旨在明确应用所需的知识表示形式。知识获取在相应的知识表示框架下获取相应的知识实例。知识验证对知识的质量展开验证。当存在多个数据来源时，往往还需要通过知识融合对从不同来源获取的知识进行融合。另外，质量提升可以作为单独的环节，也可以融于知识获取的具体实现中。因此，知识融合与质量提升都是可选的模块。

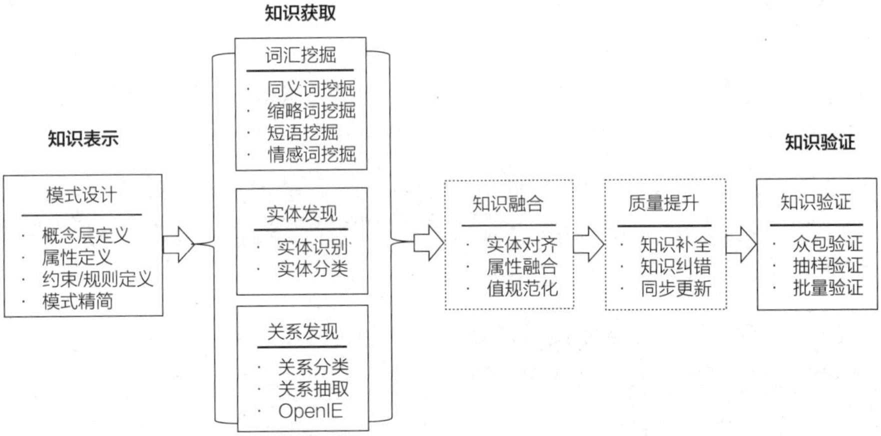

图 15-9　知识加工层的主要流程与关键模块

图 15-9 给出了知识加工在领域与企业应用中的具体步骤。在领域知识图谱应用中，知识表示体现为模式设计，知识获取通常包含词汇挖掘、实体发现、关系发现等三个主要内容。整个流程中的关键模块分别介绍如下。

（1）模式设计。这一模块与传统的本体设计极为相似。基本目标是把认知领域的基本框架赋予机器。内容包括指定领域的基本概念，以及概念之间的 subclassOf 关系（比如，足球领域需要建立“足球运动员”是“运动员”的子类），明确领域的基本属性，明确属性的适用概念，明确属性值的类别或者范围。比如，“效力球队”这个属性一般定义在“足球运动员”这个概念上，其合理取值是一个球队。此外，领域还需要定义约束或规则，比如，部分属性具有单值约束（如每个实体的“出生日期”属性的取值是单一的），还有部分属性对是互逆的（如球队的“隶属球员”属性与球员的“效力球队”属性互逆）。这些元数据对于消除知识库不一致、提升知识库质量具有重要意义。

（2）词汇挖掘。人们对某个行业知识的学习，都是从该行业的基本词汇开始的。在传统图书情报学领域，领域知识的积累往往是从叙词表的构建开始的。叙词表里涵盖的大部分词汇都是领域的主题词，以及这些词汇之间的基本语义关联。这一模块需要识别领域的高质量短语、同义词、缩略词，有时也包括领域的情感词。比如，在政治领域，需要知道特朗普又被称为“川普”，其英文简称为 Trump。

（3）实体发现。需要指出的是，领域词汇只是领域中被识别出的重要短语和词汇，但是这些短语和词汇未必是一个领域实体。从领域文本中识别某个领域的常见实体是理解领域文本和数据的关键一步。在识别实体后，还需要对实体进行归类。能否把实体归到相应的类别（或者说将某个实体与领域类别或概念进行关联），是实体归类的基本目标，是理解实体的关键步骤。比如，将“特朗普”归类到政治人物、美国总统等类别，对于理解“特朗普”的含义具有重要意义。

（4）关系发现。关系发现或者知识库中的关系实例填充，是整个领域知识图谱构建的重要模块。关系发现根据不同的问题模型又可以分为关系分类、关系抽取和开放关系抽取等不同变种。关系分类旨在将给定的实体对分类到某个已知关系；关系抽取旨在从文本中抽取某个实体对的具体关系；开放关系抽取（OpenIE）从文本中抽取出实体对之间的关系描述。也可以综合使用这几种模型与方法，比如根据开放关系抽取得到的关系描述将实体对分类到知识库中的已知关系。

（5）知识融合。因为知识抽取的来源多样，从不同的来源得到的知识不尽相同，这就对知识融合提出了需求。知识融合需要完成实体对齐、属性融合、值规范化等步骤。实体对齐识别不同来源的同一实体。属性融合识别同一属性的不同描述。不同来源的数据值通常有不同的格式、不同的单位或者不同的描述形式，比如日期有数十种表达方式，需要规范为统一的格式。

（6）质量提升。知识图谱的质量是构建知识图谱的核心问题。作为大规模知识表示，数据驱动的构建方式是当前知识图谱的基本特点。语料的偏置

（Bias）以及自动化方法的错误势必导致知识图谱的质量问题（包括缺漏、错误、陈旧等），因此需要对知识图谱进行补全、纠错和更新。质量提升对于大规模知识图谱的建设是不可或缺的。

（7）知识验证。知识验证是对知识图谱的质量进行最后的把关，现阶段仍然需要由人来完成知识的最终验证。对于数以亿计的大规模知识图谱，全量验证代价极大，故通常通过抽样来完成验证。也可以通过众包方式将验证任务分发给众包工人并由众包工人完成验证。在人工验证环节，待验证知识的组织（比如分组、排序等方式）对验证效率有着极大的影响，往往需要予以充分考虑。总体而言，知识验证还有待从心理学、人机交互等多学科角度进行深入的研究。

经历了整个流程之后，就能得到一个初步的领域知识图谱。在实际应用中会得到不少反馈，这些反馈可作为输入进一步指导上述流程的完善，从而形成闭环。此外，除了上述自动化构建的闭环流程，还应充分考虑人工干预。人工干预很多时候是行之有效的方法。比如，一旦发现部分知识缺漏或陈旧，可以通过知识编辑工具实现知识的添加、删除和修改。也可以利用众包手段将很多知识获取任务分发下去来完成知识加工。

3. 认知服务层

认知服务层旨在基于知识图谱向各种应用提供认知能力，包括语言理解和认知服务两类基本能力以及推理引擎这一核心模块，其典型架构如图 15-10 所示。在语言理解层级，提供从自然语言到知识图谱中的知识要素的映射，包括实体理解（实体链接）、概念理解（概念识别）、属性理解、主题理解（主题识别）等。在有些应用中需要将自然语言映射到事件描述框架，因此还需要开展框架映射。

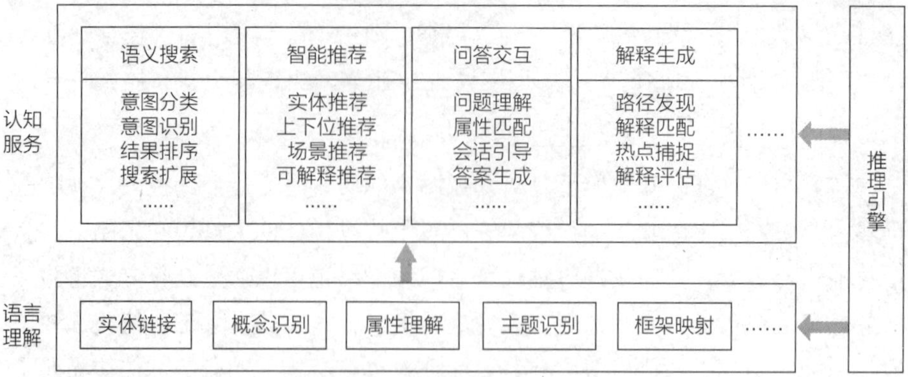

图 15-10　认知服务层的典型架构

基于语言理解的基本能力形成认知服务，包括语义搜索、智能推荐、问答交互以及解释生成。这些认知服务都是基于知识图谱所形成的。比如，知识图谱中的实体与概念可以帮助识别搜索中的实体或概念，从而有助于识别搜索意图。在概念图谱的支撑下，可以实现基于上下位关系的推荐，比如，搜索“iPhone X”，通过其上位词“高端手机”而推荐华为 P20 等。问答交互主要实现基于知识图谱的问答。其中，问题理解、属性匹配、会话引导与答案生成都可以利用知识图谱的知识。随着可解释需求日益增多，为机器决策生成解释日益重要。比如，从知识图谱中找到关联路径解释实体对之间的关系（对应路径发现），为一个待解释问题匹配相应的知识图谱子图等（对应解释匹配）。

此外，在整个认知服务的实现过程中，推理引擎的实现也十分重要，推理在某种意义上是符号知识存在的最独特的价值。知识图谱上推理引擎的实现可以弥补知识的缺失，提升系统的智能程度。知识图谱上的推理有以下几种主要的实现方式。

第一，另行定义规则，以知识图谱作为基本事实开展推理。比如，通过定义“父亲的父亲是爷爷”这样的规则，就可以从“A 的父亲是 B，B 的父亲是 C”推理出“C 是 A 的爷爷”。

第二，基于知识图谱的分布式推理。随着深度学习的流行，基于知识图谱的向量表示成为知识图谱中实体与关系的重要表示方式。给定实体 h 与 t 的向量表示（比如 $\boldsymbol{h}$、$\boldsymbol{t}$），如果向量 $\boldsymbol{h}$、$\boldsymbol{t}$ 的距离足够近，则推断 h 与 t 语义相近。

第三，基于知识图谱的显式推理。这种推理方式将知识图谱建模为异构信息网络，当两个实体 h 与 t 在知识图谱上存在多条可达路径，且路径上的语义关联强度足够高，则可推断 h 与 t 语义相近。显然，基于图模型的显式推理是可解释的。事实上，不难利用显式推理所找到的路径作为特征，学习知识图谱的向量表示。

在实际应用中，往往是多种推理机制并存，最后通过特定的协同机制完成最终的推理。比如，往往先用分布式推理进行粗筛选，再利用显式推理和基于规则的推理生成可解释的结果，并将最终推理结果呈现给终端用户。

4. 知识管理层

知识管理层旨在实现知识图谱数据的有效管理和高效访问，其主要模块如图 15-11 所示。知识图谱的管理涉及知识图谱的建模、存储、索引和查询。建模部分明确知识图谱的数据结构。存储部分完成知识图谱在硬盘或者分布式环境下的存储与组织方式。为了加快大规模知识图谱上的查询速度，通常需要建立相应的索引结构，包括子结构索引和关键词索引。最终基于这些索引方式实现各类查询，包括特定子图结构的查询（比如，路径查询、社团搜索等）和关键词查询。

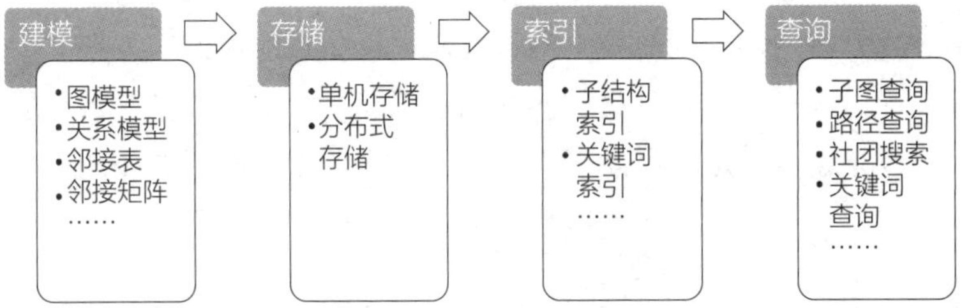

图 15-11　知识管理层的主要模块

15.3　知识图谱工程

知识图谱系统的建设是一个系统工程，需要谨慎论证、详尽规划、有序推进、持续运营以及全面保障，这些都必须付诸工程实践才能实现。知识图谱工程是以知识图谱系统建设为核心内容的一类工程实践。本节首先介绍知识图谱工程开展的基本原则，然后介绍知识图谱工程的过程模型、可行性分析以及实践建议。

15.3.1 基本原则

知识图谱工程实践过程中呈现出一些普适的基本原则。坚持这些基本原则是保障知识图谱工程顺利实施的前提。

1. 合理定位

为知识图谱项目设定合理的目标十分重要。期望过高或者期望明显高于当前技术水平会带来不良后果。我们首先必须心怀敬畏，人类的智能是通过数百万年的进化而形成的，即便当前技术日新月异，要在有限的数十年内让机器完全达到人类的认知水平，仍然是一个足够伟大的目标。任何一个普通人在知识方面所具有的智能，都是当前的机器无法企及的。

以当前的技术水平，让机器代替专家助理工作是一个合适的目标，而代替领域专家工作仍然十分困难。专家的很多知识是隐性的、难以言明的、难以外化的。专家之所以为专家，需要经年累月的学习与训练。专家所积累的不单单是简单的关联事实，更涉及思维方式、场景适配、异常处理等知识，还会涉及大量的元知识（Meta-knowledge，也就是有关知识的知识），以及大量难以有效表达的知识。这些都是当前机器难以达到的。而专家助理的工作则相对简单，是规则性的简单知识工作，比如查找文件、整理文档、收发邮件等，普通人只需要具备简单的词汇知识、了解基本的事实即可胜任，因此机器代替专家助理是有可能率先在实际应用场景中取得成效的。

2. 应用牵引

应用牵引的发展思路是与平台支撑的思路相对而言的。前者从应用出发，明确技术需求；后者从技术能力与平台出发，适配应用。在互联网飞速发展的时代，平台化思维成就了一批优秀的企业。平台型模式一般较为简单，因此可以规模化。以淘宝等 B2C 平台为例，店家与消费者及平台之间的关系明确，业务模式简单且同质化，这就为技术与业务的平台化提供了可能。但是，当前人工智能的发展多以场景化应用为主，基于知识图谱的认知智能还没发展到普适、通用智能的阶段，不同应用、不同场景所需要的知识表示不同、知识获取手段不同、数据资源禀赋不同，这些都决定了知识图谱技术平台化发展异常艰难。

3．循序渐进

一棵苹果树上的苹果不可能同时成熟。此时，最简单的策略就是先摘成熟的苹果，坐等其他苹果自然成熟后再行采摘。同样，知识图谱技术体系复杂多样，包括知识表示、知识抽取、知识融合、知识推理、知识存储和知识检索等。每类关键技术的成熟度不同，有的已进入实用化阶段，有的仍处于学术研究阶段。一个技术体系的发展历程通常呈现出部分技术先成熟然后逐步带动相关技术发展的特点。整个产业技术的成熟需要经过漫长的发展周期，企图速战速决、毕其功于一役是不现实的。知识图谱各项技术成熟度不均衡是当前知识图谱产业实践中的基本特征。知识图谱的大部分技术仍然只能在特定测试集上取得一定的效果，还难以在广泛而多样的数据上取得稳定效果，具有较高产业成熟度的技术还不多。

4．先易后难

在知识图谱的整个技术栈中，仍然存在一些瓶颈，比如，从文本中获取知识仍然面临不少困难，落地困难重重。即便是一个简单的中文分词任务，仍然需要做大量的研究工作，比如对短语“南京市长江大桥”进行分词，可以是“南京市+长江大桥”，也可以是“南京市长+江大桥”，准确的分词依赖对上下文语义的准确理解。因此，实际落地过程应遵循先易后难的原则：先从结构化程度高的数据中抽取出易于获得的语言知识（如叙词表、上下位概念），再从半结构化数据中抽取出世界知识（如<刘德华，职业，演员>），进而总结出业务知识（比如，若体温达到 39℃，则可能感冒了），最后处理决策知识。

5．由粗到细

知识表示是有粒度粗细之分的。比如，在司法知识表示方面，某个法律条款（比如“机动车变道应打开相应的变道指示灯”）可作为合适的知识表示粒度，也可以进一步细化为条件（机动车变道）与结果（打开相应的变道指示灯），而条件部分的知识表示还可以进一步细分为实体（机动车）与动作（变道）。显然，粒度越细表达越精准，但是知识获取的难度也越大，知识的不确定性也越大。比如，在概念图谱中，实例的概念归属往往随着概念粒度变细而变得不确定。例如，说“汉堡是一种食物”，几乎没有人会有异议，但若说“汉堡是一种健康食物”，则有人可能会反对。因此，知识资源的建设应该遵循由粗到细、逐步求精的基本原则。

6．求同存异

知识是人们认知世界的结果。不同的认知主体对于同一个世界的认识是有差异的，知识因此具有主观性。在当前阶段深究知识的主观性问题可能十分困难，因为知识的主观性差异往往是细微的。比如，对于到底多高才算是“高个子”，不同人会有量上的细微差别，但是没有人会认为 2.2m 的人不是高个子。因此，比较务实的做法是求同存异、搁置争议。随着系统的上线，用户反馈的数据日益增多，有争议的事实可以使用数据驱动的方法来加以界定。比如，对于搜索“矮个子 NBA 球星”，如果大部分用户在这一搜索关键词下点击的球星都在 1.8m 以下，那么 1.8m 以下的球员在 NBA 球星中就很可能是矮个子。在知识图谱落地过程中，应该暂且搁置争议，先解决容易解决的问题，剩下的问题在时机成熟时或许就水到渠成，自然能够解决了。

7．人机协同

当前知识图谱的落地需要机器和人，二者缺一不可。传统知识工程对人有着较强的依赖，限制了知识库的规模与效用；大数据知识工程强调数据驱动的知识获取，依赖机器实现自动化知识获取。但是当前的知识获取自动化仍然需要人的干预，人在环中（Human-in-the-loop）[1]仍是常态，如图 15-12 所示。当前的人工智能总体上是人类指导下的智能（Human Supervised AI），机器智能在以下几方面需要人类的指导。首先，机器需要人类（特别是领域专家）赋予其认知世界、认知特定领域的基本概念框架，比如，对领域本体或者领域模式的定义。其次，机器需要人类标注样本、反馈结果。一个词是否是合适的领域词汇，一幅病理图片是否指征相应的病变，这些都需要具有较深的业务知识才能完成。因此，人机协同是知识图谱工程推进的基本原则之一。

1 人在环中是指当前的人工智能系统发展仍然以人机协同的方式为主，人机交互与协同形成发展的闭环，是发展人工智能技术的重要形式。

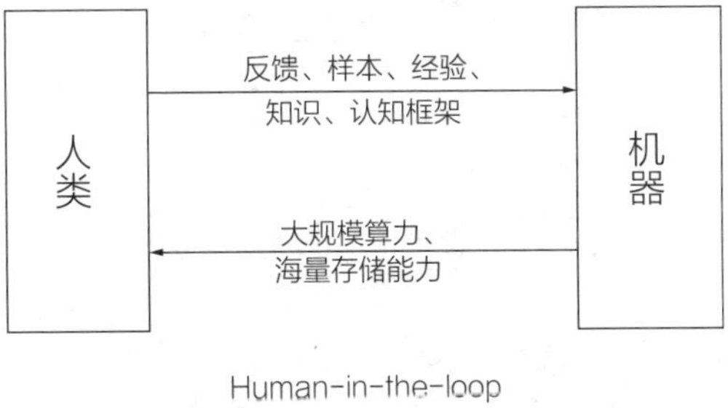

图 15-12　人在环中的人工智能发展模式

8. 快速启动

很多行业或者企业在开展知识图谱项目时，或多或少已经拥有很多相关知识资源，比如领域本体、叙词表等。互联网上的公开数据来源中也存在不少相关的百科资源，通用百科图谱已经涵盖了某个领域大量的实体。这些知识资源往往消耗了巨大的人工成本，是经过多年持续积累而得到的，是构建相关知识图谱的宝贵财富。充分利用这些资源，是提高领域知识图谱构建的起点以及知识图谱项目成功落地的关键思路之一。知识资源的建设有一个很有意思的现象，那就是从无到有构建的代价要显著高于在不完善的知识库上进行完善的代价。

此外，跨领域迁移也是降低构建知识图谱成本的重要思路，因为相近领域的知识是可以复用的。比如，在给中国移动建设知识图谱时，可以借鉴中国电信的知识图谱。这个原则也意味着在知识图谱落地过程中将来会涌现出一大批面向特定行业提供知识图谱解决方案的企业。因此，复用是知识资源建设的重要策略之一。

15.3.2　过程模型

知识图谱工程的生命周期包含三个主要阶段：分析与论证、设计与实施以及运营与评价。每个阶段都作为后续阶段的输入。三个阶段相继完成后，整个工程过程进入下一轮，如此循环往复、迭代进行，直至实现智能化。知识图谱工程的过程演进模型如图 15-13 所示。

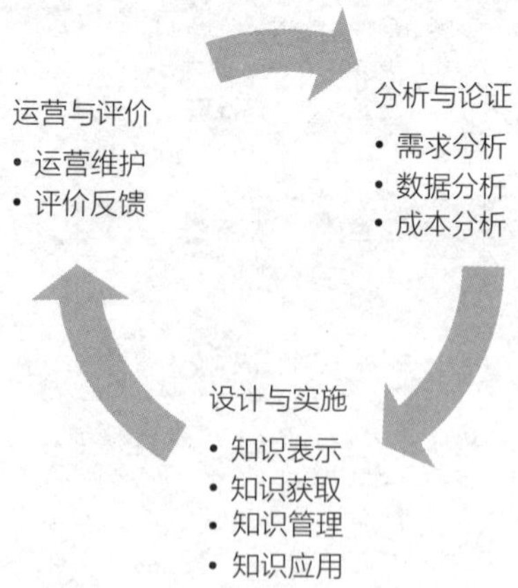

图 15-13　知识图谱工程的过程演进模型

（1）分析与论证。这一阶段的主要内容是明确知识图谱的应用目标，分析知识图谱的业务价值，论证知识图谱项目上线的必要性；对设定的目标所涉及的数据资源、人员投入、资金投入等做出可行性评估，并进行投资收益分析；对整个知识图谱工程项目进行规划。

（2）设计与实施。对与知识图谱系统相关的数据库、数据流程、系统架构、关键算法、系统选型等进行设计，制定详细的设计方案；进行代码的开发，实现相关算法；集成相关系统，完成系统上线。

（3）运营与评价。知识图谱工程是一种典型的智能化工程。智能化相关的系统在建设完成后，仍然要经历多轮运营与优化。在每一轮迭代中，获取用户的使用日志及评价反馈是十分关键的。这些反馈与日志是下一轮建设或优化的输入，是知识图谱工程持续演进的重要依据。

从知识的加工流程角度来看，知识图谱系统的设计与实施阶段包含四个重要环节：知识表示、知识获取、知识管理与知识应用。四个环节环环相扣，彼此构成相邻环节的输入与输出。知识应用环节明确应用场景，明确知识的应用方式。知识表示环节定义了领域的基本认知框架，明确领域有哪些基本概念，概念之间有哪些基本的语义关联。比如，企业家与企业之间的关系可以是创始人关系，这是认知企业领域的基本知识。知识表示除提供机器认知的基本框架，还要通过知识获取环节来充实大量的知识实例。比如，乔布斯是一个企业家，苹果公司是一家企业，乔布斯与苹果公司就是“企业家—创始人—企业”这一关系的一个具体实例。知识实例获取完成之后，就可以进行知识管理了。这个环节将知识加以存储并建立索引，为上层应用提供高效的检索与查询方式，实现高效的知识访问。最后，形成知识服务，支撑包括搜索、推荐与问答在内的各种智能应用。在知识的具体应用过程中，会不断得到用户的反馈，这些反馈会对知识表示、知识获取与知识管理提出新的要求，因此整个生命周期会不断迭代、持续演进下去。

15.3.3　可行性分析

知识图谱技术仍然是发展中的技术，其中很多技术还不成熟，因此做好可行性分析十分重要。知识图谱落地的可行性与以下几个因素关系密切。

（1）是否是封闭应用。封闭的对立面就是开放。所谓的“开放”是指无法预期可能发生的事态，从而无法有效预设先验规则。换言之，在开放性环境中，机器很容易碰到无法合理处理的情况，因为这些情况没有被定义过、没有被描述过，使得机器无所适从。开放性问题是知识工程乃至整个人工智能领域的根本难题。它与一系列我们经常提及的人工智能难题（诸如常识理解、小样本学习、元学习）都有着密切的关系。开放性问题是带来一次次人工智能寒冬的“罪魁祸首”。

开放性问题对于知识工程的挑战体现在知识的需求难以闭合上，也就是说，实际应用所需要的知识往往会超出领域所预先设定的知识边界。例如，在金融知识图谱的落地过程中，单单涵盖公司、法人、机构、产品这些核心往往不足以支撑智能应用。基于金融知识图谱的关联分析几乎会牵扯出万事万物。比如，龙卷风等气候灾害会使得农作物产量下降，农业机械的出货量因此会下降，从事农机发动机关键部件生产的公司业绩就会下降，相关公司的股票可能也会下跌。因此，行业应用中的知识需求难以封闭于领域知识的边界范围内。而传统知识工程成功应用的场景，比如计算机系统配置、数学定理证明，都是相对封闭的应用。几何定理的证明不会用到推理规则之外的任何知识。

（2）是否涉及常识。越少涉及常识，应用就越容易成功。常识是我们每个人都无须言明即可理解的知识。对常识的获取与理解是实现通用人工智能的关键基础问题。然而，常识存在难以建模、难以获取、机制不明等问题，这对大规模常识获取与理解提出了严峻挑战。

首先，常识难以建模。我们都知道太阳从东边升起，人用两条腿走路，鱼是在水里游的，这些都是常识，但是要想严格界定什么是常识，则十分困难。至今我们还给不出关于常识的严格定义。不同人所言及的“常识”在内涵与外延上都可能存在差异。前面所阐述的“我们每个人都无须言明即可理解的知识”，这里的“我们”“知识”“言明”“理解”都很难进一步严格定义。比如，“我们”是指全体人类吗？是否应该包含史前人类？如果界定为当下的人类，那么精神病人、儿童呢？几乎所有的常识定义都会遇到这样或那样的挑战。

其次，常识难以获取。我们每个人都理解常识，无须挂在嘴边说明就能理解，因此，文本或者语料中对于常识鲜有提及，也就无从抽取。常识缺失成了知识库的常态。

再次，常识的理解机制尚不明确。人类究竟是如何形成对常识的理解的？这是一个非常值得深入思考的问题。我们人类对常识的理解大都是以直接且近乎直觉的方式完成的。水洒了，正常人都会及时躲避，因为我们知道水会沾湿衣物，但是没有任何人是思及“水会沾湿衣物”后再行躲避的。那么，机器是否也有与人类类似的常识理解机制？机器的常识理解之路与人类的是否一致？这些问题均有待深入研究。

（3）是否涉及元知识（Meta-knowledge）。所谓的元知识是指有关知识的知识，属性的领域（Domain）与范围（Range）就是一类典型的元知识。比如，“父亲”作为属性发生在“人物”这个类别的实体上（这是在指定领域），取值也只能是一个人物。元知识还可以包括领域内的约束，比如父亲都必须比子女的年龄大；也可以是如何使用知识的知识，比如吃了不洁净的食物呕吐了，我们立即就会判断有可能是不洁净的饮食导致食物中毒。看似简单的判断建立在我们能够调用医学知识而非其他不相关的知识（比如食物的化学成分知识）这一前提下。为特定场景或应用适配相关知识是智能的重要体现之一。越来越多的实际应用对这类元知识提出了诉求。

总体而言，对元知识的需求越大，其应用就越困难，这种情况的根本原因在于机器的归纳能力有限。任何归纳都是按照既定的认知框架进行的。比如，从样本学习一个分类器，本质上也是在归纳，但是分类器的模型不管是支持向量机还是深度学习模型，都需要预先指定，模型本身就是一类元知识。当前的机器智能还不足以自我发展出具有框架性质的元知识。

需要说明的是，上述判断条件都不是绝对的，而是相对的，因此是一种定性判断，而非定量判断。实际应用满足上述条件，且满足程度越深，实现越困难，但并非绝无实现的可能性。比如，大部分互联网应用属于开放性应用，但是知识图谱率先发轫于互联网搜索，实则是因为该应用相对简单。因此，可行性还可以从复杂性的对立视角加以研判。

（1）简单知识。知识是否有复杂与简单之分？如果有，那么知识的复杂性又应该如何度量？这些问题总体上还是开放性问题，但是直觉上我们会觉得某些知识比其他知识简单。人类学习知识的先后顺序在一定程度上顾及了知识的简单与复杂之分。没有人会否认疾病诊断、司法抗辩用到的知识比叠纸飞机用到的知识复杂。

虽然知识复杂性的内在机理和评测机制仍不清楚，但是从操作层面来看，其可以通过特定人群学习某类知识所需要的时间来评估。比如，完成了基础教育（比如，中国的九年制基础教育）的人群，对于不同知识，需要的学习周期不同。显然，对于某个企业的客服知识，客服几乎经过一周简单的培训就可以上岗。但是对于治病的知识，即便是医学院的学生，也可能要学习十多年才能掌握。在自然语言相关的知识中，词汇知识的掌握难度小于语法与语义知识。在知识图谱落地过程中，语言知识相对于业务知识而言比较简单，静态关联知识比动态过程知识简单，这些直接决定了语言知识以及静态关联知识往往能先于其知识形态形成应用成果。

（2）简单应用。知识的应用也有复杂与简单之分。比如，同样是在医疗领域，医院的导诊显然比医生看病简单很多。导诊只需要根据症状进行简单的分类，即便不够精准，在具体科室的医生治疗时还有进一步纠正的机会。然而，医生看病本身则要复杂很多，一个医生要经过近十年的学习才有可能胜任疾病诊治的任务。应用本身的复杂性也是很难量化的，在算法复杂性领域，可以根据问题与输入规模之间的关系量化问题以及相应方案的复杂性，但是知识应用的复杂性机制还不明确。直觉上，需要用到的知识越多、需要掌握的异常越多、所应用的规则分支越繁复，则相应的应用越复杂。

此外，在领域或者企业知识图谱落地过程中，数据资源禀赋与知识资源积累也是判断可行性的两个重要维度。数据资源禀赋包括构建知识图谱所依赖的数据质量是否足够好、数据的结构化程度、数据是否可用。巧妇难为无米之炊，没有好的数据是提炼不出好的知识图谱的。数据质量低下是阻碍知识图谱构建的重大障碍。很多企业数据完整性存在缺陷，有数据缺失，这会对知识图谱构建带来巨大的障碍。有些数据虽然完整，但是来源分散、形态各异，这些又都会给数据治理本身提出巨大的挑战。在另一些情况下，数据的结构化程度有限，比如很多企业的数据还停留在图片形态，或者大部分数据是纯文本数据缺乏结构化标记，这些因素给知识获取提出了巨大的挑战。最后，数据可用性较低也是经常碰到的障碍。比如，存在行业壁垒，数据无法分享；存在国家安全与个人隐私的顾虑，数据无法公开或者使用。这些障碍都是数据层面对于知识图谱系统所提出的挑战。

领域或者行业知识资源的积累情况也是判断知识图谱工程可行性的重要因素。在很多领域，已经积累了多年的相关知识资源，比如，医疗领域的专家耗费了大量资源构建了很多本体、术语库。不同领域的知识资源积累情况不同，知识资源越丰富，越利于知识图谱工程的建设。

表 15-1 对上面提及的可行性判断要素进行了分类汇总，并给出了相应的问题检查列表，以方便开展知识图谱工程实践。

表 15-1　知识图谱工程可行性判断要素及问题检查列表

考察角度		问题检查列表
数据资源禀赋	数据质量	Q1：数据格式是否统一？ Q2：数据来源是否多样？ Q3：数据库类型是否多样？ Q4：数据的缺失、完整性、一致性等情况如何？
	数据结构化程度	Q5：数据的结构化程度如何？ Q6：数据是否已经电子化？是否需要 OCR？ Q7：数据是否存在明显的结构化标记？
	数据可用性	Q8：是否存在行业壁垒？ Q9：是否存在国家安全红线？ Q10：是否涉及个人隐私？

续表

考 察 角 度	问题检查列表
应用复杂性	Q11：是否用到常识？ Q12：是否用到元知识？ Q13：是否用单一问题模型即可建模（比如分类或者回归）？ Q14：是否涉及长程推理？ Q15：用到的知识类型是否多样？ Q16：领域专家的学习周期是否很长？ Q17：是否经简单的岗位培训就能胜任？ Q18：应用是否封闭？
知识复杂度	Q19：知识是否容易发生变化？ Q20：是否涉及复杂过程的描述？ Q21：是否涉及分支繁复的推理决策？
知识资源积累	Q22：是否存在领域本体？ Q23：是否存在叙词表？ Q24：是否存在领域词典？

15.3.4　实践建议

知识图谱工程属于工程性学科，不断总结其最佳实践是非常必要的。本节将根据当前已经落地的知识图谱工程总结一些有代表性的经验。值得注意的是，这些"经验"随着时间的推移、环境的变化，也需要不断做出调整。

1．合理控制知识表示粒度

在很多场景下，知识表示的粒度是一个需要仔细斟酌的问题。一般而言，粒度越细，表达能力越强，但是其表达与获取代价也越大。细粒度知识表示一般是领域应用的强需求之一。比如，在知识管理领域，粒度粗放已经成为阻碍企业知识管理发展的根本问题。传统知识搜索只能搜索到文档级别的知识，如果不幸这个文档含有 1000 页内容，则会给用户带来巨大的麻烦。但是，凡事过犹不及，太细粒度的知识表示往往又会给知识获取带来巨大的复杂性。合理控制知识表示的粒度，不盲目求精求细，是知识图谱技术成功落地的关键思路之一。很多落地实践过早地陷入细粒度知识获取的泥潭，消耗巨大但收效甚微，但事实上细粒度的知识表示在很多场景下也是不必要的。因此，在实践中建议紧扣应用需求，从应用出发反推需要怎样粒度的知识表示。

2. 合理控制不同视角下的知识图谱

知识图谱是认知世界的结果。管理者视角与用户视角是不同的，不同用户的视角往往也是不同的。比如龙，在东方人的视角下往往是吉祥的，而在西方人的视角下往往是凶恶的、含贬义的；再比如“物美价廉的水果”这个品类对于不同人群来说含义完全不同。因此，在不同的视角下应该有不同的知识图谱。一般而言，要针对不同的角色定制相应的知识图谱。因此需要从一个通用知识图谱中演化出其不同视角下的不同视图，如图 15-14 所示。考虑到图模型的普适性，可以定制不同的权重，以体现不同角色对于知识的不同认知（比如，不同文化对“龙”的喜好程度不同）。

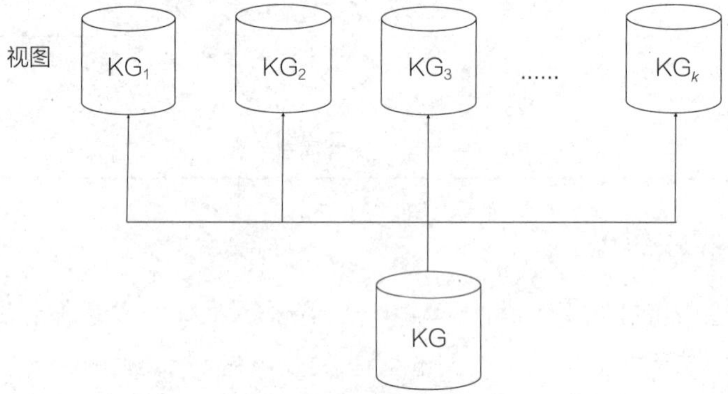

图 15-14　知识图谱的不同视图

3. 区别对待冷启动与热运营两个阶段

知识图谱的建设与运营是两个不同的阶段。要区别对待这两个阶段，两个不同的阶段应采用不同的策略，不能一概而论。冷启动阶段的特点是缺乏用户行为数据，各类基于用户反馈的机器学习模型很少能在这一阶段发挥效用，更多地需要借助专家经验与知识，以人工方式设定很多参数与规则。在系统运营一段时间后，用户反馈数据日益增多，基于反馈日志的学习模型才可能发挥作用，比如搜索排序模型、推荐模型等。表 15-2 总结了冷启动与热运营的不同思路与策略。

表 15-2　冷启动与热运营的不同思路与策略

阶　段	方　法	数　据	思　路
冷启动	基于规则	缺乏用户行为数据	依赖专家知识
热运营	基于学习	丰富的用户行为数据	依赖数据驱动

4．建设与运营并重

建设与运营是知识图谱工程的两个重要阶段。受传统信息化建设思路的影响，很多智能系统陷入了重建设轻运营的误区。事实上，任何一个智能系统均需要经历多轮迭代方能成熟，只有持续运营才能保持系统处于最佳状态。智能系统的运营是数据驱动的，数据驱动需要不断收集用户数据，用户数据体现的是用户的兴趣与行为，而用户的兴趣与行为是会随着环境的变化而变化的。一个有效的智能系统必须随着用户的演进而演进，否则容易失效。从长远看，运营甚至重于建设。建设是一次性的，而运营是持续的、长期的、周期性的、重复开展的。

5．合理处理知识扁平化与纵深化的矛盾

在实际的知识图谱工程中，知识的广度（对应扁平化）与深度（对应纵深化）往往是一对不可调和的矛盾。为了广度，往往要牺牲深度；为了深度，往往要牺牲广度。前者可以以通用知识图谱为例，通用知识图谱较为宽广，但缺乏深度，体现在平均关系数小于相应的领域知识图谱。对于后者，深度知识在风险管控、安全防范等领域十分重要。恶意行为往往具有隐蔽性等特点，难以通过简单的语义关联发现，因此建设相关的知识图谱要往纵深方向发展。如图 15-15 所示，实际的知识图谱往往需要在知识的深度与广度之间进行平衡。

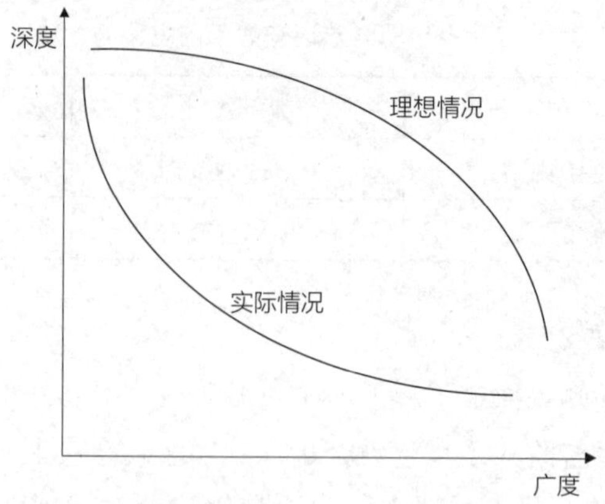

图 15-15　知识图谱中知识的深度与广度的平衡

6．坚持迭代式演进路径

螺旋迭代式发展是知识图谱工程实践有序推进的基本模式。在整个知识图谱工程中，有着大量的迭代模型。比如，知识资源建设与知识应用的迭代式演进（见图 15-2）、知识图谱工程的三个主要阶段的迭代（见图 15-13）。此外也包括知识库积累与知识抽取模型的迭代发展：一方面积累知识库，另一方面利用积累的知识指导知识抽取，进而利用更先进的抽取模型抽取更多、更好的知识。还包括知识图谱系统建设与知识图谱系统运营的迭代：知识图谱建设完成之后，通过运营得到用户反馈数据，再进一步指导知识图谱系统的建设与优化。迭代模式之所以重要，其根本原因在于知识图谱技术的任何单项技术难以支撑实际应用。实际问题的解决尚需多个单点技术的协同作用。迭代式发展意味着知识图谱的长期发展过程是迂回曲折的，是一条渐进式发展的道路。

7．区别对待静态知识与动态知识

人类对世界的认知是在不断变化的，因此体现在知识库中的知识也不应该是一成不变的。知识的动态变化是绝对的，静止不变是相对的。但是，绝大部分知识在有限的时间内变化的可能性是极低的，比如地球是圆的，在很长一段时间内人们对于这个事实的信念是不会发生改变的。对于知识图谱中的数据处理也与之类似，要区别对待静态知识和动态知识。一般而言，事实是相对易变的，而模式是相对不变的。比如，机构的领导人过一段时间就会发生变化，但是人与机构之间的这种任职关系发生变化的可能性要低很多，属于相对不变的知识。对易变事实进行更新十分重要，常常需要依赖数据驱动的方法；而模式的改变由于更新频次相对较低，手工维护更为明智。

本章小结

本章针对知识图谱技术实践中的几个关键问题，包括知识图谱系统、知识图谱工程以及知识图谱应用与产业，做了初步探讨。随着知识图谱技术应用的深化，知识图谱产业日益成熟，对知识图谱工程实践将会提出更多的需求。

本章对知识图谱与系统科学（特别是系统工程和管理信息系统）之间的关系做了初步讨论。一方面，知识图谱工程非常迫切地需要来自系统科学的理论指引与方法论指导。系统科学作为一般系统基本原理的科学，对于知识图谱也具有指导意义。但是另一方面，传统的系统科学对于当前大数据人工智能系统的实践缺乏有力的支撑。应该说，当前的人工智能系统本质上是数据驱动的智能系统。这类智能系统在数据驱动与人机协作等方面与传统信息系统有着根本区别。比如，在数据驱动方面，智能系统的数据大都作为模型训练之用，传统信息系统的数据大都只作为用户查询或者简单统计分析的来源；在人机协作方面，智能系统中人的作用在于让机器具备认知框架、给机器学习模型以适当的反馈与引导，而传统信息系统中人的作用更多地体现为制定系统语义与规则，以及使用系统并进行反馈。

因此，传统的系统科学以及信息系统理论仍须进一步发展，以满足以知识图谱为代表的智能系统的建设与实施的需求。从系统科学的角度重新思考智能系统（特别是大数据人工智能系统）的一般性原则与方法，是迫切需要研究的课题。

思考题

1. 知识图谱技术产业化的具体形式有哪些？
2. 知识图谱实践应该秉持怎样的基本观念？
3. 请阐述知识图谱在国内得以大规模应用的推动力。

4．请描述知识图谱助力行业智能化的基本路径。

5．知识图谱系统的主要要素有哪些，在企业信息化中起着怎样的作用？

6．知识图谱落地的可行性可以从哪些角度来判断？

7．知识图谱工程实践的基本原则有哪些？

8．请结合实例列举知识图谱实践的一些有效建议。

参考文献

[1] Paulheim, H. How much is a Triple? Estimating the Cost of Knowledge Graph Creation. In Proceedings of the 17th International Semantic Web Conference (ISWC 2018), Monterey, CA, USA. Springer.

[2] Swartout W R. Rule-based expert systems: The mycin experiments of the stanford heuristic programming project: BG Buchanan and EH Shortliffe,(Addison-Wesley, Reading, MA, 1984), 1985.

第16章 开放性问题

内容提示 作为本书的最后一章，本章讨论知识图谱应用过程中的开放性问题。真实世界中的应用是十分复杂的，对知识图谱技术从知识表示、知识获取、知识应用三个层面提出了众多挑战。

知识图谱仍然是发展中的技术，现实应用对知识图谱技术提出了众多挑战与开放性问题，这些开放性问题目前还缺乏有效的解决方案，主要表现在知识表示、知识获取和知识应用三个层面上。

16.1 知识表示

在知识表示层面，基于知识图谱中的简单关联已经难以满足很多应用的需求。很多实际应用对知识图谱之外的知识表示提出了需求，因此需要研究知识图谱与规则等其他知识表示相联合的方式。此外，知识图谱在时空语义表达、过程语义表达以及多模态语义表达等方面仍然需要进一步增强。

16.1.1 与其他知识表示相联合的语义增强

知识图谱只是知识表示的一种形式，知识图谱侧重于表达实体及概念之间的语义关联。单单知识图谱不足以表达现实世界中的丰富语义，不足以解决所有问题。很多领域有着丰富的 if-then 规则（比如，故障维修、计算机系统配置），这些规则如果利用知识图谱来表达就很牵强，特别是对于 if A and B then C 这样的规则，因为条件部分的原子表达式之间的关系很复杂，所以难以利用知识图谱加以表达。知识表示方面的缺陷限制了知识图谱解决问题的范围。很多领域应用需要的知识已经突破了知识图谱的范畴，对其他知识表示（比如，产生式规则、贝叶斯网络、决策树等）提出了诉求。

那么，是否简单使用传统知识表示就可以解决实际问题了呢？需要指出的是，很多传统的知识表示仍然需要与知识图谱协作才能解决问题。比如，传统的产生式规则在实际应用中存在着规则生成代价大以及规则失配等问题。传统的规则系统需要专家制定规则，这一做法代价极大，也很容易遗漏规则。概念图谱的存在则使得“元规则+规则实例化”的自动规则生成成为可能。由于词汇知识有限，传统规则往往难以匹配文本形式的实例，大规模词汇图谱的建设使得这一问题有可能得到缓解。

因此，联合使用传统规则与知识图谱，一方面可以增强语义表达能力，另一方面可以更好地发挥传统知识表示的价值，是非常值得深入研究的问题。融合知识图谱与其他知识表示（比如，决策树、谓词逻辑等）存在着同样的新机遇。

16.1.2 过程语义增强

领域应用不仅需要静态陈述类知识，更需要动态过程类知识。知识图谱侧重于表达实体、概念之间的语义关联，这些语义关联大多是静态的、显性的、客观的、明确的。而实际应用对过程性、决策性知识有着大量需求，这些知识大部分是动态的、隐性的、带有一定主观性的，比如，疾病诊断、投资决策、司法解释等相关知识。这一类领域应用需要对决策的因素、机制与过程进行表达。动态过程类知识的沉淀对于很多行业来说是强需求。

上述过程性的决策知识恰恰是领域专家所拥有的。但是，领域专家对于大多数行业而言都是稀缺资源。因此，各行业都希望将领域专家的知识，特别是他们的决策知识，加以沉淀，赋予机器，从而在一定程度上减少对专家的依赖。但是，决策知识的表达与获取仍然是一个具有重大挑战的技术问题。很多决策过程难以明确表达，很多决策因素是隐性的。比如，中医智能化一直希望将有经验的老中医对疾病的诊断经验沉淀下来，但是中医专家未必能够清楚说明其诊断疾病的机制。传统知识管理领域曾经设计了很多激励制度以促进企业内的知识表达与沉淀，但是阻力重重，收效甚微。其根本原因在于，工程师、分析师、医生等领域专家很难清晰地阐明所用到的知识。传统知识工程通过专业的知识工程师协助领域专家进行知识获取，但总体上代价太大，过程太“重”，不易成功。

增强知识图谱的过程语义仍是一个开放性问题。概率图模型是一类典型的表达决策过程的知识表示。概率图模型与知识图谱协同有可能创造新的机会。传统的概率图模型依赖专家定义决策要素（可对应到概率图模型中的随机变量）。这些决策要素为什么是合理的？是否还存在其他潜在要素未被表达？这些问题是传统的概率图模型所无法回答的。而知识图谱已经富含了大量的概念、属性等信息，这些信息为概率图模型中的随机变量（决策要素）定义提供了丰富的来源，可作为概率图模型先验的决策框架。此外，知识图谱中的符号知识也为概率图模型中隐变量的符号化解释提供了新的机会。

16.1.3　时空语义增强

时间和空间语义（时空语义）是实际应用中最为重要的两类语义信息。比如，一个人的一生一般遵循“出生→求学→工作→死亡”的事件时序关系。很多事实成立也是有时间条件的，比如，“美国总统是特朗普”这一事实只成立于其任期内。但有些事实却又难以明确界定其时间维度，比如，姚明是男性这一事实与时间无关。还有一些事实是有前置条件的，比如，离婚暗含着首先要结婚。在实际应用中，知识图谱需要进一步增强这些与时间有关的语义表达。

空间语义广泛存在于各类实际应用中。比如，北京是中国的一部分，北京的面积一定小于中国；吉林在中国的北部，长春是吉林的省会，长春就一定也在中国的北部；水是存储在容器中的；天空在草地之上，白云飘在天空中。当前的知识图谱缺乏与位置关系有关的语义表达。

另一个十分有意义的问题是，将 POI（Point of Interest）视作一类实体，并将更多的实体与之关联。比如，西湖断桥与许仙、白娘子非常相关，因为在《白蛇传》的传说里，许仙与白娘子是在断桥相会的。将 POI 实体与其他实体相关联，可以实现很多智能应用。比如，用户打车到西湖断桥，平台推送一段许仙和白娘子相会的传说与故事给用户，用户很可能会感兴趣。这里讨论的问题尚未得到有效研究，但是越来越多的实际应用对这些问题提出了研究需求。

16.1.4 跨模态语义增强

知识图谱的跨模态语义增强问题与符号接地[1]问题密切相关。符号接地（Symbol Grounding）是为符号寻找其意义的过程。为了理解“周杰伦”三个字符的含义，必须建立起字符到周杰伦这个实体的关联。周杰伦这个实体即为“周杰伦”这个符号的指称，也是这个符号的意义所在。没有“意义”支撑的符号系统不足以实现真正的智能。单纯利用符号体系和符号系统去实现人工智能就好比让不懂中文的人拿着中文字典去学习中文，这是不现实的。那么“意义”的体现是什么？意义体现在与符号相关联的人类的认知体验上。比如，说到“狗”这种动物，我们必须先召回脑海中狗的形象、生活中与狗交互的片段以及狗与我们相伴的情感体验等，然后才能理解“狗”何以为狗。这些人类认知体验可以表达为除了文本外的图片、声音或者视频等各类数据（也就是多模态数据）。能否将不同模态的数据与特定实体或概念相关联，是理解符号意义的关键所在。

作为一种大规模知识表示，知识图谱是符号知识中的典型。目前，机器还难以真正理解如此巨大规模的符号知识，其根本原因之一是机器还没有完成与多模态数据的关联。将基于符号表示的实体与概念关联到相应的图片、声音与视频数据，进而形成跨模态的统一表示，是进一步释放知识图谱价值的重要步骤。这一过程的完成具有里程碑意义：机器的大规模符号接地因而成为可能。这意味着，只要向机器提及任一实体或概念，机器就能产生相应的多模态联想，进而形成更深层次的“理解”。图像识别领域的 ImageNet 项目[2]已经完成了图片与文本的关联，而当下仍然缺乏符号表示与图片等多媒体数据的关联。

16.2 知识获取

自动化知识获取是知识图谱的根本所在。然而，在实际应用中，自动化知识获取面临代价高昂、质量低下（特别是在复杂知识获取方面）等难题。

这些难题背后又或多或少地会与知识获取中的人机协同机制和评测机制密切相关。总体而言，知识获取仍是大规模知识工程落地中的开放性问题，需要巨大的研究投入。

16.2.1　低成本知识获取

成本是知识获取最重要的约束。低成本获取意味着需要利用机器来自动获取知识，但机器完全自主、绝对自动化式的知识获取是不现实的，因此一般都采用半自动化获取知识的方式，也就是说这个过程中人的干预是不可避免的。问题的关键因此变成如何尽可能地降低人的干预成本。知识获取中的人力成本主要消耗在模型构造、样本标注和特征工程等几个环节。目前将模型构造交给机器来完成还不现实。因此，降低人力成本的关键在于降低样本标注和特征工程的代价，这些思路演化为以下研究内容。

1. 端到端的知识获取

端到端的知识获取方式是与流水线（Pipeline）方式相对而言的。在深度学习模型流行之前，从文本中获取知识大都依赖传统自然语言处理中的各类模型（比如，分词、词性标注、语法依存分析、实体识别以及关系抽取等），按照流水线方式组织，历经词法处理、语法处理到语义处理的各个环节，拼接而成一个完整的系统。流水线方式搭建的系统容易产生错误的级联传播，各模块所产生的微小错误经过多步累积与放大最终会导致系统整体效果显著下降。此外，流水线方式中的每个模型在传统的监督学习方式下均需要付出极大的人工代价定义特征。相比较而言，基于深度学习的知识获取方式是一种典型的端到端方式，避免了各类中间任务所需的复杂的特征工程，降低了模型构造的代价。但是当前端到端抽取仍然面临巨大挑战，其效果仍然有限，难以胜任不同类型文本的抽取任务。

2. 小样本的知识获取

大部分领域应用面临着样本稀缺的挑战。样本标注需要消耗相应的人力成本，这导致难以生成大规模高质量样本，发展基于小样本的知识获取方式变得势在必行。特定领域内专家经验或者专家知识的积累往往比较丰富，因此，抽取模型能否利用好这些专家经验或者专家知识，从而减少抽取模型对于样本的依赖，成为解决小样本问题的关键。符号化的专家知识可以用作优化目标的正则项，也可以用作优化目标的硬约束，从而优化学习过程。符号知识也可以用来指导样本的生成、选择与优化，从而实现优质样本增补。符号知识还可以指引机器学习的模型迁移。在知识图谱构建的各个环节，如何实现上述思路仍有待进一步的深入研究。

3．弱监督（间接监督）学习的知识获取

一般而言，人工标注的样本质量相对较好。然而，即便是人类专家的标注也难免出错，因此标注绝对可信是不现实的。既然标注绝对可信是不现实的，那么允许降低标注质量来显著降低标注代价则是可以接受的思路。弱监督学习或者间接监督学习等就是上述思路的廉价标注方式。在知识抽取任务中，构造一些抽取规则是十分廉价的，利用这些规则可以自动构造大量样本，但是可能存在错误，因此这是一种弱监督学习方式。另一类典型的弱监督学习是远程监督学习，通过结构化知识库与文本的比对实现自动化样本标注。弱监督学习的主要问题在于标注会出错而形成噪声样本，其通常有两类解决思路：要么事后融合多个弱标注器以削弱噪声样本对最终效果的影响；要么在模型中引入样本选择机制削弱噪声的影响。总体来说，上述思路仍有进一步研究的空间。

4．无监督学习的知识获取

当前主流的知识获取方式仍依赖监督学习。相比较而言，无标注数据更为广泛存在，比如，很多领域都存在大量的无标注语料。无监督学习的典型模型（比如聚类、降维）本质上都是利用样本在特征空间的分布模式来解决问题的，通常通过相似的对象具有相似的特性这一基本原则来完成目标任务。从原理上讲，不同知识之间也是有联系的，比如夫妻关系，不同的夫妻实例之间有着语义相似性，呈现出相近的文本特征。这种相似性决定了使用无监督方法解决问题是可能的。随着数据规模的迅速增长，待抽取事实与已知事实的支撑文本愈加丰富；随着大规模概念图谱的出现，基于概念的相似性判断将愈加准确，因此无监督学习在知识获取中有很大的发展机会。无监督学习的市场需求也是相当迫切的。

16.2.2　复杂知识的获取

特定类型的知识获取面临较大的挑战，特别是常识知识的获取和元知识

的获取。此外，小语种上的知识获取由于样本稀疏也面临巨大的挑战，充分利用其他语言的数据是可行的思路。此外，跨语言应用需要将不同语言的知识相互链接。这些共同构成了跨语言知识获取这个值得深入研究的方向。

1. 常识知识获取

大规模常识难以有效获取。常识是人们都具备的知识，是为特定人群所共同（collectively）记忆与理解的知识。因此，在人们沟通、书写的过程中，一般不需要提及常识。这就造成在语料中常识鲜被提及，从而使得各类自动化抽取方法无从抽取它们。比如，“西瓜是能吃的”“长颈鹿是要睡觉的”这类简单的基本常识很少出现在书面语料中，即使偶尔出现，其出现频率也极低，这使得大量基于统计的学习方法陷入困境。

常识的使用过程是自然的、隐式的、直觉式的，因此很少也很难被显式地、具象化地提及。这就使得即便采取众包的手段，也难以生成有效的常识相关的众包任务（比如设计常识相关的问题）。从某种程度上说，关于常识提问的难度不低于常识获取的难度，因此基于大规模众包的常识获取也难以奏效。就算 MIT（美国麻省理工学院）团队创建的知名的常识知识库项目 Cyc[1]，其中基于人工标注、经过数十年累积的常识也只有数百万条的规模，远远达不到机器认知世界的要求。大规模常识的有效获取是一个亟须研究的问题。

2. 元知识的获取

元知识（Meta-knowledge）是关于知识的知识。比如，关于属性的元知识（实体类型、属性取值范围等），以及如何使用知识的知识等。目前元知识仍然以专家定义为主，但是专家的定义难以全面、容易缺漏。此外，专家定义的代价较大，难以适应快速变化的应用环境。互联网上不断冒出很多新概念，这些新概念的定义性特征（Defining Feature）就是一类元知识。比如，“吃鸡本”可以从高端显卡、CPU 等属性维度去定义。因此，需要发展数据驱动的元知识获取（或者挖掘）方法。但是总体而言，让机器从数据中归纳出元知识仍然是十分困难的，原因在于数据往往有缺失或者存在噪声，使得基于统计的归纳容易出错。如何从有偏的统计估计中归纳出可信的元知

1　参见链接[99]。

识，这是一个值得深入研究的问题。

3. 跨语言知识获取

跨语言知识获取既是挑战也是机遇。从知识图谱建设现状来看，英文知识图谱积累迅速，发展得相当成熟，并且在很多应用中发挥了巨大的作用，但是其他语种的知识图谱十分缺乏。充分利用大量英文知识图谱有可能实现其他小语种的高效知识获取。有效的跨语言知识获取策略则成为这一思路实现中十分重要的问题。另外，跨语言应用要求将跨语言的知识库进行链接和融合。不同语种的知识图谱丰富程度不同，表达的知识范围不同，这些异构性为跨语言的知识图谱融合带来了巨大的挑战。

16.2.3 知识获取中的人机协作与评测

知识获取中的人机协作机制是决定知识获取质量的关键问题之一，包括三个具体问题。第一，人机边界问题。知识库构建过程中的哪些任务适合交给人类，哪些任务适合交给机器？对于交给人类的任务，哪些任务适合交给成本相对较高的专家，而哪些任务又适合交给成本相对较低的普通众包工人？第二，有效的验证机制问题。知识的验证必定要交给人类完成，如何让人通过最少的审核与验证工作来完成尽可能多知识的验证？第三，有效的交互方式。能否让众包工人以一种轻松、愉悦的方式完成与知识相关的标注任务？能否以及如何将知识众包嵌入其他强需求的任务中？比如，第 7 章所提及的验证码方式。这些均是需要进一步深入研究的问题。

知识获取的评测也是十分重要的问题。构建有效的评测基准是推动某项研究任务持续演进的重要举措。大部分知识获取方法都是在有限的几个评测数据集上进行验证的。而任何评测数据集只是海量数据集上的一个有限样本，而且这个样本还往往是有偏的，很难保证其能够代表全体数据的基本特性。比如，新闻数据、百科数据、微博数据就有着完全不同的特征，新闻数据往往遵循特定的报道模板，百科数据的严谨性、科学性相对较强，微博数据口语化倾向严重。数据特征的差异决定了获取方法的不同，随着知识获取研究工作的深入，亟须发展新的评测数据以充分考虑不同数据的特征。

16.3 知识应用

除了本书在“应用篇”提及的搜索、推荐与问答等应用外，知识图谱的新应用模式还需要进一步探索。知识图谱本身的推理能力还有待进一步增强，这是制约知识图谱发挥价值的根本原因。在增强机器学习能力、实现可解释人工智能以及知识个性化方面，知识图谱也日益受到关注。

16.3.1 知识图谱上的推理

知识图谱上的推理是进一步释放知识图谱价值的关键手段之一。能够实现符号推理是任何符号知识的优势之一，然而当前知识图谱上的推理仍然存在很多开放性问题。这些问题从根本上来看是由于知识图谱的灵活性所导致的。在实际构建知识图谱的过程中，往往为了规模而放低对质量的要求，使得知识图谱无法做到百分之百正确。即便正确性通过基于人工的严格质量保证实现了，知识缺失也仍是常态。这些问题对推理提出了巨大的挑战。

首先，知识图谱上的推理必须容忍噪声。比如，在知识问答应用中，回答“复旦有哪些院士？”这一问题，需要从知识库中找到在复旦大学工作的且曾经获得中国科学院院士或者中国工程院院士荣誉的学者。知识库中的相关信息若有任何错误，比如，将某位院士的毕业院校与工作单位搞错，都可能导致最终的推理结果出错。因此，知识图谱上的推理必须考虑知识本身出错的可能性。解决这一问题需要利用知识图谱中存在的多条路径，不同的推理路径可以相互佐证或证伪，从而推断出更可信的结果。比如，某个人的国籍错误地从中国抽取成了美国，则有可能与知识图谱中的相关事实发生冲突，比如与毕业院校、工作单位等事实发生冲突。

其次，封闭世界的假设不再成立。传统推理的基本假设是封闭世界，也就是说，在数据库或者知识库中不存在的事实即为假。这一点显然在知识图谱上不再成立。由于语料有偏置，知识缺失是常态，因此缺失的知识不一定不成立。比如，很多知识图谱中没有苏格拉底的出生日期信息，但是苏格拉底必定有出生日期。如何在开放世界假设下进行有效推理，仍然需要一些创新性思路。一方面，要谨慎对待不存在的事实，给予一定的存在概率的估计（如果是基于概率模型的推理）；另一方面，可以做 what-if 形式的推理，根据待判断的缺失事实如果成立与观察到的事实之间是否存在冲突加以判断。

再次，有效融合多个推理机制。如前面所述，知识图谱将来会与多种知识表示协同。知识图谱本身也有分布式推理和基于路径的推理等不同推理实现方式。推理机制不同，结果也不尽相同，如何融合这些推理过程与结果以得到更可信的结果，这也是一个值得研究的方向。

16.3.2 符号知识增强机器学习

近年来，大数据为机器学习，特别是深度学习，带来了前所未有的数据红利。得益于大规模标注数据，深度神经网络能够习得有效的层级化特征表示，从而在图像识别等应用领域取得优异效果。但是随着数据红利消失殆尽，深度学习也日益表现出其局限性，尤其表现在难以适应开放性环境、依赖大规模标注数据和难以有效利用先验知识等方面。这些局限性阻碍了深度学习的进一步发展。此外，人类社会已积累的大量知识，各类在线知识图谱大量涌现。能否利用蕴含于知识图谱中的知识指导深度神经网络模型的学习，从而提升模型的性能，成为机器学习模型研究的重要问题之一[3]。

符号知识对于机器学习的意义体现在以下几点。

首先，提升机器学习模型的健壮性。比如，很多分类模型难以处理新标签或者贫样本标签。事实上，新标签（或者贫样本标签）往往与旧标签以及富样本标签有着密切的语义关联。这些语义关联使得在旧标签或者富样本标签上习得的有效模型能够迁移到新标签或者贫样本标签上，从而在一定程度上提升模型在新标签或者贫样本标签相关的分类任务上的健壮性。

其次，减少样本依赖。人类可以通过小样本进行有效的学习，其根本原因或许就在于人类具有知识并且能够有效利用所积累的知识。利用知识图谱中的知识（特别是概念图谱），通过约束构造[4]、样本增强、事后检验、注意力构造[5]（适用于深度学习模型）等手段，有可能减少对于大规模样本的依赖。

最后，提升机器学习模型与专家先验知识的一致性。专家基于经验或者知识的判断往往与统计学习模型不一致。统计学习应该在产生与人类专家判断尽可能一致的结果的基础上进一步利用数据驱动的方法优化人类专家的判断，这样才能避免人机不一致所导致的结果可疑而无法使用的尴尬局面。显然，必须将专家知识（包括知识图谱形式的知识）赋予机器学习模型才有可能实现一致性判断。

16.3.3　基于知识图谱的可解释人工智能

随着深度学习应用的深化，深度学习的不透明性、不可解释性日益受到广泛关注。“理解”和“解释”已经成为当前人工智能研究最核心的使命。各类人工智能模型不仅需要“知其然”，更需要“知其所以然”。我们需要可解释的人工智能（Explainable AI，XAI）[6]，需要 XAI 解释过程、解释结果。只有能够解释过程和结果，机器做出的判断才能为人类所采信。而人类只能理解符号，人类倾向于用概念、关系和属性做解释，知识图谱中所富含的实体、概念、属性、关系等为解释提供了丰富的来源。因此，知识图谱为 XAI 提供了重大机遇。

利用知识图谱进行解释有两种思路：一是将知识图谱中的实体、概念、属性或者关系等用作解释的显性证据，直接计算这些知识要素与待解释问题之间的语义相关度；二是将知识图谱的分布式表示输入深度学习模型，利用类似注意力机制的方法选择知识图谱中的可解释要素。不过当前的研究仍然存在很多问题。首先，人类的解释机制本身就是一个复杂问题，我们对于人类的解释机制理解得尚不透彻。比如，解释显然是带有主观性的，不同的人往往希望看到不同的解释。如何在可解释过程中引入主观性因素？其次，当前大部分模型还是基于数值的统计学习模型，而知识图谱这类符号知识是离散数据，可解释性需要将二者融合。将离散数据数值化并有效融入统计学习模型是一个颇具挑战性的问题。

16.3.4　知识图谱的个性化问题

认知的主观性决定了不同人和不同群体对于某个特定的事实往往有不同的理解。比如，汉堡是否是健康食物？1.8m 的人是否算高个子？不同人或者不同群体对这些问题的认知是不同的。这给知识图谱的应用与研究提出了两类有价值的研究问题。

一是对特定知识图谱进行个性化。这往往体现在，给定事实 F 以及某个用户 e（或者某个群体 E）生成个性化事实 F'。比如，汉堡在西方人眼里是健康食物的可能性是 0.8（可以归一化为 0 和 1 之间的值），而在东方人眼里该值则可能下降到 0.4。

二是刻画知识成立的人群条件。本质上，这是将知识的个性化问题转化为在知识表示上引入人群的维度。继续上面汉堡的例子，当不考虑特定人群时，汉堡是健康食物的可信度可以表达为其相应的概率 P(汉堡是健康食物)。然而，如果考虑特定人，比如 e，对这一事实更为准确的描述则变成相应的条件概率 P(汉堡是健康食物|e)。总体来说，知识图谱的个性化问题仍然是一个十分困难的问题，主要瓶颈仍在于数据的稀缺性。对于互联网头部平台来说，其拥有大量用户的反馈数据，容易分析用户的认知偏好，因此方便开展数据驱动的知识个性化研究。

本章小结

本章从知识表示、知识获取与知识应用三个层面探讨了知识图谱的一些开放性问题。下面做几点补充说明。

首先，本章是对知识图谱开放性问题的不完整讨论。知识图谱系统的其他一些环节，比如知识管理，也存在一些值得探索的问题。当前大量的知识图谱管理方法仍然将知识图谱当作普通的图数据，缺乏对于知识图谱上语义信息的充分考虑。知识图谱的语义信息与实际应用的访问模式之间有很强的关系。如何利用这种语义信息设计有效的知识图谱存储与检索方案是一个十分有意思的问题。

其次，大规模知识图谱数据在认知视角下的实证研究也是非常值得探索的方向。复杂网络领域积累了大量的真实网络分析方法，将这些丰富的方法运用于大规模知识图谱开展实证研究，有望发现新的认知机制。

再次，知识图谱为传统数据库领域带来了全新的机会。传统数据库依赖专家定义模式和声明数据语义，依赖专家书写 SQL 语句完成数据操作。（领域）知识图谱可以作为关系型数据库中数据的背景知识，有望实现具备一定数据理解能力的数据库系统，从而降低关系型数据库的使用门槛。

最后，需要指出一个终极的开放性问题：符号知识对于机器智能是否必要？如果这一问题的答案是否，那么从知识图谱到知识工程，一切以符号为名义的努力都将是南柯一梦。需要指出的是，这是一个值得严肃回答的问题。一直以来，我们都是从人类视角，从人类自身出发去追寻智能的本质，进而将人类的智能赋予机器。我们一直在寻求人类存在的必然性，不愿承认人类的出现只是偶然事件。因此，追寻人类存在的意义、崇尚思维的价值（比如，苏格拉底就曾说过“未经思考的人生不值得一过”）是人类社会一直以来的传统。这样的传统成就了逻辑思维，发展出了符号与逻辑。然而，符号与逻辑都是人类认知的产物，缺乏人类生理层面（特别是来自脑神经科学）上的直接证据；我们也无法直接证明符号系统对机器智能是必要的。那么，是否存在超越符号系统的直接赋予机器智能的方式？毕竟机器智能的载体与生物智能完全不同，机器智能的实现路径未必与人类相同。对于智能的本质追问将直接影响智能的实现路径。当下，对基于深度学习模型的关系推理[7-8]的各种尝试就是一种试图否定符号知识对于机器智能的必要性的实践。这些尝试虽然还处于初级阶段，但是非常值得关注。

思考题

1. 知识图谱的语义表达能力有哪些缺陷？如何增强其表达能力？
2. 给出一个产生式规则与知识图谱协同解决实际问题的例子。
3. 请阅读相关文献，简述基于小样本知识抽取的主流方法，分析其不足之处。
4. 开放世界假设对于知识图谱的推理有哪些影响？
5. 请展望知识图谱其他应用。

参考文献

[1] Stevan Harnad,The symbol grounding problem, Physica D: Nonlinear Phenomena,Volume 42, Issues 1-3,1990,Pages 335-346.

[2] J. Deng, W. Dong, R. Socher, L.-J. Li, K. Li and L. Fei-Fei, ImageNet: A Large-Scale Hierarchical Image Database. IEEE Computer Vision and Pattern Recognition (CVPR), 2009.

[3] 肖仰华，当知识图谱“遇见”深度学习，中国人工智能学会通讯，2017 年第 4 期.

[4] Bo Xu, Zheng Luo, Luyang Huang, Bin Liang, Yanghua Xiao, Deqing Yang, Wei Wang, METIC: Multi-Instance Entity Typing from Corpus, (CIKM 2018).

[5] Chen Jindong, Hu Yizhou, Liu Jingping, Xiao Yanghua and Jiang Haiyun, Deep Short Text Classification with Knowledge Powered Attention, AAAI 2019.

[6] O. Biran and C. Cotton, Explanation and Justification in Machine Learning: A Survey, IJCAI, 2017.

[7] Santoro Adam, et al. "A simple neural network module for relational reasoning." Advances in neural information processing systems. 2017.

[8] Battaglia Peter W., et al. "Relational inductive biases, deep learning, and graph networks." arXiv preprint arXiv:1806.01261 (2018).

知识工场简介

复旦大学知识工场实验室专注于各类大规模知识图谱构建、管理及应用的理论与方法的研究，以构建能够满足机器语言认知需要的大规模、高质量知识图谱为基本目标，并以推进知识图谱在文本理解、智慧搜索以及机器智脑等领域中的深入应用为主要使命。

· 构建了知识库云服务平台，发布了一系列知识图谱，以API形式为数百家应用单位服务逾10亿次。

· 在中国计算机学会认可的A、B类会议与期刊（包括SIGMOD、VLDB、ICDE、IJCAI、AAAI、ACL等）上发表论文100多篇。

· 授权近20项知识图谱专利。

· 完成国家级研发项目以及华为、阿里等人工智能头部企业委托研发的项目近40项。